H. Schmidt · U. Peil

Berechnung von Balken mit breiten Gurten

Tafeln zur Ermittlung des voll mitwirkenden Gurtquerschnittes und der Gurtspannungsverteilung

Springer-Verlag
Berlin Heidelberg GmbH 1976

Dr.-Ing. Herbert Schmidt
Dipl.-Ing. Udo Peil

Mitarbeiter am Institut für Stahlbau
der Technischen Universität Braunschweig

Mitteilung aus dem Institut für Stahlbau der Technischen Universität Braunschweig
Direktor: o. Prof. Dr.-Ing. Rudolf Barbré

Mit 61 Abbildungen, 88 Zahlentafeln und 11 Kurventafeln

ISBN 978-3-540-07458-8   ISBN 978-3-642-51892-8 (eBook)
DOI 10.1007/978-3-642-51892-8

Schmidt, Herbert, 1936 — Berechnung von Balken mit breiten Gurten.
 Bibliography: p. Includes index. 1. Girders--Tables, calculations, etc.
I. Peil, U., 1944-joint author. II. Title.
TA660.B4S36   624'.1772   75-37513

Das Werk ist urheberrechtlich geschützt. Die dadurch begründeten Rechte, insbesondere die der Übersetzung, des Nachdruckes, der Entnahme von Abbildungen, der Funksendung, der Wiedergabe auf photomechanischem oder ähnlichem Wege und der Speicherung in Datenverarbeitungsanlagen bleiben, auch bei nur auszugsweiser Verwertung, vorbehalten.
Bei Vervielfältigungen für gewerbliche Zwecke ist gemäß § 54 UrhG eine Vergütung an den Verlag zu zahlen, deren Höhe mit dem Verlag zu vereinbaren ist.
© by Springer-Verlag Berlin Heidelberg 1976.
Ursprünglich erschienen bei Springer-Verlag Berlin Heidelberg New York 1976

Die Wiedergabe von Gebrauchsnamen, Handelsnamen, Warenbezeichnungen usw. in diesem Buche berechtigt auch ohne besondere Kennzeichnung nicht zu der Annahme, daß solche Namen im Sinne der Warenzeichen- und Markenschutz-Gesetzgebung als frei zu betrachten wären und daher von jedermann benutzt werden dürften.
Druckerei: fotokop wilhelm weihert kg, Darmstadt · Buchbinderei: Konrad Triltsch, Würzburg

Vorwort

Im konstruktiven Ingenieurbau hat sich die Kontinuumsbauweise weitgehend durchgesetzt. Sie verwendet als eines der wichtigsten Tragwerkselemente Balken mit breiten Gurten, die dadurch entstehen, daß ein ebenes Flächentragwerk mit oder ohne Aussteifungen (z.B. Brückenfahrbahn, Deckenplatte) mit den unterstützenden Trägern fest verbunden wird und daher als deren Gurt mitwirkt. Dieses statische Zusammenwirken stabförmiger Biegeträger mit flächenhaftem Gurt ist als "Balken mit breitem Gurt" Gegenstand dieser Schrift.

Wenn auch mit Hilfe moderner numerischer Verfahren der Elastizitätstheorie (wie beispielsweise der Finite-Element-Methode) eine exakte Berechnung von Plattenbalkensystemen möglich ist, so wird es für die Mehrzahl der Anwendungsfälle wirtschaftlicher sein, das Tragwerk mit den Methoden der Stabstatik als Balken mit breiten Gurten zu behandeln. Die einschlägigen Richtlinien und Vorschriften des Stahlbeton-, Spannbeton-, Stahl- und Verbundbaues enthalten hierfür einfache Regeln zur Festlegung der voll mitwirkenden Breite schubnachgiebiger breiter Gurte.

In der Baupraxis besteht ein Bedürfnis nach aufbereiteten Hilfsmitteln, die dem entwerfenden Ingenieur die Möglichkeit bieten, sich über die in den Vorschriften enthaltenen Fälle hinausgehend, jedoch unter Beibehaltung einfacher Berechnungsmethoden, einen genauen Einblick in die Beanspruchungsverhältnisse zusammengesetzter Tragwerke zu verschaffen. Die Aufbereitung solcher Hilfsmittel läßt sich mit den heutigen Großrechenanlagen vorteilhaft ermöglichen. Hiervon wurde bei Erstellung der vorliegenden Zahlen- und Kurventafeln Gebrauch gemacht.

Das Buch wendet sich in seinem Tafelteil vorwiegend an den entwerfenden, berechnenden und prüfenden Ingenieur der Praxis. Darüber hinaus sei auf das Kapitel hingewiesen, in welchem ausführlich und meines Wissens erstmalig im Schrifttum alle bekannten Einzeleinflüsse auf die Mitwirkung von Gurtscheiben zusammengestellt werden. Das Buch dürfte daher auch für Studierende und Lehrende eine willkommene Hilfe sein, den Einblick in das Tragverhalten breiter Balkengurte zu vertiefen. Die Anwendung der Tafeln wird anhand praktischer Beispiele erläutert.

Die Arbeit entstand im Rahmen eines von der Deutschen Forschungsgemeinschaft geförderten Forschungsvorhabens, das unter meiner Leitung am Institut für Stahlbau der TU Braunschweig von den beiden Verfassern bearbeitet wurde. Der Deutschen Forschungsgemeinschaft sei an dieser Stelle gedankt für die finanzielle Unterstützung sowie für die umfangreiche Rechenzeit an der von ihr installierten ICL-Rechenanlage des Rechenzentrums der TU Braunschweig. Dank gebührt auch Frau F. Weise für das sorgfältige Schreiben des Textes, Frl. M. Schulze und Herrn E. Pieper für die zeichnerische Bearbeitung der Abbildungen und Tafeln sowie den Mitarbeitern des Rechenzentrums für das verständnisvolle Eingehen auf die Wünsche bei der Erstellung der reproduktionsfähigen Zahlentafeln.

Braunschweig, im Oktober 1975   R. Barbré

Inhaltsverzeichnis

Abkürzungen und Formelzeichen	VIII
1. Einleitung	1
2. Die Grundlagen für Aufstellung und Anwendung der Tafeln	5
2.1 Das zugrundegelegte Plattenbalkensystem	5
2.1.1 Begriff des Plattenbalkens, Voraussetzungen	5
2.1.2 Auswahl des Plattenbalkensystems	6
2.1.2.1 Querschnittstyp	7
2.1.2.2 Konstruktive Ausbildung des Gurtes	7
2.1.2.3 Konstruktive Ausbildung des Hauptträgers	8
2.1.2.4 Belastung und statisches System	10
2.1.3 Darstellung und Bezeichnungen des Plattenbalkensystems	11
2.2 Die Erfassung der Mitwirkung der Gurtscheibe durch dimensionslose Kennwerte	13
2.2.1 Mitwirkender Gurtquerschnitt	13
2.2.2 Mitwirkende Gurtbreite	15
2.2.3 Hauptträgerspannungen	16
2.2.4 Gurtspannungen	16
2.3 Erläuterung der Tafeln	17
2.3.1 Konzeption	17
2.3.2 Die Zahlentafeln	19
2.3.2.1 Tabellierte Werte	19
2.3.2.2 Grundquerschnitt	19
2.3.2.3 Vertafelte Biegemomentenfunktionen	20
2.3.2.4 Vertafelte Gurtscheibenabmessungen	22
2.3.2.5 Vertafelte $\varkappa$- und ξ-Werte	23
2.3.3 Die Kurventafeln	23
2.3.3.1 Tafeln für den Einfluß der Querschnittskennwerte	24
2.3.3.2 Tafeln für den Einfluß von Längsversteifungen in der Gurtscheibe	25
2.3.3.3 Tafel für den Einfluß der Querdehnzahl des Gurtwerkstoffes	26
3. Die elastizitätstheoretische Behandlung des Plattenbalkens	29
3.1 Die Differentialgleichung der Gurtscheibe	29
3.2 Lösung der Differentialgleichungen mit Hilfe trigonometrischer Reihen	31
3.3 Bestimmung der Integrationskonstanten	33

3.4 Schnittgrößen, Spannungen, Verformungen	39
3.4.1 Kräfte	39
3.4.2 Mitwirkender Gurtquerschnitt	41
3.4.3 Spannungen	41
3.4.4 Verformungen	42
3.5 Anmerkungen zur numerischen Durchführung der Rechnung	42
4. Einzeleinflüsse auf die Mitwirkung von Plattenbalkengurten	**45**
4.1 Belastung und statisches System des Plattenbalkens	45
4.1.1 Biegebeanspruchung – symmetrische Querbelastung	45
4.1.1.1 Biegemomententyp	45
4.1.1.2 Momentenverläufe wechselnden Vorzeichens	50
4.1.1.3 Verteilungslänge von Einzellasten	54
4.1.2 Torsionsbeanspruchung – antimetrische Querbelastung	55
4.1.2.1 Gemeinsame Behandlung von Biegung und Wölbtorsion	57
4.1.2.2 Getrennte, aber analoge Behandlung von Biegung und Wölbtorsion	60
4.1.3 Normalkraftbeanspruchung – Längsbelastung	61
4.1.3.1 Angriff der Normalkraft im HT	61
4.1.3.2 Angriff der Normalkraft im Gurt	62
4.2 Geometrie des Plattenbalkens	64
4.2.1 Verhältnis Länge/Breite der Gurtscheibe	64
4.2.2 Querschnittstyp	66
4.2.2.1 Längsrandbedingungen der Teilgurtscheiben	67
4.2.2.2 Plattenbalken mit zwei flächenhaften Gurtebenen	69
4.2.2.3 Plattenbalken mit Trägerrostwirkung	69
4.2.3 Querschnittskennwerte	71
4.2.4 Veränderlicher Hauptträgerquerschnitt	73
4.3 Konstruktive Ausbildung des Plattenbalkengurtes	74
4.3.1 Biegesteifigkeit des Gurtes	74
4.3.2 Längsversteifungen des Gurtes	76
4.3.2.1 Verschmierte Längsrippen – orthotrope Gurtscheibe	76
4.3.2.2 Einzelne Längsrippen	78
4.3.2.3 Biegesteife Längsversteifungen	80
4.3.3 Querversteifungen des Gurtes	83
4.3.3.1 Verschmierte Querrippen – orthotrope Gurtscheibe	83
4.3.3.2 Einzelne Querscheiben	84
4.3.4 Veränderlicher Gurtquerschnitt	86
4.3.4.1 In Querrichtung veränderlicher Gurtquerschnitt	86
4.3.4.2 In Längsrichtung veränderlicher Gurtquerschnitt	87
4.4 Werkstoff des Plattenbalkengurtes	88
4.4.1 Elastizitätsmodul	88
4.4.2 Querdehnzahl	88
4.4.3 Nichtlineares Werkstoffverhalten	90
5. Beispiele	**91**
5.1 Beispiel 1	91
5.2 Beispiel 2	94
5.3 Beispiel 3	95

5.4 Beispiel 4 96
5.5 Beispiel 5 97
5.6 Beispiel 6 99
5.7 Beispiel 7 100
5.8 Beispiel 8 103
5.9 Beispiel 9 105
5.10 Beispiel 10 109

6. Zahlentafeln 111

M-Funktion	L/b_1 \ b_2/b_1	0	0,2	0,5	1,0	2,0	∞
sin.	0,05...10	113	114	115	116	117	118
Parab.	2...20	119	120	121	122	123	124
$\eta = 0,3$	2	125	130	135	140	—	
	5	126	131	136	141	145	
	10	127	132	137	142	146	149
	20	128	133	138	143	147	
	50	129	134	139	144	148	
$\eta = 0,4$	2	150	155	160	165	—	
	5	151	156	161	166	170	
	10	152	157	162	167	171	174
	20	153	158	163	168	172	
	50	154	159	164	169	173	
$\eta = 0,5$	2	175	180	185	190	—	
	5	176	181	186	191	195	
	10	177	182	187	192	196	199
	20	178	183	188	193	197	
	50	179	184	189	194	198	
beliebig	∞	200					

7. Kurventafeln 201

Einfluß der Querschnittskennwerte 202

Einfluß von Längsversteifungen in der Gurtscheibe . . 206

Einfluß der Querdehnzahl des Gurtwerkstoffes 212

Literaturverzeichnis 213

Abkürzungen und Formelzeichen

Abkürzungen

HT	Hauptträger
HT 1	höher belasteter Hauptträger
HT 2	weniger belasteter Hauptträger
LR, LRk	Längsrippe (nur dehnsteif) ⎫ Längsversteifungen
LT, LTk	Längsträger (biege- und dehnsteif) ⎭
QT	Querträger
ET	Ersatzträger, bestehend aus HT und mitwirkendem Gurtquerschnitt
k	Index der Teilgurtscheiben, k = 1 .... Innenscheibe k = 2 .... Kragscheibe
sh, ch	sinh, cosh

Abmessungen, Koordinaten

L	Erstreckungslänge gleichsinniger Biegebeanspruchung, Abstand zwischen Momentennullpunkten, bei gelenkig gelagertem Einfeldträger: Stützweite
H	Hauptträgerhöhe
b, b_k	Breite von Teilgurtscheiben
b_m	mitwirkende Gurtbreite
h	Abstand Gurtscheibe - Hauptträgerachse
e	Abstand Hauptträgerachse - Ersatzträgerachse
t, t_k	Gurtscheibendicke
$x, x_k, \xi = x/L$	Koordinate in Längsrichtung
y, y_k	Koordinate in Querrichtung
a_x, a_{xk}	Abstand von Querrippen
a_y, a_{yk}	Abstand von Längsrippen
$\bar{a}, \bar{b}$	Abstände einer Biegemomentenspitze von den Momentennullpunkten
c	Verteilungslänge einer Einzellast

Schnittgrößen, Spannungen, Verformungen

p, p_1, p_2	äußere Linienbelastung am Hauptträger (allgemein, HT 1, HT 2)
p_s, p_a	symmetrischer und antimetrischer Anteil von p
q	Gleichstreckenlast
M	Biegemoment infolge p
$M_{max}, \Delta M$	Größtwert von M innerhalb L, "Stich" von M bei konkavem M-Verlauf
m_n	Koeffizient der Fourierentwicklung von M
M_{HT1}	Eigen-Biegemoment des Hauptträgers
N_{HT1}, N_{LRk} usw.	Normalkräfte ⎫
T_{HT1}, T_{LRk} usw.	Schubkräfte ⎬ stabförmiger Elemente
V	Vorspannkraft
$n_x, n_{xk}, n_y, n_{yk}, n_{xy}, n_{xyk}$	Membrankräfte der Gurtscheibe
$\sigma_x, \sigma_{xk}, \sigma_y, \sigma_{yk}, \tau_{xy}, \tau_{xyk}$	Spannungen der Gurtscheibe
$\epsilon_x, \epsilon_{xk}, \epsilon_y, \epsilon_{yk}, \gamma_{xy}, \gamma_{xyk}$	Verzerrungen der Gurtscheibe
u, u_k, v, v_k	Verschiebungen der Gurtscheibe
$\sigma_{r1}, \sigma_1, \sigma_m, \sigma_2, \sigma_{r2}$	ausgezeichnete Werte der σ_x-Spannung der Gurtscheibe (Abb. 2.7)
$\sigma_{HT1}, \epsilon_{HT1}$	Normalspannung und Dehnung im Hauptträger 1 an der Kontaktlinie zur Gurtscheibe (entspricht Gurtspannung σ_1)
w, w_{HT1}	Durchbiegung
$m_o, n_o, n_{xo}, \sigma_o, w_o$	Bezugs-Biegemoment, -Normalkraft, -Membrankraft, -Spannung, -Durchbiegung

Querschnittswerte, Werkstoffkonstanten

F_{HT}, F_{LR}, F_{LRk}	Querschnittsflächen ⎫
I_{HT}, I_{LT}, I_{QT}	Trägheitsmomente ⎬ stabförmiger Elemente
i_{HT}, i_{LT}	Trägheitsradien ⎭
F_{Gurt}, i_{Gurt}	Querschnittsfläche und Trägheitsradius des gesamten, auf einen HT entfallenden Gurtes (einschließlich aller Längsversteifungen)
F_m	mitwirkender Gurtquerschnitt
f_x, f_{xk}, f_y, f_{yk}	"verschmierte" Querschnittsfläche orthotroper Gurtscheiben in Längs- und Querrichtung
E, μ	Elastizitätsmodul und Querdehnzahl des Gurtwerkstoffes
E_{HT}	Elastizitätsmodul des Hauptträgerwerkstoffes

Dimensionsbehaftete Konstanten

$A_{nk}, B_{nk}, C_{nk}, D_{nk}$	Integrationskonstanten der trigonometrischen Reihenansätze für die Spannungsfunktion der Gurtscheibe
$c_k, \hat{c}_k$	Koeffizienten des Eulerschen Ansatzes für die Lösung der Scheiben-Differentialgleichung
α_n	Konstante im Argument transzendenter Funktionen

Dimensionslose Konstanten

k_F, k_Q	Kennwerte für die Zusammensetzung des Plattenbalkenquerschnittes
k_b, k_t	Kennwerte für die Zusammensetzung der Gurtscheibe aus Teilgurtscheiben
k_{oxk}, k_{oyk}	Kennwerte für die Orthotropie der Gurtscheibe
k_{LRk}	Kennwert für Einzel-Längsrippen in der Gurtscheibe
$\varkappa = p_2/p_1$	Belastungskennwert
$\lambda = F_m/F_{Gurt}$	bezogener mitwirkender Gurtquerschnitt
λ_o	zum Grundquerschnitt der Zahlentafeln gehörender λ-Wert
$\alpha_{QF}, \alpha_{Ri}, \alpha_\mu$	Korrekturfaktoren zu λ_o (aus Kurventafeln)
$\eta = \bar{a}/L$	Lage von M_{max} beim Biegemomententyp mit Spitze
$\psi = 4\Delta M/M_{max}$	Parameter für den "Konkavitätsgrad" von Biegemomentenfunktionen
D_x, D_y, R, R_k, T	Kennwerte für die orthotrope Scheibe
$\bar{m}_n = m_n/m_o$	bezogener Koeffizient der Fourierentwicklung von M

Sonstige Bezeichnungen

F, F_k	Airysche Spannungsfunktion
n	laufender Index von Reihen
n^*	Abbruchindex von Reihen
$\boldsymbol{f}_{nxk}, \boldsymbol{f}_{N1}$ usw.	Hypervektoren der transzendenten Terme in Ergebnisformeln, die die Form von Reihen haben
$\boldsymbol{c}_k$	Hypervektoren der zugehörigen Integrationskonstanten
$\boldsymbol{M}_{A,n}, \boldsymbol{M}_{S,n}$	Koeffizientenmatrizen für den symmetrischen und antimetrischen Lastanteil
$\boldsymbol{r}_n$	Vektor der rechten Seiten

1. Einleitung

Balken mit breiten Gurten spielen in vielen Bereichen des Bauwesens eine Rolle (Abb.1.1). Sie sind ein typisches Konstruktionselement der Kontinuumsbauweise. Ihr gemeinsames Kennzeichen ist das statische Zusammenwirken ebener Flächentragwerke und der sie unterstützenden Biegeträger in einem Plattenbalkensystem, wobei hier "Plattenbalken" allgemein als Sammelbegriff für die in Abb. 1.1 dargestellten Tragwerksquerschnitte verstanden wird.

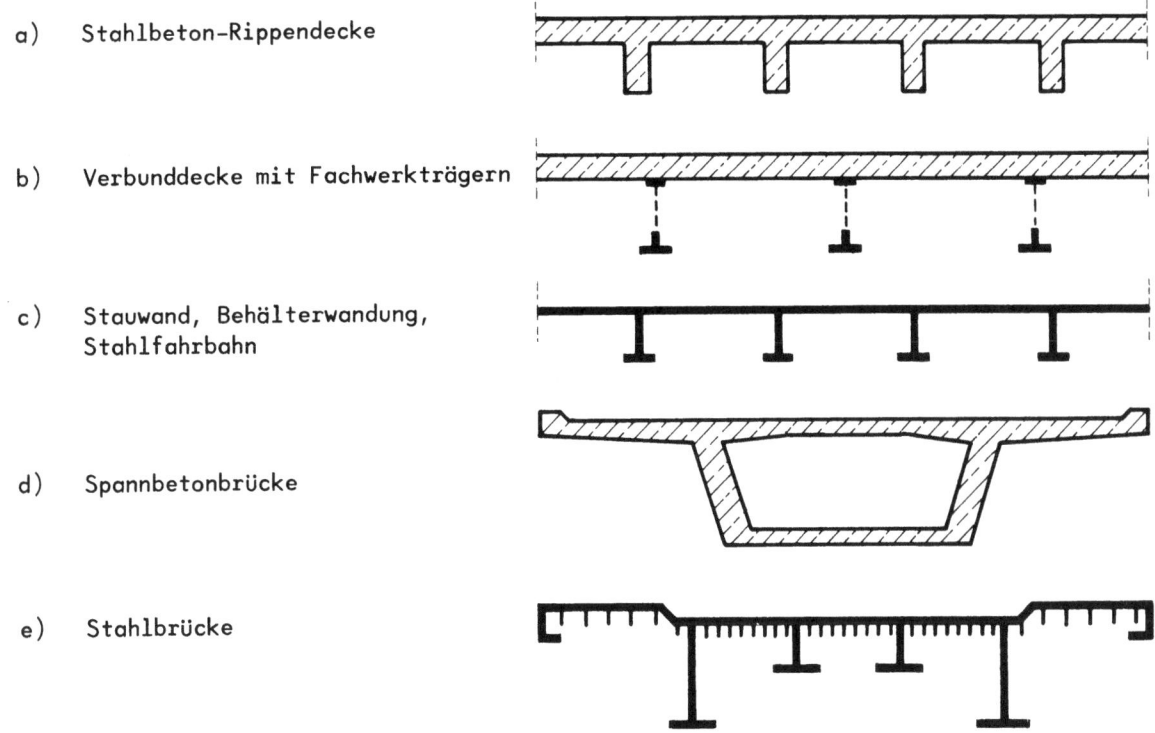

- a) Stahlbeton-Rippendecke
- b) Verbunddecke mit Fachwerkträgern
- c) Stauwand, Behälterwandung, Stahlfahrbahn
- d) Spannbetonbrücke
- e) Stahlbrücke

Abb. 1.1. Beispiele für Balken mit breiten Gurten im Bauwesen

Die Berechnung solcher Plattenbalkensysteme erfolgt - von Ausnahmefällen abgesehen - in zwei Schritten, deren Ergebnisse superponiert werden. Der erste Schritt erfaßt die Abtragung der zwischen den Trägern angreifenden Lasten zu den Trägern. Der zweite Schritt behandelt die Weiterleitung der nunmehr längs der Träger angreifenden Lasten zu den Auflagerpunkten des Plattenbalkensystems. Dabei wirkt das Flächentragwerk als Gurt mit. Der zweite Berechnungsschritt, also die Berechnung des aus stabförmigen Biegeträgern und flächenhaften Gurten bestehenden "Balkens mit breiten Gurten", ist Gegenstand dieses Buches.

Bei im Verhältnis zur Stützweite geringem Trägerabstand kann der gesamte Plattenbalken als prismatischer Biegebalken betrachtet werden. Das bedeutet, daß auch für den Gurt die Gültigkeit der Bernoulli-Hypothese vom Ebenbleiben des Querschnittes vorausgesetzt wird. Diese Annahme trifft aber umso weniger zu, je breiter der flächenhafte Gurt, bezogen auf die Trägerstützweite, wird. Breite Balkengurte entziehen sich infolge ihrer Schubweichheit der vollen Mitwirkung; ihre Normalspannungsverteilung weicht mit wachsender Breite zunehmend von der nach der elementaren Stabtheorie ermittelten ab. Da Plattenbalken ihrem Wesen nach stabartige Tragwerke sind, ist es wünschenswert, sie trotz ihres flächenhaften Gurtes mit den einfachen Mitteln der Stabstatik zu behandeln. Das hat zur Einführung des Begriffs der "voll mitwirkenden Gurtbreite" geführt, der in der vorliegenden Arbeit zum "voll mitwirkenden Gurtquerschnitt" verallgemeinert wird.

Wo dem entwerfenden Ingenieur die einfachen Regeln der Vorschriften zur Festlegung der mitwirkenden Gurtbreite nicht detailliert genug erscheinen - sei es aus Gründen der Sicherheit oder Wirtschaftlichkeit - , kann er für eine genauere Untersuchung zwei Wege einschlagen:

a) Er läßt das ganze Plattenbalkensystem (oder einen für die Beschreibung des speziellen Problems geeigneten Ausschnitt) mit Hilfe eines der vielseitigen Finite-Element-Programmme, die heute in großen Rechenzentren zur Verfügung stehen, direkt berechnen.

b) Er greift auf ausführlichere Darstellungen im Fachschrifttum zurück, die es ihm erlauben, das Tragwerk weiterhin als Stabwerk zu bearbeiten.

Der erste Weg verursacht Kosten und Zeitverluste, insbesondere bei mehreren Lastfällen oder im Entwurfsstadium, wenn eine Reihe von Programmläufen erforderlich ist. Deshalb dürfte der zweite Weg oft der effektivere sein. Selbst für kleinere Büros ist es heute kein Problem, mit Hilfe der modernen Kleinrechner eine größere Anzahl von Trägersystemen und Lastfällen durchzurechnen. Voraussetzung ist allerdings, daß genügend aufbereitete Unterlagen für eine einfache Erfassung der Gurtmitwirkung zur Verfügung stehen.

Die vorliegende Schrift ist ein weiterer Versuch, dem praktisch tätigen Ingenieur in diesem Sinne Hilfsmittel an die Hand zu geben. Ihr Ziel ist also weder die Erweiterung theoretischer Grundlagen noch die Entwicklung neuer einfacher Formeln, sondern sie soll dabei behilflich sein, unter Beibehaltung der vereinfachten Berechnungsweise die flächenhafte Tragwirkung eines breiten Balkengurtes bei der statischen Berechnung genauer zu berücksichtigen.

Es werden Zahlentafeln bereitgestellt, die für einen typischen Plattenbalkenquerschnitt in Abhängigkeit von Last- und Geometrie-Parametern in den 1/10-Punkten der Trägerlänge den bezogenen mitwirkenden Gurtquerschnitt sowie vier dimensionslose Gurtspannungswerte enthalten. Mit letzteren ist es möglich, die Gurtspannungen nicht nur direkt über dem Trägersteg, sondern auch ihre Verteilung über die Gurtbreite anzugeben. Die vertafelten Belastungen sind so gewählt, daß neben einfeldrigen auch durchlaufende und neben nur biegebeanspruchten auch exzentrisch belastete Plattenbalken bearbeitet werden können.

Kurventafeln mit sogenannten Korrekturfaktoren zum mitwirkenden Gurtquerschnitt ermöglichen die zusätzliche Berücksichtigung folgender Einflußparameter auf die Mitwirkung breiter Balkengurte:

— Querschnittsform des Hauptträgers,

— Verhältnis der Querschnittsflächen von Hauptträger und Gurt,

— Orthotropie des Gurtes infolge eng liegender Längsversteifungen,

— einzelne Längsversteifungen des Gurtes,

— Querdehnzahl des Gurtwerkstoffes.

Die Kurventafeln sind das komprimierte Ergebnis umfangreicher numerischer Auswertungen.

Der begleitende Text wurde unter folgenden Gesichtspunkten verfaßt: Kapitel 2 enthält die Grundlagen, deren Verständnis Voraussetzung für eine sachgemäße Anwendung der Tafeln ist. Die Theorie des Plattenbalkens ist in Kapitel 3 in knapper Form dargestellt. Kapitel 4 enthält für den anwendungsorientierten Leser eine möglichst anschaulich gehaltene Erläuterung vieler Einzeleinflüsse - auch solcher, die von den vorliegenden Tafeln nicht erfaßt werden - auf die Mitwirkung breiter Balkengurte. Dies soll den Einblick in das elastische Tragverhalten solcher Gurte vertiefen und abrunden. Gleichzeitig werden praktische Hinweise gegeben. Kapitel 5 schließlich bringt Beispiele für die Anwendung der Tafeln.

Die Literaturzusammenstellung auf S.IX ist nicht vollständig. Sie enthält einige für die spätere Entwicklung grundlegende ältere Arbeiten und von den Veröffentlichungen jüngeren Datums im wesentlichen diejenigen mit praktisch verwertbaren Ergebnissen. Ausführlichere Schrifttumsverzeichnisse sind u.a. in [19, 24] zu finden.

Da die wichtigste Eigenschaft breiter Balkengurte ihre Schubnachgiebigkeit (im englischsprachigen Schrifttum "shear lag") ist, wurde - historisch gesehen - von Anfang an der Gurt meist zu einer biegeschlaffen, isotropen Scheibe idealisiert. Als klassische Arbeiten hierzu sind [1 bis 6, 9, 15] zu nennen. Dabei wurde in [2, 6][1) auf die exakte Berücksichtigung des Zusammenhangs zwischen Träger und Gurt verzichtet, was zu Fehleinschätzungen der mitwirkenden Gurtbreite führen kann [24]. Biegebeanspruchte Plattenbalken mit isotroper Gurtscheibe werden außerdem in [13, 14, 17, 19, 24, 28], mit orthotroper Gurtscheibe in [18, 22, 23] behandelt. Plattenbalken mit isotropen Gurtscheiben unter Vorspannkräften sind Gegenstand von [8, 10, 13]. Die Autoren von [7, 16, 31] berücksichtigen zusätzlich zur Scheibenwirkung die Plattenwirkung des Gurtes, [11] enthält eine aus [7] und anderen Arbeiten entwickelte Zahlentafel für biegesteife Plattenbalkengurte, in [13] wird für einige Zahlenbeispiele die Differentialgleichung der ausmittig versteiften orthotropen Platte verwendet.

Während in den bisher genannten Beiträgen mit den exakten Differentialgleichungen der Scheibe bzw. der Platte gearbeitet wird, führen die Autoren von [20, 21] das zweidimensionale Problem durch Vernachlässigung der Querdehnung und durch einen Näherungsansatz für die σ_x-Verteilung im Gurt auf ein eindimensionales Problem zurück. In [25] wird dieses Vorgehen verfeinert, indem unter Beibehaltung der Querdehnungsvernachlässigung durch streifenförmige Diskretisierung der Gurtscheibe ein beliebig genauer Näherungsansatz für die σ_x-Verteilung gemacht wird. Mit einer ebenfalls in Streifen unterteilten Gurtscheibe wird in [27] die Frage veränderlicher Gurtdicke untersucht. Ein Finite-Element-Verfahren, d.h. Diskretisierung der Gurtscheibe in beiden Richtungen, liegt [30] zugrunde. Mit verschiedenen Rechenverfahren wird in [29] ein symmetrischer Hohlkasten mit zwei flächenhaften Gurten untersucht.

Der Einfluß einzelner Längsversteifungen (z.B. lastverteilende Längsträger) des Gurtes auf seine Mitwirkung wird in [24, 25] untersucht, wobei die Fragestellung in [25] auf dreistegige Plattenbalken erweitert wird. [24] enthält ferner eine Untersuchung des Einflusses einer Querscheibe auf den Spannungszustand der Gurtscheibe. Über neuere, dem heutigen Stand der Meßtechnik entsprechende, experimentelle Untersuchungen zur Mitwirkung von Gurtscheiben wird in [12, 17, 14] berichtet. Für den praktischen Gebrauch aufbereitete numerische Ergebnisse sind vor allem in [19, 21, 23, 24, 25, 27, 29] zu finden. Auf diese und andere Arbeiten wird in Kapitel 4 bei der Diskussion der entsprechenden Einzeleinflüsse noch hingewiesen.

---

1) Viele der einschlägigen Veröffentlichungen im Schiffbau gehen auf [2], im amerikanischen Stahlleichtbau auf [6] zurück.

2. Die Grundlagen für Aufstellung und Anwendung der Tafeln

2.1 Das zugrundegelegte Plattenbalkensystem

2.1.1 Begriff des Plattenbalkens, Voraussetzungen

Im Rahmen dieses Buches verstehen wir unter einem Plattenbalken den im folgenden näher definierten Sonderfall eines prismatischen Faltwerks, das aus zwei Arten ebener Elemente besteht, den breiten, flächenhaften "Gurten" und den senkrecht dazu angeordneten, schmaleren, stabförmigen "Hauptträgern" (Abb. 1.1 und 2.1). Erstere wirken als Flächentragwerke (Platte, Scheibe), letztere können aufgrund ihrer im Vergleich zur Länge geringen Querschnittsabmessungen als Stäbe (Torsionsstab, Biegestab) betrachtet werden.

Zum Gurt werden alle Querschnittsteile gerechnet, die ihrer Funktion nach zum Flächentragwerk gehören, also insbesondere auch Längsversteifungen (Abb. 2.2). Analog dazu gehören alle Querschnittsteile, die direkt der elementaren Navierschen Spannungsverteilung des Hauptträgers unterworfen sind, zu diesem. Der Hauptträger kann demnach sowohl ein einfacher rechteckförmiger Steg als auch ein zusammengesetzter Querschnitt sein (Abb. 2.3). Gurte und Hauptträger sind längs gerader Kontaktlinien verformungsschlüssig miteinander verbunden.

Die Voraussetzungen, welche den Begriff des Plattenbalkens im Sinne dieser Arbeit umreißen, lauten:

a) Alle Spannungen bleiben im elastischen Bereich.

b) Alle Verformungen sind so klein, daß die Kräfte am unverformten System angesetzt werden können (Theorie 1. Ordnung).

c) Alle druckbeanspruchten Teile sind gegen vorzeitiges Instabilwerden gesichert.

d) Die Gurte sind biegeschlaff; sie sind mit den Hauptträgern längs gerader, scharnierartiger Kontaktlinien schubstarr verbunden.

e) Die Hauptträger sind torsionsschlaff sowie um ihre schwache Querschnittsachse biegeschlaff; sie können nach der elementaren technischen Biegelehre behandelt werden.

f) Die Belastung greift an den Hauptträgern an.

Die ersten drei Voraussetzungen bedürfen keiner Erläuterung. Zur Voraussetzung d) ist zu sagen, daß die Mitwirkung der Gurte bei der Abtragung von Lasten, die an den Hauptträgern angreifen, eigentlich aus zwei Effekten besteht: der durch die Schubverbindung erzwungenen Mitwirkung als Gurt"scheibe" und der durch die Querkraftverbindung erzwungenen Mitwirkung als

Gurt"platte". Der zweite Effekt ist aber gegenüber der Schubmitwirkung bei den meisten baupraktischen Plattenbalken infolge der im Vergleich zur Gesamtbiegesteifigkeit sehr kleinen Eigenbiegesteifigkeit des Gurtes vernachlässigbar. Die Idealisierung des Gurtes zu einer biegeschlaffen <u>Gurtscheibe</u> ist die konsequente Schlußfolgerung hieraus.[1]

Eine weitere Idealisierung ist die Annahme torsionsschlaffer und um die senkrechte Querschnittsachse biegeschlaffer Hauptträger (Voraussetzung e). Diese Idealisierung ist einmal dadurch gerechtfertigt, daß die Scheibenwirkung des Gurtes von der Torsions- und Querbiegesteifigkeit der Hauptträger nur sekundär über die Verformungsrandbedingung quer zur Kontaktlinie beeinflußt wird. Zum anderen sind bei den meisten baupraktischen Plattenbalken diese Steifigkeiten tatsächlich sehr klein.

Die letzte Voraussetzung f) schließlich bedeutet, daß wir - wie schon in der Einleitung erwähnt - nur den zweiten Schritt der praxisüblichen Aufspaltung des Systems in

— ein "örtliches System" zur Abtragung der zwischen den Hauptträgern angreifenden Lasten zu den Hauptträgern und

— ein "Haupttragsystem" zur Abtragung der an den Hauptträgern angreifenden Lasten zu den Auflagerpunkten des Plattenbalkens

betrachten. Dies bedeutet keine Einschränkung der praktischen Verwendbarkeit der Ergebnisse, da aus den Voraussetzungen a) - c) die Gültigkeit des Superpositionsgesetzes folgt.

2.1.2 Auswahl des Plattenbalkensystems

Bei der Vielfalt der vorkommenden Plattenbalkensysteme (Abb. 1.1) ist es unmöglich, für jeden Einzelfall numerische Auswertungen bis zu technisch verwertbaren Ergebnissen in gewünschtem Umfang durchzuführen. Das ist auch nicht erforderlich, da die Schubmitwirkung der Gurte verschiedener Plattenbalkensysteme von vielen Parametern auf sehr ähnliche Weise beeinflußt wird. Für die numerische Erarbeitung von Zahlen- und Kurventafeln als Entwurfshilfen mußte ein konkretes Plattenbalkensystem unter Beachtung folgender, an sich gegensätzlicher Forderungen festgelegt werden:

— Erfassung der wichtigsten Einflüsse auf die Mitwirkung einer schubnachgiebigen Gurtscheibe auf eine für möglichst viele baupraktische Fälle typische Weise,

— Vereinfachung des Systems so weit, daß mit vertretbarem Rechenaufwand die umfangreichen numerischen Rechnungen durchgeführt werden konnten.

Die Merkmale des gewählten Plattenbalkensystems und die Gesichtspunkte für ihre Auswahl werden im folgenden erläutert. Wegen detaillierter Angaben zu den einzelnen Einflüssen, Vernachlässigungen und Näherungen sei auf Kap. 4 verwiesen. Das gewählte System ist in Abb. 2.4 zeichnerisch dargestellt.

---

[1] Über den Einfluß und die näherungsweise Berücksichtigung der Gurtbiegesteifigkeit vgl. 4.3.1.

2.1.2.1 Querschnittstyp

Von den in Abb. 2.1 dargestellten Querschnittstypen entspricht der offene, symmetrische Plattenbalken mit zwei Hauptträgern und einem, aus Krag- und Innen-Teilgurtscheiben zusammengesetztem Gurt (graues Feld, oben) am besten den genannten Forderungen. Er enthält als Grenzfälle die beiden für Näherungsüberlegungen wichtigen Fälle der "reinen Innengurtscheibe" (graues Feld, Mitte) und der "reinen Kraggurtscheibe" (graues Feld, unten). Außerdem kann an ihm das Problem der Mitwirkung der Gurtscheibe bei Torsionsbeanspruchung (Wölbtorsion) am klarsten analysiert werden (vgl. 4.1.2). Die Gurte aller anderen Querschnittstypen der Abb. 2.1 können mit Hilfe der beiden genannten Grenzfälle mit guter Näherung aus reinen Innenscheiben und reinen Kragscheiben zusammengesetzt werden. Dieses "Zusammensetzverfahren" entspricht dann in diesem Punkt dem in den einschlägigen Berechnungsrichtlinien vorgeschriebenen Vorgehen (vgl. 4.2.2).

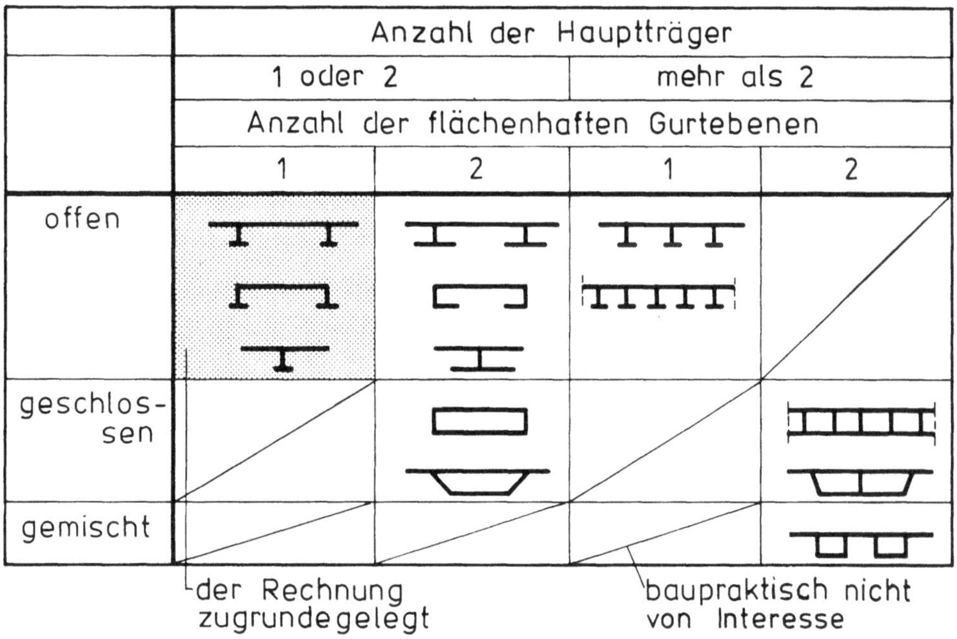

Abb. 2.1. Plattenbalken-Querschnittstypen (schematisch)

2.1.2.2 Konstruktive Ausbildung des Gurtes

Abb. 2.2 zeigt anhand einiger Beispiele die wichtigsten Konstruktionsmerkmale von Plattenbalkengurten. Diese können

— aus unterschiedlichen Baustoffen bestehen,

— eine gleichmäßige oder veränderliche Scheibendicke (a2) haben,

— unversteift - d.h. isotrop - oder mit eng liegenden Rippen versteift - d.h. orthotrop - sein (a3, a4, b3, b4),

— einzelne, kräftige Längsversteifungen aufweisen (b2, b4).

In der Frage des Baustoffes ist für die rechnerische Behandlung keine Beschränkung erforderlich, sofern sich das Material elastisch verhält. Die Gurtdicke wird für jede Teilgurtscheibe konstant angenommen. Auf eine Einbeziehung veränderlicher Gurtdicken im Sinne von Abb. 2.2/a2 mußte verzichtet werden (vgl. 4.3.4.1).

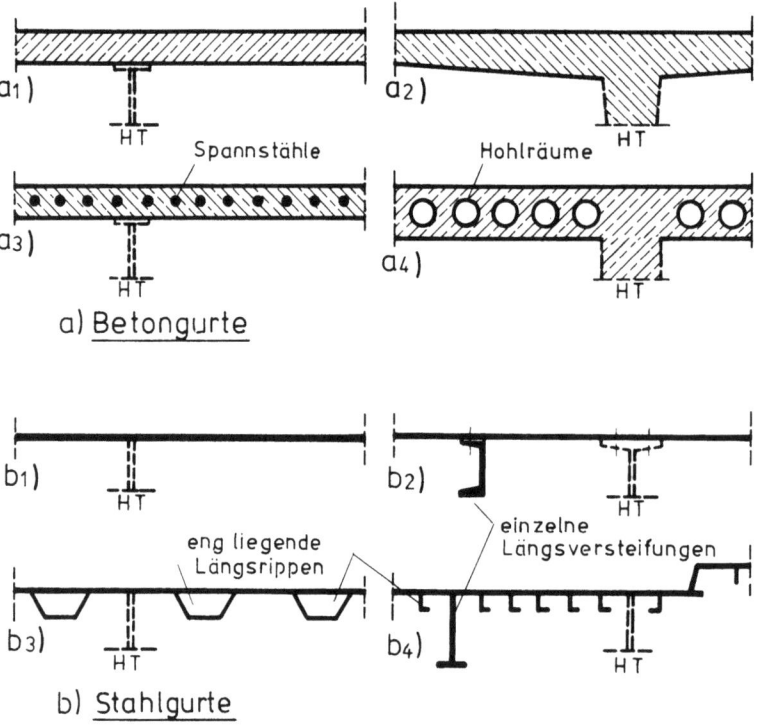

Abb. 2.2.   Beispiele von Plattenbalkengurten (schematisch)

Eng liegende Gurtversteifungen werden berücksichtigt, indem für den Gurt alternativ zur isotropen Scheibe auch das Rechenmodell der orthogonal versteiften (kurz: orthotropen) Scheibe verwendet wird. Dieses beschreibt mittig zur Gurtebene angeordnete Längs- und/oder Querrippen (Abb. 2.2/a3, a4) exakt und einseitig angeordnete Rippen (Abb. 2.2/b3, b4) hinreichend genau (vgl. 4.3.2.1). Voraussetzung für die Anwendung der Theorie der orthotropen Scheibe ist ferner, daß die Rippenabstände gleichmäßig und klein genug sind, um ein "Verschmieren" der Rippen zu erlauben. Das ist bei allen in Abb. 2.2 dargestellten Beispielen im allgemeinen der Fall.

Einzelne Längsversteifungen (z.B. Beulsteifen, Längsträger, Fahrbahnbegrenzungen) werden in dem der Rechnung zugrundegelegten Plattenbalkengurt durch mittig zur Gurtebene angeordnete, biegeschlaffe [1]) Einzelrippen erfaßt. Jede der beiden Teilgurtscheiben (Krag- und Innenscheibe) enthält an ihrem HT-fernen Rand eine dieser Rippen, die damit stellvertretend für alle baupraktischen Fälle einzelner Längsversteifungen steht.

2.1.2.3 Konstruktive Ausbildung des Hauptträgers

Die Hauptträger können für die rechnerische Behandlung einen beliebigen Querschnitt haben (Abb. 2.3) und aus beliebigem elastischen Material bestehen. Letzteres braucht nicht mit dem

---

1) Über den Einfluß der Biegesteifigkeit von Längsversteifungen und ihre näherungsweise Berücksichtigung vgl. 4.3.2.3.

des Gurtes identisch zu sein (z.B. Verbundträger).

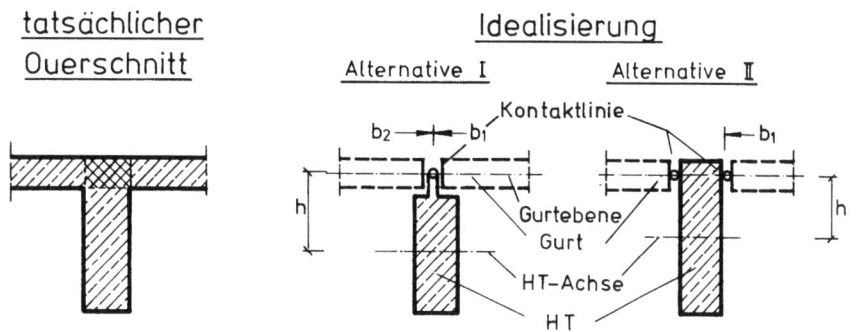

a) Betonhauptträger

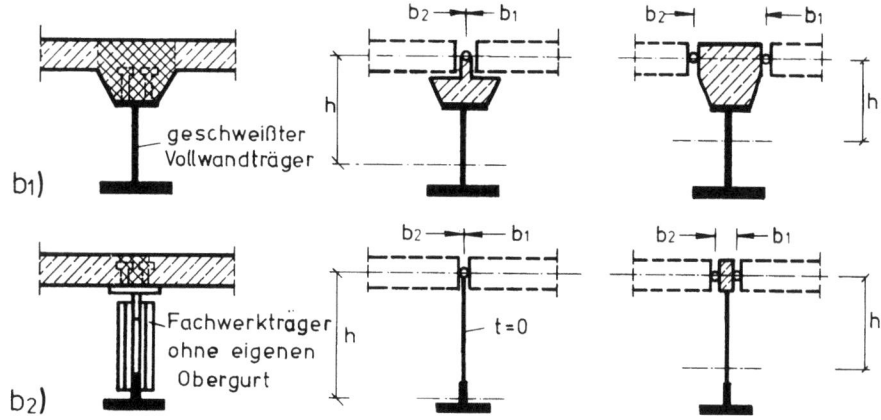

b) Stahlhauptträger in Verbundplattenbalken

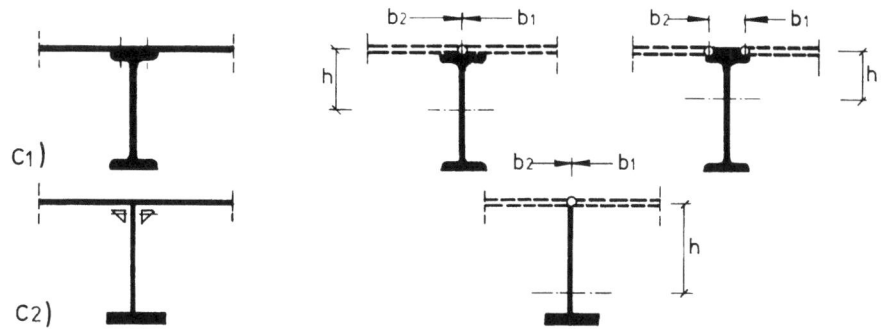

c) Stahlhauptträger

Abb. 2.3.   Beispiele von Plattenbalken-Hauptträgern (schematisch)

Ein Problem stellt bei vielen Plattenbalken, vor allem mit Betongurten, die Festlegung der ideellen scharnierartigen Kontaktlinie zwischen Hauptträger und Gurt dar. Abb. 2.3 zeigt rechts die beiden möglichen Alternativen für die Idealisierung des Querschnittes. Sie unterscheiden sich dadurch, daß der Übergangsbereich (links schraffiert dargestellt) entweder zum

Gurt oder zum Hauptträger gerechnet wird. Für beide Alternativen gibt es Argumente:

I) Alle Querschnittsteile, die der Querdehnungsbehinderung des zweidimensionalen Spannungszustandes im Gurt unterliegen, werden konsequenterweise zur Gurtscheibe gerechnet.[1] Dieses Vorgehen liegt stets auf der sicheren Seite.

II) Die Schubeinleitung vom Hauptträger in die Gurtscheibe erfolgt über die ganze, konstruktiv vorhandene Breite. Deshalb beginnen die eigentlichen schubnachgiebigen Scheiben erst außerhalb dieser Einleitungsbreite. Dieses Vorgehen führt stets zu größeren mitwirkenden Gurtquerschnitten und infolgedessen zu geringeren rechnerischen Spannungen als nach I).

Der wirkliche Spannungszustand dürfte zwischen den beiden Alternativen liegen. Der Unterschied ist im allgemeinen nicht groß. Einige Vorschriften erlauben ausdrücklich die Alternative II. Es bleibt dem Leser überlassen, für welches Vorgehen er sich entscheidet. In Abbildungen wird im folgenden stets ein Hauptträger nach Abb. 2.3/c2 dargestellt; er ist symbolisch für alle Hauptträger-Typen aufzufassen.[2]

Die Hauptträger des der Rechnung zugrundegelegten Plattenbalkens haben über die Länge konstanten Querschnittsverlauf und gerade Querschnittsachsen.[3]

2.1.2.4 Belastung und statisches System

Als statisches System wird der Rechnung ein gelenkig gelagerter Einfeldträger zugrundegelegt. Damit sind alle Durchlaufträger mit gelenkigen Endauflagern ebenfalls erfaßt; sie können durch Nullsetzen der Hauptträgerdurchbiegungen an den Innenstützen - im Sinne des Kraftgrößenverfahrens - berechnet werden. Allerdings wurde hiervon bei der Aufstellung der Tafeln kein Gebrauch gemacht, da deren Konzeption eine näherungsweise Zerlegung von Plattenbalkensystemen mit Biegemomentenverläufen wechselnden Vorzeichens in Einfeldträger zwischen je zwei Momentennullpunkten vorsieht (vgl. 4.1.1.2).

Der Plattenbalken wird durch eine beliebige linienförmige Belastung

$$p_1(x) = p(x)$$

längs des Hauptträgers HT 1 und eine dazu affine Belastung

$$p_2(x) = \varkappa\, p(x) \tag{2.1}$$

$$\text{mit } -1 \leq \varkappa \leq 1$$

längs des Hauptträgers HT 2 auf Biegung und Torsion beansprucht. Nicht-affine Belastungen $p_1(x)$ und $p_2(x)$ können in die beiden Grenzfälle $\varkappa = 1$ (Symmetrie) und $\varkappa = -1$ (Antimetrie)

---

[1] Über den Spannungssprung infolge der Dehnungskopplung eines einachsigen mit einem zweiachsigen Spannungszustand vgl. 4.4.2.

[2] Über den Einfluß des Hauptträger-Typs auf die Mitwirkung der Gurtscheibe vgl. 4.2.3.

[3] Über den Einfluß veränderlichen Hauptträgerquerschnittes vgl. 4.2.4.

zerlegt werden (vgl. 4.1.2). Es hat sich als zweckmäßig erwiesen, von vornherein als Maß der Beanspruchung des Plattenbalkens nicht die Belastung p(x), sondern die zugehörige Biegemomentenfunktion M(x) zu verwenden. Die Belastung des Plattenbalkens wird also durch die beiden Parameter M(x) und $\varkappa$ beschrieben. An den Enden des Plattenbalkens werden Endquerscheiben vorgesehen, die in Längsrichtung ∞-weich und in Querrichtung ∞-starr sind. Dies ist eine Idealisierung, die den numerischen Aufwand bei der theoretischen Behandlung der Gurtscheibe erheblich reduziert.[1]

2.1.3 Darstellung und Bezeichnungen des Plattenbalkensystems

Die Überlegungen in 2.1.1 und 2.1.2 führen auf das in Abb. 2.4 mit allen wichtigen Abmessungen und Bezeichnungen dargestellte Plattenbalkensystem. Es ist die Grundlage aller im Rahmen

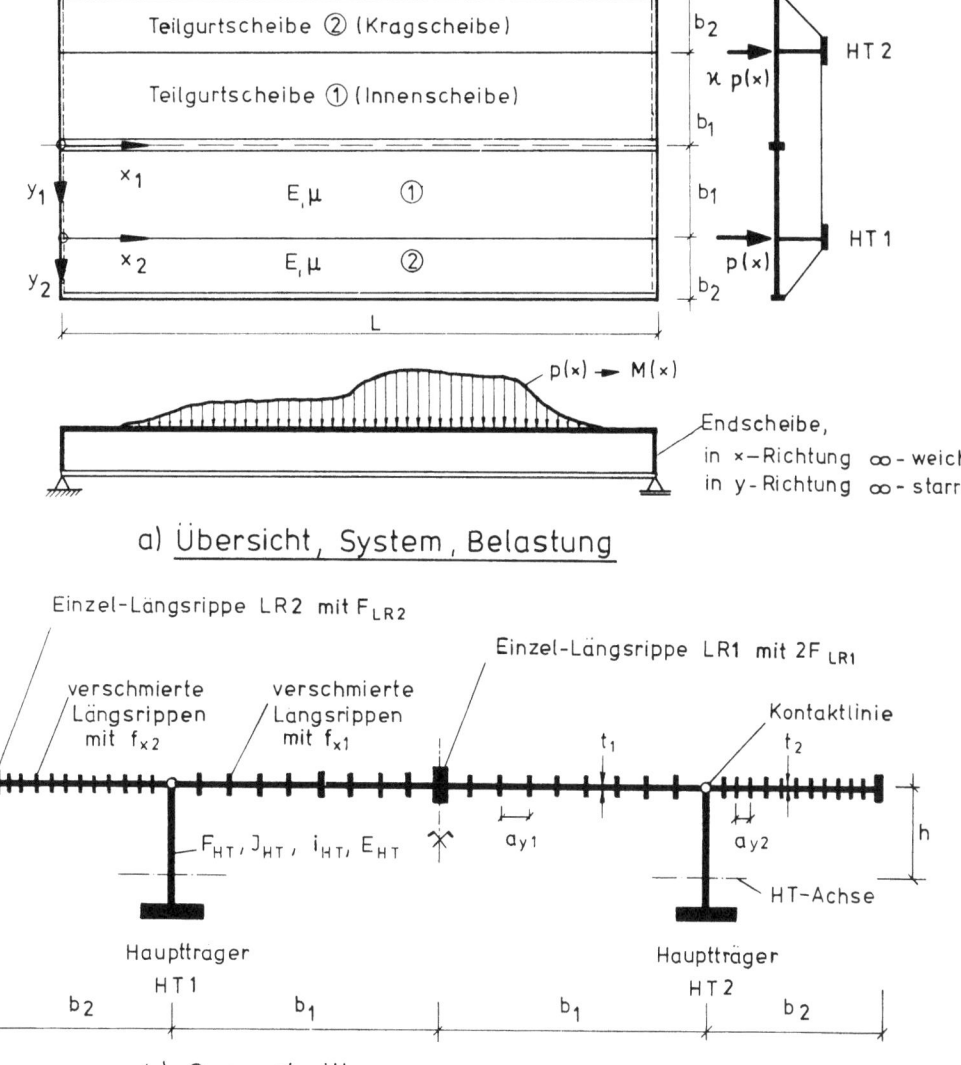

Abb. 2.4. Das der Rechnung zugrundegelegte Plattenbalkensystem

---

1) Über den Einfluß dieser Annahme vgl. 4.3.3.2.

dieser Arbeit durchgeführten numerischen Rechnungen. Die elastizitätstheoretische Behandlung dieses Systems einschließlich der Entwicklung und Formulierung der Gleichungen für die Programmierung ist in Kap. 3 gesondert beschrieben. Dadurch soll dokumentiert werden, daß ein Nachvollziehen dieses theoretischen Teils der Arbeit für ein ausreichendes Verständnis der Grundlagen und ein sachgemäßes Anwenden der Tafeln nicht erforderlich ist.

Zur Gurtausbildung des in Abb. 2.4 dargestellten Plattenbalkens ist ergänzend folgendes zu sagen:

— Außer den eingezeichneten verschmierten Längsrippen sind auch die für eine vollständige konstruktive Orthotropie der Gurtscheibe erforderlichen verschmierten Querrippen vorgesehen. Ihre Bezeichnungen lauten - völlig analog - f_{y1} und f_{y2} für die Querschnittsfläche und a_{x1} und a_{x2} für den Abstand.

— Wegen der Übersichtlichkeit sind für die Längsrippen keine eigenen Elastizitätsmoduli eingetragen. Bei unterschiedlichem Material in Scheibe und Rippen sind unter den Querschnittsflächen F_{LR1}, F_{LR2}, f_{x1} und f_{x2} die bereits auf den Elastizitätsmodul E der Scheibe umgerechneten Werte zu verstehen.

Folgende den Plattenbalkenquerschnitt charakterisierende, dimensionslose Kennwerte werden definiert:

Gurtscheibenkennwerte:

$$k_b = \frac{b_2}{b_1},$$
$$k_t = \frac{t_2}{t_1}.$$
(2.2a)

Orthotropie-Kennwerte:

$$k_{ox1} = \frac{f_{x1}}{t_1 a_{y1}},$$
$$k_{ox2} = \frac{f_{x2}}{t_2 a_{y2}},$$
$$k_{oy1} = \frac{f_{y1}}{t_1 a_{x1}},$$
$$k_{oy2} = \frac{f_{y2}}{t_2 a_{x2}}.$$
(2.2b)

Einzelrippen-Kennwerte:

$$k_{LR1} = \frac{F_{LR1}}{t_1 b_1},$$
$$k_{LR2} = \frac{F_{LR2}}{t_2 b_2}.$$
(2.2c)

Querschnittskennwerte:

$$k_F = \frac{E_{HT} F_{HT}}{E F_{Gurt}}$$

$$= \frac{E_{HT}}{E} \frac{F_{HT}}{t_1 b_1 [1 + k_{ox1} + k_{LR1} + k_b k_t (1 + k_{ox2} + k_{LR2})]} \qquad (2.2d)$$

$$k_Q = \left(\frac{i_{HT}}{h}\right)^2 .$$

2.2 Die Erfassung der Mitwirkung der Gurtscheibe durch dimensionslose Kennwerte

2.2.1 Mitwirkender Gurtquerschnitt

Der mitwirkende Gurtquerschnitt ist ein ingenieurtechnischer Hilfsbegriff, um Plattenbalken trotz ihres flächenhaften Gurtes mit den Mitteln der Stabstatik behandeln zu können. Er ist eine Verallgemeinerung der bekannten mitwirkenden Gurtbreite, mit der er in gewissen Sonderfällen identisch ist (siehe 2.2.2). Der mitwirkende Gurtquerschnitt wird so festgelegt, daß der mit ihm versehene und aus dem Plattenbalken herausgetrennte Hauptträger - beide gemeinsam werden im folgenden als <u>Ersatzträger</u> bezeichnet - sich unter Anwendung der elementaren technischen Biegelehre genau so verhält wie der Hauptträger im wirklichen Plattenbalkensystem.

Zur Herleitung der Bestimmungsgleichung für den mitwirkenden Gurtquerschnitt nehmen wir an, daß die exakte Berechnung des in Abb. 2.4 dargestellten Plattenbalkensystems bereits durchgeführt sei. Es ergebe sich die in Abb. 2.5a skizzierte σ_x-Verteilung im Gurt und im Hauptträger HT 1 mit σ_{HT1} am oberen Rand sowie die in Abb. 2.5b eingetragene Schubkraft $T_{HT1}(x)$ in der Kontaktlinie zwischen Gurtscheibe und HT 1. Die Schnittgrößen in HT 1 sind

$$N_{HT1}(x) = -\int_0^x T_{HT1}(\xi)d\xi ,$$

$$M_{HT1}(x) = M(x) - N_{HT1}(x)h, \qquad (2.3)$$

woraus sich die Spannung am oberen Rand zu

$$\sigma_{HT1}(x) = \frac{N_{HT1}(x)}{F_{HT}} - \frac{M(x) - N_{HT1}(x)h}{I_{HT}} h \qquad (2.4)$$

errechnet. Der mitwirkende Gurtquerschnitt wird nun als biegeschlaffe Querschnittsfläche F_m in Höhe der Kontaktlinie so definiert, daß der Ersatzträger unter dem gegebenen äußeren Biegemomentenverlauf M(x) dieselbe Biegespannung liefert (Abb. 2.5c). Diese ergibt sich mit den bekannten Beziehungen der technischen Biegelehre zu

$$\sigma_{HT1}(x) = - \frac{M(x)}{I_{HT} + F_{HT}eh} (h - e) \qquad (2.5)$$

$$\text{mit } e = \frac{F_m \frac{E}{E_{HT}}}{F_{HT} + F_m \frac{E}{E_{HT}}} h .$$

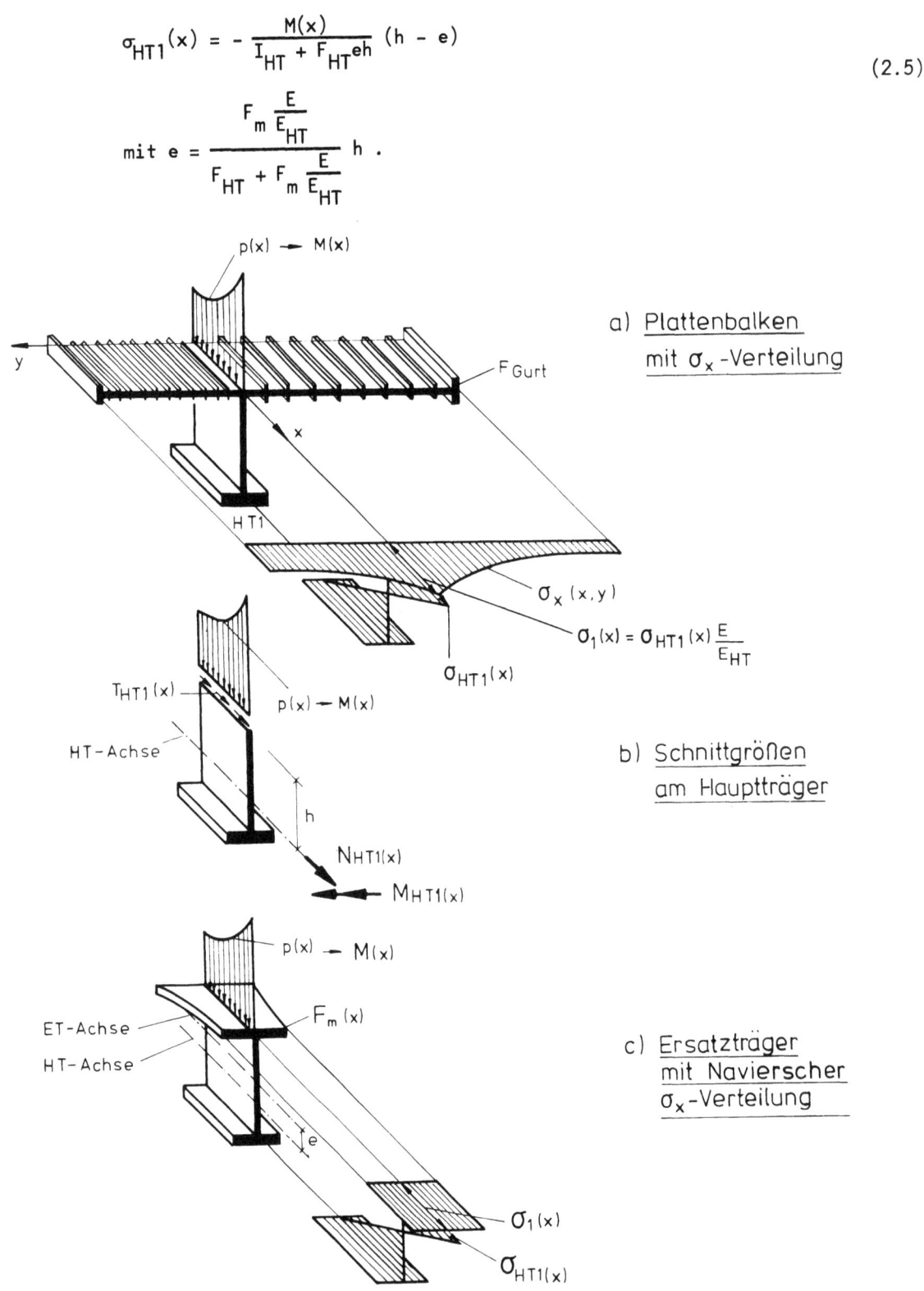

Abb. 2.5. Zur Ermittlung des mitwirkenden Gurtquerschnittes

Gleichsetzen der Spannungen aus (2.4) und (2.5) und Auflösen nach F_m führt auf

$$F_m(x) = F_{HT} \frac{E_{HT}}{E} i_{HT}^2 \frac{N_{HT1}(x)}{M(x)h - N_{HT1}(x)(i_{HT}^2 + h^2)} . \qquad (2.6a)$$

Dies ist die gesuchte Bestimmungsgleichung für den mitwirkenden Gurtquerschnitt. Für die praktische Rechnung wird sie mit Hilfe von (2.2d) dimensionslos geschrieben:

$$\lambda(x) = \frac{F_m(x)}{F_{Gurt}} = \frac{N_{HT1}(x)}{\frac{M(x)}{h}\frac{1}{k_F k_Q} - N_{HT1}(x)\frac{1+k_Q}{k_F k_Q}} \quad . \tag{2.6b}$$

Der Kennwert λ gibt an, wie groß – bezogen auf die tatsächlich vorhandene Gurtfläche F_{Gurt} – die fiktive Gurtfläche F_m angenommen werden muß, damit der als normaler Biegeträger berechnete Ersatzträger die richtigen Hauptträger-Spannungen und -Verformungen liefert.[1] λ wird in dieser Arbeit stets auf den mit p(x) bzw. M(x) belasteten Hauptträger HT 1, d.h. den stärker belasteten der beiden Hauptträger, bezogen. Wie man aus Gl. (2.6) erkennt, ist λ im allgemeinen mit x veränderlich und nur dann konstant, wenn M(x) und $N_{HT1}(x)$ affin verlaufen. Das ist, wie sich bei der theoretischen Behandlung ergibt, nur bei harmonischer Momentenfunktion M(x) der Fall.

Es ist zweckmäßig, sich unter dem mitwirkenden Gurtquerschnitt F_m nicht einen realen "Anteil" der vorhandenen Gurtfläche F_{Gurt}, sondern eine rein fiktive Querschnittsfläche vorzustellen, die einzig und allein die Aufgabe hat, dem Hauptträger gegenüber die zweidimensionale Mitwirkung der Gurtscheibe zu simulieren. λ kann bei breiten Kragscheiben und $\varkappa \neq 1$ erheblich größer als 1 werden; selbst bei reiner Biegung ($\varkappa = 1$) kommen bei gewissen M-Funktionen Werte $\lambda > 1$ vor. Das bedeutet lediglich, daß die größte Gurtspannung nicht über HT 1 auftritt. Da aber gleichzeitig die σ_x-Verteilung über der Gurtbreite bekannt ist (vgl. 2.2.4), bedeutet das keine Einschränkung für die praktische Verwendbarkeit des Kennwertes λ.

2.2.2 Mitwirkende Gurtbreite

Bei der Berechnung von Plattenbalken ist normalerweise in der Baupraxis die Festlegung des mitwirkenden Gurtquerschnittes mit Hilfe der mitwirkenden Gurtbreite b_m gebräuchlich. Dabei hat man üblicherweise die in Abb. 2.6 skizzierte anschauliche Definition

b_m = Breite der in ein flächengleiches Rechteck mit der Höhe σ_{max} verwandelten σ_x-Fläche des Gurtes

vor Augen. Auf die Verwendung des Begriffs der mitwirkenden Breite wurde bei der Bearbeitung des Plattenbalkensystems nach Abb. 2.4 aus folgenden Gründen bewußt verzichtet:

— Die vorgenannte anschauliche Definition ist bei $\varkappa \neq 1$ nicht ausreichend (vgl. z.B. [19, 24]).

— Die Anschaulichkeit ginge bei $\lambda > 1$, was $b_m > b$ bedeuten würde, ohnehin verloren.

---

[1] Der Kennwert λ ist übrigens nur bei biegeschlaffer Gurtscheibe (Voraussetzung d in 2.1.1) eindeutig. Bei biegesteifen Plattenbalkengurten erhält man für verschiedene Definitionsforderungen unterschiedliche λ-Werte [24]. Hierauf ist bei der Benutzung entsprechender Tabellen des Schrifttums zu achten.

— Bei unregelmäßig aufgebautem Gurt versagt der Begriff der mitwirkenden Gurtbreite. Einzelne Längsversteifungen werden z.B. in der Praxis mangels genauerer Angaben häufig dadurch berücksichtigt, daß man sie in den Ersatzträger entweder voll oder gar nicht einrechnet, je nachdem, ob sie innerhalb oder außerhalb der mitwirkenden Breite liegen. Beides ist offenbar nicht richtig.

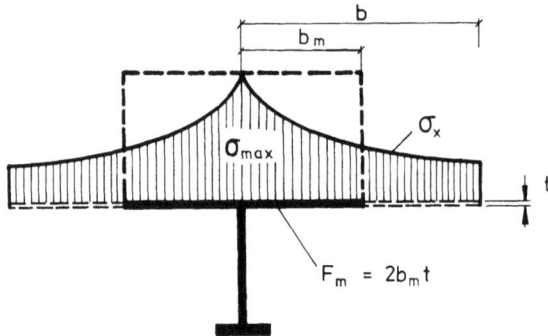

Abb. 2.6. Mitwirkende Gurtbreite

Es sei der Deutlichkeit halber noch darauf hingewiesen, daß natürlich für den Sonderfall

$$t(y) = \text{const}, \quad f_x(y) = \text{const}, \quad F_{LR1} = F_{LR2} = 0$$

der Kennwert λ aus Gl. (2.6b) auch als bezogene mitwirkende Gurtbreite im Sinne von

$$\lambda = \frac{b_{m1} + b_{m2}}{b_1 + b_2} \tag{2.7a}$$

gedeutet werden kann. Für die Querschnitts-Grenzfälle "Plattenbalken ohne Kragscheiben" und "Plattenbalken ohne Innenscheiben" (Abb. 2.1, graues Feld, Mitte und unten) gilt dann

$$\lambda = \frac{b_{m1}}{b_1} \quad \text{bzw.} \quad \lambda = \frac{b_{m2}}{b_2} \: . \tag{2.7b}$$

2.2.3 Hauptträgerspannungen

Mit Hilfe des mitwirkenden Gurtquerschnittes können wir alle Spannungen und Verformungen des maßgebenden Hauptträgers HT 1 durch Anwenden der elementaren Stabstatik auf den Ersatzträger ermitteln. Beispielsweise errechnet sich die Biegespannung in der im Abstand a von der HT-Achse (a nach unten positiv) befindlichen HT-Faser mit dem Widerstandsmoment

$$W_a = \frac{I_{HT} + F_{HT} h e}{a + e} \tag{2.8}$$

$$\text{mit } e = \frac{\lambda F_{Gurt} E/E_{HT}}{F_{HT} + \lambda F_{Gurt} E/E_{HT}} \, h \: .$$

2.2.4 Gurtspannungen

Die Gurtspannung σ_1 über dem Hauptträger HT 1 (Abb. 2.5) unterscheidet sich von der nach Gl.

(2.5) bzw. (2.8) ermittelten Hauptträgerspannung σ_{HT1} lediglich um das Verhältnis der E-Moduli:[1]

$$\sigma_1(x) = \sigma_{HT1}(x) \frac{E}{E_{HT}} \,. \tag{2.9}$$

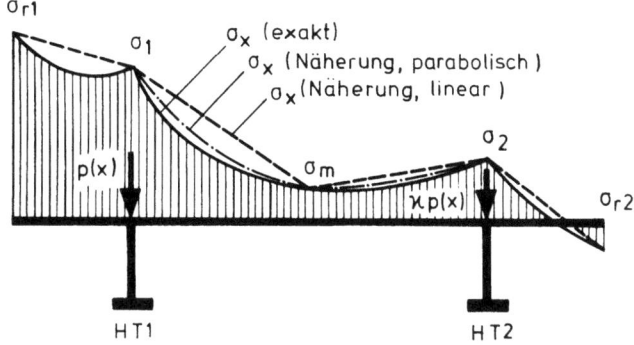

Abb. 2.7. σ_x-Verteilung im Gurt

Bei vielen Bemessungsaufgaben reicht die Kenntnis dieses einen Gurtspannungswertes allein nicht aus. Das ist z.B. der Fall, wenn bei breiten Brückenfahrbahnen die Spannungen aus Haupttragwirkung mit örtlichen Spannungen überlagert werden müssen oder wenn infolge exzentrischer Belastung ($\varkappa \neq 1$) die Maximalspannung gar nicht über dem Hauptträger sondern am Rande auftritt. Abb. 2.7 zeigt, daß in solchen Fällen zusätzlich zum dimensionslosen Kennwert $\lambda(x)$ nach (2.6b) die Kenntnis von vier ausgezeichneten, dimensionslosen Normalspannungswerten

$$\frac{\sigma_{r1}}{\sigma_1}(x), \ \frac{\sigma_m}{\sigma_1}(x), \ \frac{\sigma_2}{\sigma_1}(x), \ \frac{\sigma_{r2}}{\sigma_1}(x)$$

erforderlich ist, um den Gurtspannungszustand für praktische Zwecke ausreichend genau beschreiben zu können.

2.3 Erläuterung der Tafeln

2.3.1 Konzeption

Für die Berechnung des in Abb. 2.4 dargestellten Plattenbalkensystems wurde aufgrund der in Kap. 3 entwickelten Theorie ein Rechenprogramm aufgestellt. Es sei noch einmal erwähnt, daß die Lektüre des Kap. 3 für das Verständnis der folgenden Erläuterungen nicht erforderlich ist. Das Programm liefert für beliebige Kombinationen der Querschnitts-, Belastungs- und Werkstoffparameter die fünf für eine vereinfachte und hinreichend genaue Spannungsermittlung benötigten dimensionslosen Kennwerte (vgl. 2.2), nämlich den bezogenen mitwirkenden Gurtquerschnitt λ und die 4 Gurtspannungsverhältnisse σ_{r1}/σ_1 bis σ_{r2}/σ_1. Mit dem Programm wurden die Tafeln in Kap. 6 und 7 dieses Buches aufgestellt. Sie haben - wie schon erwähnt - den Zweck, möglichst

---

[1] Der durch die Querdehnung der Gurtscheibe in gewissen Fällen verursachte σ_x-Sprung wird vernachlässigt. Vgl. hierzu 4.4.2.

viel Information für eine vereinfachte Berücksichtigung der Mitwirkung von Gurtscheiben bei der praktischen Berechnung von Plattenbalken zu liefern. Sie sollten deshalb so aufbereitet sein, daß - obwohl ihnen das konkrete System nach Abb. 2.4 zugrundeliegt - auch andere Plattenbalkensysteme näherungsweise behandelt werden können. Unter Beachtung dieser Zielsetzung wurde für den Tafelteil folgende Grundkonzeption gewählt:

a) Die Parameter werden je nach Größe und Bedeutung ihres Einflusses auf die Mitwirkung der Gurtscheibe in <u>Hauptparameter</u> und <u>Nebenparameter</u> eingeteilt.

b) Die fünf <u>Hauptparameter</u> sind:

  Biegemomentenfunktion $M(x)$,
  Verhältnis b_2/b_1 der Gurtscheibe,
  Verhältnis L/b_1 der Gurtscheibe,
  Lastfaktor $\varkappa$,
  Längenkoordinate $\xi = x/L$.

In Abhängigkeit von diesen Hauptparametern wurden für einen Grundquerschnitt mit konstant gehaltenen Nebenparametern die oben genannten 5 dimensionslosen Kennwerte λ und σ_{r1}/σ_1 bis σ_{r2}/σ_1 in <u>Zahlentafeln</u> tabelliert.

c) Die drei wichtigsten <u>Nebenparameter</u> sind:

  Querschnittskennwerte k_F, k_Q,
  Längsrippenkennwerte k_{ox}, k_{LR},
  Querdehnzahl μ .

Der Einfluß dieser Nebenparameter wird in Form von Korrekturfaktoren α zum Kennwert λ des Grundquerschnittes erfaßt. Für die Korrekturfaktoren α wurden <u>Kurventafeln</u> aufgestellt.

d) Die <u>Korrekturfaktoren</u> α sind auf die Stelle des größten Biegemomentes M_{max} bezogen. Sie wurden so bestimmt, daß sich der mitwirkende Gurtquerschnitt bei M_{max} wie folgt errechnet:

$$\lambda(M_{max}) = \lambda_o(M_{max}) \alpha_{QF} \alpha_{Ri} \alpha_\mu \qquad (2.10)$$

mit $\quad \lambda_o(M_{max})$ . . . . . Kennwert des Grundquerschnittes bei M_{max}, entnommen aus den Zahlentafeln,

α_{QF} . . . . Faktor für den Einfluß der Querschnittskennwerte k_Q und k_F,

α_{Ri} . . . . Faktor für den Einfluß der Längsrippenkennwerte k_{ox} und k_{LR},

α_μ . . . . Faktor für den Einfluß der Querdehnzahl μ des Gurtwerkstoffes.

Der Aufbau der Tafeln und die Gesichtspunkte bei der Auswahl der vertafelten Parameter werden in den folgenden Abschnitten dargelegt. Wo hinsichtlich des Gebrauchs der Tafeln Unklarheiten bleiben sollten, sei auf die Beispiele in Kap. 5 und die praktischen Hinweise in Kap. verwiesen.

2.3.2 Die Zahlentafeln

2.3.2.1 Tabellierte Werte

Alle Zahlentafeln enthalten die bereits erläuterten 5 dimensionslosen Kennwerte in folgender gleichbleibender Anordnung:

λ	
σ_{r1}/σ_1	σ_m/σ_1
σ_2/σ_1	σ_{r2}/σ_1

Bedeutung der Spannungen siehe Abb. 2.7. Um den anwendungsorientierten Charakter der Tafeln klar herauszustellen, wurden für alle Tafelwerte nur 2 Ziffern nach dem Komma ausgedruckt. Ferner wurde das Ausgabeschema aus Gründen der Übersichtlichkeit auch in den beiden Querschnittsgrenzfällen "ohne Kragscheiben" ($b_2/b_1 = 0$) und "ohne Innenscheiben" ($b_2/b_1 = \infty$) beibehalten; man muß sich hier jeweils unendlich schmale Krag- oder Innenscheiben vorstellen.

Bei konkav gekrümmter Biegemomentenfunktion (vgl. 2.3.2.3) treten im Bereich kleiner Biegemomente zum Teil sehr große positive und negative Tafelwerte auf, die das Ausdruckschema sprengen. Diese Werte wurden, obwohl theoretisch richtig, unterdrückt und durch waagerechte Striche ersetzt. Für Querschnitte mit diesem "irregulären" Ausdruck können in Anbetracht der dort vorhandenen kleinen Spannungen ohne weiteres die nächstbenachbarten "regulären" Tafelwerte angesetzt werden.

2.3.2.2 Grundquerschnitt

Den Zahlentafeln liegt folgender Sonderfall des allgemeinen Querschnittes nach Abb. 2.4 zugrunde:

— Mittlere Querschnittskennwerte,
$$k_F = 0,5 \,,$$
$$k_Q = 0,15.$$

— Unversteifte Gurtscheibe,
$$k_{ox1} = k_{ox2} = k_{oy1} = k_{oy2} = k_{LR1} = k_{LR2} = 0 \,.$$

— Gurtwerkstoff Stahl,
$$\mu = 0,3 \,.$$

— Gleiche Gurtdicke in Krag- und Innenscheibe,
$$k_t = 1 \,.$$

2.3.2.3 Vertafelte Biegemomentenfunktionen

Eines der Hauptanliegen des vorliegenden Tafelwerkes ist es, einen möglichst weiten Bereich baupraktischer Momentenverläufe abzudecken. Dazu gehört insbesondere die Erfassung von Plattenbalkensystemen mit beliebigen Momentenverläufen wechselnden Vorzeichens, wie sie z.B. bei Durchlaufträgern, aber auch bei anderen Trägersystemen auftreten. Solche Systeme sollen in einzelne Abschnitte zwischen Momentennullpunkten zerlegt werden (Abb. 4.5). Die Einzelabschnitte haben dann gleichsinnige Biegebeanspruchung und passen in das Schema der Tafeln.[1] Abb. 2.8 zeigt die unter diesem Gesichtspunkt ausgewählten M-Funktionen. Es sind zwei Gruppen zu unter-

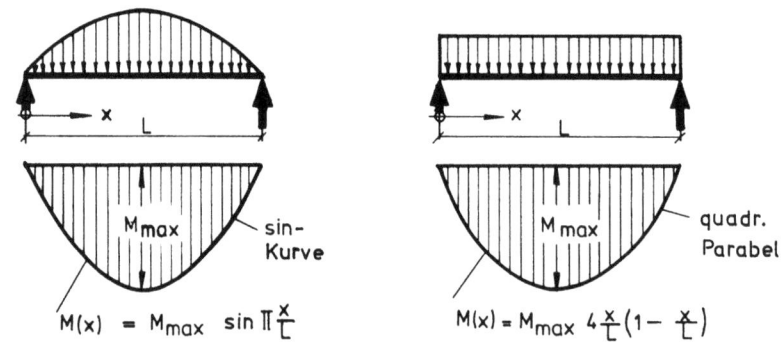

a) Konvexe, stetig gekrümmte M-Funktionen

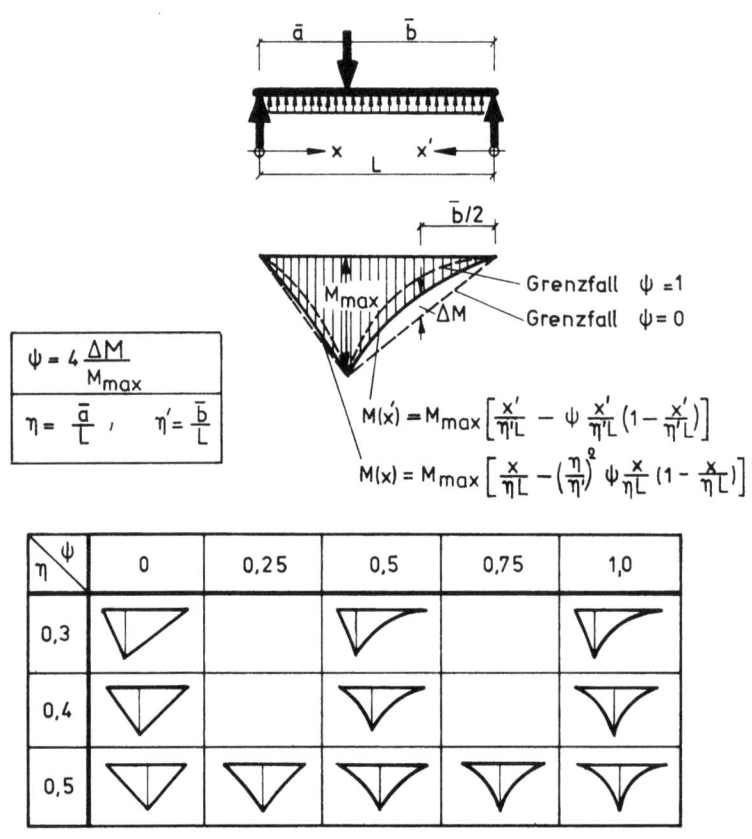

b) Lineare bis konkave M-Funktionen mit Spitze

Abb. 2.8. Vertafelte M-Funktionen

---

[1] Über die mit diesem "Zerlegeverfahren" gemachte Näherung und weitere Einzelheiten vgl. 4.1.1.2.

scheiden:

— konvexe, stetig gekrümmte M-Funktionen,

— lineare bis konkave M-Funktionen mit Spitze.

Konvexe M-Funktionen entstehen als Feldmomente unter Streckenlasten. Vertafelt sind die beiden Fälle

— sin-förmige M-Funktion (Abb. 2.8a, links),

— parabelförmige M-Funktion (Abb. 2.8a, rechts).

Alle in der Form ähnlichen Feldmomentenbereiche können hinreichend genau mit einer dieser beiden M-Funktionen simuliert werden.

Momentenspitzen entstehen entweder als Feldmomente unter Einzellasten oder als Stütz- und Einspannmomente, wobei das Vorzeichen in diesem Zusammenhang keine Rolle spielt. Die meisten Momentenverläufe mit Spitzen, insbesondere Stützmomentenbereiche von Durchlaufträgern, können exakt oder mit guter Näherung durch die in Abb. 2.8b dargestellte, allgemeine M-Funktion beschrieben werden. Sie ist aus linearen und parabolischen Anteilen zusammengesetzt. Ihre Form wird von den beiden dimensionslosen Parametern η und ψ bestimmt. η gibt die Lage der M-Spitze innerhalb der Erstreckungslänge L des betrachteten M-Bereiches an; ψ ist ein Maß für die "Spitzheit" oder den "Konkavitätsgrad" der M-Funktion. ψ ist als Verhältnis des tatsächlichen "Stiches" ΔM zum größtmöglichen Stich $M_{max}/4$, der sich für einen freien Kragträger unter Gleichlast ergeben würde, definiert. Es gilt offenbar

$$0 \leq \psi \leq 1 .$$

$\psi = 0$ beschreibt den Grenzfall des dreieckförmigen Momentes, d.h. eines rein linearen Verlaufes. $\psi = 1$ beschreibt den Grenzfall größtmöglicher konkaver Krümmung der M-Funktion im längeren der beiden Trägerabschnitte, d.h. einer waagerechten Tangente der M-Funktion im Momentennullpunkt. Die Tabelle in Abb. 2.8b veranschaulicht den Bereich der vertafelten M-Funktionen mit Spitze. Damit dürfte es für einen großen Teil baupraktischer Fälle möglich sein, den Effekt der Einschnürung des mitwirkenden Gurtquerschnittes unter konzentrierten Lasten und über Stützkräften recht genau zu erfassen.

Ungewöhnliche Biegemomentenverläufe, deren Form von den vertafelten M-Funktionen stark abweicht, können - wenn nicht einfache Näherungsüberlegungen zum Ziel führen (vgl. hierzu 4.1.1) - mit Hilfe der Tafeln für sin-förmige M-Funktion exakt behandelt werden. Hierzu führt man zunächst für die gegebene M-Funktion M(x) nach Abb. 2.9 eine harmonische Analyse durch, wobei die Integration für die Fourierkoeffizienten m_n analytisch oder numerisch erfolgen kann. Sodann geht man für die einzelnen Reihenglieder mit ihren reduzierten Längen L_n in die Tafeln für sin-förmige M-Funktion. Zum Schluß werden die Spannungen superponiert. Vgl. auch Beispiel 1.

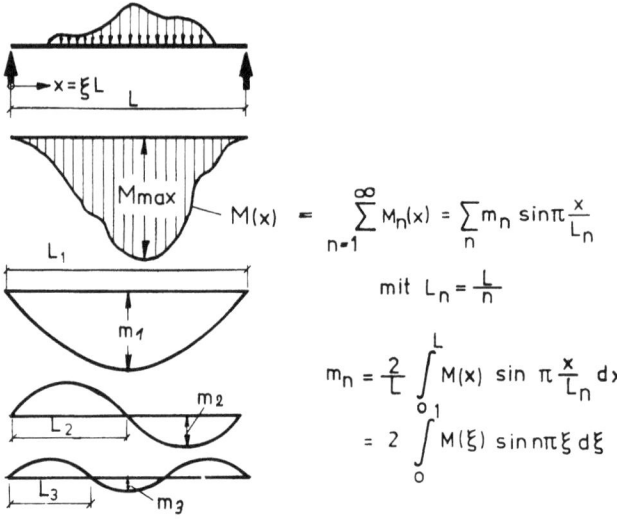

Abb. 2.9.   Harmonische Analyse einer M-Funktion

2.3.2.4 Vertafelte Gurtscheibenabmessungen

Abb. 2.10 veranschaulicht die vertafelten Hauptparameter b_2/b_1 und L/b_1. Bei beiden Parametern wurde versucht, die Abstände zwischen den Tafelwerten trotz der mit Rücksicht auf den Gesamtumfang erforderlichen Beschränkung so zu wählen, daß eine lineare Interpolation noch vertretbar erscheint. Für das Verhältnis b_2/b_1 der Kragscheibenbreite zur Innenscheibenbreite dürfte mit $0 \leq b_2/b_1 \leq 2$ der baupraktische Bereich abgedeckt sein. Zusätzlich ist der Fall $b_2/b_1 = \infty$ aufgenommen, der als Querschnittsgrenzfall "ohne Innenscheiben" - zusammen mit dem anderen Grenzfall "ohne Kragscheiben" ($b_2/b_1 = 0$) - für die näherungsweise Bestimmung des mitwirkenden Gurtquerschnittes beliebiger Plattenbalken - Querschnittstypen benötigt wird.[1]

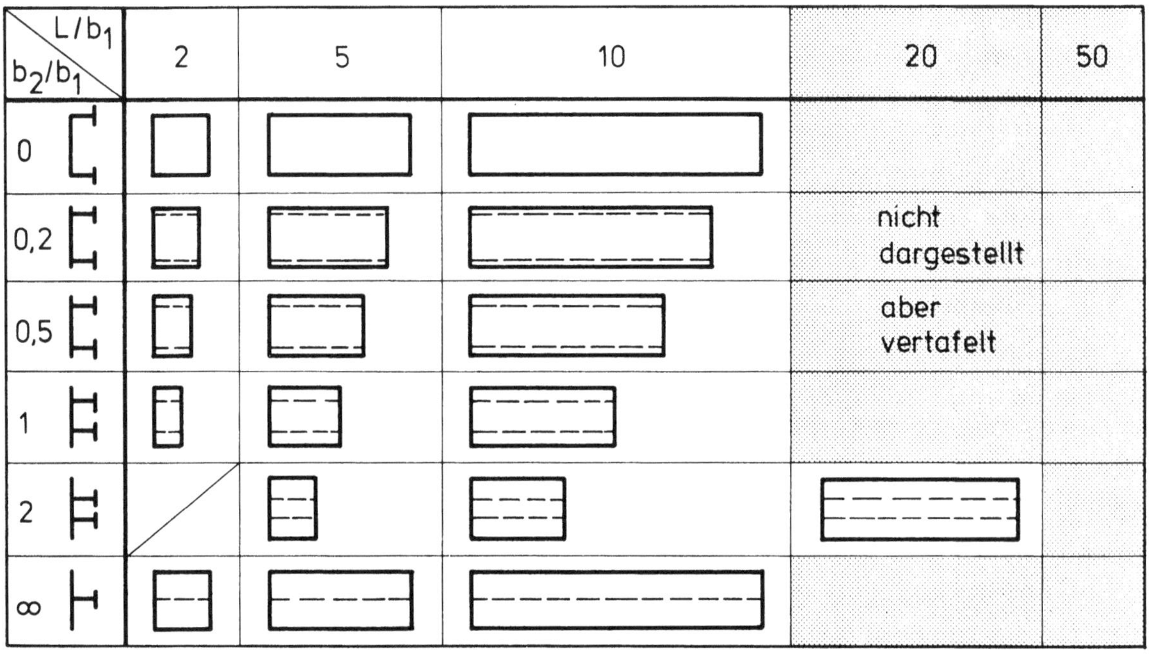

b_2/b_1 \ L/b_1	2	5	10	20	50
0	▢	▭	▭		
0,2	▢	▭	▭	nicht dargestellt	
0,5	▢	▭	▭	aber vertafelt	
1	▢	▭	▭		
2		▭	▭	▭	
∞	▢	▭	▭		

Abb. 2.10.   Vertafelte Gurtscheibenabmessungen

---

[1] Näheres über dieses "Zusammensetzverfahren" vgl. 4.2.2.1.

Für das Verhältnis L/b_1 der Gurtscheibenlänge zur Gurtscheibenbreite kann es gelegentlich erforderlich sein, über den vertafelten Bereich $2 \leq L/b_1 \leq 50$ hinaus zu extrapolieren. Für $L/b_1 < 2$ ist dann quadratische Extrapolation, für $L/b_1 > 50$ exponentielle Extrapolation angezeigt.[1] Beim ersteren Fall sollte man sich darüber im klaren sein, daß bei sehr kurzen Gurtscheiben die von den Endquerscheiben ausgehende Störung des theoretischen Spannungszustandes beträchtlich sein kann.[2] Bei sehr langen Gurtscheiben ist es meistens genau genug, der zu diesem Zweck am Ende des Tabellenteils aufgenommenen Tafel für $L/b_1 = \infty$ die Grenzwerte der Stabtheorie (Biege- bzw. Wölbtorsionsstab) zu entnehmen und diese zu benutzen.

Für sin-förmige M-Funktion sind im Hinblick auf die harmonische Analyse beliebiger M-Funktionen (vgl. 2.3.2.3) von Abb. 2.10 abweichende L/b_1-Werte vertafelt. Hierbei können selbst sehr kleine L/b_1-Werte ohne Bedenken verwendet werden, da die Halbwellenlängen L_n der einzelnen Reihenglieder (Abb. 2.9) reine Rechenwerte und nur Bruchteile der wirklichen Gurtscheibenlänge sind.

2.3.2.5 Vertafelte $\varkappa$- und ξ-Werte

Der Lastfaktor $\varkappa$ - das Verhältnis der Belastung des schwächer belasteten zur Belastung des stärker belasteten der beiden HT - liegt bei Plattenbalkenbrücken zwischen 0 und 1. Dieser Bereich ist in allen Zahlentafeln in 4 Intervalle unterteilt, so daß lineare Interpolation zwischen den Tafelwerten zulässig ist. Außerdem ist auch der Grenzfall $\varkappa = -1$ (reine Torsionsbeanspruchung) vertafelt. Er wird - zusammen mit dem anderen Grenzfall $\varkappa = +1$ - für die Behandlung komplizierterer Fälle exzentrisch belasteter Plattenbalken benötigt.[3] Beim einstegigen Plattenbalken (Querschnittsgrenzfall "ohne Innenscheiben", $b_2/b_1 = \infty$) entfällt natürlich der Lastfaktor $\varkappa$.

Die Veränderlichkeit der 5 dimensionslosen Tafelwerte in Plattenbalken-Längsrichtung wird durch Vertafelung der Längskoordinate $\xi = x/L$ in 0,1-Intervallen erfaßt. Dazwischen kann der Verlauf hinreichend genau linear angenommen werden. Bei sin-förmiger M-Funktion entfällt der Einfluß von ξ, die ausgedruckten Tafelwerte gelten konstant über die ganze Länge.

2.3.3 Die Kurventafeln

Den Zahlentafeln liegt - wie erläutert - der in 2.3.2.2 definierte Sonderfall des in Abb. 2.4 dargestellten Plattenbalkens zugrunde. Weichen ein oder mehrere der Nebenparameter von den Werten des Grundquerschnittes ab, so kann der bezogene mitwirkende Gurtquerschnitt λ nach

---

[1] Nähere Angaben hierzu vgl. 4.2.1.
[2] Nähere Angaben hierzu vgl. 4.3.3.2.
[3] Näheres über Torsionsbeanspruchung und die dabei auftretenden Probleme vgl. 4.1.2.

(2.10) mit Hilfe der Korrekturfaktoren α verbessert werden. Die α-Werte wurden zwar für die Stelle des größten Biegemomentes M_{max} ermittelt; jedoch zeigten Kontrollrechnungen, daß sie auch näherungsweise bei konvexem Momentenverlauf für die ganze Länge L, bei linearem bis konkavem Momentenverlauf für den Bereich in der Nähe der Momentenspitze gelten. Die dimensionslosen Gurtspannungswerte σ_{r1}/σ_1 und σ_m/σ_1 können bei nur biegebeanspruchten Plattenbalken ($\varkappa = 1$) näherungsweise ebenfalls mit α verbessert werden. In Fällen mit $\varkappa \neq 1$ muß die bezogen Gurtspannungsverteilung unkorrigiert vom Grundquerschnitt übernommen werden. Eine Angabe von Korrekturfaktoren hierfür hätte den Rahmen dieses Buches gesprengt.

Noch ein Wort zur multiplikativen Verknüpfung der drei Einzeleinflüsse nach (2.10): Ihre Zulässigkeit im Rahmen vertretbarer Ungenauigkeiten wurde mit einer Vielzahl von Vergleichsrechnungen überprüft. Von den drei Interaktionsmöglichkeiten ist nur die zwischen α_{Ri} und α_μ signifikant. Sie wurde berücksichtigt, indem in die Kurventafel für α_{Ri} als zusätzlicher Parameter μ eingearbeitet wurde.

Die drei Hauptparameter b_2/b_1, L/b_1 und $\varkappa$ sind in den Kurventafeln in der gleichen Variationsbreite wie in den Zahlentafeln enthalten. Der Parameter "M-Funktion" ist mit den drei Momenten-Grundtypen (vgl. auch 4.1.1.1)

   A . . . . konvex mit stetiger Krümmung (Abb. 2.8a, rechts),
   B . . . . linear mit Spitze (Abb. 2.8b, $\eta = 0,5$, $\psi = 0$),
   C . . . . konkav mit Spitze (Abb. 2.8b, $\eta = 0,5$, $\psi = 1$)

vertreten. Der Unterschied der Korrekturfaktoren bei anderen konvexen M-Funktionen wie z.B. der sin-förmigen ist vernachlässigbar. Ebenso ist die Abweichung der Korrekturfaktoren durch den Einfluß der unterschiedlichen Lage der Momentenspitze ($0,1 \leq \eta \leq 0,5$) bei den Typen B und C vernachlässigbar.

Die drei Arten von Kurventafeln werden nun einzeln erläutert.

2.3.3.1 Tafeln für den Einfluß der Querschnittskennwerte

Der Korrekturfaktor α_{QF} wurde ermittelt als Verhältniswert

$$\alpha_{QF} = \frac{\lambda(M_{max}, k_Q, k_F)}{\lambda(M_{max}, k_Q = 0.15, k_F = 0.5)} \qquad (2.11)$$

wobei $k_{ox} = k_{LR} = 0$ und $\mu = 0,3$ konstant gehalten wurden. Stichprobenrechnungen bestätigten, daß der α_{QF}-Wert bei versteiften Gurtscheiben und bei $\mu \neq 0,3$ sich nur wenig ändert, so daß er als für den ganzen baupraktischen Bereich gültig betrachtet werden kann. Bei konvexer M-Funktion ist der Einfluß vernachlässigbar klein ($\alpha_{QF} \cong 1,0$), im Sonderfall der sin-förmigen M-Funktion entfällt er ganz. Der Fehler, der beim Gebrauch der α_{QF}-Kurventafeln gegenüber der exakten Werten auftritt, beträgt i.M. 1%, in ungünstigen Fällen bis zu 4%.

Zur Bestimmung des Korrekturfaktors α_{QF} (Abb. 2.11) wählt man aus den vier Tafeln diejenige mit dem entsprechenden Momententyp sowie passenden Verhältnis b_2/b_1 aus. Jedem Wert b_2/b_1 ist eine anschauliche Querschnittsskizze sowie darunterliegend der Eingangsparameter L/b_1 und die korrespondierende Kurvenschar mit dem Parameter $\varkappa$ zugeordnet. Man geht nun von dem vorhandenen L/b_1-Verhältnis aus senkrecht nach unten auf die entsprechende $\varkappa$-Kurve. Vom Schnittpunkt A aus läuft man nach rechts waagerecht bis zum Schnittpunkt B mit der passenden k_Q-Kurve. Vom Schnittpunkt B aus geht man senkrecht nach oben bis auf die untere Kante der oberen Tafel (Punkt C), läuft parallel zu der gekrümmten Kurvenschar bis zum Schnittpunkt D mit dem Ordinatenwert k_F, geht von dort wieder senkrecht nach unten bis auf die obere Kante der unteren Tafel (Punkt E) und läuft parallel zu der zweiten gekrümmten Kurvenschar bis zum Schnittpunkt F mit der Geraden A - B bzw. mit deren Verlängerung. Von hier senkrecht nach unten kann man den Korrekturwert α_{QF} ablesen. Für alle Parameter darf interpoliert werden.

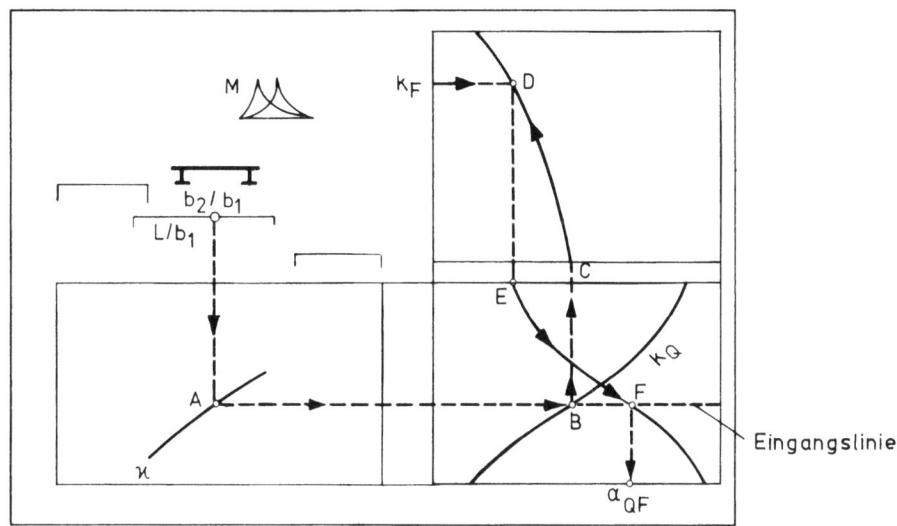

Abb. 2.11. Schematische Darstellung der Kurventafeln zur Bestimmung von α_{QF}

2.3.3.2 Tafeln für den Einfluß von Längsversteifungen in der Gurtscheibe

Der Korrekturfaktor α_{Ri} wurde ermittelt als Verhältniswert

$$\alpha_{Ri} = \frac{\lambda(M_{max})_{ortho}}{\lambda(M_{max})_{iso}} , \qquad (2.12)$$

wobei der Index ortho sich auf die orthotrope Gurtscheibe bezieht, der Index iso dagegen auf die den Zahlentabellen zugrundeliegende isotrope Gurtscheibe. Konstant gehalten wurden hierbei die Querschnittskennwerte k_F und k_Q. Der hierdurch entstehende Fehler liegt ebenfalls in der Größenordnung von 1%, in ungünstigen Fällen maximal bei 5%. Bei breiter werdenden Plattenbalken ($L/b_1 \to 0$) bewegt sich der Abminderungsfaktor α_{Ri} gegen einen Grenzwert, der bei allen Momententypen mit guter Näherung mit dem den Tafeln für $L/b_1 = 2$ entnommenen Wert übereinstimmt.

Eine orthotrope Gurtscheibe, die zusätzlich einzelne Längsrippen aufweist, wird durch den empirischen Rippenkennwert

$$k_{Ri} = k_{ox} + (3 - \varkappa)k_{LR} \qquad (2.13)$$

beschrieben. Hierbei sind die Kennwerte k_{ox} und k_{LR} als in der Innen- und der Kragscheibe gleich vorausgesetzt. Unterschiedliche Kennwerte konnten aus Gründen der Umfangsbeschränkung nicht berücksichtigt werden, jedoch läßt sich dieser Einfluß mit guter Näherung nach dem "Zusammensetzverfahren" (vgl. 4.2.2) erfassen. Der Fehler, der bei Anwendung der Formel (2.13) auftritt, beträgt bei symmetrischer HT-Belastung ($\varkappa = 1$) 1 - 2%, bei baupraktisch unsymmetrischer Belastung ($1 > \varkappa > 0,5$) maximal 5%, bei antimetrischer Belastung ($\varkappa = -1$) ungünstigstenfalls (wenn nämlich <u>nur einzelne</u> Längsrippen vorhanden sind) maximal 10%.

Die Anwendung der Tafeln für α_{Ri} (Abb. 2.12) verläuft ähnlich wie bei den Tafeln für den Einfluß der Querschnittskennwerte. Zu beachten ist hierbei lediglich, daß auch der konvexe Momententyp (Abb. 2.8a) Einfluß hat. Vom Punkt A geht man wieder waagerecht nach rechts bis zum Schnittpunkt B mit der Kurve mit dem nach Formel (2.13) berechneten Scharparameter k_{Ri}. Von B aus läuft man senkrecht nach oben bis zur zugehörigen µ-Kurve (Punkt C) und liest dann waagerecht nach links den Korrekturfaktor α_{Ri} ab. Für alle Parameter darf wieder interpoliert werden.

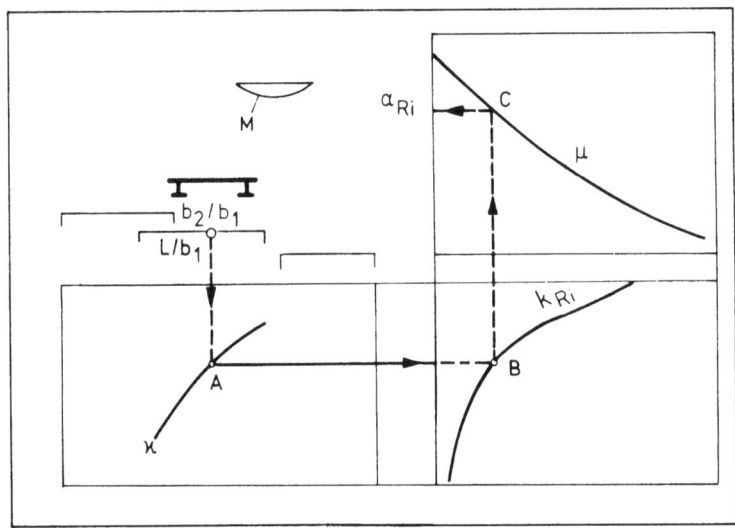

Abb. 2.12.   Schematische Darstellung der Kurventafeln zur Bestimmung von α_{Ri}

2.3.3.3 Tafel für den Einfluß der Querdehnzahl des Gurtwerkstoffes

Der Korrekturwert α_μ wurde ermittelt als Verhältniswert

$$\alpha_\mu = \frac{\lambda(M_{max}, \mu \neq 0,3)}{\lambda(M_{max}, \mu = 0,3)} . \qquad (2.14)$$

Hierbei wurden $k_{LR} = k_{ox} = 0$, $k_F = 0,50$ und $k_Q = 0,15$ gesetzt. Die Abweichung von α_μ bei anderen Längsversteifungskennwerten k_{LR} und k_{ox} wurde bereits in die α_{Ri}-Tafel eingearbeitet, die Abweichung von α_μ bei anderen Querschnittskennwerten k_F und k_Q ist vernachlässigbar. Der Fehler, der sich bei Anwendung der α_μ-Tafel gegenüber den exakten Werten ergibt, liegt wieder im Mittel bei 1%, ungünstigstenfalls bei 4%.

Die Benutzung der Tafel für α_μ ist einfacher als die der Tafeln für α_{QF} und α_{Ri}. Man wählt das zu dem entsprechenden b_2/b_1-Verhältnis und dem Momententyp gehörende Diagramm und ermittelt in Abhängigkeit von dem auf der Abszisse aufgetragenen L/b_1-Wert und den Scharparametern μ und $\varkappa$ den auf der Ordinate aufgetragenen Korrekturfaktor α_μ. Um auch den sinusförmigen Momententyp mit den Tafeln behandeln zu können, dessen kleine L/b_1-Verhältnisse für die harmonische Analyse beliebiger Momentenverläufe benötigt werden, wurden die Diagramme für den konvexen Momententyp um die kleineren L/b_1-Verhältnisse ergänzt. Man erkennt, daß die Korrekturfaktoren einem Grenzwert zustreben, der auch für noch kleinere L/b_1-Verhältnisse Gültigkeit besitzt.

3. Die elastizitätstheoretische Behandlung des Plattenbalkens

Dieses Kapitel enthält für den interessierten Leser in gedrängter Form die Entwicklung der für die Aufstellung der Tafeln verwendeten Theorie. Es handelt sich im wesentlichen um eine spezielle Anwendung und gezielte Aufbereitung bekannter Verfahren der Elastizitätstheorie. Daher werden manche Formelsätze nicht komplett - wie für die Programmierung benötigt - angeschrieben, sondern nur so weit, daß man den Aufbau der dem Rechenprogramm zugrundeliegenden Theorie nachvollziehen kann. Die Grundlagen werden als bekannt vorausgesetzt. Sie können im einschlägigen Fachschrifttum nachgelesen werden. Die Lektüre dieses Kapitels ist für ein ausreichendes Verständnis der Grundlagen der Tafeln und ihre sachgemäße Anwendung nicht erforderlich.

Es seien noch einige Bemerkungen zur Wahl des Lösungsverfahrens vorangestellt. Die Aufgabe besteht darin, den elastischen Spannungs- und Verformungszustand des in Abb. 2.4 dargestellten Plattenbalkensystems zu berechnen. Hierfür stehen praktisch alle bekannten Verfahren für Flächentragwerke zur Verfügung, die sich grob in analytische, halb finite und finite Verfahren einteilen lassen. In der genannten Reihenfolge wächst im allgemeinen sowohl die Vielseitigkeit in der Anpassung an beliebige Formen und Randbedingungen des Tragwerks als auch der numerische Aufwand. Letzteres war angesichts der für die Aufstellung der Tafeln (insbesondere der Kurventafeln) geplanten großen Anzahl von Programmläufen nach Meinung der Verfasser der wichtigere Gesichtspunkt. Deshalb wurde die Lösungsmethode mit trigonometrischen Reihen gewählt, die - bei Inkaufnahme gewisser Beschränkungen in den Randbedingungen - numerisch sehr leistungsfähig ist.

3.1 Die Differentialgleichung der Gurtscheibe

Im folgenden werden zur Erinnerung die beiden alternativ für den Gurt verwendeten Differentialgleichungen der isotropen und der orthogonal versteiften (kurz: orthotropen) Scheibe parallel nebeneinander kurz hergeleitet.

| isotrope Scheibe | orthotrope Scheibe |

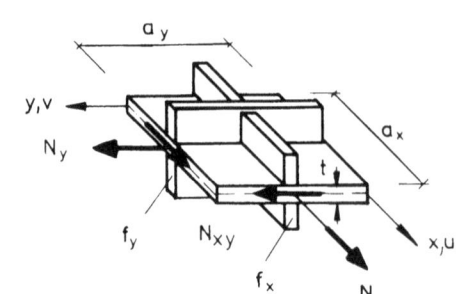

Abb. 3.1. Scheibenelemente

Die Spannungs-Dehnungs-Beziehungen lauten für die σ_x-Spannungen:

| in der Scheibe: | in der Scheibe: |

$$\sigma_x = \frac{E}{1-\mu^2}(\epsilon_x + \mu\epsilon_y)\,. \qquad \sigma_{x,Sch} = \frac{E}{1-\mu^2}(\epsilon_x + \mu\epsilon_y),$$

in der Rippe:

$$\sigma_{x,Ri} = E\epsilon_x\,.\qquad(3.1)$$

Mit (3.1) und den analogen Beziehungen der anderen Spannungskomponenten erhält man die resultierenden Kräfte eines Scheibenelementes (Abb. 3.1) zu

$$N_x = E\left[\frac{ta_y}{1-\mu^2}\epsilon_x + \frac{\mu ta_y}{1-\mu^2}\epsilon_y\right]\,,\qquad N_x = E\left[\left(\frac{ta_y}{1-\mu^2}+f_x\right)\epsilon_x + \frac{\mu ta_y}{1-\mu^2}\epsilon_y\right]\,,$$

$$N_y = E\left[\frac{ta_x}{1-\mu^2}\epsilon_y + \frac{\mu ta_x}{1-\mu^2}\epsilon_x\right]\,,\qquad N_y = E\left[\left(\frac{ta_x}{1-\mu^2}+f_y\right)\epsilon_y + \frac{\mu ta_x}{1-\mu^2}\epsilon_x\right]\,,$$

$$N_{xy} = \frac{E}{2(1+\mu)}ta_y\gamma_{xy}\,,\qquad N_{xy} = \frac{E}{2(1+\mu)}ta_y\gamma_{xy}\,,\qquad(3.2a)$$

und daraus die auf die Längeneinheit bezogenen Kräfte zu

$$n_x = \frac{N_x}{a_y}\,,\quad n_y = \frac{N_y}{a_x}\,,\quad n_{xy} = \frac{N_{xy}}{a_y}\,.\qquad(3.2b)$$

Die Gleichgewichtsbedingungen

$$\frac{\partial n_x}{\partial x} + \frac{\partial n_{xy}}{\partial y} = 0\,,\quad \frac{\partial n_y}{\partial y} + \frac{\partial n_{xy}}{\partial x} = 0 \qquad(3.3)$$

werden von der Airyschen Spannungsfunktion $F(x,y)$ erfüllt, wenn diese wie folgt definiert ist:

$$n_x = \frac{\partial^2 F}{\partial y^2}\,,\quad n_y = \frac{\partial^2 F}{\partial x^2}\,,\quad n_{xy} = -\frac{\partial^2 F}{\partial x \partial y}\,.\qquad(3.4)$$

Auflösen der Gl.(3.2a) nach den Verzerrungen und Einsetzen von (3.2b) führt auf

$$\epsilon_x = \frac{1}{Et}(n_x - \mu n_y),$$

$$\epsilon_y = \frac{1}{Et}(n_y - \mu n_x),$$

$$\gamma_{xy} = \frac{2(1+\mu)}{Et} n_{xy}.$$

$$\left| \epsilon_x = \frac{1}{ERt}(D_y n_x - \frac{\mu}{1-\mu^2} n_y),\right.$$

$$\left| \epsilon_y = \frac{1}{ERt}(D_x n_y - \frac{\mu}{1-\mu^2} n_x),\right. \qquad (3.5)$$

$$\left| \gamma_{xy} = \frac{2(1+\mu)}{Et} n_{xy}\right.$$

mit den Abkürzungen

$$D_x = \frac{f_x}{ta_y} + \frac{1}{1-\mu^2} = k_{ox} + \frac{1}{1-\mu^2},$$

$$D_y = \frac{f_y}{ta_x} + \frac{1}{1-\mu^2} = k_{oy} + \frac{1}{1-\mu^2},$$

$$R = D_x D_y - \left(\frac{\mu}{1-\mu^2}\right)^2.$$

Nach Einsetzen dieser Ausdrücke in die Kompatibilitätsbedingung des ebenen Spannungszustandes und Einführen der Spannungsfunktion nach (3.4) ergibt sich die Differentialgleichung der Gurtscheibe zu

$$\frac{\partial^4 F}{\partial x^4} + 2\frac{\partial^4 F}{\partial x^2 \partial y^2} + \frac{\partial^4 F}{\partial y^4} = 0.$$

$$\left| D_x \frac{\partial^4 F}{\partial x^4} + 2T \frac{\partial^4 F}{\partial x^2 \partial y^2} + D_y \frac{\partial^4 F}{\partial y^4} = 0 \right. \qquad (3.6)$$

mit der Abkürzung

$$T = (1+\mu)\left[D_x D_y - \frac{\mu}{(1-\mu^2)^2}\right].$$

Für $f_x = f_y = 0$ geht die Dgl. der orthotropen Scheibe, wie man sich leicht überzeugen kann, in die der isotropen Scheibe über.

3.2 Lösung der Differentialgleichungen mit Hilfe trigonometrischer Reihen

Zur Lösung der Dgl.(3.6) wird ein Produktansatz

$$F(x,y) = \sum_{n=1}^{\infty} Y_n(y) \sin\alpha_n x$$

$$\text{mit } \alpha_n = \frac{n\pi}{L} \text{ und } n = 1, 2, 3 \ldots$$

gemacht. Zur Bestimmung von $Y_n(y)$ wird $F(x,y)$ mit seinen Ableitungen in (3.6) eingesetzt, was auf folgende gewöhnliche, homogene Dgl. 4. Ordnung mit konstanten Koeffizienten für $Y_n(y)$ führt:

$$Y_n'''' - 2\alpha_n^2 Y_n'' + \alpha_n^4 Y_n = 0.$$

$$\left| D_y Y_n'''' - 2T\alpha_n^2 Y_n'' + D_x \alpha_n^4 Y_n = 0 \right.$$

Die Lösung dieser Dgl. gelingt mit Hilfe des Eulerschen Ansatzes

$$Y_n(y) = e^{\hat{c}y},$$

dessen Koeffizienten $\hat{c}$ sich als Lösungen der charakteristischen Gleichung zu

$$\hat{c}^{(1)} = \hat{c}^{(3)} = +\alpha_n, \qquad \hat{c}^{(1,2)} = +\sqrt{\frac{T}{D_y}\left(1 \pm \sqrt{1 - \frac{D_x D_y}{T^2}}\right)}\,\alpha_n$$

$$= c^{(1,2)}\alpha_n, \qquad (3.7)$$

$$\hat{c}^{(2)} = \hat{c}^{(4)} = -\alpha_n \qquad \hat{c}^{(3,4)} = -\sqrt{\frac{T}{D_x}\left(1 \pm \sqrt{1 - \frac{D_x D_y}{T^2}}\right)}\,\alpha_n$$

$$= c^{(3,4)}\alpha_n$$

ergeben. Damit lassen sich die vollständigen Ansätze für die Spannungsfunktion $F(x,y)$ wie folgt aufbauen:

in Teilgurtscheibe 1 (Innenscheibe, Abb. 2.4):

$$F_1 = \sum_n \frac{1}{\alpha_n^2}\left[A_{n1}\,\mathrm{ch}\alpha_n y_1 + B_{n1}\,\mathrm{sh}\alpha_n y_1 + C_{n1}\alpha_n y_1\,\mathrm{ch}\alpha_n y_1 + D_{n1}\alpha_n y_1\,\mathrm{sh}\alpha_n y_1\right]\sin\alpha_n x,$$

$$F_1 = \sum_n \frac{1}{\alpha_n^2}\left[A_{n1}\,\mathrm{ch}c_1^{(1)}\alpha_n y_1 + B_{n1}\,\mathrm{sh}c_1^{(1)}\alpha_n y_1 + C_{n1}\,\mathrm{ch}c_1^{(2)}\alpha_n y_1 + D_{n1}\,\mathrm{sh}c_1^{(2)}\alpha_n y_1\right]\sin\alpha_n x, \qquad (3.8a)$$

in Teilgurtscheibe 2 (Kragscheibe, Abb.2.4):

$$F_2 = \sum_n \frac{1}{\alpha_n^2}\left[A_{n2}\,e^{\alpha_n y_2} + B_{n2}\alpha_n y_2\,e^{\alpha_n y_2} + C_{n2}\,e^{-\alpha_n y_2} + D_{n2}\alpha_n y_2\,e^{-\alpha_n y_2}\right]\sin\alpha_n x.$$

$$F_2 = \sum_n \frac{1}{\alpha_n^2}\left[A_{n2}\,e^{c_2^{(1)}\alpha_n y_2} + B_{n2}\,e^{c_2^{(2)}\alpha_n y_2} + C_{n2}\,e^{c_2^{(3)}\alpha_n y_2} + D_{n2}\,e^{c_2^{(4)}\alpha_n y_2}\right]\sin\alpha_n x. \qquad (3.8b)$$

Definition der Indices:

$c_k^{(i)}$ — (i) Lösungsnummer, k Scheibennummer

Obwohl die isotrope Scheibe mechanisch den Grenzfall der orthotropen Scheibe für $f_x = f_y = 0$ darstellt, werden beide durch getrennte Ansätze beschrieben, da die Lösungen der orthotropen Scheibe für den Fall $f_x = f_y = 0$ kein Fundamentalsystem mehr bilden. F_1 wurde wegen der Ausnutzung von Symmetrie und Antimetrie aus Hyperbelfunktionen aufgebaut, während F_2 aus Exponentialfunktionen zusammengesetzt wurde, die das Abklingverhalten der σ_x-Spannungen in der Kragscheibe besser beschreiben.

Alle für die Formulierung der Randbedingungen (vgl. 3.3) benötigten bezogenen Kräfte werden durch Einsetzen der entsprechenden Differentialausdrücke des Ansatzes (3.8) in (3.4), alle Verzerrungen durch Einsetzen von (3.4) in (3.5) und alle Verschiebungen durch Integration aus (3.5) gewonnen. Als Beispiele werden je ein Ausdruck für eine Dehnung und für eine Verschiebung angeschrieben:

$$Et_1\epsilon_{x1} = \sum_n \{A_{n1}(1+\mu)\operatorname{ch}\alpha_n y_1 + B_{n1}(1+\mu)\operatorname{sh}\alpha_n y_1 + C_{n1}[2\operatorname{sh}\alpha_n y_1 + (1+\mu)\alpha_n y_1 \operatorname{ch}\alpha_n y_1] + D_{n1}[2\operatorname{ch}\alpha_n y_1 + (1+\mu)\alpha_n y_1 \operatorname{sh}\alpha_n y_1]\} \cdot \sin\alpha_n x ,$$

$$ER_1 t_1 \epsilon_{x1} = \sum_n \left\{A_{n1}\left[(c_1^{(1)})^2 D_{y1} + \frac{\mu}{(1-\mu^2)}\right]\operatorname{chc}_1^{(1)}\alpha_n y_1 + B_{n1}\left[(c_1^{(1)})^2 D_{y1} + \frac{\mu}{(1-\mu^2)}\right]\operatorname{shc}_1^{(1)}\alpha_n y_1 + C_{n1}\left[(c_1^{(2)})^2 D_{y1} + \frac{\mu}{(1-\mu^2)}\right]\operatorname{chc}_1^{(2)}\alpha_n y_1 + D_{n1}\left[(c_1^{(2)})^2 D_{y1} + \frac{\mu}{(1-\mu^2)}\right]\operatorname{shc}_1^{(2)}\alpha_n y_1\right\} \cdot \sin\alpha_n x , \quad (3.9a)$$

$$Et_2 v_2 = \sum_n \frac{1}{\alpha_n}\left\{-A_{n2}(1+\mu)e^{\alpha_n y_2} + B_{n2}[(1-\mu) - (1+\mu)\alpha_n y_2]e^{\alpha_n y_2} + C_{n2}(1+\mu)e^{-\alpha_n y_2} + D_{n2}[(1-\mu) + (1+\mu)\alpha_n y_2]e^{\alpha_n y_2}\right\} \cdot \sin\alpha_n x .$$

$$ER_2 t_2 v_2 = \sum_n \left(-\frac{1}{\alpha_n}\right)\left\{A_{n2}\left[D_{x2}+(c_2^{(1)})^2\frac{\mu}{1-\mu^2}\right]\frac{1}{c_2^{(1)}}e^{c_2^{(1)}\alpha_n y_2} + B_{n2}\left[D_{x2}+(c_2^{(2)})^2\frac{\mu}{1-\mu^2}\right]\frac{1}{c_2^{(2)}}e^{c_2^{(2)}\alpha_n y_2} + C_{n2}\left[D_{x2}+(c_2^{(3)})^2\frac{\mu}{1-\mu^2}\right]\frac{1}{c_2^{(3)}}e^{c_2^{(3)}\alpha_n y_2} + D_{n2}\left[D_{x2}+(c_2^{(4)})^2\frac{\mu}{1-\mu^2}\right]\frac{1}{c_2^{(4)}}e^{c_2^{(4)}\alpha_n y_2}\right\} \cdot \sin\alpha_n x . \quad (3.9b)$$

3.3 Bestimmung der Integrationskonstanten

Abb. 3.2 zeigt – in derselben Darstellung wie Abb. 2.4 – die Draufsicht auf die Gurtscheibe mit allen Randbedingungen, an die der Ansatz (3.8) mit Hilfe der Integrationskonstanten $A_{n1} \ldots D_{n2}$ angepaßt werden muß. Die Randbedingungen an den Querrändern bei $x = 0$ und $x = L$ rühren von der Annahme einer parallel zum Rand unendlich starren und senkrecht zum

Rand unendlich weichen Endquerscheibe (vgl. 2.1.2.4) her und werden mit Hilfe der trigonometrischen Anteile der Reihenentwicklungen von vornherein erfüllt. An den Längsrändern der beiden Teilgurtscheiben verbleiben 8 Randbedingungen, wenn man die Belastung in einen symmetrischen und einen antimetrischen Anteil zerlegt (Abb. 3.2). Mit ihnen können die $8 \times \infty$ Integrationskonstanten $A_{n1} \ldots D_{n2}$ bestimmt werden.

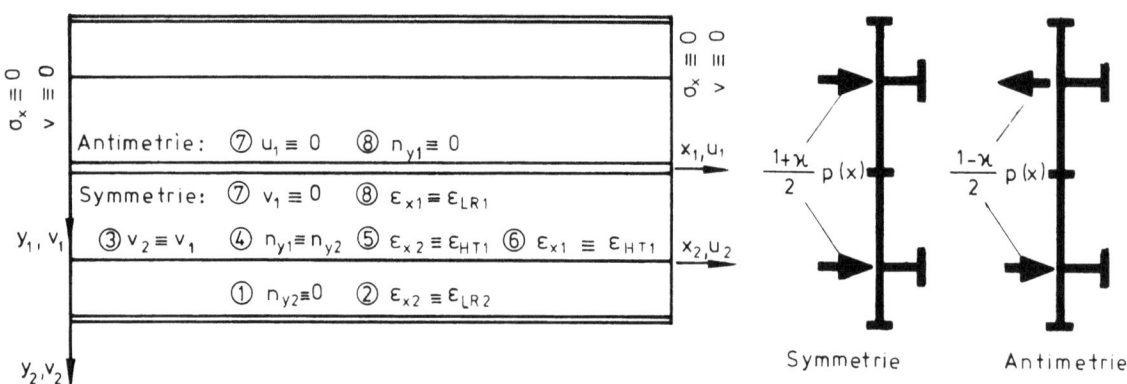

Abb. 3.2. Randbedingungen, Aufspaltung der Belastung

Die Randbedingungen 1, 3, 4, 7 und 8 (antimetrisch) enthalten nur Scheibengrößen und lassen sich direkt mit Hilfe der Ausdrücke (3.9) anschreiben. Die übrigen Randbedingungen enthalten auf der rechten Seite Stabdehnungen, die sich unter Verwendung der Bezeichnungen nach Abb. 2.4 und 3.3 zunächst wie folgt schreiben:

$$\varepsilon_{HT1}(x) = \frac{1}{E_{HT}} \left[-\frac{1 \pm \varkappa}{2} M(x) \frac{h}{I_{HT}} + N_{HT1}(x) \left(\frac{h^2}{I_{HT}} + \frac{1}{F_{HT}} \right) \right] \;, \tag{3.10a}$$

$$\varepsilon_{LR1}(x) = \frac{1}{E} \frac{N_{LR1}}{F_{LR1}} \;,$$

$$\varepsilon_{LR2}(x) = \frac{1}{E} \frac{N_{LR2}}{F_{LR2}} \;. \tag{3.10b}$$

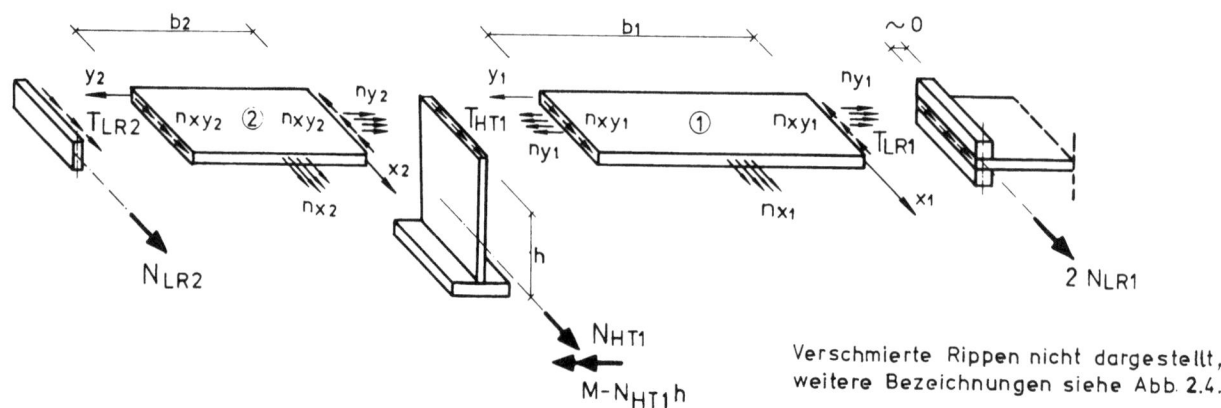

Abb. 3.3. Schnittgrößen

Für die gegebene Biegemomentenfunktion M(x) wird ein Fourieransatz gemacht (vgl. auch Abb. 2.9),

$$M(x) = \sum_n m_n \sin\alpha_n x .$$

Daraus wird nach Aufspaltung des Fourierkoeffizienten m_n in ein Bezugsmoment m_o und einen dimensionslosen Faktor $\bar{m}_n$

$$M(x) = m_o \sum_n \bar{m}_n \sin\alpha_n x . \qquad (3.11)$$

Zum Beispiel erhält man für die in Abb. 2.8b dargestellte M-Funktion als Ergebnis der harmonischen Analyse

$$m_o = \frac{16}{\pi^2} M_{max} , \qquad (3.12)$$

$$\bar{m}_n = \frac{1}{n^2}\left\{ \frac{1}{8\eta}\left[\left(1 + (\frac{\eta}{\eta'})^2 \psi\right)\eta \sin n\pi\eta - \eta^2 n\pi \cos n\pi\eta - \frac{2}{n\pi}(\frac{\eta}{\eta'})^2 \psi (1 - \cos n\pi\eta)\right] - \right.$$

$$\left. - \frac{1}{8\eta'^2} \cos n\pi \left[\left(1 + \psi\right)\eta' \sin n\pi\eta' - \eta'^2 n\pi \cos n\pi\eta' - \frac{2}{n\pi}\psi (1 - \cos n\pi\eta')\right]\right\} .$$

Für die Normalkräfte in (3.10) werden die folgenden, aus Abb. 3.3 ablesbaren Gleichgewichtsbeziehungen zwischen Scheiben- und Stabkräften herangezogen:

$$N_{HT1}(x) = -\int_0^x T_{HT1}(\xi)d\xi = \int_0^x \left[n_{xy1}(\xi,b_1) - n_{xy2}(\xi,0)\right]d\xi , \qquad (3.13a)$$

$$N_{LR1}(x) = -\int_0^x T_{LR1}(\xi)d\xi = -\int_0^x n_{xy1}(\xi,0)d\xi ,$$

$$\qquad (3.13b)$$

$$N_{LR2}(x) = -\int_0^x T_{LR2}(\xi)d\xi = \int_0^x n_{xy2}(\xi,b_2)d\xi .$$

Ersetzt man hierin die Scheibenschubkräfte n_{xy1} und n_{xy2} durch die entsprechenden Differentialausdrücke des Ansatzes (3.8) nach (3.4) und setzt dann - nach Ausführung der Integration - die Normalkräfte nach (3.13) und das Biegemoment nach (3.11) in (3.10) ein, so lassen sich auch die Randbedingungen 2, 5, 6 und 8 (Symmetrie) - genau wie die Randbedingungen 1, 3, 4, 7 und 8 (Antimetrie) - derart als Reihen darstellen, daß durch gliedweises Anschreiben ein lineares, inhomogenes Gleichungssystem für die $8 \times \infty$ unbekannten Integrationskonstanten $A_{n1} \ldots D_{n2}$ des Ansatzes (3.8) entsteht. Das Gleichungssystem ist gliedweise entkoppelt. Es lautet für das n-te Reihenglied nach einigen Umformungen und unter Verwendung der dimensionslosen Kennwerte nach (2.2) sowie folgender weiterer Abkürzungen

$$k_{FD} = 1 + k_{ox1} + k_{LR1} + k_b k_t (1 + k_{ox2} + k_{LR2}) ,$$

$$k_{41} = \frac{1 + k_Q}{k_F k_Q k_{FD}} ,$$

$$k_{42} = k_{41} k_b k_t ,$$

$$\qquad (3.14)$$

$$\gamma = \frac{1-\mu}{1+\mu}$$

und der Bezugs-Scheibennormalkraft

$$n_{xo} = \frac{m_o}{hb_1 k_{FD}} \quad \text{mit } m_o \text{ nach (3.11)} \tag{3.15}$$

für den symmetrischen (Index S) und antimetrischen (Index A) Lastanteil

$$\begin{matrix} \boldsymbol{M}_{S,n} \\ \boldsymbol{M}_{A,n} \end{matrix} \cdot \frac{1}{n_{xo}} \cdot \begin{bmatrix} A_{n1} \\ B_{n1} \\ C_{n1} \\ D_{n1} \\ A_{n2} \\ B_{n2} \\ C_{n2} \\ D_{n2} \end{bmatrix}_{S,A} = \begin{matrix} \frac{1+\varkappa}{2} \\ \frac{1-\varkappa}{2} \end{matrix} \cdot \boldsymbol{r}_n \tag{3.16}$$

Hierin ist $\boldsymbol{r}_n$ der Vektor der rechten Seiten, der den bekannten n-ten Fourierkoeffizienten $\bar{m}_n$ der M-Funktion (3.11) enthält:

isotrope Scheibe	orthotrope Scheibe

$$\boldsymbol{r}_n = -\frac{\bar{m}_n}{k_F k_Q} \begin{bmatrix} 0 \\ 0 \\ 0 \\ 0 \\ k_t \\ 1 \\ 0 \\ 0 \end{bmatrix} \qquad \boldsymbol{r}_n = -\frac{\bar{m}_n}{k_F k_Q} \begin{bmatrix} 0 \\ 0 \\ 0 \\ 0 \\ k_t R_2 \\ R_1 \\ 0 \\ 0 \end{bmatrix} \tag{3.17}$$

Die Koeffizientenmatrizen $\boldsymbol{M}_{S,n}$ (Symmetrie) bzw. $\boldsymbol{M}_{A,n}$ (Antimetrie) des Gleichungssystems (3.16) sind in den beiden Tabellen 3.1 (isotrope Gurtscheibe) und 3.2 (orthotrope Gurtscheibe) dargestellt. Die Zeilenreihenfolge entspricht der Numerierung der Randbedingungen in Abb. 3.2. Da sich $\boldsymbol{M}_{S,n}$ und $\boldsymbol{M}_{A,n}$ nur in der 7. und 8. Zeile unterscheiden, wurde auf eine getrennte Darstellung verzichtet und lediglich in diesen beiden Zeilen zwischen Symmetrie und Antimetrie unterschieden, wobei die zur symmetrischen Randbedingung gehörenden Terme oberhalb des gestrichelten Trennungsstriches stehen.

Tab. 3.1. Koeffizientenmatrix $M_{S,n}$ (obere Zeile) bzw. $M_{A,n}$ (untere Zeile) bei isotroper Gurtscheibe

col 1	col 2	col 3	col 4	col 5	col 6	col 7	col 8
0	0	0	0	$e^{\alpha_n b_2}$	$\alpha_n b_2 e^{\alpha_n b_2}$	$e^{-\alpha_n b_2}$	$\alpha_n b_2 e^{-\alpha_n b_2}$
0	0	0	0	$[(1+\mu)\cdot k_{R_2}\alpha_n b_2 + 1]\cdot e^{\alpha_n b_2}$	$[(2+(1+\mu)\alpha_n b_2)\cdot k_{R_2}\alpha_n b_2 + 1+\alpha_n b_2]\cdot e^{\alpha_n b_2}$	$[(1+\mu)\cdot k_{R_2}\alpha_n b_2 - 1]\cdot e^{-\alpha_n b_2}$	$[(-2+(1+\mu)\alpha_n b_2)\cdot k_{R_2}\alpha_n b_2 + 1-\alpha_n b_2]\cdot e^{-\alpha_n b_2}$
$k_t\cdot \operatorname{sh}\alpha_n b_1$	$k_t\cdot \operatorname{ch}\alpha_n b_1$	$(-\gamma\operatorname{ch}\alpha_n b_1 + \alpha_n b_1\operatorname{sh}\alpha_n b_1)\cdot k_t$	$(-\gamma\operatorname{sh}\alpha_n b_1 + \alpha_n b_1\cdot\operatorname{ch}\alpha_n b_1)\cdot k_t$	-1	γ	1	γ
$-\operatorname{ch}\alpha_n b_1$	$-\operatorname{sh}\alpha_n b_1$	$-\alpha_n b_1\cdot\operatorname{ch}\alpha_n b_1$	$-\alpha_n b_1\cdot\operatorname{sh}\alpha_n b_1$	1	0	1	0
$\dfrac{k_{42}}{\alpha_n b_2}\cdot\operatorname{ch}\alpha_n b_1$	$\dfrac{k_{42}}{\alpha_n b_2}\cdot\operatorname{ch}\alpha_n b_1$	$\dfrac{k_{42}}{\alpha_n b_2}\cdot\operatorname{ch}\alpha_n b_1 + \dfrac{k_{42}}{k_b}\operatorname{sh}\alpha_n b_1$	$\dfrac{k_{42}}{\alpha_n b_2}\cdot\operatorname{sh}\alpha_n b_1 + \dfrac{k_{42}}{k_b}\cdot\operatorname{ch}\alpha_n b_1$	$(1+\mu) - \dfrac{k_{42}}{\alpha_n b_2}$	$2 - \dfrac{k_{42}}{\alpha_n b_2}$	$(1+\mu) + \dfrac{k_{42}}{\alpha_n b_2}$	$-2 - \dfrac{k_{42}}{\alpha_n b_2}$
$(1+\mu)\operatorname{ch}\alpha_n b_1 + \dfrac{k_{41}}{\alpha_n b_1}\operatorname{sh}\alpha_n b_1$	$(1+\mu)\operatorname{sh}\alpha_n b_1 + \dfrac{k_{41}}{\alpha_n b_1}\operatorname{ch}\alpha_n b_1$	$(2+k_{41})\operatorname{sh}\alpha_n b_1 + [(1+\mu)\alpha_n b_1 + \dfrac{k_{41}}{\alpha_n b_1}]\cdot\operatorname{ch}\alpha_n b_1$	$(2+k_{41})\operatorname{ch}\alpha_n b_1 + [(1+\mu)\alpha_n b_1 + \dfrac{k_{41}}{\alpha_n b_1}]\operatorname{sh}\alpha_n b_1$	$-\dfrac{k_{41}}{\alpha_n b_1}$	$-\dfrac{k_{41}}{\alpha_n b_1}$	$\dfrac{k_{41}}{\alpha_n b_1}$	$\dfrac{k_{41}}{\alpha_n b_1}$
0	1	$-\gamma$	0	0	0	0	0
$1+\mu$	0	0	2	0	0	0	0
-1	-1	-1	0	0	0	0	0
$(1+\mu)\cdot k_{R_1}\alpha_n b_1$	0	0	$2\cdot k_{R_1}\cdot\alpha_n b_1$	0	0	0	0
1	0	0	0	0	0	0	0

Tab. 3.2. Koeffizientenmatrix $M_{S,n}$ (obere Zeile) bzw. $M_{A,n}$ (untere Zeile) bei orthotroper Gurtscheibe

				$e^{c_2^{(1)}a_nb_2}$	$e^{c_2^{(2)}a_nb_2}$	$e^{c_2^{(3)}a_nb_2}$	$e^{c_2^{(4)}a_nb_2}$
0	0	0	0	$[((c_2^{(1)})^2 D_{y_2} + \frac{\mu}{1-\mu^2}) \cdot \frac{1}{R_2} \cdot k_{R_2} \cdot a_n b_2 + c_2^{(1)}] \cdot e^{c_2^{(1)}a_nb_2}$	$[((c_2^{(2)})^2 D_{y_2} + \frac{\mu}{1-\mu^2}) \cdot \frac{1}{R_2} \cdot k_{R_2} \cdot a_n b_2 + c_2^{(2)}] \cdot e^{c_2^{(2)}a_nb_2}$	$[((c_2^{(3)})^2 D_{y_2} + \frac{\mu}{1-\mu^2}) \cdot \frac{1}{R_2} \cdot k_{R_2} \cdot a_n b_2 + c_2^{(3)}] \cdot e^{c_2^{(3)}a_nb_2}$	$[((c_2^{(4)})^2 D_{y_2} + \frac{\mu}{1-\mu^2}) \cdot \frac{1}{R_2} \cdot k_{R_2} \cdot a_n b_2 + c_2^{(4)}] \cdot e^{c_2^{(4)}a_nb_2}$
$-\frac{D_{x_1}+(c_1^{(1)})^2 \cdot \frac{\mu}{1-\mu^2}}{c_1^{(1)}} \cdot k_t \cdot k_{R'}$ $\cdot sh\, c_1^{(1)}a_n b_1$	$\frac{D_{x_1}+(c_1^{(1)})^2 \cdot \frac{\mu}{1-\mu^2}}{c_1^{(1)}} \cdot k_t \cdot k_R$ $\cdot ch\, c_1^{(1)}a_n b_1$	$-\frac{D_{x_1}+(c_1^{(2)})^2 \cdot \frac{\mu}{1-\mu^2}}{c_1^{(2)}} \cdot k_t \cdot k_R$ $\cdot sh\, c_1^{(2)}a_n b_1$	$\frac{D_{x_1}+(c_1^{(2)})^2 \cdot \frac{\mu}{1-\mu^2}}{c_1^{(2)}} \cdot k_t \cdot k_R$ $\cdot ch\, c_1^{(2)}a_n b_1$	$\frac{D_{x_2}+(c_2^{(1)})^2 \cdot \frac{\mu}{1-\mu^2}}{c_2^{(1)}}$	$\frac{D_{x_2}+(c_2^{(2)})^2 \cdot \frac{\mu}{1-\mu^2}}{c_2^{(2)}}$	$\frac{D_{x_2}+(c_2^{(3)})^2 \cdot \frac{\mu}{1-\mu^2}}{c_2^{(3)}}$	$\frac{D_{x_2}+(c_2^{(4)})^2 \cdot \frac{\mu}{1-\mu^2}}{c_2^{(4)}}$
$-ch\, c_1^{(1)}a_n b_1$	$-sh\, c_1^{(1)}a_n b_1$	$-ch\, c_1^{(2)}a_n b_1$	$-sh\, c_1^{(2)}a_n b_1$	1	1	1	1
$\frac{k_{42}}{a_n b_2} \cdot R_2 c_1^{(1)} \cdot sh\, c_1^{(1)}a_n b_1$	$\frac{k_{42}}{a_n b_2} \cdot R_2 c_1^{(1)} \cdot ch\, c_1^{(1)}a_n b_1$	$\frac{k_{42}}{a_n b_2} \cdot R_2 c_1^{(2)} \cdot sh\, c_1^{(2)}a_n b_1$	$\frac{k_{42}}{a_n b_2} \cdot R_2 c_1^{(2)} \cdot ch\, c_1^{(2)}a_n b_1$	$(c_2^{(1)})^2 \cdot D_{y_2} + \frac{\mu}{1-\mu^2} -$ $\frac{k_{42}}{a_n b_2} \cdot R_2 c_2^{(1)}$	$(c_2^{(2)})^2 \cdot D_{y_2} + \frac{\mu}{1-\mu^2} -$ $\frac{k_{42}}{a_n b_2} \cdot R_2 c_2^{(2)}$	$(c_2^{(3)})^2 \cdot D_{y_2} + \frac{\mu}{1-\mu^2} -$ $\frac{k_{42}}{a_n b_2} \cdot R_2 c_2^{(3)}$	$(c_2^{(4)})^2 \cdot D_{y_2} + \frac{\mu}{1-\mu^2} -$ $\frac{k_{42}}{a_n b_2} \cdot R_2 c_2^{(4)}$
$[(c_1^{(1)})^2 \cdot D_{x_1} + \frac{\mu}{1-\mu^2}] \cdot ch\, c_1^{(1)}a_n b_1 +$ $\frac{k_{41}}{a_n b_1} \cdot R_1 c_1^{(1)} sh\, c_1^{(1)}a_n b_1$	$[(c_1^{(1)})^2 \cdot D_{x_1} + \frac{\mu}{1-\mu^2}] \cdot sh\, c_1^{(1)}a_n b_1 +$ $\frac{k_{41}}{a_n b_1} \cdot R_1 c_1^{(1)} ch\, c_1^{(1)}a_n b_1$	$[(c_1^{(2)})^2 \cdot D_{x_1} + \frac{\mu}{1-\mu^2}] \cdot ch\, c_1^{(2)}a_n b_1 +$ $\frac{k_{41}}{a_n b_1} \cdot R_1 c_1^{(2)} sh\, c_1^{(2)}a_n b_1$	$[(c_1^{(2)})^2 \cdot D_{x_1} + \frac{\mu}{1-\mu^2}] \cdot sh\, c_1^{(2)}a_n b_1 +$ $\frac{k_{41}}{a_n b_1} \cdot R_1 c_1^{(2)} ch\, c_1^{(2)}a_n b_1$	$-\frac{k_{41}}{a_n b_1} \cdot R_1 \cdot c_2^{(1)}$	$-\frac{k_{41}}{a_n b_1} \cdot R_1 \cdot c_2^{(2)}$	$-\frac{k_{41}}{a_n b_1} \cdot R_1 \cdot c_2^{(3)}$	$-\frac{k_{41}}{a_n b_1} \cdot R_1 \cdot c_2^{(4)}$
0	$\frac{D_{x_1}+(c_1^{(1)})^2 \cdot \frac{\mu}{1-\mu^2}}{c_1^{(1)}}$	0	$\frac{D_{x_1}+(c_1^{(2)})^2 \cdot \frac{\mu}{1-\mu^2}}{c_1^{(2)}}$	0	0	0	0
$(c_1^{(1)})^2 \cdot D_{y_1} + \frac{\mu}{1-\mu^2}$	0	$(c_1^{(2)})^2 \cdot D_{y_1} + \frac{\mu}{1-\mu^2}$	0	0	0	0	0
$[(c_1^{(1)})^2 \cdot D_{y_1} + \frac{\mu}{1-\mu^2}] \cdot \frac{k_{S1}}{R_1} a_n b_1$	$-c_1^{(1)}$	$[(c_1^{(2)})^2 \cdot D_{y_1} + \frac{\mu}{1-\mu^2}] \cdot \frac{k_{S1}}{R_1} a_n b_1$	$-c_1^{(2)}$	0	0	0	0
1	0	1	0	0	0	0	0

Nach dem Lösen der 2 n* Gleichungssysteme (3.16) - n* bezeichnet den Abbruchindex der Reihenentwicklung (vgl. 3.5) - werden für die weitere numerische Rechnung die 8 x 2 x n* Elemente der Lösungsvektoren zu vier Hypervektoren

$$\begin{matrix} c_{k,HT1} \\ c_{k,HT2} \end{matrix} = \left(\begin{bmatrix} A_{1k} \\ \vdots \\ A_{nk} \\ \vdots \\ A_{n^*k} \\ \hline B_{nk} \\ \hline C_{nk} \\ \hline D_{nk} \end{bmatrix}_S + \begin{bmatrix} A_{1k} \\ \vdots \\ A_{nk} \\ \vdots \\ A_{n^*k} \\ \hline B_{nk} \\ \hline C_{nk} \\ \hline D_{nk} \end{bmatrix}_A \right) \frac{1}{n_{xo}} \qquad (3.18)$$

(k = 1, 2 = Scheibenindex nach Abb. 2.4)

mit je 4 x n* Elementen zusammengestellt, von denen je einer für eine der vier Teilgurtscheiben gilt (Abb. 2.4).

3.4 Schnittgrößen, Spannungen, Verformungen

In den Ergebnisgleichungen für die statischen Größen werden der besseren Programmierbarkeit wegen alle Summen über n als skalare Vektorprodukte

$$f'c$$

geschrieben. Darin ist c der zur entsprechenden Teilgurtscheibe gehörende Hypervektor nach (3.18). Der Vektor f stellt einen Hypervektor mit passend angeordneten 4 x n* transzendenten Termen dar, die sich für die jeweilige statische Größe aus der Spannungsfunktion (3.8) herleiten.

3.4.1 Kräfte

Die bezogene Scheibennormalkraft in x-Richtung ergibt sich, mit Hilfe von n_{xo} nach (3.15) dimensionslos geschrieben, aus (3.4) zu

$$\frac{n_{xk}}{n_{xo}} = f'_{nxk}\, c_{k,HT1} \quad \text{für } y_1 \geq 0$$

$$\frac{n_{xk}}{n_{xo}} = f'_{nxk}\, c_{k,HT2} \quad \text{für } y_1 < 0$$

(k = 1,2) \qquad (3.19)

mit

isotrope Scheibe	orthotrope Scheibe
$f_{nx1} = \sin\alpha_n x \begin{bmatrix} \operatorname{ch}\alpha_n y_1 \\ \operatorname{sh}\alpha_n y_1 \\ 2\operatorname{sh}\alpha_n y_1 + \alpha_n y_1 \operatorname{ch}\alpha_n y_1 \\ 2\operatorname{ch}\alpha_n y_1 + \alpha_n y_1 \operatorname{sh}\alpha_n y_1 \end{bmatrix}$	$f_{nx1} = \sin\alpha_n x \begin{bmatrix} (c_1^{(1)})^2 \ \operatorname{chc}_1^{(1)}\alpha_n y_1 \\ (c_1^{(1)})^2 \ \operatorname{shc}_1^{(1)}\alpha_n y_1 \\ (c_1^{(2)})^2 \ \operatorname{chc}_1^{(2)}\alpha_n y_1 \\ (c_1^{(2)})^2 \ \operatorname{shc}_1^{(2)}\alpha_n y_1 \end{bmatrix}$,
$f_{nx2} = \sin\alpha_n x \begin{bmatrix} e^{\alpha_n y_2} \\ (2 + \alpha_n y_2)\, e^{\alpha_n y_2} \\ e^{-\alpha_n y_2} \\ (-2 + \alpha_n y_2)\, e^{-\alpha_n y_2} \end{bmatrix}$	$f_{nx2} = \sin\alpha_n x \begin{bmatrix} (c_2^{(1)})^2 \ e^{c_2^{(1)}\alpha_n y_2} \\ (c_2^{(2)})^2 \ e^{c_2^{(2)}\alpha_n y_2} \\ (c_2^{(3)})^2 \ e^{c_2^{(3)}\alpha_n y_2} \\ (c_2^{(4)})^2 \ e^{c_2^{(4)}\alpha_n y_2} \end{bmatrix}$.

Für die beiden anderen Scheibenkräfte n_y und n_{xy} gelten ähnliche Gleichungen. Die Normalkraft im Hauptträger HT1 erhält man aus (3.13a), dimensionslos geschrieben, zu

$$\frac{N_{HT1}}{n_o} = \frac{1}{k_{FD}} \left(f'_{N1} \ c_{1,HT1} + f'_{N2} \ c_{2,HT1} \right) \qquad (3.20)$$

mit $\qquad n_o = \frac{m_o}{h} = n_{xo} b_1 k_{FD}$

und mit

$f_{N1} = -\dfrac{\sin\alpha_n x}{\alpha_n b_1} \begin{bmatrix} \operatorname{sh}\alpha_n b_1 \\ \operatorname{ch}\alpha_n b_1 \\ \operatorname{ch}\alpha_n b_1 + \alpha_n b_1 \operatorname{sh}\alpha_n b_1 \\ \operatorname{sh}\alpha_n b_1 + \alpha_n b_1 \operatorname{ch}\alpha_n b_1 \end{bmatrix}$	$f_{N1} = -\dfrac{\sin\alpha_n x}{\alpha_n b_1} \begin{bmatrix} c_1^{(1)} \ \operatorname{shc}_1^{(1)}\alpha_n b_1 \\ c_1^{(1)} \ \operatorname{chc}_1^{(1)}\alpha_n b_1 \\ c_1^{(2)} \ \operatorname{shc}_1^{(2)}\alpha_n b_1 \\ c_1^{(2)} \ \operatorname{chc}_1^{(2)}\alpha_n b_1 \end{bmatrix}$,
$f_{N2} = \dfrac{\sin\alpha_n x}{\alpha_n b_1} \begin{bmatrix} 1 \\ 1 \\ -1 \\ 1 \end{bmatrix}$.	$f_{N2} = \dfrac{\sin\alpha_n x}{\alpha_n b_1} \begin{bmatrix} c_2^{(1)} \\ c_2^{(2)} \\ c_2^{(3)} \\ c_2^{(4)} \end{bmatrix}$.

3.4.2 Mitwirkender Gurtquerschnitt

Einsetzen von M(x) nach (3.11) und $N_{HT1}(x)$ nach (3.20) in (2.6b) führt auf

$$\lambda = \frac{F_m}{F_{Gurt}} = \frac{1}{k_{FD}} \frac{f'_{N1}\, c_{1,HT1} + f'_{N2}\, c_{2,HT1}}{\frac{1}{k_F k_Q} \sum_n \bar{m}_n \sin\alpha_n x - k_{41}\left(f'_{N1}\, c_{1,HT1} + f'_{N2}\, c_{2,HT1}\right)} .$$

(3.21)

3.4.3 Spannungen

Die Biegebeanspruchung am oberen Rand des Hauptträgers HT1 ergibt sich durch Einsetzen von M(x) nach (3.11) und $N_{HT1}(x)$ nach (3.20) in (2.4), dimensionslos geschrieben, zu

$$\frac{\sigma_{HT1}}{\sigma_o} = -\frac{1}{k_F k_Q} \sum \bar{m}_n \sin\alpha_n x + k_{41}\left(f'_{N1}\, c_{1,HT1} + f'_{N2}\, c_{2,HT1}\right) \quad (3.22)$$

mit $\quad \sigma_o = \dfrac{n_{xo}}{t_1} = \dfrac{n_o}{t_1 b_1 k_{FD}} = \dfrac{m_o}{h t_1 b_1 k_{FD}}$.

Für die Gurtnormalspannung in x-Richtung erhält man nach Einsetzen von (3.5) in (3.1), ebenfalls dimensionslos geschrieben,

in der Scheibe:

$$\frac{\sigma_{xk}}{\sigma_o} = \frac{t_1}{t_k} \frac{n_{xk}}{n_{xo}} .$$

in der Scheibe:

$$\frac{\sigma_{xk,Sch}}{\sigma_o} = \frac{t_1}{t_k} \frac{1}{1 + k_{oxk} + k_{oyk} + k_{oxk}k_{oyk}(1-\mu^2)} \cdot$$

$$\cdot \left[(1 + k_{oyk})\frac{n_{xk}}{n_{xo}} + \mu k_{oxk}\frac{n_{yk}}{n_{xo}}\right] ,$$

(3.23)

in den Rippen:

$$\frac{\sigma_{xk,Ri}}{\sigma_o} = \frac{t_1}{t_k} \frac{1}{1 + k_{oxk} + k_{oyk} + k_{oxk}k_{oyk}(1-\mu^2)} \cdot$$

$$\cdot \left[\left(1 + k_{oyk}(1-\mu^2)\right)\frac{n_{xk}}{n_{xo}} - \mu\frac{n_{yk}}{n_{xo}}\right] .$$

(k = 1,2)

Hierin sind die dimensionslosen Scheibennormalkräfte nach (3.19) einzusetzen. Für die anderen Gurtspannungen σ_y und τ_{xy} gelten ähnliche Beziehungen.

Mit Hilfe von (3.22) und (3.23) lassen sich die für die Zahlentafeln benötigten charakteristischen Spannungsverhältnisse nach (2.9) berechnen.

3.4.4 Verformungen

In diesem Zusammenhang interessiert nur die Durchbiegung der Hauptträger, die ggfs. für die exakte Berechnung durchlaufender Plattenbalken benötigt wird (vgl. 4.1.1.2). Aus der technischen Biegelehre ergibt sich

$$w_{HT1}(x) = \frac{1}{E_{HT}I_{HT}} \int_0^x \int_0^x \left[-M(\xi) + N_{HT1}(\xi)h \right] d\xi d\xi ,$$

woraus mit (3.11) und (3.20) nach Ausführung der Integration, wiederum dimensionslos geschrieben,

$$\frac{w_{HT1}}{w_o} = \sum_n \frac{1}{n^2} \bar{m}_n \sin\alpha_n x + \frac{1}{k_{FD}} \left(f'_{w1} \, c_{1,HT1} + f'_{w2} \, c_{2,HT1} \right) \qquad (3.24)$$

mit

$$w_o = \frac{m_o L^2}{E_{HT} I_{HT} \pi^2}$$

und

$$f_{wk} = -\frac{1}{n^2} f_{Nk} \quad \text{nach (3.20)}$$

wird. Die Durchbiegung des anderen Hauptträgers ergibt sich entsprechend, wenn man $\bar{m}_n$ durch $\varkappa \bar{m}_n$ und $c_{k,HT1}$ durch $c_{k,HT2}$ ersetzt.

3.5 Anmerkungen zur numerischen Durchführung der Rechnung

Alle Ergebnisgleichungen sind Fourier-Reihen, deren Konvergenz für die hier vorliegende Klasse von Funktionen mathematisch bewiesen ist. Die Summe der Absolutbeträge einer Gruppe von Fourier-Koeffizienten mit gleichem Vorzeichen nimmt monoton ab. Die Rechnung wird abgebrochen, wenn sich die am langsamsten konvergierende σ_x-Spitze in der Gurtscheibe bei Hinzunahme einer weiteren Gruppe von Reihengliedern gleichen Vorzeichens um weniger als 1‰ ändert. Die Anzahl n* der berücksichtigten Reihenglieder schwankt je nach M-Funktion und Geometrie sehr stark und erreicht innerhalb der vertafelten Parameterbereiche maximal etwa den Wert 150.

Bei Plattenbalken mit breiten Gurtscheiben wird bei höheren Reihengliedern die Koeffizientenmatrix (Tab. 3.1 und 3.2) durch Spalten bzw. Zeilen mit sehr kleinen Elementen singulär. Mechanisch ist dieser Effekt deutbar als Entkoppelung der betrachteten Randgrößen: Bei höheren Reihengliedern ergibt sich aus den Übergangsrandbedingungen am HT kein Einfluß auf die Kraftgrößen an den abgelegenen Rändern, da der Plattenbalken ein n-faches Breite-Länge-Verhältnis hat, so daß die betreffenden Zustandsgrößen am HT nur noch die unmittelbare Umgebung beeinflussen. Im Rechenprogramm wird in der Koeffizientenmatrix in diesem Fall die entsprechende

Spalte und Zeile gestrichen, der Vektor der Konstanten erhält an diesen Stellen Nullelemente. Mechanisch gesehen bedeutet dieser Schritt den Übergang auf einen Plattenbalken mit unendlich breiter Gurtscheibe. Die Krag- und die Innengurtscheibe wird getrennt behandelt. Als Kriterium für den Übergang auf die unendlich breite Scheibe hat sich eine maximale Argumentgröße $c_k^{(i)} \alpha_n b_k = 30$ als brauchbar erwiesen.

Um eine Überschreitung des absoluten Zahlenbereichs der Rechenanlage zu vermeiden (größte darstellbare "real" Zahl $5{,}6 \cdot 10^{\pm 76}$), wurden noch einige Umformungen vorgenommen. Die Koeffizientenmatrix wurde formelmäßig spaltenweise durch das in der Spalte vorhandene absolut größte Element dividiert, so daß an diesen Stellen Elemente in der Größenordnung von 1 entstehen. Die in der Koeffizientenmatrix ursprünglich vorhandenen Elemente von der Größenordnung 1 werden zwar nach der Division sehr klein, die entsprechenden Zeilen und Spalten werden aber vorher beim Übergang auf den unendlich breiten Plattenbalken gestrichen. Es muß nun lediglich der Vektor f, der die transzendenten Terme enthält, formelmäßig elementweise durch die gleichen Größen dividiert werden wie die zugehörigen Spalten der Koeffizientenmatrix. Hierbei auftretende Elemente von der Art $1/e^a$ werden, falls $a > 100$ wird, zu Null gesetzt.

4. Einzeleinflüsse auf die Mitwirkung von Plattenbalkengurten

Der mitwirkende Gurtquerschnitt (Sonderfall: mitwirkende Gurtbreite) ist - wie in 2.2 ausgeführt - ein Hilfsbegriff, mit dem für praktische Berechnungen auf einfache Weise die Mitwirkung scheibenartiger Gurte bei der Lastabtragung von Plattenbalken erfaßt werden soll. Er ist grundsätzlich in Trägerlängsrichtung veränderlich, da er einen mehrachsigen Spannungszustand durch einen einachsigen ersetzt (einzige Ausnahme: harmonische Belastung). Aus diesem Grunde sind die Zahlentafeln des Kap. 6 für alle 1/10-Punkte der Länge L aufgestellt. Wenn in Vorschriften und Berechnungsrichtlinien der mitwirkende Gurtquerschnitt bereichsweise konstant angesetzt wird, so handelt es sich dabei stets um Näherungen zugunsten einer einfacheren praktischen Handhabung.

Die Größe und der Verlauf des mitwirkenden Gurtquerschnittes sind von vielen Parametern abhängig. Dieses Kapitel soll in gedrängter Form einen auf die praktische Anwendung ausgerichteten Überblick über Art und Wichtigkeit der verschiedenen Einzeleinflüsse, über zur Verfügung stehende numerisch aufbereitete Verfahren und Hilfsmittel und über mögliche Näherungen und Vernachlässigungen vermitteln. An den entsprechenden Stellen wird auf die Zahlen- und Kurventafeln der Kap. 6 und 7 hingewiesen, und es werden Hinweise auf Arbeiten anderer Autoren gegeben und zum Teil Ergebnisse auszugsweise wiedergegeben. Es ist den Verfassern klar, daß der Überblick nicht vollständig sein kann.

Es wurde versucht, die folgenden Ausführungen möglichst anschaulich, mit vielen Abbildungen und ohne Formeln, zu gestalten. Zum Verständnis ist die vorherige Lektüre der Kap. 1 und 2, nicht aber des Kap. 3, erforderlich.

4.1 Belastung und statisches System des Plattenbalkens

4.1.1 Biegebeanspruchung - symmetrische Querbelastung

4.1.1.1 Biegemomententyp

Die mittragende Wirkung der Gurtscheibe eines biegebeanspruchten Plattenbalkens hängt - abge-

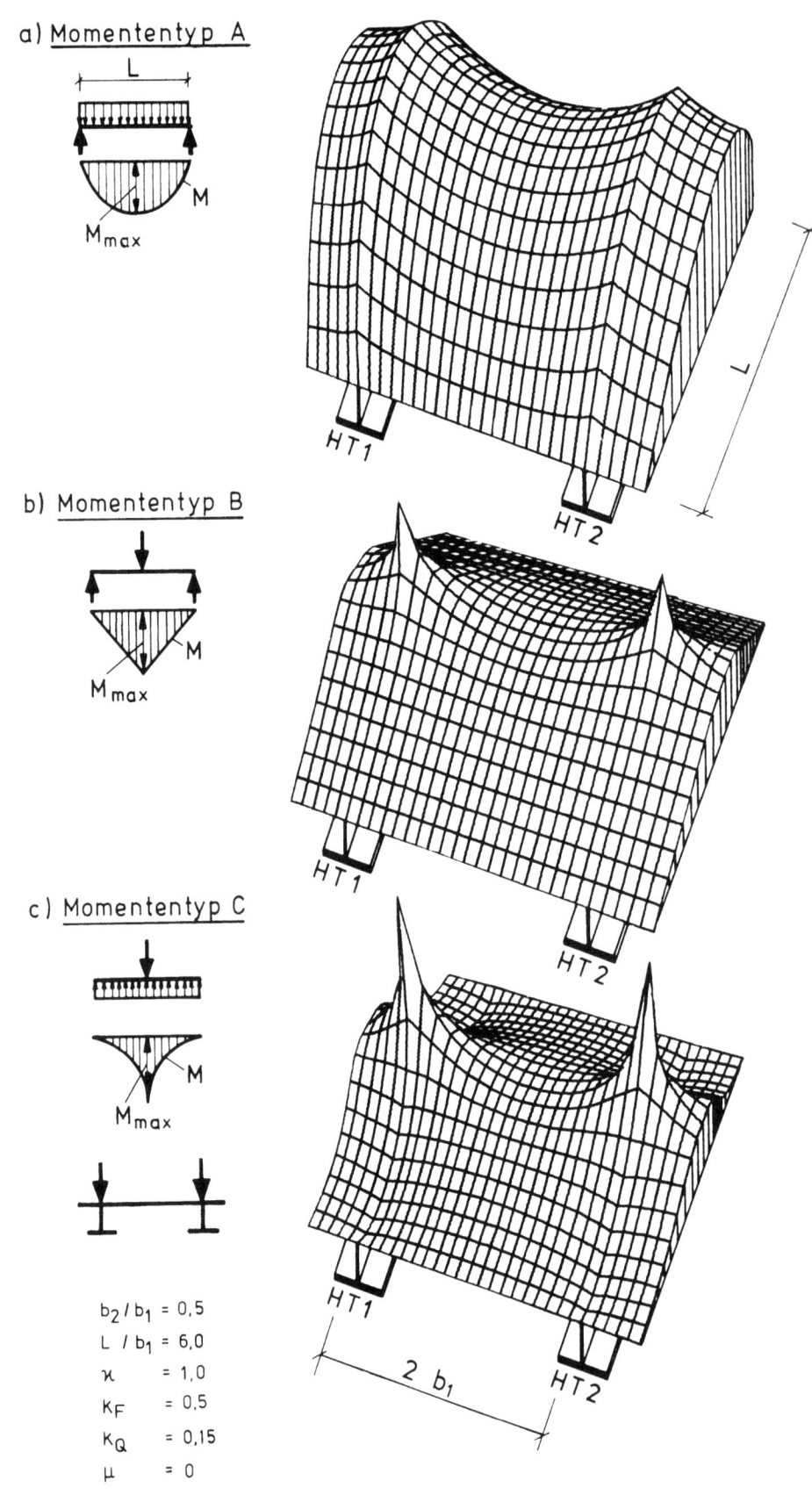

Abb. 4.1. Einfluß der M-Funktion auf die Mitwirkung der Gurtscheibe, σ_x-Spannungen im Gurt von drei Plattenbalken mit gleicher Geometrie und gleichem M_{max}, aber unterschiedlichem M-Verlauf

sehen vom Scheiben-Seitenverhältnis (vgl. 4.2.1) - in erster Linie von der Art der Biegebeanspruchung, genauer gesagt: vom Biegemomentenverlauf ab. Abb. 4.1 möge das veranschaulichen. Dort sind für drei geometrisch identische Plattenbalken, deren Biegemomente gleichen Maximalwert M_{max} und gleiche Erstreckungslänge L, aber unterschiedlichen Verlauf haben, die σ_x-Spannungen über dem Gurt aufgetragen. Man erkennt die hohen Spannungsspitzen an den Orten konzentrierter Einzellasten, die zu der bekannten Einschnürung des mitwirkenden Gurtquerschnittes (bzw. der mitwirkenden Gurtbreite) führen.

Die bei vorgegebenem L und M_{max} unendlich vielen möglichen Momentenfunktionen lassen sich bezüglich ihrer Auswirkung auf den mitwirkenden Gurtquerschnitt zu drei Momententypen zusammenfassen:

A . . . . konvexer M-Verlauf mit stetiger Krümmung (Abb. 4.1a),
B . . . . linearer M-Verlauf mit Spitze (Abb. 4.1b),
C . . . . konkaver M-Verlauf mit Spitze (Abb. 4.1c).

Der mitwirkende Gurtquerschnitt an der Stelle des größten Biegemomentes nimmt in der genannten Reihenfolge ab (Abb. 4.2). Auch der Verlauf von λ über die Trägerlänge ist bei den verschiedenen Momententypen grundsätzlich unterschiedlich (Abb. 4.2). Während bei konvexen, stetig gekrümmten M-Funktionen (Typ A) der Gurt über die ganze Länge etwa gleichmäßig mitträgt, entzieht er sich bei M-Funktionen mit ausgeprägten Spitzen (Typ B und C) an den Orten dieser Spitzen der Mitwirkung sehr stark ("Einschnürung" des mitwirkenden Gurtquerschnittes), trägt aber mit wachsender Entfernung von der Spitze besser mit als bei Momententyp A. Einen Sonderfall des Momententyps A stellt die harmonische Belastung mit sin-förmigem M-Verlauf dar. Hierfür ist $\lambda(x)$ = const (Abb. 4.2).

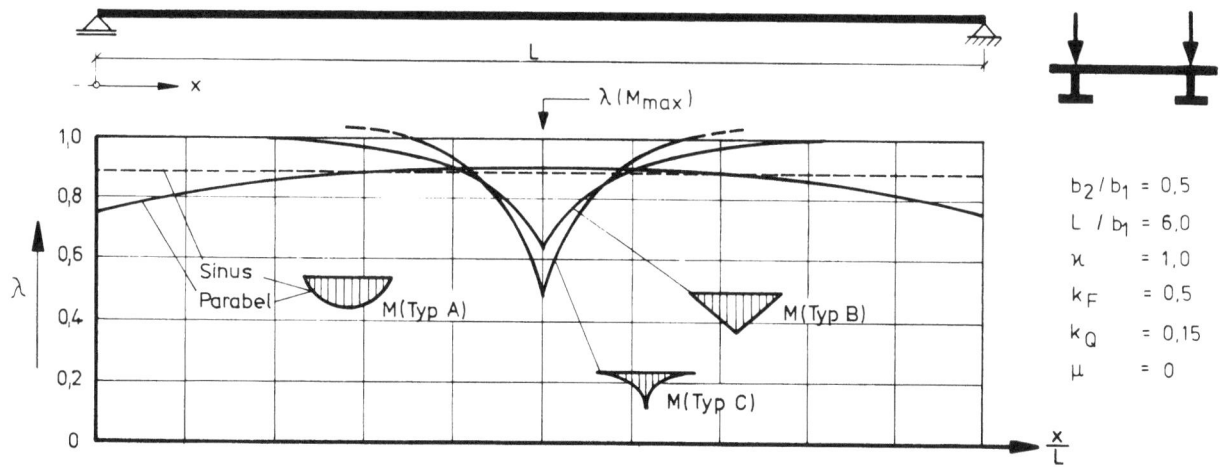

Abb. 4.2. Einfluß des Momententyps auf den Verlauf des mitwirkenden Gurtquerschnittes

Der Momententyp im vorstehenden Sinne ist Hauptparameter der Zahlentafeln des Kap. 6, wobei auch Zwischenstufen zwischen Typ B und C vertafelt sind. Der Momententyp ist indirekt in allen einschlägigen Vorschriften durch die Unterscheidung zwischen Feldmoment (entspricht Typ A) und Stützmoment (entspricht Typ B und C) enthalten.

Konvexe M-Funktionen (Typ A) entstehen als Feldmomente unter Streckenlasten. Die genaue Lastfunktion (z.B. Gleichlast, Sinuslast, Trapezlast, Dreieckslast) hat auf den mitwirkenden Gurtquerschnitt bei M_{max} nur einen sehr kleinen Einfluß [24]. Es ist hinreichend genau, alle konvexen Momentenverläufe durch die zur Gleichlast gehörende Parabel oder durch eine Sinuskurve zu ersetzen.

Momentenspitzen entstehen entweder als Feldmomente unter konzentrierten Einzellasten (Typ B) oder als Stütz- und Einspannmomente (Typ B und C), wobei das Vorzeichen in diesem Zusammenhang keine Rolle spielt. Der mitwirkende Gurtquerschnitt hängt sehr stark von der "Spitzheit", d.h. dem Konkavitätsgrad der M-Funktion, und von der Lage der Spitze innerhalb der Erstreckungslänge L ab. Beide Einflußparameter sind deshalb im Tafelteil dieses Buches enthalten. Einzelheiten über die dort zugrundegelegten Momentenfunktionen und ihre Verwendung siehe 2.3.2.3.

Die Einteilung aller M-Funktionen gleicher Erstreckungslänge L in nur 3 Typen stellt naturgemäß eine relativ grobe Vereinfachung dar. Sie ist sozusagen der Preis für die bei der Konzipierung des vorliegenden Tafelwerkes unumgängliche Umfangsbeschränkung, hat aber auch den Vorteil, einen grundsätzlichen Einblick in das Tragverhalten von Gurtscheiben zu vermitteln.

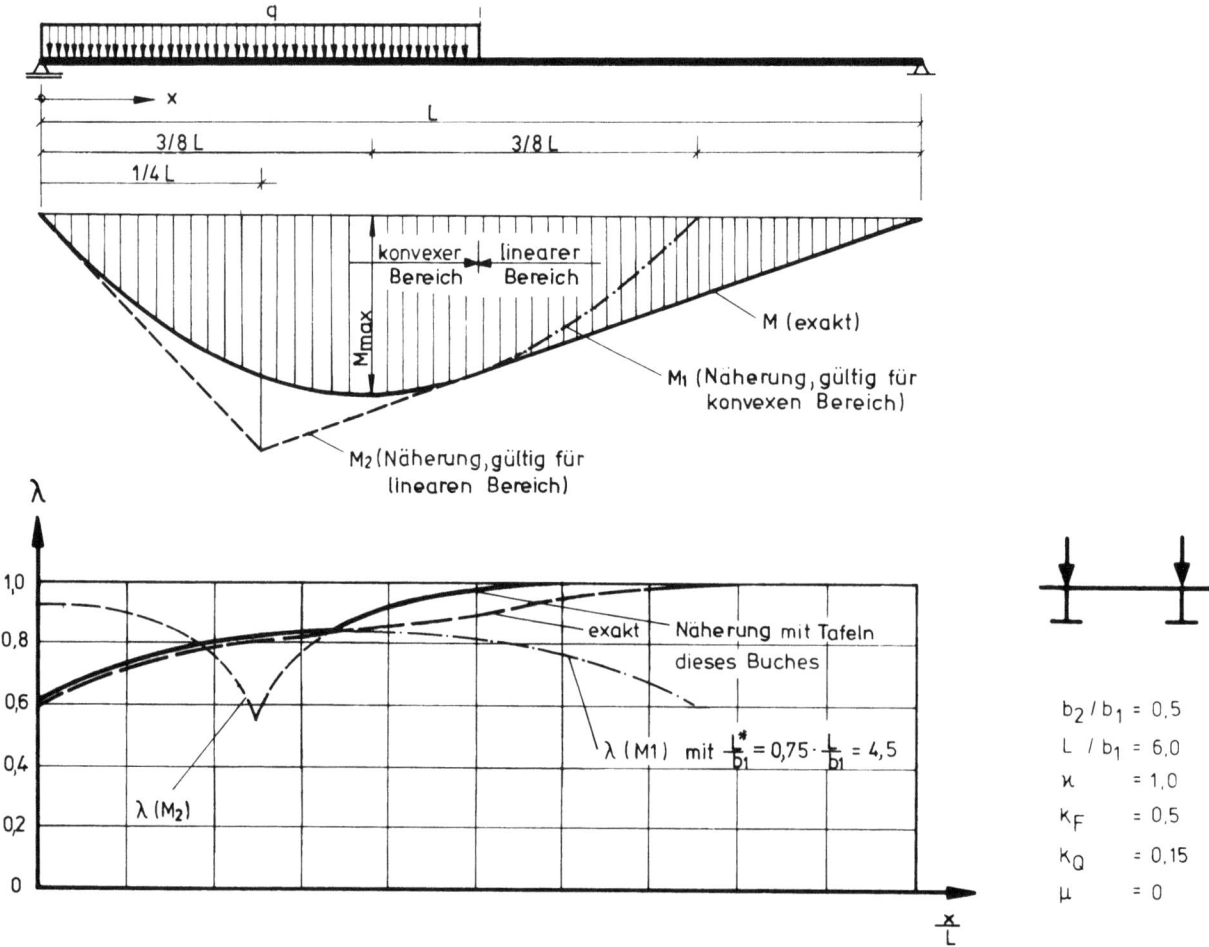

Abb. 4.3. Beispiel für näherungsweise Ermittlung des mitwirkenden Gurtquerschnittes bei kombinierter M-Funktion mit Hilfe der vertafelten Momententypen

In der Baupraxis kommen gelegentlich Kombinationen dieser Momententypen vor, indem entweder Strecken- und Einzellasten gleichzeitig vorhanden sind oder Streckenlasten nicht über die ganze Länge L wirken. In den meisten dieser Fälle wird man sich mit einer Zerlegung der Momentenfläche in Anteile, die vertafelt sind, und anschließende Superposition der Spannungen oder mit einer anderen sinnvollen Näherungsannahme helfen können. Abb. 4.3 veranschaulicht z.B. eine solche Näherungsüberlegung für einen halbseitig mit einer konstanten Streckenlast belasteten Einfeldträger. Der Verlauf von $\lambda(x)$ wurde mit Hilfe der Zahlentafeln des Kap. 6 aus zwei Ästen zusammengesetzt, von denen der eine zum (sinnvoll fortgesetzt gedachten) konvexen M-Bereich und der andere zum (sinnvoll fortgesetzt gedachten) linearen M-Bereich gehört. Der Vergleich mit dem exakten $\lambda(x)$-Verlauf zeigt, daß solche Überlegungen zu ziemlich genauen Ergebnissen führen.

Ein Sonderfall einer aus linearen und konvexen Teilen zusammengesetzten M-Funktion liegt bei einer über eine gewisse Verteilungslänge c verteilten Einzellast vor. Bei $c/L > 0,5$ kann ähnlich wie in Abb. 4.3 vorgegangen werden. Bei $c/L \leq 0,5$ vgl. 4.1.1.3.

Ein Sonderfall linearer M-Funktionen liegt bei der Einleitung eines am Hauptträger angreifenden Endbiegemomentes M_E in einen Plattenbalken vor (z.B. Vorspannkraft an einem Hebelarm). Koepcke/Denecke [19] haben für Einfeldträger unter beidseitigem und einseitigem Angriff von M_E Zahlentafeln aufgestellt. Aus ihnen läßt sich der in Abb. 4.4 vorgeschlagene Näherungsverlauf für $\lambda(x)$ herleiten. Er kann streng genommen nur für den in [19] zugrundegelegten Querschnitt und ausgewerteten Abmessungsbereich als bewiesen betrachtet werden, dürfte aber ohne größere Fehler auch für andere Plattenbalkentypen gelten. Der Verlauf von $\lambda(x)$ ist zum anderen Trägerende hin sinngemäß fortzusetzen, d.h. bei einseitigem Endmoment gleichbleibend mit $\lambda = 1$, bei gegengleichen Endmomenten symmetrisch abfallend auf $\lambda = 0$.

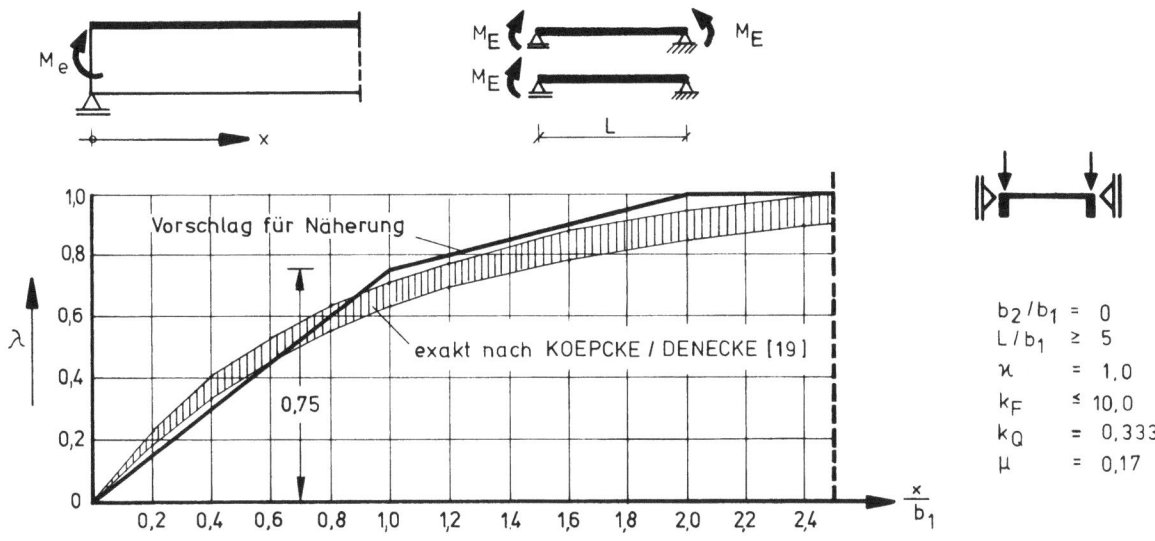

Abb. 4.4. Mitwirkender Gurtquerschnitt bei Einleitung eines End-Biegemomentes

Wenn bei beliebiger, nicht vertafelter M-Funktion eine exakte Erfassung der Mitwirkung der Gurtscheibe erforderlich ist, stehen zwei numerisch aufbereitete Verfahren zur Verfügung:

a) Zerlegen der Belastung in äquivalente Einzel- und Teilstreckenlasten, Superposition der zu den Einzellastfällen ermittelten Spannungen. Für diesen Zweck haben Koepcke/Denecke [19] sehr fein unterteilte Zahlentafeln bereitgestellt (1/50-Punkte der Erstreckungslänge L). Ihnen liegt der in Abb. 4.4 skizzierte Plattenbalkenquerschnitt zugrunde.

b) Harmonische Analyse der Momentenfläche (analytisch oder numerisch) und Superposition der zu den einzelnen Fourierreihengliedern ermittelten Spannungen. Für diesen Zweck wurden die Tafeln für sinusförmige M-Funktion in Kap. 6 aufgestellt. Bei ihrer Benutzung ist darauf zu achten, daß als Länge L jeweils die halbe Wellenlänge der harmonischen M-Funktion einzusetzen ist. Der Rechengang kann dem Beispiel 1 entnommen werden.

4.1.1.2 Momentenverläufe wechselnden Vorzeichens

Im vorhergehenden Abschnitt war mehrfach von der "Erstreckungslänge" L einer Biegebeanspruchung gleichen Vorzeichens die Rede. Die Erstreckungslänge entspricht bei einfach belasteten Einfeldträgern der Stützweite, bei Kragträgern der doppelten Kraglänge. Bei allgemeineren Trägersystemen (Durchlaufträgern, Rahmen, Trägerrosten etc.) treten jedoch Momentenverläufe wechselnden Vorzeichens auf. In diesen Fällen wird im Rahmen der vorliegenden Schrift unter der Erstreckungslänge L die Länge eines Trägerabschnittes zwischen zwei benachbarten Momentennullpunkten, in denen die M-Funktion ihr Vorzeichen wechselt, verstanden. Das bedeutet, daß

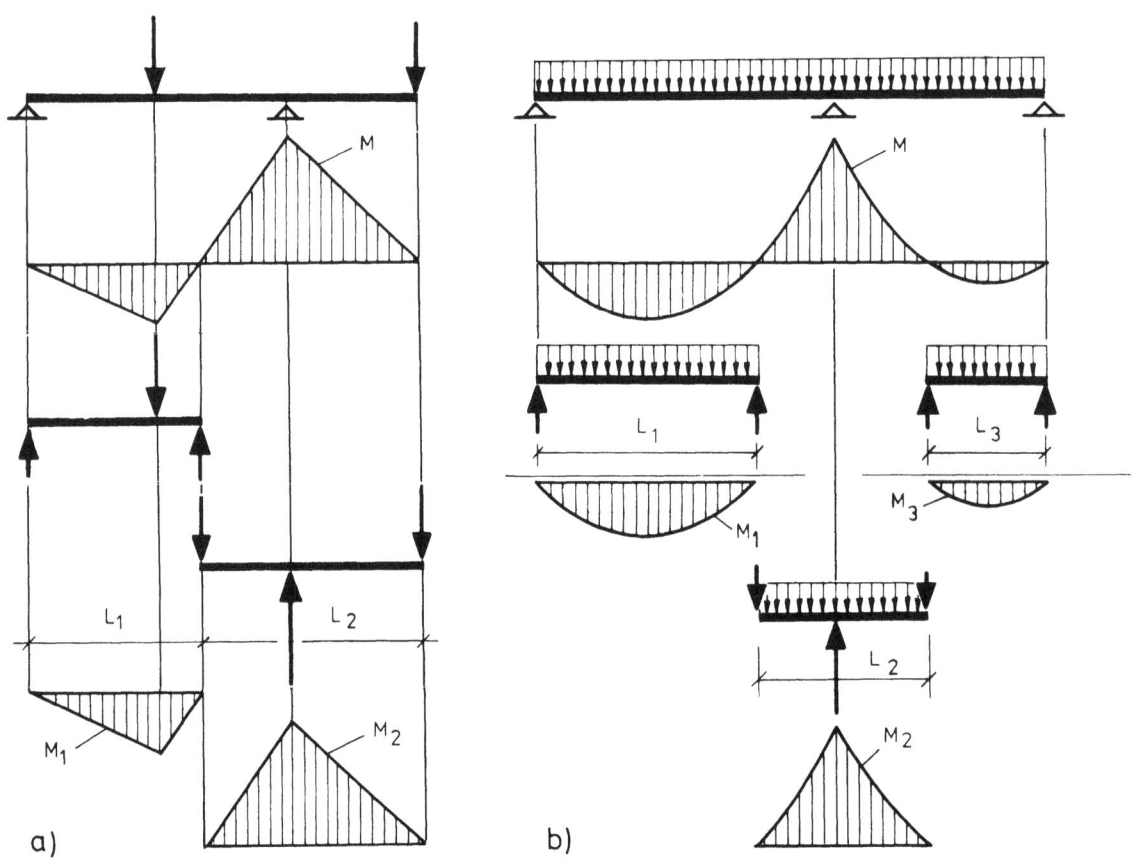

Abb. 4.5. Näherungsweise Zerlegung von Trägern mit Momentenbeanspruchung wechselnden Vorzeichens in einzelne Träger mit gleichsinniger Biegebeanspruchung

für die Festlegung des mitwirkenden Gurtquerschnittes das Trägersystem näherungsweise in nebeneinander liegende statisch bestimmte Träger mit gleichsinniger Biegebeanspruchung zerlegt gedacht wird (Abb. 4.5).

Diese Vorgehensweise stellt insofern eine Näherung dar, als die Gurtscheibenrandbedingungen im Momentennullpunkt für das durchlaufende und für das zerlegte System nicht übereinstimmen. Der daraus entstehende Fehler ist umso kleiner, je geringer die in der Gurtscheibe des durchlaufenden Systems im Momentennullpunkt vorhandenen σ_x-Spannungen sind (Abb. 4.6a). Diese sind (abgesehen vom Sonderfall des "Stabes" mit $L/b = \infty$, wo sie stets verschwinden) umso kleiner, je besser die beiden angrenzenden Gurtscheiben des zerlegten Systems in ihren Rand-Längsverschiebungen u (genauer: in deren Abweichung vom Geradliniengesetz, den sogenannten Verwölbungen) zusammenpassen (Abb. 4.6b). Daraus folgt, daß ein durchlaufendes System nur an solchen Momentennullpunkten aufgetrennt werden darf, in denen die M-Linie ihr Vorzeichen wechselt (bei gleichbleibender Neigung), mit anderen Worten: in denen links und rechts dieselbe Querkraft vorhanden ist (Abb. 4.5 und 4.6).

Eine aus den vorgenannten Gründen unzulässige Zerlegung zeigt Abb. 4.7. Dabei ist natürlich nicht die Aufspaltung des Momentenbildes in zwei Lastfälle unzulässig, sondern die anschliessende Auftrennung des durchlaufenden Trägers im Momentennullpunkt des Lastfalles b. Dort sind nämlich, wie in Abb. 4.7 (maßstäblich) dargestellt, trotz M = 0 erhebliche Normalspannungen im Gurt vorhanden, die nicht vernachlässigt werden dürfen.

Schränkt man den Begriff des Momentennullpunktes in diesem Sinne ein, so ist der mit dem "Zerlegeverfahren" begangene Fehler i.allg. vernachlässigbar (Abb. 4.6c). Zwar gibt es in der näheren Umgebung des Momentennullpunktes größere Unterschiede zwischen exaktem und angenähertem λ-Verlauf; λ_{exakt} hat sogar dort, wo der Nenner von Gl. (2.6) zu Null wird, Polstellen (Abb. 4.6c). Diese Verhältnisse sind in [19, 25] ausführlich dargestellt. Bedenkt man jedoch, daß die absoluten Spannungswerte im Bereich der betrachteten Momentennullpunkte sehr klein sind und daß der mitwirkende Gurtquerschnitt ein einfaches ingenieurtechnisches Hilfsmittel sein soll, so ist es konsequent, den "irregulären" Bereich mit endlichen λ-Werten zu "überbrücken", wie es bei dem vorgeschlagenen "Zerlegeverfahren" geschieht (Abb. 4.6c).

Ein anderes Problem bei der Anwendung des Zerlegeverfahrens auf statisch unbestimmte Plattenbalkensysteme ist die Frage der zugrundezulegenden Momentenfläche. Als Folge des variablen mitwirkenden Gurtquerschnittes liegen stets Tragwerke mit veränderlichem Trägheitsmoment vor. Es ist von Fall zu Fall zu entscheiden, ob die im ersten Schritt für I = const erhaltene Momentenverteilung M(x) genau genug ist oder ob eine iterative Korrektur mit den veränderlichen Biegesteifigkeiten erforderlich ist. Für das Beispiel der Abb. 4.6 ergibt die exakte Rechnung eine Momentenverteilung M(x), die sich um weniger als 1% von der zu I = const gehörenden (wie in Abb. 4.6a dargestellt) unterscheidet. In Fällen mit wesentlich kleineren L/b_1-Verhältnissen könnte ggfs. eine Korrektur der Momentenverteilung, die der Bestimmung der Erstreckungslängen L zugrundegelegt wird, erforderlich werden.

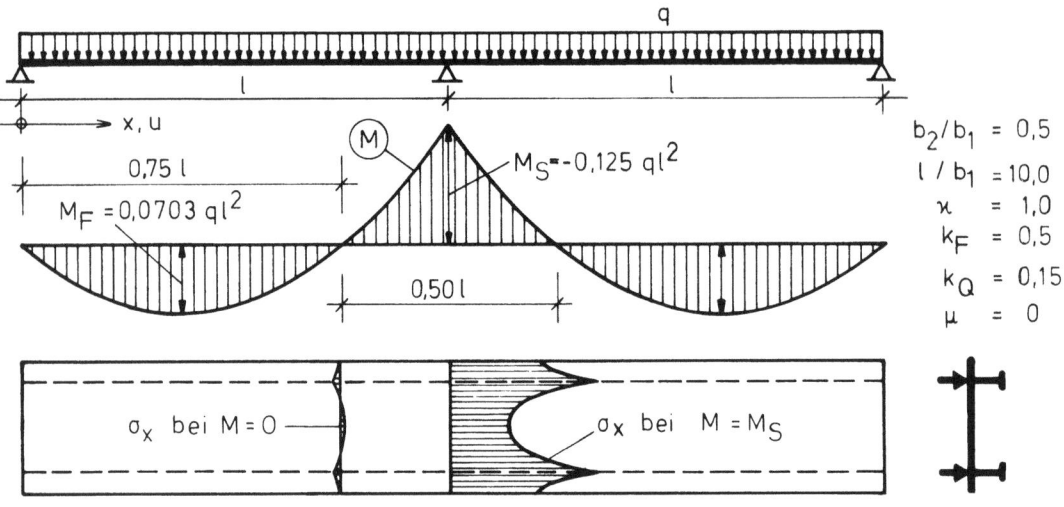

a) Durchlaufendes System

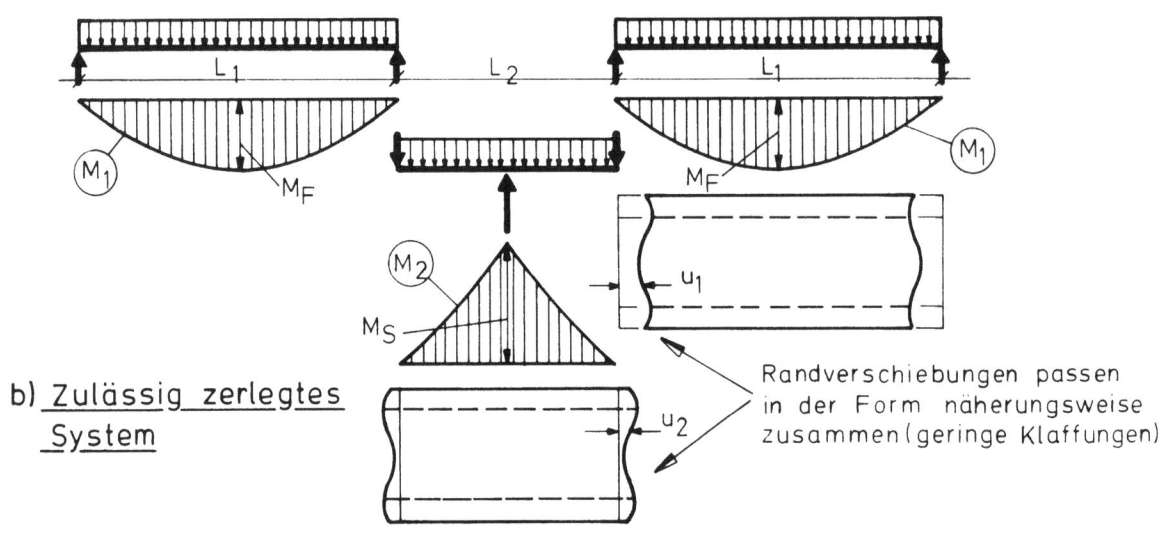

b) Zulässig zerlegtes System

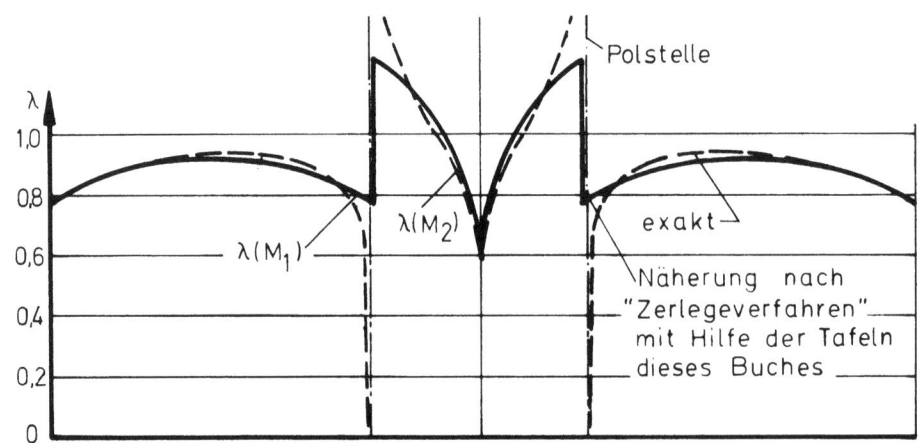

c) Vergleich zwischen exaktem und Näherungsverlauf des mitwirkenden Gurtquerschnittes

Abb. 4.6. Zulässige näherungsweise Zerlegung eines Zweifeld-Plattenbalkens

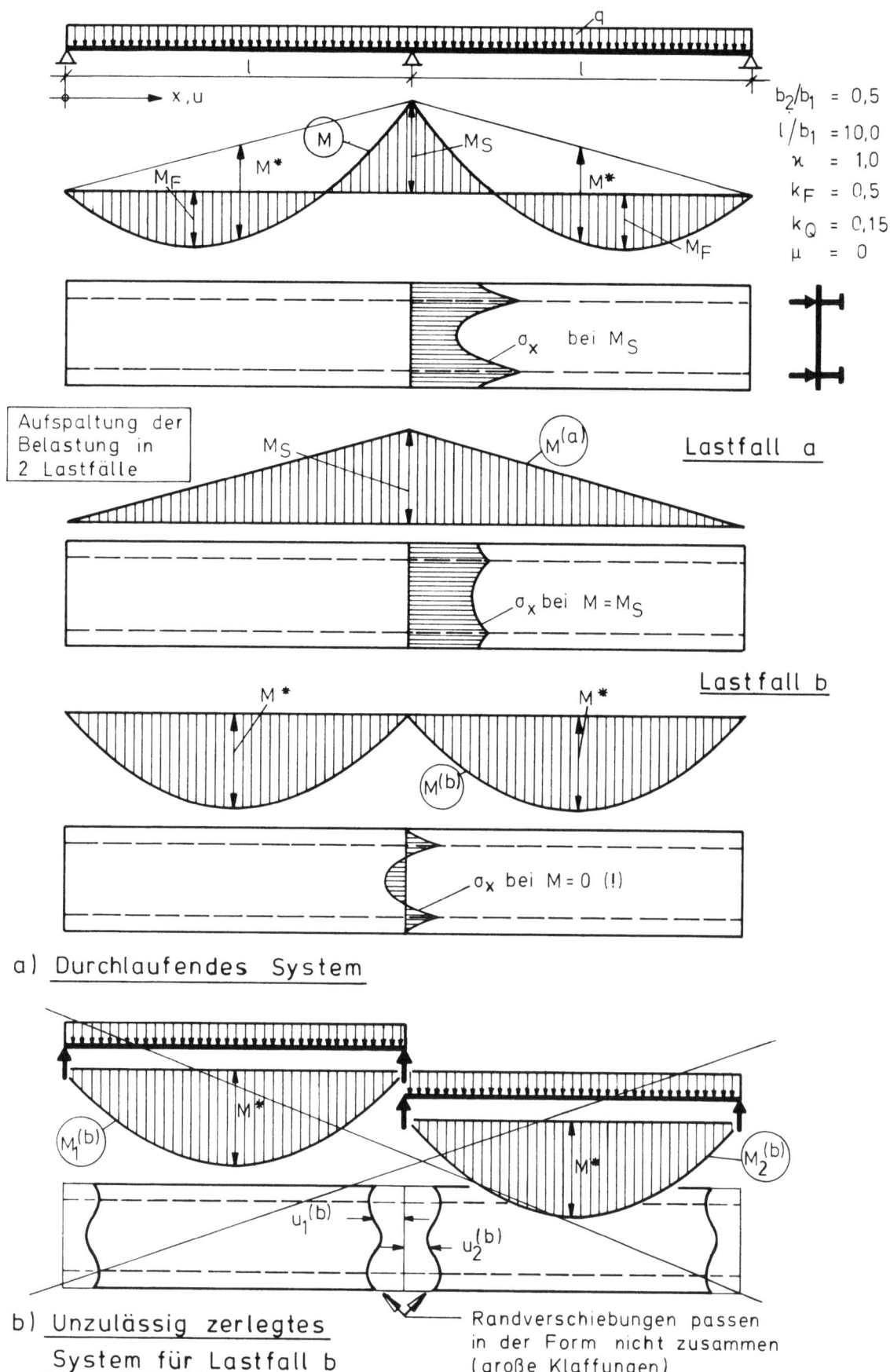

Abb. 4.7. Unzulässige Zerlegung eines Zweifeld-Plattenbalkens

Für eine noch genauere Berechnung von durchlaufenden Plattenbalken über 2 bis 4 Öffnungen stehen die schon erwähnten, fein unterteilten Tabellen von Koepcke/Denecke [19] zur Verfügung. Mit ihnen können Durchlaufträger nach dem Kraftgrößenverfahren berechnet werden, indem als statisch bestimmtes Hauptsystem der Einfeldträger zwischen den End-Widerlagern benutzt wird. Man erhält für jede der M-Funktionen M_o und M_i (infolge $X_i = 1$) einen anderen Verlauf von $\lambda(x)$ und kann für diese Träger mit variabler Biegesteifigkeit numerisch die Durchbiegungen δ_{io} und δ_{ij} an den Innenstützen berechnen. Die endgültigen Spannungen des Durchlaufträgers werden durch direkte Differenzbildung aus den Spannungen am Hauptsystem gewonnen, so daß hier die oben beschriebenen Schwierigkeiten einer "sinnvollen" Festlegung von λ im Bereich der Momentennullpunkte nicht auftauchen. Das Verfahren nach [19] ist auf Durchlaufträger beschränkt für die die äquidistante Unterteilung in 50 Punkte (für λ) bzw. 25 Punkte (als Angriffpunkte der Einzellasten) fein genug ist. Es sollte bei der Anwendung der Tabellen ferner daran gedacht werden, daß ihnen ein spezieller Plattenbalkenquerschnitt zugrundeliegt (vgl. Abb. 4.4).

4.1.1.3 Verteilungslänge von Einzellasten

Jede Einzellast hat eine endliche Verteilungslänge c. Die Voraussetzung einer punktförmigen Last führt deshalb stets zu einer gewissen Überschätzung des Einschnürungseffekts auf den mitwirkenden Gurtquerschnitt (Abb.4.8b). Die durch die endliche Verteilungslänge bewirkte Vergrößerung des "eingeschnürten" λ-Wertes an der Stelle des größten Biegemomentes M_{max} kann aus Abb.4.8a abgeschätzt werden. Der übrige Verlauf $\lambda(x)$ kann, da es sich hier um eine aus linearen und konvexen Teilen zusammengesetzte M-Funktion handelt, in Anlehnung an Abb.4.3 ermittelt werden (Abb.4.8b).

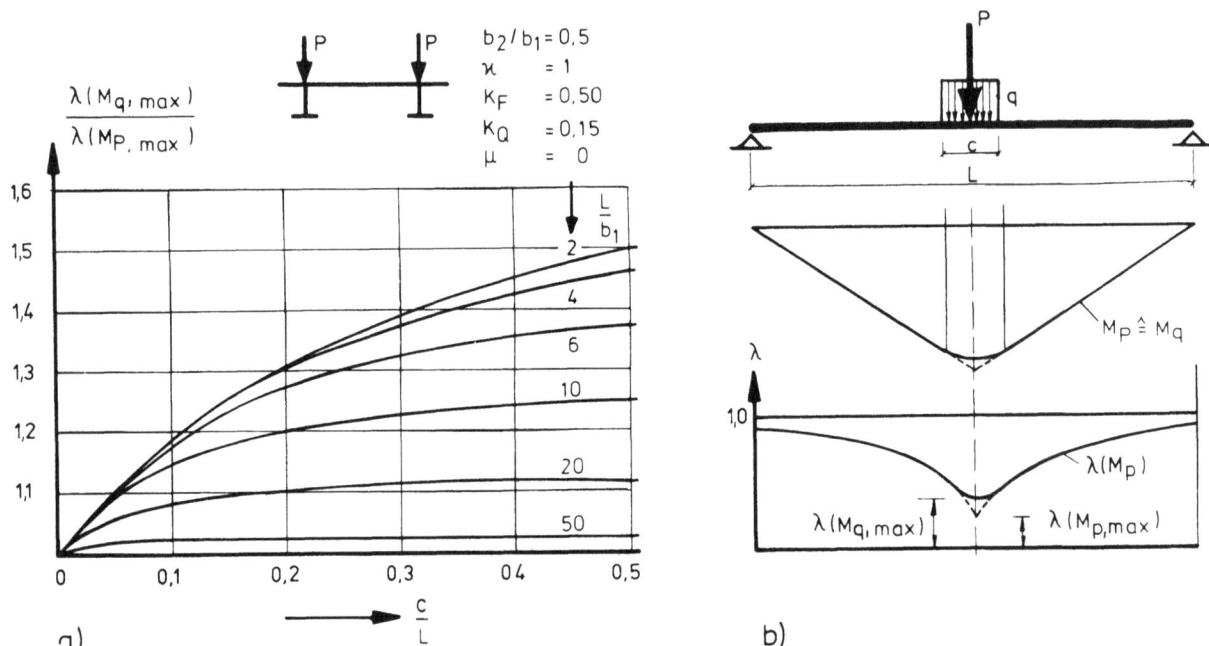

Abb. 4.8. Einfluß der endlichen Verteilungslänge einer Einzellast auf den mitwirkenden Gurtquerschnitt bei M_{max}

Ein spezieller Fall von Einzellasten liegt bei Auflagerkräften durchlaufender Plattenbalken vor, wenn die Auflagerkraft an dem der Gurtscheibe gegenüberliegenden Hauptträgerrand angreift (z.B. am Untergurt bei offenen Plattenbalken). In diesem Fall wird häufig angenommen, die konzentrierte Stützkraft verteile sich über die Steghöhe und trete deshalb für die Trägerrechnung, also auch für die Festlegung des mitwirkenden Gurtquerschnittes, als kurze Streckenlast in Erscheinung. Diese Überlegung ist mit Vorsicht zu handhaben. Experimentelle und theoretische Untersuchungen haben gezeigt [17, 24], daß die rechnerisch ermittelten Spannungsspitzen praktisch in voller Höhe auftreten. Die Erklärung dafür ist in der örtlichen Scheibenwirkung des Hauptträgersteges zu suchen.

4.1.2 Torsionsbeanspruchung - antimetrische Querbelastung

Bei vieler Plattenbalken treten exzentrisch angreifende Querbelastungen auf. Bekanntestes Beispiel ist ein Brückenquerschnitt unter ungünstigst angeordneter Verkehrslast (Abb. 4.9a). In diesen Fällen setzt sich die Beanspruchung aus einem Biege- und einem Torsionsanteil zusammen (Abb. 4.9b). Die Biegebeanspruchung besteht aus einer symmetrischen Gruppe von Linienlasten p_s, die Torsionsbeanspruchung aus einer antimetrischen Gruppe von Linienlasten p_a (Abb. 4.9c). Die statische Behandlung der beiden Teilbeanspruchungen erfolgt in der Regel getrennt. Im Sonderfall des zweistegigen, offenen, dünnwandigen Plattenbalkens, wie er den numerischen Auswertungen dieser Arbeit zugrundeliegt, bietet sich jedoch eine gemeinsame oder zumindest analoge Behandlung der Biege- und Torsionsbeanspruchung an, wie im folgenden kurz begründet:

— Die St. Venantsche Torsionssteifigkeit eines solchen Querschnittes ist gegenüber der Wölbtorsionssteifigkeit vernachlässigbar klein. Die Torsionsbelastung wird praktisch nur durch Wölbspannungen abgetragen. Zwischen Biegung und reiner Wölbtorsion besteht aber eine vollkommene Analogie hinsichtlich der Beziehungen zwischen Randbedingungen, Belastung, Schnittgrößen und Spannungen. Im Rahmen dieser Arbeit kann darauf nicht näher eingegangen werden. Es wird auf das einschlägige Schrifttum verwiesen.[1]

— Für beide Beanspruchungsarten gibt es eine "Stabtheorie", die eine lineare Normalspannungsverteilung voraussetzt; und zwar in der technischen Biegelehre linear über den ganzen Querschnitt, in der Wölbtorsionstheorie linear über einzelne Querschnittselemente. Für beide Beanspruchungsarten gibt es aber auch bei breiten, scheibenartigen Querschnittsteilen das Problem der Abweichung von der linearen Verteilung infolge der Schubnachgiebigkeit (Abb. 4.9d, e).

— Die Wölbtorsionstheorie ist bei dem betrachteten Querschnitt wegen $I_{y,HT} = 0$ (vgl. 2.1.1, Voraussetzung e) identisch mit der Theorie des antimetrisch belasteten Gelenk-Membranfaltwerks (Abb.4.9f), die den Ableitungen des Kap.3 zugrundeliegt. (Über die Beziehungen zwischen Wölbtorsions- und Faltwerktheorie vgl.Fachschrifttum.[1])

Aufgrund vorstehender Überlegungen ist es möglich, die Torsionsbeanspruchung eines offenen, zweistegigen Plattenbalkens analog zur Biegebeanspruchung auf eine elementare Biegung des mit einem fiktiven, mitwirkenden Gurtquerschnitt versehenen Hauptträgers unter der antimetrischen Linienlast p_a zurückzuführen. Das hat den Vorteil, daß man die Teilbeanspruchung "Torsion" mit

---
[1] Z.B. Kollbrunner, C.F.; Basler, K.: Torsion.
Berlin, Heidelberg, New York: Springer 1966.

den gleichen Gedankengängen, Formalismen und Rechenprogrammen bearbeiten kann wie die Teilbeanspruchung "Biegung".

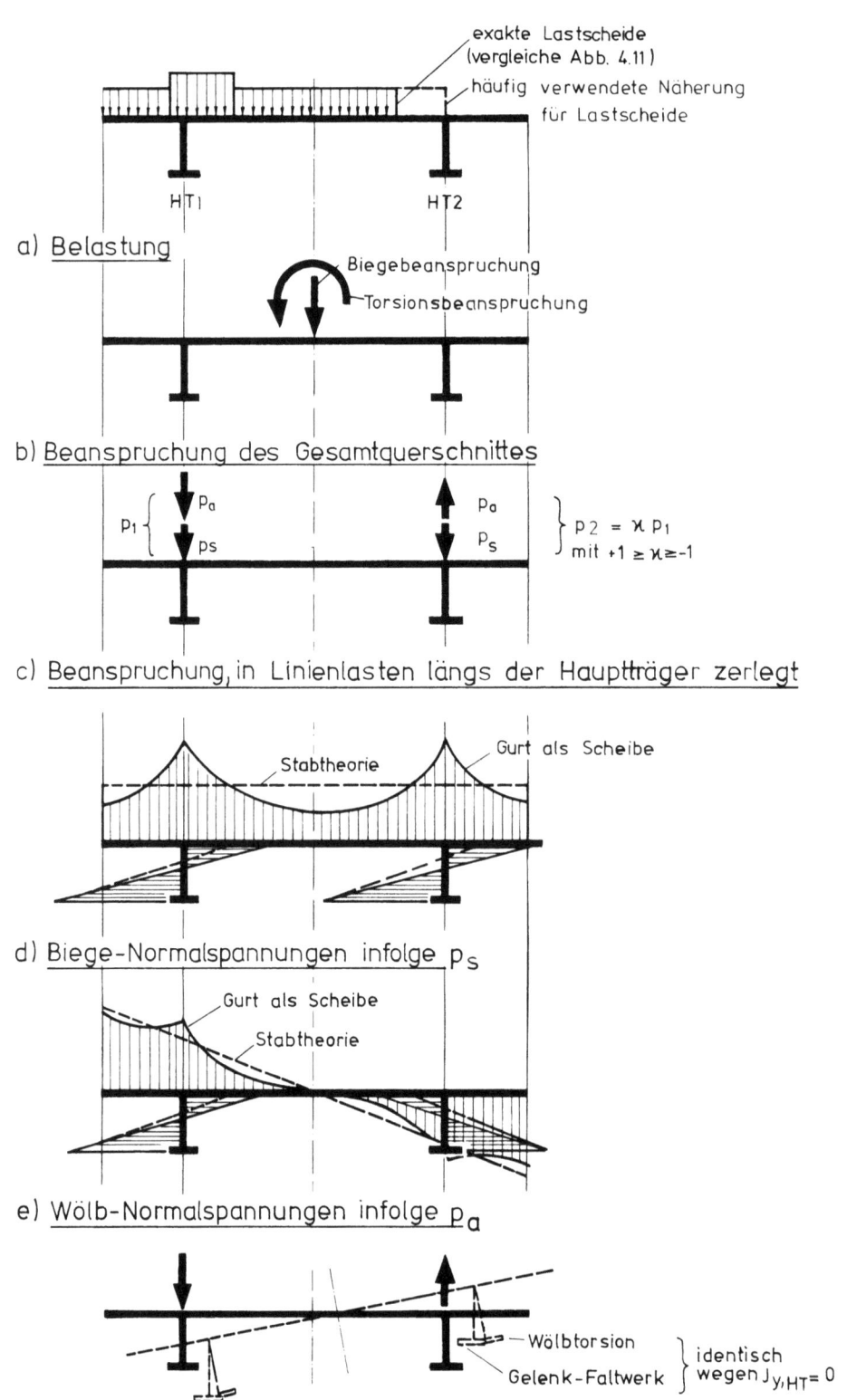

Abb. 4.9. Zweistegiger, offener, dünnwandiger Plattenbalkenquerschnitt bei exentrisch angreifender Verkehrslast (schematisch)

4.1.2.1 Gemeinsame Behandlung von Biegung und Wölbtorsion

Eine Behandlung der exzentrischen Belastung in <u>einem</u> Rechengang - ohne Aufspaltung in Biege- und Torsionsanteil - ist möglich, wenn

$$p_1(x) \equiv \varkappa p_2(x)$$

gesetzt werden kann, mit anderen Worten: wenn $p_s(x)$ und $p_a(x)$ affine Funktionen sind (Abb. 4.9c). Das ist z.B. für Teilbelastungen einfeldriger Brücken der Fall. Man erhält hier die beiden Linienlasten p_1 und $p_2 < p_1$ unmittelbar durch Querverteilung der Flächenlasten nach dem Hebelgesetz auf die beiden Hauptträger, was dem üblichen Vorgehen bei der Berechnung von Brückentragwerken entspricht. Sodann entnimmt man den Zahlentafeln des Kap.6 in Abhängigkeit vom Lastquerverteilungsfaktor

$$\varkappa = p_2/p_1 \leq 1$$

den Wert λ, ermittelt den im HT 1 mitwirkenden Gurtquerschnitt $F_m = \lambda F_{Gurt}$ - darin ist der Wölbtorsionseinfluß implizit enthalten - , führt damit die elementare Biegerechnung unter der zu p_1 gehörenden Momentenverteilung durch und ermittelt schließlich mit Hilfe der ebenfalls vertafelten, dimensionslosen Gurtspannungswerte σ_{r1}/σ_1 bis σ_{r2}/σ_1 den Spannungszustand im Gurt. Er stellt eine Kombination der beiden in Abb. 4.9d und e skizzierten Verteilungen dar.

Zur Veranschaulichung der Spannungsverhältnisse im Gurt sind in Abb. 4.10 für drei geometrisch identische Plattenbalken mit gleicher Belastung des Hauptträgers HT 1, aber unterschiedlicher Belastung des Hauptträgers HT 2, die σ_x-Spannungen über dem Gurt aufgetragen. Man erkennt, wie die Gurtspannungen im Bereich des HT 1 auch von der Belastung des HT 2 beeinflußt werden. In den Zahlentafeln äußert sich das in der starken Abhängigkeit des mitwirkenden Gurtquerschnittes λ und des Randspannungsverhältnisses σ_{r1}/σ_1 vom Lastfaktor $\varkappa$.

In der Baupraxis ist folgendes Näherungsverfahren für die Berechnung von Plattenbalkenbrücken unter exzentrischer Verkehrslast verbreitet: Man versieht den stärker belasteten HT 1 mit einem mitwirkenden Gurtquerschnitt, den man den Vorschriften entnimmt, und berechnet ihn dann als unabhängigen Biegeträger, d.h. unter Vernachlässigung seiner Schubverbindung zum schwächer belasteten HT 2. Diese Berechnungsweise kann, da sämtlichen einschlägigen Vorschriften zur mitwirkenden Gurtbreite der Fall $\varkappa = 1$ zugrundeliegt, bereits bei baupraktisch üblichen Lastfaktoren ($\varkappa = 0,3$ bis $0,9$) zu einer merkbaren Unterschätzung der maximalen Normalspannungen führen.

Ein besonderes Problem stellt die bei der Querverteilung der Flächenlasten anzusetzende Lastscheide dar, die oft näherungsweise über dem HT 2 angesetzt wird (Abb.4.9a). Für ihre exakte Festlegung ist eigentlich die Aufstellung von Spannungs-Einflußflächen erforderlich, deren Nullinie dann gleich der Lastscheide ist. Kollbrunner/Basler [1] haben sich für den Sonderfall

---
1) Siehe Fußnote auf S.55.

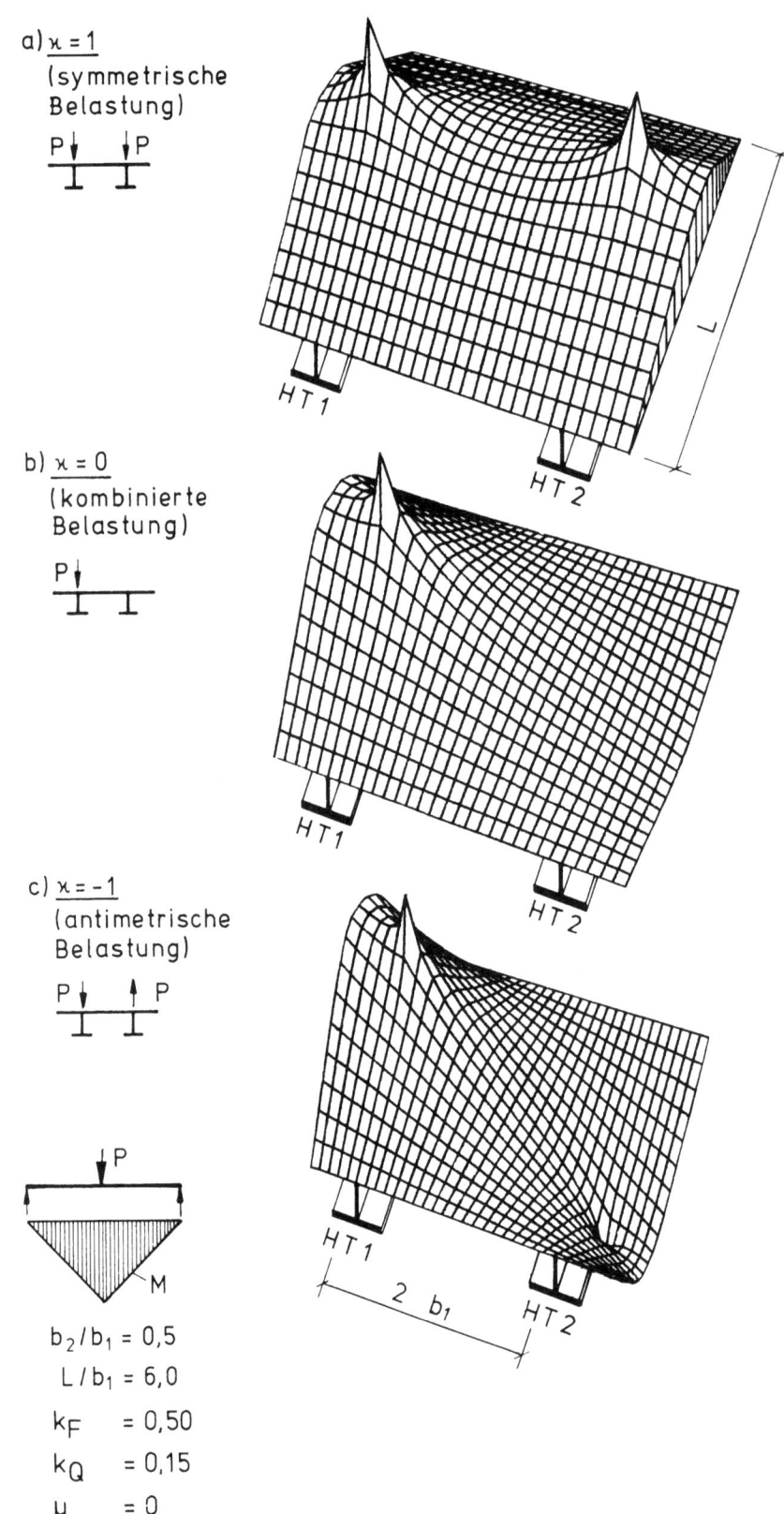

Abb. 4.10. Einfluß der Torsionsbeanspruchung auf die Mitwirkung der Gurtscheibe, σ_x-Spannungen im Gurt von drei Plattenbalken mit gleicher Geometrie und gleicher Belastung von HT 1, aber unterschiedlichem $\varkappa$

L/b =∞, d.h. auf der Grundlage der Stab- und Faltwerkstheorie, ausführlich mit der Ermittlung der Quereinflußlinie und der Lastscheide auseinandergesetzt. Die Lastscheide ist streng genommen weder eine Gerade in Längsrichtung noch für die verschiedenen Spannungspunkte identisch. In Anbetracht der im Bereich des Nulldurchgangs kleinen Ordinaten der Einflußflächen dürfte es aber genau genug sein, mit einer mittleren, geraden Lastscheide zu rechnen. Ihre Ermittlung kann auf einfache Weise mit Hilfe der Zahlentafeln dieses Buches erfolgen, wie im folgenden erläutert wird.

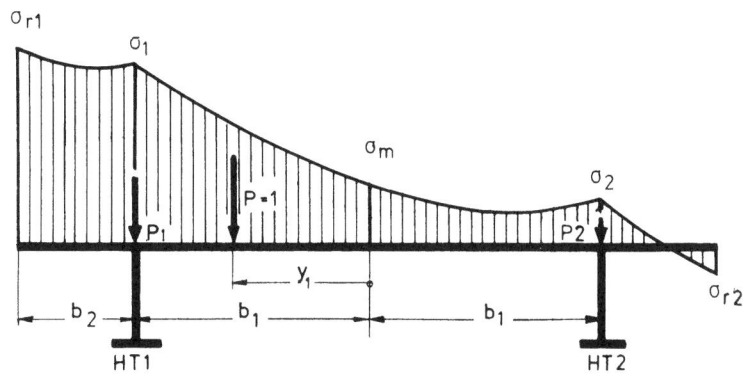

a) Querschnitt mit Einheitslast

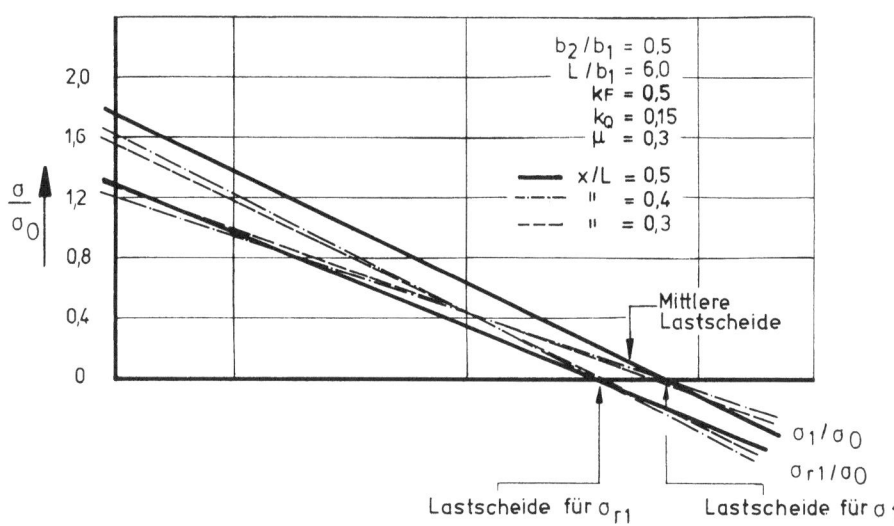

b) Einflußflächen-Querschnitte

Abb. 4.11. Zur Ermittlung der Lastscheide

Wir betrachten einen Plattenbalkenquerschnitt mit einer Einzellast P = 1 an beliebiger Stelle y_1 (Abb.4.11a). Lineare Querverteilung der Last auf die beiden Hauptträger ergibt

$$P_1(y_1) = 0,5(1 + y_1/b_1),$$

$$\varkappa(y_1) = \frac{1 - y_1/b_1}{1 + y_1/b_1} \quad .$$

Für $\varkappa(y_1)$ können den Zahlentafeln für dreieckförmiges Biegemoment (M-Funktion mit Spitze, $\psi = 0$) an der Stelle des Angriffspunktes der Einzellast (Momentenspitze) die Werte $\lambda(y_1)$ und

$\sigma_{r1}/\sigma_1(y_1)$ entnommen werden. Als Widerstandsmoment am oberen Rand des mit dem mitwirkenden Gurtquerschnitt $\lambda(y_1)F_{Gurt}$ versehenen Hauptträgers HT 1 erhalten wir nach elementarer Rechnung

$$W_1 = F_{Gurt} h \left[\lambda(y_1)(1 + k_Q) + k_F k_Q \right] .$$

Damit errechnen sich die beiden wichtigsten Gurtspannungen, dimensionslos geschrieben, zu

$$\frac{\sigma_1}{\sigma_o}(y_1) = \frac{0,5\,(1 + y_1/b_1)}{\lambda(y_1)\,(1 + k_Q) + k_F k_Q} ,$$

$$\frac{\sigma_{r1}}{\sigma_o}(y_1) = \frac{\sigma_{r1}}{\sigma_1}(y_1)\frac{\sigma_1}{\sigma_o}(y_1) \tag{4.1}$$

mit $\sigma_o = \dfrac{M(1)}{F_{Gurt} h}$, wobei $M(1)$ das Biegemoment infolge $P = 1$ ist (z.B. L/4 bei P = 1 in L/2).

Diese Ausdrücke stellen die Gleichungen der Einflußflächen-Querschnitte (Quereinflußlinien) für die beiden Gurtspannungen σ_1 und σ_{r1} dar. Es handelt sich wegen der linearen Querverteilung um Geraden, wie man sich leicht überzeugen kann. Zur Ermittlung der Nulldurchgänge und damit Fixierung der Lastscheide empfiehlt es sich, jeweils die beiden Werte für $y_1 = b_1 (\varkappa = 0)$ und $y_1 = 0 (\varkappa = 1)$ zu ermitteln und über $y_1 = 0$ hinaus bis zum Nulldurchgang zu extrapolieren. In Abb. 4.11b sind für ein Beispiel die Einflußflächen-Querschnitte der beiden Gurtspannungen σ_1 und σ_{r1} in den Trägerpunkten x/L = 0,3 - 0,4 - 0,5 aufgetragen. Man sieht, daß die Lage der mittleren Lastscheide gegenüber der den Einfluß der Wölbtorsion vernachlässigenden Näherung (Abb.4.9a) deutlich zur Plattenbalkenachse hin verschoben ist. (Vgl. Beispiel 7.)

4.1.2.2 Getrennte, aber analoge Behandlung von Biegung und Wölbtorsion

Wenn der symmetrische und antimetrische Anteil einer exzentrischen Belastung nicht affin zueinander verlaufen - was gleichbedeutend mit nicht affinen Belastungen $p_1(x)$ und $p_2(x)$ bzw. mit $\varkappa(x) \neq$ const ist - , müssen die beiden Teilbeanspruchungen in getrennten Rechengängen behandelt werden. Hierfür ist im Tabellenteil neben dem Grenzfall $\varkappa = +1$ (Biegung) auch der Grenzfall $\varkappa = -1$ (Wölbtorsion) vertafelt.

Der wichtigste Anwendungsfall nicht affiner Teilbeanspruchungen ist der durchlaufende Plattenbalken unter ungünstigster, d.h. schachbrettartiger Belastungsanordnung. Hier muß zunächst wieder die Lastscheide mit Hilfe des im vorigen Abschnitt erläuterten Verfahrens festgelegt werden. Sodann werden durch Querverteilung der Lasten nach dem Hebelgesetz die beiden Linienbelastungen p_1 und p_2 ermittelt und in ihren symmetrischen Anteil p_s und antimetrischen Anteil p_a zerlegt (Abb. 4.9c). Die weitere Rechnung verläuft getrennt, aber völlig analog für beide Teilbeanspruchungen. Zum Schluß werden die Spannungen superponiert. (Vgl. Beispiel 8.)

Es sei noch besonders darauf hingewiesen, daß natürlich auch Torsionsbeanspruchungen, die nicht aus lotrechten Querlasten herrühren (z.B. Windlast, Fliehkraft o.ä.), mit den Tabellen für $\varkappa = -1$ behandelt werden können. (Vgl. Beispiel 10.)

4.1.3 Normalkraftbeanspruchung - Längsbelastung

Gegenstand dieses Buches ist die Mitwirkung breiter Gurte bei der Biegebeanspruchung von Plattenbalken. Ein ähnliches Problem der Mitwirkung stellt sich aber auch bei Normalkraftbeanspruchung, und zwar immer dann, wenn die Einleitung der Normalkraft nicht gleichmäßig über den ganzen Plattenbalkenquerschnitt erfolgt. Zwei Fälle sind zu unterscheiden:

— Angriff der Normalkraft im HT,

— Angriff der Normalkraft im Gurt.

Beide Problemkreise werden im folgenden kurz angeschnitten.

4.1.3.1 Angriff der Normalkraft im HT

Dieser Fall tritt vor allem bei der Vorspannung von Plattenbalken auf [8, 10, 13, 19, 25]. Die Vorspannung kann entweder im Gesamtschwerpunkt (zentrische Vorspannung) oder im unteren Bereich des HT (Überspannung von positiven Biegemomenten) aufgebracht werden. Für den Fall zentrischer Vorspannung schlägt Schmackpfeffer [25] die in Abb. 4.12 dargestellte einfache

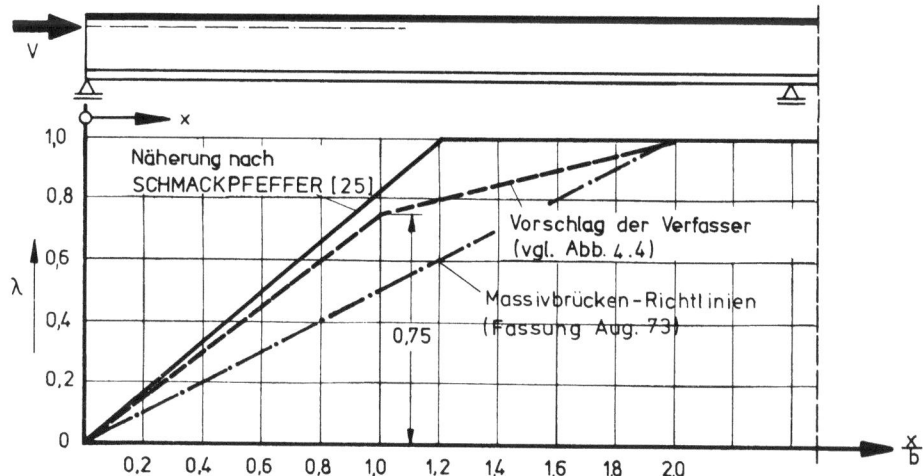

Abb. 4.12. Mitwirkender Gurtquerschnitt bei Einleitung einer zentrischen End-Normalkraft in einfeldrige und durchlaufende Plattenbalken

Näherungsannahme für den Aufbau des mitwirkenden Gurtquerschnittes vor. Über den Innenstützen durchlaufender Plattenbalken gilt seinen Angaben zufolge hinreichend genau $\lambda = 1$. Der Fall exzentrischen Angriffs einer End-Vorspannkraft am HT läßt sich in die Fälle "Endbiegemoment" und "Endnormalkraft" zerlegen. Beide Beanspruchungen bedeuten für die Mitwirkung der Gurtscheibe mechanisch dasselbe. Es ist deshalb zu empfehlen, aus Gründen der Rechenvereinfachung für beide Fälle die gleiche Näherungsannahme für den Verlauf von λ im Einleitungsbereich zu verwenden (vgl. Abb. 4.4 und 4.12).

Der Fall ausmittiger Vorspannung der HT wird außerdem in [8, 10, 13] behandelt. Schleeh [10] untersucht die gemeinsame Wirkung von äußerer Belastung und Vorspannung, wobei er als zusätzliche Bedingung volle Vorspannung vorgibt, so daß an der Zugseite einer Spannbetonkonstruktion die Gesamtspannung zu Null wird. Mit Hilfe dieser Bedingung lassen sich die beiden unabhängigen Einzellösungen koppeln, so daß er geschlossene Lösungen für äußere Belastung und Vorspannung angeben kann. Einige Auswertungsergebnisse werden in [10] in Form von Bemessungsdiagrammen für die erforderliche Vorspannkraft mitgeteilt.

Ein weiterer Fall normalkraftbeanspruchter Plattenbalken liegt bei Stahlbeton-Wandscheiben vor, in die stockwerkweise Auflagerkräfte von Deckenträgern eingetragen werden. Lindner [21] hat Kurventafeln für die mitwirkende Gurtbreite solcher Kragträger angegeben (Auszug siehe Abb. 4.13).

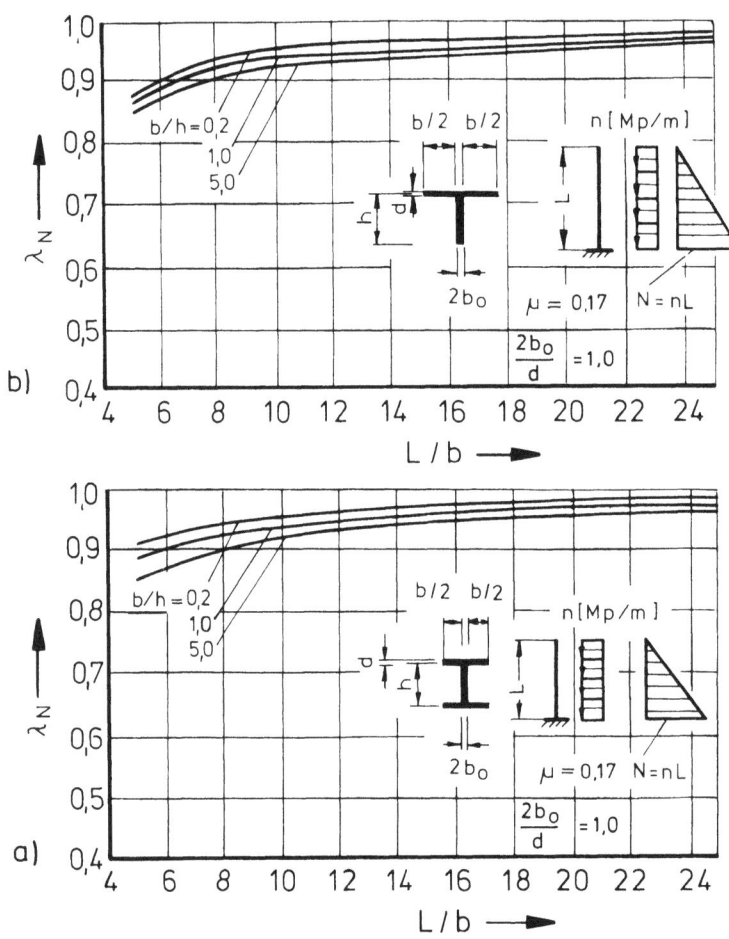

Abb. 4.13. Mitwirkende Gurtbreite normalkraftbeanspruchter Wandscheiben-Plattenbalken an der Einspannstelle (nach Lindner [21])

4.1.3.2 Angriff der Normalkraft im Gurt

Bei statisch unbestimmten Stahlverbund- und Spannbetonträgern wird über Innenstützen der Gurt vorgespannt, um die infolge der Lasten auftretenden Zugspannungen abzubauen (Abb. 4.14a). Bei der rechnerischen Behandlung dieser speziellen Normalkraftbeanspruchung eines Plattenbalkens ist darauf zu achten, daß hier die Rollen des primär beanspruchten und des sekundär mittragenden Querschnittsteiles vertauscht sind. Daraus resultiert bei gleichmäßig über die Gurtbreite

a) System

b) Spannungsverteilung im Gurt über der Innenstütze

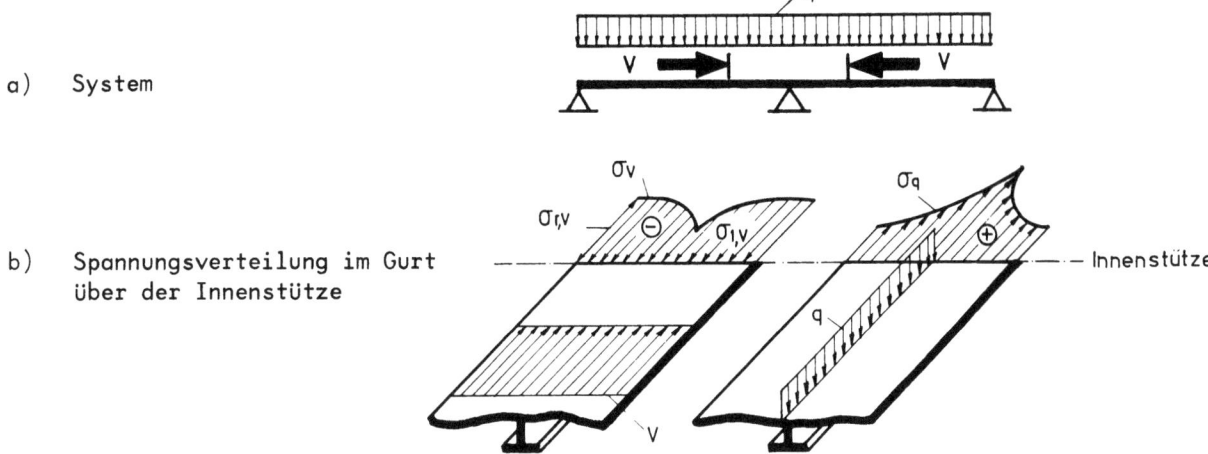

Abb. 4.14. Zweifeldriger Plattenbalken mit Querlast und Gurtvorspannung

verteilt eingebrachter Vorspannung eine ungleichmäßige Druckspannungsverteilung über der Stütze, deren kleinster Wert ungünstigerweise der größten Zugspannung aus dem Stützmoment gegenübersteht (Abb. 4.14b). Dieser Sachverhalt wurde von Müller [13] und Schmackpfeffer [25] untersucht. Letzterer empfiehlt aufgrund von Beispielrechnungen aus dem Bereich des Verbundbrückenbaus die in Abb. 4.15 skizzierte Näherungsberechnung. Er teilt außerdem weitere Einzelheiten über die Spannungsverteilung im Einleitungsbereich der Vorspannung und über den genauen Wert von η mit. Wie weit sich seine Ergebnisse auch auf andere als im Verbundbrückenbau übliche Verhältnisse übertragen lassen, ist nicht bekannt.

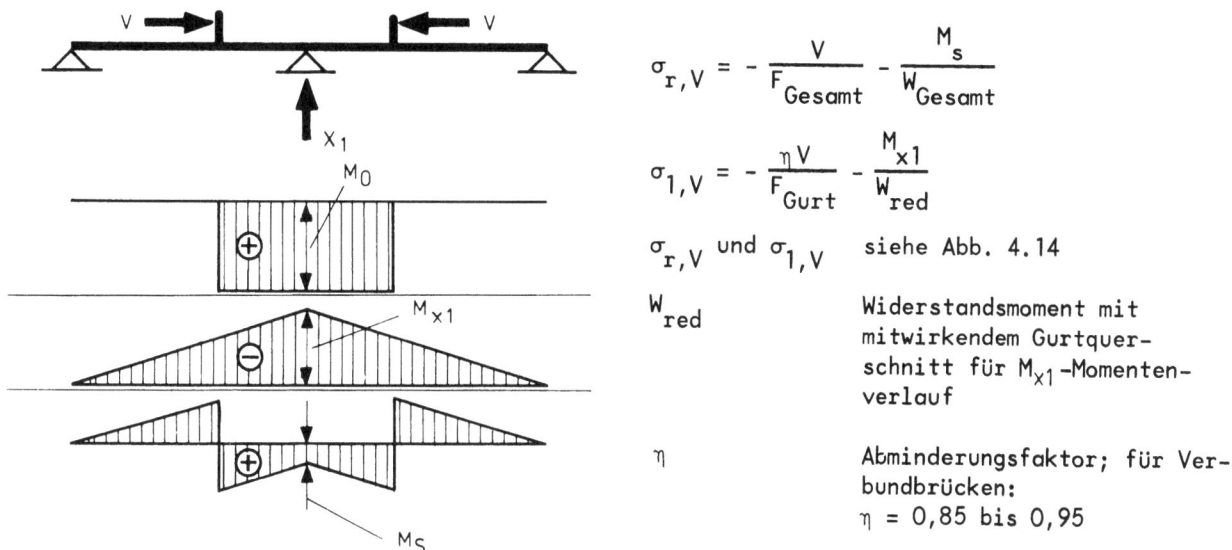

$$\sigma_{r,V} = -\frac{V}{F_{Gesamt}} - \frac{M_s}{W_{Gesamt}}$$

$$\sigma_{1,V} = -\frac{\eta V}{F_{Gurt}} - \frac{M_{x1}}{W_{red}}$$

$\sigma_{r,V}$ und $\sigma_{1,V}$ siehe Abb. 4.14

W_{red} Widerstandsmoment mit mitwirkendem Gurtquerschnitt für M_{x1}-Momentenverlauf

η Abminderungsfaktor; für Verbundbrücken:
$\eta = 0{,}85$ bis $0{,}95$

Abb. 4.15. Näherungsberechnung für die Gurtspannungen infolge Gurtvorspannung über Innenstützen durchlaufender Plattenbalken (nach Schmackpfeffer [25])

Aus Vorstehendem ist leicht einzusehen, daß sich ein sinnvoller "mitwirkender Gurtquerschnitt" für Vorspannung des Gurtes nicht angeben läßt. Angesichts der in Abb. 4.14b skizzierten Spannungsverhältnisse ist aber zu empfehlen, die Spannglieder nicht gleichmäßig über die Gurtbreite, sondern affin zur Spannungsverteilung σ_q zu verteilen.

4.2 Geometrie des Plattenbalkens

4.2.1 Verhältnis Länge/Breite der Gurtscheibe

Das Teilgurtscheiben-Seitenverhältnis L/b ist der wichtigste Parameter für die mittragende Wirkung eines Plattenbalkengurtes. Es ist als Veränderliche in allen Vorschriften und Berechnungsrichtlinien enthalten und ist auch wichtigster Parameter des Tafelteils dieses Buches. Als Teilgurtscheibenbreite gilt immer der Abstand von der HT-nächsten bis zur HT-fernsten Scheibenfaser (Rand bei Kragscheiben, Mitte bei Innenscheiben). Abb.4.16 möge die Art des Einflusses von L/b veranschaulichen: Mit zunehmendem L/b trägt der Gurt besser mit, hat also bei gleichem Biegemoment kleinere Maximalspannungen.

Die grundsätzliche Abhängigkeit $\lambda(L/b)$ zeigt Abb. 4.17a. Die λ-Kurven streben für $L/b \to \infty$ (vgl. auch Tafel auf S.200) einem vom Momententyp unabhängigen, aber von $\varkappa$ abhängigen, endlichen Grenzwert $\lambda(\infty)$ zu, der die Spannungsverteilung der Stabtheorie widerspiegelt. Für $\varkappa = 1$ ist $\lambda(\infty)$ stets gleich 1, für $\varkappa \neq 1$ ist $\lambda(\infty)$ infolge des antimetrischen Spannungsanteils bei breiten Kragscheiben ($b_2/b_1 > \sim 0{,}75$) größer und bei schmalen Kragscheiben ($b_2/b_1 < \sim 0{,}75$) kleiner als 1. Im Beispiel der Abb. 4.17a ($b_2/b_1 = 0$, $\varkappa = -1$) ist $\lambda(\infty) = 0{,}333$. Das ist ein Wert, der von der Membranfaltwerks- bzw. Wölbtorsionstheorie her bekannt ist.[1]

Als grober Schätzwert für die mitwirkende Breite b_m einer Teilgurtscheibe wird häufig der Grenzwert für unendlich breiten Gurt ($L/b \to 0$) benutzt. Er ist, bezogen auf die Länge L, nur vom Momententyp abhängig, nicht aber von $\varkappa$ und vom Scheibentyp (Krag- oder Innenscheibe). Das leuchtet unmittelbar ein, denn der Spannungszustand am endlichen Rand einer unendlich breiten Halbscheibe muß unabhängig von den Randbedingungen am unendlich weit entfernt gegenüberliegenden Rand sein. Zur Verdeutlichung dieses Sachverhalts wurden die λ-Kurven der Abb.4.17a in $\lambda b_1/L$-Kurven umgezeichnet (Abb.4.17b), indem über denselben Abszissen L/b_1 als neue Ordinaten die durch die Abszissen dividierten alten Ordinaten aufgetragen wurden. Für den Sonderfall eines regelmäßig aufgebauten Gurtes geben diese Kurven wegen

$$\lambda = \frac{F_m}{F_{Gurt}} = \frac{b_m}{b_1} \quad \text{(vgl. 2.2.2)}$$

unmittelbar die mitwirkende Gurtbreite $b_m = \lambda b_1$, bezogen auf die Länge L, wieder. Man erkennt, daß der Grenzwert $b_m/L(0)$ bei $\varkappa = 1$ bis ca. $L/b_1 = 2$ zu guten Näherungswerten für den mitwirkenden Gurtquerschnitt führt.

Abb. 4.17a zeigt ferner, daß zwischen den in Kap. 6 vertafelten L/b_1-Werten ohne großen Fehler linear interpoliert werden kann (vgl. 2.3.2.4). Sollte es in Ausnahmefällen erforderlich sein, über die vertafelten L/b_1-Werte hinaus zu extrapolieren, bietet sich folgendes Vorgehen an:

---

[1] Z.B. Kollbrunner, C.F.; Basler, K.: Torsion.
Berlin, Heidelberg, New York: Springer 1966.

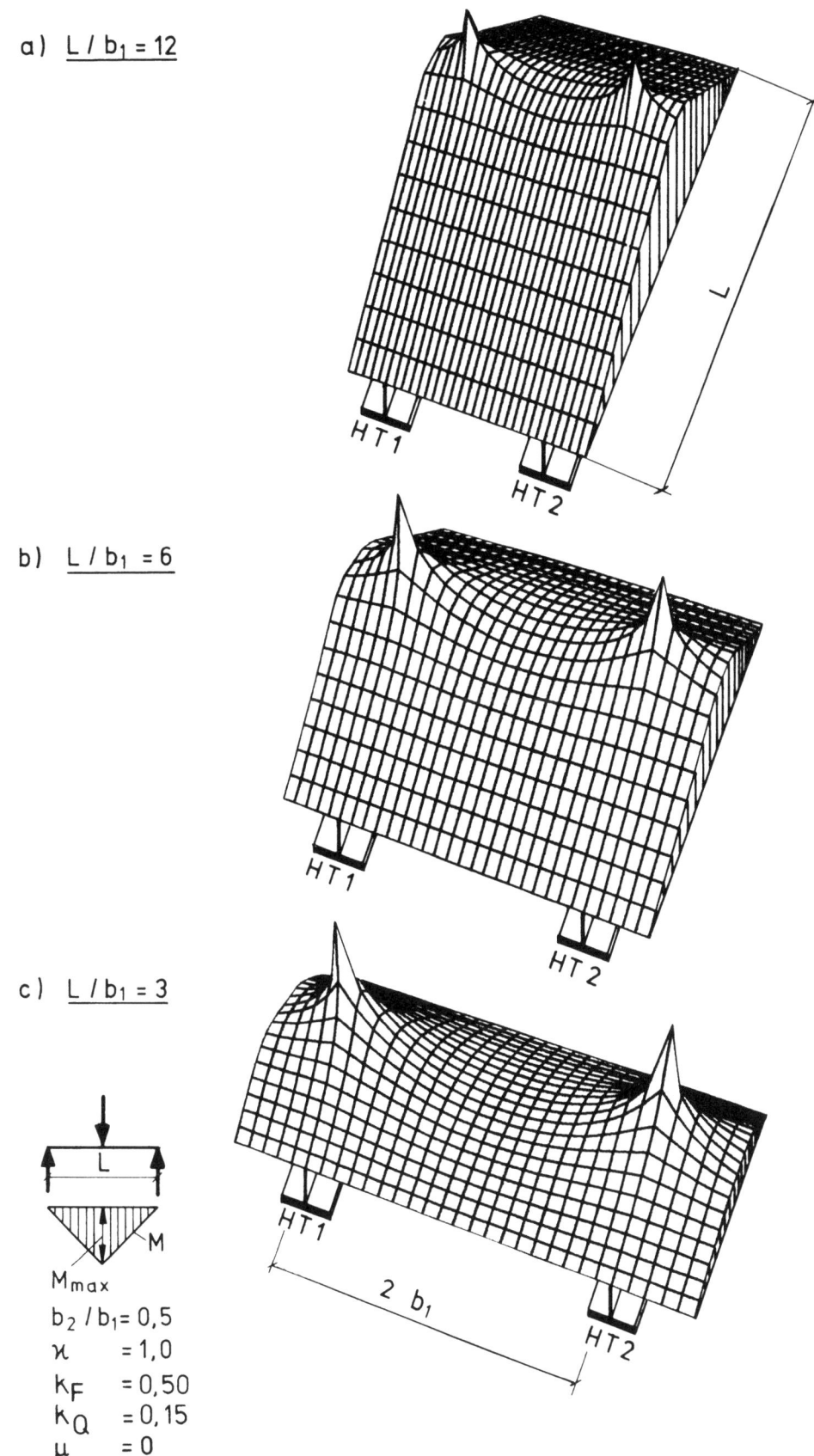

Abb. 4.16. Einfluß des Verhältnisses L/b_1 auf die Mitwirkung der Gurtscheibe, σ_x-Spannungen im Gurt von 3 Plattenbalken mit gleichem Querschnitt, gleicher M-Funktion und gleichem M_{max}, aber unterschiedlicher Länge

a) $L/b_1 <$ Tafelbereich

Quadratische Extrapolation unter Verwendung der beiden kleinsten Tafelwerte und des zu $L/b_1 = 0$ gehörenden Grenzwertes.

b) $L/b_1 >$ Tafelbereich

Exponentielle Extrapolation unter Verwendung des größten Tafelwertes und des zu $L/b_1 = \infty$ (Tafel S. 200) gehörenden Grenzwertes.

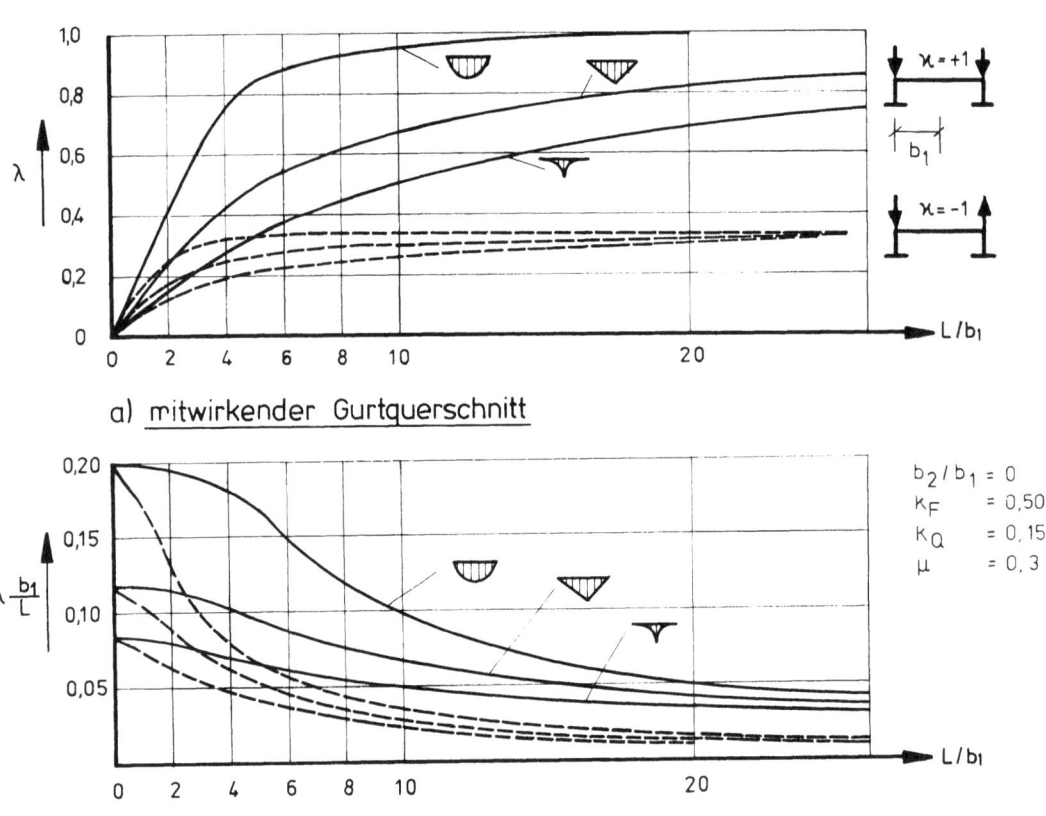

a) mitwirkender Gurtquerschnitt

b) mitwirkender Gurtquerschnitt, bezogen auf die Länge

Abb. 4.17. Abhängigkeit des mitwirkenden Gurtquerschnittes bei M_{max} vom Verhältnis Länge/Breite der Gurtscheibe

4.2.2 Querschnittstyp

Aus der Vielzahl der im Bauwesen verwendeten Plattenbalken-Querschnittstypen (Abb.2.1) wurde als Grundlage für die numerischen Auswertungen dieser Arbeit der offene zweistegige Plattenbalken einschließlich seiner beiden Grenzfälle ausgewählt (vgl. 2.1.2.1). Für diesen kann die Mitwirkung der Gurtscheibe bei der Abtragung beliebiger Querbelastungen mit Hilfe der Tafeln in Kap. 6 und 7 exakt erfaßt werden. Die Tafeln bieten aber - wie in den folgenden Abschnitter beschrieben - auch die Möglichkeit, die mitwirkenden Gurtquerschnitte und die Gurtspannungen anderer Plattenbalkenquerschnitte (Abb. 2.1) näherungsweise zu bestimmen. Diese Feststellung gilt allerdings nicht generell für beliebig querbelastete, sondern nur für biegebeanspruchte Plattenbalken. Für den antimetrischen Lastanteil (vgl. 4.1.2) muß man auf die üblichen Berechnungsverfahren für prismatische Stäbe zurückgreifen. Dabei wird man in vielen Fällen auf die

Berücksichtigung der Schubnachgiebigkeit verzichten können, da deren Einfluß auf die Wölbnormalspannungen kleiner ist als auf die Biegenormalspannungen.

4.2.2.1 Längsrandbedingungen der Teilgurtscheiben

Jeder flächenhafte Plattenbalkengurt besteht aus mehreren Teilgurtscheiben. Gemeinsames und kennzeichnendes Merkmal der Teilgurtscheiben ist, daß sie an <u>einem</u> ihrer Längsränder durch schubfeste Verbindung mit einem HT-Steg zum Mittragen herangezogen werden. Je breiter sie

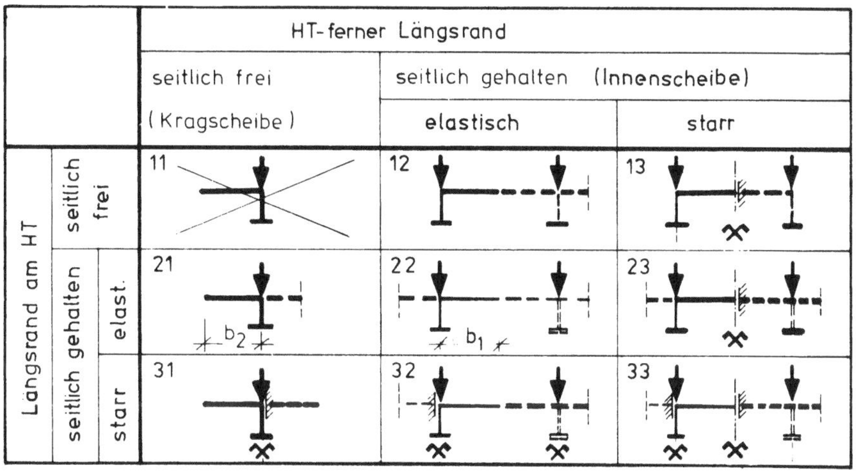

Abb. 4.18 Längsrandbedingungen der Teilgurtscheiben

sind, desto mehr entziehen sich die weiter vom HT entfernten Fasern infolge von Schubverformungen der Spannungsaufnahme, und desto kleiner wird infolgedessen ihr mitwirkender Querschnittsanteil λ. Dieser grundlegende Sachverhalt wird durch die Abhängigkeit $\lambda(L/b)$ erfaßt (vgl. 4.2.1).

Untereinander unterscheiden sich die Teilgurtscheiben durch die übrigen Randbedingungen an ihren Längsrändern (Abb. 4.18). Die Längsränder an den HT sind entweder seitlich frei oder seitlich mit einer angrenzenden Teilgurtscheibe verbunden, die HT-fernen Längsränder sind ebenfalls entweder frei (Kragscheibe) oder mit einer angrenzenden Teilgurtscheibe verbunden (Innenscheibe). Als Sonderfall der Verbindung zu einer angrenzenden Teilgurtscheibe ergibt sich bei Symmetrie jeweils die seitlich starre Festhaltung.

Zum Einfluß der Längsrandbedingungen auf den mitwirkenden Gurtquerschnitt λ_i einer Teilgurtscheibe i läßt sich mit Bezug auf Abb. 4.18 folgendes sagen:

a) Fall 22 stellt den allgemeinen Fall einer Teilgurtscheibe mit elastischer Festhaltung an beiden Längsrändern dar.

b) Die daraus hervorgehenden beiden Sonderfälle 21 und 23 liegen im Grundquerschnitt dieser Arbeit, dem einfach symmetrischen, offenen, zweistegigen Plattenbalken, vor. Eine systematische Parameterstudie des Erstverfassers [24] über die gegenseitige Beeinflussung der

Krag- und Innenscheibe dieses Querschnittes ergab, daß innerhalb baupraktischer Abmessungen λ_{innen} infolge der elastischen Behinderung durch die Kragscheibe ungefähr ebenso viel größer wird gegenüber dem Grenfall 13 (ohne Kragscheibe), wie λ_{Krag} infolge der elastischen Behinderung durch die Innenscheibe gegenüber dem Grenzfall 31 (ohne Innenscheibe) kleiner wird.

c) Den Unterschied zwischen den wichtigen drei Grenzfällen 13, 31 und 33 (Grenzfall 11 ist baupraktisch in diesem Zusammenhang nicht von Interesse) im Falle reiner Biegebeanspruchung ($\varkappa = 1$) zeigt Abb. 4.19 für den parabelförmigen Momententyp. Er ist sehr klein. Für die Momentenverläufe mit Spitze ist der Einfluß noch unbedeutender.

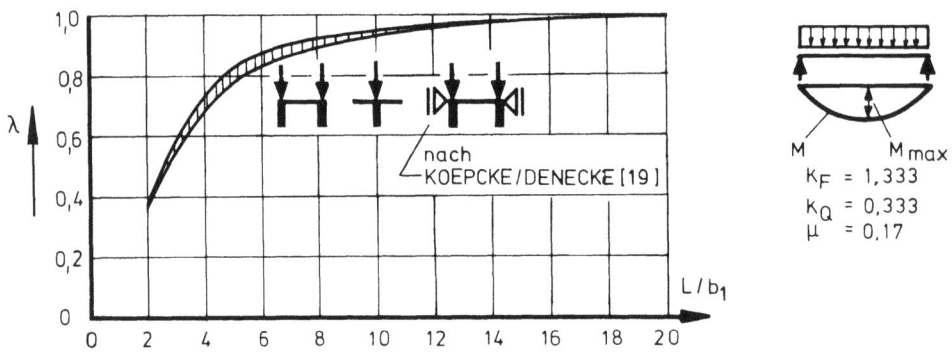

Abb. 4.19. Einfluß der Längsrandbedingungen der Teilgurtscheiben auf den mitwirkenden Gurtquerschnitt bei M_{max}

Aus Vorstehendem folgt, daß die mittragende Wirkung einer Teilgurtscheibe von ihren Längsrandbedingungen relativ wenig beeinflußt wird. Diese Tatsache machen sich alle neueren Vorschriften über die Festlegung der mitwirkenden Gurtbreite zunutze, indem sie

— für alle Teilgurtscheiben i eines Plattenbalkenquerschnittes dieselbe Funktion $\lambda(L/b_i)$ vorschreiben und

— den zu einem HT gehörenden mitwirkenden Gurtquerschnitt aus den Anteilen der beiden angrenzenden Teilgurtscheiben nach

$$F_m = F_{Gurt,1} \lambda(L/b_1) + F_{Gurt,2} \lambda(L/b_2) \tag{4.2}$$

zusammensetzen.

Als Beispiel für dieses "Zusammensetzverfahren" zeigt Abb. 4.20 die entsprechenden Angaben der

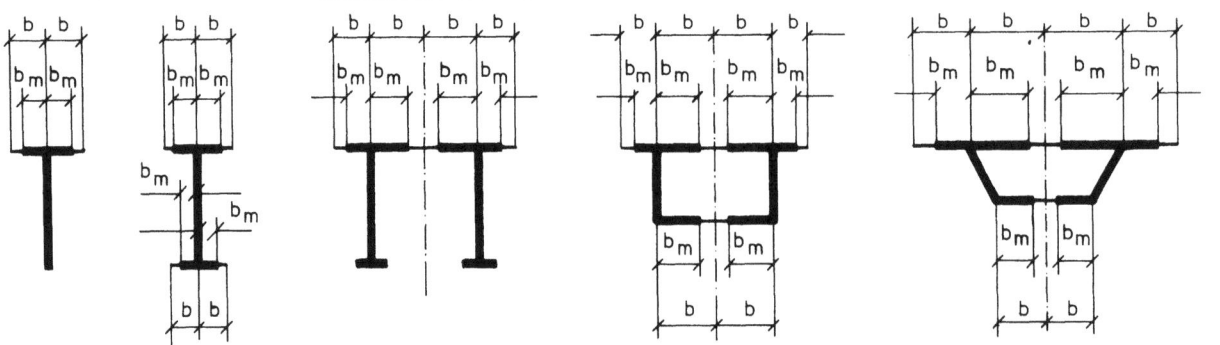

Abb. 4.20. Näherungsweises Zusammensetzen des mitwirkenden Gurtquerschnittes verschiedener Plattenbalken-Querschnittstypen nach DIN 1073

DIN 1073. Für die dort dargestellten ein- und zweistegigen Plattenbalkentypen braucht freilich bei Verwendung der Tafeln dieses Buches noch nicht auf eine solche Näherung zurückgegriffen zu werden, da das Verhältnis b_2/b_1 zu den vertafelten Hauptparametern gehört (vgl. 2.3.2.4). Erst bei Plattenbalken mit mehr als 2 HT (Abb.2.1) muß man auch hier unter Vernachlässigung der tatsächlichen Längsrandbedingungen den mitwirkenden Gurtquerschnitt jedes Hauptträgers näherungsweise nach (4.2) zusammensetzen. Dabei stehen für Kragscheiben mit den Tafeln für $b_2/b_1 = \infty$ und für Innenscheiben mit den Tafeln für $b_2/b_1 = 0$ ($\varkappa = 1$) getrennte Funktionen $\lambda(L/b_i)$ zur Verfügung.

4.2.2.2 Plattenbalken mit zwei flächenhaften Gurtebenen

Das im vorigen Abschnitt beschriebene Zusammensetzverfahren gilt im Prinzip auch für Querschnitte mit zwei Gurtscheibenebenen (Abb. 2.1). Der einzige Unterschied besteht in der Berücksichtigung der Querschnittskennwerte k_F und k_Q, die - mit Ausnahme doppeltsymmetrischer Kasten- und Breitflanschträger - nur angenähert eingearbeitet werden können. Näheres hierzu vgl. 4.2.3.

4.2.2.3 Plattenbalken mit Trägerrostwirkung

In diese Querschnittskategorie gehören alle Plattenbalken mit mehr als zwei Hauptträgerstegen (Abb. 2.1), wenn diese untereinander mit lastverteilenden Querträgern verbunden und ungleich belastet sind. In diesen Fällen überlagert sich dem Effekt der Schubkopplung der HT über die Gurtscheibe noch der Effekt der Biegekopplung über die Querträger.

Schmackpfeffer [25] hat sich mit dem Prototyp eines Plattenbalkens mit Trägerrostwirkung, dem dreistegigen offenen Plattenbalken mit einem oder zwei belasteten HT, beschäftigt. Abb. 4.21a ist seiner Arbeit entnommen. Sie zeigt für einen konkreten Verbundquerschnitt die Gurtspannungsverteilung bei belastetem Innen-HT. Man erkennt deutlich, wie in Abhängigkeit von der Biegesteifigkeit I_{QT} der lastverteilenden Querträger entweder die Schub- oder die Biegekopplung zwischen innerem und äußerem HT überwiegt.

Die Spannungsverteilung in Abb. 4.21a zeigt, daß für die beiden Grenzfälle $I_{QT} = \infty$ (unverformbarer Querschnitt, starre Biegekopplung) und $I_{QT} = 0$ (Membranfaltwerk, nur Schubkopplung) eine einfache Behandlung des dreistegigen Plattenbalkens mit Hilfe von mitwirkenden Gurtquerschnitten möglich ist. Die entsprechenden Ersatzsysteme sind in Abb. 4.21b und c skizziert. Im ersten Fall erzwingen die ∞-starren Querträger eine gleichmäßige Lastverteilung (im Verhältnis der Biegesteifigkeiten) auf alle drei HT; der Querschnitt kann nach dem "Zusammensetzverfahren" (4.2.2.1) behandelt werden. Im zweiten Fall wirken die äußeren HT nur als konzentrierte Längsversteifungen mit; der Querschnitt kann als einstegiger Plattenbalken mit Längsrippen nach 4.3.2.3 behandelt werden.

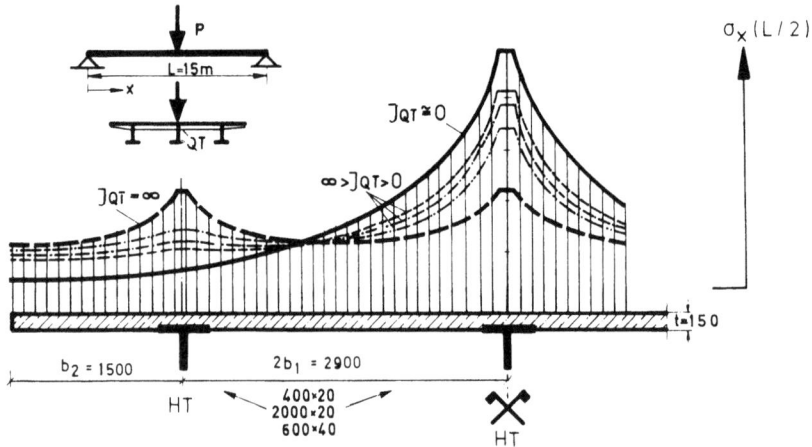

a) σ_x- Spannungen im Gurt in Feldmitte
(nach Schmackpfeffer [25])

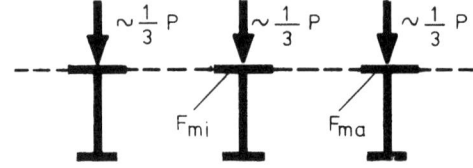

$F_{mi} = 2 t b_1 \cdot \lambda (L/b_1)$
$F_{ma} = t b_1 \cdot \lambda (L/b_1) + t b_2 \cdot \lambda (L/b_2)$
mit $\lambda (L/b_1)$ aus Tafel für $b_2/b_1 = 0$,
$\lambda (L/b_2)$ aus Tafel für $b_2/b_1 = \infty$

b) Ersatzsystem bei $J_{QT} = \infty$ (schematisch)

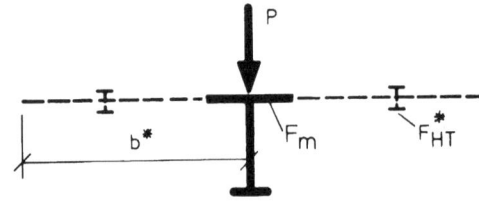

$F_m = 2 (t b^* + F_{HT}^*) \cdot \lambda (L/b^*) \cdot \alpha_{Ri}$
mit $b^* = 2 b_1 + b_2$
F_{HT}^* aus Gl. (4.6) vgl. 4 3.2.3
$\lambda (L/b^*)$ aus Tafel für $b_2/b_1 = \infty$
α_{Ri} aus Kurventafel, vgl. 4.3.2

c) Ersatzsystem bei $J_{QT} = 0$ (schematisch)

Abb. 4.21   Offener, dreistegiger Plattenbalken mit belastetem Innen-Hauptträger

Bei vielen baupraktischen mehrstegigen Plattenbalken liegt die QT-Biegesteifigkeit zwischen den beiden Grenzfällen. In diesem Fall ist bei ungleichmäßiger Belastung der einzelnen HT - wenn nicht eine exakte Berechnung des Flächentragwerks vorgezogen wird - eine Trägerrostrechnung erforderlich. In diese müssen in Ermangelung genauerer Werte die mitwirkenden Gurtquerschnitte ähnlich Abb. 4.21 als Näherung eingeführt werden. Schmackpfeffer [25] hat für das Beispiel der Abb. 4.21a unter Verwendung der mitwirkenden Breiten nach DIN 1073 "größere Abweichungen" zwischen Trägerrost- und exakter Rechnung festgestellt, für ein anderes Beispiel mit konstanter Streckenlast auf dem mittleren HT "ziemlich gute" Übereinstimmung.

Ein Beispiel für ein dem zweiten Grenzfall (nur Schubkopplung) zuzurechnendes Plattenbalkensystem sind die Längsträger orthotroper Stahlfahrbahnen von Straßenbrücken (Abb. 1.1c): Infolge der konzentrierten Radlasten sind nebeneinander liegende Fahrbahnlängsträger ungleich belastet. Für den am stärksten belasteten ergibt sich deshalb beim Spannungsnachweis für die örtliche Lastabtragung zwischen den Fahrbahnquerträgern die mitwirkende Blechbreite unter Umständen größer als der Längsträgerabstand. DIN 1073 enthält hierzu - allerdings sehr grobe - Näherungsangaben.

4.2.3 Querschnittskennwerte

Das Verhältnis der Steifigkeiten der beiden Elemente "Hauptträger HT" und "Gurt" eines offenen Plattenbalkenquerschnittes wird durch zwei dimensionslose Querschnittskennwerte k_F und k_Q beschrieben. Sie können einen merkbaren Einfluß auf die Mitwirkung des Gurtes haben. Dieser Einfluß kann durch einen Korrekturfaktor α_{QF} zum mitwirkenden Gurtquerschnitt λ erfaßt werden. Zur Ermittlung des Korrekturfaktors α_{QF} wurden die Kurventafeln auf S.202 bis S.205 aufgestellt. Sie sind das Ergebnis umfangreicher numerischer Auswertungen und decken den gesamten von den Zahlentafeln des Kap.6 erfaßten Parameterbereich ab. Aufbau und Anwendung dieser Kurventafeln sind in 2.3.3.1 beschrieben.

Der Kennwert

$$k_F = \frac{E_{HT} F_{HT}}{E_{Gurt} F_{Gurt}}$$

nach (2.2d) ist das Verhältnis der beiden Dehnsteifigkeiten (Abb. 4.23a). Dabei enthält der Nenner die Summe der Dehnsteifigkeiten aller zum Gurtbereich eines Hauptträgers zählenden Querschnittsteile; Gurt-Teilflächen mit von E_{Gurt} abweichendem Elastizitätsmodul (z.B. Stahllängsträger im Betongurt eines Verbund-Plattenbalkens) sind also entsprechend umzurechnen. Die Größenordnung von k_F ist infolge der Vielfalt der im Bauwesen verwendeten Plattenbalken in weiten Grenzen veränderlich. Den Zahlentafeln des Kap. 6 liegt mit $k_F = 0,5$ ein Mittelwert für Stahl- und Verbund-Balkenbrücken zugrunde. Die Kurventafeln für den Korrekturfaktor α_{QF} gelten für $k_F = 0,1$ bis $1,2$, wobei nach beiden Richtungen noch extrapoliert werden kann. Damit dürfte der größte Teil der Plattenbalken erfaßt sein.

Der Kennwert

$$k_Q = \left(\frac{i_{HT}}{h}\right)^2$$

nach (2.2d) ist ein Maß für die bei gleicher Querschnittsfläche F_{HT} unterschiedliche Steifigkeit verschiedener HT-Typen gegenüber Angriff einer Schubkraft am oberen Rande. In Abb.4.22 sind für die wichtigsten HT-Typen einige Kennwerte k_Q zusammengestellt. Die skizzierten Querschnittstypen charakterisieren etwa die folgenden Anwendungsfälle:

1. Rechteckquerschnitte in Stahl- und Spannbetonkonstruktionen, Flachstahlsteifen in geschweißten Blechkonstruktionen,
2. geschweißte Vollwandträger in Stahlkonstruktionen,
3. Grenzfall von 2, identisch mit Fachwerkträger in Stahlkonstruktionen,
4. geschweißter Vollwandträger in Verbundkonstruktionen,

5. Grenzfall von 4, identisch mit Fachwerkträger in Verbundkonstruktionen,
6. Walzträger in Verbundkonstruktionen, Walzträger als Steifen in Blechkonstruktionen,
7. Grenzfall von 6.

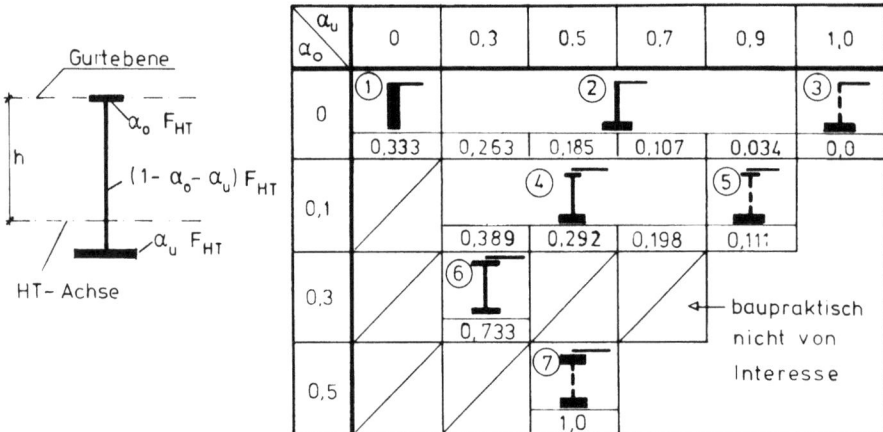

Abb. 4.22. Querschnittskennwerte k_Q für verschiedene HT-Typen offener Plattenbalken

Den Zahlentafeln des Kap. 6 liegt mit $k_Q = 0,15$ ein Mittelwert für Vollwandträger geschweißter Stahlbrücken zugrunde. Die Kurventafeln für den Korrekturfaktor α_{QF} erfassen mit $k_Q = 0$ bis 1 den größten Teil aller Plattenbalkenquerschnitte (Abb. 4.22). Der Einfluß von k_Q auf den mitwirkenden Gurtquerschnitt wird oft unterschätzt. Die Kurventafeln zeigen, daß man z.B. bei der Anwendung von Unterlagen, denen der im Massivbau übliche Rechteckquerschnitt ($k_Q \geq 0,33$) zugrundeliegt, auf die sehr unsymmetrischen Träger des Verbund- und Stahlbaus ($k_Q = 0,05 - 0,20$) vorsichtig sein muß.

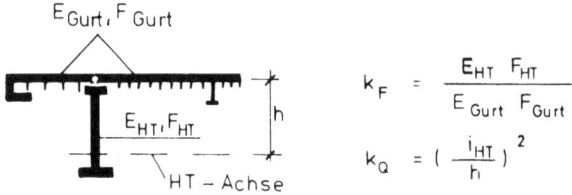

$$k_F = \frac{E_{HT} F_{HT}}{E_{Gurt} F_{Gurt}}$$

$$k_Q = \left(\frac{i_{HT}}{h}\right)^2$$

a) offener Plattenbalken mit einer Gurtebene

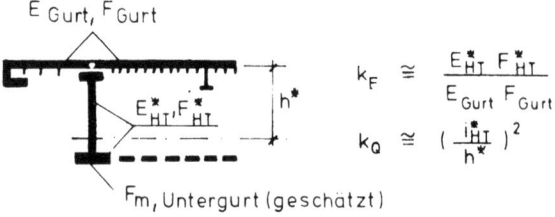

$$k_F \cong \frac{E^*_{HT} F^*_{HT}}{E_{Gurt} F_{Gurt}}$$

$$k_Q \cong \left(\frac{i^*_{HT}}{h^*}\right)^2$$

b) Plattenbalken mit zwei Gurtebenen, allgemein

$$k^*_F = \frac{E_{HT} F_{HT}}{E_{Gurt} F_{Gurt}} \left(\frac{i_{HT}}{h}\right)^2$$

$$k^*_Q = 1$$

c) Plattenbalken mit zwei Gurtebenen, Sonderfall Symmetrie

Abb. 4.23. Ermittlung der Querschnittskennwerte k_F und k_Q

Der Einfluß der Querschnittskennwerte k_F und k_Q entfällt bei harmonischer Belastung völlig und ist bei konvexer, stetig gekrümmter M-Funktion (Momententyp A, vgl. 4.1.1.1) vernachlässigbar klein.

Bei Plattenbalken mit zwei flächenhaften Gurten muß der Einfluß der Querschnittskennwerte näherungsweise ermittelt werden, indem der HT mit dem zunächst geschätzten mitwirkenden Querschnitt des zweiten Gurtes zu einem Ersatzhauptträger HT* zusammengefaßt wird (Abb.4.23b, vgl. Beispiel 9). Im Sonderfall des Plattenbalkens mit zwei gleichen flächenhaften Gurten (Symmetrie um HT-Achse) läßt sich zeigen, daß man den Einfluß der Steifigkeitsverhältnisse richtig erfaßt, wenn man mit den in Abb.4.23c angegebenen k_F^*- und k_Q^*-Werten arbeitet (vgl.Beispiel 6).

4.2.4 Veränderlicher Hauptträgerquerschnitt

Den Zahlen- und Kurventafeln dieses Buches liegt - wie den meisten theoretischen Arbeiten und allen Richtlinien zur mitwirkenden Gurtbreite - die Annahme konstanten Hauptträgerquerschnittes, also

$$F_{HT}(x) = \text{const}, \quad I_{HT}(x) = \text{const}$$

zugrunde. In Längsrichtung veränderliche Biege- und Dehnsteifigkeit des Hauptträgers bedeutet variable Querschnittskennwerte k_Q und k_F und damit Beeinflussung der mittragenden Wirkung des Gurtes. Drei Einflüsse sind zu unterscheiden:

a) Primärer Einfluß veränderlicher Querschnittswerte

$$F_{HT}(x) \neq \text{const}, \quad I_{HT}(x) \neq \text{const}$$

auf das Zusammenwirken von Biegeträger und scheibenartigem Gurt bei bekanntem Biegemomentenverlauf und unter Beibehaltung der Voraussetzung eines nach der technischen Biegelehre zu berechnenden Hauptträgers;

b) Einfluß der veränderlichen Querschnittswerte auf den Biegemomentenverlauf bei statisch unbestimmter Stützung;

c) Einfluß der von der technischen Biegelehre abweichenden Tragwirkung eines Hauptträgers mit veränderlicher Trägerhöhe (z.B."Scheinquerkraft" in einem geneigten Untergurt) auf die Inanspruchnahme der Gurtscheibe.

Systematische Parameterstudien zu diesen Fragen wurden nach Wissen der Verfasser bisher nicht veröffentlicht. Müller [13] und Schmackpfeffer [25] haben einige Beispiele zu den Einflüssen a) und b) untersucht.

Ein Fall großer Veränderlichkeit der HT-Querschnittswerte liegt bei Vouten über den Innenstützen durchlaufender Plattenbalken vor. Hierfür zeigt sich (Abb.4.24), daß der "eingeschnürte" mitwirkende Gurtquerschnitt unter der Momentenspitze gegenüber einer Rechnung mit über die

Länge L gemittelten konstanten Querschnittskennwerten k_{Fm} und k_{Qm} vergrößert wird. Bei der Untersuchung, die Abb.4.24 zugrundeliegt [1], wurde der Einfluß c) vernachlässigt.

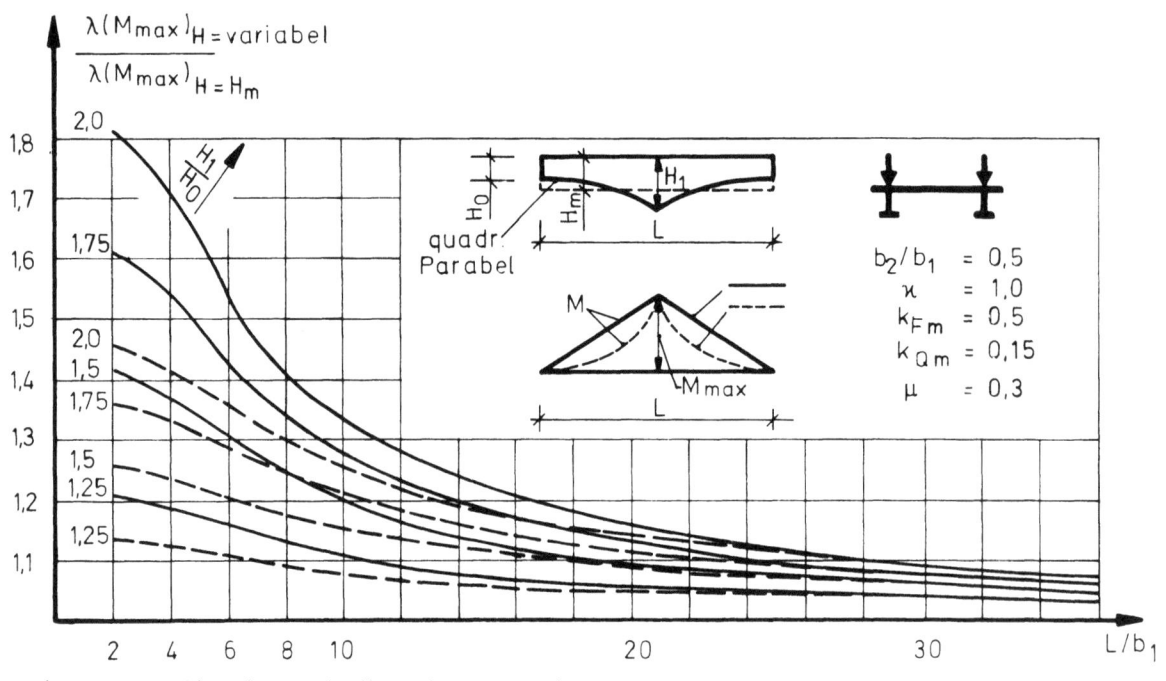

a) parabolisch gekrümmte Voute

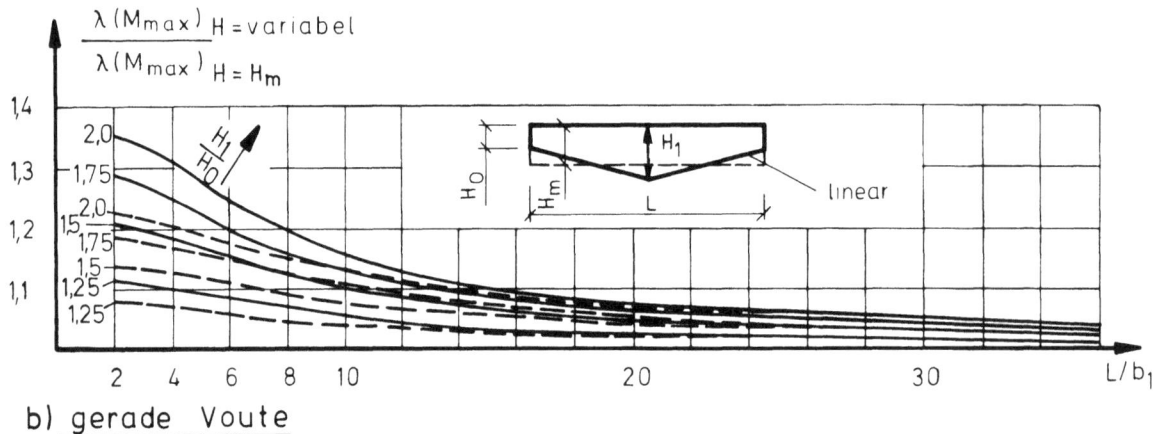

b) gerade Voute

Abb. 4.24. Einfluß veränderlicher HT-Querschnittswerte, hervorgerufen durch gevoutete Stege bei konstantem Untergurt, auf den mitwirkenden Gurtquerschnitt bei M_{max} [1]

4.3 Konstruktive Ausbildung des Plattenbalkengurtes

4.3.1 Biegesteifigkeit des Gurtes

Plattenbalkengurte haben i.a. - neben ihrer Funktion als "Gurt" - auch örtliche Lasten abzu-

---

[1] Abb.4.24 stellt einen Auszug aus den Ergebnissen eines noch nicht abgeschlossenen Forschungsvorhabens am Institut für Stahlbau der TU Braunschweig dar (Sachbearbeiter: Dipl.-Ing. W.Born).

tragen und besitzen infolgedessen in Längsrichtung eine gewisse Biegesteifigkeit. Die Idealisierung des Gurtes zu einer biegeweichen Gurtscheibe stellt deshalb eine mehr oder weniger unzutreffende Annahme dar. In erster Näherung wird die Biegesteifigkeit des Gurtes bei dem praxisüblichen Vorgehen automatisch dadurch erfaßt, daß der mitwirkende Gurtquerschnitt in die Berechnung der Querschnittswerte des Ersatzträgers nicht nur mit seiner Fläche λF_{Gurt}, sondern auch mit seinem Eigenträgheitsmoment λI_{Gurt} eingeführt wird. Der verbleibende Fehler besteht darin, daß im allgemeinen der "auf Biegung mittragende Querschnitt" - im folgenden mit λ_b gekennzeichnet - nicht mit dem "auf Schub mittragenden Querschnitt" übereinstimmt: $\lambda_b \neq \lambda$.

Marguerre [7] ermittelte für einen zweistegigen Plattenbalken, dessen Gurt er als isotrope Platte mit entkoppelter Schub- und Biegewirkung behandelte, daß unter harmonischer Belastung die auf Biegung mittragende Breite stets größer ist als die auf Schub mittragende Breite. Eine isotrope Gurtplatte mit ihrer in Längs- und Querrichtung gleichen Biegesteifigkeit stellt aber in etwa den ungünstigsten Fall dar; denn Gurte mit wesentlich kleinerer Quer- als Längsbiegesteifigkeit sind selten, während Gurte mit gleich großer oder größerer Quer- als Längsbiegesteifigkeit häufig vorkommen. Zu letzteren gehören z.B. die meisten Brückenfahrbahnen mit Querträgern. Für diese läßt sich zeigen (vgl.4.3.2.3), daß normale Querträger biegesteif genug sind, nahezu die volle Biegemitwirkung selbst kräftigerer Fahrbahnlängsträger zu erzwingen. Zusammenfassend folgt aus vorstehenden Überlegungen der wichtige Schluß, daß im allgemeinen $\lambda_b \gtrsim \lambda$ gilt, daß also das oben beschriebene praxisübliche Vorgehen mit $\lambda_b \cong \lambda$ in der Regel auf der sicheren Seite liegt.

Bei der Beurteilung des mit der Näherung $\lambda_b \cong \lambda$ begangenen Fehlers ist ferner zu beachten, daß der Anteil des Eigenträgheitsmomentes des Gurtes am Gesamtträgheitsmoment bei den meisten Plattenbalken sehr klein ist. Als grober Anhalt hierfür kann folgende Abschätzung dienen: Der Fehler ist vernachlässigbar klein, wenn

$$\frac{i_{Gurt}}{i_{HT}} \leq \sim \sqrt{\lambda k_F \left[1 - 4 k_Q (1 - k_Q) \right]} . \tag{4.3}$$

Gültigkeitsbereich von (4.3): $i_{Gurt} \leq 0,5\ i_{HT}$, $k_F \geq 0,1$, $k_Q \leq 0,33$.

In (4.3) ist i_{Gurt} der Trägheitsradius des gesamten, auf einen HT entfallenden Gurtes einschließlich aller Längsversteifungen. Gl. (4.3) ist ein grober empirischer Ausdruck für eine in [24] angegebene Tabelle. Wenn i_{Gurt} größer ist als nach (4.3), ist der mit $\lambda_b \cong \lambda$ begangene Fehler zwar nicht mehr vernachlässigbar klein, liegt aber, wie gesagt, im allgemeinen auf der sicheren Seite. Plattenbalken mit $i_{Gurt} > 0,5\ i_{HT}$ oder $k_F < 0,1$ sind für eine Berechnung mit dem Konzept des mitwirkenden Gurtquerschnittes ungeeignet und sollten exakt als Flächentragwerke mit Versteifungsträgern berechnet werden (vgl. auch 4.3.2.3).

Die neuen Stahlbeton-Richtlinien[1] sollen eine Zahlentafel für die mittragende Breite biege-

---

1) Vgl. Heft 220 DAfStb (1972), dessen Inhalt im wesentlichen der zukünftigen DIN 4227 entspricht.

steifer Plattenbalkengurte des Stahlbetonbaus enthalten. Ihr liegt eine Arbeit von Brendel [11] zugrunde. Die Werte sind keine Ergebnisse exakter Rechnungen, sondern aus den Einzelergebnissen verschiedener Autoren durch eine Art "elastischer Mittelbildung" zwischen nur auf Schub und nur auf Biegung mitwirkenden Breiten konstruiert. Sie leisten aber als Schätzwerte gute Dienste.

4.3.2 Längsversteifungen des Gurtes

Unter Längsversteifungen des Gurtes verstehen wir alle diejenigen zum Gurtquerschnitt zählenden, parallel zum HT verlaufenden, stabförmigen Konstruktionsglieder, die eine wesentliche Abweichung des elastischen Verhaltens des Gurtes von dem einer isotropen Scheibe verursachen (Abb. 2.2). Sie sind entweder eng und regelmäßig angeordnet (z.B. Spannglieder in Betongurten, Längsrippen in Stahlfahrbahnen) oder treten als einzelne Versteifungen auf (z.B. lastverteilende Längs- und Randträger, Fahrbahnbegrenzungen, Beulsteifen). Im ersten Fall können sie als "verschmiert" betrachtet und mit dem flächenhaften Querschnittsanteil zu einer orthotropen Gurtscheibe zusammengefaßt werden. Im zweiten Fall treten sie als diskrete, konzentrierte Dehnsteifigkeiten in Erscheinung. Beiden Versteifungstypen ist gemeinsam, daß sie zwar Bestandteil des Gurtquerschnittes F_{Gurt} sind, sich aber nicht an der Schubübertragung beteiligen. Das hat zur Folge, daß bei längsversteiften Gurten die σ_x-Spannungen mit wachsender Entfernung vom HT schneller abfallen als bei unversteiften Gurten (Abb. 4.25b). Deshalb ist bei gleicher Gurtfläche F_{Gurt} der mitwirkende Gurtquerschnitt λF_{Gurt} beim längsversteiften Gurt stets kleiner als beim unversteiften Gurt (Abb. 4.25c).

Der Einfluß von Längsversteifungen auf λ kann durch einen Korrekturfaktor α_{Ri} - der Index steht für "Rippen" - erfaßt werden. Zur Ermittlung des Korrekturfaktors α_{Ri} wurden die Kurventafeln auf S. 206 bis S. 211 erstellt. Sie sind das Ergebnis umfangreicher numerischer Auswertungen und decken den von den Zahlentafeln des Kap.6 erfaßten Parameterbereich ab. Aufbau und Anwendung dieser Kurventafeln sind in 2.3.3.2 beschrieben. (Vgl.Beispiel 9.)

4.3.2.1 Verschmierte Längsrippen - orthotrope Gurtscheibe

Der Querschnitt einer orthotropen Gurtscheibe wird durch den Kennwert

$$k_{ox} = \frac{f_x}{ta_y}$$

nach (2.2b) charakterisiert (Abb. 4.25a). Er stellt das Verhältnis des nur dehnsteifen Querschnittsanteils (z.B. Spannglieder in Betongurten, Längsrippen in Stahlfahrbahnen) zum sowohl dehn- als auch schubsteifen Querschnittsanteil (Betonplatte, Fahrbahnblech) dar. $k_{ox} = 0$ beschreibt den Grenzfall der isotropen Gurtscheibe, der den Zahlentafeln des Kap. 6 zugrundeliegt. Die Grenze des baupraktischen Bereichs ist mit etwa $k_{ox} = 1{,}0$ anzusetzen. Abb. 4.25b und c veranschaulichen für ein Beispiel den Einfluß der Orthotropie auf das elastische Verhalten eines Plattenbalkengurtes. Der Orthotropie-Kennwert k_{ox} ist - zusammen mit dem entsprechenden Kennwert k_{LR} für einzelne Längsversteifungen (vgl. 4.3.2.2) - Eingangsparameter für die α_{Ri}-Kurventafeln. Diese wurden für die Stelle des maximalen Biegemomentes aufgestellt. Der Korrekturfaktor α_{Ri} kann aber ohne weiteres für die ganze Länge L verwendet werden, da der $\lambda(x/L)$-Verlauf für verschiedene k_{ox}-Werte etwa affin ist (Abb. 4.25c).

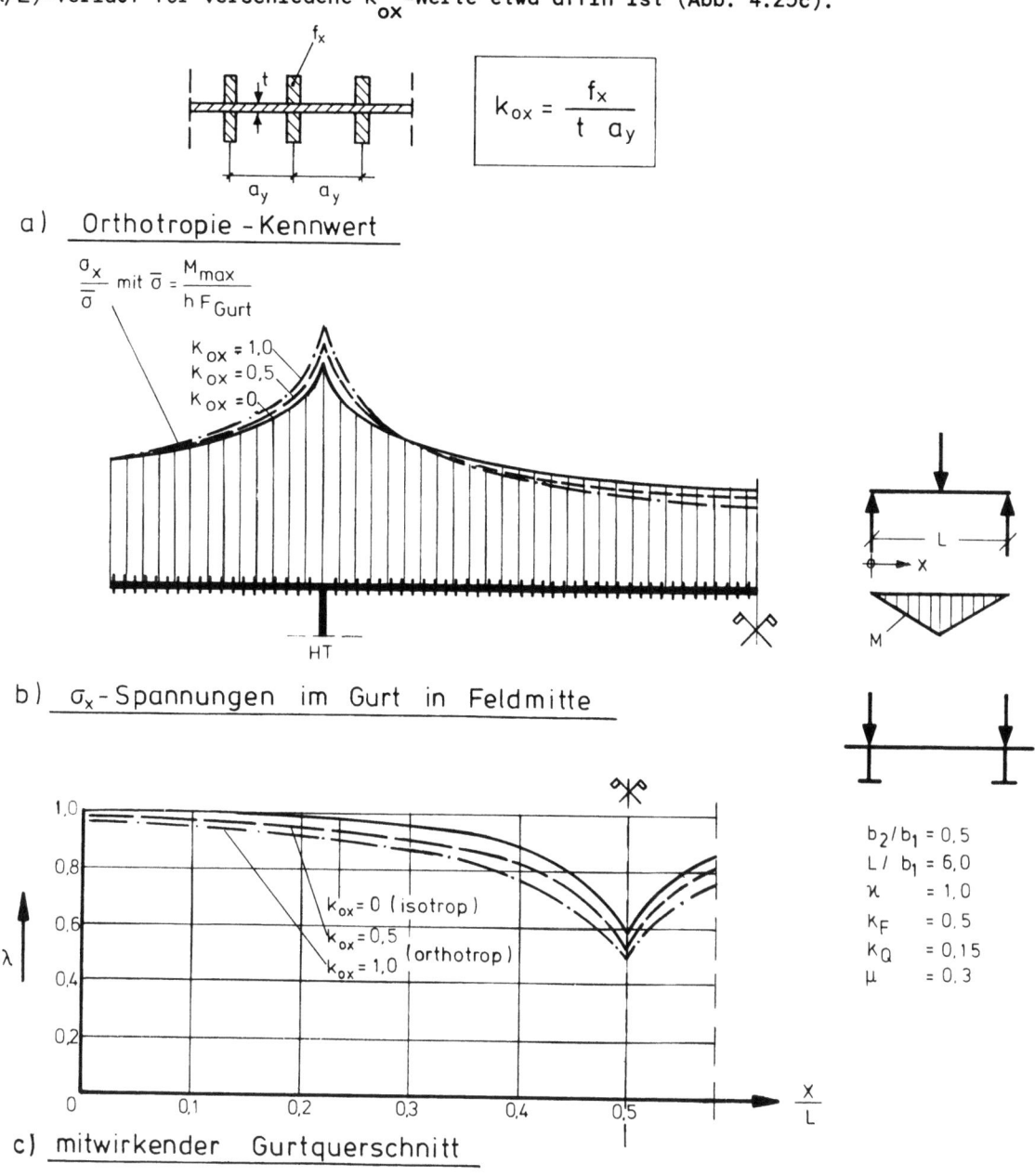

Abb. 4.25. Einfluß verschmierter Längsrippen auf die Mitwirkung der Gurtscheibe

Das theoretische Modell einer orthotropen Gurtscheibe gilt streng genommen nur für mittig zur Gurtebene angeordnete, biegeweiche Längsrippen. Es beschreibt aber auch bei einseitiger Anordnung der Längsrippen das elastische Verhalten des Gurtes hinreichend genau, solange die Höhe der Längsrippen klein ist gegenüber der HT-Höhe und solange genügend biegesteife Querträger vorhanden sind. Beide Voraussetzungen sind z.B. bei Brücken mit orthotropen Stahlfahrbahnen erfüllt. Weitere Angaben zur Frage des Einflusses der Biegesteifigkeit von Längsversteifungen siehe 4.3.2.3.

Plattenbalken mit regelmäßig versteiften Gurtscheiben werden u.a. auch in [18, 22, 23, 25, 30]
behandelt. Schmackpfeffer [25] gibt folgende empirische Näherungsformel für die Abminderung
des mitwirkenden Gurtquerschnittes durch die Orthotropie an:

$$\frac{\lambda_{ortho}}{\lambda_{iso}} = \frac{1}{2} \left[\sqrt{1 - (\frac{k_{ox}}{1+k_{ox}})^2} + \sqrt{1 - \frac{1-\lambda_{iso}}{\lambda_{iso}} \frac{k_{ox}}{1+k_{ox}}} \right] \quad \text{für } \lambda_{iso} \geq 0{,}5 \,,$$

(4.4)

$$\frac{\lambda_{ortho}}{\lambda_{iso}} = \frac{1}{2} \left[\sqrt{1 - (\frac{k_{ox}}{1+k_{ox}})^2} + \sqrt{1 - \frac{k_{ox}}{1+k_{ox}}} \right] \quad \text{für } \lambda_{iso} < 0{,}5 \,.$$

4.3.2.2 Einzelne Längsrippen

Analog zur orthotropen Gurtscheibe ist eine Gurtscheibe mit einer einzelnen, mittig zur Gurtebene angeordneten, biegeweichen Längsrippe durch den Kennwert

$$k_{LR} = \frac{F_{LR}}{tb}$$

nach (2.2c) charakterisiert (Abb. 4.26a). Er stellt wieder das Verhältnis des nur dehnsteifen
Querschnittsanteils (z.B. Längsträger, Beulsteife) zum sowohl dehn- als auch schubsteifen
Querschnittsanteil dar.

Da die Wirkung einzelner und verschmierter Längsrippen im Prinzip ähnlich ist (vgl. Abb. 4.25
und 4.26), bietet sich die Erfassung ihrer Einflüsse mit einem gemeinsamen Korrekturfaktor
α_{Ri} an. Der Längsrippen-Kennwert k_{LR} ist deshalb zusammen mit dem Orthotropie-Kennwert k_{ox}
(vgl. 4.3.2.1) Eingangsparameter für die α_{Ri}-Kurventafeln. Der Korrekturfaktor α_{Ri} gibt die
Abminderung des mitwirkenden Gurtquerschnittes einer längsversteiften Gurtscheibe gegenüber
der unversteiften, isotropen Gurtscheibe gleicher Fläche F_{Gurt} an:

$$\alpha_{Ri} = \frac{\lambda_{versteift}}{\lambda_{unversteift}} \,.$$

Den Kurventafeln auf S. 206 bis S. 211 liegt je eine diskrete Längsrippe am HT-fernen Rand jeder Teilgurtscheibe zugrunde, also zwischen zwei Innenscheiben (in der Mitte zwischen zwei
Hauptträgern) und am Außenrand von Kragscheiben (Abb. 4.26a). Einzelrippen zwischen den beiden Rändern einer Teilgurtscheibe können mit den Kurven näherungsweise nach Abb. 4.27 durch
entsprechende Reduktion des Längsrippen-Kennwertes berücksichtigt werden.

Es sei an dieser Stelle daran erinnert, daß die einfache Berücksichtigung des Einflusses einzelner, konzentrierter Gurt-Längsversteifungen der eigentliche Grund ist, weshalb vom Erstverfasser der herkömmliche Hilfsbegriff der "mitwirkenden Gurtbreite" zum allgemeineren Hilfsbegriff des "mitwirkenden Gurtquerschnittes" erweitert wurde [24] (vgl. 2.2.1).

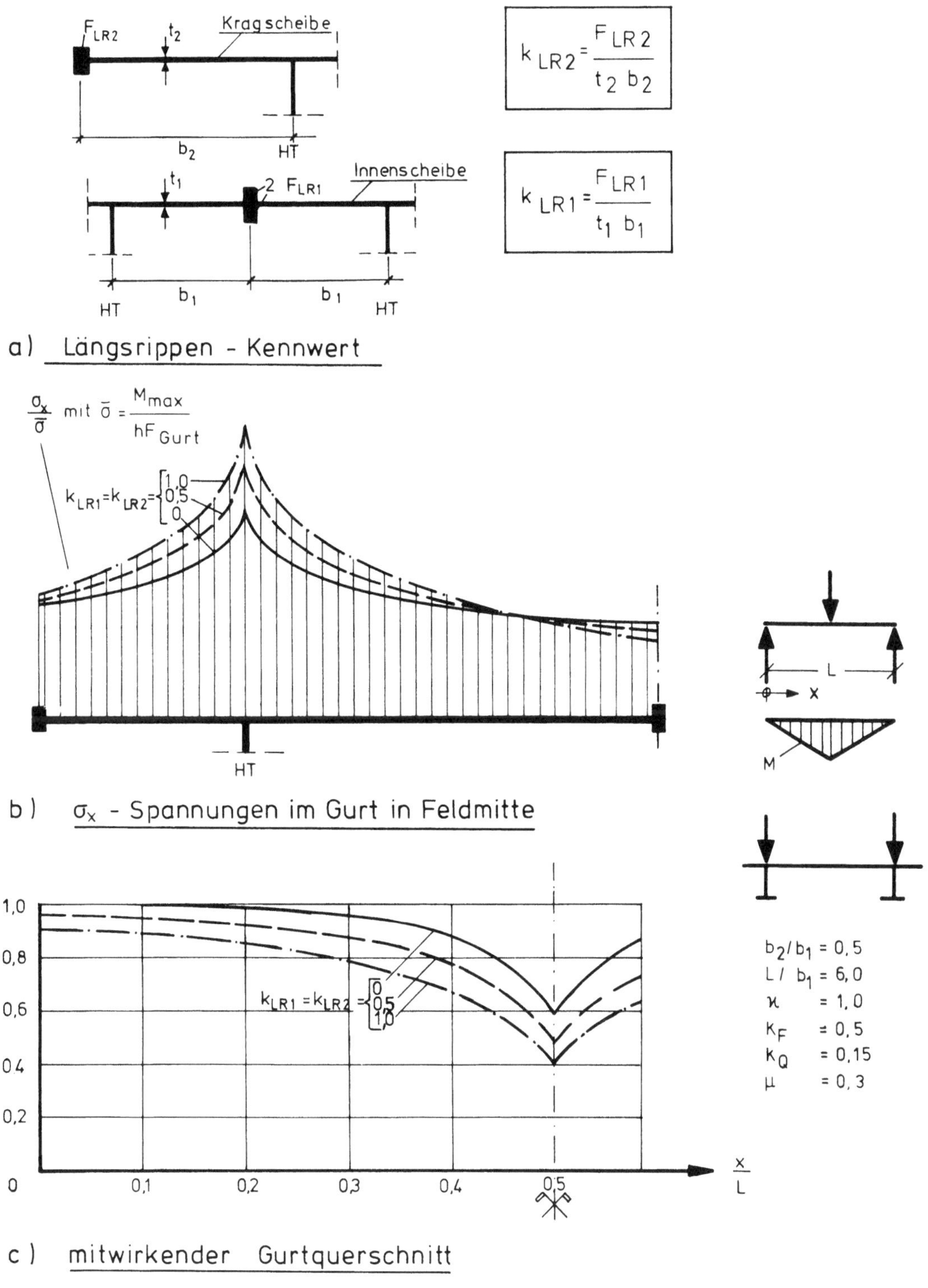

Kragscheibe
F_{LR2}
t_2
b_2
HT
Innenscheibe
t_1
$2\ F_{LR1}$
b_1
HT
$k_{LR2} = \frac{F_{LR2}}{t_2\, b_2}$
$k_{LR1} = \frac{F_{LR1}}{t_1\, b_1}$
a) Längsrippen - Kennwert
$\frac{\sigma_x}{\bar{\sigma}}$ mit $\bar{\sigma} = \frac{M_{max}}{hF_{Gurt}}$
$k_{LR1} = k_{LR2} =$ 1,0 / 0,5 / 0
HT
L
x
M
b) σ_x - Spannungen im Gurt in Feldmitte
λ
1,0
0,8
0,6
0,4
0,2
0
0,1
0,2
0,3
0,4
0,5
$\frac{x}{L}$
$k_{LR1} = k_{LR2} =$ 0 / 0,5 / 1,0
$b_2 / b_1 = 0,5$
$L / b_1 = 6,0$
$\varkappa = 1,0$
$k_F = 0,5$
$k_Q = 0,15$
$\mu = 0,3$
c) mitwirkender Gurtquerschnitt

Abb. 4.26. Einfluß einzelner Längsrippen auf die Mitwirkung der Gurtscheibe

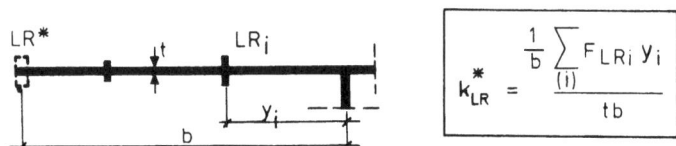

LR*
t
LR_i
y_i
b
$k^*_{LR} = \frac{\frac{1}{b}\sum_{(i)} F_{LRi}\, y_i}{tb}$

Abb. 4.27. Einzelne Längsrippen zwischen den Rändern einer Teilgurtscheibe

4.3.2.3 Biegesteife Längsversteifungen

In den beiden vorangehenden Abschnitten war von mittig zur Gurtebene angeordneten biegeweichen Längsrippen die Rede. Hierbei handelt es sich um eine Idealisierung. Baupraktisch vorkommende Längsversteifungen sind oft sowohl biegesteif als auch einseitig zur Gurtebene angeordnet (Abb. 2.2) und sind außerdem meist über biegesteife Querversteifungen zusätzlich trägerrostartig mit den Hauptträgern verbunden.

Der Einfluß der Biegesteifigkeit solcher Längsversteifungen auf den Gurtspannungszustand wurde vom Erstverfasser [24] und von Schmackpfeffer [25] am Beispiel eines zweistegigen, offenen Deckbrückenquerschnittes mit einem lastverteilenden Längsträger in Brückenachse untersucht. Aus ihren Ergebnissen folgt, daß bei Vorhandensein höherer Längsträger zusammen mit Querträgern die sinnvolle Festlegung eines mitwirkenden Hauptträger-Gurtquerschnittes nicht möglich ist. In diesen Fällen gilt sinngemäß das in 4.2.2.3 über Plattenbalken mit Trägerrostwirkung Gesagte.

Als "höhere" Längsträger im vorstehenden Sinne sind Längsversteifungen anzusprechen, deren Trägheitsradius größer ist als der halbe Trägheitsradius der Hauptträger: $i_{LT} > 0,5\ i_{HT}$. Dieses Kriterium ist in etwa identisch mit der in 4.3.1 für die Gurt-Eigenbiegesteifigkeit angegebenen Grenze, von der ab eine vereinfachte Berechnung des Plattenbalkens mit einem mitwirkenden Gurtquerschnitt generell ungeeignet erscheint. Solche Tragwerke sollten exakt als Flächentragwerke mit Versteifungsträgern berechnet werden.

Für exzentrische Längsversteifungen mit

$$i_{LT} \leq 0,5\ i_{HT}$$

lassen sich nach [24] einige einfache Regeln zur Berücksichtigung der Biegesteifigkeit aufstellen. Bevor diese zusammengestellt werden, sei zum besseren Verständnis das Tragverhalten eines Plattenbalkengurtes mit einer biegesteifen Längsversteifung an einem Beispiel qualitativ erläutert: Abb.4.28 zeigt den Querschnitt eines zweistegigen Plattenbalkens mit einer

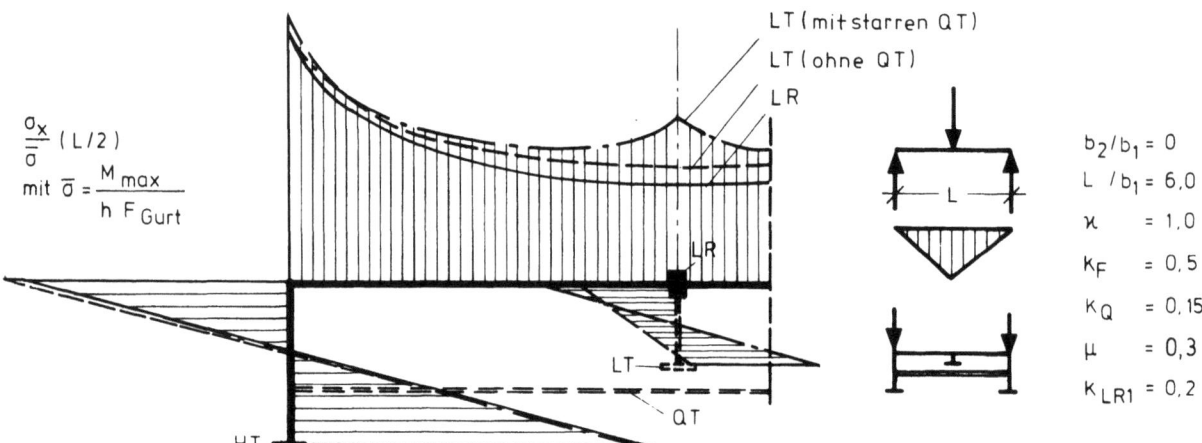

Abb. 4.28. Einfluß der Biegesteifigkeit von Längsversteifungen (nach Schmidt [24])

Längsversteifung in Gurtmitte. Die Querschnittsfläche F_{LR} der Längsversteifung wird zur Gurtfläche F_{Gurt} gerechnet (vgl. 4.2.3). Aufgetragen sind die σ_x-Verteilungen in Feldmitte für drei Grenzfälle verschiedener konstruktiver Ausbildungen der Längsversteifung unter Beibehaltung ihrer Fläche F_{LR}, und zwar wie folgt:

a) Mittig angeordnete, biegeweiche Längsrippe LR:

Dieser Fall verursacht unter allen möglichen Längsversteifungen gleicher Fläche F_{LR} die stärkste Dehnungsbehinderung in der Gurtscheibe, also den stärksten Spannungsabfall vom HT zur Gurtmitte hin.

b) Einseitig angeordneter, biegesteifer Längsträger LT; keine Querträger QT:

Ordnet man die Längsversteifung unter Beibehaltung ihrer Querschnittsfläche F_{LR} ausmittig in Form eines Längsträgers LT an, so trägt zu dessen Verkürzung am oberen Rand, wo die anteilige Gurtkraft eingeleitet wird, zusätzlich zum Normalkraftanteil noch ein Biegeanteil bei. Der exzentrische Längsträger LT wirkt daher auf die Gurtscheibe "weicher" als die zentrische Längsrippe LR. Das hat zur Folge, daß der Spannungsabfall im Gurt geringer ist (gestrichelte σ_x-Linie in Abb. 4.28). Da andererseits aber der untere Teil des Längsträgers sich der Spannungsaufnahme entzieht, ist die Maximalspannung über dem HT geringfügig größer als bei Fall a). Man beachte, daß die Verformung nicht querschnittstreu ist, wie man sich leicht aus der unterschiedlichen Neigung der σ_x-Linien in HT und LT klar macht. Das Tragwerk würde bei $L/b \to \infty$ nicht in einen Biegestab, sondern in ein Membranfaltwerk übergehen.

c) Einseitig angeordneter, biegesteifer Längsträger LT; starre Querträger QT:

Fügt man zum biegesteifen Längsträger LT noch ∞-biegesteife Querträger QT hinzu, so erzwingen diese eine querschnittstreue Verformung, indem sie dem LT die Durchbiegung des HT aufzwingen. Das hat zur Folge, daß im LT dem Spannungszustand b) ein weiterer Biegeanteil mit "eigener Spannungsspitze" im Gurt überlagert wird (strichpunktierte σ_x-Linie in Abb. 4.28). Infolgedessen nimmt die Maximalspannung über dem HT wieder ab. Der Grad dieser durch die Querträger bewirkten Trägerrostwirkung hängt von der Biegesteifigkeit des Längsträgers ab. Dem σ_x-Verlauf in Abb. 4.28 liegt ein Längsträger mit $i_{LT} = 0,5\, i_{HT}$ zugrunde. Man erkennt die Berechtigung der weiter oben angegebenen Grenze für "höhere" Längsträger: Die Verwandtschaft mit dem σ_x-Verlauf des dreistegigen Plattenbalkens in Abb. 4.21a (für $I_{QT} = \infty$) ist zwar schon unverkennbar, jedoch überwiegt im Gurtspannungszustand noch der Effekt der schubnachgiebigen Scheibe gegenüber dem Effekt des Trägerrostes.

Der Einfluß der Biegesteifigkeit aller baupraktischen Längsversteifungen mit $i_{LT} < 0,5\, i_{HT}$ liegt im Prinzip innerhalb des durch die drei Grenzfälle der Abb. 4.28 abgesteckten Bereichs. Man kann zusammenfassend feststellen, daß die Normalspannungen im Hauptträger und im Gurtbereich des Hauptträgers wenig beeinflußt und durch das Gedankenmodell einer zentrischen, biegeweichen Längsrippe gut wiedergegeben werden. Der Einfluß der Biegesteifigkeit macht sich lediglich in den Normalspannungen der Längsversteifung selbst und ihres Gurtbereiches bemerkbar.

Aufgrund der vorstehenden Überlegungen wird in Anlehnung an [24] bei exzentrisch zur Gurtebene angeordneten Gurt-Längsversteifungen mit $i_{LT} \leq 0{,}5\, i_{HT}$ folgendes Vorgehen für praktische

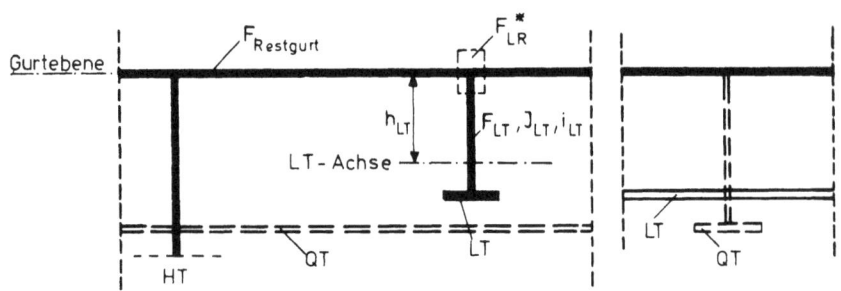

a) Quer- und Längsschnitt des Gurtes

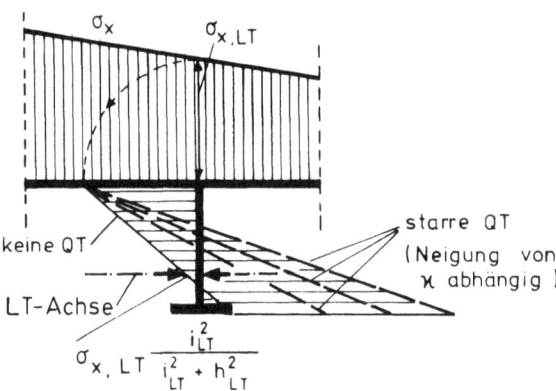

b) σ - Verlauf in der Längsversteifung

Abb. 4.29. Zur Spannungsermittlung bei biegesteifen Längsversteifungen

Berechnungen vorgeschlagen (Abb.4.29, vgl. auch Beispiel 9):

1. Zuordnung des Gurtes zu einem der beiden Grenzfälle "keine QT" oder "starre QT". Dabei kann man davon ausgehen, daß Querversteifungen, deren Biegesteifigkeit in der gleichen Größenordnung liegt wie die der Längsversteifungen (beide bezogen auf ihre Abstände), praktisch wie starre QT wirken. Hierunter fallen z.B. auch orthotrope Stahlfahrbahnen.

2. Ersatz der Längsversteifung LT durch eine fiktive, mittig zur Gurtebene angeordnete, biegeweiche Längsrippe LR* (Abb. 4.29a) mit folgender Querschnittsfläche:

$$\text{keine QT} \quad \ldots \ldots \quad F_{LR}^* = F_{LT}\,\frac{i_{LT}^2}{i_{LT}^2 + h_{LT}^2}\,,$$

$$\text{starre QT} \quad \ldots \ldots \quad F_{LR}^* = F_{LT}\,.$$

(4.5)

3. Ermittlung von λ und σ_{r1}/σ_1 bis σ_{r2}/σ_1 mit Hilfe der Zahlen- und Kurventafeln des Kap.6 und 7 für den unter 2) festgelegten fiktiven Plattenbalken.

4. Einarbeitung des mitwirkenden Gurtquerschnittes bei der Ermittlung der Querschnittswerte des Ersatzträgers wie folgt:

$$\begin{aligned}
\text{keine QT} \quad & F_m = (F_{Restgurt} + F_{LR}^*) \text{ in Höhe der Gurtebene,} \\
& I_m = 0 \\
& \quad\quad\quad\quad\quad\quad\quad\quad\quad\quad\quad\quad\quad\quad\quad\quad\quad\quad\quad\quad (4.6) \\
\text{starre QT} \quad & F_m = \lambda(F_{Restgurt} + F_{LT}) \\
& \text{davon } F_{m1} = \lambda F_{Restgurt} \text{ in Höhe der Gurtebene} \\
& \quad\quad\quad F_{m2} = \lambda F_{LT} \text{ in Höhe der LT-Achse} \\
& I_m = \lambda I_{LT} \\
\text{mit } & F_{Restgurt} = F_{Gurt} - F_{LT} .
\end{aligned}$$

5. Biegeberechnung des Ersatzträgers mit den unter 4) ermittelten Querschnittswerten, u.a. Ermittlung der Gurtspannung σ_1 über dem HT.

6. Ermittlung des σ_x-Verlaufes über die Gurtbreite mit Hilfe der Verhältniswerte σ_{r1}/σ_1 bis σ_{r2}/σ_1. Hierbei erhält man u.a. einen Näherungswert für $\sigma_{x,LT}$ (Abb. 4.29b).

7. Ermittlung des σ-Verlaufes über die LT-Höhe aus $\sigma_{x,LT}$ wie folgt:

   keine QT . . . . Die Neigung der σ-Linie - ausgehend von $\sigma_{x,LT}$ am oberen Rand - wird festgelegt durch den in Abb. 4.29b eingetragenen σ-Wert in Höhe der LT-Achse

   starre QT . . . . Die Neigung der σ-Linie ist bei $\varkappa = 1$ (reine Biegung) parallel zur Biegespannung im HT. Bei $\varkappa \neq 1$ ist die Neigung im LT zwischen den Neigungen der HT zu interpolieren.

4.3.3 Querversteifungen des Gurtes

Querversteifungen (Querträger, Querscheiben, Querschotte) beeinflussen die Mitwirkung des Gurtes bei der Lastabtragung auf zweierlei Weise. Erstens bewirkt ihre Biegesteifigkeit die Trägerrostkopplung der Hauptträger untereinander und der Hauptträger mit den Gurt-Längsversteifungen. Darüber wurde in 4.2.2.3 und 4.3.2.3 berichtet. Wenn die Querversteifungen außerdem schubfest mit der Gurtscheibe verbunden sind, behindern sie deren Dehnungen in Querrichtung und beeinflussen dadurch zusätzlich den Scheibenspannungszustand. Von diesem Einfluß der Dehnsteifigkeit von Querversteifungen ist im folgenden die Rede.

4.3.3.1 Verschmierte Querrippen - orthotrope Gurtscheibe

In Abb. 4.25 entstand die Orthotropie der Gurtscheibe durch Hinzufügen von Längsrippen zur Scheibe. Das ist ein Sonderfall. Eine allgemeine orthotrope Gurtscheibe hat außerdem noch verschmierte Querrippen (z.B. Querspannglieder in Betongurten, Querträger in Stahlfahrbahnen). Der zugehörige Kennwert lautet - analog zu Abb. 4.25a - nach (2.2b)

$$k_{oy} = \frac{f_y}{ta_x} .$$

Den Auftragungen in Abb. 4.25 liegt $k_{oy} = 0$ zugrunde. Abb. 4.30 zeigt für dasselbe Beispiel die σ_x-Spannungen im Gurt in Feldmitte für verschiedene Werte von k_{oy}. Man erkennt, daß der Einfluß der Querrippen auf die Mitwirkung der Gurtscheibe wesentlich kleiner ist als der Einfluß der Längsrippen. Das leuchtet unmittelbar ein, denn während die Längsrippen selbst zum Gurtquerschnitt gehören, beeinflussen die Querrippen die σ_x-Spannungen nur sekundär. Innerhal des baupraktischen Bereiches, der zwischen k_{oy} = 0 und k_{oy} = 1,0 liegen dürfte, ist demnach der Einfluß verschmierter Querrippen auf die Mitwirkung von Gurtscheiben vernachlässigbar. De Kurventafeln zur Ermittlung von α_{Ri} auf S. 206 bis S. 211 liegt k_{oy} = 0 zugrunde.

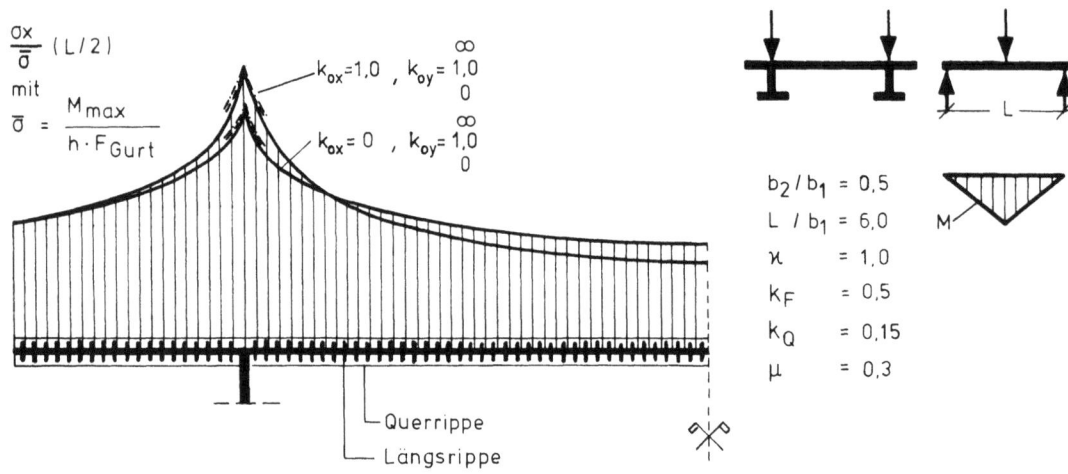

Abb. 4.30. Einfluß verschmierter Querrippen auf die Mitwirkung der Gurtscheibe

4.3.3.2 Einzelne Querscheiben

Ähnlich wie bei den Längsversteifungen ist auch bei Querversteifungen zwischen relativ eng u regelmäßig angeordneten, d.h. als "verschmiert" annäherbaren Querrippen und einzelnen, kräft: gen Querscheiben zu unterscheiden. Zu letzteren gehören z.B. Auflagerscheiben, querschnittse haltende Schotte in Kastenträgern und einzelne lastverteilende Querträger, wenn sie schubfes mit der Gurtscheibe verbunden sind. Sie lassen sich bezüglich ihrer Lage im Plattenbalken in zwei Gruppen unterteilen:

— Endquerscheiben über gelenkigen Endauflagerpunkten,

— Innenquerscheiben.

Die Frage der Endquerscheiben ist deshalb wichtig, weil die meisten theoretischen Untersuchur gen - auch die den Tafeln dieses Heftes zugrundeliegende Theorie - mit Rücksicht auf eine numerisch nicht zu aufwendige Einarbeitung der Randbedingungen am Plattenbalkenende von quer zu Plattenbalkenachse unendlich starren Endquerscheiben ausgehen (Abb. 2.4). Diese sorgen dafür, daß bereits direkt über dem Auflager endliche Querkraft-Schubspannungen in die Gurtscheibe eingeleitet werden können. Das ist die Voraussetzung für einen endlichen mitwirkenden Gurtquerschnitt am Plattenbalkenende (Abb. 4.2). Bei fehlender Endquerscheibe fällt λ am Plattenbalkenende in jedem Falle auf 0 ab.

Müller [13] hat die Auswirkung elastischer Endquerscheiben auf die Mitwirkung der Gurtscheibe im Endbereich untersucht (Abb. 4.31). Er kommt zu dem Ergebnis, daß baupraktische Querträger mit $I_{QT} = I_{HT}$ und $F_{QT} = F_{HT}$ mehr dem Grenzfall $I_{QT} = F_{QT} = 0$ als dem Grenzfall $I_{QT} = F_{QT} = \infty$

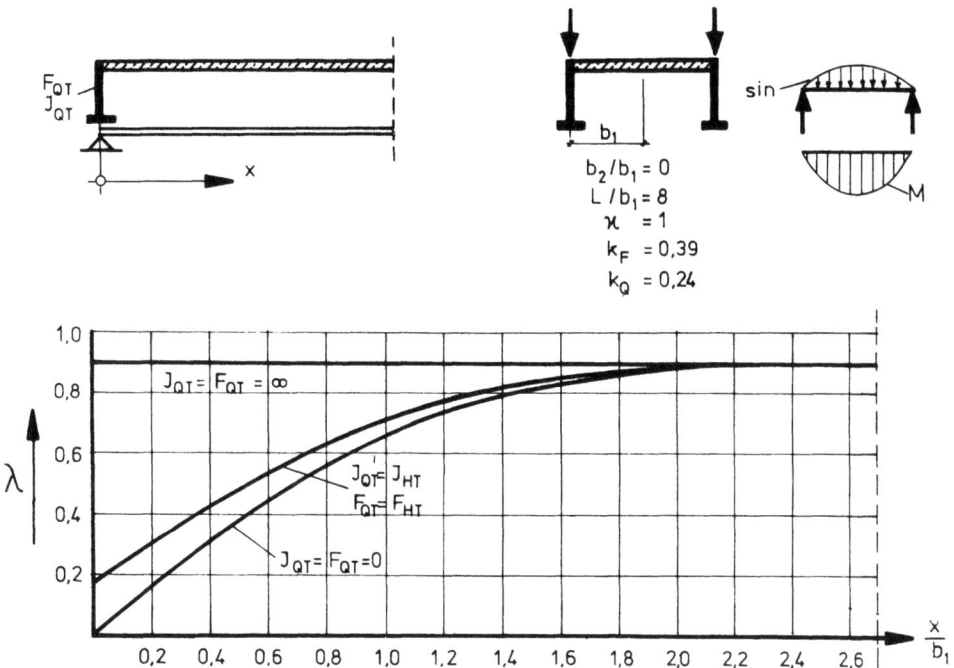

Abb. 4.31.   Einfluß der Endquerscheibe auf die Mitwirkung der Gurtscheibe (nach Müller [13])

entsprechen und die Mitwirkung des Gurtes nicht wesentlich verbessern. Die Störung des Gurtspannungszustandes durch die Endquerscheibe klingt, da sie von einer Gleichgewichtsgruppe von Schubspannungen verursacht wird, im Sinne des St. Venantschen Prinzips mit wachsender Entfernung vom Plattenbalkenende schnell ab (Abb. 4.31). Da andererseits das Biegemoment zum gelenkig gelagerten Ende ebenfalls abnimmt, ist der Abfall von λ praktisch von untergeordneter Bedeutung. Es sollte aber in jedem Plattenbalken ein schubfest mit der Gurtscheibe verbundenes Endglied vorhanden sein, das zumindest einen Wert $\lambda > 0$ garantiert.

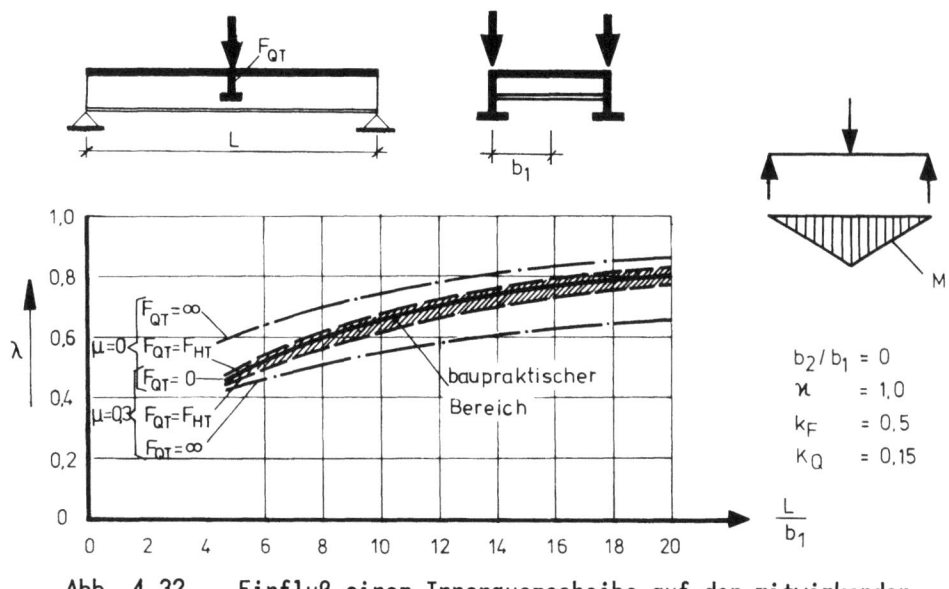

Abb. 4.32.   Einfluß einer Innenquerscheibe auf den mitwirkenden Gurtquerschnitt bei M_{max} (nach Schmidt [24])

Bei <u>Innenquerscheiben</u> fallen im Gegensatz zu Endquerscheiben Störungsstelle und größtes Biegemoment oft zusammen. Man denke z.B. an den Auflagerquerträger über dem Stützpunkt eines durchlaufenden Plattenbalkens. Untersuchungen des Erstverfassers [24] haben gezeigt, daß auch bei solchen Querscheiben baupraktisch sinnvolle Abmessungen ($I_{QT} \leq I_{HT}$, $F_{QT} \leq F_{HT}$) eher dem unendlich weichen Grenzfall (Querversteifung nicht vorhanden) entsprechen als dem unendlich starren Grenzfall (Abb. 4.32). Die Störung des Spannungszustandes ist gering und klingt schnell ab.

4.3.4 Veränderlicher Gurtquerschnitt

4.3.4.1 In Querrichtung veränderlicher Gurtquerschnitt

Eine Veränderlichkeit des Gurtquerschnittes in Querrichtung hat bei der in diesem Heft verwendeten Konzeption des "mitwirkenden Gurtquerschnittes" in erster Näherung keinen Einfluß, da λ stets auf den gesamten Gurtquerschnitt F_{Gurt} bezogen ist. Bei stärker veränderlicher Gurtdicke t ändert sich aber das Schubverhalten der Gurtscheibe und damit der zum Mittragen herangezogene Gurtquerschnittsanteil. Zwei Fälle von stärker veränderlicher Gurtscheibendicke treten in der Baupraxis häufiger auf:

— Unterschiedliche mittlere Dicken in Krag- und Innenscheibe,

— kontinuierlich abnehmende Dicke mit wachsender Entfernung vom HT.

Der erste Fall liegt z.B. bei Brückenfahrbahnen vor, wenn eine querträgerlose, d.h. quer abtragende Stahlbetonplatte sehr unterschiedliche Spannweiten b_1 und b_2 der Teilgurtscheiben hat oder wenn im Bereich der Kragscheibe ein breiter Gehweg mit geringer Verkehrslast liegt. Vergleichsrechnungen mit verschiedenen Scheibendicken t_1 und t_2 (Abb. 2.4) haben gezeigt, daß im Bereich üblicher Abmessungs- und Belastungsverhältnisse (b_2/b_1 = 0,25 bis 2,00, κ = 0,3 bis 1,0) für Dickenverhältnisse t_2/t_1 = 0,8 bis 1,2 ohne weiteres die Tafeln der Kap. 6 und 7, denen t_2/t_1 = 1,0 zugrundeliegt, direkt benutzt werden können. Außerhalb dieses Bereiches muß auf das Zusammensetzverfahren nach 4.2.2.1 bzw. Gl. (4.2) zurückgegriffen werden.
Plattenbalkengurte mit kontinuierlich veränderlicher Dicke wurden von Homberg [27] im Zusammenhang mit querträgerlosen, zweistegigen Spannbetonbrücken untersucht. Bei diesen ist die Fahrbahnplatte mit Rücksicht auf die Plattenmomente über dem HT oft wesentlich dicker als in der Mitte und am Rand. In Abb. 4.33b ist für das Beispiel der Abb. 4.33a die zu t = variabel gehörige Gurtspannungsverteilung nach [27] derjenigen für t = const gegenübergestellt. Der Vergleich zeigt, daß selbst für das relativ große Dickenverhältnis t_{max}/t_{min} = 2 die Spannungsverteilungen wenig differieren. Der Vergleich wird noch günstiger, wenn man nicht die Spannungen, sondern den mitwirkenden Gurtquerschnitt betrachtet. Nach [27] ist für die Innenscheibe dieses Beispiels

λ = 0,735 für t = const,

λ = 0,758 für t = variabel.

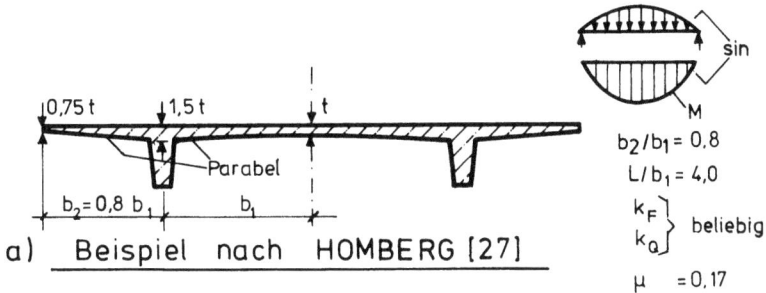

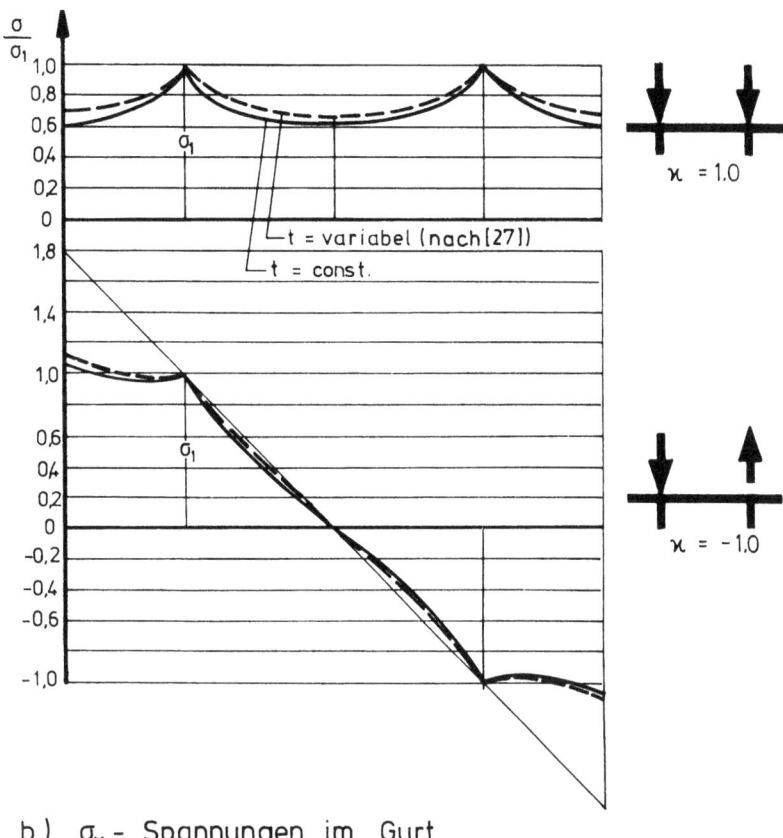

Abb. 4.33. Einfluß veränderlicher Gurtdicke auf die Mitwirkung der Gurtscheibe

Es bleibt allerdings die Frage, ob der günstige Einfluß der zum HT hin dicker werdenden Gurtscheibe bei nicht harmonischer Belastung nicht wesentlich größer ist, vor allem hinsichtlich der Einschnürung von λ unter Momentenspitzen.

4.3.4.2 In Längsrichtung veränderlicher Gurtquerschnitt

Dies bedeutet - ebenso wie ein veränderlicher Hauptträgerquerschnitt (vgl. 4.2.4) - variable Querschnittswerte k_Q und k_F und damit Beeinflussung der mittragenden Wirkung des Gurtes. Untersuchungen hierzu wurden bisher nicht veröffentlicht.

4.4 Werkstoff des Plattenbalkengurtes

4.4.1 Elastizitätsmodul

Die Elastizitätstheorie des Plattenbalkens setzt lineares elastisches Verhalten im ganzen Querschnitt und schubstarre Verbindungen zwischen Gurtscheiben, Hauptträgern und Längsversteifungen voraus. Unter diesen Voraussetzungen gelten die Aussagen dieses Buches für beliebig zusammengesetzte Verbundquerschnitte. Es müssen lediglich - analog zum Vorgehen bei stabförmigen Verbundtragwerken - bei der Ermittlung der Querschnittskennwerte k_Q und k_F und der Längsversteifungskennwerte k_{ox} und k_{LR} alle Teilflächen im Verhältnis ihrer Elastizitätsmoduli auf einen gemeinsamen E-Modul umgerechnet werden.

4.4.2 Querdehnzahl

Das elastische Verhalten jeder Scheibe wird von der Querdehnzahl ihres Werkstoffes beeinflußt Der σ_x-Zustand einer Gurtscheibe ist daher in gewissem Umfange von μ abhängig. Abb. 4.34 verdeutlicht die Art und die Größenordnung des Einflusses an einem Beispiel. Zwei Effekte sind z unterscheiden:

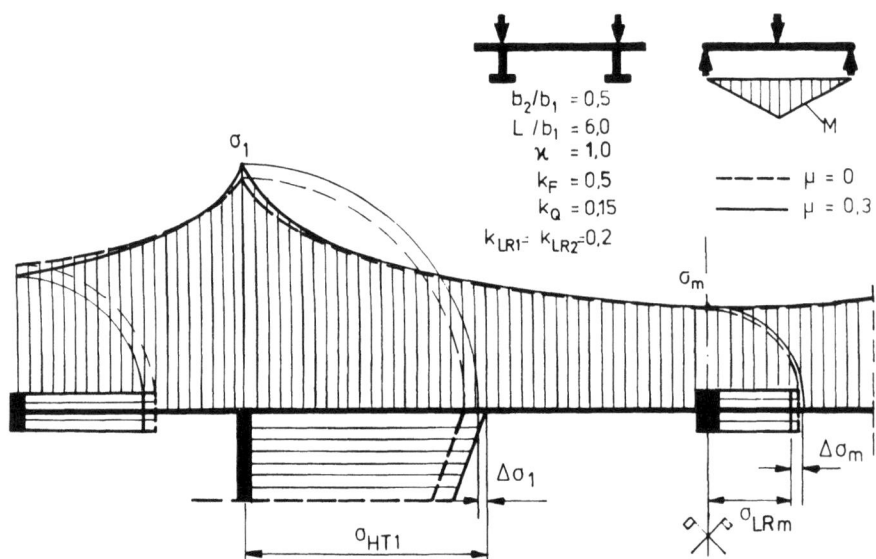

a) σ_x - Spannungen im Gurt, im HT und in den Längsversteifungen in Feldmitte

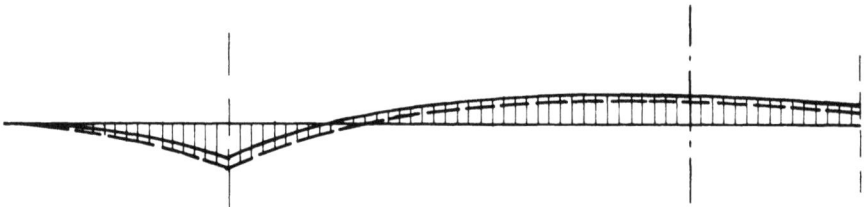

b) σ_y - Spannungen im Gurt in Feldmitte

Abb. 4.34. Einfluß der Querdehnzahl auf die Mitwirkung der Gurtscheibe

a) Mit wachsender Poissonzahl μ wird der σ_x-Spannungsabfall im Gurt vom HT zu den Rändern der Teilgurtscheiben hin größer (Abb. 4.34a) und damit der mitwirkende Gurtquerschnitt λ kleiner. Dieser Einfluß kann mit einem Korrekturfaktor α_μ zum mitwirkenden Gurtquerschnitt λ erfaßt werden. Zur Ermittlung von α_μ wurde die Kurventafel auf S. 213 aufgestellt. Aufbau und Anwendung dieser Kurventafel ist in 2.3.3.3 beschrieben. Im Sonderfall eines zweistegigen Plattenbalkens ohne Kragscheiben ($b_2/b_1 = 0$) ist λ von μ unabhängig.

b) Bei $\mu \neq 0$ tritt überall dort, wo stabförmige Elemente (HT, LR, LT) linienförmig schubfest mit der Gurtscheibe verbunden sind, ein σ_x-Sprung $\Delta\sigma$ auf (Abb. 4.34a). Er hat seine Ursache in der Dehnungskopplung eines einachsigen mit einem zweiachsigen Spannungszustand:

$$\varepsilon_{x,\text{Stab}} = \frac{1}{E} \sigma_{x,\text{Stab}} = \varepsilon_{x,\text{Scheibe}} = \frac{1}{E} (\sigma_{x,\text{Scheibe}} - \mu\sigma_{y,\text{Scheibe}}),$$

$$\Delta\sigma = \sigma_{x,\text{Stab}} - \sigma_{x,\text{Scheibe}} \neq 0, \text{ wenn } \mu \neq 0 \text{ und } \sigma_{y,\text{Scheibe}} \neq 0.$$

Aus der vorstehenden Beziehung und dem σ_y-Verlauf in der Gurtscheibe (Abb. 4.34b) folgt, daß hinsichtlich des σ_x-Sprunges drei Fälle zu unterscheiden sind:

— Längsversteifungen am Innenrand von Innenscheiben,

$$\sigma_y/\sigma_x > 0 \rightarrow \Delta\sigma_m = \sigma_{LRm} - \sigma_m < 0,$$

— Längsversteifungen am Außenrand von Kragscheiben,

$$\sigma_y = 0 \rightarrow \Delta\sigma_{r1} = 0,$$

— Hauptträger,

$$\sigma_y/\sigma_x < 0 \rightarrow \Delta\sigma_1 = \sigma_{HT1} - \sigma_1 > 0.$$

Die Spannungssprünge nach b) sind nicht sehr groß [24]. Sie sind bei Benutzung der Tafeln dieses Buches im Sinne einer auf der sicheren Seite liegenden Spannungsermittlung abgedeckt, da die 4 ausgedruckten Tafelwerte σ_{r1}/σ_1 bis σ_{r2}/σ_1 in Wirklichkeit nicht auf σ_1, sondern auf σ_{HT1}, d.h. den größeren der beiden theoretischen Spannungswerte an der Kontaktlinie zwischen Hauptträger und Gurt bezogen sind.

Eine Abschätzung des durch μ verursachten Spannungssprunges $\Delta\sigma_1$ über dem Hauptträger ist im übrigen mit Hilfe der Zahlentafeln für den Plattenbalken "ohne Innenscheiben" ($b_2/b_1 = \infty$) möglich, der für diesen Einfluß den ungünstigsten Fall darstellt: Wie in 2.3.2.1 dargelegt, wurde beim Aufstellen der Tafeln auch für diesen Querschnittstyp der allgemeine Ausdruck mit fünf vertafelten Zahlenwerten beibehalten. Der ausgedruckte Wert "σ_m/σ_1" ist hier also, da er sich auf eine unendlich schmale Innenscheibe bezieht, unmittelbar gleich dem Wert σ_1/σ_{HT1} bzw. $1 - \Delta\sigma_1/\sigma_{HT1}$.

4.4.3 Nichtlineares Werkstoffverhalten

Wichtigste Voraussetzung des in diesem Buch behandelten Verhaltens breiter Balkengurte ist die Gültigkeit der linearen Elastizitätstheorie. Daraus vor allem resultieren die hohen Spannungsspitzen, die zu der starken Einschnürung des mitwirkenden Gurtquerschnittes unter Biegemomentenspitzen führen. Beide infragekommenden Gurtbaustoffe - Baustahl und Beton - weisen aber bekanntlich gewisse nichtlineare Werkstoffeigenschaften auf. Zu diesen gehören

— das Fließen des Baustahles,

— die gekrümmte Arbeitslinie des Betons bei Kurzzeitbelastung,

— das Kriechen des Betons bei Langzeitbelastung.

Es stellt sich nun zwangsläufig die Frage nach der tatsächlichen Tragsicherheit von Plattenbalken, deren Gurte unter Berücksichtigung hoher elastischer Spannungsspitzen bemessen worden sind. Beispielsweise hat der Zweitverfasser theoretisch gezeigt [33], daß bei einmaliger statischer Belastung die Spannungsspitzen in Baustahlgurten bei Eintritt in den plastischen Verformungsbereich abgebaut werden, so daß die σ_x-Verteilung im Gurt völliger und die mitwirkende Gurtbreite größer wird. Ein ähnlicher Effekt in Betongurten infolge der gekrümmten σ-ε-Linie wurde von Brendel [12] experimentell nachgewiesen. Auch das zweidimensionale Kriechen eines breiten Betongurtes kann, wie Kruppe [32] theoretisch an einem Verbundbrückenbeispiel gezeigt hat, zu einer Zunahme der mitwirkenden Breite führen.

Es ist jedoch verfrüht, an eine planmäßige Ausnutzung solcher im nichtlinearen Werkstoffverhalten begründeten Tragreserven breiter Balkengurte zu denken, bevor genügend abgesicherte Forschungsergebnisse zu den damit zusammenhängenden Problemen vorliegen. Es seien hier nur zwei dieser Fragenkomplexe genannt:

a) Die aus dem Traglastverfahren her bekannte Methode der Abschätzung der plastischen Grenztragfähigkeit von Stäben kann bei Tragwerken mit breiten Gurten auf der unsicheren Seite liegen.

b) Über die rein statische Traglast bei einmaliger Belastung hinaus stellt sich die Frage, wie sich wiederholte Ent- und Belastung bis in den nichtlinearen Bereich hinein auf die Tragfähigkeit auswirken. Dies ist deshalb wichtig, weil viele Plattenbalkentragwerke (z.B. Straßenbrücken, Stahlwasserbauten, aber auch Hochbauten) zwar keiner ausgesprochenen Dauerbeanspruchung, aber auch keiner nur einmaligen Beanspruchung unterliegen.

5. Beispiele

5.1 Beispiel 1

Für das in Abb.5.1a im Querschnitt dargestellte stählerne Tragwerk (Stützweite 3 m) werden für den Nachweis der Ermüdungsfestigkeit für die beiden in Abb.5.1b dargestellten Lastfälle LFA und LFB die Spannungen an OK und UK des halbierten IPE-Trägers an der Stelle des jeweiligen maximalen Biegemomentes benötigt.

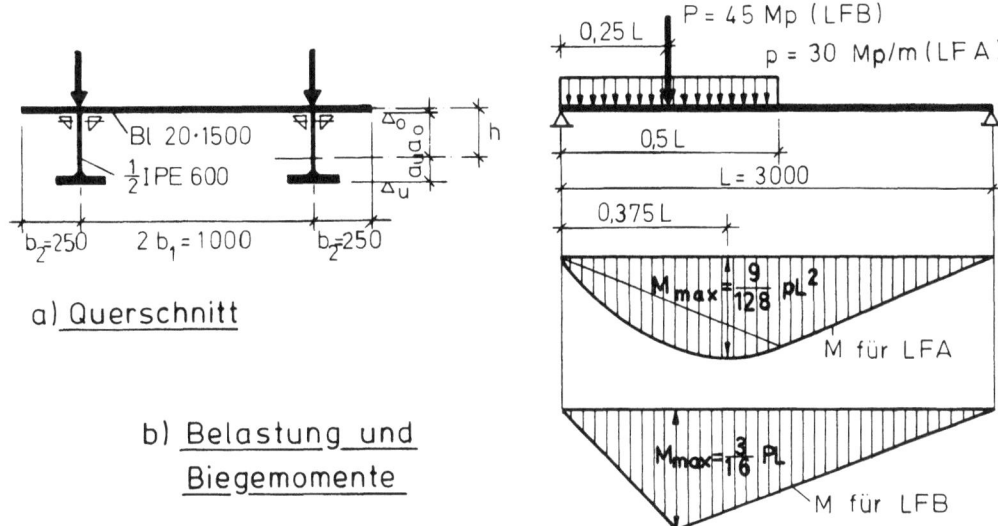

Abb. 5.1.   Zu Beispiel 1 und 2

a) Genaue Berechnung mit Hilfe der Tafeln für sinusförmige M-Funktion

Einzelquerschnittswerte, Vorwerte

$b_2/b_1 = 0,25/0,50 = 0,5$

$\mu = 0,3$

$\varkappa = 1$

$F_{Gurt} = 75,0 \cdot 2,0 = 150 \text{ cm}^2$

$I_{Gurt} \cong 0$

$F_{HT} = 78,0 \text{ cm}^2$
$I_{HT} = 6500 \text{ cm}^4$ } (nach "Stahl im Hochbau")
$i_{HT} = 9,13 \text{ cm}$

$h = 30,0 - 7,48 + 1,0 = 23,52 \text{ cm}$

$$k_F = 78/150 = 0,52 \cong 0,50$$
$$k_Q = (9,13/23,52)^2 = 0,151 \cong 0,15 \quad \text{(nach Gl. (2.2d))}$$

Biegemomente

M-Funktion:

LF A: $M(\xi) = M_{max}(3\xi - 4\xi^2)16/9$ für $0 \le \xi \le 0,5$

$\quad\quad\quad M(\xi) = M_{max}(1 - \xi)16/9$ für $0,5 \le \xi \le 1$

$\quad\quad\quad$ mit $M_{max} = pL^2 \cdot 9/128 = 18,98$ Mpm

LF B: $M(\xi) = M_{max}\xi 4$ für $0 \le \xi \le 0,25$

$\quad\quad\quad M(\xi) = M_{max}(1 - \xi)4/3$ für $0,25 \le \xi \le 1$

$\quad\quad\quad$ mit $M_{max} = PL \cdot 3/16 = 25,31$ Mpm

Harmonische Analyse der M-Funktion (nach Abb. 2.9):

LF A: $m_n = 2 M_{max} \dfrac{16}{9} \left[\int_0^{0,5} (3\xi - 4\xi^2) \sin n\pi\xi \, d\xi + \int_{0,5}^1 (1-\xi) \sin n\pi\xi \, d\xi \right]$

$\quad\quad\quad = M_{max} \, 0,91738 \, (1 - \cos 0,5n\pi)/n^3$

$M(\xi = 0,375) = \sum_n M_n(\xi = 0,375) = \sum_n m_n \sin 0,375 n\pi = M_{max} \sum_n k_n$

mit $k_n = 0,91738 \sin 0,375 n\pi \, (1 - \cos 0,5 n\pi)/n^3$

Berechnung siehe Tabelle.

LF B: $m_n = 2 M_{max} \left[4\int_0^{0,25} \xi \sin n\pi\xi \, d\xi + \dfrac{4}{3} \int_{0,25}^1 (1-\xi) \sin n\pi\xi \, d\xi \right]$

$\quad\quad\quad = M_{max} \, 1,08076 \, (\sin 0,25 n\pi)/n^2$

$M(\xi = 0,25) = \sum_n M_n(\xi = 0,25) = \sum_n m_n \sin 0,25 n\pi = M_{max} \sum_n k_n$

mit $k_n = 1,08076 (\sin 0,25 n\pi)^2/n^2$

Berechnung siehe Tabelle.

Ersatzträger-Querschnittswerte

Die Widerstandsmomente für Ober- und Unterkante des Ersatzträgers (Abb. 5.1a) errechnen sich für jedes Reihenglied nach Gl. (2.8) zu

$$W_{o,n} = \frac{I_{HT} + F_{HT} h e_n}{a_o + e_n} = \frac{6500 + 1835 e_n}{-22,52 + e_n} \; [\text{cm}^3]$$

$$W_{u,n} = \frac{I_{HT} + F_{HT} h e_n}{a_u + e_n} = \frac{6500 + 1835 e_n}{7,48 + e_n} \; [\text{cm}^3]$$

mit $e_n = \dfrac{\lambda_n F_{Gurt}}{F_{HT} + \lambda_n F_{Gurt}} h = \dfrac{3528 \lambda_n}{78 + 150 \lambda_n} \; [\text{cm}]$

Berechnung siehe Tabelle.

Spannungen

n	$\frac{L_n}{b_1}$	λ_n (Tafel S.115)	e_n cm	$-W_{o,n}$ mcm^2	$W_{u,n}$	LF A k_n	LF A M_n ($\xi=0{,}375$) Mpm	LF A $\sigma_{o,n}$ Mp/cm^2	LF A $\sigma_{u,n}$	LF B k_n	LF B M_n ($\xi=0{,}25$) Mpm	LF B $\sigma_{o,n}$ Mp/cm^2	LF B $\sigma_{u,n}$
1	6,00	0,867	14,70	42,81	15,09	0,84755	16,090	-0,376	1,066	0,54038	13,678	-0,320	0,906
2	3,00	0,638	12,96	31,68	14,81	0,16217	3,079	-0,097	0,208	0,27019	6,839	-0,216	0,462
3	2,00	0,467	11,13	23,64	14,47	-0,01300	-0,247	0,010	-0,017	0,06004	1,520	-0,064	0,105
4	2,50	-	-	-	-	0	0	0	0	0	0	0	0
5	1,20	0,286	8,35	15,40	13,79	-0,00281	-0,053	0,003	-0,004	0,02161	0,547	-0,036	0,040
6	1,00	0,237	7,36	13,20	13,48	0,00601	0,114	-0,009	0,008	0,03002	0,760	-0,058	0,056
7	0,857	0,203	6,60	11,69	13,21	0,00247	0,047	-0,004	0,004	0,01103	0,279	-0,024	0,021
8	0,750	-	-	-	-	0	0	0	0	0	0	0	0
9	0,667	0,158	5,48	9,72	12,77	-0,00116	-0,022	0,002	-0,002	0,00667	0,169	-0,017	0,013
10	0,600	0,143	5,07	9,06	12,59	-0,00130	-0,025	0,003	-0,002	0,01081	0,274	-0,030	0,022
11	0,545	0,130	4,70	8,49	12,42	↓	↓	↓	↓	0,00447	0,113	-0,013	0,009
12	0,500	-	-	-	-					0	0	0	0
13	0,462	0,111	4,14	7,67	12,13	~0	~0	~0	~0	0,00320	0,081	-0,011	0,007
14	0,429	0,103	3,89	7,32	11,99					0,00551	0,139	-0,019	0,012
15	0,400	0,096	3,67	7,02	11,87					0,00241	0,061	-0,009	0,005
16	0,375	-	-	-	-					0	0	0	0
17	0,353	0,086	3,34	6,58	11,67					0,00187	0,047	-0,007	0,004
18	0,333	0,081	3,17	6,37	11,57					0,00334	0,085	-0,013	0,007
19	0,316	0,077	3,03	6,19	11,47	↓	↓	↓	↓	0,00150	0,038	-0,006	0,003
$\sum$ 1 - 19	-	-	-	-	-	0,99993	18,98	-0,468	1,261	0,97306	24,63	-0,843	1,672
$\sum$ 20 - ∞ *)	0,039	~1,64	~4,55	~10,43		~0	~0	~0	~0	0,02694	0,68	-0,149	0,065
							18,98	-0,468	1,261		25,31	-0,992	1,737
							M_{max}	σ_o	σ_u		M_{max}	σ_o	σ_u

*) Abschätzung des Restes mit der Hälfte des letzten erfaßten λ_n-Wertes.

Anmerkung: Man erkennt, daß bei konvexer M-Funktion die Reihe nach nur wenigen Gliedern abgebrochen werden kann, während bei einer Momentenspitze die Konvergenz wesentlich schlechter ist.

b) Näherungsweise Berechnung mit Hilfe der Tafeln für andere M-Funktionen

Einzelquerschnittswerte, Vorwerte

    wie unter a).

Biegemomente

LF A: Die M-Funktion wird über M_{max} hinaus symmetrisch zu einer Parabel mit L* = 0,75L ergänzt gedacht (vgl. Abb.4.3):

    $L^*/b_1 = 4{,}5$

    M_{max} bei $\xi^* = 0{,}5$

LF B: Die M-Funktion ist linear mit Spitze:

    $L/b_1 = 6{,}0$

    $\eta = \xi = 0{,}25$

    $\psi = 0$

Ersatzträger-Querschnittswerte

LF A: $\lambda = 0{,}81$ (Tafel S.121)

$\quad\quad\quad e = 14{,}32$ cm

$\quad\quad\quad W_o = -39{,}97$ mcm^2

$\quad\quad\quad W_u = 15{,}04$ mcm^2

LF B: $\lambda = 0{,}52$ (inter- und extrapoliert aus Tafeln S.136, 137, 161, 162)

$\quad\quad\quad e = 11{,}76$ cm

$\quad\quad\quad W_o = -26{,}10$ mcm^2

$\quad\quad\quad W_u = 14{,}59$ mcm^2

Spannungen

LF A: $\sigma_o = -18{,}98/39{,}97 = \underline{-0{,}475}$ Mp/cm^2

$\quad\quad\quad \sigma_u = 18{,}98/15{,}04 = \underline{1{,}262}$ "

LF B: $\sigma_o = -25{,}31/26{,}10 = \underline{-0{,}970}$ "

$\quad\quad\quad \sigma_u = 25{,}31/14{,}59 = \underline{1{,}735}$ "

5.2 Beispiel 2

Für das Tragwerk des Beispiels 1 (Abb. 5.1) ist für den Lastfall A zu untersuchen, wie sich bei Fortfall der Belastung <u>eines</u> Hauptträgers der Torsionseinfluß auf die Normalspannungen des <u>anderen</u> Hauptträgers auswirkt; im einzelnen:

a) Um wieviel erhöhen sich die Trägerspannungen σ_o und σ_u?
b) Bleibt die Spannung σ_{r1} in der Blechmittelebene am äußeren Rand kleiner als die Blechspannung σ_1 über dem belasteten Hauptträger? Wenn nein, wie groß ist σ_{r1}?

Einzelquerschnittswerte, Vorwerte

$\quad\quad$ wie Beispiel 1, außer:

$\quad\quad \varkappa = 0$

Biegemomente

$\quad\quad$ wie Beispiel 1b)

Ersatzträger-Querschnittswerte

$\quad\quad \lambda = 0{,}73$
$\quad\quad \sigma_{r1}/\sigma_1 = 1{,}05$ $\Bigr\}$ (Tafel S.121)
$\quad\quad e = 13{,}74$ cm
$\quad\quad W_o = -36{,}12$ mcm^2 (Träger-Oberkante)
$\quad\quad W_1 = -32{,}42$ " (Blech-Mittelebene)
$\quad\quad W_u = 14{,}94$ "

Spannungen

a) $\sigma_o = -18{,}98/36{,}12 = -0{,}525$ Mp/cm² ⟶ Erhöhung 10,5%

$\sigma_u = 18{,}98/14{,}94 = 1{,}270$ " ⟶ " 0,6%

b) $\sigma_1 = -18{,}98/32{,}42 = -0{,}585$ "

$\sigma_{r1} = -1{,}05 \cdot 0{,}585 = \underline{-0{,}614}$ " $> \sigma_1$

5.3 Beispiel 3

Für den Fuß einer eingespannten Stahlstütze (Abb. 5.2) ist der Spannungsnachweis im Querschnitt I-I für Biegung infolge der Betonpressungskraft D zu führen.[1]

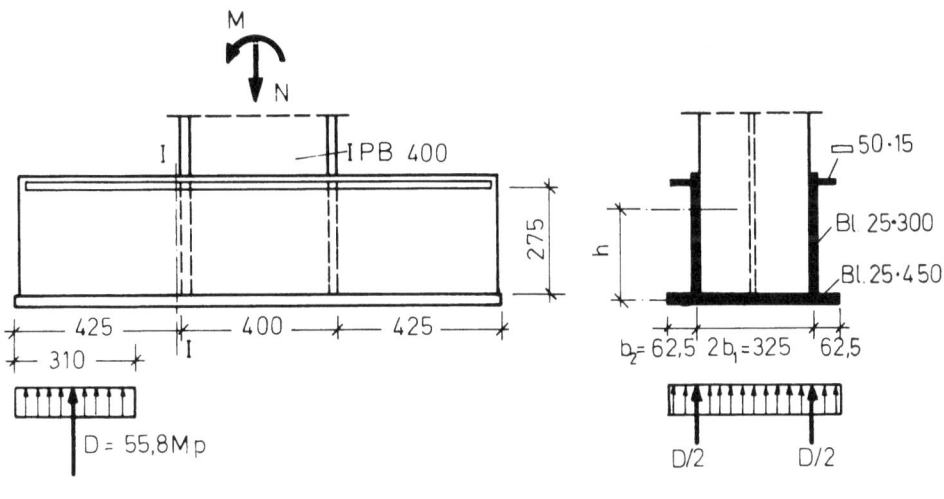

Abb. 5.2. Zu Beispiel 3

Einzelquerschnittswerte, Vorwerte

$b_2/b_1 = 6{,}25/16{,}25 = 0{,}38$ $F_{HT} = 30{,}0 \cdot 2{,}5 + 5{,}0 \cdot 1{,}5 = 82{,}5$ cm²

$\mu = 0{,}3$ $I_{HT} = 6830$ cm⁴

$\varkappa = 1$ $i_{HT} = 9{,}10$ cm   ⎫ (nach elementarer Rechnung)

$L/b_1 = 2 \cdot 42{,}5/16{,}25 = 5{,}23$ $h = 17{,}45$ cm   ⎭

$F_{Gurt} = 22{,}5 \cdot 2{,}5 = 56{,}25$ cm² $k_F = 82{,}5/56{,}25 = 1{,}47 \neq 0{,}5$ (nach Gl. (2.2d))

$I_{Gurt} \cong 0$ $k_Q = (9{,}10/17{,}45)^2 = 0{,}27 \neq 0{,}15$

---

[1] Die Aufgabenstellung ist aus Buchenau, H.; Thiele, A.: Stahlhochbau, Stuttgart: Teubner-Verlag 1972, S. 113, entnommen.

Biegemomente

M-Funktion mit Spitze; $\eta = 0,5$; $\xi = 0,5$

$M_{max} = 0,5 \cdot 55,8 \cdot (42,5 - 31,0/2) = 753$ Mpcm

$\Delta M = 753/2 - (0,5 \cdot 55,8/31,0) \cdot 21,25^2/2 = 173$ Mpcm

$\psi = 4 \cdot 173/753 = 0,92$

Ersatzträger-Querschnittswerte

$\lambda_o = 0,42$ (Tafeln S.181, 182, 186, 187)

$\alpha_{QF} = 1,19$ (Tafeln S.202 u.204, abgelesen bei $k_F = 1.2$, sichere Seite)

$\lambda = 1,19 \cdot 0,42 = 0,50$ (nach Gl.(2.10))

$F_m = 0,50 \cdot 56,25 = 28,1$ cm^2

$I = 13210$ cm^4 (nach elementarer Rechnung)

$W_o = -724$ cm^3

Spannung

$\sigma_o = -753/724 = \underline{-1,04}$ Mp/cm^2 < 1,40

5.4 Beispiel 4

Für die in Abb. 5.3 dargestellte Stahlbeton-Deckenkonstruktion ist die bei der Bemessung der Unterzüge an der Stelle der Wand in Rechnung zu stellende mitwirkende Plattenbreite B_m zu bestimmen.[1]

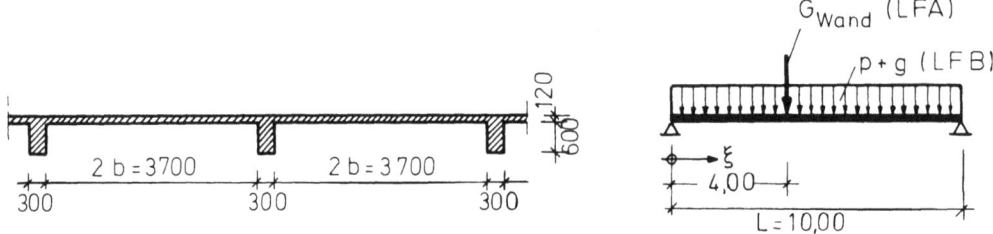

Abb. 5.3.   Zu Beispiel 4

Einzelquerschnittswerte, Vorwerte

$L/b = 10,00/1,85 = 5,41$ (vgl. Abb. 2.3, Alternative II)

$b_2/b_1 = \infty$ (auch $b_2/b_1 = 0$ möglich, vgl. 4.2.2.1)

$\mu = 0,2$

$F_{Gurt} = 185 \cdot 12 = 2220$ cm^2

$I_{Gurt} = 2220 \cdot 0,12^2/12 = 2,66$ m^{2}cm^2

$F_{HT} = 0,5 \cdot 30 \cdot 72 = 1080$ cm^2 (der Unterzug ist HT für beide angrenzenden Gurtscheiben

---

[1] Die Aufgabenstellung ist aus [19], Beispiel 1, entnommen.

$i_{HT} = 0,72/\sqrt{12} = 0,208$ m   (Rechteckquerschnitt)

$h = 0,72/2 - 0,06 = 0,3$ m

$k_F = 1080/2220 = 0,49$

$k_Q = (0,208/0,3)^2 = 0,48$

Biegemomente

LF A: M-Funktion mit Spitze, $\eta = 0,4$, $\xi = 0,4$, $\psi = 0$

LF B: Parabelförmige M-Funktion, $\xi = 0,4$

Mitwirkende Plattenbreite unter der Wand

LF A: $\lambda_o = 0,48$ (Tafel S.174)

$\alpha_{QF} = 1,11$ (Tafel S.203)

$\alpha_\mu = 1,03$ (Tafel S.213)

$\lambda = 1,11 \cdot 1,03 \cdot 0,48 = 0,55$

$B_m = 2 \cdot 0,55 \cdot 1,85 + 0,30 = \underline{2,34}$ m

LF B: $\lambda_o = 0,77$ (Tafel S.124)

$\alpha_{QF} = 1,00$ (da parabelförmige M-Funktion)

$\alpha_\mu = 1,02$ (Tafel S.213)

$\lambda = 1,02 \cdot 0,77 = 0,79$

$B_m = 2 \cdot 0,79 \cdot 1,85 + 0,30 = \underline{3,22}$ m

5.5 Beispiel 5

Die Wand eines 10 m hohen Elektrofiltergehäuses besteht aus IPE-Wandstielen sowie vorgefertigten orthogonal versteiften Blechtafeln, die mit Dichtnähten an den Innenflansch der Stiele geschweißt werden (Abb.5.4). In dem Gehäuse herrscht ein Betriebs-Unterdruck von 600 kp/cm^2, der die Wandstiele auf Biegung beansprucht. Es ist zu untersuchen, ob sich beim Profil des Wandstieles eine Einsparung erzielen läßt, wenn man die "unvermeidbare" mittragende Wirkung der Blechtafeln in Rechnung stellt.

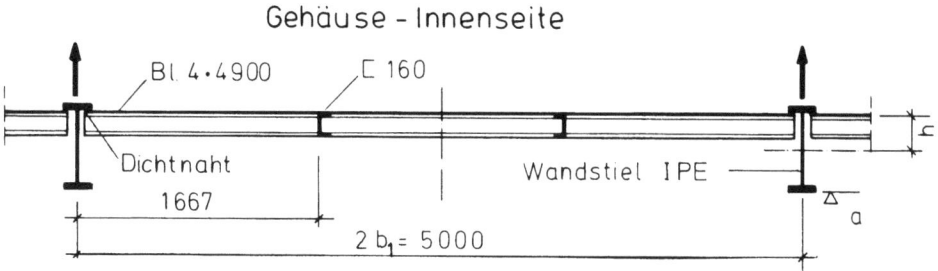

Horizontalschnitt durch Gehäusewand

Abb. 5.4.   Zu Beispiel 5

Bemessung ohne mittragende Wirkung

$$M = 0{,}6 \cdot 5{,}0 \cdot 10{,}0^2 / 8 = 37{,}5 \text{ Mpm}$$

__IPE 550:__ $W = 24{,}40 \text{ mcm}^2$

$$\sigma_a = -37{,}5/24{,}40 = \underline{-1{,}54} \text{ Mp/cm}^2 > 1{,}40$$

__IPE 600:__ $W = 30{,}70 \text{ mcm}^2$

$$\sigma_a = -37{,}5/30{,}70 = \underline{-1{,}22} \text{ Mp/cm}^2 < 1{,}40$$

Bemessung mit mittragender Wirkung

Einzelquerschnittswerte, Vorwerte

$L/b_1 = 10{,}0/2{,}50 = 4{,}0$

$b_2/b_1 = 0$ (auch $b_2/b_1 = \infty$ möglich, vgl. 4.2.2.1)

$\varkappa = 1$; $\mu = 0{,}3$

$F_{Gurt} = 0{,}4 \cdot 245 + 24{,}0 = 122 \text{ cm}^2$

I_{Gurt} vernachlässigt

__IPE 550:__ $F_{HT} = 0{,}5 \cdot 134 = 67 \text{ cm}^2$ (der Wandstiel ist HT für __beide__ angrenzenden Gurtscheiben)
$I_{HT} = 0{,}5 \cdot 6{,}712 = 3{,}36 \text{ m}^2\text{cm}^2$
$i_{HT} = 0{,}223 \text{ m}$
$h = 0{,}275 - 0{,}017 - 0{,}002 = 0{,}256 \text{ m}$

$k_F = 67/122 = 0{,}55$

$k_Q = (0{,}223/0{,}256)^2 = 0{,}76$

$k_{LR} = 24{,}0/(0{,}4 \cdot 245) = 0{,}245$ (nach Gl. (2.2c))

$k_{LR}^* = 0{,}245 \cdot 1{,}67/2{,}50 = 0{,}164$ (nach Abb. 4.27)

$k_{Ri} = (3-1) \cdot 0{,}164 = 0{,}33$ (nach Gl. (2.13))

Ersatzträger-Querschnittswerte

$\lambda_o = 0{,}74$ (Tafel S. 119)

$\alpha_{QF} = 1$ (da konvexe M-Funktion)

$\alpha_{Ri} = 0{,}90$ (Tafel S. 206)

$\lambda = 0{,}90 \cdot 0{,}74 = 0{,}67$ (nach Gl. (2.10))

$F_m = 0{,}67 \cdot 122{,}0 = 81{,}7 \text{ cm}^2$

$I = 3{,}36 + 0{,}256^2 \cdot 81{,}7 \cdot 67{,}0/(81{,}7 + 67{,}0) = 5{,}77 \text{ m}^2\text{cm}^2$

$e = 0{,}256 \cdot 81{,}7/(81{,}7 + 67{,}0) = 0{,}141 \text{ m}$

$W_a = -5{,}77/(0{,}275 + 0{,}141) = -13{,}87 \text{ mcm}^2$

Spannungsnachweis

$$\sigma_a = -37{,}5/2 \cdot 13{,}87 = -\underline{1{,}35} \text{ Mp/cm}^2 < 1{,}40$$

Das Profil des Wandstieles kann also bei Berücksichtigung der mittragenden Wirkung des Bleches eine Nr. kleiner gewählt werden.

5.6 Beispiel 6

Der kastenförmige stählerne Randunterzug einer Stadionüberdachung (Abb. 5.5b) wird zwischen den Windverbandsknotenpunkten (Abstand 10 m) auf Biegung durch Wind beansprucht (w = 1 Mp/m). Die größten daraus resultierenden zusätzlichen Druckspannungen im Kastensteg werden für den Beulnachweis benötigt.

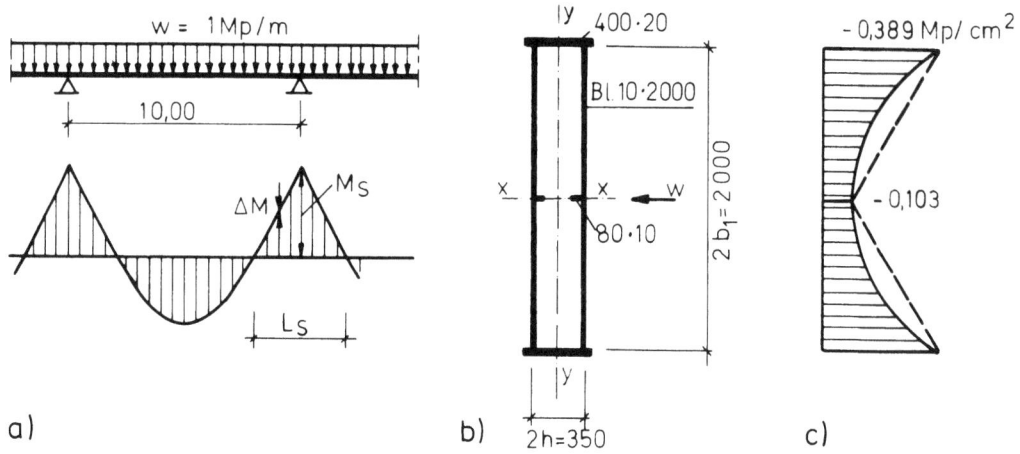

Abb. 5.5.   Zu Beispiel 6

Einzelquerschnittswerte, Vorwerte

$b_2/b_1 = 0$

$\mu = 0,3$

$\varkappa = 1$

$F_{Gurt} = 100,0 \cdot 1,0 + 8,0 \cdot 1,0/2 = 104$ cm²   ("Gurt" ist der Kastensteg, "HT" der Kastengurt)

$I_{Gurt} \cong 0$

$F_{HT} = 40,0 \cdot 2,0 = 80$ cm²

$I_{HT} = 40,0^3 \cdot 2,0/12 = 10670$ cm⁴

$i_{HT} = 11,55$ cm

$h = 17,5$ "

$k_Q^* = 1$

$k_F^* = (80/104) \cdot (11,55/17,5)^2 = 0,33$ (nach Abb. 4.23c)

$k_{LR1} = 4,0/100,0 = 0,04$ (nach Gl. (2.2c))

Biegemomente

Maßgebend ist das Stützmoment (Abb. 5.5a).

$M_s = -1,0 \cdot 10,0^2/12 = -8,33$ Mpn

$L_s = 2 \cdot 0,21 \cdot 10,0 = 4,20$ m

$\Delta M = 1,0 \cdot (0,21 \cdot 10,0)^2/8 = 0,55$ Mpm

$\psi = 4 \cdot 0,55/8,33 = 0,26$

$L_s/b_1 = 4,20/1,0 = 4,20$

Ersatzträger-Querschnittswerte

$\lambda_o = 0{,}37$
$\sigma_m/\sigma_1 = 0{,}23$ } (Tafeln S.175, 176)

$\alpha_{QF} = 1{,}15$ (Tafeln S.202, 204)

$\alpha_{Ri} = 0{,}99$ (Tafeln S.208, 210)

$\lambda = 1{,}15 \cdot 0{,}99 \cdot 0{,}37 = 0{,}42$

$F_m = 0{,}42 \cdot 104 = 43{,}7 \text{ cm}^2$

$I_y = 10670 + 2 \cdot 43{,}7 \cdot 17{,}5^2 = 37400 \text{ cm}^4$

$W_{y,Steg} = 37400/17{,}5 = 2140 \text{ cm}^3$

Spannungen

$\sigma_1 = -833/2140 = \underline{-0{,}389} \text{ Mp/cm}^2$

$\sigma_m = -0{,}23 \cdot 1{,}16 \cdot 0{,}99 \cdot 0{,}389 = \underline{-0{,}103} \text{ Mp/cm}^2$

(siehe Abb. 5.5c)

5.7 Beispiel 7

Für die in Abb. 5.6a im Querschnitt dargestellte einfeldrige Verbund-Straßenbrücke (L = 50 m) sind die Normalspannungen in Feldmitte infolge Verkehrslast nach DIN 1072, Brückenklasse 60 zu ermitteln. Die lastverteilenden Längsträger sind als Fachwerkträger ohne Stahlobergurt ausgebildet, so daß sie nicht als Längsversteifungen der Gurtscheibe wirken ($k_{LR} = 0$). Die aufgesetzten Gehwegkappen mit Schrammbord sind in der Darstellung weggelassen.

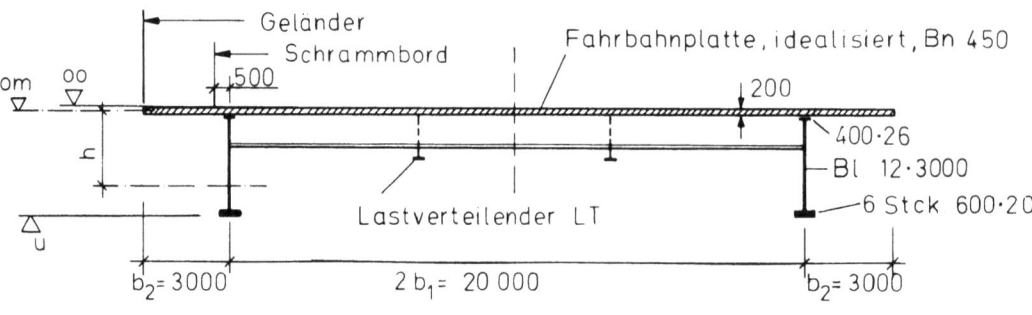

a) Querschnitt der Brücke

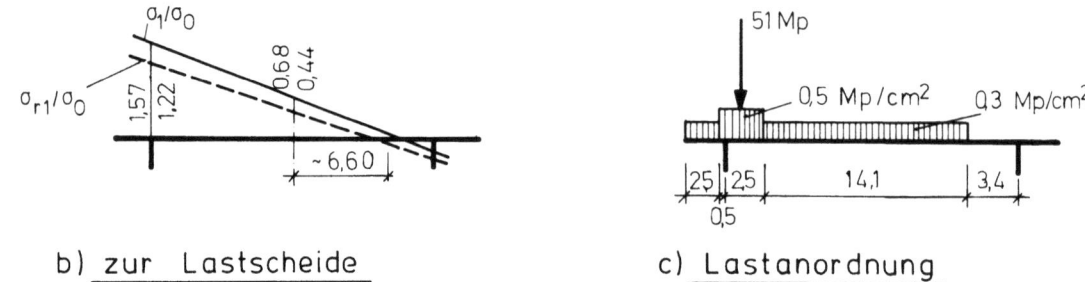

b) zur Lastscheide　　　　　c) Lastanordnung

Abb. 5.6.　Zu Beispiel 7

Einzelquerschnittswerte, Vorwerte

$L/b_1 = 5,0$ $F_{HT} = 1184 \text{ cm}^2$

$b_2/b_1 = 0,3$ $I_{HT} = 1473 \text{ m}^2\text{cm}^2$

$\mu = 0,2$ $i_{HT} = 1,115 \text{ m}$

$n = E_{HT}/E = 2100000/370000 = 5,7$ $h = 2,442 \text{ m}$

$F_{Gurt} = 26000 \text{ cm}^2$ $k_Q = (1,115/2,442)^2 = 0,21$

$I_{Gurt} = 87 \text{ m}^2\text{cm}^2$ $k_F = 5,7 \cdot 1184/26000 = 0,26$ (nach Gl. (2.2d))

Belastung, Schnittgrößen

Schätzung der Lage der Lastscheide

(nach Gl. (4.1), vgl. auch Abb. 4.11)

Ordinaten der Spannungseinflußflächen in Feldmitte:

$\varkappa$	λ	σ_{r1}/σ_1
0	0,48	0,78
1	0,56	0,65

(Tafeln S.181 u.186 mit $\psi = 0$ u. $\xi = 0,5$)

$y_1 = b_1$: $\sigma_1/\sigma_o = 0,5 \cdot 2/(0,48 \cdot 1,21 + 0,26 \cdot 0,21) = 1,57$

           $\sigma_{r1}/\sigma_o = 0,78 \cdot 1,57 = 1,22$

$y_1 = 0$: $\sigma_1/\sigma_o = 0,5 \cdot 1/(0,56 \cdot 1,21 + 0,26 \cdot 0,21) = 0,68$

           $\sigma_{r1}/\sigma_o = 0,65 \cdot 0,68 = 0,44$

$y_{1L} \cong -6,60 \text{ m}$ (Abb. 5.6b)

Querverteilung der Last nach Hebelgesetz (Abb.5.6c)

LF A: Flächenlast

     $p_1 = (0,3 \cdot 19,6 \cdot 13,2 + 0,2 \cdot 3,0 \cdot 19,0)/20,0 = 4,45 \text{ Mp/m}$

     $p_2 = (0,3 \cdot 19,6 \cdot 6,8 + 0,2 \cdot 3,0 \cdot 1,0)/20,0 = 2,03$ "

     $\varkappa = 2,03/4,45 = 0,46$

LF B: Einzellast (SLW-Überlast)

     $P_1 = 51 \cdot 19/20 = 48,4 \text{ Mp}$

     $P_2 = 51 \cdot 1/20 = 2,6$ "

     $\varkappa = 2,6/48,4 = 0,05$

Biegemomente in HT 1

LF	M_{max} [Mpm]	M-Funktion
A	1391	Parabel
B	605	Dreieck ($\eta = 0,5$; $\psi = 0$)

Ersatzträger - Querschnittswerte

Korrekturfaktoren:

LF A: $\alpha_{QF} = 1$ (da konvexe M-Funktion)
$\alpha_\mu \cong 1$ (Tafel S.213)

LF B: $\alpha_{QF} = 0{,}98$ (Tafel S.202)
$\alpha_\mu = 1{,}02$ (Tafel S.213)

Kennwerte für die Mitwirkung des Gurtes:

LF	λ	σ_{r1}/σ_1	σ_m/σ_1	Tafeln
A	0,72	1,02	0,45	S.120 u.121
B	0,48	0,78	0,19	S.181 u.186

Widerstandsmomente des Verbundquerschnittes:

$$F_m = \lambda F_{Gurt}$$
$$F_V = F_{HT} + F_m/n$$
$$e_V = [(F_m/n)/(F_{HT} + F_m/n)]\,h \quad \text{(nach Gl.(2.8))}$$
$$I_V = I_{HT} + \lambda J_{Gurt}/n + F_{HT} e_V h \quad \text{(wegen Gurtbiegesteifigkeit vgl.4.3.1)}$$
$$W_V = I_V/(a + e_V) \quad \text{(nach Gl.(2.8))}$$

LF	F_m cm^2	F_V cm^2	e_V m	I_V m^{2}cm^2	W_{Vu} mcm^2	$-W_{Vom}$ mcm^2	$-W_{Voo}$ mcm^3
A	18720	4468	1,795	6673	2568	10310	8930
B	12480	3373	1,585	6063	2538	7075	6335

Spannungen

UK Stahlträger:

$$\sigma_{HT1,u} = 1391/2568 + 605/2538 = \underline{0{,}780}\ \text{Mp/cm}^2$$

Mittelebene Betonplatte:

$$\sigma_1 = -1391 \cdot 10^3/(5{,}7 \cdot 10310) - 605 \cdot 10^3/(5{,}7 \cdot 7075)$$
$$= -23{,}7 - 15{,}0 = \underline{-38{,}7}\ \text{kp/cm}^2$$
$$\sigma_{r1} = -1{,}02 \cdot 23{,}7 - 0{,}78 \cdot 15{,}0 = \underline{-35{,}9}\ \text{"}$$
$$\sigma_m = -0{,}45 \cdot 23{,}7 - 0{,}19 \cdot 15{,}0 = \underline{-13{,}5}\ \text{"}$$

(Verteilung vgl. Abb. 2.7)

OK Betonplatte:

$$\sigma_{1,o} = -1391 \cdot 10^3/(5{,}7 \cdot 8930) - 605 \cdot 10^3/(5{,}7 \cdot 6335)$$
$$= -27{,}3 - 16{,}8 = \underline{-44{,}1}\ \text{kp/cm}^2$$

5.8 Beispiel 8

Die Verbund-Straßenbrücke des Beispiels 7 (Querschnitt siehe Abb. 5.6a) sei als zweifeldriger Überbau mit 65 m Stützweite ausgebildet. Es sind wieder die Normalspannungen im Feld infolge Verkehrslast zu bestimmen, und zwar im Pkt. 4 (0,4 x Stützweite vom Ende entfernt).

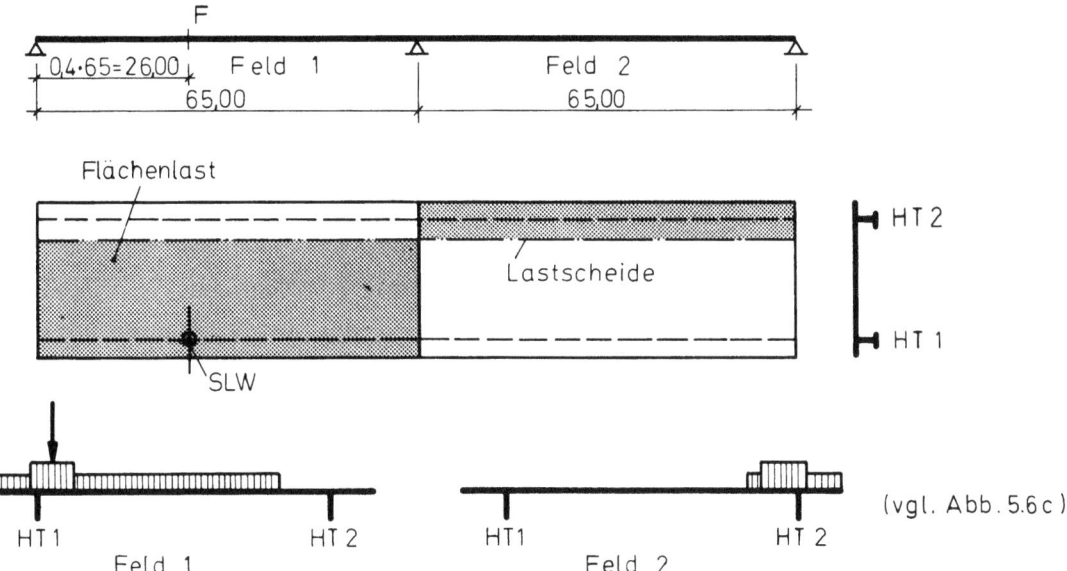

a) Lastanordnung

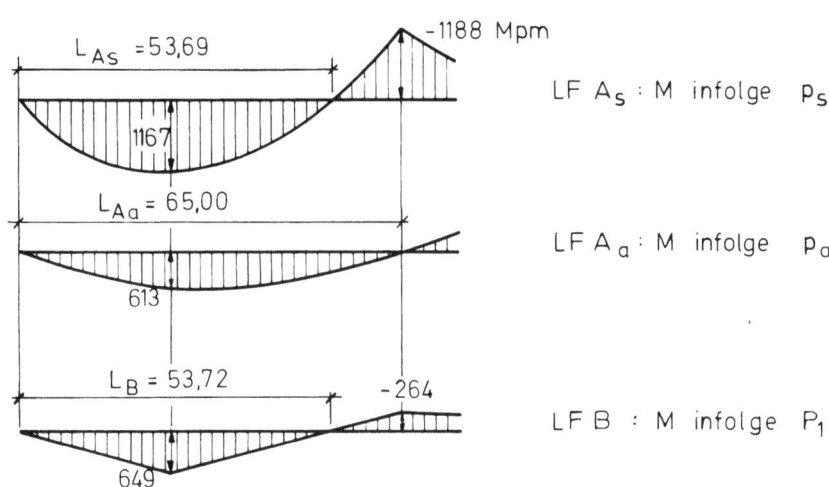

b) Biegemomente in HT 1

Abb. 5.7. Zu Beispiel 8

Einzelquerschnittswerte, Vorwerte

wie in Beispiel 7 (außer L/b_1)

Belastung, Schnittgrößen

Lastanordnung

Lastscheide näherungsweise von Beispiel 7 übernommen. Anordnung der Lasten siehe Abb. 5.7a.

Querverteilung der Last nach dem Hebelgesetz

	Feld 1	Feld 2

LF A: $p_1 = 4{,}45$ Mp/m (siehe Bsp. 7) | $p_1 = (0{,}3\cdot 6{,}4\cdot 0{,}2 + 0{,}2\cdot 3{,}0\cdot 1{,}0)/20$
$= 0{,}05$ Mp/m

$p_2 = 2{,}03$ " | $p_2 = (0{,}3\cdot 6{,}4\cdot 19{,}8 + 0{,}2\cdot 3{,}0\cdot 19{,}0)/20$
$= 2{,}47$ Mp/m

Da p_2/p_1 in Feld 1 und Feld 2 unterschiedlich, ist eine Aufspaltung in symmetrische Anteil LF A_s und antimetrischen Anteil LF A_a erforderlich (vgl. 4.1.2.2).

LF A_s: $p_s = (4{,}45 + 2{,}03)/2 = 3{,}24$ Mp/m | $p_s = (0{,}05 + 2{,}47)/2 = 1{,}26$ Mp/m
$\varkappa = 1$ | $\varkappa = 1$

LF A_a: $p_a = (4{,}45 - 2{,}03)/2 = 1{,}21$ " | $p_a = (0{,}05 - 2{,}47)/2 = -1{,}21$ "
$\varkappa = -1$ | $\varkappa = -1$

LF B: $P_1 = 48{,}4$ Mp | $P_1 = P_2 = 0$
$P_2 = 2{,}6$ " (siehe Bsp. 7)
$\varkappa = 0{,}05$

Aufspaltung hier wegen $P_1 = P_2 = 0$ in Feld 2 nicht erforderlich.

Biegemomente in HT 1

siehe Abb. 5.7b

LF	M_F Mpm	Typ	L/b_1
A_s	1167	Parabel	5,37
A_a	613	Parabel	6,50
B	649	Dreieck, $\eta = 0{,}48 \cong 0{,}5$; $\psi = 0$	5,37

Ersatzträger-Querschnittswerte

Korrekturfaktoren:

LF A_s: $\Big\}$ $\alpha_{QF} = 1$ (da konvexe M-Funktion)
LF A_a: $\alpha_\mu \cong 1$ (Tafel S.213)

LF B: $\alpha_{QF} = 0{,}97$ (Tafel S.202)
$\alpha_\mu = 1{,}02$ (Tafel S.213)

Kennwerte für die Mitwirkung des Gurtes:

LF	$\varkappa$	ξ	λ	σ_{r1}/σ_1	σ_m/σ_1	Tafeln
A_s	1	$0{,}48 \cong 0{,}5$	0,85	0,94	0,73	S. 120, 121
A_a	-1	0,4	0,55	1,24	0	S. 120, 121
B	0,05	$0{,}48 \cong 0{,}5$	0,49	0,79	0,19	S. 181, 182, 186, 187

Widerstandsmomente des Verbundquerschnitts:

LF	F_m cm^2	F_V cm^2	e_V m	I_V m^{2}cm^2	W_{Vu} mcm^2	$-W_{Vom}$ mcm^2	$-W_{Voo}$ mcm^2
A_s	22100	5061	1,871	6895	2578	12075	10275
A_a	14300	3693	1,659	6278	2549	8020	7110
B	12740	3419	1,596	6096	2540	7205	6445

Spannungen

LF	$\sigma_{HT1,u}$ Mp/cm^2	σ_b [kp/cm^2] σ_{r1}	σ_1	σ_m	$\sigma_{1,o}$
A_s	0,453	-16,0	-17,0	-12,4	-19,9
A_a	0,240	-16,6	-13,4	0	-15,1
B	0,256	-12,5	-15,8	-3,0	-17,7
$\sum$	0,949	-45,1	-46,2	-15,4	-52,7

5.9 Beispiel 9

Eine stählerne Autobahn-Talbrücke in Kastenträgerbauweise (Abb.5.8a) habe nach Abschluß aller Montagemaßnahmen und Aufbringen des Fahrbahnbelages im Bereich der Hauptöffnung den in Abb. 5.8b dargestellten Biegemomentenverlauf für den Lastfall Eigengewicht (g = 15 Mp/m). Die daraus entstehenden Spannungen im Ober- und Untergurt innerhalb des Stützmomentenbereiches sind zu ermitteln.

Einzelquerschnitte, Vorwerte

Der Ermittlung der Kennwerte für die Mitwirkung der Gurte wird der mittlere Querschnitt im Stützmomentenbereich (Abb. 5.8a) zugrundegelegt, unabhängig von den bei der Bemessung erforderlich werdenden Feinabstufungen der Querschnittsteile.

$$L/b_1 = 71,75/5,0 = 14,4$$
$$\mu = 0,3$$
$$\varkappa = 1$$
$$\eta = 28,75/71,75 = 0,40$$
$$\Delta M = 15,0 \cdot 43^2/8 = 3470 \text{ Mpm}$$
$$\psi = 4 \cdot 3470/24000 = 0,58$$
$$F_{OG} = 1500 \cdot 1,2 + 45 \cdot 23,6 + 60 \cdot 0,8 + (120 \cdot 1,0 + 20 \cdot 1,4)$$
$$= 1800 + 1062 + 48 + 148 = 3058 \text{ cm}^2$$
$$a_{OG} = 0,078 \text{ m (Lage der Schwerachse des OG unter OK Steg)}$$

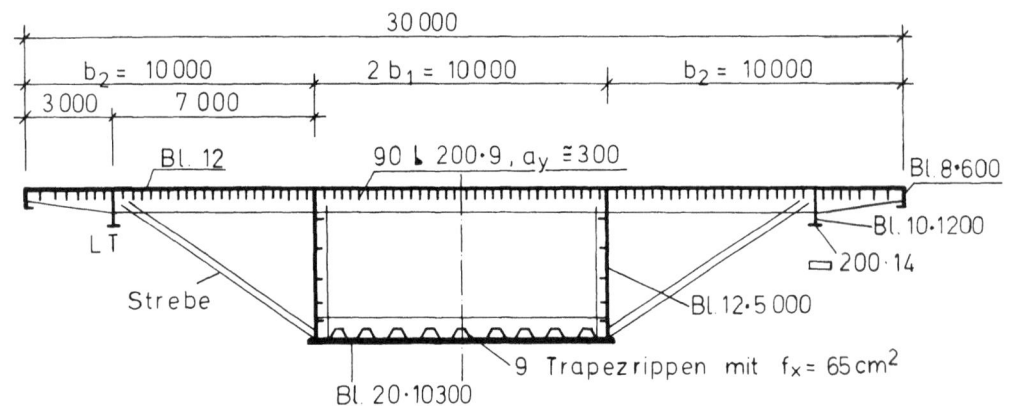

a) Mittlerer Querschnitt im Stützmomentenbereich

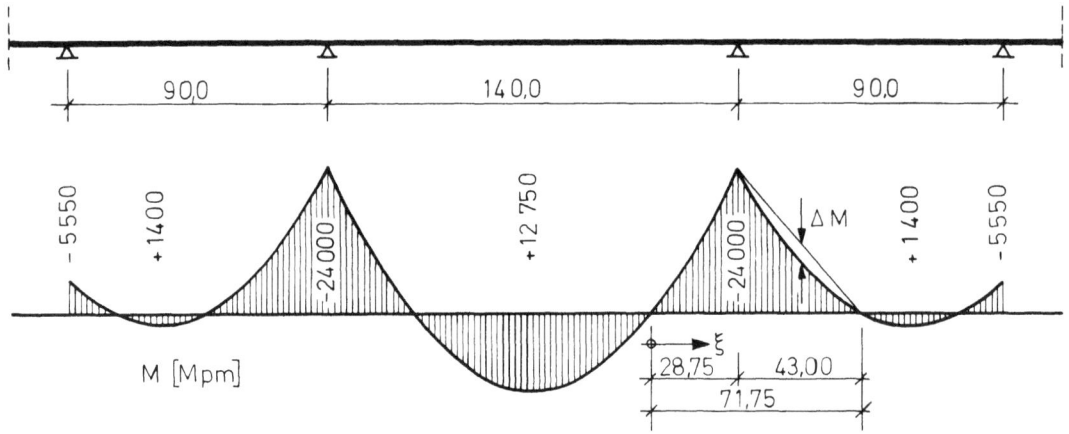

b) System und Biegemomente für den Lastfall Eigengewicht

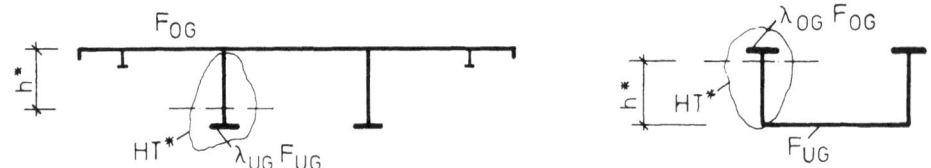

c) Ersatzplattenbalken

Abb. 5.8. Zu Beispiel 9

$I_{OG} = 105 \text{ m}^2\text{cm}^2$

$F_{UG} = 515 \cdot 2{,}0 + 4{,}5 \cdot 65 = 1030 + 293 = 1323 \text{ cm}^2$

$a_{UG} = 0{,}029$ m (Lage der Schwerachse des UG über UK Steg)

$I_{UG} = 9 \text{ m}^2\text{cm}^2$

Obergurt

Ersatzplattenbalken siehe Abb. 5.8c (vgl. auch Abb. 4.23b)

$b_2/b_1 = 10{,}0/5{,}0 = 2{,}0$

$F_{Gurt} = F_{OG}$

Mittlerer Mitwirkungsgrad des Untergurts geschätzt zu $\lambda_{UG} \cong 0,95$

$F^*_{HT} = 0,95 \cdot 1323 + 500 \cdot 1,2 = 1857 \text{ cm}^2$

$I^*_{HT} = 3750 \text{ m}^2\text{cm}^2$

$i^*_{HT} = 1,421 \text{ m}$ ⎫ (nach elementarer Rechnung)

$h^* = 4,179 \text{ m}$ ⎭

$k_F = 1857/3058 = 0,61$ $\quad k_{ox} = 1062/1800 = 0,59$ (nach Gl. (2.2b))

$k_Q = (1,421/4,179)^2 = 0,12$ $\quad k_{LR1} = 0$

$k^*_{LR2} = (48 + 148 \cdot 7/10)/1200 = 0,126$ $\quad$ (nach Gl. (2.2c) u. Abb. 4.27)

$k_{LR,Mittel} \cong (0 + 0,126)/2 = 0,06$

$k_{Ri} = 0,59 + (3 - 1)0,06 = 0,71$ $\quad$ (nach Gl. (2.13))

Untergurt

Ersatzplattenbalken siehe Abb. 5.8c

$b_2/b_1 = 0,15/5,0 = 0,03 \cong 0$

$F_{Gurt} = F_{UG}$

Mittlerer Mitwirkungsgrad des Obergurts geschätzt zu $\lambda_{OG} \cong 0,75$

$F^*_{HT} = 0,75 \cdot 3058 + 500 \cdot 1,2 = 2894 \text{ cm}^2$

$I^*_{HT} = 4120 \text{ m}^2\text{cm}^2$

$i^*_{HT} = 1,193 \text{ m}$ ⎫ (nach elementarer Rechnung)

$h^* = 4,430 \text{ m}$ ⎭

$k_F = 2894/1323 = 2,19$ $\quad k_{ox} = 293/1030 = 0,28$

$k_Q = (1,193/4,430)^2 = 0,07$ $\quad k_{Ri} = k_{ox} = 0,28$

Ersatzträger-Querschnittswerte

Korrekturfaktoren:

OG: Tafeln S.203 u.205 → $\alpha_{QF} = 1,02$

$\quad$ Tafeln S.209 u.211 → $\alpha_{Ri} = 0,90$

UG: Tafeln S.202 u.204 → $\alpha_{QF} \cong 1,01$ (bei $k_F = 1,2$ abgelesen, sichere Seite)

$\quad$ Tafeln S.208 u.210 → $\alpha_{Ri} = 0,95$

Kennwerte für die Mitwirkung der Gurte:

		ξ	0,2	0,3	0,4	0,5	0,6	0,7
OG	Grundquerschnitt (Taf.S.171 u.172)	λ_0	0,97	0,86	0,54	0,86	0,99	1,14
		σ_{r1}/σ_1	0,89	0,63	0,31	0,66	0,94	1,28
		σ_m/σ_1	1,08	0,97	0,56	0,97	1,07	1,14
	Korrektur nach Gl.(2.10)	λ	0,89	0,79	0,50	0,79	0,91	1,05
		σ_{r1}/σ_1	0,82	0,58	0,28	0,61	0,86	1,18
		σ_m/σ_1	0,99	0,89	0,51	0,89	0,98	1,05
UG	Grundquerschnitt (Taf.S.152 u.153)	λ_0	1,05	1,01	0,66	1,01	1,03	1,05
		σ_m/σ_1	1,07	1,00	0,57	1,00	1,05	1,08
	Korrektur nach Gl.(2.10)	λ	1,01	0,97	0,63	0,97	0,99	1,01
		σ_m/σ_1	1,03	0,96	0,55	0,96	1,01	1,04

Widerstandsmomente:

Zulage-Lamellen werden zwischen Steg und Deckblech bzw. Bodenblech oder innerhalb de Kastens direkt neben dem Stegblech angeordnet. Sie werden voll in den tragenden Quer schnitt eingerechnet. OG- und UG-Querschnitte werden in der korrekten Höhenlage ihre Eigenschwerachsen (a_{OG} bzw. a_{UG}) angesetzt. Die Beulsteifen im Steg werden vernachlässigt.

ξ	Querschnitt	$W[mcm^2]$	
		$-W_o$	W_u
0,2	0,89 OG + St. + 1,01 UG	12820	7170
0,3	0,79 OG + St. + 0,97 UG + 1▭1000·40 unten	11710	8760
0,4	0,50 OG + St. + 0,63 UG + 1▭1000·40 oben + 3▭1000·40 unten	9700	10180
0,5	0,79 OG + St. + 0,97 UG + 1▭1000·40 unten	11710	8760
0,6	0,91 OG + St. + 0,99 UG	13060	7060
0,7	1,05 OG + St. + 1,01 UG	14890	7220

Spannungen

Deck- und Bodenblech (Außenkante):

ξ	0,5 M [Mpm]	$\sigma[Mp/cm^2]$				
		$\sigma_{r1,o}$	$\sigma_{1,o}$	$\sigma_{m,o}$	$\sigma_{1,u}$	$\sigma_{m,u}$
0,2	-5225	0,34	0,41	0,41	-0,73	-0,75
0,3	-8420	0,42	0,72	0,65	-0,96	-0,92
0,4	-12000	0,35	1,24	0,63	-1,18	-0,65
0,5	-9035	0,47	0,77	0,69	-1,03	-0,99
0,6	-6460	0,42	0,49	0,48	-0,92	-0,93
0,7	-4265	0,34	0,29	0,30	-0,59	-0,61

Auftragung siehe Abb. 5.9

Fahrbahnlängsträger (FLT), lastverteilender Längsträger (LLT):

Querträger (für die FLT) und Strebe (für den LLT) sind als "starre QT" im Sinne von 4.3.2.3 einzustufen. Die Spannungen an UK LT errechnen sich demnach wie folgt:

$$\sigma_{FLT,u} = \begin{Bmatrix} \sigma_{r1,o} \\ \sigma_{1,o} \\ \sigma_{m,o} \end{Bmatrix} - (\sigma_{1,o} - \sigma_{1,u})200/5000$$

$$\sigma_{LLT,u} = \sigma_{1,o} - 0,7(\sigma_{1,o} - \sigma_{r1,o}) - (\sigma_{1,o} - \sigma_{1,u})1200/5000$$

$$= 0,06\,\sigma_{1,o} + 0,70\,\sigma_{r1,o} + 0,24\,\sigma_{1,u}$$

ξ	UK FLT			UK LLT
	Rand	ü.HT	Mitte	
0,2	0,30	0,37	0,37	0,09
0,3	0,35	0,65	0,58	0,11
0,4	0,25	1,14	0,53	0,04
0,5	0,40	0,70	0,62	0,13
0,6	0,36	0,43	0,42	0,10
0,7	0,30	0,25	0,26	0,10

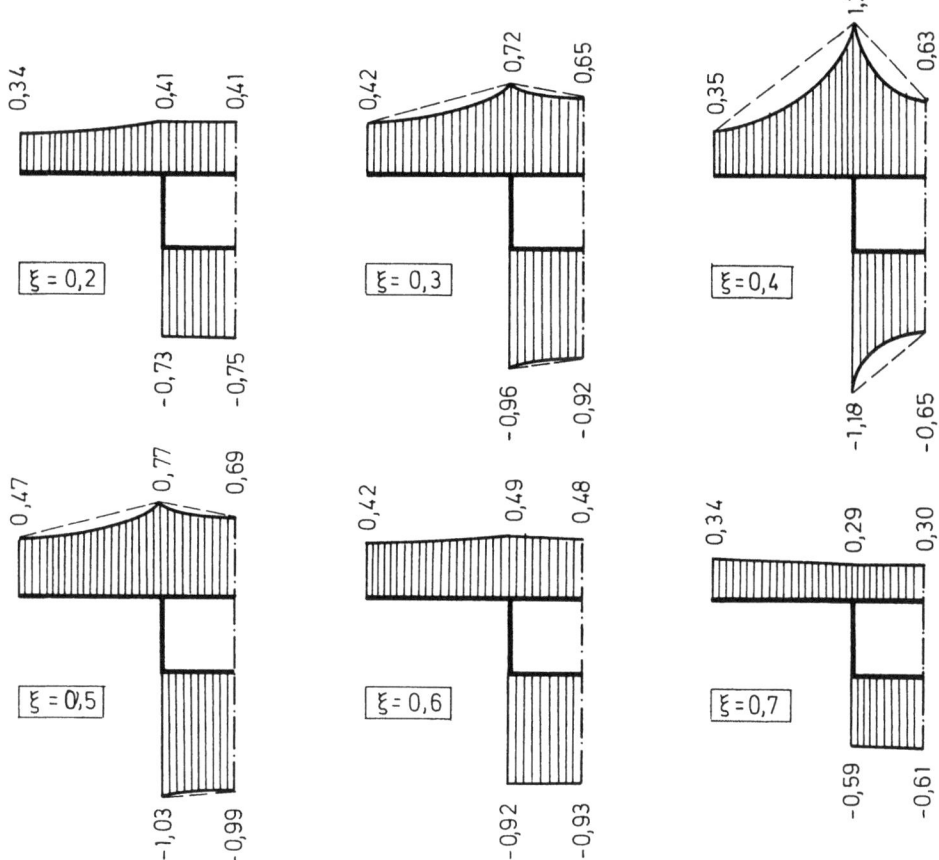

Abb. 5.9. Spannungsverteilung $[\text{Mp/cm}^2]$ im Deckblech und Bodenblech des Stützmomentenbereiches von Beispiel 9

5.10 Beispiel 10

Auf einer geraden, eingleisigen, einfeldrigen Eisenbahnbrücke mit durchgehender Fahrbahn (Abb.5.10a) ist im durchgehenden Schotterbett ein Gleisbogen verlegt. Die Torsionsbeanspruchung infolge Fliehkraft errechne sich nach DV 804 zu

m_f [Mpm/m] = 0,45 p mit p [Mp/m] = lotrechte Verkehrslast pro Gleis.

Die daraus entstehenden Normalspannungen infolge Wölbkrafttorsion, die denjenigen aus maximalem Verkehrslast-Biegemoment (Abb.5.10b) zu überlagern sind, sollen ermittelt werden.

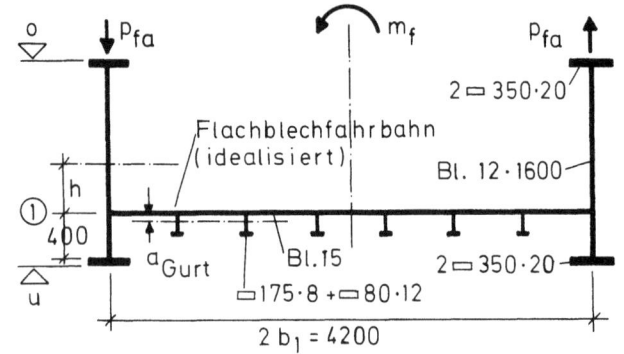
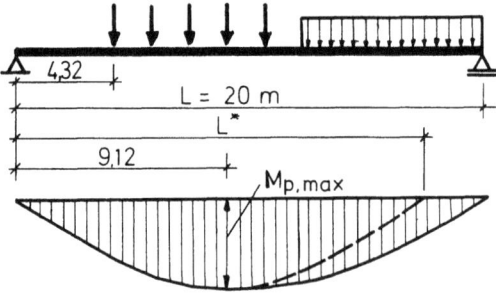

a) Querschnitt

b) Maßgebende Beanspruchung aus lotrechter Verkehrslast nach DV 804 (Lastenzug S (1950))

Abb. 5.10. Zu Beispiel 10

Einzelquerschnittswerte, Vorwerte

$b_2/b_1 = 0$
$\mu = 0,3$
$\varkappa = -1$
$F_{Gurt} = 210 \cdot 1,5 + 3 \cdot 17,5 \cdot 0,8 + 3 \cdot 8,0 \cdot 1,2$
$\quad = 315,0 + 42,0 + 28,8 = 385,8 \text{ cm}^2$
$I_{Gurt} = 1,3 \text{ m}^2\text{cm}^2$
$a_{Gurt} = 0,024 \text{ m}$

$F_{HT} = 472,0 \text{ cm}^2$
$I_{HT} = 229,2 \text{ m}^2\text{cm}^2$
$i_{HT} = 0,697 \text{ m}$
$h = 0,80 - 0,40 = 0,40 \text{ m}$
$k_Q = (0,697/0,40)^2 = 3,04$
$k_F = 472/385,8 = 1,22$
$k_{Ri} = k_{ox} = (42,0 + 28,8)/315 = 0,22$

Belastung, Schnittgrößen

$p_{fa} = (0,45/4,20)p = 0,107 p$
$M_{fa,max} = 0,107 M_{p,max} = 0,107 \cdot 611 = 65,4 \text{ Mpm}$
M-Funktion: angenähert Parabel mit $L^* = 2 \cdot 9,12 = 18,24$ m (Abb. 5.10b)
$L^*/b_1 = 18,24/2,10 = 8,69$

Ersatzträger-Querschnittswerte, Spannungen

$\alpha_{QF} = 1$ (da konvexe M-Funktion)
$\alpha_{Ri} = 1$ (Tafel S. 206)
$\lambda = 0,33$ (Tafel S. 119)
$F_m = 0,33 \cdot 385,8 = 127,3 \text{ cm}^2$
$e = (0,40 + 0,024) \cdot 127,3/(472 + 127,3) = 0,090 \text{ m}$
$I = 229,2 + 0,33 \cdot 1,3 + 472 \cdot (0,40 + 0,024) \cdot 0,090 = 247,6 \text{ m}^2\text{cm}^2$
$W_o = -247,6/0,93 = -266 \text{ mcm}^2 \longrightarrow \sigma_o = \underline{-0,246} \text{ Mp/cm}^2$
$W_1 = 247,6/0,31 = 799 \text{ mcm}^2 \longrightarrow \sigma_1 = \underline{0,082} \text{ Mp/cm}^2$
$W_u = 247,6/0,75 = 330 \text{ mcm}^2 \longrightarrow \sigma_u = \underline{0,198} \text{ Mp/cm}^2$

Auftragung siehe Abb. 5.11

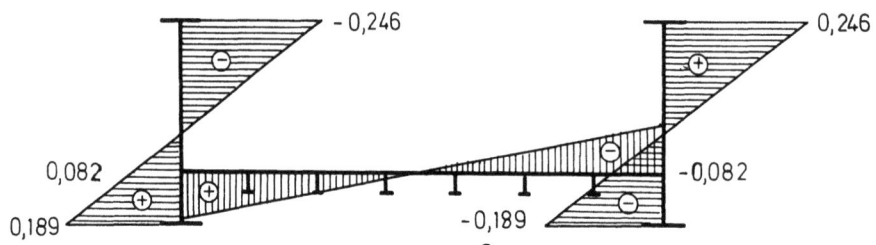

Abb. 5.11. Normalspannungen [Mp/cm^2] infolge Wölbkrafttorsion

6. Zahlentafeln

für die dimensionslosen Kennwerte

	λ	
σ_{r1}/σ_1		σ_m/σ_1
σ_2/σ_1		σ_{r2}/σ_1

Erläuterung der Tafeln siehe 2.3.2.

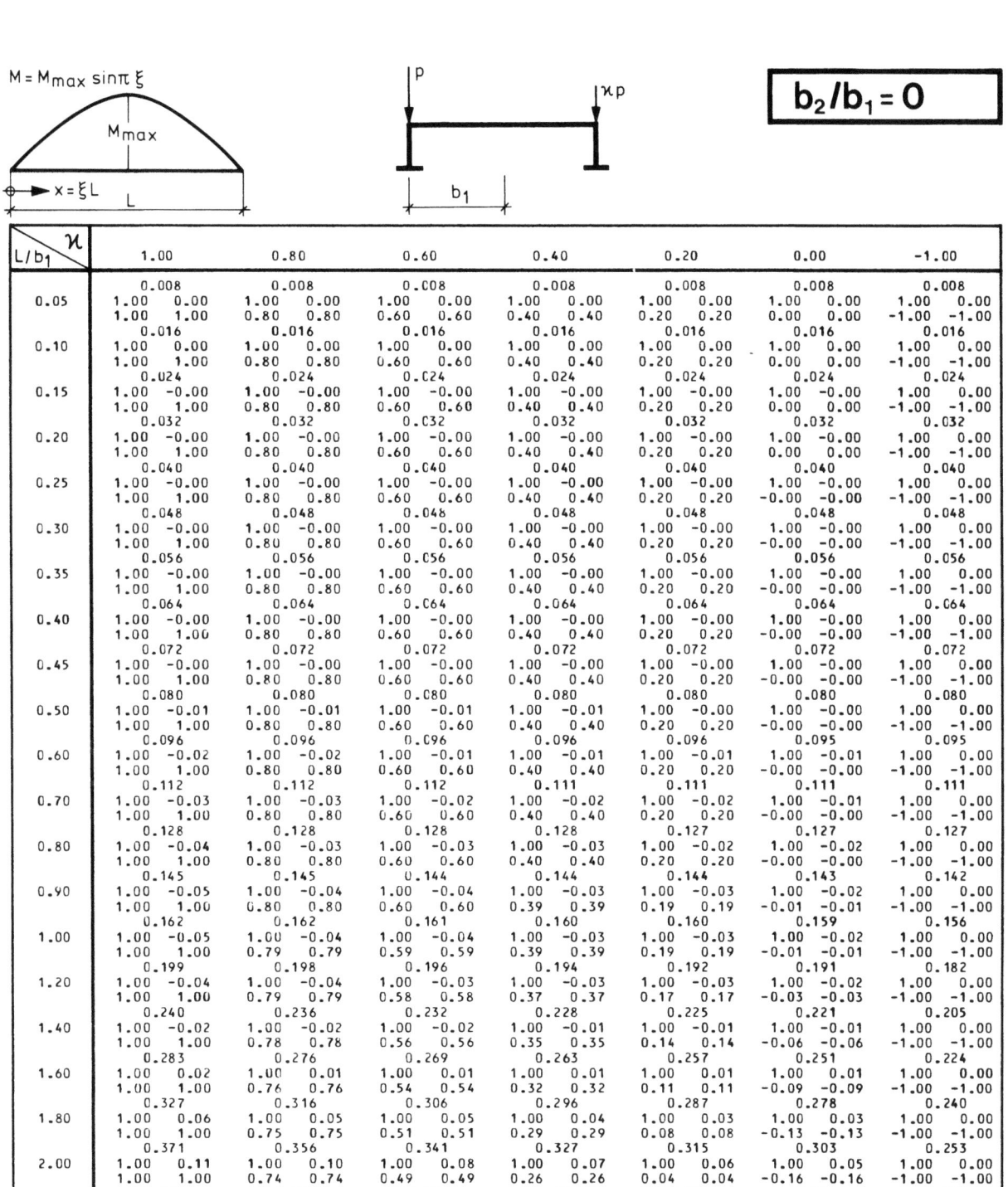

$b_2/b_1 = 0.2$

$M = M_{max} \sin \pi \xi$

$x = \xi L$

L/b_1 \ $\varkappa$	1.00	0.80	0.60	0.40	0.20	0.00	-1.00
0.05	0.015 -0.00 0.00 1.00 -0.00	0.015 -0.00 0.00 0.80 -0.00	0.015 -0.00 0.00 0.60 -0.00	0.015 -0.00 0.00 0.40 -0.00	0.015 -0.00 0.00 0.20 -0.00	0.015 -0.00 0.00 0.00 -0.00	0.015 -0.00 0.00 -1.00 0.00
0.10	0.030 -0.01 0.00 1.00 -0.01	0.030 -0.01 0.00 0.80 -0.01	0.030 -0.01 0.00 0.60 -0.01	0.030 -0.01 0.00 0.40 -0.01	0.030 -0.01 0.00 0.20 -0.00	0.030 -0.01 0.00 0.00 -0.00	0.030 -0.01 0.00 -1.00 0.01
0.15	0.045 -0.06 -0.00 1.00 -0.06	0.045 -0.06 -0.00 0.80 -0.05	0.045 -0.06 -0.00 0.60 -0.04	0.045 -0.06 -0.00 0.40 -0.02	0.045 -0.06 -0.00 0.20 -0.01	0.045 -0.06 -0.00 0.00 -0.00	0.045 -0.06 0.00 -1.00 0.06
0.20	0.060 -0.10 -0.00 1.00 -0.10	0.060 -0.10 -0.00 0.80 -0.08	0.060 -0.10 -0.00 0.60 -0.06	0.060 -0.10 -0.00 0.40 -0.04	0.060 -0.10 -0.00 0.20 -0.02	0.060 -0.10 -0.00 0.00 -0.00	0.060 -0.10 0.00 -1.00 0.10
0.25	0.074 -0.12 -0.00 1.00 -0.12	0.074 -0.12 -0.00 0.80 -0.09	0.074 -0.12 -0.00 0.60 -0.07	0.074 -0.12 -0.00 0.40 -0.05	0.074 -0.12 -0.00 0.20 -0.02	0.074 -0.12 -0.00 -0.00 -0.00	0.074 -0.12 0.00 -1.00 0.12
0.30	0.089 -0.10 -0.00 1.00 -0.10	0.089 -0.10 -0.00 0.80 -0.08	0.089 -0.10 -0.00 0.60 -0.06	0.089 -0.10 -0.00 0.40 -0.04	0.089 -0.10 -0.00 0.20 -0.02	0.089 -0.10 -0.00 -0.00 -0.00	0.089 -0.10 0.00 -1.00 0.10
0.35	0.104 -0.06 -0.00 1.00 -0.06	0.104 -0.06 -0.00 0.80 -0.05	0.104 -0.06 -0.00 0.60 -0.04	0.104 -0.06 -0.00 0.40 -0.02	0.104 -0.06 -0.00 0.20 -0.01	0.104 -0.06 -0.00 -0.00 -0.00	0.104 -0.06 0.00 -1.00 0.06
0.40	0.118 -0.01 -0.00 1.00 -0.01	0.118 -0.01 -0.00 0.80 -0.01	0.118 -0.01 -0.00 0.60 -0.01	0.118 -0.01 -0.00 0.40 -0.00	0.118 -0.01 -0.00 0.20 -0.00	0.118 -0.01 -0.00 -0.00 -0.00	0.118 -0.01 0.00 -1.00 0.01
0.45	0.133 0.05 -0.00 1.00 0.05	0.133 0.05 -0.00 0.80 0.04	0.133 0.05 -0.00 0.60 0.03	0.133 0.05 -0.00 0.40 0.02	0.133 0.05 -0.00 0.20 0.01	0.133 0.05 -0.00 -0.00 -0.00	0.133 0.05 0.00 -1.00 -0.05
0.50	0.148 0.12 -0.00 1.00 0.12	0.148 0.12 -0.00 0.80 0.09	0.148 0.12 -0.00 0.60 0.07	0.148 0.12 -0.00 0.40 0.05	0.148 0.12 -0.00 0.20 0.02	0.148 0.12 -0.00 -0.00 -0.00	0.148 0.12 0.00 -1.00 -0.12
0.60	0.176 0.25 -0.01 1.00 0.25	0.176 0.25 -0.01 0.80 0.20	0.176 0.25 -0.01 0.60 0.15	0.176 0.25 -0.01 0.40 0.10	0.176 0.25 -0.01 0.20 0.05	0.176 0.25 -0.01 -0.00 -0.00	0.176 0.25 0.00 -1.00 -0.25
0.70	0.203 0.37 -0.02 1.00 0.37	0.203 0.37 -0.01 0.80 0.30	0.203 0.37 -0.01 0.60 0.22	0.203 0.37 -0.01 0.40 0.15	0.203 0.37 -0.01 0.20 0.07	0.203 0.37 -0.01 -0.00 -0.00	0.203 0.37 0.00 -1.00 -0.37
0.80	0.228 0.48 -0.02 1.00 0.48	0.228 0.48 -0.02 0.80 0.38	0.228 0.48 -0.02 0.60 0.29	0.228 0.48 -0.02 0.40 0.19	0.228 0.48 -0.01 0.20 0.09	0.228 0.48 -0.01 -0.00 -0.00	0.227 0.48 0.00 -1.00 -0.48
0.90	0.251 0.57 -0.03 1.00 0.57	0.251 0.57 -0.02 0.80 0.45	0.251 0.57 -0.02 0.60 0.34	0.251 0.57 -0.02 0.40 0.22	0.251 0.57 -0.02 0.20 0.11	0.250 0.57 -0.01 -0.00 -0.00	0.250 0.57 0.00 -1.00 -0.57
1.00	0.273 0.64 -0.03 1.00 0.64	0.272 0.64 -0.03 0.80 0.51	0.272 0.64 -0.02 0.60 0.38	0.272 0.64 -0.02 0.40 0.25	0.271 0.64 -0.02 0.20 0.12	0.271 0.65 -0.01 -0.00 -0.01	0.270 0.65 0.00 -1.00 -0.65
1.20	0.314 0.75 -0.02 1.00 0.75	0.313 0.75 -0.02 0.80 0.59	0.312 0.75 -0.02 0.59 0.44	0.311 0.75 -0.01 0.39 0.28	0.310 0.76 -0.01 0.19 0.13	0.309 0.76 -0.01 -0.01 -0.01	0.304 0.77 0.00 -1.00 -0.77
1.40	0.353 0.81 -0.00 1.00 0.81	0.351 0.82 -0.00 0.79 0.64	0.349 0.82 -0.00 0.58 0.46	0.346 0.83 -0.00 0.38 0.29	0.344 0.83 -0.00 0.18 0.12	0.342 0.84 -0.00 -0.03 -0.04	0.332 0.86 0.00 -1.00 -0.86
1.60	0.391 0.85 0.03 1.00 0.85	0.388 0.86 0.03 0.78 0.66	0.384 0.87 0.03 0.57 0.47	0.380 0.88 0.02 0.36 0.29	0.376 0.88 0.02 0.16 0.11	0.373 0.89 0.02 -0.04 -0.07	0.355 0.92 0.00 -1.00 -0.92
1.80	0.430 0.88 0.07 1.00 0.88	0.424 0.89 0.07 0.78 0.67	0.418 0.90 0.06 0.56 0.47	0.412 0.91 0.05 0.35 0.28	0.406 0.92 0.04 0.14 0.09	0.400 0.93 0.04 -0.06 -0.10	0.374 0.97 0.00 -1.00 -0.97
2.00	0.468 0.90 0.12 1.00 0.90	0.459 0.91 0.11 0.77 0.68	0.450 0.92 0.09 0.55 0.47	0.441 0.93 0.08 0.33 0.26	0.433 0.95 0.07 0.12 0.06	0.425 0.96 0.06 -0.08 -0.13	0.389 1.01 0.00 -1.00 -1.01
2.50	0.557 0.92 0.25 1.00 0.92	0.539 0.94 0.22 0.75 0.67	0.522 0.96 0.19 0.51 0.44	0.506 0.97 0.16 0.29 0.21	0.491 0.99 0.14 0.07 -0.00	0.477 1.00 0.11 -0.13 -0.20	0.416 1.07 0.00 -1.00 -1.07
3.00	0.633 0.94 0.37 1.00 0.94	0.606 0.96 0.32 0.73 0.66	0.581 0.98 0.28 0.48 0.41	0.558 1.00 0.23 0.25 0.17	0.536 1.02 0.19 0.03 -0.05	0.516 1.03 0.15 -0.17 -0.25	0.433 1.10 0.00 -1.00 -1.10
3.50	0.696 0.95 0.48 1.00 0.95	0.660 0.97 0.41 0.72 0.65	0.627 1.00 0.35 0.46 0.38	0.598 1.02 0.29 0.22 0.14	0.570 1.04 0.24 0.00 -0.09	0.545 1.06 0.19 -0.20 -0.30	0.444 1.13 0.00 -1.00 -1.13
4.00	0.747 0.95 0.56 1.00 0.95	0.703 0.98 0.48 0.70 0.64	0.663 1.01 0.40 0.44 0.36	0.628 1.03 0.34 0.20 0.11	0.596 1.05 0.27 -0.02 -0.12	0.566 1.07 0.22 -0.22 -0.33	0.452 1.14 0.00 -1.00 -1.14
4.50	0.787 0.96 0.63 1.00 0.96	0.736 0.99 0.53 0.69 0.64	0.691 1.02 0.45 0.42 0.35	0.651 1.04 0.37 0.18 0.09	0.615 1.06 0.30 -0.04 -0.14	0.582 1.08 0.24 -0.24 -0.35	0.457 1.15 0.00 -1.00 -1.15
5.00	0.819 0.97 0.68 1.00 0.97	0.763 1.00 0.58 0.69 0.63	0.713 1.02 0.48 0.41 0.34	0.669 1.05 0.40 0.16 0.07	0.630 1.07 0.32 -0.06 -0.16	0.595 1.09 0.26 -0.25 -0.37	0.461 1.16 0.00 -1.00 -1.16
6.00	0.866 0.97 0.77 1.00 0.97	0.801 1.01 0.64 0.67 0.62	0.745 1.04 0.53 0.39 0.32	0.695 1.06 0.44 0.14 0.05	0.651 1.08 0.35 -0.08 -0.18	0.612 1.10 0.28 -0.27 -0.39	0.467 1.17 0.00 -1.00 -1.17
7.00	0.898 0.98 0.82 1.00 0.98	0.826 1.01 0.68 0.67 0.62	0.765 1.04 0.57 0.38 0.31	0.712 1.07 0.46 0.13 0.04	0.665 1.09 0.37 -0.09 -0.20	0.623 1.11 0.29 -0.29 -0.41	0.470 1.18 0.00 -1.00 -1.18
8.00	0.919 0.98 0.86 1.00 0.98	0.844 1.02 0.71 0.66 0.62	0.779 1.05 0.59 0.37 0.30	0.723 1.07 0.48 0.12 0.03	0.674 1.09 0.39 -0.10 -0.21	0.630 1.11 0.30 -0.29 -0.42	0.472 1.19 0.00 -1.00 -1.19
9.00	0.935 0.99 0.89 1.00 0.99	0.856 1.02 0.73 0.66 0.62	0.789 1.05 0.61 0.37 0.30	0.731 1.08 0.49 0.11 0.02	0.680 1.10 0.40 -0.11 -0.22	0.636 1.12 0.31 -0.30 -0.43	0.474 1.19 0.00 -1.00 -1.19
10.00	0.947 0.99 0.91 1.00 0.99	0.866 1.02 0.75 0.66 0.61	0.796 1.05 0.62 0.36 0.29	0.737 1.08 0.50 0.11 0.02	0.685 1.10 0.40 -0.11 -0.22	0.639 1.12 0.32 -0.30 -0.43	0.475 1.19 0.00 -1.00 -1.19

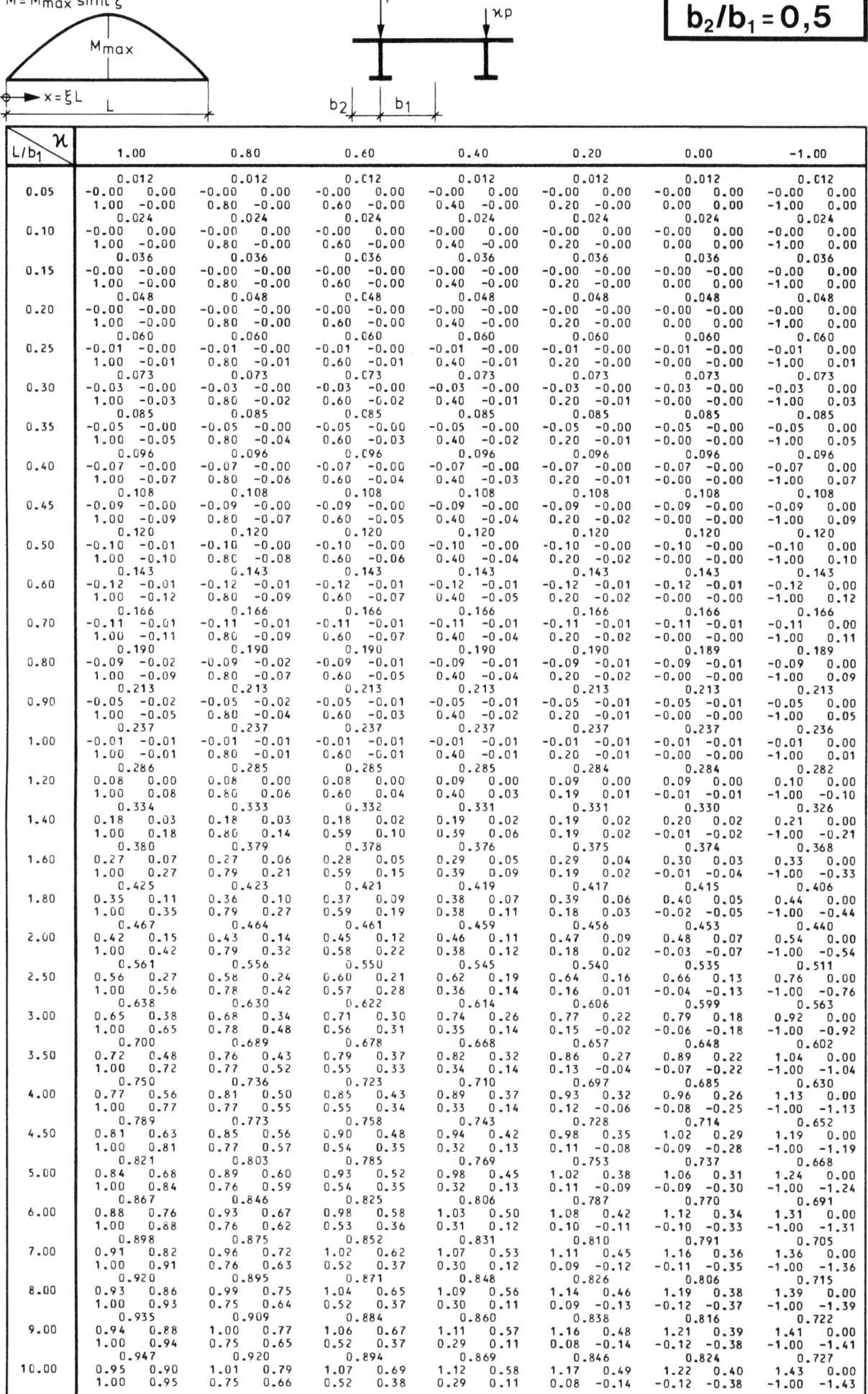

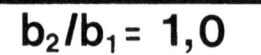
$b_2/b_1 = 1{,}0$

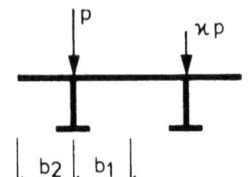

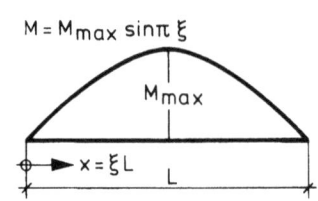

$M = M_{max} \sin \pi \xi$, $x = \xi L$

L/b_1 \ $\varkappa$	1.00	0.80	0.60	0.40	0.20	0.00	-1.00
0.05	0.009 -0.00 0.00 1.00 -0.00	0.009 -0.00 0.00 0.80 -0.00	0.009 -0.00 0.00 0.60 -0.00	0.009 -0.00 0.00 0.40 -0.00	0.009 -0.00 0.00 0.20 -0.00	0.009 -0.00 0.00 0.00 0.00	0.009 -0.00 0.00 -1.00 0.00
0.10	0.018 -0.00 0.00 1.00 -0.00	0.018 -0.00 0.00 0.80 -0.00	0.018 -0.00 0.00 0.60 -0.00	0.018 -0.00 0.00 0.40 -0.00	0.018 -0.00 0.00 0.20 -0.00	0.018 -0.00 0.00 0.00 0.00	0.018 -0.00 0.00 -1.00 0.00
0.15	0.027 -0.00 -0.00 1.00 -0.00	0.027 -0.00 -0.00 0.80 -0.00	0.027 -0.00 -0.00 0.60 -0.00	0.027 -0.00 -0.00 0.40 -0.00	0.027 -0.00 -0.00 0.20 -0.00	0.027 -0.00 -0.00 0.00 0.00	0.027 -0.00 0.00 -1.00 0.00
0.20	0.036 -0.00 -0.00 1.00 -0.00	0.036 -0.00 -0.00 0.80 -0.00	0.036 -0.00 -0.00 0.60 -0.00	0.036 -0.00 -0.00 0.40 -0.00	0.036 -0.00 -0.00 0.20 -0.00	0.036 -0.00 -0.00 0.00 0.00	0.036 -0.00 0.00 -1.00 0.00
0.25	0.045 -0.00 -0.00 1.00 -0.00	0.045 -0.00 -0.00 0.80 -0.00	0.045 -0.00 -0.00 0.60 -0.00	0.045 -0.00 -0.00 0.40 -0.00	0.045 -0.00 -0.00 0.20 -0.00	0.045 -0.00 -0.00 -0.00 -0.00	0.045 -0.00 0.00 -1.00 0.00
0.30	0.054 -0.00 -0.00 1.00 -0.00	0.054 -0.00 -0.00 0.80 -0.00	0.054 -0.00 -0.00 0.60 -0.00	0.054 -0.00 -0.00 0.40 -0.00	0.054 -0.00 -0.00 0.20 -0.00	0.054 -0.00 -0.00 -0.00 -0.00	0.054 -0.00 0.00 -1.00 0.00
0.35	0.063 -0.00 -0.00 1.00 -0.00	0.063 -0.00 -0.00 0.80 -0.00	0.063 -0.00 -0.00 0.60 -0.00	0.063 -0.00 -0.00 0.40 -0.00	0.063 -0.00 -0.00 0.20 -0.00	0.063 -0.00 -0.00 -0.00 -0.00	0.063 -0.00 0.00 -1.00 0.00
0.40	0.073 -0.00 -0.00 1.00 -0.00	0.073 -0.00 -0.00 0.80 -0.00	0.073 -0.00 -0.00 0.60 -0.00	0.073 -0.00 -0.00 0.40 -0.00	0.073 -0.00 -0.00 0.20 -0.00	0.073 -0.00 -0.00 -0.00 -0.00	0.073 -0.00 0.00 -1.00 0.00
0.45	0.082 -0.01 -0.00 1.00 -0.01	0.082 -0.01 -0.00 0.80 -0.01	0.082 -0.01 -0.00 0.60 -0.00	0.082 -0.01 -0.00 0.40 -0.00	0.082 -0.01 -0.00 0.20 -0.00	0.082 -0.01 -0.00 -0.00 -0.00	0.082 -0.01 0.00 -1.00 0.01
0.50	0.091 -0.01 -0.01 1.00 -0.01	0.091 -0.01 -0.00 0.80 -0.01	0.091 -0.01 -0.00 0.60 -0.01	0.091 -0.01 -0.00 0.40 -0.01	0.091 -0.01 -0.00 0.20 -0.00	0.091 -0.01 -0.00 -0.00 -0.00	0.091 -0.01 0.00 -1.00 0.01
0.60	0.109 -0.03 -0.01 1.00 -0.03	0.109 -0.03 -0.01 0.80 -0.02	0.109 -0.03 -0.01 0.60 -0.02	0.109 -0.03 -0.01 0.40 -0.01	0.109 -0.03 -0.01 0.20 -0.01	0.109 -0.03 -0.01 -0.00 -0.00	0.109 -0.03 0.00 -1.00 0.03
0.70	0.127 -0.05 -0.02 1.00 -0.05	0.127 -0.05 -0.01 0.80 -0.04	0.127 -0.05 -0.01 0.60 -0.03	0.127 -0.05 -0.01 0.40 -0.02	0.127 -0.05 -0.01 0.20 -0.01	0.127 -0.05 -0.01 -0.00 -0.00	0.127 -0.05 0.00 -1.00 0.05
0.80	0.145 -0.07 -0.02 1.00 -0.07	0.145 -0.07 -0.02 0.80 -0.06	0.145 -0.07 -0.02 0.60 -0.04	0.145 -0.07 -0.01 0.40 -0.03	0.145 -0.07 -0.01 0.20 -0.01	0.145 -0.07 -0.01 -0.00 -0.00	0.144 -0.07 0.00 -1.00 0.07
0.90	0.163 -0.09 -0.02 1.00 -0.09	0.163 -0.09 -0.02 0.80 -0.07	0.163 -0.09 -0.02 0.60 -0.05	0.162 -0.09 -0.01 0.40 -0.04	0.162 -0.09 -0.01 0.20 -0.02	0.162 -0.09 -0.01 -0.00 -0.00	0.162 -0.09 0.00 -1.00 0.09
1.00	0.181 -0.10 -0.02 1.00 -0.10	0.180 -0.10 -0.02 0.80 -0.08	0.180 -0.10 -0.01 0.60 -0.06	0.180 -0.10 -0.01 0.40 -0.04	0.180 -0.10 -0.01 0.20 -0.02	0.180 -0.10 -0.01 -0.00 -0.00	0.179 -0.10 0.00 -1.00 0.10
1.20	0.216 -0.12 -0.00 1.00 -0.12	0.216 -0.12 -0.00 0.80 -0.10	0.216 -0.12 -0.00 0.60 -0.07	0.215 -0.12 -0.00 0.40 -0.05	0.215 -0.12 -0.00 0.19 -0.03	0.215 -0.12 -0.00 -0.01 -0.00	0.213 -0.11 0.00 -1.00 0.11
1.40	0.252 -0.12 0.03 1.00 -0.12	0.252 -0.12 0.03 0.80 -0.10	0.251 -0.11 0.02 0.59 -0.07	0.250 -0.11 0.02 0.39 -0.05	0.250 -0.11 0.02 0.19 -0.03	0.249 -0.11 0.01 -0.01 -0.01	0.247 -0.10 0.00 -1.00 0.10
1.60	0.288 -0.10 0.07 1.00 -0.10	0.287 -0.10 0.06 0.80 -0.09	0.287 -0.10 0.06 0.59 -0.07	0.286 -0.09 0.05 0.39 -0.05	0.285 -0.09 0.04 0.19 -0.03	0.284 -0.09 0.03 -0.01 -0.02	0.280 -0.07 0.00 -1.00 0.07
1.80	0.324 -0.08 0.12 1.00 -0.08	0.323 -0.07 0.10 0.80 -0.07	0.322 -0.07 0.09 0.59 -0.06	0.321 -0.06 0.08 0.39 -0.05	0.320 -0.06 0.07 0.19 -0.04	0.319 -0.05 0.06 -0.01 -0.03	0.315 -0.03 0.00 -1.00 0.03
2.00	0.360 -0.05 0.17 1.00 -0.05	0.359 -0.04 0.15 0.80 -0.05	0.358 -0.03 0.13 0.59 -0.04	0.357 -0.02 0.12 0.39 -0.04	0.356 -0.02 0.10 0.19 -0.04	0.355 -0.01 0.08 -0.01 -0.04	0.350 0.03 0.00 -1.00 -0.03
2.50	0.445 0.05 0.29 1.00 0.05	0.444 0.07 0.26 0.80 0.03	0.443 0.08 0.23 0.60 0.00	0.443 0.09 0.20 0.40 -0.02	0.442 0.11 0.17 0.19 -0.04	0.442 0.12 0.14 -0.01 -0.07	0.439 0.19 0.00 -1.00 -0.19
3.00	0.521 0.16 0.40 1.00 0.16	0.522 0.18 0.36 0.80 0.11	0.523 0.20 0.32 0.60 0.06	0.523 0.22 0.28 0.40 0.01	0.524 0.24 0.24 0.20 -0.04	0.524 0.26 0.20 0.00 -0.10	0.527 0.36 0.00 -1.00 -0.36
3.50	0.588 0.27 0.49 1.00 0.27	0.591 0.29 0.44 0.81 0.19	0.593 0.32 0.39 0.61 0.11	0.595 0.35 0.35 0.41 0.04	0.598 0.37 0.30 0.22 -0.04	0.600 0.40 0.25 0.02 -0.12	0.612 0.53 0.00 -1.00 -0.53
4.00	0.646 0.37 0.56 1.00 0.37	0.650 0.40 0.51 0.81 0.27	0.654 0.43 0.46 0.62 0.17	0.658 0.46 0.40 0.42 0.06	0.663 0.49 0.35 0.23 -0.04	0.667 0.52 0.29 0.03 -0.14	0.689 0.69 0.00 -1.00 -0.69
4.50	0.694 0.45 0.63 1.00 0.45	0.700 0.48 0.57 0.81 0.33	0.706 0.52 0.51 0.63 0.21	0.712 0.56 0.45 0.43 0.09	0.719 0.59 0.39 0.24 -0.04	0.725 0.63 0.33 0.04 -0.16	0.759 0.83 0.00 -1.00 -0.83
5.00	0.734 0.52 0.68 1.00 0.52	0.742 0.56 0.62 0.82 0.39	0.750 0.60 0.55 0.63 0.25	0.759 0.64 0.49 0.44 0.11	0.767 0.68 0.42 0.25 -0.03	0.776 0.73 0.36 0.05 -0.18	0.822 0.95 0.00 -1.00 -0.95
6.00	0.797 0.63 0.76 1.00 0.63	0.808 0.68 0.69 0.82 0.47	0.819 0.73 0.62 0.64 0.31	0.831 0.78 0.55 0.46 0.14	0.844 0.83 0.48 0.27 -0.03	0.856 0.88 0.40 0.07 -0.20	0.925 1.16 0.00 -1.00 -1.16
7.00	0.841 0.71 0.81 1.00 0.71	0.855 0.76 0.74 0.83 0.54	0.869 0.82 0.67 0.65 0.36	0.884 0.87 0.59 0.47 0.17	0.899 0.93 0.52 0.28 -0.02	0.915 0.99 0.44 0.08 -0.22	1.003 1.32 0.00 -1.00 -1.32
8.00	0.873 0.77 0.85 1.00 0.77	0.889 0.83 0.78 0.83 0.58	0.905 0.89 0.70 0.66 0.39	0.923 0.95 0.62 0.47 0.19	0.940 1.01 0.55 0.29 -0.02	0.959 1.08 0.46 0.09 -0.24	1.063 1.45 0.00 -1.00 -1.45
9.00	0.896 0.81 0.88 1.00 0.81	0.914 0.87 0.80 0.83 0.62	0.932 0.94 0.73 0.66 0.41	0.951 1.00 0.65 0.48 0.20	0.971 1.07 0.57 0.29 -0.02	0.992 1.14 0.48 0.10 -0.25	1.109 1.54 0.00 -1.00 -1.54
10.00	0.914 0.84 0.90 1.00 0.84	0.933 0.91 0.82 0.84 0.64	0.953 0.97 0.75 0.66 0.43	0.973 1.04 0.67 0.49 0.21	0.995 1.11 0.58 0.30 -0.02	1.017 1.19 0.50 0.11 -0.26	1.145 1.61 0.00 -1.00 -1.61

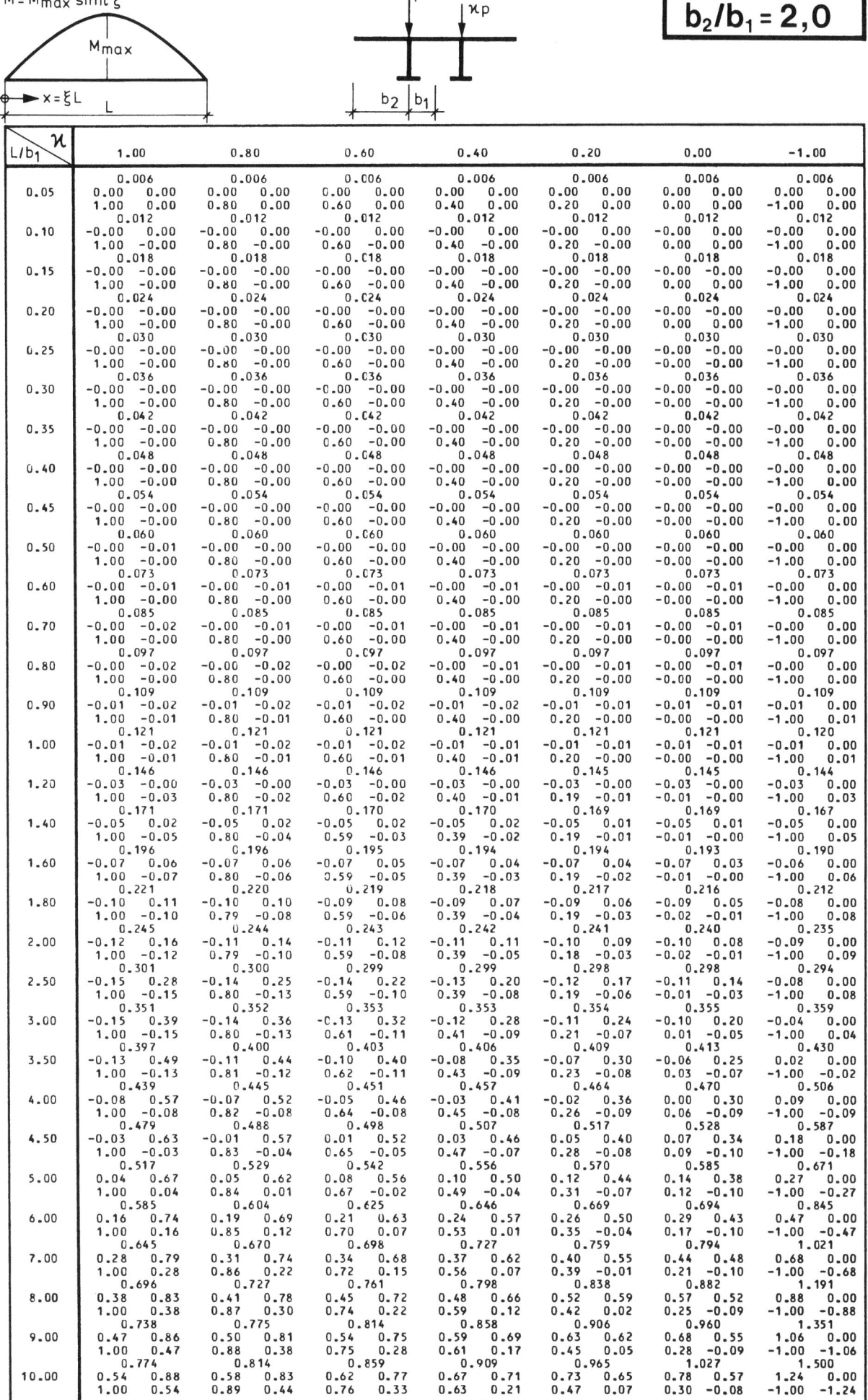

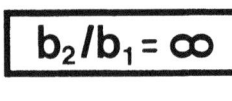 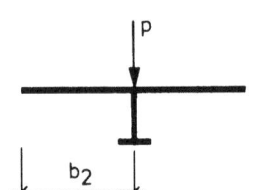 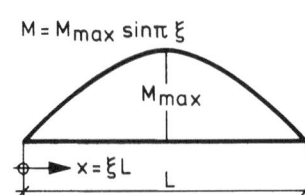

$M = M_{max} \sin \pi \xi$

$x = \xi L$

L/b_1	$\varkappa$ = 1.00
0.05	0.009 -0.00 0.94 1.00 -0.00
0.10	0.018 -0.00 0.94 1.00 -0.00
0.15	0.027 -0.00 0.94 1.00 -0.00
0.20	0.036 -0.00 0.94 1.00 -0.00
0.25	0.045 -0.00 0.94 1.00 -0.00
0.30	0.054 -0.00 0.94 1.00 -0.00
0.35	0.063 -0.00 0.94 1.00 -0.00
0.40	0.073 -0.00 0.94 1.00 -0.00
0.45	0.082 -0.01 0.94 1.00 -0.01
0.50	0.091 -0.01 0.94 1.00 -0.01
0.60	0.109 -0.03 0.94 1.00 -0.03
0.70	0.127 -0.05 0.94 1.00 -0.05
0.80	0.144 -0.07 0.94 1.00 -0.07
0.90	0.161 -0.09 0.94 1.00 -0.09
1.00	0.178 -0.10 0.93 1.00 -0.10
1.20	0.212 -0.11 0.93 1.00 -0.11
1.40	0.246 -0.09 0.93 1.00 -0.09
1.60	0.280 -0.06 0.92 1.00 -0.06
1.80	0.315 -0.02 0.92 1.00 -0.02
2.00	0.349 0.02 0.92 1.00 0.02
2.50	0.435 0.15 0.93 1.00 0.15
3.00	0.513 0.26 0.93 1.00 0.26
3.50	0.582 0.37 0.94 1.00 0.37
4.00	0.641 0.46 0.95 1.00 0.46
4.50	0.690 0.53 0.95 1.00 0.53
5.00	0.732 0.60 0.96 1.00 0.60
6.00	0.795 0.69 0.97 1.00 0.69
7.00	0.840 0.76 0.98 1.00 0.76
8.00	0.872 0.81 0.98 1.00 0.81
9.00	0.896 0.84 0.98 1.00 0.84
10.00	0.914 0.87 0.99 1.00 0.87

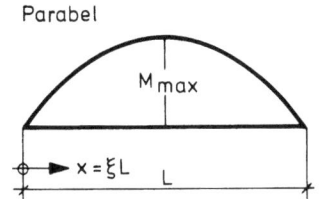
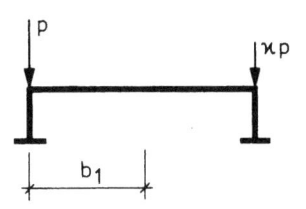

$b_2/b_1 = 0$

				$L/b_1 = 2$			
ξ \ ϰ	1.00	0.80	0.60	0.40	0.20	0.00	-1.00
0.10	0.30 1.00 0.08 1.00 1.00	0.29 1.00 0.07 0.75 0.75	0.28 1.00 0.06 0.52 0.52	0.27 1.00 0.05 0.29 0.29	0.26 1.00 0.04 0.08 0.08	0.25 1.00 0.03 -0.12 -0.12	0.22 1.00 -0.00 -1.00 -1.00
0.20	0.34 1.00 0.10 1.00 1.00	0.33 1.00 0.08 0.74 0.74	0.32 1.00 0.07 0.50 0.50	0.30 1.00 0.06 0.27 0.27	0.29 1.00 0.05 0.06 0.06	0.28 1.00 0.04 -0.14 -0.14	0.24 1.00 -0.00 -1.00 -1.00
0.30	0.37 1.00 0.11 1.00 1.00	0.35 1.00 0.10 0.74 0.74	0.34 1.00 0.08 0.49 0.49	0.33 1.00 0.07 0.26 0.26	0.31 1.00 0.06 0.05 0.05	0.30 1.00 0.05 -0.16 -0.16	0.25 1.00 -0.00 -1.00 -1.00
0.40	0.39 1.00 0.12 1.00 1.00	0.37 1.00 0.10 0.73 0.73	0.35 1.00 0.09 0.48 0.48	0.34 1.00 0.07 0.25 0.25	0.32 1.00 0.06 0.04 0.04	0.31 1.00 0.05 -0.16 -0.16	0.26 1.00 0.00 -1.00 -1.00
0.50	0.39 1.00 0.12 1.00 1.00	0.37 1.00 0.11 0.73 0.73	0.36 1.00 0.09 0.48 0.48	0.34 1.00 0.08 0.25 0.25	0.33 1.00 0.06 0.03 0.03	0.32 1.00 0.05 -0.17 -0.17	0.26 1.00 0.00 -1.00 -1.00
				$L/b_1 = 4$			
0.10	0.56 1.00 0.40 1.00 1.00	0.52 1.00 0.33 0.67 0.67	0.48 1.00 0.27 0.38 0.38	0.44 1.00 0.23 0.13 0.13	0.41 1.00 0.18 -0.09 -0.09	0.39 1.00 0.14 -0.28 -0.28	0.29 1.00 0.00 -1.00 -1.00
0.20	0.65 1.00 0.49 1.00 1.00	0.59 1.00 0.40 0.64 0.64	0.54 1.00 0.33 0.35 0.35	0.49 1.00 0.27 0.09 0.09	0.45 1.00 0.21 -0.13 -0.13	0.42 1.00 0.17 -0.32 -0.32	0.30 1.00 0.00 -1.00 -1.00
0.30	0.70 1.00 0.56 1.00 1.00	0.63 1.00 0.45 0.63 0.63	0.57 1.00 0.37 0.32 0.32	0.52 1.00 0.30 0.06 0.06	0.47 1.00 0.24 -0.16 -0.16	0.44 1.00 0.18 -0.34 -0.34	0.31 1.00 0.00 -1.00 -1.00
0.40	0.73 1.00 0.60 1.00 1.00	0.65 1.00 0.48 0.62 0.62	0.59 1.00 0.39 0.31 0.31	0.53 1.00 0.31 0.05 0.05	0.49 1.00 0.25 -0.17 -0.17	0.45 1.00 0.19 -0.36 -0.36	0.31 1.00 0.00 -1.00 -1.00
0.50	0.74 1.00 0.61 1.00 1.00	0.66 1.00 0.49 0.62 0.62	0.59 1.00 0.40 0.30 0.30	0.54 1.00 0.32 0.05 0.05	0.49 1.00 0.25 -0.17 -0.17	0.45 1.00 0.19 -0.36 -0.36	0.31 1.00 0.00 -1.00 -1.00
				$L/b_1 = 6$			
0.10	0.72 1.00 0.60 1.00 1.00	0.64 1.00 0.49 0.62 0.62	0.58 1.00 0.39 0.31 0.31	0.52 1.00 0.32 0.05 0.05	0.48 1.00 0.25 -0.17 -0.17	0.44 1.00 0.19 -0.35 -0.35	0.31 1.00 0.00 -1.00 -1.00
0.20	0.80 1.00 0.71 1.00 1.00	0.71 1.00 0.57 0.60 0.60	0.63 1.00 0.45 0.28 0.28	0.56 1.00 0.36 0.01 0.01	0.51 1.00 0.28 -0.20 -0.20	0.47 1.00 0.22 -0.39 -0.39	0.32 1.00 0.00 -1.00 -1.00
0.30	0.85 1.00 0.77 1.00 1.00	0.74 1.00 0.61 0.59 0.59	0.65 1.00 0.48 0.26 0.26	0.58 1.00 0.38 -0.00 -0.00	0.53 1.00 0.30 -0.22 -0.22	0.48 1.00 0.23 -0.40 -0.40	0.32 1.00 0.00 -1.00 -1.00
0.40	0.86 1.00 0.80 1.00 1.00	0.75 1.00 0.63 0.58 0.58	0.66 1.00 0.50 0.25 0.25	0.59 1.00 0.39 -0.01 -0.01	0.53 1.00 0.31 -0.23 -0.23	0.48 1.00 0.23 -0.41 -0.41	0.32 1.00 -0.00 -1.00 -1.00
0.50	0.87 1.00 0.80 1.00 1.00	0.75 1.00 0.63 0.58 0.58	0.66 1.00 0.50 0.25 0.25	0.59 1.00 0.40 -0.01 -0.01	0.53 1.00 0.31 -0.23 -0.23	0.48 1.00 0.24 -0.41 -0.41	0.32 1.00 -0.00 -1.00 -1.00
				$L/b_1 = 10$			
0.10	0.87 1.00 0.81 1.00 1.00	0.75 1.00 0.64 0.58 0.58	0.66 1.00 0.50 0.25 0.25	0.59 1.00 0.40 -0.01 -0.01	0.53 1.00 0.31 -0.23 -0.23	0.48 1.00 0.24 -0.41 -0.41	0.32 1.00 0.00 -1.00 -1.00
0.20	0.92 1.00 0.88 1.00 1.00	0.79 1.00 0.69 0.56 0.56	0.69 1.00 0.54 0.23 0.23	0.61 1.00 0.43 -0.04 -0.04	0.55 1.00 0.33 -0.25 -0.25	0.50 1.00 0.25 -0.43 -0.43	0.33 1.00 0.00 -1.00 -1.00
0.30	0.94 1.00 0.91 1.00 1.00	0.81 1.00 0.71 0.56 0.56	0.70 1.00 0.56 0.22 0.22	0.62 1.00 0.43 -0.04 -0.04	0.56 1.00 0.34 -0.26 -0.26	0.50 1.00 0.26 -0.44 -0.44	0.33 1.00 -0.00 -1.00 -1.00
0.40	0.95 1.00 0.92 1.00 1.00	0.81 1.00 0.72 0.56 0.56	0.71 1.00 0.56 0.22 0.22	0.62 1.00 0.44 -0.05 -0.05	0.56 1.00 0.34 -0.26 -0.26	0.50 1.00 0.26 -0.44 -0.44	0.33 1.00 -0.00 -1.00 -1.00
0.50	0.95 1.00 0.92 1.00 1.00	0.81 1.00 0.72 0.56 0.56	0.71 1.00 0.56 0.22 0.22	0.62 1.00 0.44 -0.05 -0.05	0.56 1.00 0.34 -0.26 -0.26	0.50 1.00 0.26 -0.44 -0.44	0.33 1.00 0.00 -1.00 -1.00
				$L/b_1 = 20$			
0.10	0.97 1.00 0.95 1.00 1.00	0.82 1.00 0.73 0.55 0.55	0.72 1.00 0.57 0.21 0.21	0.63 1.00 0.45 -0.05 -0.05	0.56 1.00 0.35 -0.26 -0.26	0.51 1.00 0.26 -0.44 -0.44	0.33 1.00 0.00 -1.00 -1.00
0.20	0.98 1.00 0.97 1.00 1.00	0.83 1.00 0.75 0.55 0.55	0.72 1.00 0.58 0.21 0.21	0.64 1.00 0.46 -0.06 -0.06	0.57 1.00 0.35 -0.27 -0.27	0.51 1.00 0.27 -0.45 -0.45	0.33 1.00 0.00 -1.00 -1.00
0.30	0.98 1.00 0.98 1.00 1.00	0.84 1.00 0.75 0.55 0.55	0.72 1.00 0.59 0.21 0.21	0.64 1.00 0.46 -0.06 -0.06	0.57 1.00 0.35 -0.28 -0.28	0.51 1.00 0.27 -0.45 -0.45	0.33 1.00 -0.00 -1.00 -1.00
0.40	0.99 1.00 0.98 1.00 1.00	0.84 1.00 0.76 0.55 0.55	0.73 1.00 0.59 0.20 0.20	0.64 1.00 0.46 -0.06 -0.06	0.57 1.00 0.35 -0.28 -0.28	0.51 1.00 0.27 -0.45 -0.45	0.33 1.00 -0.00 -1.00 -1.00
0.50	0.99 1.00 0.98 1.00 1.00	0.84 1.00 0.76 0.55 0.55	0.73 1.00 0.59 0.20 0.20	0.64 1.00 0.46 -0.06 -0.06	0.57 1.00 0.35 -0.28 -0.28	0.51 1.00 0.27 -0.45 -0.45	0.33 1.00 -0.00 -1.00 -1.00

$b_2/b_1 = 0{,}2$

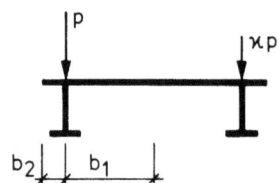
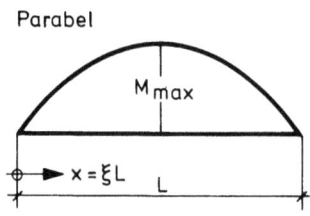

$L/b_1 = 2$

ξ \ $\varkappa$	1.00	0.80	0.60	0.40	0.20	0.00	-1.00
0.10	0.40 0.74 0.09 1.00 0.74	0.39 0.76 0.08 0.78 0.57	0.39 0.77 0.07 0.56 0.39	0.38 0.78 0.06 0.35 0.22	0.38 0.79 0.05 0.14 0.06	0.37 0.80 0.04 -0.06 -0.10	0.35 0.85 -0.00 -1.00 -0.85
0.20	0.44 0.85 0.11 1.00 0.85	0.44 0.86 0.10 0.77 0.65	0.43 0.87 0.09 0.55 0.45	0.42 0.89 0.07 0.34 0.25	0.41 0.90 0.06 0.13 0.06	0.41 0.91 0.05 -0.07 -0.12	0.37 0.96 -0.00 -1.00 -0.96
0.30	0.47 0.90 0.12 1.00 0.90	0.46 0.91 0.11 0.77 0.68	0.45 0.93 0.09 0.55 0.47	0.44 0.94 0.08 0.33 0.26	0.43 0.95 0.07 0.12 0.06	0.43 0.96 0.06 -0.08 -0.13	0.39 1.01 -0.00 -1.00 -1.01
0.40	0.48 0.92 0.13 1.00 0.92	0.47 0.94 0.11 0.77 0.70	0.46 0.95 0.10 0.54 0.48	0.45 0.96 0.09 0.33 0.27	0.44 0.97 0.07 0.12 0.06	0.43 0.98 0.06 -0.08 -0.14	0.40 1.03 0.00 -1.00 -1.03
0.50	0.48 0.93 0.13 1.00 0.93	0.47 0.94 0.12 0.77 0.70	0.46 0.95 0.10 0.54 0.48	0.46 0.97 0.09 0.33 0.27	0.45 0.98 0.07 0.12 0.06	0.44 0.99 0.06 -0.08 -0.14	0.40 1.04 0.00 -1.00 -1.04

$L/b_1 = 4$

ξ \ $\varkappa$	1.00	0.80	0.60	0.40	0.20	0.00	-1.00
0.10	0.65 0.90 0.44 1.00 0.90	0.62 0.92 0.38 0.72 0.62	0.59 0.95 0.32 0.47 0.37	0.57 0.97 0.27 0.23 0.14	0.54 0.99 0.22 0.02 -0.07	0.52 1.01 0.18 -0.18 -0.27	0.43 1.08 0.00 -1.00 -1.08
0.20	0.71 0.95 0.51 1.00 0.95	0.67 0.97 0.43 0.71 0.65	0.64 1.00 0.37 0.45 0.38	0.61 1.02 0.31 0.21 0.13	0.58 1.04 0.25 -0.01 -0.10	0.55 1.06 0.20 -0.21 -0.31	0.45 1.13 0.00 -1.00 -1.13
0.30	0.75 0.96 0.56 1.00 0.96	0.70 0.99 0.47 0.70 0.65	0.66 1.01 0.40 0.44 0.37	0.63 1.03 0.33 0.20 0.11	0.60 1.05 0.27 -0.02 -0.12	0.57 1.07 0.22 -0.22 -0.33	0.45 1.15 0.00 -1.00 -1.15
0.40	0.76 0.96 0.59 1.00 0.96	0.72 0.99 0.50 0.70 0.64	0.68 1.02 0.42 0.43 0.36	0.64 1.04 0.35 0.19 0.10	0.61 1.06 0.28 -0.03 -0.13	0.57 1.08 0.23 -0.23 -0.34	0.46 1.15 0.00 -1.00 -1.15
0.50	0.77 0.96 0.60 1.00 0.96	0.72 0.99 0.51 0.70 0.64	0.68 1.02 0.43 0.43 0.36	0.64 1.04 0.35 0.19 0.10	0.61 1.06 0.29 -0.03 -0.13	0.58 1.08 0.23 -0.23 -0.34	0.46 1.15 0.00 -1.00 -1.15

$L/b_1 = 6$

ξ \ $\varkappa$	1.00	0.80	0.60	0.40	0.20	0.00	-1.00
0.10	0.78 0.95 0.63 1.00 0.95	0.73 0.98 0.53 0.69 0.63	0.69 1.01 0.45 0.42 0.35	0.65 1.03 0.37 0.18 0.09	0.61 1.05 0.30 -0.04 -0.14	0.58 1.07 0.24 -0.24 -0.35	0.45 1.14 0.00 -1.00 -1.14
0.20	0.84 0.97 0.72 1.00 0.97	0.78 1.00 0.60 0.68 0.63	0.73 1.03 0.50 0.40 0.33	0.68 1.06 0.41 0.16 0.07	0.64 1.08 0.33 -0.06 -0.17	0.60 1.10 0.26 -0.26 -0.38	0.46 1.17 0.00 -1.00 -1.17
0.30	0.87 0.98 0.77 1.00 0.98	0.80 1.01 0.64 0.67 0.63	0.75 1.04 0.53 0.39 0.32	0.70 1.06 0.44 0.14 0.05	0.65 1.08 0.35 -0.08 -0.18	0.61 1.10 0.28 -0.27 -0.39	0.47 1.18 0.00 -1.00 -1.18
0.40	0.88 0.98 0.79 1.00 0.98	0.81 1.01 0.66 0.67 0.62	0.75 1.04 0.55 0.39 0.32	0.70 1.06 0.45 0.14 0.05	0.66 1.09 0.36 -0.08 -0.19	0.62 1.11 0.29 -0.28 -0.40	0.47 1.18 -0.00 -1.00 -1.18
0.50	0.89 0.98 0.80 1.00 0.98	0.82 1.01 0.67 0.67 0.62	0.76 1.04 0.55 0.38 0.31	0.71 1.06 0.45 0.14 0.04	0.66 1.09 0.37 -0.08 -0.19	0.62 1.11 0.29 -0.28 -0.40	0.47 1.18 -0.00 -1.00 -1.18

$L/b_1 = 10$

ξ \ $\varkappa$	1.00	0.80	0.60	0.40	0.20	0.00	-1.00
0.10	0.89 0.98 0.82 1.00 0.98	0.82 1.02 0.68 0.67 0.62	0.76 1.04 0.56 0.38 0.31	0.71 1.07 0.46 0.13 0.04	0.66 1.09 0.37 -0.09 -0.19	0.62 1.11 0.29 -0.28 -0.41	0.47 1.18 0.00 -0.99 -1.18
0.20	0.93 0.99 0.88 1.00 0.99	0.85 1.02 0.73 0.66 0.62	0.79 1.05 0.60 0.37 0.30	0.73 1.08 0.49 0.12 0.03	0.68 1.10 0.39 -0.10 -0.21	0.63 1.12 0.31 -0.30 -0.43	0.47 1.19 0.00 -1.00 -1.19
0.30	0.95 0.99 0.91 1.00 0.99	0.87 1.02 0.75 0.66 0.61	0.80 1.05 0.62 0.36 0.29	0.74 1.08 0.50 0.11 0.02	0.69 1.10 0.40 -0.11 -0.22	0.64 1.12 0.32 -0.30 -0.43	0.48 1.19 -0.00 -1.00 -1.19
0.40	0.95 0.99 0.92 1.00 0.99	0.87 1.03 0.76 0.65 0.61	0.80 1.05 0.62 0.36 0.29	0.74 1.08 0.51 0.11 0.02	0.69 1.10 0.41 -0.11 -0.22	0.64 1.12 0.32 -0.31 -0.44	0.48 1.19 -0.00 -1.00 -1.19
0.50	0.96 0.99 0.92 1.00 0.99	0.87 1.03 0.76 0.65 0.61	0.80 1.06 0.63 0.36 0.29	0.74 1.08 0.51 0.11 0.01	0.69 1.10 0.41 -0.12 -0.23	0.64 1.12 0.32 -0.31 -0.44	0.48 1.19 0.00 -1.00 -1.19

$L/b_1 = 20$

ξ \ $\varkappa$	1.00	0.80	0.60	0.40	0.20	0.00	-1.00
0.10	0.97 0.99 0.94 1.00 0.99	0.88 1.03 0.78 0.65 0.61	0.81 1.06 0.64 0.36 0.29	0.75 1.08 0.52 0.10 0.01	0.69 1.11 0.42 -0.11 -0.23	0.65 1.13 0.33 -0.31 -0.44	0.48 1.19 -0.00 -0.98 -1.20
0.20	0.98 1.00 0.97 1.00 1.00	0.89 1.03 0.80 0.65 0.61	0.82 1.06 0.65 0.35 0.28	0.75 1.09 0.53 0.10 0.00	0.70 1.11 0.42 -0.12 -0.24	0.65 1.13 0.33 -0.32 -0.45	0.48 1.20 0.00 -1.00 -1.20
0.30	0.99 1.00 0.98 1.00 1.00	0.90 1.03 0.80 0.65 0.61	0.82 1.06 0.66 0.35 0.28	0.76 1.09 0.53 0.09 0.00	0.70 1.11 0.43 -0.13 -0.24	0.65 1.13 0.33 -0.32 -0.45	0.48 1.20 -0.00 -1.00 -1.20
0.40	0.99 1.00 0.98 1.00 1.00	0.90 1.03 0.81 0.65 0.61	0.82 1.06 0.66 0.35 0.28	0.76 1.09 0.54 0.09 0.00	0.70 1.11 0.43 -0.13 -0.24	0.65 1.13 0.33 -0.32 -0.45	0.48 1.20 -0.00 -1.00 -1.20
0.50	0.99 1.00 0.98 1.00 1.00	0.90 1.03 0.81 0.65 0.61	0.82 1.06 0.66 0.35 0.28	0.76 1.09 0.54 0.09 0.00	0.70 1.11 0.43 -0.13 -0.24	0.65 1.13 0.33 -0.32 -0.45	0.48 1.20 0.00 -1.00 -1.20

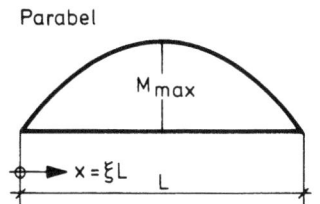

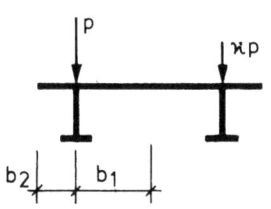

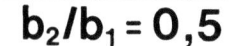

$b_2/b_1 = 0.5$

$L/b_1 = 2$

ξ \ ϰ	1.00	0.80	0.60	0.40	0.20	0.00	-1.00
0.10	0.39 0.29 0.11 1.00 0.29	0.38 0.30 0.10 0.79 0.22	0.38 0.31 0.09 0.59 0.15	0.38 0.32 0.08 0.38 0.08	0.38 0.33 0.07 0.18 0.01	0.38 0.34 0.06 -0.02 -0.06	0.37 0.39 -0.00 -1.00 -0.39
0.20	0.43 0.36 0.14 1.00 0.36	0.43 0.37 0.12 0.79 0.27	0.43 0.38 0.11 0.59 0.19	0.43 0.40 0.09 0.38 0.10	0.43 0.41 0.08 0.18 0.02	0.42 0.42 0.07 -0.02 -0.07	0.41 0.47 -0.00 -1.00 -0.47
0.30	0.47 0.42 0.15 1.00 0.42	0.46 0.43 0.14 0.79 0.32	0.46 0.44 0.12 0.58 0.22	0.46 0.45 0.10 0.38 0.12	0.46 0.47 0.09 0.18 0.02	0.45 0.48 0.07 -0.03 -0.07	0.44 0.54 -0.00 -1.00 -0.54
0.40	0.48 0.45 0.16 1.00 0.45	0.48 0.46 0.15 0.79 0.34	0.48 0.48 0.13 0.58 0.24	0.47 0.49 0.11 0.38 0.13	0.47 0.50 0.10 0.17 0.03	0.47 0.52 0.08 -0.03 -0.08	0.45 0.58 0.00 -1.00 -0.58
0.50	0.49 0.46 0.17 1.00 0.46	0.49 0.47 0.15 0.79 0.35	0.48 0.49 0.13 0.58 0.24	0.48 0.50 0.11 0.38 0.13	0.48 0.51 0.10 0.17 0.03	0.47 0.53 0.08 -0.03 -0.08	0.46 0.59 0.00 -1.00 -0.59

$L/b_1 = 4$

ξ \ ϰ	1.00	0.80	0.60	0.40	0.20	0.00	-1.00
0.10	0.64 0.60 0.43 1.00 0.60	0.63 0.64 0.38 0.78 0.43	0.62 0.67 0.34 0.56 0.27	0.61 0.70 0.29 0.35 0.11	0.60 0.74 0.25 0.14 -0.05	0.59 0.77 0.20 -0.06 -0.20	0.56 0.91 -0.00 -1.00 -0.91
0.20	0.71 0.71 0.51 1.00 0.71	0.70 0.75 0.45 0.77 0.51	0.69 0.79 0.40 0.55 0.32	0.68 0.82 0.34 0.34 0.13	0.66 0.86 0.29 0.13 -0.05	0.65 0.89 0.24 -0.07 -0.23	0.61 1.05 -0.00 -1.00 -1.05
0.30	0.75 0.77 0.56 1.00 0.77	0.74 0.81 0.50 0.77 0.55	0.72 0.85 0.43 0.55 0.34	0.71 0.89 0.37 0.33 0.14	0.70 0.93 0.31 0.12 -0.06	0.69 0.96 0.26 -0.08 -0.25	0.63 1.13 -0.00 -1.00 -1.13
0.40	0.77 0.80 0.59 1.00 0.80	0.75 0.84 0.52 0.77 0.57	0.74 0.88 0.45 0.54 0.35	0.73 0.92 0.39 0.33 0.14	0.71 0.96 0.33 0.12 -0.07	0.70 1.00 0.27 -0.08 -0.26	0.64 1.16 -0.00 -1.00 -1.16
0.50	0.78 0.81 0.60 1.00 0.81	0.76 0.85 0.53 0.77 0.58	0.75 0.89 0.46 0.54 0.35	0.73 0.93 0.40 0.33 0.14	0.72 0.97 0.33 0.12 -0.07	0.71 1.01 0.27 -0.08 -0.27	0.65 1.17 -0.00 -1.00 -1.17

$L/b_1 = 6$

ξ \ ϰ	1.00	0.80	0.60	0.40	0.20	0.00	-1.00
0.10	0.78 0.76 0.63 1.00 0.76	0.76 0.81 0.56 0.77 0.54	0.74 0.85 0.49 0.54 0.32	0.73 0.90 0.42 0.32 0.12	0.71 0.94 0.35 0.11 -0.09	0.70 0.98 0.29 -0.09 -0.28	0.64 1.15 0.00 -1.00 -1.15
0.20	0.84 0.85 0.72 1.00 0.85	0.82 0.90 0.63 0.76 0.60	0.80 0.95 0.55 0.53 0.36	0.78 0.99 0.47 0.31 0.12	0.77 1.04 0.40 0.10 -0.10	0.75 1.08 0.32 -0.10 -0.31	0.68 1.27 0.00 -1.00 -1.27
0.30	0.87 0.88 0.76 1.00 0.88	0.85 0.94 0.67 0.76 0.62	0.83 0.99 0.58 0.53 0.37	0.81 1.03 0.50 0.31 0.12	0.79 1.08 0.42 0.10 -0.11	0.77 1.12 0.34 -0.10 -0.33	0.69 1.32 0.00 -1.00 -1.32
0.40	0.88 0.90 0.79 1.00 0.90	0.86 0.95 0.69 0.76 0.63	0.84 1.00 0.60 0.53 0.37	0.82 1.05 0.51 0.31 0.12	0.80 1.10 0.43 0.09 -0.11	0.78 1.14 0.35 -0.11 -0.34	0.70 1.34 0.00 -1.00 -1.34
0.50	0.89 0.90 0.79 1.00 0.90	0.86 0.95 0.70 0.76 0.63	0.84 1.01 0.61 0.53 0.37	0.82 1.06 0.52 0.31 0.12	0.80 1.10 0.43 0.09 -0.12	0.78 1.15 0.35 -0.11 -0.34	0.70 1.35 0.00 -1.00 -1.35

$L/b_1 = 10$

ξ \ ϰ	1.00	0.80	0.60	0.40	0.20	0.00	-1.00
0.10	0.89 0.90 0.82 1.00 0.90	0.87 0.95 0.72 0.76 0.63	0.85 1.01 0.62 0.52 0.36	0.83 1.06 0.53 0.30 0.11	0.81 1.10 0.45 0.09 -0.12	0.79 1.15 0.36 -0.11 -0.35	0.70 1.35 0.00 -1.00 -1.35
0.20	0.93 0.94 0.88 1.00 0.94	0.91 1.00 0.77 0.75 0.65	0.88 1.05 0.67 0.52 0.37	0.86 1.11 0.57 0.30 0.11	0.84 1.16 0.48 0.08 -0.14	0.81 1.20 0.39 -0.12 -0.37	0.72 1.41 0.00 -1.00 -1.41
0.30	0.95 0.95 0.91 1.00 0.95	0.92 1.01 0.79 0.75 0.66	0.89 1.07 0.69 0.52 0.38	0.87 1.12 0.59 0.29 0.11	0.85 1.17 0.49 0.08 -0.14	0.82 1.22 0.40 -0.12 -0.38	0.73 1.43 0.00 -1.00 -1.43
0.40	0.95 0.96 0.92 1.00 0.96	0.93 1.02 0.80 0.75 0.66	0.90 1.08 0.69 0.51 0.38	0.87 1.13 0.59 0.29 0.11	0.85 1.18 0.49 0.08 -0.15	0.83 1.23 0.40 -0.12 -0.39	0.73 1.44 0.00 -1.00 -1.44
0.50	0.96 0.96 0.92 1.00 0.96	0.93 1.02 0.81 0.75 0.66	0.90 1.08 0.70 0.51 0.38	0.88 1.13 0.59 0.29 0.11	0.85 1.18 0.50 0.08 -0.15	0.83 1.23 0.40 -0.12 -0.39	0.73 1.44 0.00 -1.00 -1.44

$L/b_1 = 20$

ξ \ ϰ	1.00	0.80	0.60	0.40	0.20	0.00	-1.00
0.10	0.97 0.97 0.94 1.00 0.97	0.94 1.03 0.83 0.75 0.67	0.91 1.09 0.71 0.51 0.38	0.89 1.15 0.61 0.29 0.11	0.86 1.20 0.51 0.08 -0.15	0.84 1.25 0.41 -0.12 -0.40	0.74 1.46 -0.00 -0.99 -1.46
0.20	0.98 0.98 0.97 1.00 0.98	0.95 1.05 0.85 0.75 0.67	0.92 1.10 0.73 0.51 0.38	0.90 1.16 0.62 0.29 0.11	0.87 1.21 0.52 0.07 -0.16	0.85 1.26 0.42 -0.13 -0.41	0.74 1.48 0.00 -1.00 -1.48
0.30	0.99 0.99 0.98 1.00 0.99	0.96 1.05 0.85 0.75 0.68	0.93 1.11 0.74 0.51 0.38	0.90 1.16 0.63 0.28 0.10	0.87 1.22 0.52 0.07 -0.16	0.85 1.27 0.42 -0.13 -0.41	0.74 1.48 0.00 -1.01 -1.48
0.40	0.99 0.99 0.98 1.00 0.99	0.96 1.05 0.86 0.75 0.68	0.93 1.11 0.74 0.51 0.38	0.90 1.17 0.63 0.28 0.10	0.88 1.22 0.52 0.07 -0.16	0.85 1.27 0.43 -0.13 -0.41	0.75 1.48 -0.00 -1.00 -1.48
0.50	0.99 0.99 0.98 1.00 0.99	0.96 1.05 0.86 0.75 0.68	0.93 1.11 0.74 0.51 0.38	0.90 1.17 0.63 0.29 0.10	0.88 1.22 0.52 0.07 -0.16	0.85 1.27 0.43 -0.13 -0.41	0.75 1.49 -0.00 -0.99 -1.49

$b_2/b_1 = 1{,}0$

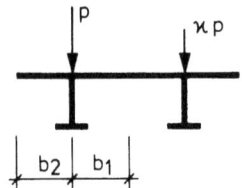
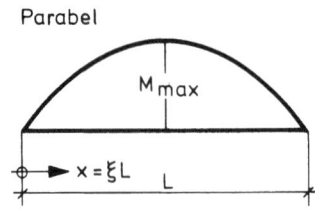

				$L/b_1 = 2$			
ξ \ $\varkappa$	1.00	0.80	0.60	0.40	0.20	0.00	-1.00
0.10	0.30 -0.04 0.12 1.00 -0.04	0.30 -0.04 0.11 0.80 -0.04	0.30 -0.03 0.10 0.59 -0.04	0.30 -0.03 0.09 0.39 -0.03	0.30 -0.02 0.07 0.19 -0.03	0.30 -0.01 0.06 -0.01 -0.03	0.29 0.01 -0.00 -1.00 -0.01
0.20	0.34 -0.05 0.15 1.00 -0.05	0.33 -0.04 0.13 0.80 -0.04	0.33 -0.03 0.12 0.59 -0.04	0.33 -0.03 0.10 0.39 -0.04	0.33 -0.02 0.09 0.19 -0.04	0.33 -0.01 0.07 -0.01 -0.03	0.33 0.02 -0.00 -1.00 -0.02
0.30	0.36 -0.05 0.16 1.00 -0.05	0.36 -0.04 0.15 0.80 -0.05	0.36 -0.03 0.13 0.59 -0.04	0.36 -0.03 0.11 0.39 -0.04	0.35 -0.02 0.10 0.19 -0.04	0.35 -0.01 0.08 -0.01 -0.04	0.35 0.03 -0.00 -1.00 -0.03
0.40	0.37 -0.05 0.18 1.00 -0.05	0.37 -0.04 0.16 0.80 -0.05	0.37 -0.03 0.14 0.59 -0.04	0.37 -0.02 0.12 0.39 -0.04	0.37 -0.01 0.10 0.19 -0.04	0.37 -0.01 0.09 -0.01 -0.04	0.36 0.03 0.00 -1.00 -0.03
0.50	0.38 -0.05 0.18 1.00 -0.05	0.38 -0.04 0.16 0.80 -0.05	0.37 -0.03 0.14 0.59 -0.04	0.37 -0.02 0.12 0.39 -0.04	0.37 -0.01 0.11 0.19 -0.04	0.37 -0.01 0.09 -0.01 -0.04	0.36 0.03 0.00 -1.00 -0.03
				$L/b_1 = 4$			
0.10	0.54 0.25 0.43 1.00 0.25	0.54 0.27 0.38 0.81 0.18	0.54 0.29 0.34 0.61 0.11	0.54 0.32 0.30 0.42 0.04	0.55 0.34 0.26 0.22 -0.04	0.55 0.36 0.22 0.02 -0.11	0.56 0.48 0.00 -1.00 -0.48
0.20	0.60 0.31 0.51 1.00 0.31	0.61 0.34 0.46 0.81 0.23	0.61 0.37 0.41 0.62 0.14	0.62 0.39 0.36 0.42 0.05	0.62 0.42 0.31 0.22 -0.04	0.62 0.45 0.26 0.03 -0.13	0.64 0.59 0.00 -1.00 -0.59
0.30	0.64 0.36 0.56 1.00 0.36	0.65 0.39 0.51 0.81 0.26	0.65 0.42 0.45 0.62 0.16	0.66 0.45 0.40 0.42 0.06	0.66 0.48 0.34 0.23 -0.04	0.67 0.52 0.29 0.03 -0.14	0.69 0.68 0.00 -1.00 -0.68
0.40	0.67 0.39 0.59 1.00 0.39	0.67 0.42 0.54 0.81 0.29	0.68 0.46 0.48 0.62 0.18	0.68 0.49 0.42 0.43 0.07	0.68 0.52 0.36 0.23 -0.04	0.69 0.56 0.31 0.03 -0.15	0.71 0.73 0.00 -1.00 -0.73
0.50	0.67 0.40 0.60 1.00 0.40	0.68 0.43 0.55 0.81 0.29	0.68 0.47 0.49 0.62 0.18	0.69 0.50 0.43 0.43 0.07	0.69 0.53 0.37 0.23 -0.04	0.70 0.57 0.31 0.03 -0.15	0.72 0.75 0.00 -1.00 -0.75
				$L/b_1 = 6$			
0.10	0.69 0.47 0.61 1.00 0.47	0.69 0.51 0.55 0.82 0.35	0.70 0.54 0.50 0.63 0.23	0.71 0.58 0.44 0.44 0.10	0.72 0.62 0.38 0.25 -0.03	0.73 0.66 0.32 0.05 -0.16	0.77 0.86 0.00 -1.00 -0.86
0.20	0.76 0.57 0.70 1.00 0.57	0.77 0.61 0.64 0.82 0.42	0.78 0.66 0.58 0.64 0.28	0.79 0.70 0.51 0.45 0.13	0.80 0.75 0.44 0.26 -0.03	0.81 0.79 0.37 0.06 -0.19	0.87 1.04 0.00 -1.00 -1.04
0.30	0.80 0.63 0.76 1.00 0.63	0.81 0.68 0.69 0.82 0.47	0.82 0.72 0.62 0.64 0.31	0.83 0.77 0.55 0.46 0.14	0.84 0.82 0.48 0.26 -0.03	0.86 0.88 0.40 0.07 -0.20	0.92 1.16 0.00 -1.00 -1.16
0.40	0.82 0.66 0.78 1.00 0.66	0.83 0.71 0.71 0.82 0.50	0.84 0.76 0.64 0.64 0.33	0.85 0.81 0.57 0.46 0.15	0.87 0.87 0.50 0.27 -0.03	0.88 0.92 0.42 0.07 -0.21	0.95 1.22 0.00 -1.00 -1.22
0.50	0.82 0.67 0.79 1.00 0.67	0.83 0.72 0.72 0.83 0.50	0.85 0.77 0.65 0.65 0.33	0.86 0.83 0.58 0.46 0.16	0.87 0.88 0.50 0.27 -0.03	0.89 0.94 0.42 0.07 -0.21	0.96 1.24 0.00 -1.00 -1.24
				$L/b_1 = 10$			
0.10	0.84 0.72 0.80 1.00 0.72	0.85 0.77 0.73 0.83 0.54	0.87 0.82 0.66 0.65 0.36	0.89 0.88 0.59 0.47 0.17	0.90 0.94 0.51 0.28 -0.02	0.92 1.00 0.43 0.09 -0.22	1.01 1.34 0.00 -1.00 -1.34
0.20	0.89 0.81 0.87 1.00 0.81	0.91 0.87 0.80 0.83 0.61	0.93 0.93 0.72 0.66 0.41	0.95 0.99 0.65 0.48 0.20	0.97 1.06 0.56 0.29 -0.02	0.99 1.13 0.48 0.10 -0.25	1.10 1.53 0.00 -1.00 -1.53
0.30	0.92 0.85 0.90 1.00 0.85	0.93 0.91 0.83 0.84 0.64	0.95 0.98 0.75 0.66 0.43	0.98 1.05 0.67 0.49 0.21	1.00 1.12 0.58 0.30 -0.02	1.02 1.19 0.50 0.11 -0.26	1.15 1.62 0.00 -1.00 -1.62
0.40	0.93 0.86 0.91 1.00 0.86	0.95 0.93 0.84 0.84 0.66	0.97 1.00 0.76 0.67 0.44	0.99 1.07 0.68 0.49 0.22	1.01 1.14 0.59 0.30 -0.02	1.03 1.22 0.51 0.11 -0.26	1.17 1.66 0.00 -1.00 -1.66
0.50	0.93 0.87 0.91 1.00 0.87	0.95 0.94 0.84 0.84 0.66	0.97 1.00 0.76 0.67 0.44	0.99 1.07 0.68 0.49 0.22	1.01 1.15 0.60 0.30 -0.02	1.04 1.23 0.51 0.11 -0.26	1.17 1.67 0.00 -1.00 -1.67
				$L/b_1 = 20$			
0.10	0.95 0.91 0.94 1.00 0.91	0.97 0.98 0.86 0.84 0.69	1.00 1.05 0.79 0.67 0.47	1.02 1.13 0.70 0.49 0.23	1.04 1.21 0.62 0.31 -0.01	1.07 1.29 0.53 0.12 -0.27	1.22 1.77 0.00 -1.00 -1.77
0.20	0.97 0.95 0.96 1.00 0.95	0.99 1.02 0.89 0.84 0.72	1.02 1.10 0.81 0.67 0.49	1.04 1.18 0.72 0.50 0.24	1.07 1.26 0.64 0.32 -0.01	1.10 1.35 0.54 0.12 -0.28	1.27 1.86 0.00 -1.00 -1.86
0.30	0.98 0.96 0.97 1.00 0.96	1.00 1.03 0.90 0.84 0.73	1.03 1.11 0.82 0.68 0.50	1.05 1.19 0.73 0.50 0.25	1.08 1.28 0.64 0.32 -0.01	1.11 1.37 0.55 0.13 -0.29	1.28 1.89 0.00 -1.00 -1.89
0.40	0.98 0.96 0.98 1.00 0.96	1.00 1.04 0.90 0.84 0.74	1.03 1.12 0.82 0.68 0.50	1.06 1.20 0.73 0.50 0.25	1.08 1.28 0.64 0.32 -0.01	1.11 1.37 0.55 0.13 -0.29	1.29 1.91 0.00 -1.00 -1.91
0.50	0.98 0.97 0.98 1.00 0.97	1.01 1.04 0.90 0.84 0.74	1.03 1.12 0.82 0.68 0.50	1.06 1.20 0.73 0.50 0.25	1.09 1.29 0.64 0.32 -0.01	1.12 1.38 0.55 0.13 -0.29	1.29 1.91 0.00 -1.00 -1.91

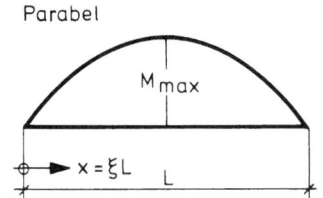

Parabel

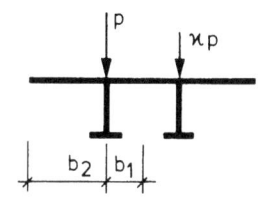

$$b_2/b_1 = 2{,}0$$

$L/b_1 = 2$

ξ \ ϰ	1.00	0.80	0.60	0.40	0.20	0.00	-1.00
0.10	0.21 -0.09 0.12 1.00 -0.09	0.20 -0.09 0.11 0.80 -0.07	0.20 -0.09 0.09 0.59 -0.06	0.20 -0.08 0.08 0.39 -0.04	0.20 -0.08 0.07 0.19 -0.03	0.20 -0.08 0.06 -0.01 -0.01	0.20 -0.07 -0.00 -1.00 0.07
0.20	0.23 -0.11 0.14 1.00 -0.11	0.23 -0.10 0.12 0.79 -0.09	0.23 -0.10 0.11 0.59 -0.07	0.23 -0.10 0.10 0.39 -0.05	0.23 -0.09 0.08 0.19 -0.03	0.22 -0.09 0.07 -0.01 -0.01	0.22 -0.08 -0.00 -1.00 0.08
0.30	0.24 -0.12 0.15 1.00 -0.12	0.24 -0.11 0.14 0.79 -0.10	0.24 -0.11 0.12 0.59 -0.07	0.24 -0.11 0.11 0.39 -0.05	0.24 -0.10 0.09 0.18 -0.03	0.24 -0.10 0.08 -0.02 -0.01	0.23 -0.09 -0.00 -1.00 0.09
0.40	0.25 -0.12 0.16 1.00 -0.12	0.25 -0.12 0.15 0.79 -0.10	0.25 -0.12 0.13 0.59 -0.08	0.25 -0.11 0.11 0.39 -0.06	0.25 -0.11 0.10 0.18 -0.04	0.25 -0.11 0.08 -0.02 -0.01	0.24 -0.09 0.00 -1.00 0.09
0.50	0.26 -0.12 0.17 1.00 -0.12	0.25 -0.12 0.15 0.79 -0.10	0.25 -0.12 0.13 0.59 -0.08	0.25 -0.11 0.12 0.39 -0.06	0.25 -0.11 0.10 0.18 -0.04	0.25 -0.11 0.08 -0.02 -0.01	0.24 -0.09 0.00 -1.00 0.09

$L/b_1 = 4$

ξ \ ϰ	1.00	0.80	0.60	0.40	0.20	0.00	-1.00
0.10	0.37 -0.07 0.43 1.00 -0.07	0.37 -0.06 0.39 0.82 -0.07	0.38 -0.05 0.35 0.63 -0.07	0.38 -0.03 0.31 0.44 -0.07	0.38 -0.02 0.27 0.24 -0.07	0.39 -0.01 0.23 0.05 -0.07	0.41 0.06 0.00 -1.00 -0.06
0.20	0.41 -0.08 0.51 1.00 -0.08	0.42 -0.06 0.46 0.82 -0.08	0.42 -0.05 0.42 0.63 -0.08	0.43 -0.04 0.37 0.44 -0.08	0.43 -0.02 0.32 0.25 -0.08	0.44 -0.01 0.27 0.05 -0.08	0.47 0.08 0.00 -1.00 -0.08
0.30	0.44 -0.08 0.56 1.00 -0.08	0.44 -0.07 0.51 0.82 -0.08	0.45 -0.05 0.46 0.64 -0.08	0.46 -0.03 0.41 0.45 -0.08	0.46 -0.02 0.35 0.26 -0.09	0.47 -0.00 0.30 0.06 -0.09	0.50 0.09 0.00 -1.00 -0.09
0.40	0.45 -0.08 0.59 1.00 -0.08	0.46 -0.07 0.54 0.82 -0.09	0.47 -0.05 0.49 0.64 -0.09	0.47 -0.03 0.43 0.45 -0.09	0.48 -0.02 0.37 0.26 -0.09	0.49 0.00 0.32 0.07 -0.09	0.53 0.10 0.00 -1.00 -0.10
0.50	0.46 -0.08 0.60 1.00 -0.08	0.46 -0.07 0.55 0.82 -0.09	0.47 -0.05 0.49 0.64 -0.09	0.48 -0.03 0.44 0.46 -0.09	0.48 -0.01 0.38 0.26 -0.09	0.49 0.00 0.32 0.07 -0.09	0.53 0.10 0.00 -1.00 -0.10

$L/b_1 = 6$

ξ \ ϰ	1.00	0.80	0.60	0.40	0.20	0.00	-1.00
0.10	0.50 0.10 0.60 1.00 0.10	0.51 0.12 0.55 0.84 0.07	0.52 0.14 0.50 0.67 0.04	0.54 0.16 0.45 0.50 0.00	0.55 0.18 0.39 0.31 -0.04	0.57 0.20 0.33 0.12 -0.08	0.65 0.31 0.00 -1.00 -0.31
0.20	0.56 0.13 0.69 1.00 0.13	0.57 0.15 0.64 0.85 0.09	0.59 0.18 0.58 0.69 0.05	0.61 0.20 0.52 0.52 0.01	0.62 0.22 0.46 0.34 -0.04	0.65 0.25 0.40 0.15 -0.09	0.77 0.40 0.00 -1.00 -0.40
0.30	0.59 0.16 0.74 1.00 0.16	0.60 0.18 0.69 0.85 0.11	0.62 0.21 0.63 0.70 0.06	0.65 0.23 0.57 0.53 0.01	0.67 0.26 0.50 0.35 -0.04	0.69 0.29 0.43 0.16 -0.10	0.84 0.47 0.00 -1.00 -0.47
0.40	0.60 0.18 0.77 1.00 0.18	0.62 0.20 0.72 0.86 0.13	0.64 0.23 0.66 0.70 0.07	0.67 0.25 0.59 0.54 0.02	0.69 0.28 0.53 0.36 -0.04	0.72 0.31 0.45 0.18 -0.11	0.89 0.51 0.00 -1.00 -0.51
0.50	0.61 0.18 0.78 1.00 0.18	0.63 0.21 0.72 0.86 0.13	0.65 0.23 0.66 0.70 0.08	0.67 0.26 0.60 0.54 0.02	0.70 0.29 0.53 0.37 -0.04	0.73 0.32 0.46 0.18 -0.11	0.90 0.53 0.00 -1.00 -0.53

$L/b_1 = 10$

ξ \ ϰ	1.00	0.80	0.60	0.40	0.20	0.00	-1.00
0.10	0.68 0.40 0.77 1.00 0.40	0.71 0.43 0.72 0.87 0.32	0.74 0.46 0.67 0.73 0.23	0.78 0.49 0.61 0.58 0.14	0.81 0.53 0.54 0.41 0.04	0.85 0.56 0.47 0.23 -0.07	1.12 0.82 0.00 -1.00 -0.82
0.20	0.74 0.48 0.85 1.00 0.48	0.78 0.52 0.80 0.88 0.39	0.82 0.55 0.74 0.75 0.29	0.86 0.60 0.68 0.61 0.18	0.91 0.64 0.61 0.45 0.06	0.96 0.69 0.54 0.27 -0.08	1.35 1.06 0.00 -1.00 -1.06
0.30	0.77 0.54 0.88 1.00 0.54	0.81 0.58 0.83 0.89 0.44	0.86 0.62 0.78 0.76 0.33	0.91 0.67 0.72 0.63 0.21	0.96 0.72 0.65 0.47 0.07	1.03 0.78 0.57 0.30 -0.08	1.50 1.23 0.00 -1.00 -1.23
0.40	0.79 0.57 0.90 1.00 0.57	0.83 0.61 0.85 0.89 0.47	0.88 0.66 0.79 0.77 0.35	0.93 0.71 0.73 0.64 0.22	0.99 0.77 0.66 0.49 0.08	1.06 0.83 0.59 0.32 -0.08	1.58 1.33 0.00 -1.00 -1.33
0.50	0.79 0.58 0.90 1.00 0.58	0.84 0.62 0.85 0.89 0.48	0.89 0.67 0.80 0.77 0.36	0.94 0.72 0.74 0.64 0.23	1.00 0.78 0.67 0.49 0.08	1.07 0.85 0.59 0.32 -0.08	1.61 1.36 0.00 -1.00 -1.36

$L/b_1 = 20$

ξ \ ϰ	1.00	0.80	0.60	0.40	0.20	0.00	-1.00
0.10	0.87 0.74 0.92 1.00 0.74	0.92 0.79 0.88 0.90 0.61	0.98 0.84 0.83 0.79 0.48	1.05 0.91 0.77 0.67 0.32	1.13 0.98 0.71 0.53 0.14	1.21 1.06 0.63 0.37 -0.06	1.95 1.77 0.00 -1.00 -1.77
0.20	0.91 0.82 0.95 1.00 0.82	0.97 0.88 0.91 0.91 0.69	1.04 0.94 0.86 0.81 0.54	1.12 1.02 0.81 0.69 0.37	1.21 1.10 0.75 0.56 0.17	1.31 1.20 0.67 0.41 -0.05	2.25 2.12 0.00 -1.00 -2.12
0.30	0.93 0.86 0.96 1.00 0.86	0.99 0.92 0.92 0.91 0.72	1.06 0.99 0.88 0.82 0.57	1.15 1.07 0.82 0.70 0.39	1.24 1.16 0.76 0.58 0.19	1.35 1.27 0.69 0.42 -0.05	2.39 2.28 0.00 -1.00 -2.28
0.40	0.94 0.87 0.97 1.00 0.87	1.00 0.94 0.93 0.92 0.74	1.07 1.01 0.88 0.82 0.58	1.16 1.09 0.83 0.71 0.40	1.26 1.19 0.77 0.58 0.20	1.37 1.30 0.69 0.43 -0.05	2.45 2.36 0.00 -1.00 -2.36
0.50	0.94 0.88 0.97 1.00 0.88	1.00 0.94 0.93 0.92 0.74	1.08 1.01 0.88 0.82 0.59	1.16 1.10 0.83 0.71 0.41	1.26 1.19 0.77 0.58 0.20	1.37 1.30 0.69 0.43 -0.05	2.47 2.38 0.00 -1.00 -2.38

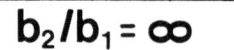
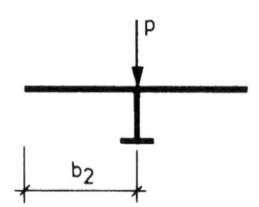
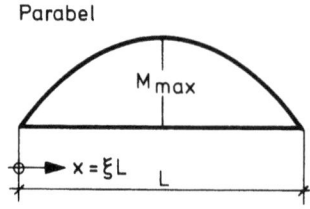

ξ \ L/b_2	2.0		3.0		4.0		6.0		10.0		20.0		50.0	
0.10	0.29		0.42		0.53		0.68		0.84		0.95		0.99	
	0.01	0.93	0.18	0.93	0.32	0.94	0.53	0.96	0.75	0.98	0.92	0.99	0.99	1.00
	1.00	0.01	1.00	0.18	1.00	0.32	1.00	0.53	1.00	0.75	1.00	0.92	1.00	0.99
0.20	0.33		0.48		0.60		0.76		0.89		0.97		0.99	
	0.02	0.92	0.22	0.93	0.40	0.95	0.63	0.96	0.84	0.98	0.95	1.00	0.99	1.00
	1.00	0.02	1.00	0.22	1.00	0.40	1.00	0.63	1.00	0.84	1.00	0.95	1.00	0.99
0.30	0.35		0.51		0.64		0.80		0.92		0.98		1.00	
	0.02	0.92	0.26	0.93	0.45	0.95	0.69	0.97	0.87	0.99	0.97	1.00	0.99	1.00
	1.00	0.02	1.00	0.26	1.00	0.45	1.00	0.69	1.00	0.87	1.00	0.97	1.00	0.99
0.40	0.36		0.53		0.66		0.81		0.93		0.98		1.00	
	0.03	0.92	0.28	0.93	0.49	0.95	0.72	0.97	0.89	0.99	0.97	1.00	1.00	1.00
	1.00	0.03	1.00	0.28	1.00	0.49	1.00	0.72	1.00	0.89	1.00	0.97	1.00	1.00
0.50	0.36		0.54		0.67		0.82		0.93		0.98		1.00	
	0.03	0.92	0.29	0.93	0.50	0.95	0.73	0.97	0.89	0.99	0.97	1.00	1.00	1.00
	1.00	0.03	1.00	0.29	1.00	0.50	1.00	0.73	1.00	0.89	1.00	0.97	1.00	1.00

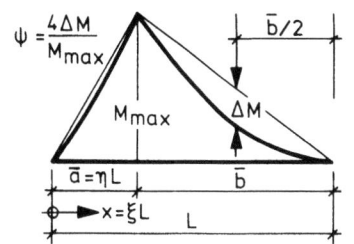

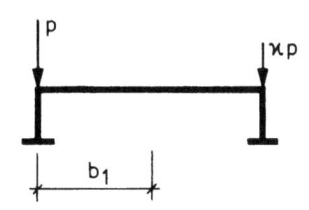

	η	= 0,3
	b_2/b_1 =	0
	L/b_1 =	2,0

ψ = 0

ξ \ ϰ	1.00	0.80	0.60	0.40	0.20	0.00	-1.00
0.10	0.35 1.00 0.04 1.00 1.00	0.34 1.00 0.03 0.75 0.75	0.33 1.00 0.03 0.52 0.52	0.32 1.00 0.03 0.29 0.29	0.31 1.00 0.02 0.08 0.08	0.30 1.00 0.02 -0.12 -0.12	0.26 1.00 -0.00 -1.00 -1.00
0.20	0.30 1.00 0.04 1.00 1.00	0.29 1.00 0.03 0.76 0.76	0.28 1.00 0.03 0.53 0.53	0.27 1.00 0.02 0.31 0.31	0.27 1.00 0.02 0.10 0.10	0.26 1.00 0.02 -0.10 -0.10	0.23 1.00 -0.00 -1.00 -1.00
0.30	0.20 1.00 0.03 1.00 1.00	0.20 1.00 0.03 0.77 0.77	0.20 1.00 0.02 0.55 0.55	0.19 1.00 0.02 0.34 0.34	0.19 1.00 0.02 0.13 0.13	0.18 1.00 0.01 -0.07 -0.07	0.17 1.00 0.00 -1.00 -1.00
0.40	0.34 1.00 0.08 1.00 1.00	0.33 1.00 0.07 0.75 0.75	0.32 1.00 0.06 0.51 0.51	0.31 1.00 0.05 0.28 0.28	0.30 1.00 0.04 0.07 0.07	0.29 1.00 0.03 -0.13 -0.13	0.25 1.00 0.00 -1.00 -1.00
0.50	0.46 1.00 0.15 1.00 1.00	0.44 1.00 0.13 0.72 0.72	0.42 1.00 0.11 0.46 0.46	0.40 1.00 0.09 0.22 0.22	0.38 1.00 0.08 0.00 0.00	0.36 1.00 0.06 -0.20 -0.20	0.29 1.00 -0.00 -1.00 -1.00
0.60	0.57 1.00 0.25 1.00 1.00	0.53 1.00 0.21 0.68 0.68	0.49 1.00 0.17 0.41 0.41	0.46 1.00 0.14 0.16 0.16	0.43 1.00 0.12 -0.06 -0.06	0.41 1.00 0.09 -0.26 -0.26	0.31 1.00 -0.00 -1.00 -1.00
0.70	0.66 1.00 0.35 1.00 1.00	0.60 1.00 0.29 0.66 0.66	0.55 1.00 0.24 0.36 0.36	0.51 1.00 0.19 0.11 0.11	0.47 1.00 0.16 -0.11 -0.11	0.44 1.00 0.12 -0.30 -0.30	0.32 1.00 -0.00 -1.00 -1.00
0.80	0.73 1.00 0.44 1.00 1.00	0.66 1.00 0.36 0.63 0.63	0.60 1.00 0.29 0.33 0.33	0.54 1.00 0.24 0.07 0.07	0.50 1.00 0.19 -0.15 -0.15	0.46 1.00 0.15 -0.34 -0.34	0.33 1.00 0.00 -1.00 -1.00
0.90	0.78 1.00 0.50 1.00 1.00	0.69 1.00 0.41 0.62 0.62	0.62 1.00 0.33 0.31 0.31	0.56 1.00 0.26 0.05 0.05	0.52 1.00 0.21 -0.17 -0.17	0.47 1.00 0.16 -0.36 -0.36	0.33 1.00 0.00 -1.00 -1.00

ψ = 0,5

ξ \ ϰ	1.00	0.80	0.60	0.40	0.20	0.00	-1.00
0.10	0.36 1.00 0.03 1.00 1.00	0.35 1.00 0.02 0.75 0.75	0.34 1.00 0.02 0.52 0.52	0.33 1.00 0.02 0.29 0.29	0.32 1.00 0.01 0.08 0.08	0.31 1.00 0.01 -0.12 -0.12	0.27 1.00 -0.00 -1.00 -1.00
0.20	0.29 1.00 0.02 1.00 1.00	0.28 1.00 0.02 0.76 0.76	0.27 1.00 0.02 0.54 0.54	0.27 1.00 0.02 0.32 0.32	0.26 1.00 0.01 0.11 0.11	0.25 1.00 0.01 -0.09 -0.09	0.23 1.00 -0.00 -1.00 -1.00
0.30	0.18 1.00 0.02 1.00 1.00	0.18 1.00 0.02 0.78 0.78	0.18 1.00 0.02 0.56 0.56	0.17 1.00 0.01 0.35 0.35	0.17 1.00 0.01 0.14 0.14	0.17 1.00 0.01 -0.06 -0.06	0.15 1.00 0.00 -1.00 -1.00
0.40	0.33 1.00 0.07 1.00 1.00	0.32 1.00 0.06 0.75 0.75	0.31 1.00 0.05 0.51 0.51	0.30 1.00 0.04 0.29 0.29	0.29 1.00 0.04 0.08 0.08	0.28 1.00 0.03 -0.13 -0.13	0.24 1.00 0.00 -1.00 -1.00
0.50	0.50 1.00 0.17 1.00 1.00	0.47 1.00 0.14 0.71 0.71	0.44 1.00 0.12 0.44 0.44	0.42 1.00 0.10 0.21 0.21	0.40 1.00 0.08 -0.01 -0.01	0.38 1.00 0.07 -0.21 -0.21	0.30 1.00 -0.00 -1.00 -1.00
0.60	0.74 1.00 0.37 1.00 1.00	0.67 1.00 0.30 0.64 0.64	0.61 1.00 0.25 0.34 0.34	0.56 1.00 0.20 0.09 0.09	0.52 1.00 0.16 -0.13 -0.13	0.48 1.00 0.13 -0.33 -0.33	0.35 1.00 -0.00 -1.00 -1.00
0.70	1.29 1.00 0.87 1.00 1.00	1.07 1.00 0.66 0.51 0.51	0.91 1.00 0.50 0.15 0.15	0.79 1.00 0.39 -0.12 -0.12	0.70 1.00 0.29 -0.33 -0.33	0.62 1.00 0.22 -0.49 -0.49	0.39 1.00 -0.00 -1.00 -1.00
0.80	-- -- --	2.74 2.12 -0.06 -0.06	1.83 1.00 1.28 -0.43 -0.43	1.37 1.00 0.84 -0.62 -0.62	1.09 1.00 0.58 -0.74 -0.74	0.90 1.00 0.41 -0.82 -0.82	0.47 1.00 0.00 -1.00 -1.00
0.90	-- -- --	-- -- --	-- -- --	-- -- --	-- -- --	2.34 1.00 1.24 -2.37 -2.37	0.65 1.00 0.00 -1.00 -1.00

ψ = 1,0

ξ \ ϰ	1.00	0.80	0.60	0.40	0.20	0.00	-1.00
0.10	0.38 1.00 0.01 1.00 1.00	0.37 1.00 0.01 0.75 0.75	0.36 1.00 0.01 0.52 0.52	0.35 1.00 0.01 0.29 0.29	0.34 1.00 0.00 0.08 0.08	0.33 1.00 0.00 -0.12 -0.12	0.29 1.00 -0.00 -1.00 -1.00
0.20	0.28 1.00 0.01 1.00 1.00	0.27 1.00 0.01 0.77 0.77	0.27 1.00 0.01 0.54 0.54	0.26 1.00 0.01 0.33 0.33	0.25 1.00 0.01 0.12 0.12	0.25 1.00 0.00 -0.08 -0.08	0.22 1.00 -0.00 -1.00 -1.00
0.30	0.16 1.00 0.01 1.00 1.00	0.16 1.00 0.01 0.78 0.78	0.16 1.00 0.01 0.57 0.57	0.16 1.00 0.01 0.36 0.36	0.16 1.00 0.01 0.15 0.15	0.15 1.00 0.01 -0.05 -0.05	0.14 1.00 0.00 -1.00 -1.00
0.40	0.32 1.00 0.05 1.00 1.00	0.31 1.00 0.05 0.75 0.75	0.30 1.00 0.04 0.52 0.52	0.29 1.00 0.03 0.30 0.30	0.28 1.00 0.03 0.09 0.09	0.27 1.00 0.02 -0.12 -0.12	0.24 1.00 0.00 -1.00 -1.00
0.50	0.56 1.00 0.19 1.00 1.00	0.53 1.00 0.16 0.70 0.70	0.49 1.00 0.14 0.42 0.42	0.46 1.00 0.11 0.18 0.18	0.44 1.00 0.09 -0.04 -0.04	0.41 1.00 0.07 -0.24 -0.24	0.32 1.00 -0.00 -1.00 -1.00
0.60	1.50 1.00 0.91 1.00 1.00	1.22 1.00 0.67 0.48 0.48	1.03 1.00 0.51 0.11 0.11	0.88 1.00 0.38 -0.15 -0.15	0.77 1.00 0.29 -0.36 -0.36	0.69 1.00 0.22 -0.52 -0.52	0.43 1.00 -0.00 -1.00 -1.00
0.70	-- -- --	-- -- --	-- -- --	-- -- --	-- -- --	-- -- --	0.74 1.00 -0.00 -1.00 -1.00
0.80	-- -- --	-- -- --	-- -- --	-- -- --	-- -- --	-- -- --	-- -- --
0.90	-- -- --	-- -- --	-- -- --	-- -- --	-- -- --	-- -- --	-- -- --

η	= 0,3
b_2/b_1 =	0
L/b_1 =	5,0

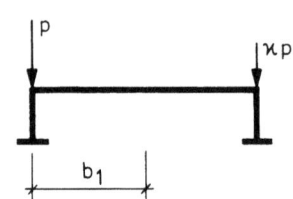
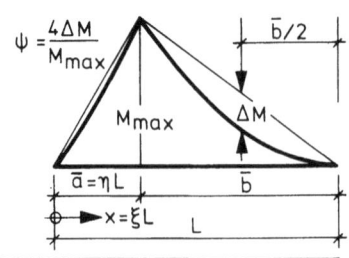

ξ \ ϰ	1.00	0.80	0.60	0.40	0.20	0.00	-1.00
				$\psi = 0$			
0.10	0.91 1.00 0.79 1.00 1.00	0.78 1.00 0.62 0.57 0.57	0.69 1.00 0.49 0.24 0.24	0.61 1.00 0.39 -0.02 -0.02	0.55 1.00 0.30 -0.24 -0.24	0.50 1.00 0.23 -0.42 -0.42	0.33 1.00 0.00 -1.00 -1.00
0.20	0.75 1.00 0.58 1.00 1.00	0.67 1.00 0.47 0.62 0.62	0.60 1.00 0.38 0.31 0.31	0.55 1.00 0.31 0.05 0.05	0.50 1.00 0.24 -0.17 -0.17	0.46 1.00 0.19 -0.36 -0.36	0.32 1.00 0.00 -1.00 -1.00
0.30	0.43 1.00 0.30 1.00 1.00	0.40 1.00 0.25 0.70 0.70	0.38 1.00 0.21 0.43 0.43	0.36 1.00 0.18 0.19 0.19	0.34 1.00 0.14 -0.03 -0.03	0.32 1.00 0.11 -0.23 -0.23	0.25 1.00 0.00 -1.00 -1.00
0.40	0.80 1.00 0.66 1.00 1.00	0.71 1.00 0.53 0.60 0.60	0.63 1.00 0.43 0.28 0.28	0.57 1.00 0.34 0.02 0.02	0.52 1.00 0.27 -0.20 -0.20	0.47 1.00 0.21 -0.38 -0.38	0.32 1.00 0.00 -1.00 -1.00
0.50	0.97 1.00 0.92 1.00 1.00	0.83 1.00 0.71 0.55 0.55	0.72 1.00 0.56 0.21 0.21	0.63 1.00 0.43 -0.05 -0.05	0.57 1.00 0.34 -0.27 -0.27	0.51 1.00 0.25 -0.44 -0.44	0.33 1.00 0.00 -1.00 -1.00
0.60	1.02 1.00 1.02 1.00 1.00	0.86 1.00 0.78 0.54 0.54	0.74 1.00 0.60 0.19 0.19	0.65 1.00 0.47 -0.08 -0.08	0.58 1.00 0.36 -0.29 -0.29	0.52 1.00 0.27 -0.46 -0.46	0.33 1.00 0.00 -1.00 -1.00
0.70	1.03 1.00 1.04 1.00 1.00	0.87 1.00 0.79 0.53 0.53	0.75 1.00 0.62 0.19 0.19	0.65 1.00 0.48 -0.08 -0.08	0.58 1.00 0.37 -0.29 -0.29	0.52 1.00 0.28 -0.46 -0.46	0.33 1.00 0.00 -1.00 -1.00
0.80	1.02 1.00 1.03 1.00 1.00	0.86 1.00 0.79 0.54 0.54	0.74 1.00 0.61 0.19 0.19	0.65 1.00 0.48 -0.08 -0.08	0.58 1.00 0.37 -0.29 -0.29	0.52 1.00 0.28 -0.46 -0.46	0.33 1.00 0.00 -1.00 -1.00
0.90	1.02 1.00 1.02 1.00 1.00	0.86 1.00 0.79 0.54 0.54	0.74 1.00 0.61 0.19 0.19	0.65 1.00 0.47 -0.07 -0.07	0.58 1.00 0.36 -0.29 -0.29	0.52 1.00 0.28 -0.46 -0.46	0.33 1.00 0.00 -1.00 -1.00
				$\psi = 0,5$			
0.10	1.01 1.00 0.91 1.00 1.00	0.86 1.00 0.70 0.54 0.54	0.75 1.00 0.55 0.20 0.20	0.66 1.00 0.42 -0.06 -0.06	0.58 1.00 0.33 -0.28 -0.28	0.53 1.00 0.25 -0.45 -0.45	0.34 1.00 0.00 -1.00 -1.00
0.20	0.75 1.00 0.57 1.00 1.00	0.67 1.00 0.46 0.62 0.62	0.60 1.00 0.37 0.31 0.31	0.55 1.00 0.30 0.05 0.05	0.50 1.00 0.24 -0.17 -0.17	0.46 1.00 0.18 -0.36 -0.36	0.32 1.00 0.00 -1.00 -1.00
0.30	0.39 1.00 0.25 1.00 1.00	0.37 1.00 0.21 0.71 0.71	0.35 1.00 0.18 0.45 0.45	0.33 1.00 0.15 0.21 0.21	0.31 1.00 0.12 -0.00 -0.00	0.30 1.00 0.10 -0.20 -0.20	0.24 1.00 0.00 -1.00 -1.00
0.40	0.79 1.00 0.64 1.00 1.00	0.70 1.00 0.52 0.61 0.61	0.63 1.00 0.41 0.29 0.29	0.57 1.00 0.33 0.03 0.03	0.51 1.00 0.26 -0.19 -0.19	0.47 1.00 0.20 -0.38 -0.38	0.32 1.00 0.00 -1.00 -1.00
0.50	1.04 1.00 1.01 1.00 1.00	0.88 1.00 0.77 0.53 0.53	0.75 1.00 0.60 0.19 0.19	0.66 1.00 0.46 -0.08 -0.08	0.59 1.00 0.36 -0.29 -0.29	0.53 1.00 0.27 -0.47 -0.47	0.34 1.00 0.00 -1.00 -1.00
0.60	1.17 1.00 1.24 1.00 1.00	0.96 1.00 0.93 0.49 0.49	0.81 1.00 0.70 0.13 0.13	0.70 1.00 0.54 -0.13 -0.13	0.62 1.00 0.41 -0.34 -0.34	0.55 1.00 0.31 -0.51 -0.51	0.34 1.00 0.00 -1.00 -1.00
0.70	1.29 1.00 1.42 1.00 1.00	1.03 1.00 1.04 0.47 0.47	0.86 1.00 0.78 0.10 0.10	0.74 1.00 0.59 -0.17 -0.17	0.64 1.00 0.45 -0.37 -0.37	0.57 1.00 0.33 -0.53 -0.53	0.35 1.00 0.00 -1.00 -1.00
0.80	1.51 1.00 1.75 1.00 1.00	1.17 1.00 1.23 0.41 0.41	0.95 1.00 0.90 0.03 0.03	0.80 1.00 0.67 -0.23 -0.23	0.68 1.00 0.50 -0.43 -0.43	0.60 1.00 0.37 -0.58 -0.58	0.35 1.00 0.00 -1.00 -1.00
0.90	2.51 1.00 3.12 1.00 1.00	1.68 1.00 1.90 0.22 0.22	1.25 1.00 1.28 -0.18 -0.18	0.99 1.00 0.90 -0.42 -0.42	0.82 1.00 0.64 -0.59 -0.59	0.69 1.00 0.46 -0.70 -0.70	0.38 1.00 0.00 -1.00 -1.00
				$\psi = 1,0$			
0.10	1.19 1.00 1.10 1.00 1.00	0.98 1.00 0.83 0.50 0.50	0.83 1.00 0.63 0.14 0.14	0.72 1.00 0.48 -0.12 -0.12	0.63 1.00 0.37 -0.33 -0.33	0.56 1.00 0.28 -0.50 -0.50	0.36 1.00 0.00 -1.00 -1.00
0.20	0.76 1.00 0.56 1.00 1.00	0.68 1.00 0.46 0.62 0.62	0.61 1.00 0.37 0.31 0.31	0.55 1.00 0.30 0.05 0.05	0.50 1.00 0.23 -0.17 -0.17	0.46 1.00 0.18 -0.36 -0.36	0.32 1.00 0.00 -1.00 -1.00
0.30	0.35 1.00 0.21 1.00 1.00	0.34 1.00 0.18 0.72 0.72	0.32 1.00 0.16 0.47 0.47	0.30 1.00 0.13 0.24 0.24	0.29 1.00 0.11 0.02 0.02	0.28 1.00 0.09 -0.18 -0.18	0.22 1.00 0.00 -1.00 -1.00
0.40	0.79 1.00 0.62 1.00 1.00	0.70 1.00 0.50 0.61 0.61	0.63 1.00 0.40 0.29 0.29	0.57 1.00 0.32 0.03 0.03	0.51 1.00 0.25 -0.19 -0.19	0.47 1.00 0.20 -0.37 -0.37	0.33 1.00 0.00 -1.00 -1.00
0.50	1.18 1.00 1.18 1.00 1.00	0.97 1.00 0.88 0.50 0.50	0.82 1.00 0.67 0.14 0.14	0.71 1.00 0.51 -0.13 -0.13	0.62 1.00 0.39 -0.33 -0.33	0.55 1.00 0.29 -0.50 -0.50	0.35 1.00 0.00 -1.00 -1.00
0.60	1.59 1.00 1.83 1.00 1.00	1.21 1.00 1.28 0.39 0.39	0.98 1.00 0.93 0.01 0.01	0.82 1.00 0.68 -0.25 -0.25	0.70 1.00 0.51 -0.45 -0.45	0.61 1.00 0.37 -0.59 -0.59	0.36 1.00 0.00 -1.00 -1.00
0.70	3.04 1.00 4.01 1.00 1.00	1.88 1.00 2.26 0.13 0.13	1.35 1.00 1.46 -0.27 -0.27	1.04 1.00 1.00 -0.50 -0.50	0.85 1.00 0.71 -0.65 -0.65	0.71 1.00 0.50 -0.75 -0.75	0.38 1.00 0.00 -1.00 -1.00
0.80	-- -- -- -- --	-- -- -- -- --	-- -- -- -- --	2.77 1.00 3.33 -2.34 -2.34	1.65 1.00 1.73 -1.70 -1.70	1.17 1.00 1.03 -1.42 -1.42	0.44 1.00 0.00 -1.00 -1.00
0.90	-- -- -- -- --	-- -- -- -- --	-- -- -- -- --	-- -- -- -- --	-- -- -- -- --	-- -- -- -- --	2.38 1.00 0.00 -1.00 -1.00

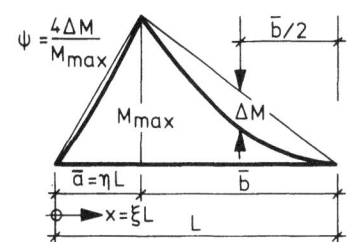
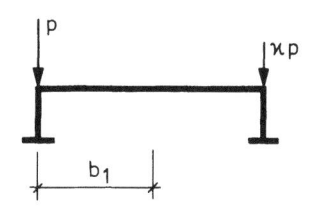

	η	=	0,3				
	b_2/b_1	=	0				
	L/b_1	=	10,0				

	$\psi = 0$						
ξ \ ϰ	1.00	0.80	0.60	0.40	0.20	0.00	-1.00
0.10	1.02 1.00 1.02 1.00 1.00	0.86 1.00 0.79 0.54 0.54	0.74 1.00 0.61 0.19 0.19	0.65 1.00 0.47 -0.07 -0.07	0.58 1.00 0.36 -0.29 -0.29	0.52 1.00 0.28 -0.46 -0.46	0.33 1.00 0.00 -1.00 -1.00
0.20	0.98 1.00 0.95 1.00 1.00	0.83 1.00 0.74 0.55 0.55	0.72 1.00 0.57 0.21 0.21	0.64 1.00 0.45 -0.06 -0.06	0.57 1.00 0.35 -0.27 -0.27	0.51 1.00 0.26 -0.45 -0.45	0.33 1.00 0.00 -1.00 -1.00
0.30	0.63 1.00 0.53 1.00 1.00	0.57 1.00 0.44 0.64 0.64	0.52 1.00 0.36 0.34 0.34	0.47 1.00 0.29 0.09 0.09	0.44 1.00 0.23 -0.13 -0.13	0.40 1.00 0.18 -0.32 -0.32	0.29 1.00 -0.00 -1.00 -1.00
0.40	0.98 1.00 0.96 1.00 1.00	0.84 1.00 0.74 0.55 0.55	0.73 1.00 0.58 0.21 0.21	0.64 1.00 0.45 -0.06 -0.06	0.57 1.00 0.35 -0.28 -0.28	0.51 1.00 0.26 -0.45 -0.45	0.33 1.00 0.00 -1.00 -1.00
0.50	1.01 1.00 1.01 1.00 1.00	0.85 1.00 0.78 0.54 0.54	0.74 1.00 0.60 0.20 0.20	0.65 1.00 0.47 -0.07 -0.07	0.58 1.00 0.36 -0.28 -0.28	0.52 1.00 0.27 -0.46 -0.46	0.33 1.00 0.00 -1.00 -1.00
0.60	1.00 1.00 1.00 1.00 1.00	0.85 1.00 0.77 0.54 0.54	0.73 1.00 0.60 0.20 0.20	0.64 1.00 0.47 -0.07 -0.07	0.57 1.00 0.36 -0.28 -0.28	0.51 1.00 0.27 -0.46 -0.46	0.33 1.00 0.00 -1.00 -1.00
0.70	1.00 1.00 1.00 1.00 1.00	0.85 1.00 0.77 0.54 0.54	0.73 1.00 0.60 0.20 0.20	0.65 1.00 0.47 -0.07 -0.07	0.57 1.00 0.36 -0.28 -0.28	0.52 1.00 0.27 -0.46 -0.46	0.33 1.00 -0.00 -1.00 -1.00
0.80	1.00 1.00 1.00 1.00 1.00	0.85 1.00 0.77 0.54 0.54	0.73 1.00 0.60 0.20 0.20	0.64 1.00 0.47 -0.07 -0.07	0.57 1.00 0.36 -0.28 -0.28	0.51 1.00 0.27 -0.46 -0.46	0.33 1.00 -0.00 -1.00 -1.00
0.90	1.00 1.00 1.00 1.00 1.00	0.85 1.00 0.77 0.54 0.54	0.73 1.00 0.60 0.20 0.20	0.65 1.00 0.47 -0.07 -0.07	0.57 1.00 0.36 -0.28 -0.28	0.52 1.00 0.27 -0.46 -0.46	0.33 1.00 -0.00 -1.00 -1.00

	$\psi = 0,5$						
0.10	1.06 1.00 1.09 1.00 1.00	0.89 1.00 0.83 0.52 0.52	0.76 1.00 0.64 0.17 0.17	0.67 1.00 0.50 -0.09 -0.09	0.59 1.00 0.38 -0.30 -0.30	0.53 1.00 0.29 -0.48 -0.48	0.34 1.00 -0.00 -1.00 -1.00
0.20	1.00 1.00 0.98 1.00 1.00	0.85 1.00 0.75 0.54 0.54	0.73 1.00 0.59 0.20 0.20	0.65 1.00 0.46 -0.07 -0.07	0.57 1.00 0.35 -0.28 -0.28	0.52 1.00 0.27 -0.45 -0.45	0.33 1.00 0.00 -1.00 -1.00
0.30	0.58 1.00 0.48 1.00 1.00	0.53 1.00 0.40 0.66 0.66	0.49 1.00 0.33 0.36 0.36	0.45 1.00 0.27 0.11 0.11	0.41 1.00 0.21 -0.11 -0.11	0.39 1.00 0.17 -0.30 -0.30	0.28 1.00 -0.00 -1.00 -1.00
0.40	1.00 1.00 0.98 1.00 1.00	0.85 1.00 0.76 0.54 0.54	0.73 1.00 0.59 0.20 0.20	0.65 1.00 0.46 -0.07 -0.07	0.57 1.00 0.35 -0.28 -0.28	0.52 1.00 0.27 -0.45 -0.45	0.33 1.00 0.00 -1.00 -1.00
0.50	1.03 1.00 1.05 1.00 1.00	0.87 1.00 0.80 0.53 0.53	0.75 1.00 0.62 0.19 0.19	0.65 1.00 0.48 -0.08 -0.08	0.58 1.00 0.37 -0.29 -0.29	0.52 1.00 0.28 -0.47 -0.47	0.33 1.00 -0.00 -1.00 -1.00
0.60	1.03 1.00 1.05 1.00 1.00	0.87 1.00 0.81 0.53 0.53	0.75 1.00 0.62 0.19 0.19	0.66 1.00 0.48 -0.08 -0.08	0.58 1.00 0.37 -0.29 -0.29	0.52 1.00 0.28 -0.47 -0.47	0.34 1.00 0.00 -1.00 -1.00
0.70	1.05 1.00 1.07 1.00 1.00	0.88 1.00 0.82 0.53 0.53	0.76 1.00 0.63 0.18 0.18	0.66 1.00 0.49 -0.09 -0.09	0.59 1.00 0.38 -0.30 -0.30	0.53 1.00 0.28 -0.47 -0.47	0.34 1.00 -0.00 -1.00 -1.00
0.80	1.08 1.00 1.12 1.00 1.00	0.90 1.00 0.85 0.52 0.52	0.77 1.00 0.65 0.17 0.17	0.67 1.00 0.50 -0.10 -0.10	0.59 1.00 0.39 -0.31 -0.31	0.53 1.00 0.29 -0.48 -0.48	0.34 1.00 0.00 -1.00 -1.00
0.90	1.21 1.00 1.31 1.00 1.00	0.99 1.00 0.98 0.49 0.49	0.83 1.00 0.74 0.12 0.12	0.72 1.00 0.56 -0.14 -0.14	0.63 1.00 0.43 -0.35 -0.35	0.56 1.00 0.32 -0.51 -0.51	0.35 1.00 -0.00 -1.00 -1.00

	$\psi = 1,0$						
0.10	1.14 1.00 1.20 1.00 1.00	0.94 1.00 0.90 0.50 0.50	0.80 1.00 0.69 0.15 0.15	0.69 1.00 0.53 -0.12 -0.12	0.61 1.00 0.40 -0.33 -0.33	0.54 1.00 0.30 -0.50 -0.50	0.34 1.00 0.00 -1.00 -1.00
0.20	1.02 1.00 1.00 1.00 1.00	0.86 1.00 0.77 0.54 0.54	0.74 1.00 0.59 0.19 0.19	0.65 1.00 0.46 -0.07 -0.07	0.58 1.00 0.36 -0.29 -0.29	0.52 1.00 0.27 -0.46 -0.46	0.34 1.00 -0.00 -1.00 -1.00
0.30	0.54 1.00 0.43 1.00 1.00	0.50 1.00 0.36 0.67 0.67	0.46 1.00 0.30 0.38 0.38	0.42 1.00 0.24 0.13 0.13	0.39 1.00 0.20 -0.09 -0.09	0.37 1.00 0.15 -0.28 -0.28	0.27 1.00 -0.00 -1.00 -1.00
0.40	1.02 1.00 1.00 1.00 1.00	0.86 1.00 0.77 0.54 0.54	0.74 1.00 0.59 0.19 0.19	0.65 1.00 0.46 -0.07 -0.07	0.58 1.00 0.36 -0.28 -0.28	0.52 1.00 0.27 -0.46 -0.46	0.34 1.00 -0.00 -1.00 -1.00
0.50	1.07 1.00 1.11 1.00 1.00	0.90 1.00 0.84 0.52 0.52	0.77 1.00 0.65 0.17 0.17	0.67 1.00 0.50 -0.10 -0.10	0.59 1.00 0.38 -0.31 -0.31	0.53 1.00 0.29 -0.48 -0.48	0.34 1.00 0.00 -1.00 -1.00
0.60	1.10 1.00 1.15 1.00 1.00	0.92 1.00 0.87 0.52 0.52	0.78 1.00 0.67 0.16 0.16	0.68 1.00 0.51 -0.10 -0.10	0.60 1.00 0.39 -0.31 -0.31	0.54 1.00 0.30 -0.48 -0.48	0.34 1.00 -0.00 -1.00 -1.00
0.70	1.18 1.00 1.27 1.00 1.00	0.97 1.00 0.95 0.49 0.49	0.82 1.00 0.72 0.14 0.14	0.71 1.00 0.55 -0.13 -0.13	0.62 1.00 0.42 -0.34 -0.34	0.55 1.00 0.31 -0.51 -0.51	0.34 1.00 -0.00 -1.00 -1.00
0.80	1.52 1.00 1.78 1.00 1.00	1.18 1.00 1.25 0.41 0.41	0.96 1.00 0.92 0.03 0.03	0.80 1.00 0.68 -0.23 -0.23	0.69 1.00 0.51 -0.43 -0.43	0.60 1.00 0.37 -0.58 -0.58	0.36 1.00 0.00 -1.00 -1.00
0.90	-- -- -- -- --	-- -- -- -- --	-- -- -- -- --	2.62 1.00 3.07 -2.12 -2.12	1.62 1.00 1.64 -1.60 -1.60	1.16 1.00 1.00 -1.37 -1.37	0.45 1.00 -0.00 -1.00 -1.00

127

η	= 0,3
$b_2/b_1 =$	0
$L/b_1 =$	20,0

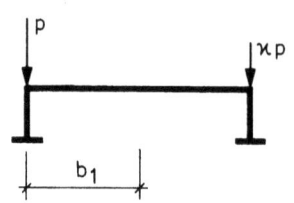
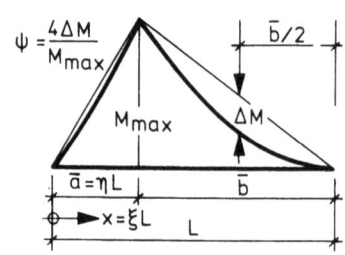

	$\psi = 0$						
ξ \ $\varkappa$	1.00	0.80	0.60	0.40	0.20	0.00	-1.00
0.10	1.00 1.00 1.00 1.00 1.00	0.85 1.00 0.77 0.54 0.54	0.73 1.00 0.60 0.20 0.20	0.64 1.00 0.47 -0.07 -0.07	0.57 1.00 0.36 -0.28 -0.28	0.52 1.00 0.27 -0.46 -0.46	0.33 1.00 0.00 -1.00 -1.00
0.20	1.00 1.00 1.00 1.00 1.00	0.85 1.00 0.77 0.54 0.54	0.73 1.00 0.60 0.20 0.20	0.64 1.00 0.47 -0.07 -0.07	0.57 1.00 0.36 -0.28 -0.28	0.52 1.00 0.27 -0.46 -0.46	0.33 1.00 -0.00 -1.00 -1.00
0.30	0.79 1.00 0.73 1.00 1.00	0.70 1.00 0.59 0.60 0.60	0.62 1.00 0.47 0.28 0.28	0.56 1.00 0.37 0.01 0.01	0.50 1.00 0.29 -0.21 -0.21	0.46 1.00 0.22 -0.39 -0.39	0.31 1.00 -0.00 -1.00 -1.00
0.40	1.00 1.00 1.00 1.00 1.00	0.85 1.00 0.77 0.54 0.54	0.73 1.00 0.60 0.20 0.20	0.64 1.00 0.47 -0.07 -0.07	0.57 1.00 0.36 -0.28 -0.28	0.51 1.00 0.27 -0.46 -0.46	0.33 1.00 -0.00 -1.00 -1.00
0.50	1.00 1.00 1.00 1.00 1.00	0.85 1.00 0.77 0.54 0.54	0.73 1.00 0.60 0.20 0.20	0.64 1.00 0.47 -0.07 -0.07	0.57 1.00 0.36 -0.28 -0.28	0.52 1.00 0.27 -0.46 -0.46	0.33 1.00 0.00 -1.00 -1.00
0.60	1.00 1.00 1.00 1.00 1.00	0.85 1.00 0.77 0.54 0.54	0.73 1.00 0.60 0.20 0.20	0.64 1.00 0.47 -0.07 -0.07	0.57 1.00 0.36 -0.28 -0.28	0.51 1.00 0.27 -0.46 -0.46	0.33 1.00 -0.00 -1.00 -1.00
0.70	1.00 1.00 1.00 1.00 1.00	0.85 1.00 0.77 0.54 0.54	0.73 1.00 0.60 0.20 0.20	0.64 1.00 0.47 -0.07 -0.07	0.57 1.00 0.36 -0.28 -0.28	0.52 1.00 0.27 -0.46 -0.46	0.33 1.00 -0.00 -1.00 -1.00
0.80	1.00 1.00 1.00 1.00 1.00	0.85 1.00 0.77 0.54 0.54	0.73 1.00 0.60 0.20 0.20	0.64 1.00 0.47 -0.07 -0.07	0.57 1.00 0.36 -0.28 -0.28	0.51 1.00 0.27 -0.46 -0.46	0.33 1.00 0.00 -1.00 -1.00
0.90	1.00 1.00 1.00 1.00 1.00	0.85 1.00 0.77 0.54 0.54	0.73 1.00 0.60 0.20 0.20	0.64 1.00 0.47 -0.07 -0.07	0.57 1.00 0.36 -0.28 -0.28	0.52 1.00 0.27 -0.46 -0.46	0.33 1.00 -0.00 -1.00 -1.00
	$\psi = 0,5$						
0.10	1.01 1.00 1.02 1.00 1.00	0.86 1.00 0.78 0.54 0.54	0.74 1.00 0.61 0.19 0.19	0.65 1.00 0.47 -0.07 -0.07	0.58 1.00 0.36 -0.28 -0.28	0.52 1.00 0.28 -0.46 -0.46	0.33 1.00 0.00 -1.00 -1.00
0.20	1.01 1.00 1.02 1.00 1.00	0.85 1.00 0.78 0.54 0.54	0.74 1.00 0.61 0.19 0.19	0.65 1.00 0.47 -0.07 -0.07	0.58 1.00 0.36 -0.28 -0.28	0.52 1.00 0.27 -0.46 -0.46	0.33 1.00 0.00 -1.00 -1.00
0.30	0.76 1.00 0.69 1.00 1.00	0.67 1.00 0.55 0.61 0.61	0.60 1.00 0.45 0.29 0.29	0.54 1.00 0.36 0.03 0.03	0.49 1.00 0.28 -0.19 -0.19	0.45 1.00 0.22 -0.38 -0.38	0.31 1.00 -0.00 -1.00 -1.00
0.40	1.01 1.00 1.01 1.00 1.00	0.85 1.00 0.78 0.54 0.54	0.74 1.00 0.61 0.20 0.20	0.65 1.00 0.47 -0.07 -0.07	0.58 1.00 0.36 -0.28 -0.28	0.52 1.00 0.27 -0.46 -0.46	0.33 1.00 0.00 -1.00 -1.00
0.50	1.01 1.00 1.01 1.00 1.00	0.85 1.00 0.78 0.54 0.54	0.74 1.00 0.60 0.20 0.20	0.65 1.00 0.47 -0.07 -0.07	0.58 1.00 0.36 -0.28 -0.28	0.52 1.00 0.27 -0.46 -0.46	0.33 1.00 -0.00 -1.00 -1.00
0.60	1.01 1.00 1.01 1.00 1.00	0.85 1.00 0.78 0.54 0.54	0.74 1.00 0.61 0.20 0.20	0.65 1.00 0.47 -0.07 -0.07	0.58 1.00 0.36 -0.28 -0.28	0.52 1.00 0.27 -0.46 -0.46	0.33 1.00 0.00 -1.00 -1.00
0.70	1.01 1.00 1.02 1.00 1.00	0.86 1.00 0.78 0.54 0.54	0.74 1.00 0.61 0.19 0.19	0.65 1.00 0.47 -0.07 -0.07	0.58 1.00 0.36 -0.29 -0.29	0.52 1.00 0.28 -0.46 -0.46	0.33 1.00 -0.00 -1.00 -1.00
0.80	1.02 1.00 1.03 1.00 1.00	0.86 1.00 0.79 0.54 0.54	0.74 1.00 0.61 0.19 0.19	0.65 1.00 0.48 -0.08 -0.08	0.58 1.00 0.37 -0.29 -0.29	0.52 1.00 0.28 -0.46 -0.46	0.33 1.00 -0.00 -1.00 -1.00
0.90	1.05 1.00 1.07 1.00 1.00	0.88 1.00 0.82 0.53 0.53	0.76 1.00 0.63 0.18 0.18	0.66 1.00 0.49 -0.09 -0.09	0.59 1.00 0.38 -0.30 -0.30	0.53 1.00 0.28 -0.47 -0.47	0.34 1.00 -0.00 -1.00 -1.00
	$\psi = 1,0$						
0.10	1.02 1.00 1.03 1.00 1.00	0.86 1.00 0.79 0.54 0.54	0.74 1.00 0.61 0.19 0.19	0.65 1.00 0.48 -0.08 -0.08	0.58 1.00 0.37 -0.29 -0.29	0.52 1.00 0.28 -0.46 -0.46	0.33 1.00 -0.00 -1.00 -1.00
0.20	1.01 1.00 1.02 1.00 1.00	0.86 1.00 0.79 0.54 0.54	0.74 1.00 0.61 0.19 0.19	0.65 1.00 0.47 -0.07 -0.07	0.58 1.00 0.36 -0.29 -0.29	0.52 1.00 0.28 -0.46 -0.46	0.33 1.00 0.00 -1.00 -1.00
0.30	0.72 1.00 0.65 1.00 1.00	0.64 1.00 0.53 0.62 0.62	0.58 1.00 0.42 0.30 0.30	0.52 1.00 0.34 0.04 0.04	0.48 1.00 0.27 -0.18 -0.18	0.44 1.00 0.21 -0.37 -0.37	0.30 1.00 -0.00 -1.00 -1.00
0.40	1.01 1.00 1.02 1.00 1.00	0.86 1.00 0.78 0.54 0.54	0.74 1.00 0.61 0.19 0.19	0.65 1.00 0.47 -0.07 -0.07	0.58 1.00 0.36 -0.29 -0.29	0.52 1.00 0.28 -0.46 -0.46	0.33 1.00 0.00 -1.00 -1.00
0.50	1.01 1.00 1.02 1.00 1.00	0.86 1.00 0.78 0.54 0.54	0.74 1.00 0.61 0.19 0.19	0.65 1.00 0.47 -0.07 -0.07	0.58 1.00 0.36 -0.29 -0.29	0.52 1.00 0.28 -0.46 -0.46	0.33 1.00 -0.00 -1.00 -1.00
0.60	1.02 1.00 1.03 1.00 1.00	0.86 1.00 0.79 0.54 0.54	0.74 1.00 0.61 0.19 0.19	0.65 1.00 0.48 -0.08 -0.08	0.58 1.00 0.37 -0.29 -0.29	0.52 1.00 0.28 -0.46 -0.46	0.33 1.00 0.00 -1.00 -1.00
0.70	1.04 1.00 1.06 1.00 1.00	0.88 1.00 0.81 0.53 0.53	0.75 1.00 0.63 0.18 0.18	0.66 1.00 0.49 -0.08 -0.08	0.58 1.00 0.37 -0.30 -0.30	0.52 1.00 0.28 -0.47 -0.47	0.34 1.00 -0.00 -1.00 -1.00
0.80	1.10 1.00 1.15 1.00 1.00	0.92 1.00 0.87 0.52 0.52	0.78 1.00 0.67 0.16 0.16	0.68 1.00 0.51 -0.10 -0.10	0.60 1.00 0.39 -0.31 -0.31	0.54 1.00 0.30 -0.48 -0.48	0.34 1.00 0.00 -1.00 -1.00
0.90	1.55 1.00 1.80 1.00 1.00	1.19 1.00 1.27 0.41 0.41	0.97 1.00 0.93 0.03 0.03	0.81 1.00 0.69 -0.24 -0.24	0.70 1.00 0.51 -0.43 -0.43	0.61 1.00 0.38 -0.59 -0.59	0.36 1.00 -0.00 -1.00 -1.00

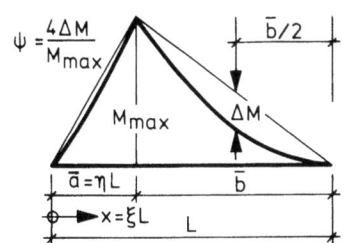
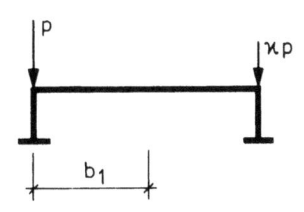

	$\eta = 0{,}3$
	$b_2/b_1 = 0$
	$L/b_1 = 50{,}0$

$\psi = 0$

ξ \ ϰ	1.00	0.80	0.60	0.40	0.20	0.00	-1.00
0.10	1.00 1.00 1.00 1.00 1.00	0.85 1.00 0.77 0.54 0.54	0.73 1.00 0.60 0.20 0.20	0.64 1.00 0.47 -0.07 -0.07	0.57 1.00 0.36 -0.28 -0.28	0.51 1.00 0.27 -0.46 -0.46	0.33 1.00 0.00 -1.00 -1.00
0.20	1.00 1.00 1.00 1.00 1.00	0.85 1.00 0.77 0.54 0.54	0.73 1.00 0.60 0.20 0.20	0.64 1.00 0.47 -0.07 -0.07	0.57 1.00 0.36 -0.28 -0.28	0.52 1.00 0.27 -0.45 -0.45	0.33 1.00 0.00 -1.00 -1.00
0.30	0.93 1.00 0.91 1.00 1.00	0.80 1.00 0.71 0.56 0.56	0.70 1.00 0.56 0.22 0.22	0.62 1.00 0.44 -0.05 -0.05	0.55 1.00 0.34 -0.26 -0.26	0.50 1.00 0.26 -0.45 -0.45	0.33 1.00 -0.00 -1.00 -1.00
0.40	1.00 1.00 1.00 1.00 1.00	0.85 1.00 0.77 0.54 0.54	0.73 1.00 0.60 0.20 0.20	0.64 1.00 0.47 -0.07 -0.07	0.57 1.00 0.36 -0.28 -0.28	0.52 1.00 0.27 -0.45 -0.45	0.33 1.00 0.00 -1.00 -1.00
0.50	1.00 1.00 1.00 1.00 1.00	0.85 1.00 0.77 0.54 0.54	0.73 1.00 0.60 0.20 0.20	0.64 1.00 0.47 -0.07 -0.07	0.57 1.00 0.36 -0.28 -0.28	0.51 1.00 0.27 -0.46 -0.46	0.33 1.00 0.00 -1.00 -1.00
0.60	1.00 1.00 1.00 1.00 1.00	0.85 1.00 0.77 0.54 0.54	0.73 1.00 0.60 0.20 0.20	0.64 1.00 0.47 -0.07 -0.07	0.57 1.00 0.36 -0.28 -0.28	0.51 1.00 0.27 -0.46 -0.46	0.33 1.00 0.00 -1.00 -1.00
0.70	1.00 1.00 1.00 1.00 1.00	0.85 1.00 0.77 0.54 0.54	0.73 1.00 0.60 0.20 0.20	0.64 1.00 0.47 -0.07 -0.07	0.57 1.00 0.36 -0.28 -0.28	0.51 1.00 0.27 -0.46 -0.46	0.33 1.00 -0.00 -1.00 -1.00
0.80	1.00 1.00 1.00 1.00 1.00	0.85 1.00 0.77 0.54 0.54	0.73 1.00 0.60 0.20 0.20	0.64 1.00 0.47 -0.07 -0.07	0.57 1.00 0.36 -0.28 -0.28	0.51 1.00 0.27 -0.46 -0.46	0.33 1.00 -0.00 -1.00 -1.00
0.90	1.00 1.00 1.00 1.00 1.00	0.85 1.00 0.77 0.54 0.54	0.73 1.00 0.60 0.20 0.20	0.64 1.00 0.47 -0.07 -0.07	0.57 1.00 0.36 -0.28 -0.28	0.52 1.00 0.27 -0.46 -0.46	0.33 1.00 -0.00 -1.00 -1.00

$\psi = 0{,}5$

ξ \ ϰ	1.00	0.80	0.60	0.40	0.20	0.00	-1.00
0.10	1.00 1.00 1.00 1.00 1.00	0.85 1.00 0.77 0.54 0.54	0.73 1.00 0.60 0.20 0.20	0.64 1.00 0.47 -0.07 -0.07	0.57 1.00 0.36 -0.28 -0.28	0.51 1.00 0.27 -0.46 -0.46	0.33 1.00 0.00 -1.00 -1.00
0.20	1.00 1.00 1.00 1.00 1.00	0.85 1.00 0.77 0.54 0.54	0.73 1.00 0.60 0.20 0.20	0.64 1.00 0.47 -0.07 -0.07	0.57 1.00 0.36 -0.28 -0.28	0.51 1.00 0.27 -0.46 -0.46	0.33 1.00 0.00 -1.00 -1.00
0.30	0.92 1.00 0.89 1.00 1.00	0.79 1.00 0.69 0.56 0.56	0.69 1.00 0.55 0.23 0.23	0.61 1.00 0.43 -0.04 -0.04	0.55 1.00 0.33 -0.26 -0.26	0.50 1.00 0.25 -0.44 -0.44	0.33 1.00 -0.00 -1.00 -1.00
0.40	1.00 1.00 1.00 1.00 1.00	0.85 1.00 0.77 0.54 0.54	0.73 1.00 0.60 0.20 0.20	0.64 1.00 0.47 -0.07 -0.07	0.57 1.00 0.36 -0.28 -0.28	0.51 1.00 0.27 -0.46 -0.46	0.33 1.00 0.00 -1.00 -1.00
0.50	1.00 1.00 1.00 1.00 1.00	0.85 1.00 0.77 0.54 0.54	0.73 1.00 0.60 0.20 0.20	0.64 1.00 0.47 -0.07 -0.07	0.57 1.00 0.36 -0.28 -0.28	0.51 1.00 0.27 -0.46 -0.46	0.33 1.00 0.00 -1.00 -1.00
0.60	1.00 1.00 1.00 1.00 1.00	0.85 1.00 0.77 0.54 0.54	0.73 1.00 0.60 0.20 0.20	0.64 1.00 0.47 -0.07 -0.07	0.57 1.00 0.36 -0.28 -0.28	0.51 1.00 0.27 -0.46 -0.46	0.33 1.00 -0.00 -1.00 -1.00
0.70	1.00 1.00 1.00 1.00 1.00	0.85 1.00 0.77 0.54 0.54	0.73 1.00 0.60 0.20 0.20	0.65 1.00 0.47 -0.07 -0.07	0.57 1.00 0.36 -0.28 -0.28	0.52 1.00 0.27 -0.46 -0.46	0.33 1.00 -0.00 -1.00 -1.00
0.80	1.01 1.00 1.01 1.00 1.00	0.85 1.00 0.78 0.54 0.54	0.74 1.00 0.60 0.20 0.20	0.65 1.00 0.47 -0.07 -0.07	0.57 1.00 0.36 -0.28 -0.28	0.52 1.00 0.27 -0.46 -0.46	0.33 1.00 -0.00 -1.00 -1.00
0.90	1.01 1.00 1.01 1.00 1.00	0.85 1.00 0.78 0.54 0.54	0.74 1.00 0.61 0.19 0.19	0.65 1.00 0.47 -0.07 -0.07	0.58 1.00 0.36 -0.29 -0.29	0.52 1.00 0.27 -0.46 -0.46	0.33 1.00 -0.00 -1.00 -1.00

$\psi = 1{,}0$

ξ \ ϰ	1.00	0.80	0.60	0.40	0.20	0.00	-1.00
0.10	1.00 1.00 1.00 1.00 1.00	0.85 1.00 0.77 0.54 0.54	0.73 1.00 0.60 0.20 0.20	0.64 1.00 0.47 -0.07 -0.07	0.57 1.00 0.36 -0.28 -0.28	0.51 1.00 0.27 -0.46 -0.46	0.33 1.00 -0.00 -1.00 -1.00
0.20	1.00 1.00 1.01 1.00 1.00	0.85 1.00 0.77 0.54 0.54	0.74 1.00 0.60 0.20 0.20	0.65 1.00 0.47 -0.07 -0.07	0.57 1.00 0.36 -0.28 -0.28	0.52 1.00 0.27 -0.45 -0.45	0.33 1.00 0.00 -1.00 -1.00
0.30	0.90 1.00 0.86 1.00 1.00	0.78 1.00 0.68 0.57 0.57	0.68 1.00 0.53 0.23 0.23	0.60 1.00 0.42 -0.03 -0.03	0.54 1.00 0.33 -0.25 -0.25	0.49 1.00 0.25 -0.43 -0.43	0.33 1.00 -0.00 -1.00 -1.00
0.40	1.00 1.00 1.00 1.00 1.00	0.85 1.00 0.77 0.54 0.54	0.73 1.00 0.60 0.20 0.20	0.65 1.00 0.47 -0.07 -0.07	0.57 1.00 0.36 -0.28 -0.28	0.52 1.00 0.27 -0.45 -0.45	0.33 1.00 0.00 -1.00 -1.00
0.50	1.00 1.00 1.00 1.00 1.00	0.85 1.00 0.77 0.54 0.54	0.73 1.00 0.60 0.20 0.20	0.64 1.00 0.47 -0.07 -0.07	0.57 1.00 0.36 -0.28 -0.28	0.51 1.00 0.27 -0.46 -0.46	0.33 1.00 -0.00 -1.00 -1.00
0.60	1.00 1.00 1.01 1.00 1.00	0.85 1.00 0.77 0.54 0.54	0.74 1.00 0.60 0.20 0.20	0.65 1.00 0.47 -0.07 -0.07	0.57 1.00 0.36 -0.28 -0.28	0.52 1.00 0.27 -0.46 -0.46	0.33 1.00 0.00 -1.00 -1.00
0.70	1.01 1.00 1.01 1.00 1.00	0.85 1.00 0.78 0.54 0.54	0.74 1.00 0.60 0.20 0.20	0.65 1.00 0.47 -0.07 -0.07	0.58 1.00 0.36 -0.29 -0.29	0.52 1.00 0.27 -0.46 -0.46	0.33 1.00 -0.00 -1.00 -1.00
0.80	1.01 1.00 1.01 1.00 1.00	0.85 1.00 0.78 0.54 0.54	0.74 1.00 0.61 0.19 0.19	0.65 1.00 0.47 -0.08 -0.08	0.58 1.00 0.36 -0.29 -0.29	0.52 1.00 0.27 -0.46 -0.46	0.33 1.00 0.00 -1.00 -1.00
0.90	1.07 1.00 1.10 1.00 1.00	0.90 1.00 0.84 0.52 0.52	0.77 1.00 0.65 0.17 0.17	0.67 1.00 0.50 -0.10 -0.10	0.59 1.00 0.38 -0.31 -0.31	0.53 1.00 0.29 -0.49 -0.49	0.34 1.00 -0.00 -1.00 -1.00

η = 0,3
b_2/b_1 = 0,2
L/b_1 = 2,0

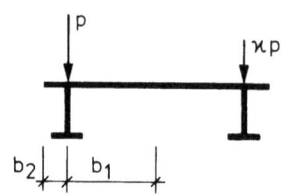
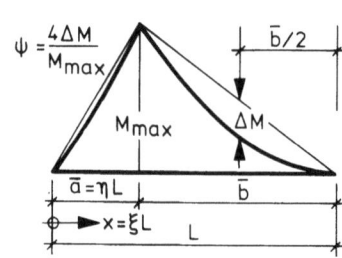

ξ \ $\varkappa$	1.00	0.80	0.60	0.40	0.20	0.00	-1.00
				$\psi = 0$			
0.10	0.47 1.09 0.07 1.00 1.09	0.47 1.09 0.06 0.78 0.84	0.46 1.10 0.06 0.56 0.59	0.45 1.11 0.05 0.35 0.35	0.45 1.11 0.04 0.14 0.12	0.44 1.12 0.03 -0.06 -0.10	0.41 1.15 -0.00 -1.00 -1.15
0.20	0.42 0.90 0.06 1.00 0.90	0.42 0.91 0.06 0.78 0.69	0.41 0.92 0.05 0.56 0.49	0.40 0.93 0.04 0.35 0.29	0.40 0.93 0.04 0.15 0.10	0.39 0.94 0.03 -0.05 -0.09	0.37 0.98 -0.00 -1.00 -0.98
0.30	0.29 0.52 0.04 1.00 0.52	0.28 0.53 0.04 0.79 0.40	0.28 0.53 0.04 0.58 0.28	0.28 0.54 0.03 0.37 0.17	0.28 0.55 0.03 0.16 0.05	0.27 0.56 0.02 -0.04 -0.06	0.26 0.60 0.00 -1.00 -0.60
0.40	0.46 0.93 0.10 1.00 0.93	0.45 0.94 0.09 0.77 0.71	0.44 0.95 0.08 0.55 0.49	0.43 0.96 0.07 0.34 0.29	0.43 0.97 0.06 0.13 0.08	0.42 0.98 0.05 -0.07 -0.11	0.39 1.02 0.00 -1.00 -1.02
0.50	0.55 1.09 0.16 1.00 1.09	0.53 1.10 0.14 0.76 0.82	0.52 1.11 0.12 0.53 0.56	0.51 1.12 0.10 0.31 0.31	0.50 1.13 0.09 0.10 0.07	0.49 1.14 0.07 -0.10 -0.16	0.44 1.18 -0.00 -1.00 -1.18
0.60	0.60 1.09 0.21 1.00 1.09	0.58 1.11 0.19 0.75 0.81	0.56 1.12 0.16 0.52 0.54	0.55 1.13 0.14 0.29 0.28	0.53 1.15 0.12 0.08 0.04	0.52 1.16 0.09 -0.12 -0.20	0.45 1.21 -0.00 -1.00 -1.21
0.70	0.64 1.08 0.27 1.00 1.08	0.62 1.10 0.23 0.74 0.78	0.59 1.11 0.20 0.50 0.51	0.57 1.13 0.17 0.27 0.25	0.56 1.14 0.14 0.06 0.00	0.54 1.15 0.12 -0.14 -0.23	0.46 1.21 -0.00 -1.00 -1.21
0.80	0.66 1.05 0.31 1.00 1.05	0.63 1.07 0.27 0.74 0.75	0.61 1.09 0.23 0.49 0.48	0.59 1.11 0.19 0.26 0.22	0.57 1.12 0.16 0.05 -0.02	0.55 1.14 0.13 -0.15 -0.25	0.47 1.20 0.00 -1.00 -1.20
0.90	0.68 1.04 0.34 1.00 1.04	0.65 1.06 0.29 0.73 0.74	0.63 1.08 0.25 0.48 0.46	0.60 1.10 0.21 0.25 0.20	0.58 1.12 0.18 0.04 -0.04	0.56 1.14 0.14 -0.16 -0.27	0.47 1.20 0.00 -1.00 -1.20
				$\psi = 0,5$			
0.10	0.50 1.20 0.06 1.00 1.20	0.49 1.21 0.06 0.78 0.93	0.48 1.21 0.05 0.56 0.66	0.47 1.22 0.04 0.35 0.40	0.47 1.22 0.04 0.14 0.15	0.46 1.23 0.03 -0.06 -0.10	0.43 1.25 -0.00 -1.00 -1.25
0.20	0.42 0.92 0.05 1.00 0.92	0.41 0.93 0.05 0.78 0.71	0.41 0.93 0.04 0.57 0.51	0.40 0.94 0.04 0.36 0.31	0.40 0.95 0.03 0.15 0.11	0.39 0.95 0.02 -0.05 -0.08	0.37 0.99 -0.00 -1.00 -0.99
0.30	0.26 0.47 0.03 1.00 0.47	0.26 0.47 0.03 0.79 0.36	0.26 0.48 0.03 0.58 0.26	0.26 0.49 0.02 0.37 0.15	0.25 0.49 0.02 0.17 0.05	0.25 0.50 0.02 -0.03 -0.05	0.24 0.53 0.00 -1.00 -0.53
0.40	0.45 0.93 0.09 1.00 0.93	0.44 0.94 0.08 0.77 0.71	0.44 0.95 0.07 0.56 0.50	0.43 0.96 0.06 0.34 0.29	0.42 0.97 0.05 0.14 0.09	0.42 0.98 0.04 -0.07 -0.11	0.39 1.02 0.00 -1.00 -1.02
0.50	0.57 1.16 0.17 1.00 1.16	0.56 1.17 0.15 0.76 0.87	0.54 1.18 0.13 0.53 0.59	0.53 1.19 0.11 0.31 0.33	0.52 1.20 0.09 0.10 0.07	0.51 1.20 0.07 -0.11 -0.17	0.45 1.24 -0.00 -1.00 -1.24
0.60	0.69 1.23 0.28 1.00 1.23	0.66 1.24 0.24 0.74 0.90	0.64 1.25 0.21 0.50 0.58	0.62 1.27 0.18 0.27 0.29	0.60 1.28 0.15 0.05 0.02	0.58 1.29 0.12 -0.15 -0.24	0.49 1.33 -0.00 -1.00 -1.33
0.70	0.84 1.28 0.44 1.00 1.28	0.79 1.30 0.38 0.71 0.90	0.75 1.32 0.32 0.45 0.55	0.72 1.33 0.27 0.21 0.23	0.68 1.34 0.22 -0.00 -0.06	0.65 1.35 0.18 -0.20 -0.33	0.53 1.40 -0.00 -1.00 -1.40
0.80	1.11 1.46 0.72 1.00 1.46	1.02 1.47 0.60 0.67 0.96	0.94 1.48 0.50 0.38 0.54	0.88 1.49 0.41 0.13 0.16	0.82 1.50 0.33 -0.09 -0.17	0.77 1.50 0.26 -0.28 -0.46	0.59 1.53 0.00 -1.00 -1.53
0.90	2.27 2.74 1.73 1.00 2.74	1.91 2.56 1.31 0.52 1.60	1.64 2.43 1.01 0.17 0.76	1.43 2.34 0.78 -0.10 0.13	1.28 2.26 0.60 -0.31 -0.37	1.15 2.20 0.45 -0.48 -0.77	0.75 2.00 0.00 -1.00 -2.00
				$\psi = 1,0$			
0.10	0.53 1.35 0.05 1.00 1.35	0.52 1.35 0.05 0.78 1.04	0.51 1.36 0.04 0.56 0.75	0.51 1.36 0.04 0.35 0.46	0.50 1.36 0.03 0.14 0.17	0.49 1.37 0.02 -0.06 -0.10	0.46 1.38 -0.00 -1.00 -1.38
0.20	0.41 0.93 0.04 1.00 0.93	0.41 0.94 0.04 0.78 0.72	0.40 0.94 0.03 0.57 0.52	0.40 0.95 0.03 0.36 0.32	0.40 0.96 0.02 0.16 0.12	0.39 0.96 0.02 -0.04 -0.07	0.37 0.99 -0.00 -1.00 -0.99
0.30	0.24 0.42 0.03 1.00 0.42	0.24 0.43 0.02 0.79 0.33	0.24 0.43 0.02 0.58 0.23	0.24 0.44 0.02 0.38 0.14	0.23 0.45 0.01 0.18 0.05	0.23 0.45 0.01 -0.02 -0.04	0.23 0.48 0.00 -1.00 -0.48
0.40	0.45 0.94 0.08 1.00 0.94	0.44 0.95 0.07 0.78 0.72	0.43 0.96 0.06 0.56 0.51	0.43 0.96 0.05 0.35 0.30	0.42 0.97 0.04 0.14 0.10	0.41 0.98 0.04 -0.06 -0.10	0.39 1.02 0.00 -1.00 -1.02
0.50	0.62 1.27 0.18 1.00 1.27	0.60 1.28 0.16 0.75 0.95	0.58 1.29 0.14 0.52 0.65	0.57 1.30 0.12 0.30 0.36	0.55 1.30 0.10 0.09 0.08	0.54 1.31 0.08 -0.11 -0.19	0.48 1.34 -0.00 -1.00 -1.34
0.60	0.92 1.57 0.44 1.00 1.57	0.87 1.57 0.38 0.71 1.11	0.82 1.58 0.32 0.44 0.69	0.78 1.58 0.27 0.21 0.32	0.75 1.58 0.22 -0.01 -0.03	0.71 1.58 0.17 -0.21 -0.34	0.58 1.59 -0.00 -1.00 -1.59
0.70	2.64 3.16 1.99 1.00 3.16	2.15 2.88 1.47 0.48 1.79	1.82 2.69 1.11 0.12 0.83	1.57 2.55 0.85 -0.15 0.13	1.38 2.44 0.64 -0.36 -0.41	1.23 2.35 0.48 -0.52 -0.84	0.79 2.10 -0.00 -1.00 -2.10
0.80	-- -- --	-- -- --	-- -- --	-- -- --	-- -- --	-- -- --	-- -- --
0.90	-- -- --	-- -- --	-- -- --	-- -- --	-- -- --	-- -- --	-- -- --

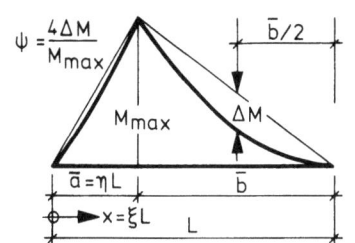
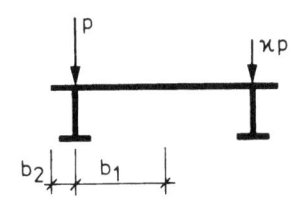

$$\eta = 0{,}3$$
$$b_2/b_1 = 0{,}2$$
$$L/b_1 = 5{,}0$$

ξ \ ϰ	1.00	0.80	0.60	0.40	0.20	0.00	-1.00
\multicolumn{8}{c}{$\psi = 0$}

ξ \ ϰ	1.00	0.80	0.60	0.40	0.20	0.00	-1.00
0.10	0.85 1.01 0.68 1.00 1.01	0.79 1.04 0.57 0.68 0.66	0.74 1.07 0.48 0.41 0.35	0.69 1.09 0.40 0.16 0.08	0.65 1.11 0.32 -0.06 -0.16	0.61 1.13 0.25 -0.26 -0.38	0.48 1.20 0.00 -1.00 -1.20
0.20	0.78 1.04 0.57 1.00 1.04	0.73 1.06 0.48 0.70 0.71	0.69 1.09 0.41 0.43 0.40	0.65 1.11 0.34 0.19 0.13	0.62 1.12 0.28 -0.03 -0.11	0.59 1.14 0.22 -0.23 -0.33	0.47 1.20 0.00 -1.00 -1.20
0.30	0.53 0.70 0.34 1.00 0.70	0.51 0.72 0.30 0.74 0.49	0.49 0.75 0.25 0.49 0.29	0.47 0.77 0.22 0.27 0.11	0.45 0.79 0.18 0.05 -0.06	0.44 0.81 0.14 -0.15 -0.22	0.37 0.90 0.00 -1.00 -0.90
0.40	0.82 1.03 0.65 1.00 1.03	0.76 1.06 0.55 0.69 0.68	0.72 1.08 0.46 0.42 0.38	0.67 1.10 0.38 0.17 0.10	0.64 1.12 0.31 -0.05 -0.14	0.60 1.14 0.24 -0.25 -0.36	0.47 1.20 0.00 -1.00 -1.20
0.50	0.92 1.00 0.84 1.00 1.00	0.85 1.03 0.70 0.66 0.63	0.78 1.06 0.58 0.37 0.31	0.73 1.09 0.47 0.12 0.03	0.68 1.11 0.38 -0.10 -0.21	0.64 1.13 0.30 -0.29 -0.42	0.48 1.20 0.00 -1.00 -1.20
0.60	0.98 0.99 0.95 1.00 0.99	0.89 1.02 0.78 0.65 0.60	0.82 1.06 0.64 0.35 0.28	0.75 1.08 0.52 0.10 0.00	0.70 1.11 0.42 -0.12 -0.24	0.65 1.13 0.33 -0.31 -0.45	0.48 1.20 0.00 -1.00 -1.20
0.70	1.00 0.99 1.00 1.00 0.99	0.91 1.03 0.82 0.64 0.60	0.83 1.06 0.67 0.34 0.27	0.76 1.09 0.54 0.09 -0.01	0.71 1.11 0.43 -0.13 -0.25	0.66 1.13 0.34 -0.32 -0.46	0.48 1.20 0.00 -1.00 -1.20
0.80	1.01 0.99 1.02 1.00 0.99	0.92 1.03 0.83 0.64 0.60	0.84 1.06 0.68 0.34 0.27	0.77 1.09 0.55 0.08 -0.01	0.71 1.11 0.44 -0.14 -0.25	0.66 1.13 0.34 -0.33 -0.46	0.48 1.20 0.00 -1.00 -1.20
0.90	1.01 0.99 1.02 1.00 0.99	0.92 1.03 0.84 0.64 0.60	0.84 1.06 0.68 0.34 0.27	0.77 1.09 0.55 0.08 -0.01	0.71 1.11 0.44 -0.14 -0.25	0.66 1.13 0.34 -0.33 -0.46	0.48 1.20 0.00 -1.00 -1.20

$$\psi = 0{,}5$$

ξ \ ϰ	1.00	0.80	0.60	0.40	0.20	0.00	-1.00
0.10	0.89 1.04 0.73 1.00 1.04	0.83 1.07 0.61 0.68 0.67	0.77 1.10 0.51 0.40 0.35	0.72 1.12 0.42 0.15 0.07	0.67 1.14 0.34 -0.07 -0.18	0.63 1.16 0.27 -0.27 -0.40	0.49 1.23 0.00 -1.00 -1.23
0.20	0.77 1.06 0.55 1.00 1.06	0.73 1.08 0.47 0.70 0.72	0.69 1.10 0.39 0.44 0.42	0.65 1.12 0.33 0.20 0.14	0.62 1.14 0.27 -0.02 -0.10	0.59 1.15 0.21 -0.22 -0.33	0.47 1.21 0.00 -1.00 -1.21
0.30	0.48 0.66 0.29 1.00 0.66	0.47 0.68 0.26 0.75 0.47	0.45 0.70 0.22 0.51 0.29	0.44 0.73 0.19 0.28 0.12	0.42 0.75 0.16 0.07 -0.05	0.41 0.77 0.13 -0.13 -0.20	0.35 0.85 0.00 -1.00 -0.85
0.40	0.81 1.04 0.63 1.00 1.04	0.76 1.07 0.53 0.69 0.70	0.71 1.09 0.44 0.42 0.39	0.67 1.11 0.37 0.18 0.12	0.63 1.13 0.30 -0.04 -0.13	0.60 1.15 0.24 -0.24 -0.35	0.47 1.21 0.00 -1.00 -1.21
0.50	0.96 1.01 0.89 1.00 1.01	0.88 1.05 0.74 0.66 0.63	0.81 1.08 0.61 0.36 0.30	0.75 1.10 0.49 0.11 0.02	0.70 1.12 0.40 -0.11 -0.22	0.65 1.14 0.31 -0.30 -0.44	0.48 1.21 0.00 -1.00 -1.21
0.60	1.07 0.99 1.10 1.00 0.99	0.96 1.03 0.90 0.63 0.58	0.87 1.07 0.73 0.32 0.24	0.80 1.10 0.59 0.06 -0.04	0.73 1.12 0.47 -0.16 -0.28	0.68 1.14 0.36 -0.35 -0.49	0.49 1.21 0.00 -1.00 -1.21
0.70	1.18 1.01 1.31 1.00 1.01	1.05 1.05 1.05 0.60 0.56	0.94 1.09 0.84 0.28 0.21	0.85 1.11 0.67 0.02 -0.09	0.77 1.14 0.53 -0.20 -0.33	0.71 1.16 0.41 -0.38 -0.54	0.49 1.23 0.00 -1.00 -1.23
0.80	1.33 1.02 1.57 1.00 1.02	1.15 1.07 1.23 0.57 0.53	1.01 1.10 0.97 0.24 0.16	0.90 1.13 0.76 -0.03 -0.14	0.81 1.16 0.59 -0.24 -0.38	0.74 1.18 0.45 -0.42 -0.59	0.50 1.24 0.00 -1.00 -1.24
0.90	1.77 1.16 2.27 1.00 1.16	1.46 1.20 1.69 0.49 0.53	1.23 1.22 1.28 0.13 0.08	1.07 1.25 0.98 -0.14 -0.25	0.94 1.26 0.74 -0.35 -0.50	0.83 1.27 0.56 -0.51 -0.71	0.53 1.31 0.00 -1.00 -1.31

$$\psi = 1{,}0$$

ξ \ ϰ	1.00	0.80	0.60	0.40	0.20	0.00	-1.00
0.10	0.95 1.07 0.79 1.00 1.07	0.87 1.11 0.66 0.67 0.69	0.81 1.13 0.55 0.38 0.35	0.75 1.15 0.45 0.13 0.06	0.70 1.18 0.36 -0.09 -0.20	0.66 1.19 0.28 -0.28 -0.42	0.50 1.26 0.00 -1.00 -1.26
0.20	0.77 1.08 0.53 1.00 1.08	0.73 1.10 0.45 0.71 0.74	0.69 1.12 0.38 0.44 0.43	0.65 1.14 0.32 0.20 0.16	0.62 1.15 0.26 -0.02 -0.10	0.59 1.17 0.21 -0.22 -0.32	0.47 1.22 0.00 -1.00 -1.22
0.30	0.45 0.62 0.25 1.00 0.62	0.44 0.65 0.22 0.75 0.45	0.42 0.67 0.19 0.52 0.28	0.41 0.69 0.16 0.30 0.12	0.40 0.71 0.14 0.08 -0.03	0.39 0.73 0.11 -0.12 -0.18	0.34 0.81 0.00 -1.00 -0.81
0.40	0.80 1.06 0.60 1.00 1.06	0.75 1.09 0.51 0.70 0.72	0.71 1.11 0.43 0.42 0.41	0.67 1.13 0.36 0.18 0.13	0.63 1.15 0.29 -0.04 -0.12	0.60 1.16 0.23 -0.24 -0.35	0.47 1.22 0.00 -1.00 -1.22
0.50	1.02 1.03 0.98 1.00 1.03	0.93 1.07 0.80 0.64 0.63	0.85 1.10 0.66 0.35 0.29	0.78 1.12 0.53 0.09 0.00	0.72 1.15 0.42 -0.13 -0.25	0.67 1.17 0.33 -0.32 -0.47	0.49 1.23 0.00 -1.00 -1.23
0.60	1.28 1.01 1.46 1.00 1.01	1.12 1.06 1.16 0.58 0.54	0.99 1.10 0.92 0.26 0.17	0.89 1.13 0.73 -0.01 -0.13	0.81 1.15 0.57 -0.23 -0.37	0.73 1.18 0.43 -0.41 -0.58	0.50 1.25 0.00 -1.00 -1.25
0.70	2.01 1.09 2.73 1.00 1.09	1.60 1.15 1.97 0.44 0.42	1.32 1.19 1.46 0.07 -0.02	1.12 1.21 1.10 -0.20 -0.34	0.98 1.24 0.82 -0.40 -0.58	0.86 1.25 0.61 -0.55 -0.77	0.53 1.30 0.00 -1.00 -1.30
0.80	-- -- --	-- -- --	-- -- --	2.26 1.62 2.87 -1.12 -1.39	1.65 1.55 1.81 -1.07 -1.40	1.29 1.50 1.19 -1.05 -1.41	0.60 1.42 0.00 -1.01 -1.42
0.90	-- -- --	-- -- --	-- -- --	-- -- --	-- -- --	1.58 -- --	3.62 0.00 -1.00 -3.62

η	= 0,3
b_2/b_1 =	0,2
L/b_1 =	10,0

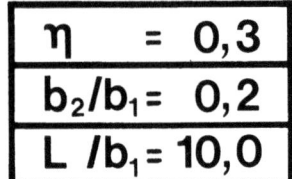
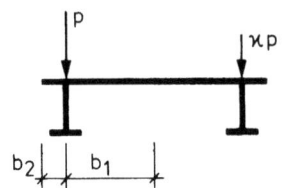
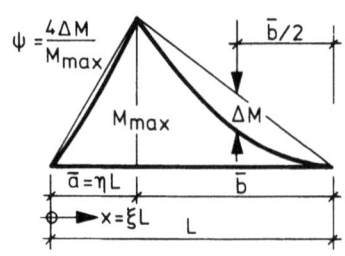

ξ \ $\varkappa$	1.00		0.80		0.60		0.40		0.20		0.00		-1.00	
	$\psi = 0$													
0.10	1.00		0.90		0.83		0.76		0.70		0.65		0.48	
	0.99	0.99	1.02	0.82	1.06	0.67	1.08	0.54	1.11	0.43	1.13	0.34	1.20	0.00
	1.00	0.99	0.64	0.60	0.34	0.27	0.09	-0.01	-0.13	-0.25	-0.32	-0.46	-1.00	-1.20
0.20	0.95		0.87		0.80		0.74		0.69		0.64		0.48	
	1.00	0.91	1.03	0.75	1.06	0.62	1.09	0.50	1.11	0.40	1.13	0.32	1.20	0.00
	1.00	1.00	0.65	0.62	0.36	0.29	0.11	0.02	-0.11	-0.22	-0.31	-0.44	-1.00	-1.20
0.30	0.71		0.67		0.63		0.60		0.56		0.54		0.43	
	0.82	0.59	0.86	0.50	0.89	0.42	0.91	0.35	0.94	0.29	0.96	0.23	1.05	-0.00
	1.00	0.82	0.70	0.54	0.43	0.29	0.19	0.07	-0.03	-0.14	-0.23	-0.32	-1.01	-1.05
0.40	0.96		0.88		0.81		0.75		0.69		0.65		0.48	
	1.00	0.93	1.03	0.77	1.06	0.63	1.09	0.51	1.11	0.41	1.13	0.32	1.20	0.00
	1.00	1.00	0.65	0.61	0.36	0.29	0.10	0.01	-0.12	-0.23	-0.31	-0.44	-1.00	-1.20
0.50	1.00		0.91		0.83		0.76		0.71		0.66		0.48	
	0.99	1.00	1.03	0.82	1.06	0.67	1.09	0.54	1.11	0.43	1.13	0.34	1.20	0.00
	1.00	0.99	0.64	0.60	0.34	0.27	0.09	-0.01	-0.13	-0.25	-0.32	-0.46	-1.00	-1.20
0.60	1.00		0.91		0.83		0.76		0.71		0.66		0.48	
	1.00	1.00	1.03	0.82	1.06	0.67	1.09	0.55	1.11	0.44	1.13	0.34	1.20	0.00
	1.00	1.00	0.64	0.61	0.34	0.28	0.09	-0.00	-0.13	-0.25	-0.32	-0.46	-1.00	-1.20
0.70	1.00		0.91		0.83		0.76		0.71		0.66		0.48	
	1.00	1.00	1.04	0.82	1.07	0.67	1.09	0.55	1.11	0.43	1.13	0.34	1.20	-0.00
	1.00	1.00	0.64	0.61	0.34	0.28	0.09	-0.00	-0.13	-0.24	-0.32	-0.46	-1.00	-1.20
0.80	1.00		0.91		0.83		0.76		0.71		0.66		0.48	
	1.00	1.00	1.04	0.82	1.07	0.67	1.09	0.55	1.11	0.44	1.13	0.34	1.20	-0.00
	1.00	1.00	0.64	0.61	0.34	0.28	0.09	-0.00	-0.13	-0.24	-0.32	-0.46	-1.00	-1.20
0.90	1.00		0.91		0.83		0.76		0.71		0.66		0.48	
	1.00	1.00	1.04	0.82	1.07	0.67	1.09	0.55	1.12	0.44	1.13	0.34	1.20	-0.00
	1.00	1.00	0.64	0.61	0.34	0.28	0.09	-0.00	-0.13	-0.25	-0.32	-0.46	-1.00	-1.20
	$\psi = 0,5$													
0.10	1.04		0.94		0.85		0.78		0.72		0.67		0.48	
	0.99	1.06	1.03	0.87	1.07	0.70	1.09	0.57	1.12	0.45	1.14	0.35	1.21	-0.00
	1.00	0.99	0.64	0.59	0.33	0.26	0.08	-0.02	-0.14	-0.27	-0.33	-0.48	-1.00	-1.21
0.20	0.96		0.88		0.81		0.75		0.69		0.65		0.48	
	1.00	0.92	1.03	0.76	1.06	0.62	1.09	0.51	1.11	0.41	1.13	0.32	1.20	0.00
	1.00	1.00	0.65	0.62	0.36	0.29	0.11	0.02	-0.11	-0.23	-0.31	-0.44	-1.00	-1.20
0.30	0.67		0.63		0.60		0.57		0.54		0.52		0.42	
	0.79	0.54	0.83	0.46	0.86	0.39	0.88	0.33	0.91	0.27	0.93	0.21	1.02	-0.00
	1.00	0.79	0.71	0.53	0.45	0.29	0.21	0.08	-0.01	-0.12	-0.21	-0.30	-1.01	-1.02
0.40	0.97		0.88		0.81		0.75		0.70		0.65		0.48	
	1.00	0.93	1.03	0.77	1.06	0.63	1.09	0.51	1.11	0.41	1.13	0.32	1.20	0.00
	1.00	1.00	0.65	0.62	0.36	0.29	0.10	0.01	-0.12	-0.23	-0.31	-0.44	-1.00	-1.20
0.50	1.02		0.92		0.84		0.77		0.71		0.66		0.48	
	1.00	1.03	1.04	0.85	1.07	0.69	1.09	0.56	1.12	0.45	1.14	0.35	1.20	-0.00
	1.00	1.00	0.64	0.60	0.34	0.27	0.08	-0.01	-0.14	-0.26	-0.33	-0.47	-1.00	-1.20
0.60	1.03		0.93		0.85		0.78		0.72		0.66		0.48	
	1.00	1.05	1.04	0.86	1.07	0.70	1.09	0.57	1.12	0.45	1.14	0.35	1.20	0.00
	1.00	1.00	0.64	0.60	0.33	0.27	0.08	-0.02	-0.14	-0.26	-0.33	-0.47	-1.00	-1.20
0.70	1.04		0.94		0.86		0.78		0.72		0.67		0.48	
	1.01	1.08	1.05	0.88	1.08	0.71	1.10	0.58	1.12	0.46	1.14	0.36	1.21	-0.00
	1.00	1.01	0.63	0.60	0.33	0.27	0.07	-0.02	-0.15	-0.26	-0.34	-0.47	-1.00	-1.21
0.80	1.06		0.96		0.87		0.79		0.73		0.67		0.48	
	1.01	1.12	1.05	0.91	1.08	0.74	1.10	0.59	1.12	0.47	1.14	0.37	1.21	0.00
	1.00	1.01	0.63	0.60	0.32	0.26	0.06	-0.03	-0.16	-0.27	-0.35	-0.48	-1.00	-1.21
0.90	1.16		1.03		0.92		0.84		0.76		0.70		0.49	
	1.03	1.27	1.07	1.02	1.10	0.82	1.13	0.66	1.15	0.52	1.17	0.40	1.23	-0.00
	1.00	1.03	0.61	0.59	0.29	0.23	0.03	-0.06	-0.19	-0.31	-0.37	-0.52	-1.00	-1.23
	$\psi = 1,0$													
0.10	1.08		0.97		0.88		0.80		0.74		0.68		0.49	
	1.00	1.13	1.04	0.92	1.07	0.75	1.10	0.60	1.12	0.48	1.14	0.37	1.21	-0.00
	1.00	1.00	0.63	0.58	0.32	0.24	0.06	-0.04	-0.16	-0.29	-0.35	-0.49	-1.00	-1.21
0.20	0.97		0.89		0.81		0.75		0.70		0.65		0.48	
	1.00	0.93	1.04	0.76	1.07	0.63	1.10	0.51	1.12	0.41	1.14	0.32	1.21	0.00
	1.00	1.00	0.65	0.62	0.36	0.29	0.10	0.01	-0.12	-0.23	-0.31	-0.44	-1.00	-1.21
0.30	0.63		0.60		0.57		0.54		0.52		0.50		0.40	
	0.77	0.49	0.80	0.42	0.83	0.36	0.85	0.30	0.88	0.25	0.90	0.20	0.99	-0.00
	1.00	0.77	0.72	0.52	0.46	0.29	0.22	0.08	0.00	-0.11	-0.20	-0.28	-1.01	-0.99
0.40	0.98		0.89		0.82		0.75		0.70		0.65		0.48	
	1.01	0.94	1.04	0.77	1.07	0.63	1.10	0.52	1.12	0.41	1.14	0.32	1.21	0.00
	1.00	1.01	0.65	0.62	0.36	0.29	0.10	0.01	-0.12	-0.23	-0.31	-0.44	-1.00	-1.21
0.50	1.05		0.95		0.86		0.79		0.73		0.67		0.48	
	1.00	1.08	1.04	0.88	1.07	0.72	1.10	0.58	1.12	0.46	1.14	0.36	1.21	-0.00
	1.00	1.00	0.63	0.60	0.33	0.26	0.07	-0.03	-0.15	-0.27	-0.34	-0.48	-1.00	-1.21
0.60	1.09		0.97		0.88		0.80		0.74		0.68		0.49	
	1.02	1.15	1.05	0.93	1.08	0.76	1.11	0.61	1.13	0.48	1.15	0.37	1.21	0.00
	1.00	1.02	0.62	0.60	0.32	0.25	0.06	-0.04	-0.16	-0.28	-0.35	-0.49	-1.00	-1.21
0.70	1.15		1.03		0.92		0.83		0.76		0.70		0.49	
	1.04	1.27	1.07	1.02	1.10	0.82	1.13	0.65	1.15	0.52	1.17	0.40	1.23	-0.00
	1.00	1.04	0.61	0.59	0.29	0.24	0.03	-0.06	-0.19	-0.31	-0.37	-0.52	-1.00	-1.23
0.80	1.42		1.21		1.06		0.94		0.84		0.76		0.51	
	1.09	1.72	1.13	1.34	1.16	1.05	1.18	0.82	1.20	0.63	1.21	0.48	1.26	-0.00
	1.00	1.09	0.56	0.57	0.22	0.17	-0.04	-0.14	-0.26	-0.39	-0.44	-0.60	-1.00	-1.26
0.90	--		--		--		2.28		1.66		1.30		0.61	
	--	--	--	--	--	--	1.79	2.85	1.67	1.80	1.59	1.19	1.45	-0.00
	--	--	--	--	--	--	-1.10	-1.25	-1.06	-1.33	-1.04	-1.37	-1.01	-1.45

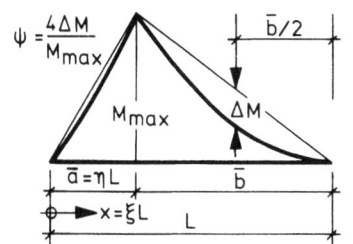
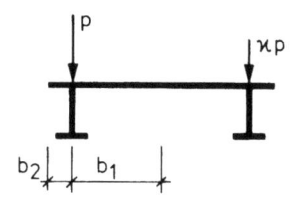

	η = 0,3
	b_2/b_1 = 0,2
	L/b_1 = 20,0

ξ \ $\varkappa$	1.00	0.80	0.60	0.40	0.20	0.00	-1.00
	$\psi = 0$						
0.10	1.00 1.00 1.00 1.00 1.00	0.91 1.03 0.82 0.64 0.61	0.83 1.06 0.67 0.34 0.28	0.76 1.09 0.54 0.09 -0.00	0.70 1.11 0.43 -0.13 -0.24	0.65 1.13 0.34 -0.32 -0.45	0.48 1.20 -0.00 -1.01 -1.20
0.20	1.00 1.00 1.00 1.00 1.00	0.91 1.04 0.82 0.64 0.61	0.83 1.07 0.67 0.34 0.28	0.76 1.09 0.55 0.09 -0.00	0.71 1.11 0.43 -0.13 -0.25	0.66 1.13 0.34 -0.32 -0.46	0.48 1.20 0.00 -0.99 -1.20
0.30	0.85 0.93 0.79 1.00 0.93	0.79 0.96 0.66 0.67 0.59	0.73 0.99 0.55 0.39 0.29	0.68 1.02 0.45 0.14 0.04	0.64 1.04 0.36 -0.08 -0.19	0.60 1.06 0.28 -0.28 -0.39	0.46 1.14 -0.00 -1.02 -1.14
0.40	1.00 1.00 1.00 1.00 1.00	0.91 1.04 0.82 0.64 0.61	0.83 1.07 0.67 0.34 0.28	0.76 1.09 0.54 0.09 -0.00	0.71 1.11 0.43 -0.13 -0.25	0.66 1.13 0.34 -0.32 -0.46	0.48 1.20 0.00 -0.99 -1.20
0.50	1.00 1.00 1.00 1.00 1.00	0.91 1.03 0.82 0.64 0.61	0.83 1.06 0.67 0.34 0.28	0.76 1.09 0.54 0.09 -0.00	0.71 1.11 0.43 -0.13 -0.24	0.66 1.13 0.34 -0.32 -0.45	0.48 1.20 -0.00 -1.00 -1.20
0.60	1.00 1.00 1.00 1.00 1.00	0.91 1.04 0.82 0.64 0.61	0.83 1.07 0.67 0.34 0.28	0.76 1.09 0.54 0.09 -0.00	0.71 1.11 0.43 -0.13 -0.24	0.66 1.13 0.34 -0.32 -0.46	0.48 1.20 0.00 -1.00 -1.20
0.70	1.00 1.00 1.00 1.00 1.00	0.91 1.04 0.82 0.64 0.61	0.83 1.07 0.67 0.34 0.28	0.76 1.09 0.54 0.09 -0.00	0.71 1.11 0.43 -0.13 -0.24	0.66 1.13 0.34 -0.32 -0.46	0.48 1.20 -0.00 -1.00 -1.20
0.80	1.00 1.00 1.00 1.00 1.00	0.91 1.03 0.82 0.64 0.61	0.83 1.06 0.67 0.34 0.28	0.76 1.09 0.54 0.09 -0.00	0.70 1.11 0.43 -0.13 -0.24	0.66 1.13 0.34 -0.32 -0.45	0.48 1.20 0.00 -1.00 -1.20
0.90	1.00 1.00 1.00 1.00 1.00	0.91 1.04 0.82 0.64 0.61	0.83 1.07 0.67 0.34 0.28	0.76 1.09 0.55 0.09 -0.00	0.71 1.12 0.44 -0.13 -0.24	0.66 1.13 0.34 -0.32 -0.46	0.48 1.20 -0.00 -1.00 -1.20
	$\psi = 0,5$						
0.10	1.01 1.00 1.01 1.00 1.00	0.91 1.03 0.83 0.64 0.60	0.83 1.06 0.68 0.34 0.27	0.77 1.09 0.55 0.08 -0.01	0.71 1.11 0.44 -0.14 -0.25	0.66 1.13 0.34 -0.33 -0.46	0.48 1.20 -0.00 -1.01 -1.20
0.20	1.00 0.99 1.00 1.00 0.99	0.91 1.03 0.82 0.64 0.60	0.83 1.06 0.67 0.34 0.27	0.76 1.09 0.55 0.08 -0.01	0.71 1.11 0.44 -0.13 -0.25	0.66 1.13 0.34 -0.33 -0.46	0.48 1.20 -0.00 -1.00 -1.20
0.30	0.83 0.91 0.75 1.00 0.91	0.77 0.94 0.63 0.68 0.58	0.71 0.97 0.52 0.40 0.29	0.67 1.00 0.43 0.15 0.04	0.63 1.02 0.35 -0.07 -0.18	0.59 1.04 0.27 -0.27 -0.38	0.45 1.12 -0.00 -1.02 -1.12
0.40	1.00 1.00 1.00 1.00 1.00	0.91 1.03 0.82 0.64 0.60	0.83 1.06 0.67 0.34 0.27	0.76 1.09 0.55 0.09 -0.01	0.71 1.11 0.44 -0.13 -0.25	0.66 1.13 0.34 -0.33 -0.46	0.48 1.20 -0.00 -1.00 -1.20
0.50	1.00 1.00 1.01 1.00 1.00	0.91 1.03 0.83 0.64 0.61	0.83 1.06 0.68 0.34 0.28	0.76 1.09 0.55 0.09 -0.00	0.71 1.11 0.44 -0.13 -0.25	0.66 1.13 0.34 -0.33 -0.46	0.48 1.20 -0.00 -1.01 -1.20
0.60	1.01 1.00 1.01 1.00 1.00	0.91 1.04 0.83 0.64 0.61	0.83 1.07 0.68 0.34 0.28	0.77 1.09 0.55 0.08 -0.01	0.71 1.11 0.44 -0.13 -0.25	0.66 1.13 0.34 -0.33 -0.46	0.48 1.20 -0.00 -1.00 -1.20
0.70	1.01 1.00 1.02 1.00 1.00	0.92 1.04 0.84 0.64 0.61	0.84 1.07 0.68 0.34 0.28	0.77 1.09 0.55 0.08 -0.01	0.71 1.12 0.44 -0.14 -0.25	0.66 1.14 0.34 -0.33 -0.46	0.48 1.20 -0.00 -1.00 -1.20
0.80	1.02 1.01 1.03 1.00 1.01	0.92 1.04 0.85 0.64 0.61	0.84 1.07 0.69 0.34 0.27	0.77 1.10 0.56 0.08 -0.01	0.71 1.12 0.44 -0.14 -0.25	0.66 1.14 0.35 -0.33 -0.46	0.48 1.20 -0.00 -1.00 -1.20
0.90	1.04 1.01 1.07 1.00 1.01	0.94 1.05 0.88 0.63 0.61	0.86 1.08 0.71 0.33 0.27	0.78 1.10 0.57 0.07 -0.02	0.72 1.13 0.46 -0.15 -0.26	0.67 1.14 0.36 -0.34 -0.47	0.48 1.21 -0.00 -1.00 -1.21
	$\psi = 1,0$						
0.10	1.02 1.01 1.04 1.00 1.01	0.92 1.04 0.85 0.64 0.61	0.84 1.07 0.69 0.34 0.27	0.77 1.10 0.56 0.08 -0.01	0.71 1.12 0.45 -0.14 -0.25	0.66 1.14 0.35 -0.33 -0.46	0.48 1.20 0.00 -0.99 -1.20
0.20	1.01 1.00 1.01 1.00 1.00	0.91 1.03 0.83 0.64 0.60	0.83 1.06 0.68 0.34 0.27	0.77 1.09 0.55 0.09 -0.01	0.71 1.11 0.44 -0.14 -0.25	0.66 1.13 0.34 -0.33 -0.46	0.48 1.20 0.00 -1.00 -1.20
0.30	0.80 0.89 0.71 1.00 0.89	0.74 0.92 0.60 0.68 0.57	0.70 0.95 0.50 0.41 0.30	0.65 0.98 0.41 0.16 0.05	0.61 1.01 0.33 -0.06 -0.17	0.58 1.03 0.26 -0.26 -0.37	0.45 1.11 -0.00 -1.02 -1.11
0.40	1.01 1.00 1.01 1.00 1.00	0.91 1.03 0.83 0.64 0.60	0.83 1.06 0.68 0.34 0.27	0.77 1.09 0.55 0.09 -0.01	0.71 1.11 0.44 -0.14 -0.25	0.66 1.13 0.34 -0.33 -0.46	0.48 1.20 0.00 -1.00 -1.20
0.50	1.01 1.00 1.02 1.00 1.00	0.92 1.04 0.84 0.64 0.61	0.84 1.07 0.69 0.34 0.28	0.77 1.10 0.55 0.08 -0.01	0.71 1.12 0.44 -0.14 -0.25	0.66 1.14 0.34 -0.33 -0.46	0.48 1.20 0.00 -1.00 -1.20
0.60	1.01 1.00 1.03 1.00 1.00	0.92 1.04 0.84 0.64 0.60	0.84 1.07 0.69 0.34 0.27	0.77 1.09 0.56 0.08 -0.01	0.71 1.11 0.44 -0.14 -0.25	0.66 1.13 0.35 -0.33 -0.46	0.48 1.20 0.00 -1.00 -1.20
0.70	1.04 1.01 1.06 1.00 1.01	0.94 1.05 0.87 0.64 0.61	0.85 1.08 0.71 0.33 0.27	0.78 1.10 0.57 0.07 -0.02	0.72 1.12 0.45 -0.15 -0.26	0.67 1.14 0.35 -0.34 -0.47	0.48 1.21 -0.00 -1.00 -1.21
0.80	1.07 1.01 1.13 1.00 1.01	0.96 1.04 0.92 0.63 0.59	0.87 1.07 0.74 0.32 0.25	0.79 1.10 0.60 0.06 -0.03	0.73 1.12 0.47 -0.17 -0.28	0.68 1.14 0.37 -0.36 -0.48	0.48 1.21 -0.00 -1.02 -1.21
0.90	1.43 1.10 1.74 1.00 1.10	1.22 1.14 1.35 0.55 0.57	1.07 1.17 1.06 0.21 0.17	0.95 1.19 0.82 -0.06 -0.14	0.85 1.21 0.64 -0.27 -0.40	0.77 1.22 0.48 -0.45 -0.61	0.51 1.26 -0.00 -1.02 -1.26

η = 0,3
b_2/b_1 = 0,2
L/b_1 = 50,0

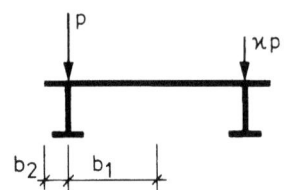
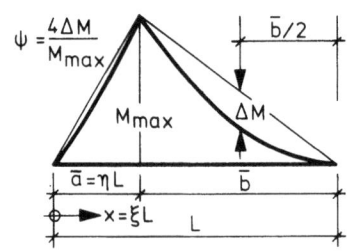

	$\psi = 0$						
ξ \ $\varkappa$	1.00	0.80	0.60	0.40	0.20	0.00	-1.00
0.10	1.00 1.00 1.00 1.00 1.00	0.91 1.03 0.82 0.64 0.61	0.83 1.06 0.67 0.34 0.28	0.76 1.09 0.54 0.08 -0.00	0.70 1.11 0.43 -0.13 -0.24	0.66 1.13 0.34 -0.32 -0.45	0.48 1.20 -0.00 -1.00 -1.20
0.20	1.00 1.00 1.00 1.00 1.00	0.91 1.04 0.82 0.64 0.61	0.83 1.07 0.67 0.35 0.28	0.76 1.09 0.55 0.09 -0.00	0.71 1.11 0.44 -0.12 -0.25	0.66 1.13 0.34 -0.31 -0.46	0.48 1.20 0.00 -0.98 -1.20
0.30	0.96 0.99 0.93 1.00 0.99	0.88 1.03 0.77 0.65 0.61	0.80 1.05 0.63 0.36 0.29	0.74 1.08 0.52 0.10 0.01	0.69 1.10 0.41 -0.12 -0.23	0.64 1.12 0.32 -0.32 -0.44	0.48 1.19 -0.00 -1.02 -1.19
0.40	1.00 1.00 1.00 1.00 1.00	0.91 1.04 0.82 0.64 0.61	0.83 1.07 0.67 0.35 0.28	0.76 1.09 0.54 0.09 -0.00	0.71 1.11 0.43 -0.13 -0.25	0.66 1.13 0.34 -0.32 -0.46	0.48 1.20 0.00 -0.99 -1.20
0.50	1.00 1.00 1.00 1.00 1.00	0.91 1.04 0.82 0.64 0.61	0.83 1.07 0.67 0.34 0.28	0.76 1.09 0.54 0.09 -0.00	0.71 1.11 0.43 -0.13 -0.24	0.66 1.13 0.34 -0.32 -0.45	0.48 1.20 -0.00 -1.00 -1.20
0.60	1.00 1.00 1.00 1.00 1.00	0.91 1.04 0.82 0.64 0.61	0.83 1.07 0.67 0.35 0.28	0.76 1.09 0.54 0.09 -0.00	0.71 1.11 0.43 -0.13 -0.25	0.66 1.13 0.34 -0.32 -0.46	0.48 1.20 0.00 -0.99 -1.20
0.70	1.00 1.00 1.00 1.00 1.00	0.91 1.04 0.82 0.64 0.61	0.83 1.07 0.67 0.34 0.28	0.76 1.09 0.54 0.09 -0.00	0.71 1.11 0.43 -0.13 -0.24	0.66 1.13 0.34 -0.32 -0.46	0.48 1.20 -0.00 -1.00 -1.20
0.80	1.00 1.00 1.00 1.00 1.00	0.91 1.04 0.82 0.64 0.61	0.83 1.06 0.67 0.34 0.28	0.76 1.09 0.54 0.09 -0.00	0.71 1.11 0.43 -0.13 -0.24	0.66 1.13 0.34 -0.33 -0.45	0.48 1.20 -0.00 -1.01 -1.20
0.90	1.00 1.00 1.00 1.00 1.00	0.91 1.04 0.82 0.64 0.61	0.83 1.07 0.67 0.34 0.28	0.76 1.09 0.55 0.09 -0.00	0.71 1.11 0.44 -0.13 -0.25	0.66 1.13 0.34 -0.32 -0.46	0.48 1.20 -0.00 -1.00 -1.20
	$\psi = 0,5$						
0.10	1.00 1.00 1.00 1.00 1.00	0.91 1.03 0.82 0.64 0.61	0.83 1.06 0.67 0.34 0.28	0.76 1.09 0.54 0.09 -0.00	0.71 1.11 0.43 -0.13 -0.24	0.66 1.13 0.34 -0.33 -0.45	0.48 1.20 0.00 -1.00 -1.20
0.20	1.00 1.00 1.00 1.00 1.00	0.91 1.03 0.82 0.64 0.61	0.83 1.06 0.67 0.34 0.28	0.76 1.09 0.54 0.08 -0.00	0.71 1.11 0.43 -0.14 -0.24	0.66 1.13 0.34 -0.33 -0.45	0.48 1.20 -0.00 -1.00 -1.20
0.30	0.95 0.99 0.91 1.00 0.99	0.87 1.02 0.76 0.65 0.61	0.80 1.05 0.62 0.36 0.29	0.74 1.08 0.51 0.10 0.02	0.68 1.10 0.41 -0.12 -0.22	0.64 1.12 0.32 -0.32 -0.43	0.47 1.19 -0.00 -1.04 -1.18
0.40	1.00 1.00 1.00 1.00 1.00	0.91 1.03 0.82 0.64 0.61	0.83 1.06 0.67 0.34 0.28	0.76 1.09 0.54 0.08 -0.00	0.71 1.11 0.43 -0.14 -0.24	0.66 1.13 0.34 -0.33 -0.45	0.48 1.20 0.00 -1.00 -1.20
0.50	1.00 1.00 1.00 1.00 1.00	0.91 1.04 0.82 0.64 0.61	0.83 1.07 0.67 0.34 0.28	0.76 1.09 0.54 0.09 -0.00	0.71 1.11 0.43 -0.13 -0.24	0.66 1.13 0.34 -0.33 -0.45	0.48 1.20 -0.00 -1.00 -1.20
0.60	1.00 1.00 1.00 1.00 1.00	0.91 1.04 0.82 0.64 0.61	0.83 1.07 0.67 0.34 0.28	0.76 1.09 0.54 0.09 -0.00	0.71 1.11 0.43 -0.13 -0.24	0.66 1.13 0.34 -0.32 -0.46	0.48 1.20 0.00 -1.00 -1.20
0.70	1.00 1.00 1.00 1.00 1.00	0.91 1.04 0.82 0.64 0.61	0.83 1.07 0.67 0.34 0.28	0.76 1.09 0.55 0.09 -0.00	0.71 1.11 0.44 -0.14 -0.24	0.66 1.13 0.34 -0.33 -0.46	0.48 1.20 -0.00 -1.01 -1.20
0.80	1.00 1.00 1.01 1.00 1.00	0.91 1.04 0.83 0.64 0.61	0.83 1.07 0.68 0.35 0.28	0.77 1.09 0.55 0.09 -0.00	0.71 1.11 0.44 -0.12 -0.25	0.66 1.13 0.34 -0.31 -0.46	0.48 1.20 0.00 -1.00 -1.20
0.90	1.01 1.00 1.01 1.00 1.00	0.91 1.04 0.83 0.64 0.61	0.83 1.07 0.68 0.34 0.28	0.77 1.09 0.55 0.08 -0.01	0.71 1.12 0.44 -0.14 -0.25	0.66 1.14 0.34 -0.33 -0.46	0.48 1.20 -0.00 -1.01 -1.20
	$\psi = 1,0$						
0.10	1.00 1.00 1.01 1.00 1.00	0.91 1.04 0.83 0.65 0.61	0.83 1.07 0.68 0.34 0.28	0.77 1.09 0.55 0.09 -0.00	0.71 1.11 0.44 -0.13 -0.25	0.66 1.13 0.34 -0.32 -0.46	0.48 1.20 0.00 -1.00 -1.20
0.20	1.00 1.00 1.00 1.00 1.00	0.91 1.04 0.82 0.64 0.61	0.83 1.07 0.67 0.34 0.28	0.76 1.09 0.54 0.09 -0.00	0.71 1.11 0.43 -0.13 -0.24	0.66 1.13 0.34 -0.33 -0.45	0.48 1.20 -0.00 -1.00 -1.20
0.30	0.94 0.98 0.90 1.00 0.98	0.86 1.02 0.74 0.65 0.61	0.79 1.05 0.61 0.36 0.29	0.73 1.07 0.50 0.10 0.02	0.68 1.09 0.40 -0.12 -0.22	0.63 1.11 0.31 -0.32 -0.42	0.47 1.18 -0.00 -1.04 -1.18
0.40	1.00 1.00 1.00 1.00 1.00	0.91 1.04 0.82 0.64 0.61	0.83 1.07 0.67 0.34 0.28	0.76 1.09 0.54 0.09 -0.00	0.71 1.11 0.43 -0.14 -0.24	0.66 1.13 0.34 -0.33 -0.45	0.48 1.20 -0.00 -1.00 -1.20
0.50	1.00 1.00 1.01 1.00 1.00	0.91 1.04 0.83 0.64 0.61	0.83 1.07 0.67 0.34 0.28	0.76 1.09 0.55 0.09 -0.00	0.71 1.11 0.44 -0.13 -0.25	0.66 1.13 0.34 -0.32 -0.46	0.48 1.20 -0.00 -1.00 -1.20
0.60	1.00 1.00 1.00 1.00 1.00	0.91 1.03 0.82 0.64 0.61	0.83 1.06 0.67 0.34 0.28	0.76 1.09 0.55 0.08 -0.00	0.71 1.11 0.44 -0.14 -0.24	0.66 1.13 0.34 -0.33 -0.45	0.48 1.20 -0.00 -1.00 -1.20
0.70	1.01 1.00 1.01 1.00 1.00	0.91 1.04 0.83 0.64 0.61	0.83 1.07 0.68 0.34 0.28	0.77 1.09 0.55 0.09 -0.00	0.71 1.12 0.44 -0.14 -0.25	0.66 1.14 0.34 -0.33 -0.46	0.48 1.20 -0.00 -1.01 -1.20
0.80	1.01 1.00 1.01 1.00 1.00	0.91 1.03 0.83 0.63 0.61	0.83 1.06 0.68 0.33 0.28	0.77 1.09 0.55 0.06 -0.00	0.71 1.11 0.44 -0.16 -0.24	0.66 1.13 0.34 -0.35 -0.45	0.48 1.20 -0.00 -1.01 -1.20
0.90	1.06 1.02 1.10 1.00 1.02	0.95 1.06 0.90 0.63 0.61	0.87 1.08 0.73 0.32 0.27	0.79 1.11 0.59 0.06 -0.02	0.73 1.13 0.47 -0.16 -0.27	0.67 1.15 0.36 -0.36 -0.48	0.49 1.21 -0.00 -1.04 -1.21

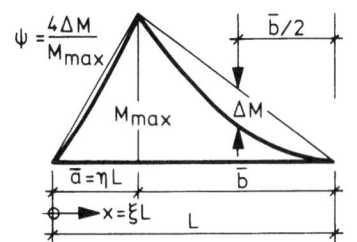
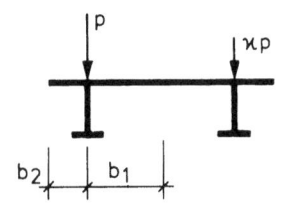

η	=	0,3
b_2/b_1	=	0,5
L/b_1	=	2,0

$\psi = 0$

ξ \ κ	1.00	0.80	0.60	0.40	0.20	0.00	-1.00
0.10	0.46 0.33 0.10 1.00 0.33	0.46 0.34 0.09 0.79 0.25	0.46 0.35 0.08 0.59 0.17	0.45 0.36 0.07 0.38 0.10	0.45 0.37 0.06 0.18 0.02	0.45 0.38 0.05 -0.02 -0.06	0.44 0.42 -0.00 -1.00 -0.42
0.20	0.40 0.24 0.08 1.00 0.24	0.40 0.25 0.08 0.79 0.18	0.40 0.26 0.07 0.59 0.13	0.39 0.27 0.06 0.39 0.07	0.39 0.28 0.05 0.18 0.01	0.39 0.29 0.04 -0.02 -0.05	0.38 0.33 -0.00 -1.00 -0.33
0.30	0.27 0.15 0.06 1.00 0.15	0.26 0.16 0.05 0.80 0.11	0.26 0.16 0.05 0.59 0.08	0.26 0.17 0.04 0.39 0.04	0.26 0.17 0.03 0.19 0.01	0.26 0.18 0.03 -0.01 -0.03	0.26 0.21 0.00 -1.00 -0.21
0.40	0.45 0.34 0.12 1.00 0.34	0.44 0.36 0.11 0.79 0.26	0.44 0.37 0.10 0.59 0.18	0.44 0.38 0.09 0.38 0.10	0.44 0.39 0.07 0.18 0.02	0.44 0.40 0.06 -0.02 -0.06	0.42 0.45 0.00 -1.00 -0.45
0.50	0.57 0.58 0.20 1.00 0.58	0.56 0.59 0.18 0.79 0.44	0.56 0.61 0.16 0.58 0.30	0.56 0.62 0.14 0.37 0.17	0.55 0.64 0.12 0.17 0.04	0.55 0.65 0.10 -0.03 -0.09	0.53 0.72 -0.00 -1.00 -0.72
0.60	0.65 0.77 0.28 1.00 0.77	0.65 0.79 0.25 0.78 0.59	0.64 0.81 0.22 0.57 0.41	0.63 0.83 0.19 0.36 0.23	0.63 0.85 0.16 0.16 0.05	0.62 0.87 0.13 -0.04 -0.12	0.59 0.95 -0.00 -1.00 -0.95
0.70	0.72 0.92 0.35 1.00 0.92	0.71 0.94 0.31 0.78 0.70	0.70 0.96 0.27 0.57 0.48	0.69 0.98 0.24 0.36 0.26	0.69 1.00 0.20 0.15 0.05	0.68 1.02 0.17 -0.05 -0.15	0.64 1.12 -0.00 -1.00 -1.12
0.80	0.76 1.00 0.40 1.00 1.00	0.75 1.02 0.36 0.78 0.75	0.74 1.04 0.31 0.56 0.51	0.73 1.07 0.27 0.35 0.28	0.72 1.09 0.23 0.14 0.05	0.71 1.11 0.19 -0.06 -0.17	0.67 1.21 0.00 -1.00 -1.21
0.90	0.78 1.05 0.44 1.00 1.05	0.77 1.08 0.39 0.78 0.79	0.76 1.10 0.34 0.56 0.54	0.75 1.12 0.29 0.35 0.29	0.74 1.15 0.25 0.14 0.05	0.73 1.17 0.21 -0.06 -0.18	0.69 1.27 0.00 -1.00 -1.27

$\psi = 0,5$

ξ \ κ	1.00	0.80	0.60	0.40	0.20	0.00	-1.00
0.10	0.49 0.34 0.10 1.00 0.34	0.49 0.35 0.09 0.79 0.26	0.48 0.36 0.08 0.59 0.18	0.48 0.37 0.07 0.38 0.10	0.48 0.38 0.06 0.18 0.02	0.48 0.39 0.05 -0.02 -0.06	0.47 0.44 -0.00 -1.00 -0.44
0.20	0.39 0.22 0.07 1.00 0.22	0.39 0.22 0.07 0.79 0.16	0.39 0.23 0.06 0.59 0.11	0.39 0.24 0.05 0.39 0.06	0.39 0.25 0.04 0.19 0.01	0.38 0.25 0.04 -0.02 -0.04	0.38 0.29 -0.00 -1.00 -0.29
0.30	0.24 0.12 0.05 1.00 0.12	0.24 0.12 0.04 0.80 0.09	0.24 0.13 0.04 0.59 0.06	0.24 0.13 0.03 0.39 0.03	0.24 0.14 0.03 0.19 0.00	0.24 0.14 0.02 -0.01 -0.02	0.23 0.16 0.00 -1.00 -0.16
0.40	0.44 0.32 0.11 1.00 0.32	0.43 0.33 0.10 0.79 0.24	0.43 0.34 0.09 0.59 0.16	0.43 0.35 0.08 0.38 0.09	0.43 0.36 0.07 0.18 0.02	0.43 0.37 0.06 -0.02 -0.06	0.42 0.42 0.00 -1.00 -0.42
0.50	0.61 0.64 0.22 1.00 0.64	0.60 0.65 0.20 0.79 0.48	0.60 0.67 0.17 0.58 0.33	0.59 0.69 0.15 0.37 0.19	0.59 0.70 0.13 0.17 0.04	0.58 0.72 0.11 -0.04 -0.10	0.56 0.79 -0.00 -1.00 -0.79
0.60	0.80 1.05 0.38 1.00 1.05	0.79 1.07 0.34 0.78 0.80	0.78 1.10 0.30 0.56 0.55	0.77 1.12 0.26 0.35 0.31	0.76 1.14 0.22 0.15 0.07	0.75 1.16 0.18 -0.06 -0.16	0.71 1.25 -0.00 -1.00 -1.25
0.70	1.11 1.70 0.66 1.00 1.70	1.09 1.73 0.58 0.77 1.28	1.07 1.75 0.51 0.54 0.87	1.05 1.77 0.44 0.32 0.48	1.03 1.79 0.37 0.11 0.10	1.01 1.82 0.30 -0.09 -0.27	0.92 1.91 -0.00 -1.00 -1.91
0.80	1.84 3.16 1.30 1.00 3.16	1.78 3.16 1.13 0.74 2.33	1.71 3.15 0.97 0.49 1.56	1.65 3.15 0.82 0.26 0.83	1.60 3.14 0.68 0.04 0.16	1.54 3.14 0.55 -0.16 -0.47	1.33 3.12 0.00 -1.00 -3.12
0.90	-- -- -- -- --	-- -- -- -- --	-- -- -- -- --	-- -- -- -- --	-- -- -- -- --	-- -- -- -- --	-- -- -- -- --

$\psi = 1,0$

ξ \ κ	1.00	0.80	0.60	0.40	0.20	0.00	-1.00
0.10	0.52 0.36 0.09 1.00 0.36	0.52 0.37 0.08 0.79 0.27	0.51 0.38 0.07 0.59 0.19	0.51 0.39 0.06 0.38 0.11	0.51 0.40 0.05 0.18 0.03	0.51 0.41 0.04 -0.02 -0.05	0.50 0.45 -0.00 -1.00 -0.45
0.20	0.38 0.19 0.06 1.00 0.19	0.38 0.20 0.05 0.79 0.14	0.38 0.20 0.05 0.59 0.10	0.38 0.21 0.04 0.39 0.05	0.38 0.22 0.04 0.19 0.01	0.38 0.22 0.03 -0.01 -0.04	0.37 0.26 -0.00 -1.00 -0.26
0.30	0.22 0.09 0.03 1.00 0.09	0.22 0.09 0.03 0.80 0.07	0.22 0.10 0.03 0.60 0.04	0.22 0.10 0.02 0.39 0.02	0.22 0.10 0.02 0.19 0.00	0.22 0.11 0.02 -0.01 -0.02	0.21 0.13 0.00 -1.00 -0.13
0.40	0.43 0.28 0.10 1.00 0.28	0.43 0.29 0.09 0.79 0.22	0.42 0.30 0.08 0.59 0.15	0.42 0.31 0.07 0.38 0.08	0.42 0.32 0.06 0.18 0.01	0.42 0.33 0.05 -0.02 -0.05	0.41 0.38 0.00 -1.00 -0.38
0.50	0.67 0.73 0.25 1.00 0.73	0.66 0.75 0.22 0.78 0.55	0.66 0.76 0.19 0.57 0.38	0.65 0.78 0.17 0.37 0.21	0.65 0.80 0.14 0.16 0.05	0.64 0.81 0.12 -0.04 -0.12	0.61 0.89 -0.00 -1.00 -0.89
0.60	1.29 1.99 0.72 1.00 1.99	1.27 2.01 0.63 0.76 1.50	1.24 2.03 0.55 0.53 1.02	1.21 2.05 0.47 0.31 0.57	1.19 2.07 0.40 0.10 0.13	1.16 2.09 0.32 -0.10 -0.29	1.05 2.16 -0.00 -1.00 -2.16
0.70	-- -- -- --	-- -- -- --	-- -- -- --	-- -- -- --	-- -- -- --	-- -- -- --	-- -- -- --
0.80	-- -- -- --	-- -- -- --	-- -- -- --	-- -- -- --	-- -- -- --	-- -- -- --	-- -- -- --
0.90	-- -- -- --	-- -- -- --	-- -- -- --	-- -- -- --	-- -- -- --	-- -- -- --	-- -- -- --

η	= 0,3
b_2/b_1	= 0,5
L/b_1	= 5,0

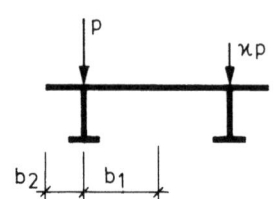
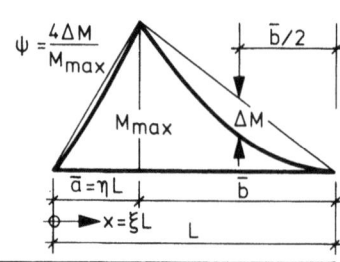

$\psi = 0$

ξ \ ϰ	1.00	0.80	0.60	0.40	0.20	0.00	-1.00
0.10	0.89 1.01 0.72 1.00 1.01	0.87 1.06 0.63 0.76 0.72	0.85 1.10 0.55 0.53 0.45	0.83 1.14 0.47 0.31 0.19	0.81 1.18 0.40 0.10 -0.07	0.80 1.22 0.32 -0.10 -0.31	0.72 1.40 0.00 -1.00 -1.40
0.20	0.80 0.85 0.59 1.00 0.85	0.78 0.89 0.52 0.77 0.61	0.77 0.93 0.45 0.54 0.38	0.75 0.97 0.39 0.33 0.16	0.74 1.01 0.33 0.12 -0.05	0.73 1.04 0.27 -0.08 -0.26	0.67 1.21 0.00 -1.00 -1.21
0.30	0.50 0.45 0.33 1.00 0.45	0.50 0.47 0.30 0.78 0.32	0.49 0.50 0.26 0.57 0.20	0.49 0.53 0.23 0.36 0.08	0.48 0.55 0.19 0.15 -0.04	0.48 0.58 0.16 -0.05 -0.16	0.45 0.70 0.00 -1.00 -0.70
0.40	0.84 0.88 0.66 1.00 0.88	0.82 0.93 0.58 0.76 0.63	0.80 0.97 0.51 0.54 0.38	0.78 1.01 0.44 0.32 0.15	0.77 1.05 0.37 0.11 -0.08	0.75 1.09 0.30 -0.09 -0.29	0.68 1.27 0.00 -1.00 -1.27
0.50	0.94 1.01 0.84 1.00 1.01	0.92 1.06 0.74 0.76 0.71	0.89 1.11 0.64 0.52 0.42	0.87 1.16 0.55 0.30 0.15	0.85 1.21 0.46 0.09 -0.11	0.83 1.25 0.37 -0.11 -0.36	0.74 1.45 0.00 -1.00 -1.45
0.60	0.98 1.01 0.93 1.00 1.01	0.95 1.07 0.81 0.75 0.70	0.92 1.13 0.70 0.52 0.40	0.90 1.18 0.60 0.29 0.12	0.87 1.23 0.50 0.08 -0.14	0.85 1.28 0.41 -0.12 -0.40	0.75 1.49 0.00 -1.00 -1.49
0.70	0.99 1.00 0.97 1.00 1.00	0.96 1.06 0.85 0.75 0.69	0.93 1.12 0.73 0.51 0.39	0.91 1.18 0.62 0.29 0.11	0.88 1.23 0.52 0.07 -0.16	0.86 1.28 0.42 -0.13 -0.41	0.75 1.50 0.00 -1.00 -1.50
0.80	1.00 0.99 0.99 1.00 0.99	0.97 1.06 0.86 0.75 0.68	0.94 1.12 0.75 0.51 0.38	0.91 1.18 0.63 0.28 0.10	0.88 1.23 0.53 0.07 -0.17	0.86 1.28 0.43 -0.13 -0.42	0.75 1.51 0.00 -1.00 -1.51
0.90	1.00 0.99 1.00 1.00 0.99	0.97 1.06 0.87 0.75 0.68	0.94 1.12 0.75 0.51 0.38	0.91 1.18 0.64 0.28 0.10	0.89 1.23 0.53 0.07 -0.17	0.86 1.28 0.43 -0.13 -0.42	0.75 1.51 0.00 -1.00 -1.51

$\psi = 0,5$

ξ \ ϰ	1.00	0.80	0.60	0.40	0.20	0.00	-1.00
0.10	0.96 1.13 0.78 1.00 1.13	0.93 1.18 0.69 0.76 0.81	0.91 1.22 0.60 0.53 0.50	0.89 1.26 0.51 0.31 0.21	0.87 1.31 0.43 0.10 -0.07	0.85 1.35 0.35 -0.10 -0.33	0.76 1.52 0.00 -1.00 -1.52
0.20	0.80 0.86 0.58 1.00 0.86	0.78 0.90 0.51 0.77 0.62	0.77 0.94 0.45 0.55 0.39	0.76 0.98 0.38 0.33 0.17	0.74 1.02 0.32 0.12 -0.05	0.73 1.05 0.26 -0.08 -0.26	0.67 1.21 0.00 -1.00 -1.21
0.30	0.46 0.39 0.29 1.00 0.39	0.46 0.42 0.25 0.78 0.28	0.45 0.44 0.22 0.57 0.18	0.45 0.46 0.19 0.36 0.07	0.44 0.49 0.17 0.16 -0.03	0.44 0.51 0.14 -0.04 -0.13	0.42 0.62 0.00 -1.00 -0.62
0.40	0.83 0.88 0.65 1.00 0.88	0.81 0.93 0.57 0.77 0.63	0.80 0.97 0.50 0.54 0.39	0.78 1.01 0.43 0.32 0.16	0.77 1.05 0.36 0.11 -0.07	0.75 1.09 0.29 -0.09 -0.29	0.68 1.26 0.00 -1.00 -1.26
0.50	0.99 1.07 0.90 1.00 1.07	0.96 1.13 0.79 0.75 0.75	0.93 1.18 0.68 0.52 0.45	0.91 1.23 0.58 0.29 0.16	0.88 1.28 0.49 0.08 -0.12	0.86 1.33 0.40 -0.12 -0.38	0.76 1.53 0.00 -1.00 -1.53
0.60	1.06 1.11 1.07 1.00 1.11	1.03 1.17 0.93 0.74 0.76	1.00 1.24 0.80 0.50 0.43	0.96 1.29 0.68 0.28 0.12	0.93 1.35 0.57 0.06 -0.17	0.91 1.40 0.46 -0.14 -0.45	0.79 1.62 0.00 -1.00 -1.62
0.70	1.15 1.16 1.24 1.00 1.16	1.11 1.23 1.08 0.73 0.77	1.07 1.30 0.92 0.49 0.42	1.03 1.36 0.78 0.26 0.09	0.99 1.43 0.65 0.04 -0.22	0.96 1.48 0.52 -0.16 -0.51	0.82 1.72 0.00 -1.00 -1.72
0.80	1.28 1.26 1.47 1.00 1.26	1.22 1.34 1.27 0.72 0.83	1.17 1.42 1.08 0.47 0.43	1.12 1.49 0.91 0.23 0.06	1.08 1.56 0.75 0.02 -0.27	1.03 1.62 0.60 -0.18 -0.59	0.86 1.86 0.00 -1.00 -1.86
0.90	1.74 1.76 2.17 1.00 1.76	1.63 1.85 1.84 0.69 1.12	1.53 1.93 1.54 0.41 0.56	1.44 2.00 1.27 0.17 0.06	1.36 2.06 1.03 -0.05 -0.39	1.29 2.12 0.82 -0.25 -0.79	1.02 2.34 0.00 -1.00 -2.34

$\psi = 1,0$

ξ \ ϰ	1.00	0.80	0.60	0.40	0.20	0.00	-1.00
0.10	1.04 1.29 0.87 1.00 1.29	1.02 1.34 0.76 0.75 0.93	0.99 1.38 0.66 0.52 0.58	0.96 1.43 0.57 0.30 0.25	0.94 1.47 0.47 0.09 -0.07	0.92 1.51 0.39 -0.11 -0.37	0.82 1.68 0.00 -1.00 -1.68
0.20	0.80 0.88 0.56 1.00 0.88	0.79 0.92 0.50 0.77 0.64	0.77 0.95 0.44 0.55 0.40	0.76 0.99 0.38 0.33 0.18	0.75 1.03 0.32 0.12 -0.04	0.73 1.06 0.26 -0.08 -0.25	0.67 1.21 0.00 -1.00 -1.21
0.30	0.42 0.35 0.25 1.00 0.35	0.42 0.37 0.22 0.79 0.25	0.42 0.39 0.19 0.58 0.16	0.41 0.41 0.17 0.37 0.06	0.41 0.43 0.14 0.16 -0.03	0.41 0.45 0.12 -0.04 -0.12	0.39 0.55 0.00 -1.00 -0.55
0.40	0.83 0.89 0.63 1.00 0.89	0.81 0.93 0.56 0.77 0.64	0.80 0.97 0.48 0.54 0.40	0.78 1.01 0.42 0.32 0.16	0.77 1.05 0.35 0.11 -0.06	0.75 1.09 0.29 -0.09 -0.28	0.69 1.26 0.00 -1.00 -1.26
0.50	1.06 1.18 1.00 1.00 1.18	1.03 1.24 0.87 0.75 0.82	1.00 1.30 0.75 0.51 0.49	0.97 1.35 0.64 0.28 0.17	0.94 1.40 0.53 0.07 -0.13	0.91 1.44 0.43 -0.13 -0.42	0.80 1.65 0.00 -1.00 -1.65
0.60	1.27 1.33 1.40 1.00 1.33	1.22 1.41 1.21 0.73 0.89	1.17 1.48 1.03 0.48 0.49	1.12 1.55 0.87 0.24 0.11	1.08 1.61 0.72 0.03 -0.24	1.04 1.67 0.58 -0.17 -0.56	0.88 1.90 0.00 -1.00 -1.90
0.70	1.84 1.80 2.40 1.00 1.80	1.71 1.90 2.01 0.68 1.13	1.60 1.99 1.68 0.40 0.54	1.50 2.06 1.38 0.15 0.02	1.41 2.13 1.12 -0.07 -0.45	1.33 2.19 0.88 -0.27 -0.86	1.04 2.41 0.00 -1.00 -2.41
0.80	-- -- -- -- --	-- -- -- -- --	-- -- -- -- --	-- -- -- -- --	-- -- -- -- --	-- -- -- -- --	1.78 4.77 0.00 -1.00 -4.77
0.90	-- -- -- -- --	-- -- -- -- --	-- -- -- -- --	-- -- -- -- --	-- -- -- -- --	-- -- -- -- --	-- -- -- -- --

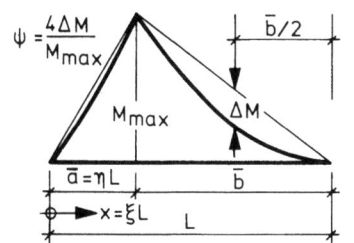
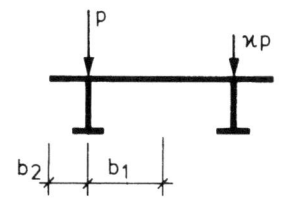

	η	= 0,3
	b_2/b_1 =	0,5
	L/b_1 =	10,0

ξ \ $\varkappa$	1.00	0.80	0.60	0.40	0.20	0.00	-1.00
\multicolumn{8}{c}{$\psi = 0$}

ξ \ $\varkappa$	1.00	0.80	0.60	0.40	0.20	0.00	-1.00
0.10	0.99 1.00 0.98 1.00 1.00	0.96 1.06 0.85 0.75 0.69	0.93 1.12 0.74 0.51 0.39	0.91 1.18 0.63 0.29 0.11	0.88 1.23 0.52 0.07 -0.16	0.86 1.28 0.43 -0.13 -0.41	0.75 1.50 -0.00 -1.00 -1.50
0.20	0.97 1.00 0.91 1.00 1.00	0.94 1.06 0.80 0.75 0.69	0.91 1.11 0.69 0.52 0.40	0.89 1.17 0.59 0.29 0.13	0.86 1.22 0.49 0.08 -0.14	0.84 1.26 0.40 -0.12 -0.39	0.74 1.47 -0.00 -1.00 -1.47
0.30	0.69 0.65 0.58 1.00 0.65	0.68 0.70 0.51 0.77 0.46	0.66 0.74 0.45 0.54 0.27	0.65 0.78 0.38 0.33 0.09	0.64 0.82 0.32 0.12 -0.09	0.63 0.86 0.26 -0.08 -0.26	0.58 1.03 -0.00 -1.00 -1.03
0.40	0.97 1.00 0.93 1.00 1.00	0.94 1.06 0.81 0.75 0.69	0.92 1.12 0.70 0.51 0.40	0.89 1.17 0.60 0.29 0.12	0.87 1.22 0.50 0.08 -0.14	0.84 1.27 0.41 -0.12 -0.39	0.74 1.48 -0.00 -1.00 -1.48
0.50	1.00 1.00 0.99 1.00 1.00	0.97 1.06 0.87 0.75 0.68	0.94 1.12 0.75 0.51 0.39	0.91 1.18 0.64 0.28 0.10	0.88 1.23 0.53 0.07 -0.16	0.86 1.28 0.43 -0.13 -0.42	0.75 1.50 -0.00 -1.00 -1.50
0.60	1.00 1.00 1.00 1.00 1.00	0.97 1.06 0.87 0.75 0.68	0.94 1.12 0.75 0.51 0.38	0.91 1.18 0.64 0.28 0.10	0.88 1.23 0.53 0.07 -0.16	0.86 1.28 0.43 -0.13 -0.42	0.75 1.50 -0.00 -1.00 -1.50
0.70	1.00 1.00 1.00 1.00 1.00	0.97 1.06 0.88 0.75 0.68	0.94 1.12 0.76 0.51 0.38	0.91 1.18 0.64 0.28 0.10	0.89 1.23 0.54 0.07 -0.16	0.86 1.29 0.43 -0.13 -0.42	0.75 1.50 -0.00 -1.00 -1.50
0.80	1.00 1.00 1.00 1.00 1.00	0.97 1.06 0.87 0.75 0.68	0.94 1.12 0.75 0.51 0.38	0.91 1.18 0.64 0.28 0.10	0.88 1.23 0.53 0.07 -0.16	0.86 1.28 0.43 -0.13 -0.42	0.75 1.50 -0.00 -1.00 -1.50
0.90	1.00 1.00 1.00 1.00 1.00	0.97 1.07 0.88 0.75 0.68	0.94 1.13 0.76 0.51 0.39	0.91 1.18 0.64 0.28 0.10	0.89 1.24 0.54 0.07 -0.16	0.86 1.29 0.43 -0.13 -0.42	0.75 1.50 -0.00 -1.00 -1.50
\multicolumn{8}{c}{$\psi = 0,5$}
0.10	1.02 1.03 1.03 1.00 1.03	0.99 1.10 0.90 0.75 0.70	0.96 1.16 0.77 0.51 0.39	0.93 1.21 0.66 0.28 0.10	0.90 1.27 0.55 0.07 -0.17	0.87 1.32 0.44 -0.14 -0.43	0.76 1.54 0.00 -1.00 -1.54
0.20	0.98 1.02 0.92 1.00 1.02	0.95 1.08 0.81 0.75 0.71	0.92 1.14 0.70 0.52 0.41	0.90 1.19 0.60 0.29 0.13	0.87 1.24 0.50 0.08 -0.14	0.85 1.29 0.40 -0.12 -0.39	0.75 1.49 0.00 -1.00 -1.49
0.30	0.65 0.60 0.53 1.00 0.60	0.64 0.64 0.47 0.77 0.43	0.63 0.68 0.41 0.55 0.25	0.62 0.72 0.35 0.33 0.08	0.61 0.76 0.30 0.13 -0.08	0.60 0.79 0.24 -0.08 -0.24	0.55 0.96 0.00 -1.00 -0.96
0.40	0.98 1.02 0.94 1.00 1.02	0.95 1.08 0.82 0.75 0.70	0.93 1.13 0.71 0.51 0.41	0.90 1.19 0.60 0.29 0.12	0.87 1.24 0.51 0.08 -0.14	0.85 1.29 0.41 -0.12 -0.40	0.75 1.49 0.00 -1.00 -1.49
0.50	1.01 1.01 1.02 1.00 1.01	0.98 1.08 0.89 0.75 0.69	0.95 1.14 0.77 0.51 0.39	0.92 1.20 0.65 0.28 0.10	0.89 1.25 0.54 0.07 -0.17	0.87 1.30 0.44 -0.14 -0.42	0.76 1.52 0.00 -1.00 -1.52
0.60	1.03 1.02 1.05 1.00 1.02	0.99 1.09 0.91 0.74 0.69	0.96 1.15 0.79 0.50 0.39	0.93 1.21 0.67 0.28 0.10	0.90 1.26 0.56 0.06 -0.18	0.88 1.31 0.45 -0.14 -0.43	0.76 1.54 0.00 -1.00 -1.54
0.70	1.04 1.03 1.08 1.00 1.03	1.01 1.10 0.94 0.74 0.70	0.97 1.16 0.81 0.50 0.39	0.94 1.22 0.68 0.27 0.10	0.91 1.28 0.57 0.06 -0.18	0.88 1.33 0.46 -0.14 -0.44	0.77 1.55 0.00 -1.00 -1.55
0.80	1.06 1.05 1.12 1.00 1.05	1.03 1.12 0.97 0.74 0.71	0.99 1.19 0.84 0.50 0.39	0.96 1.25 0.71 0.27 0.09	0.93 1.30 0.59 0.06 -0.19	0.90 1.36 0.48 -0.15 -0.46	0.78 1.58 0.00 -1.00 -1.58
0.90	1.16 1.15 1.27 1.00 1.15	1.11 1.23 1.10 0.73 0.77	1.07 1.30 0.94 0.48 0.42	1.03 1.36 0.80 0.25 0.09	0.99 1.42 0.66 0.04 -0.22	0.96 1.47 0.53 -0.16 -0.51	0.82 1.70 0.00 -1.00 -1.70
\multicolumn{8}{c}{$\psi = 1,0$}
0.10	1.07 1.08 1.10 1.00 1.08	1.03 1.15 0.96 0.74 0.73	1.00 1.21 0.82 0.50 0.41	0.96 1.27 0.70 0.27 0.10	0.93 1.33 0.58 0.06 -0.19	0.91 1.38 0.47 -0.14 -0.46	0.78 1.61 0.00 -1.00 -1.61
0.20	0.99 1.04 0.93 1.00 1.04	0.96 1.10 0.82 0.75 0.72	0.93 1.15 0.71 0.51 0.42	0.90 1.20 0.60 0.29 0.13	0.88 1.25 0.50 0.08 -0.14	0.86 1.30 0.41 -0.12 -0.39	0.75 1.51 0.00 -1.00 -1.51
0.30	0.61 0.56 0.48 1.00 0.56	0.60 0.60 0.42 0.77 0.40	0.59 0.63 0.37 0.55 0.24	0.58 0.67 0.32 0.34 0.08	0.57 0.70 0.27 0.13 -0.07	0.57 0.74 0.22 -0.07 -0.22	0.52 0.89 0.00 -1.00 -0.89
0.40	0.99 1.03 0.94 1.00 1.03	0.96 1.09 0.82 0.75 0.71	0.93 1.15 0.71 0.51 0.41	0.91 1.20 0.61 0.29 0.13	0.88 1.25 0.51 0.08 -0.14	0.86 1.30 0.41 -0.13 -0.40	0.75 1.51 0.00 -1.00 -1.51
0.50	1.04 1.04 1.07 1.00 1.04	1.01 1.11 0.93 0.74 0.71	0.98 1.17 0.80 0.50 0.39	0.94 1.23 0.68 0.28 0.10	0.92 1.29 0.57 0.06 -0.18	0.89 1.34 0.46 -0.14 -0.44	0.77 1.56 0.00 -1.00 -1.56
0.60	1.08 1.07 1.14 1.00 1.07	1.04 1.14 0.99 0.74 0.72	1.01 1.20 0.86 0.50 0.39	0.97 1.26 0.72 0.27 0.09	0.94 1.32 0.60 0.05 -0.20	0.91 1.37 0.49 -0.15 -0.47	0.78 1.60 0.00 -1.00 -1.60
0.70	1.15 1.13 1.28 1.00 1.13	1.11 1.21 1.10 0.73 0.75	1.07 1.27 0.95 0.48 0.40	1.03 1.34 0.80 0.25 0.08	0.99 1.40 0.66 0.04 -0.22	0.95 1.45 0.53 -0.16 -0.51	0.81 1.69 0.00 -1.00 -1.69
0.80	1.41 1.36 1.73 1.00 1.36	1.34 1.45 1.48 0.71 0.88	1.27 1.52 1.25 0.45 0.44	1.21 1.59 1.04 0.21 0.05	1.15 1.66 0.86 -0.01 -0.32	1.10 1.72 0.68 -0.21 -0.65	0.90 1.95 0.00 -0.99 -1.95
0.90	-- -- -- -- --	-- -- -- -- --	-- -- -- -- --	-- -- -- -- --	-- -- -- -- --	-- -- -- -- --	1.89 5.05 0.00 -1.01 -5.05

η = 0,3
b_2/b_1 = 0,5
L/b_1 = 20,0

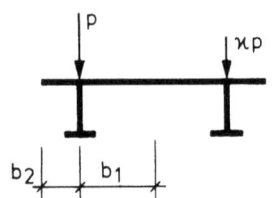
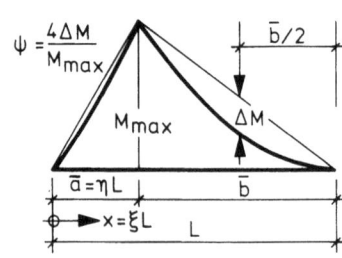

$\psi = \dfrac{4\Delta M}{M_{max}}$

ξ \ $\varkappa$	1.00	0.80	0.60	0.40	0.20	0.00	-1.00
				$\psi = 0$			
0.10	1.00 1.00 1.00 1.00 1.00	0.97 1.06 0.87 0.75 0.68	0.94 1.12 0.75 0.51 0.38	0.91 1.18 0.64 0.28 0.10	0.88 1.23 0.54 0.07 -0.16	0.86 1.28 0.43 -0.13 -0.42	0.75 1.50 -0.00 -1.00 -1.50
0.20	1.00 1.00 1.00 1.00 1.00	0.97 1.06 0.87 0.75 0.68	0.94 1.12 0.75 0.51 0.39	0.91 1.18 0.64 0.28 0.10	0.88 1.23 0.53 0.07 -0.16	0.86 1.28 0.43 -0.13 -0.42	0.75 1.50 0.00 -1.00 -1.50
0.30	0.84 0.82 0.77 1.00 0.82	0.82 0.87 0.68 0.76 0.57	0.80 0.92 0.59 0.53 0.33	0.78 0.97 0.51 0.31 0.10	0.76 1.02 0.42 0.10 -0.12	0.75 1.07 0.35 -0.11 -0.33	0.67 1.27 -0.00 -1.01 -1.27
0.40	1.00 1.00 1.00 1.00 1.00	0.97 1.06 0.87 0.75 0.68	0.94 1.12 0.75 0.51 0.39	0.91 1.18 0.64 0.28 0.10	0.88 1.23 0.53 0.07 -0.16	0.86 1.28 0.43 -0.13 -0.42	0.75 1.50 0.00 -1.00 -1.50
0.50	1.00 1.00 1.00 1.00 1.00	0.97 1.06 0.87 0.75 0.68	0.94 1.12 0.76 0.51 0.38	0.91 1.18 0.64 0.28 0.10	0.88 1.23 0.54 0.07 -0.16	0.86 1.28 0.43 -0.13 -0.42	0.75 1.50 -0.00 -1.00 -1.50
0.60	1.00 1.00 1.00 1.00 1.00	0.97 1.07 0.87 0.75 0.68	0.94 1.13 0.76 0.51 0.39	0.91 1.18 0.64 0.28 0.10	0.88 1.23 0.54 0.07 -0.16	0.86 1.29 0.43 -0.13 -0.42	0.75 1.50 0.00 -1.00 -1.50
0.70	1.00 1.00 1.00 1.00 1.00	0.97 1.07 0.87 0.75 0.68	0.94 1.13 0.76 0.51 0.39	0.91 1.18 0.64 0.28 0.10	0.89 1.24 0.54 0.07 -0.16	0.86 1.29 0.43 -0.13 -0.42	0.75 1.50 -0.00 -1.00 -1.50
0.80	1.00 1.00 1.00 1.00 1.00	0.97 1.07 0.88 0.75 0.68	0.94 1.13 0.76 0.51 0.39	0.91 1.18 0.64 0.28 0.10	0.89 1.24 0.54 0.07 -0.16	0.86 1.29 0.43 -0.13 -0.42	0.75 1.50 0.00 -1.00 -1.50
0.90	1.00 1.00 1.00 1.00 1.00	0.97 1.07 0.88 0.75 0.68	0.94 1.13 0.76 0.51 0.39	0.91 1.18 0.64 0.28 0.10	0.89 1.24 0.54 0.07 -0.16	0.86 1.29 0.43 -0.13 -0.42	0.75 1.50 -0.00 -1.00 -1.50
				$\psi = 0,5$			
0.10	1.01 1.01 1.02 1.00 1.01	0.98 1.07 0.89 0.75 0.69	0.95 1.13 0.77 0.51 0.39	0.92 1.19 0.65 0.28 0.10	0.89 1.24 0.54 0.07 -0.17	0.87 1.30 0.44 -0.13 -0.42	0.75 1.51 -0.00 -1.00 -1.51
0.20	1.00 1.00 1.00 1.00 1.00	0.97 1.07 0.87 0.75 0.68	0.94 1.13 0.75 0.51 0.39	0.91 1.18 0.64 0.28 0.10	0.88 1.24 0.53 0.07 -0.16	0.86 1.29 0.43 -0.13 -0.42	0.75 1.50 -0.00 -1.00 -1.50
0.30	0.81 0.78 0.73 1.00 0.78	0.79 0.84 0.65 0.76 0.54	0.77 0.89 0.56 0.53 0.31	0.76 0.93 0.48 0.31 0.09	0.74 0.98 0.40 0.10 -0.12	0.72 1.02 0.33 -0.10 -0.32	0.65 1.22 -0.00 -1.01 -1.22
0.40	1.00 1.00 1.00 1.00 1.00	0.97 1.07 0.87 0.75 0.68	0.94 1.12 0.75 0.51 0.38	0.91 1.18 0.64 0.28 0.10	0.88 1.23 0.53 0.07 -0.16	0.86 1.29 0.43 -0.13 -0.42	0.75 1.50 -0.00 -1.00 -1.50
0.50	1.01 1.01 1.01 1.00 1.01	0.97 1.07 0.88 0.75 0.69	0.94 1.13 0.76 0.51 0.39	0.92 1.19 0.65 0.28 0.10	0.89 1.24 0.54 0.07 -0.17	0.86 1.29 0.44 -0.13 -0.42	0.75 1.51 -0.00 -1.00 -1.51
0.60	1.00 1.00 1.01 1.00 1.00	0.97 1.07 0.88 0.75 0.68	0.94 1.13 0.76 0.51 0.38	0.91 1.18 0.65 0.28 0.10	0.89 1.24 0.54 0.07 -0.17	0.86 1.29 0.44 -0.13 -0.42	0.75 1.51 -0.00 -1.00 -1.51
0.70	1.01 1.01 1.02 1.00 1.01	0.98 1.08 0.89 0.75 0.69	0.95 1.14 0.77 0.51 0.39	0.92 1.19 0.65 0.28 0.10	0.89 1.25 0.54 0.07 -0.17	0.87 1.30 0.44 -0.13 -0.42	0.76 1.52 -0.00 -1.00 -1.52
0.80	1.01 1.01 1.03 1.00 1.01	0.98 1.08 0.89 0.75 0.69	0.95 1.14 0.77 0.51 0.39	0.92 1.19 0.66 0.28 0.10	0.89 1.25 0.55 0.06 -0.17	0.87 1.30 0.44 -0.14 -0.42	0.75 1.52 -0.00 -1.01 -1.52
0.90	1.04 1.04 1.07 1.00 1.04	1.01 1.10 0.93 0.74 0.70	0.97 1.17 0.80 0.50 0.39	0.94 1.22 0.68 0.27 0.10	0.91 1.28 0.57 0.06 -0.18	0.88 1.33 0.46 -0.14 -0.44	0.77 1.55 -0.00 -1.00 -1.55
				$\psi = 1,0$			
0.10	1.02 1.02 1.04 1.00 1.02	0.99 1.08 0.91 0.74 0.69	0.96 1.14 0.78 0.50 0.39	0.93 1.20 0.66 0.28 0.10	0.90 1.26 0.55 0.07 -0.17	0.87 1.31 0.45 -0.14 -0.43	0.76 1.53 -0.00 -1.00 -1.53
0.20	1.01 1.01 1.01 1.00 1.01	0.98 1.07 0.88 0.75 0.69	0.95 1.13 0.76 0.51 0.39	0.92 1.19 0.65 0.28 0.10	0.89 1.24 0.54 0.07 -0.17	0.86 1.30 0.44 -0.13 -0.42	0.75 1.51 0.00 -1.00 -1.51
0.30	0.78 0.75 0.70 1.00 0.75	0.76 0.80 0.61 0.76 0.52	0.75 0.85 0.53 0.53 0.30	0.73 0.89 0.46 0.31 0.09	0.71 0.94 0.38 0.10 -0.11	0.70 0.98 0.31 -0.10 -0.30	0.63 1.17 -0.00 -1.01 -1.17
0.40	1.01 1.01 1.01 1.00 1.01	0.97 1.07 0.88 0.75 0.69	0.94 1.13 0.76 0.51 0.39	0.92 1.19 0.65 0.28 0.10	0.89 1.24 0.54 0.07 -0.17	0.86 1.29 0.44 -0.13 -0.42	0.75 1.51 -0.00 -1.00 -1.51
0.50	1.01 1.01 1.02 1.00 1.01	0.98 1.08 0.89 0.75 0.69	0.95 1.14 0.77 0.51 0.39	0.92 1.19 0.65 0.28 0.10	0.89 1.25 0.55 0.07 -0.17	0.87 1.30 0.44 -0.13 -0.42	0.76 1.52 -0.00 -1.00 -1.52
0.60	1.02 1.02 1.04 1.00 1.02	0.99 1.08 0.90 0.74 0.69	0.96 1.15 0.78 0.50 0.39	0.93 1.20 0.66 0.28 0.10	0.90 1.26 0.55 0.07 -0.17	0.87 1.31 0.45 -0.14 -0.43	0.76 1.53 0.00 -0.99 -1.53
0.70	1.04 1.03 1.06 1.00 1.03	1.00 1.10 0.93 0.74 0.70	0.97 1.16 0.80 0.50 0.39	0.94 1.22 0.68 0.28 0.10	0.91 1.28 0.56 0.06 -0.18	0.88 1.33 0.46 -0.14 -0.44	0.77 1.55 -0.00 -1.00 -1.55
0.80	1.09 1.08 1.15 1.00 1.08	1.05 1.15 1.00 0.74 0.73	1.01 1.21 0.86 0.50 0.40	0.98 1.27 0.73 0.27 0.09	0.94 1.33 0.60 0.06 -0.20	0.91 1.38 0.49 -0.14 -0.47	0.79 1.61 0.00 -0.98 -1.61
0.90	1.42 1.37 1.74 1.00 1.37	1.34 1.46 1.49 0.71 0.89	1.28 1.54 1.26 0.44 0.45	1.21 1.61 1.05 0.20 0.05	1.16 1.67 0.86 -0.02 -0.32	1.11 1.73 0.69 -0.22 -0.65	0.90 1.96 -0.00 -1.01 -1.96

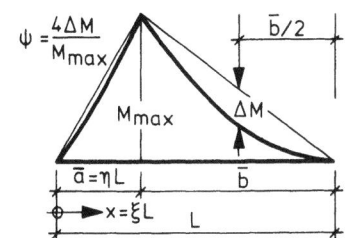
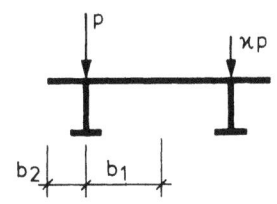

	η = 0,3
	b_2/b_1 = 0,5
	L/b_1 = 50,0

ξ \ $\varkappa$	1.00	0.80	0.60	0.40	0.20	0.00	-1.00
	$\psi = 0$						

ξ \ $\varkappa$	1.00		0.80		0.60		0.40		0.20		0.00		-1.00	
$\psi = 0$															
0.10	1.00		0.97		0.94		0.91		0.88		0.86		0.75	
	1.00	1.00	1.06	0.87	1.12	0.75	1.18	0.64	1.23	0.53	1.28	0.43	1.50	0.00
	1.00	1.00	0.75	0.68	0.51	0.38	0.28	0.10	0.07	-0.16	-0.13	-0.42	-1.00	-1.50
0.20	1.00		0.97		0.94		0.91		0.88		0.86		0.75	
	1.00	1.00	1.06	0.87	1.12	0.75	1.18	0.64	1.23	0.53	1.28	0.43	1.50	0.00
	1.00	1.00	0.75	0.68	0.51	0.38	0.28	0.10	0.07	-0.16	-0.14	-0.42	-1.00	-1.50
0.30	0.96		0.93		0.90		0.88		0.85		0.83		0.73	
	0.95	0.93	1.01	0.81	1.07	0.70	1.12	0.60	1.18	0.50	1.22	0.41	1.44	-0.00
	1.00	0.95	0.75	0.65	0.51	0.37	0.29	0.10	0.07	-0.15	-0.13	-0.39	-1.02	-1.44
0.40	1.00		0.97		0.94		0.91		0.88		0.86		0.75	
	1.00	1.00	1.06	0.87	1.12	0.75	1.18	0.64	1.23	0.54	1.28	0.43	1.50	0.00
	1.00	1.00	0.75	0.68	0.51	0.38	0.28	0.10	0.07	-0.16	-0.13	-0.42	-0.99	-1.50
0.50	1.00		0.97		0.94		0.91		0.88		0.86		0.75	
	1.00	1.00	1.06	0.87	1.12	0.75	1.18	0.64	1.23	0.54	1.28	0.43	1.50	0.00
	1.00	1.00	0.75	0.68	0.51	0.38	0.28	0.10	0.07	-0.16	-0.13	-0.42	-1.00	-1.50
0.60	1.00		0.97		0.94		0.91		0.88		0.86		0.75	
	1.00	1.00	1.07	0.87	1.12	0.75	1.18	0.64	1.23	0.54	1.29	0.43	1.50	0.00
	1.00	1.00	0.75	0.68	0.51	0.39	0.28	0.10	0.07	-0.16	-0.13	-0.42	-0.99	-1.50
0.70	1.00		0.97		0.94		0.91		0.88		0.86		0.75	
	1.00	1.00	1.07	0.87	1.13	0.76	1.18	0.64	1.23	0.54	1.29	0.43	1.50	0.00
	1.00	1.00	0.75	0.68	0.51	0.39	0.28	0.10	0.07	-0.16	-0.13	-0.42	-1.00	-1.50
0.80	1.00		0.97		0.94		0.91		0.88		0.86		0.75	
	1.00	1.00	1.07	0.87	1.13	0.76	1.18	0.64	1.23	0.54	1.29	0.43	1.50	0.00
	1.00	1.00	0.75	0.68	0.51	0.39	0.28	0.10	0.07	-0.16	-0.13	-0.42	-0.98	-1.50
0.90	1.00		0.97		0.94		0.91		0.88		0.86		0.75	
	1.00	1.00	1.07	0.87	1.13	0.76	1.18	0.64	1.24	0.54	1.29	0.43	1.50	-0.00
	1.00	1.00	0.75	0.68	0.51	0.39	0.28	0.10	0.07	-0.16	-0.13	-0.42	-1.00	-1.50
$\psi = 0,5$															
0.10	1.00		0.97		0.94		0.91		0.89		0.86		0.75	
	1.00	1.00	1.07	0.88	1.13	0.76	1.18	0.64	1.24	0.54	1.29	0.43	1.50	0.00
	1.00	1.00	0.75	0.68	0.51	0.39	0.29	0.10	0.08	-0.16	-0.13	-0.42	-0.99	-1.50
0.20	1.00		0.97		0.94		0.91		0.88		0.86		0.75	
	1.00	1.00	1.06	0.87	1.12	0.75	1.18	0.64	1.23	0.53	1.28	0.43	1.50	-0.00
	1.00	1.00	0.75	0.68	0.51	0.38	0.28	0.10	0.07	-0.16	-0.13	-0.42	-1.00	-1.50
0.30	0.94		0.92		0.89		0.86		0.84		0.82		0.72	
	0.94	0.91	1.00	0.80	1.05	0.69	1.11	0.59	1.16	0.49	1.21	0.40	1.42	-0.00
	1.00	0.94	0.75	0.64	0.51	0.37	0.29	0.10	0.07	-0.15	-0.13	-0.38	-1.02	-1.42
0.40	1.00		0.97		0.94		0.91		0.88		0.86		0.75	
	1.00	1.00	1.06	0.87	1.12	0.75	1.18	0.64	1.23	0.53	1.28	0.43	1.50	-0.00
	1.00	1.00	0.75	0.68	0.51	0.38	0.28	0.10	0.07	-0.16	-0.13	-0.42	-1.01	-1.50
0.50	1.00		0.97		0.94		0.91		0.89		0.86		0.75	
	1.00	1.00	1.07	0.88	1.13	0.76	1.18	0.64	1.24	0.54	1.29	0.43	1.50	0.00
	1.00	1.00	0.75	0.68	0.51	0.39	0.29	0.10	0.07	-0.16	-0.13	-0.42	-1.00	-1.50
0.60	1.00		0.97		0.94		0.91		0.88		0.86		0.75	
	1.00	1.00	1.06	0.87	1.12	0.75	1.18	0.64	1.23	0.53	1.28	0.43	1.50	-0.00
	1.00	1.00	0.75	0.68	0.51	0.38	0.28	0.10	0.07	-0.16	-0.14	-0.42	-1.01	-1.50
0.70	1.00		0.97		0.94		0.91		0.89		0.86		0.75	
	1.00	1.01	1.07	0.88	1.13	0.76	1.18	0.64	1.24	0.54	1.29	0.44	1.50	-0.00
	1.00	1.00	0.75	0.69	0.51	0.39	0.28	0.10	0.07	-0.16	-0.13	-0.42	-1.00	-1.50
0.80	1.00		0.97		0.94		0.91		0.88		0.86		0.75	
	1.00	1.00	1.06	0.87	1.12	0.75	1.18	0.64	1.23	0.54	1.28	0.43	1.50	-0.00
	1.00	1.00	0.74	0.68	0.50	0.38	0.27	0.10	0.06	-0.16	-0.15	-0.42	-1.03	-1.50
0.90	1.01		0.98		0.95		0.92		0.89		0.86		0.75	
	1.01	1.01	1.07	0.89	1.13	0.76	1.19	0.65	1.24	0.54	1.29	0.44	1.51	-0.00
	1.00	1.01	0.74	0.69	0.50	0.39	0.28	0.10	0.06	-0.17	-0.14	-0.42	-1.01	-1.51
$\psi = 1,0$															
0.10	1.00		0.97		0.94		0.91		0.88		0.86		0.75	
	1.00	1.00	1.06	0.88	1.12	0.76	1.18	0.64	1.23	0.54	1.28	0.43	1.50	-0.00
	1.00	1.00	0.75	0.68	0.51	0.38	0.28	0.10	0.06	-0.16	-0.14	-0.42	-1.00	-1.50
0.20	1.00		0.97		0.94		0.91		0.89		0.86		0.75	
	1.00	1.01	1.07	0.88	1.13	0.76	1.18	0.64	1.24	0.54	1.29	0.44	1.51	0.00
	1.00	1.00	0.75	0.69	0.51	0.39	0.28	0.10	0.07	-0.16	-0.13	-0.42	-0.98	-1.50
0.30	0.93		0.91		0.88		0.86		0.83		0.81		0.72	
	0.92	0.89	0.98	0.78	1.04	0.68	1.09	0.58	1.14	0.48	1.19	0.39	1.40	-0.00
	1.00	0.92	0.75	0.64	0.52	0.36	0.29	0.10	0.08	-0.14	-0.12	-0.38	-1.02	-1.40
0.40	1.00		0.97		0.94		0.91		0.89		0.86		0.75	
	1.00	1.00	1.07	0.88	1.13	0.76	1.18	0.64	1.24	0.54	1.29	0.44	1.50	-0.00
	1.00	1.00	0.75	0.69	0.51	0.39	0.28	0.10	0.07	-0.16	-0.13	-0.42	-0.99	-1.50
0.50	1.00		0.97		0.94		0.91		0.88		0.86		0.75	
	1.00	1.00	1.06	0.87	1.12	0.75	1.18	0.64	1.23	0.54	1.28	0.43	1.50	-0.00
	1.00	1.00	0.75	0.68	0.51	0.38	0.28	0.10	0.06	-0.16	-0.14	-0.42	-1.00	-1.50
0.60	1.00		0.97		0.94		0.91		0.89		0.86		0.75	
	1.00	1.01	1.07	0.88	1.13	0.76	1.18	0.64	1.24	0.54	1.29	0.44	1.50	0.00
	1.00	1.00	0.75	0.69	0.51	0.39	0.28	0.10	0.07	-0.16	-0.13	-0.42	-0.99	-1.50
0.70	1.01		0.97		0.94		0.92		0.89		0.86		0.75	
	1.01	1.01	1.07	0.88	1.13	0.76	1.19	0.65	1.24	0.54	1.29	0.44	1.51	-0.00
	1.01	1.01	0.75	0.69	0.51	0.39	0.28	0.10	0.06	-0.17	-0.14	-0.42	-1.01	-1.51
0.80	1.01		0.97		0.94		0.91		0.89		0.86		0.75	
	1.01	1.01	1.07	0.89	1.13	0.76	1.18	0.65	1.24	0.54	1.29	0.44	1.51	-0.00
	1.00	1.00	0.75	0.68	0.51	0.38	0.28	0.10	0.07	-0.17	-0.13	-0.42	-1.03	-1.51
0.90	1.07		1.03		0.99		0.96		0.93		0.90		0.78	
	1.07	1.11	1.13	0.97	1.20	0.83	1.26	0.70	1.31	0.59	1.36	0.47	1.59	-0.00
	1.00	1.07	0.74	0.72	0.50	0.40	0.27	0.10	0.06	-0.19	-0.14	-0.45	-1.01	-1.59

η	= 0,3
b_2/b_1	= 1,0
L/b_1	= 2,0

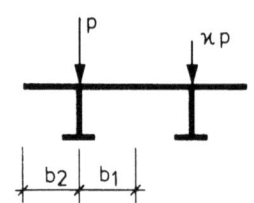
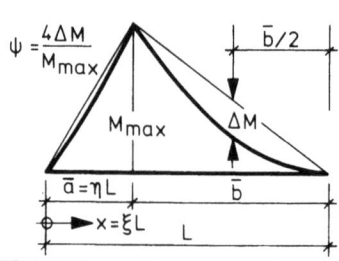

$\psi = 0$

ξ \ ϰ	1.00	0.80	0.60	0.40	0.20	0.00	-1.00
0.10	0.35 -0.11 0.10 1.00 -0.11	0.35 -0.10 0.09 0.80 -0.09	0.35 -0.09 0.08 0.59 -0.07	0.35 -0.09 0.07 0.39 -0.06	0.34 -0.08 0.06 0.19 -0.04	0.34 -0.08 0.05 -0.01 -0.03	0.34 -0.05 -0.00 -1.00 0.05
0.20	0.30 -0.08 0.09 1.00 -0.08	0.30 -0.08 0.08 0.80 -0.07	0.30 -0.07 0.07 0.59 -0.06	0.30 -0.07 0.06 0.39 -0.05	0.30 -0.06 0.05 0.19 -0.03	0.30 -0.06 0.04 -0.01 -0.02	0.30 -0.03 -0.00 -1.00 0.03
0.30	0.21 -0.05 0.06 1.00 -0.05	0.21 -0.04 0.06 0.80 -0.04	0.21 -0.04 0.05 0.60 -0.03	0.21 -0.04 0.04 0.40 -0.03	0.21 -0.03 0.04 0.19 -0.02	0.21 -0.03 0.03 -0.01 -0.02	0.21 -0.01 -0.00 -1.00 0.01
0.40	0.34 -0.06 0.13 1.00 -0.06	0.34 -0.06 0.12 0.80 -0.06	0.34 -0.05 0.11 0.59 -0.05	0.34 -0.05 0.09 0.39 -0.04	0.34 -0.04 0.08 0.19 -0.04	0.34 -0.03 0.07 -0.01 -0.03	0.33 -0.00 0.00 -1.00 0.00
0.50	0.43 -0.05 0.21 1.00 -0.05	0.43 -0.04 0.19 0.79 -0.05	0.43 -0.03 0.17 0.59 -0.05	0.43 -0.02 0.15 0.39 -0.05	0.43 -0.02 0.13 0.19 -0.05	0.42 -0.01 0.11 -0.02 -0.05	0.42 0.04 -0.00 -1.00 -0.04
0.60	0.50 -0.02 0.30 1.00 -0.02	0.50 -0.01 0.27 0.79 -0.03	0.50 0.01 0.24 0.59 -0.04	0.49 0.02 0.21 0.38 -0.05	0.49 0.03 0.18 0.18 -0.05	0.49 0.05 0.15 -0.02 -0.06	0.48 0.11 -0.00 -1.00 -0.11
0.70	0.55 0.03 0.38 1.00 0.03	0.55 0.04 0.34 0.79 0.01	0.55 0.06 0.30 0.59 -0.01	0.54 0.08 0.26 0.38 -0.04	0.54 0.09 0.22 0.18 -0.06	0.54 0.11 0.18 -0.02 -0.08	0.52 0.18 -0.00 -1.00 -0.18
0.80	0.59 0.07 0.44 1.00 0.07	0.58 0.09 0.39 0.79 0.04	0.58 0.11 0.35 0.58 0.01	0.58 0.13 0.30 0.38 -0.03	0.57 0.14 0.26 0.18 -0.06	0.57 0.16 0.21 -0.02 -0.09	0.56 0.24 0.00 -1.00 -0.24
0.90	0.61 0.10 0.48 1.00 0.10	0.60 0.12 0.43 0.79 0.06	0.60 0.14 0.38 0.58 0.02	0.60 0.16 0.33 0.38 -0.02	0.59 0.18 0.28 0.18 -0.06	0.59 0.20 0.23 -0.03 -0.10	0.57 0.29 0.00 -1.00 -0.29

$\psi = 0,5$

ξ \ ϰ	1.00	0.80	0.60	0.40	0.20	0.00	-1.00
0.10	0.37 -0.13 0.10 1.00 -0.13	0.37 -0.12 0.09 0.80 -0.11	0.37 -0.12 0.08 0.59 -0.09	0.37 -0.11 0.07 0.39 -0.07	0.36 -0.11 0.06 0.19 -0.05	0.36 -0.10 0.05 -0.01 -0.03	0.36 -0.07 -0.00 -1.00 0.07
0.20	0.30 -0.09 0.08 1.00 -0.09	0.30 -0.09 0.07 0.80 -0.08	0.30 -0.08 0.06 0.59 -0.06	0.30 -0.08 0.05 0.39 -0.05	0.29 -0.07 0.05 0.19 -0.03	0.29 -0.07 0.04 -0.01 -0.02	0.29 -0.05 -0.00 -1.00 0.05
0.30	0.19 -0.05 0.05 1.00 -0.05	0.19 -0.04 0.05 0.80 -0.04	0.19 -0.04 0.04 0.60 -0.03	0.19 -0.04 0.03 0.40 -0.03	0.19 -0.04 0.03 0.20 -0.02	0.19 -0.03 0.02 -0.00 -0.01	0.19 -0.02 0.00 -1.00 0.02
0.40	0.33 -0.07 0.12 1.00 -0.07	0.33 -0.06 0.11 0.80 -0.06	0.33 -0.06 0.10 0.59 -0.05	0.33 -0.05 0.08 0.39 -0.05	0.33 -0.05 0.07 0.19 -0.04	0.33 -0.04 0.06 -0.01 -0.03	0.32 -0.01 0.00 -1.00 0.01
0.50	0.46 -0.06 0.23 1.00 -0.06	0.46 -0.05 0.21 0.79 -0.06	0.46 -0.04 0.19 0.59 -0.06	0.46 -0.03 0.16 0.39 -0.06	0.46 -0.02 0.14 0.18 -0.05	0.45 -0.01 0.11 -0.02 -0.05	0.45 0.05 -0.00 -1.00 -0.05
0.60	0.61 0.01 0.40 1.00 0.01	0.60 0.02 0.36 0.79 -0.01	0.60 0.04 0.32 0.58 -0.03	0.60 0.06 0.28 0.38 -0.05	0.59 0.07 0.24 0.18 -0.07	0.59 0.09 0.20 -0.02 -0.08	0.57 0.17 -0.00 -1.00 -0.17
0.70	0.84 0.14 0.70 1.00 0.14	0.83 0.17 0.62 0.79 0.09	0.83 0.20 0.55 0.58 0.03	0.82 0.22 0.48 0.37 -0.03	0.81 0.25 0.41 0.16 -0.08	0.81 0.28 0.34 -0.04 -0.14	0.78 0.40 -0.00 -1.00 -0.40
0.80	1.37 0.45 1.35 1.00 0.45	1.35 0.50 1.20 0.78 0.30	1.33 0.55 1.06 0.56 0.16	1.32 0.59 0.91 0.35 0.02	1.30 0.64 0.77 0.14 -0.12	1.28 0.68 0.63 -0.06 -0.26	1.20 0.88 0.00 -1.00 -0.88
0.90	-- -- --	-- -- --	-- -- --	-- -- --	-- -- --	-- -- --	-- -- --

$\psi = 1,0$

ξ \ ϰ	1.00	0.80	0.60	0.40	0.20	0.00	-1.00
0.10	0.39 -0.16 0.09 1.00 -0.16	0.39 -0.15 0.08 0.80 -0.13	0.39 -0.15 0.07 0.59 -0.10	0.39 -0.14 0.06 0.39 -0.08	0.39 -0.13 0.05 0.19 -0.05	0.39 -0.13 0.04 -0.01 -0.03	0.38 -0.10 -0.00 -1.00 0.10
0.20	0.29 -0.10 0.06 1.00 -0.10	0.29 -0.09 0.06 0.80 -0.08	0.29 -0.09 0.05 0.60 -0.07	0.29 -0.09 0.04 0.39 -0.05	0.29 -0.08 0.04 0.19 -0.03	0.29 -0.08 0.03 -0.01 -0.02	0.28 -0.06 -0.00 -1.00 0.06
0.30	0.17 -0.05 0.04 1.00 -0.05	0.17 -0.04 0.03 0.80 -0.04	0.17 -0.04 0.03 0.60 -0.03	0.17 -0.04 0.03 0.40 -0.02	0.17 -0.04 0.02 0.20 -0.02	0.17 -0.03 0.02 -0.00 -0.01	0.17 -0.02 0.00 -1.00 0.02
0.40	0.32 -0.08 0.11 1.00 -0.08	0.32 -0.07 0.10 0.80 -0.07	0.32 -0.06 0.09 0.59 -0.06	0.32 -0.06 0.08 0.39 -0.05	0.32 -0.05 0.06 0.19 -0.04	0.32 -0.05 0.05 -0.01 -0.03	0.32 -0.02 0.00 -1.00 0.02
0.50	0.51 -0.06 0.26 1.00 -0.06	0.51 -0.05 0.23 0.79 -0.06	0.50 -0.04 0.21 0.59 -0.06	0.50 -0.03 0.18 0.38 -0.06	0.50 -0.02 0.15 0.18 -0.06	0.50 -0.01 0.13 -0.02 -0.06	0.49 0.05 -0.00 -1.00 -0.05
0.60	0.94 0.08 0.72 1.00 0.08	0.93 0.11 0.65 0.78 0.03	0.92 0.14 0.57 0.57 -0.01	0.91 0.17 0.49 0.36 -0.06	0.91 0.20 0.42 0.16 -0.10	0.90 0.22 0.35 -0.04 -0.15	0.86 0.35 -0.00 -1.00 -0.35
0.70	-- -- --	-- -- --	-- -- --	-- -- --	-- -- --	-- -- --	-- -- --
0.80	-- -- --	-- -- --	-- -- --	-- -- --	-- -- --	-- -- --	-- -- --
0.90	-- -- --	-- -- --	-- -- --	-- -- --	-- -- --	-- -- --	-- -- --

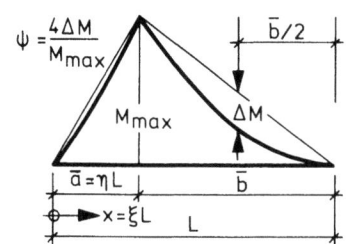
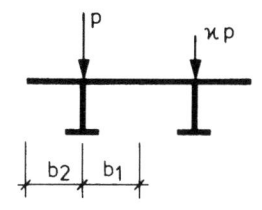

	η	=	0,3
	b_2/b_1	=	1,0
	L/b_1	=	5,0

$\psi = 0$

ξ \ ϰ	1.00	0.80	0.60	0.40	0.20	0.00	-1.00
0.10	0.78 0.50 0.73 1.00 0.50	0.79 0.54 0.67 0.81 0.36	0.79 0.58 0.60 0.62 0.23	0.80 0.62 0.52 0.43 0.09	0.80 0.66 0.45 0.23 -0.04	0.81 0.70 0.38 0.04 -0.18	0.84 0.92 0.00 -1.00 -0.92
0.20	0.68 0.36 0.59 1.00 0.36	0.69 0.40 0.53 0.81 0.26	0.69 0.43 0.47 0.62 0.16	0.70 0.46 0.42 0.42 0.06	0.70 0.49 0.36 0.23 -0.04	0.71 0.52 0.30 0.03 -0.15	0.73 0.69 0.00 -1.00 -0.69
0.30	0.43 0.20 0.32 1.00 0.20	0.43 0.21 0.29 0.81 0.14	0.43 0.23 0.26 0.61 0.09	0.43 0.25 0.23 0.41 0.03	0.43 0.27 0.20 0.22 -0.03	0.43 0.28 0.16 0.02 -0.08	0.44 0.37 0.00 -1.00 -0.37
0.40	0.73 0.46 0.66 1.00 0.46	0.74 0.50 0.60 0.81 0.34	0.75 0.54 0.53 0.63 0.22	0.76 0.58 0.47 0.44 0.09	0.76 0.61 0.41 0.24 -0.04	0.77 0.65 0.34 0.04 -0.17	0.81 0.86 0.00 -1.00 -0.86
0.50	0.87 0.70 0.86 1.00 0.70	0.88 0.75 0.79 0.82 0.52	0.90 0.81 0.71 0.64 0.34	0.91 0.86 0.63 0.46 0.16	0.92 0.92 0.55 0.27 -0.03	0.94 0.98 0.46 0.07 -0.23	1.01 1.30 0.00 -1.00 -1.30
0.60	0.94 0.85 0.96 1.00 0.85	0.96 0.91 0.88 0.83 0.64	0.97 0.98 0.80 0.66 0.43	0.99 1.05 0.71 0.48 0.20	1.01 1.12 0.62 0.29 -0.03	1.03 1.19 0.52 0.09 -0.27	1.15 1.61 0.00 -1.00 -1.61
0.70	0.97 0.92 1.00 1.00 0.92	0.99 1.00 0.92 0.84 0.70	1.01 1.07 0.83 0.67 0.47	1.04 1.15 0.74 0.49 0.23	1.06 1.23 0.65 0.30 -0.02	1.09 1.31 0.55 0.11 -0.28	1.23 1.79 0.00 -1.00 -1.79
0.80	0.99 0.96 1.01 1.00 0.96	1.01 1.04 0.93 0.84 0.74	1.03 1.12 0.84 0.67 0.50	1.06 1.20 0.76 0.50 0.25	1.09 1.28 0.66 0.31 -0.02	1.11 1.37 0.57 0.12 -0.29	1.28 1.89 0.00 -1.00 -1.89
0.90	0.99 0.98 1.01 1.00 0.98	1.02 1.06 0.93 0.84 0.75	1.04 1.14 0.85 0.68 0.51	1.07 1.22 0.76 0.50 0.25	1.10 1.31 0.67 0.32 -0.01	1.13 1.40 0.57 0.13 -0.29	1.30 1.94 0.00 -1.00 -1.94

$\psi = 0,5$

ξ \ ϰ	1.00	0.80	0.60	0.40	0.20	0.00	-1.00
0.10	0.84 0.54 0.81 1.00 0.54	0.84 0.59 0.73 0.81 0.40	0.85 0.63 0.66 0.62 0.25	0.86 0.67 0.58 0.43 0.10	0.86 0.72 0.50 0.23 -0.05	0.87 0.76 0.42 0.04 -0.20	0.90 1.00 0.00 -1.00 -1.00
0.20	0.68 0.34 0.57 1.00 0.34	0.68 0.37 0.52 0.81 0.24	0.69 0.40 0.46 0.62 0.15	0.69 0.43 0.41 0.42 0.05	0.69 0.46 0.35 0.22 -0.05	0.70 0.49 0.29 0.03 -0.14	0.72 0.65 0.00 -1.00 -0.65
0.30	0.39 0.16 0.28 1.00 0.16	0.39 0.17 0.25 0.80 0.11	0.39 0.19 0.23 0.61 0.07	0.39 0.20 0.20 0.41 0.02	0.39 0.22 0.17 0.21 -0.03	0.39 0.23 0.14 0.01 -0.07	0.40 0.31 0.00 -1.00 -0.31
0.40	0.73 0.43 0.64 1.00 0.43	0.73 0.47 0.58 0.81 0.32	0.74 0.51 0.52 0.62 0.20	0.74 0.54 0.46 0.43 0.08	0.75 0.58 0.40 0.24 -0.04	0.76 0.62 0.33 0.04 -0.17	0.79 0.81 0.00 -1.00 -0.81
0.50	0.92 0.76 0.93 1.00 0.76	0.93 0.82 0.85 0.83 0.57	0.95 0.88 0.76 0.65 0.38	0.96 0.94 0.68 0.46 0.17	0.98 1.00 0.59 0.27 -0.03	0.99 1.07 0.50 0.08 -0.25	1.08 1.43 0.00 -1.00 -1.43
0.60	1.07 1.07 1.15 1.00 1.07	1.10 1.15 1.05 0.84 0.81	1.12 1.24 0.96 0.67 0.55	1.15 1.33 0.86 0.50 0.27	1.18 1.42 0.75 0.32 -0.02	1.21 1.52 0.64 0.12 -0.33	1.39 2.11 0.00 -1.00 -2.11
0.70	1.24 1.39 1.36 1.00 1.39	1.28 1.50 1.26 0.86 1.07	1.33 1.63 1.16 0.71 0.74	1.37 1.76 1.05 0.55 0.38	1.43 1.91 0.93 0.37 -0.00	1.48 2.06 0.81 0.19 -0.42	1.84 3.05 0.00 -1.00 -3.05
0.80	1.53 1.91 1.74 1.00 1.91	1.61 2.10 1.64 0.89 1.51	1.69 2.30 1.53 0.76 1.06	1.79 2.53 1.41 0.62 0.57	1.89 2.78 1.28 0.47 0.02	2.01 3.07 1.13 0.30 -0.59	2.89 5.22 0.00 -1.00 -5.22
0.90	2.66 3.72 3.19 1.00 3.72	2.94 4.28 3.16 0.98 3.09	-- -- -- --	-- -- -- --	-- -- -- --	-- -- -- --	-- -- -- --

$\psi = 1,0$

ξ \ ϰ	1.00	0.80	0.60	0.40	0.20	0.00	-1.00
0.10	0.93 0.61 0.92 1.00 0.61	0.93 0.66 0.84 0.81 0.45	0.94 0.71 0.75 0.62 0.28	0.95 0.76 0.66 0.43 0.12	0.95 0.81 0.57 0.23 -0.05	0.96 0.86 0.48 0.04 -0.23	1.00 1.13 0.00 -1.00 -1.13
0.20	0.68 0.32 0.57 1.00 0.32	0.68 0.34 0.51 0.81 0.23	0.68 0.37 0.46 0.61 0.14	0.69 0.40 0.40 0.42 0.04	0.69 0.43 0.34 0.22 -0.05	0.69 0.46 0.29 0.02 -0.14	0.71 0.62 0.00 -1.00 -0.62
0.30	0.35 0.12 0.24 1.00 0.12	0.35 0.14 0.22 0.80 0.09	0.35 0.15 0.19 0.61 0.05	0.36 0.16 0.17 0.41 0.01	0.36 0.17 0.15 0.21 -0.02	0.36 0.19 0.12 0.01 -0.06	0.36 0.25 0.00 -1.00 -0.25
0.40	0.72 0.41 0.62 1.00 0.41	0.72 0.44 0.56 0.81 0.30	0.73 0.47 0.51 0.62 0.18	0.73 0.51 0.45 0.43 0.07	0.74 0.54 0.38 0.23 -0.04	0.75 0.58 0.32 0.04 -0.16	0.78 0.77 0.00 -1.00 -0.77
0.50	1.01 0.88 1.05 1.00 0.88	1.03 0.95 0.96 0.83 0.66	1.05 1.02 0.87 0.65 0.44	1.07 1.09 0.77 0.47 0.20	1.09 1.16 0.67 0.28 -0.04	1.11 1.24 0.57 0.09 -0.28	1.22 1.67 0.00 -1.00 -1.67
0.60	1.42 1.64 1.63 1.00 1.64	1.47 1.78 1.52 0.86 1.27	1.53 1.94 1.40 0.72 0.88	1.59 2.11 1.28 0.56 0.45	1.66 2.29 1.14 0.39 -0.01	1.73 2.48 0.99 0.21 -0.50	2.21 3.79 0.00 -1.00 -3.79
0.70	-- -- -- --	-- -- -- --	-- -- -- --	-- -- -- --	-- -- -- --	-- -- -- --	-- -- -- --
0.80	-- -- -- --	-- -- -- --	-- -- -- --	-- -- -- --	-- -- -- --	-- -- -- --	-- -- -- --
0.90	-- -- -- --	-- -- -- --	-- -- -- --	-- -- -- --	-- -- -- --	-- -- -- --	-- -- -- --

η	= 0,3
b_2/b_1	= 1,0
L/b_1	= 10,0

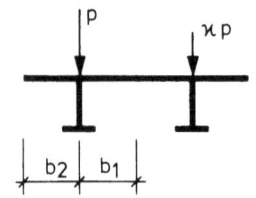
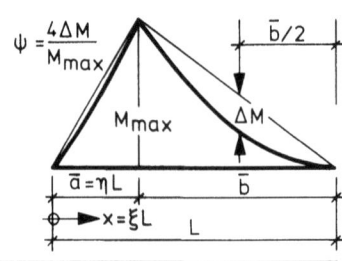

$$\psi = \frac{4\Delta M}{M_{max}}$$

ξ \ $\varkappa$	1.00	0.80	0.60	0.40	0.20	0.00	-1.00
				$\psi = 0$			
0.10	0.98 0.95 1.00 1.00 0.95	1.00 1.02 0.92 0.84 0.72	1.03 1.10 0.83 0.67 0.49	1.05 1.18 0.75 0.50 0.24	1.08 1.26 0.65 0.31 -0.02	1.11 1.35 0.56 0.12 -0.29	1.26 1.86 0.00 -1.00 -1.86
0.20	0.92 0.83 0.92 1.00 0.83	0.94 0.89 0.84 0.83 0.63	0.96 0.96 0.76 0.66 0.42	0.98 1.02 0.68 0.48 0.20	1.00 1.09 0.59 0.29 -0.02	1.02 1.17 0.50 0.10 -0.26	1.14 1.57 0.00 -1.00 -1.57
0.30	0.62 0.46 0.55 1.00 0.46	0.63 0.49 0.50 0.82 0.34	0.63 0.53 0.45 0.63 0.22	0.64 0.56 0.40 0.44 0.10	0.65 0.60 0.34 0.25 -0.02	0.65 0.63 0.29 0.05 -0.15	0.70 0.82 0.00 -1.00 -0.82
0.40	0.94 0.86 0.94 1.00 0.86	0.96 0.93 0.86 0.83 0.66	0.98 1.00 0.78 0.66 0.44	1.00 1.07 0.69 0.48 0.21	1.02 1.14 0.61 0.30 -0.02	1.05 1.22 0.52 0.10 -0.26	1.17 1.66 0.00 -1.00 -1.66
0.50	0.99 0.98 1.00 1.00 0.98	1.02 1.06 0.92 0.84 0.75	1.04 1.13 0.84 0.68 0.51	1.07 1.22 0.75 0.50 0.25	1.10 1.31 0.66 0.32 -0.01	1.13 1.40 0.56 0.13 -0.29	1.30 1.94 0.00 -1.00 -1.94
0.60	1.00 1.00 1.00 1.00 1.00	1.02 1.08 0.92 0.84 0.76	1.05 1.16 0.84 0.68 0.52	1.08 1.24 0.75 0.51 0.26	1.11 1.33 0.66 0.32 -0.01	1.14 1.43 0.57 0.13 -0.29	1.32 1.98 0.00 -1.00 -1.98
0.70	1.00 1.01 1.00 1.00 1.01	1.03 1.08 0.92 0.84 0.77	1.06 1.17 0.84 0.68 0.52	1.08 1.25 0.76 0.51 0.26	1.12 1.34 0.66 0.33 -0.01	1.15 1.44 0.57 0.14 -0.30	1.34 2.01 0.00 -1.00 -2.01
0.80	1.00 1.00 1.00 1.00 1.00	1.02 1.08 0.92 0.84 0.77	1.05 1.16 0.84 0.68 0.52	1.08 1.24 0.75 0.51 0.26	1.11 1.33 0.66 0.33 -0.01	1.14 1.43 0.57 0.13 -0.29	1.33 1.99 0.00 -1.00 -1.99
0.90	1.00 1.00 1.00 1.00 1.00	1.03 1.08 0.92 0.84 0.77	1.06 1.16 0.84 0.68 0.52	1.09 1.25 0.76 0.51 0.26	1.12 1.34 0.66 0.33 -0.01	1.15 1.44 0.57 0.14 -0.30	1.34 2.01 0.00 -1.00 -2.01
				$\psi = 0,5$			
0.10	1.03 1.03 1.06 1.00 1.03	1.05 1.11 0.98 0.84 0.79	1.08 1.19 0.89 0.68 0.53	1.11 1.28 0.80 0.50 0.27	1.14 1.38 0.70 0.32 -0.02	1.17 1.47 0.60 0.13 -0.31	1.36 2.07 0.00 -1.00 -2.07
0.20	0.94 0.84 0.94 1.00 0.84	0.96 0.90 0.86 0.83 0.63	0.97 0.97 0.78 0.66 0.42	0.99 1.04 0.69 0.48 0.20	1.01 1.11 0.60 0.29 -0.02	1.03 1.18 0.51 0.10 -0.26	1.15 1.59 0.00 -1.00 -1.59
0.30	0.58 0.40 0.50 1.00 0.40	0.58 0.43 0.45 0.82 0.30	0.59 0.46 0.41 0.63 0.20	0.59 0.49 0.36 0.44 0.09	0.60 0.53 0.31 0.24 -0.02	0.60 0.56 0.26 0.05 -0.13	0.64 0.72 0.00 -1.00 -0.72
0.40	0.95 0.87 0.95 1.00 0.87	0.97 0.93 0.87 0.83 0.66	0.99 1.00 0.79 0.66 0.44	1.01 1.07 0.70 0.48 0.21	1.03 1.15 0.61 0.30 -0.02	1.05 1.23 0.52 0.10 -0.27	1.18 1.66 0.00 -1.00 -1.66
0.50	1.02 1.03 1.03 1.00 1.03	1.04 1.11 0.95 0.84 0.79	1.07 1.19 0.87 0.68 0.53	1.10 1.28 0.78 0.51 0.27	1.13 1.37 0.69 0.33 -0.01	1.16 1.47 0.59 0.14 -0.30	1.36 2.06 0.00 -1.00 -2.06
0.60	1.04 1.08 1.06 1.00 1.08	1.07 1.17 0.98 0.85 0.83	1.11 1.26 0.89 0.69 0.57	1.14 1.36 0.80 0.52 0.29	1.17 1.46 0.71 0.34 -0.00	1.21 1.56 0.61 0.15 -0.32	1.44 2.22 0.00 -1.00 -2.22
0.70	1.07 1.13 1.08 1.00 1.13	1.10 1.22 1.00 0.85 0.87	1.14 1.32 0.92 0.69 0.60	1.17 1.42 0.83 0.53 0.31	1.21 1.53 0.73 0.35 -0.00	1.25 1.64 0.63 0.16 -0.33	1.51 2.36 0.00 -1.00 -2.36
0.80	1.11 1.22 1.13 1.00 1.22	1.15 1.31 1.05 0.86 0.94	1.19 1.42 0.97 0.70 0.65	1.23 1.53 0.87 0.54 0.34	1.28 1.65 0.77 0.36 0.00	1.32 1.78 0.67 0.18 -0.35	1.64 2.63 0.00 -1.00 -2.63
0.90	1.28 1.49 1.34 1.00 1.49	1.33 1.62 1.26 0.87 1.17	1.39 1.77 1.16 0.73 0.81	1.45 1.92 1.06 0.58 0.43	1.52 2.09 0.95 0.41 0.02	1.59 2.28 0.83 0.23 -0.44	2.08 3.52 0.00 -1.00 -3.52
				$\psi = 1,0$			
0.10	1.10 1.14 1.16 1.00 1.14	1.13 1.23 1.07 0.85 0.88	1.16 1.33 0.98 0.69 0.60	1.19 1.43 0.88 0.52 0.30	1.23 1.54 0.77 0.34 -0.01	1.27 1.65 0.66 0.15 -0.34	1.49 2.32 0.00 -1.00 -2.32
0.20	0.95 0.84 0.95 1.00 0.84	0.96 0.91 0.87 0.83 0.64	0.98 0.97 0.79 0.66 0.43	1.00 1.04 0.70 0.48 0.20	1.02 1.11 0.61 0.29 -0.03	1.04 1.19 0.52 0.10 -0.26	1.15 1.60 0.00 -1.00 -1.60
0.30	0.54 0.36 0.45 1.00 0.36	0.54 0.38 0.41 0.81 0.26	0.55 0.41 0.37 0.62 0.17	0.55 0.43 0.32 0.43 0.07	0.56 0.46 0.28 0.24 -0.02	0.56 0.49 0.24 0.04 -0.12	0.58 0.63 0.00 -1.00 -0.63
0.40	0.95 0.87 0.96 1.00 0.87	0.97 0.94 0.88 0.83 0.66	0.99 1.00 0.79 0.66 0.44	1.01 1.08 0.71 0.48 0.21	1.04 1.15 0.62 0.30 -0.02	1.06 1.23 0.53 0.10 -0.27	1.18 1.65 0.00 -1.00 -1.65
0.50	1.06 1.11 1.10 1.00 1.11	1.09 1.19 1.01 0.85 0.85	1.13 1.29 0.92 0.69 0.58	1.16 1.38 0.83 0.52 0.29	1.20 1.49 0.73 0.34 -0.01	1.23 1.60 0.63 0.15 -0.33	1.45 2.24 0.00 -1.00 -2.24
0.60	1.14 1.25 1.17 1.00 1.25	1.18 1.36 1.08 0.86 0.97	1.22 1.47 1.00 0.71 0.67	1.26 1.58 0.90 0.54 0.35	1.31 1.71 0.80 0.37 0.01	1.36 1.85 0.69 0.18 -0.36	1.66 2.68 0.00 -1.00 -2.68
0.70	1.28 1.52 1.33 1.00 1.52	1.33 1.65 1.24 0.87 1.19	1.39 1.80 1.15 0.74 0.83	1.46 1.96 1.05 0.59 0.45	1.53 2.13 0.94 0.42 0.02	1.61 2.32 0.82 0.24 -0.44	2.12 3.61 0.00 -1.00 -3.61
0.80	1.91 2.66 2.07 1.00 2.66	2.06 2.99 2.01 0.94 2.17	2.24 3.37 1.94 0.87 1.60	2.46 3.83 1.85 0.79 0.92	2.71 4.38 1.75 0.69 0.11	3.03 5.06 1.63 0.57 -0.89	-- -- -- -- --
0.90	-- -- -- -- --	-- -- -- -- --	-- -- -- -- --	-- -- -- -- --	-- -- -- -- --	-- -- -- -- --	-- -- -- -- --

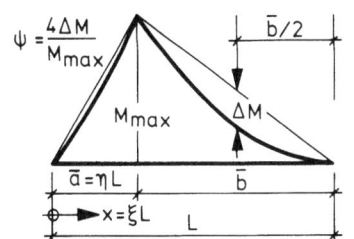
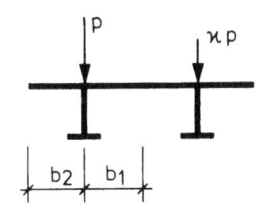

	η = 0,3
	b_2/b_1 = 1,0
	L/b_1 = 20,0

$\psi = 0$

ξ \ ϰ	1.00	0.80	0.60	0.40	0.20	0.00	-1.00
0.10	1.00 1.00 1.00 1.00 1.00	1.02 1.08 0.92 0.84 0.77	1.05 1.16 0.84 0.68 0.52	1.08 1.25 0.75 0.51 0.26	1.11 1.34 0.66 0.33 -0.01	1.15 1.44 0.57 0.14 -0.30	1.33 1.99 0.00 -1.00 -1.99
0.20	0.99 0.99 1.00 1.00 0.99	1.02 1.06 0.92 0.84 0.75	1.05 1.14 0.84 0.68 0.51	1.07 1.23 0.75 0.50 0.26	1.10 1.32 0.66 0.32 -0.01	1.13 1.41 0.56 0.13 -0.29	1.32 1.97 0.00 -1.00 -1.97
0.30	0.79 0.69 0.75 1.00 0.69	0.80 0.74 0.68 0.83 0.52	0.81 0.79 0.61 0.65 0.35	0.83 0.84 0.55 0.47 0.17	0.84 0.90 0.48 0.28 -0.02	0.86 0.96 0.40 0.09 -0.21	0.94 1.27 0.00 -1.00 -1.27
0.40	0.99 0.99 1.00 1.00 0.99	1.02 1.07 0.92 0.84 0.76	1.05 1.15 0.84 0.68 0.51	1.07 1.23 0.75 0.51 0.26	1.10 1.32 0.66 0.32 -0.01	1.13 1.41 0.56 0.13 -0.29	1.32 1.98 0.00 -1.00 -1.98
0.50	1.00 1.00 1.00 1.00 1.00	1.02 1.08 0.92 0.84 0.77	1.05 1.16 0.84 0.68 0.52	1.08 1.25 0.75 0.51 0.26	1.11 1.34 0.66 0.33 -0.01	1.15 1.44 0.57 0.14 -0.30	1.33 2.00 0.00 -1.00 -2.00
0.60	1.00 1.00 1.00 1.00 1.00	1.03 1.08 0.92 0.84 0.77	1.05 1.16 0.84 0.68 0.52	1.08 1.24 0.75 0.51 0.26	1.11 1.33 0.66 0.33 -0.01	1.14 1.43 0.57 0.14 -0.30	1.33 2.00 0.00 -1.00 -2.00
0.70	1.00 1.00 1.00 1.00 1.00	1.03 1.08 0.92 0.84 0.77	1.06 1.16 0.84 0.68 0.52	1.08 1.25 0.76 0.51 0.26	1.11 1.34 0.66 0.33 -0.01	1.15 1.44 0.57 0.14 -0.30	1.33 2.00 0.00 -1.00 -2.00
0.80	1.00 1.00 1.00 1.00 1.00	1.03 1.08 0.92 0.84 0.77	1.05 1.16 0.84 0.68 0.52	1.08 1.24 0.75 0.51 0.26	1.11 1.33 0.66 0.33 -0.01	1.14 1.43 0.57 0.13 -0.30	1.33 2.00 0.00 -1.00 -2.00
0.90	1.00 1.00 1.00 1.00 1.00	1.03 1.08 0.92 0.84 0.77	1.06 1.16 0.84 0.68 0.52	1.08 1.25 0.76 0.51 0.26	1.11 1.34 0.66 0.33 -0.01	1.15 1.44 0.57 0.14 -0.30	1.34 2.01 0.00 -1.00 -2.01

$\psi = 0,5$

ξ \ ϰ	1.00	0.80	0.60	0.40	0.20	0.00	-1.00
0.10	1.01 1.03 1.01 1.00 1.03	1.04 1.11 0.94 0.85 0.79	1.07 1.19 0.85 0.68 0.54	1.10 1.28 0.77 0.51 0.27	1.14 1.38 0.68 0.33 -0.01	1.17 1.48 0.58 0.14 -0.30	1.36 2.07 0.00 -1.00 -2.07
0.20	1.00 1.00 1.01 1.00 1.00	1.03 1.08 0.93 0.84 0.77	1.06 1.16 0.85 0.68 0.52	1.09 1.25 0.76 0.51 0.26	1.11 1.34 0.67 0.32 -0.01	1.14 1.43 0.57 0.13 -0.30	1.32 1.98 0.00 -1.00 -1.98
0.30	0.75 0.64 0.70 1.00 0.64	0.76 0.69 0.64 0.83 0.48	0.78 0.74 0.58 0.65 0.32	0.79 0.78 0.51 0.46 0.15	0.80 0.83 0.45 0.27 -0.02	0.81 0.89 0.38 0.08 -0.20	0.89 1.17 0.00 -1.00 -1.17
0.40	1.00 1.00 1.01 1.00 1.00	1.03 1.08 0.93 0.84 0.77	1.06 1.16 0.85 0.68 0.52	1.08 1.25 0.76 0.51 0.26	1.11 1.34 0.67 0.32 -0.01	1.14 1.43 0.57 0.13 -0.30	1.33 1.99 0.00 -1.00 -1.99
0.50	1.01 1.01 1.01 1.00 1.01	1.03 1.09 0.93 0.84 0.78	1.06 1.18 0.85 0.68 0.53	1.09 1.26 0.76 0.51 0.27	1.13 1.36 0.67 0.33 -0.01	1.16 1.46 0.58 0.14 -0.30	1.35 2.03 0.00 -1.00 -2.03
0.60	1.01 1.02 1.01 1.00 1.02	1.04 1.10 0.94 0.85 0.78	1.07 1.19 0.85 0.68 0.53	1.10 1.27 0.77 0.51 0.27	1.13 1.37 0.68 0.33 -0.01	1.16 1.47 0.58 0.14 -0.30	1.36 2.05 0.00 -1.00 -2.05
0.70	1.02 1.03 1.02 1.00 1.03	1.04 1.11 0.94 0.85 0.79	1.07 1.20 0.86 0.68 0.54	1.10 1.29 0.77 0.51 0.27	1.14 1.38 0.68 0.33 -0.01	1.17 1.49 0.58 0.14 -0.31	1.37 2.08 0.00 -1.00 -2.08
0.80	1.02 1.05 1.03 1.00 1.05	1.05 1.13 0.95 0.85 0.80	1.08 1.22 0.87 0.69 0.55	1.11 1.31 0.78 0.51 0.28	1.16 1.42 0.69 0.34 -0.01	1.19 1.52 0.59 0.15 -0.31	1.40 2.14 0.00 -1.00 -2.14
0.90	1.07 1.12 1.08 1.00 1.12	1.10 1.21 1.00 0.85 0.86	1.13 1.31 0.92 0.69 0.59	1.17 1.41 0.83 0.53 0.30	1.21 1.51 0.73 0.35 -0.00	1.25 1.63 0.63 0.16 -0.33	1.50 2.33 0.00 -1.00 -2.33

$\psi = 1,0$

ξ \ ϰ	1.00	0.80	0.60	0.40	0.20	0.00	-1.00
0.10	1.04 1.07 1.04 1.00 1.07	1.06 1.15 0.96 0.85 0.82	1.10 1.24 0.88 0.69 0.56	1.12 1.33 0.79 0.52 0.28	1.16 1.42 0.69 0.34 -0.01	1.19 1.53 0.59 0.15 -0.31	1.42 2.17 0.00 -1.00 -2.17
0.20	1.01 1.01 1.02 1.00 1.01	1.04 1.09 0.94 0.84 0.78	1.06 1.17 0.86 0.68 0.53	1.09 1.26 0.76 0.51 0.26	1.12 1.35 0.67 0.33 -0.01	1.15 1.44 0.57 0.13 -0.30	1.34 2.02 0.00 -1.00 -2.02
0.30	0.72 0.60 0.66 1.00 0.60	0.73 0.64 0.61 0.82 0.45	0.74 0.68 0.55 0.64 0.30	0.75 0.73 0.48 0.46 0.14	0.76 0.77 0.42 0.27 -0.02	0.77 0.82 0.36 0.07 -0.18	0.84 1.08 0.00 -1.00 -1.08
0.40	1.01 1.01 1.02 1.00 1.01	1.03 1.09 0.94 0.84 0.77	1.06 1.17 0.85 0.68 0.53	1.09 1.25 0.76 0.51 0.26	1.12 1.34 0.67 0.33 -0.01	1.15 1.44 0.57 0.13 -0.30	1.34 2.01 0.00 -1.00 -2.01
0.50	1.02 1.04 1.03 1.00 1.04	1.05 1.12 0.95 0.85 0.80	1.08 1.21 0.86 0.68 0.54	1.10 1.29 0.77 0.51 0.27	1.14 1.39 0.68 0.33 -0.01	1.17 1.49 0.58 0.14 -0.31	1.38 2.10 0.00 -1.00 -2.10
0.60	1.03 1.06 1.04 1.00 1.06	1.06 1.14 0.96 0.85 0.81	1.09 1.23 0.88 0.69 0.56	1.12 1.32 0.79 0.52 0.28	1.15 1.42 0.69 0.34 -0.01	1.19 1.52 0.59 0.15 -0.31	1.40 2.14 0.00 -1.00 -2.14
0.70	1.06 1.11 1.07 1.00 1.11	1.09 1.20 0.99 0.85 0.85	1.13 1.29 0.91 0.69 0.58	1.16 1.39 0.81 0.52 0.30	1.20 1.49 0.72 0.35 -0.01	1.23 1.60 0.62 0.16 -0.33	1.48 2.30 0.00 -1.00 -2.30
0.80	1.15 1.26 1.17 1.00 1.26	1.19 1.37 1.09 0.86 0.98	1.23 1.48 1.00 0.71 0.67	1.27 1.60 0.91 0.55 0.35	1.32 1.73 0.81 0.37 0.00	1.37 1.87 0.70 0.19 -0.37	1.67 2.69 0.00 -1.00 -2.69
0.90	1.93 2.66 2.11 1.00 2.66	2.08 3.00 2.05 0.94 2.17	2.27 3.40 1.98 0.88 1.60	2.51 3.89 1.91 0.80 0.92	2.78 4.47 1.81 0.71 0.09	-- -- -- -- --	-- -- -- -- --

η = 0,3
b_2/b_1 = 1,0
L/b_1 = 50,0

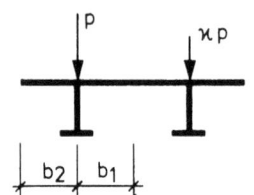
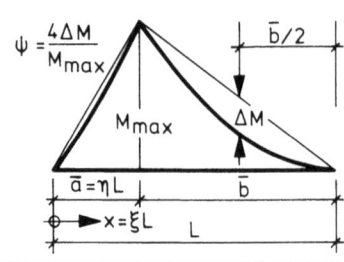

ξ \ ϰ	1.00	0.80	0.60	0.40	0.20	0.00	-1.00
				$\psi = 0$			
0.10	1.00 1.00 1.00 1.00 1.00	1.03 1.08 0.92 0.84 0.77	1.05 1.16 0.84 0.68 0.52	1.08 1.25 0.75 0.51 0.26	1.11 1.34 0.66 0.33 -0.01	1.14 1.43 0.57 0.13 -0.30	1.33 2.00 0.00 -1.00 -2.00
0.20	1.00 1.00 1.00 1.00 1.00	1.03 1.08 0.92 0.84 0.77	1.05 1.16 0.84 0.68 0.52	1.08 1.24 0.75 0.51 0.26	1.11 1.34 0.66 0.33 -0.01	1.15 1.44 0.57 0.14 -0.30	1.33 2.00 0.00 -1.00 -2.00
0.30	0.93 0.89 0.91 1.00 0.89	0.95 0.96 0.84 0.84 0.68	0.97 1.03 0.76 0.67 0.46	1.00 1.10 0.68 0.49 0.23	1.02 1.18 0.60 0.31 -0.01	1.04 1.25 0.51 0.12 -0.27	1.19 1.71 0.00 -1.00 -1.71
0.40	1.00 1.00 1.00 1.00 1.00	1.03 1.08 0.92 0.84 0.77	1.05 1.16 0.84 0.68 0.52	1.08 1.24 0.75 0.51 0.26	1.11 1.34 0.66 0.33 -0.01	1.15 1.43 0.57 0.14 -0.30	1.33 2.00 0.00 -1.00 -2.00
0.50	1.00 1.00 1.00 1.00 1.00	1.03 1.08 0.92 0.84 0.77	1.05 1.16 0.84 0.68 0.52	1.08 1.25 0.75 0.51 0.26	1.11 1.34 0.66 0.33 -0.01	1.14 1.43 0.57 0.14 -0.30	1.34 2.00 0.00 -1.00 -2.00
0.60	1.00 1.00 1.00 1.00 1.00	1.02 1.08 0.92 0.84 0.76	1.05 1.16 0.84 0.68 0.52	1.08 1.24 0.75 0.51 0.26	1.11 1.33 0.66 0.33 -0.01	1.14 1.43 0.57 0.14 -0.30	1.34 2.00 0.00 -1.00 -2.00
0.70	1.00 1.00 1.00 1.00 1.00	1.03 1.08 0.92 0.84 0.77	1.05 1.16 0.84 0.68 0.52	1.08 1.25 0.76 0.51 0.26	1.11 1.34 0.66 0.33 -0.01	1.14 1.43 0.57 0.14 -0.30	1.34 2.00 0.00 -1.00 -2.00
0.80	1.00 1.00 1.00 1.00 1.00	1.02 1.08 0.92 0.84 0.76	1.05 1.16 0.84 0.68 0.52	1.08 1.24 0.75 0.51 0.26	1.11 1.33 0.66 0.33 -0.01	1.14 1.43 0.57 0.14 -0.30	1.34 2.00 0.00 -1.00 -2.00
0.90	1.00 1.00 1.00 1.00 1.00	1.03 1.08 0.92 0.84 0.77	1.06 1.16 0.84 0.68 0.52	1.08 1.25 0.76 0.51 0.26	1.11 1.34 0.66 0.33 -0.01	1.15 1.44 0.57 0.14 -0.30	1.34 2.00 0.00 -1.00 -2.00
				$\psi = 0,5$			
0.10	1.00 1.01 1.00 1.00 1.01	1.03 1.08 0.93 0.84 0.77	1.06 1.17 0.84 0.68 0.52	1.09 1.25 0.76 0.51 0.26	1.12 1.34 0.67 0.33 -0.01	1.14 1.44 0.57 0.14 -0.30	1.34 2.01 0.00 -1.00 -2.01
0.20	1.00 1.00 1.00 1.00 1.00	1.03 1.08 0.92 0.84 0.77	1.06 1.16 0.84 0.68 0.52	1.08 1.25 0.76 0.51 0.26	1.12 1.34 0.67 0.33 -0.01	1.14 1.43 0.57 0.14 -0.30	1.33 2.00 0.00 -1.00 -2.00
0.30	0.91 0.86 0.89 1.00 0.86	0.93 0.93 0.82 0.84 0.66	0.95 0.99 0.74 0.67 0.44	0.98 1.07 0.66 0.49 0.22	1.00 1.14 0.58 0.31 -0.01	1.02 1.21 0.49 0.11 -0.26	1.15 1.65 0.00 -1.00 -1.65
0.40	1.00 1.00 1.00 1.00 1.00	1.03 1.08 0.92 0.84 0.77	1.06 1.16 0.84 0.68 0.52	1.08 1.25 0.76 0.51 0.26	1.11 1.34 0.67 0.33 -0.01	1.14 1.43 0.57 0.14 -0.30	1.33 2.00 0.00 -1.00 -2.00
0.50	1.00 1.00 1.00 1.00 1.00	1.03 1.08 0.92 0.84 0.77	1.06 1.16 0.84 0.68 0.52	1.09 1.25 0.76 0.51 0.26	1.12 1.34 0.67 0.33 -0.01	1.14 1.43 0.57 0.14 -0.30	1.34 2.01 0.00 -1.00 -2.01
0.60	1.00 1.01 1.00 1.00 1.01	1.03 1.08 0.93 0.84 0.77	1.06 1.17 0.84 0.68 0.52	1.09 1.25 0.76 0.51 0.26	1.12 1.34 0.67 0.33 -0.01	1.15 1.44 0.57 0.14 -0.30	1.33 2.00 0.00 -1.00 -2.00
0.70	1.00 1.01 1.01 1.00 1.01	1.03 1.09 0.93 0.84 0.77	1.06 1.17 0.85 0.68 0.52	1.09 1.26 0.76 0.51 0.26	1.12 1.35 0.67 0.33 -0.01	1.15 1.44 0.57 0.14 -0.30	1.34 2.02 0.00 -1.00 -2.02
0.80	1.01 1.01 1.01 1.01 1.01	1.03 1.09 0.93 0.84 0.77	1.06 1.17 0.85 0.68 0.53	1.09 1.26 0.76 0.51 0.27	1.12 1.35 0.67 0.33 -0.01	1.15 1.45 0.57 0.14 -0.30	1.34 2.01 0.00 -1.00 -2.01
0.90	1.01 1.02 1.02 1.00 1.02	1.04 1.10 0.94 0.85 0.78	1.07 1.19 0.85 0.68 0.53	1.10 1.27 0.77 0.51 0.27	1.13 1.37 0.68 0.33 -0.01	1.16 1.47 0.58 0.14 -0.30	1.36 2.06 0.00 -1.00 -2.06
				$\psi = 1,0$			
0.10	1.00 1.01 1.00 1.00 1.01	1.03 1.08 0.92 0.84 0.77	1.06 1.17 0.85 0.68 0.53	1.09 1.26 0.76 0.51 0.27	1.12 1.35 0.67 0.33 -0.01	1.15 1.45 0.57 0.14 -0.30	1.35 2.03 0.00 -1.00 -2.03
0.20	1.00 1.00 1.00 1.00 1.00	1.03 1.08 0.92 0.84 0.77	1.06 1.16 0.84 0.68 0.52	1.08 1.25 0.76 0.51 0.26	1.11 1.34 0.66 0.33 -0.01	1.15 1.44 0.57 0.14 -0.30	1.34 2.01 0.00 -1.00 -2.01
0.30	0.90 0.84 0.87 1.00 0.84	0.92 0.90 0.80 0.84 0.64	0.93 0.96 0.72 0.67 0.43	0.95 1.03 0.65 0.49 0.21	0.98 1.10 0.57 0.30 -0.02	1.00 1.18 0.48 0.11 -0.25	1.12 1.59 0.00 -1.00 -1.59
0.40	1.00 1.00 1.00 1.00 1.00	1.03 1.08 0.92 0.84 0.77	1.05 1.16 0.84 0.68 0.52	1.08 1.25 0.75 0.51 0.26	1.11 1.34 0.66 0.33 -0.01	1.15 1.44 0.57 0.14 -0.30	1.34 2.01 0.00 -1.00 -2.01
0.50	1.00 1.00 1.00 1.00 1.00	1.03 1.08 0.92 0.84 0.77	1.06 1.17 0.85 0.68 0.52	1.09 1.26 0.76 0.51 0.26	1.12 1.35 0.67 0.33 -0.01	1.15 1.44 0.57 0.14 -0.30	1.34 2.02 0.00 -1.00 -2.02
0.60	1.00 1.01 1.00 1.00 1.01	1.03 1.09 0.93 0.84 0.77	1.06 1.17 0.84 0.68 0.52	1.09 1.25 0.76 0.51 0.26	1.12 1.35 0.67 0.33 -0.01	1.15 1.44 0.57 0.14 -0.30	1.35 2.03 0.00 -1.00 -2.03
0.70	1.01 1.02 1.01 1.00 1.02	1.04 1.10 0.93 0.84 0.78	1.07 1.18 0.85 0.68 0.53	1.10 1.27 0.77 0.51 0.27	1.13 1.37 0.67 0.33 -0.01	1.16 1.46 0.58 0.14 -0.30	1.36 2.05 0.00 -1.00 -2.05
0.80	1.03 1.04 1.03 1.00 1.04	1.05 1.12 0.95 0.85 0.80	1.07 1.19 0.86 0.68 0.54	1.10 1.28 0.77 0.51 0.27	1.13 1.38 0.68 0.33 -0.01	1.17 1.48 0.58 0.14 -0.30	1.39 2.11 0.00 -1.00 -2.11
0.90	1.10 1.17 1.12 1.00 1.17	1.14 1.27 1.04 0.85 0.91	1.17 1.37 0.95 0.70 0.62	1.21 1.47 0.86 0.53 0.32	1.25 1.59 0.76 0.36 -0.00	1.30 1.71 0.65 0.17 -0.35	1.57 2.47 0.00 -1.00 -2.47

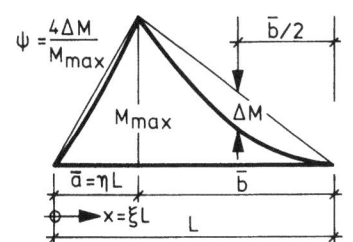
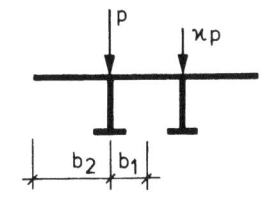

	η	= 0,3
	b_2/b_1	= 2,0
	L/b_1	= 5,0

$\psi = 0$

ξ \ $\varkappa$	1.00	0.80	0.60	0.40	0.20	0.00	-1.00
0.10	0.54 -0.07 0.71 1.00 -0.07	0.55 -0.05 0.65 0.83 -0.08	0.55 -0.04 0.59 0.65 -0.08	0.56 -0.02 0.52 0.46 -0.09	0.57 0.00 0.45 0.27 -0.09	0.58 0.02 0.38 0.08 -0.10	0.64 0.13 0.00 -1.00 -0.13
0.20	0.47 -0.05 0.57 1.00 -0.05	0.48 -0.04 0.52 0.82 -0.06	0.48 -0.02 0.47 0.64 -0.06	0.49 -0.01 0.41 0.45 -0.07	0.50 0.01 0.36 0.26 -0.07	0.51 0.02 0.30 0.07 -0.08	0.55 0.11 0.00 -1.00 -0.11
0.30	0.31 -0.02 0.34 1.00 -0.02	0.31 -0.01 0.30 0.81 -0.03	0.31 -0.00 0.27 0.63 -0.03	0.32 0.00 0.24 0.43 -0.04	0.32 0.01 0.21 0.24 -0.04	0.32 0.02 0.17 0.04 -0.05	0.34 0.07 0.00 -1.00 -0.07
0.40	0.51 -0.01 0.64 1.00 -0.01	0.52 0.01 0.59 0.83 -0.02	0.53 0.03 0.53 0.66 -0.04	0.54 0.05 0.47 0.48 -0.06	0.55 0.07 0.41 0.29 -0.07	0.56 0.09 0.35 0.10 -0.09	0.63 0.20 0.00 -1.00 -0.20
0.50	0.61 0.06 0.85 1.00 0.06	0.63 0.08 0.79 0.85 0.02	0.65 0.11 0.72 0.69 -0.01	0.67 0.14 0.65 0.52 -0.05	0.69 0.17 0.57 0.35 -0.09	0.72 0.20 0.49 0.16 -0.13	0.86 0.39 0.00 -1.00 -0.39
0.60	0.67 0.14 0.96 1.00 0.14	0.69 0.17 0.89 0.87 0.09	0.72 0.21 0.82 0.72 0.03	0.75 0.25 0.75 0.57 -0.03	0.79 0.29 0.67 0.40 -0.09	0.83 0.33 0.58 0.22 -0.16	1.07 0.63 0.00 -1.00 -0.63
0.70	0.70 0.22 1.01 1.00 0.22	0.74 0.26 0.95 0.88 0.16	0.77 0.31 0.88 0.75 0.08	0.81 0.35 0.81 0.60 0.01	0.86 0.41 0.73 0.45 -0.08	0.91 0.46 0.64 0.27 -0.18	1.27 0.88 0.00 -1.00 -0.88
0.80	0.72 0.28 1.02 1.00 0.28	0.76 0.33 0.97 0.89 0.21	0.80 0.38 0.90 0.77 0.12	0.85 0.43 0.83 0.63 0.03	0.90 0.49 0.76 0.48 -0.07	0.96 0.56 0.67 0.31 -0.19	1.41 1.08 0.00 -1.00 -1.08
0.90	0.73 0.33 1.04 1.00 0.33	0.78 0.37 0.98 0.89 0.24	0.82 0.43 0.92 0.78 0.15	0.87 0.49 0.86 0.65 0.05	0.93 0.55 0.78 0.50 -0.06	1.00 0.63 0.69 0.33 -0.20	1.54 1.24 0.00 -1.00 -1.24

$\psi = 0,5$

ξ \ $\varkappa$	1.00	0.80	0.60	0.40	0.20	0.00	-1.00
0.10	0.57 -0.10 0.78 1.00 -0.10	0.58 -0.08 0.71 0.83 -0.10	0.59 -0.07 0.64 0.65 -0.10	0.60 -0.05 0.57 0.46 -0.10	0.61 -0.03 0.49 0.27 -0.10	0.62 -0.01 0.42 0.08 -0.11	0.68 0.11 0.00 -1.00 -0.11
0.20	0.47 -0.07 0.56 1.00 -0.07	0.47 -0.06 0.51 0.82 -0.07	0.48 -0.04 0.46 0.64 -0.07	0.48 -0.03 0.40 0.45 -0.07	0.49 -0.02 0.35 0.25 -0.07	0.50 -0.00 0.29 0.06 -0.08	0.53 0.08 0.00 -1.00 -0.08
0.30	0.28 -0.03 0.29 1.00 -0.03	0.28 -0.02 0.26 0.81 -0.03	0.28 -0.01 0.24 0.62 -0.03	0.29 -0.01 0.21 0.43 -0.04	0.29 0.00 0.18 0.23 -0.04	0.29 0.01 0.15 0.03 -0.04	0.30 0.05 0.00 -1.00 -0.05
0.40	0.50 -0.02 0.63 1.00 -0.02	0.51 -0.00 0.57 0.83 -0.03	0.52 0.01 0.52 0.65 -0.05	0.53 0.03 0.46 0.47 -0.06	0.54 0.05 0.40 0.28 -0.07	0.55 0.07 0.34 0.09 -0.09	0.61 0.17 0.00 -1.00 -0.17
0.50	0.65 0.06 0.92 1.00 0.06	0.67 0.09 0.85 0.85 0.03	0.69 0.12 0.78 0.70 -0.01	0.71 0.15 0.70 0.53 -0.05	0.74 0.18 0.62 0.36 -0.10	0.77 0.22 0.54 0.17 -0.15	0.95 0.44 0.00 -1.00 -0.44
0.60	0.77 0.22 1.16 1.00 0.22	0.81 0.26 1.09 0.89 0.15	0.86 0.31 1.02 0.76 0.07	0.91 0.37 0.94 0.62 -0.01	0.96 0.43 0.85 0.47 -0.10	1.03 0.50 0.75 0.30 -0.21	1.49 1.01 0.00 -1.00 -1.01
0.70	0.92 0.45 1.41 1.00 0.45	0.99 0.53 1.36 0.93 0.34	1.08 0.61 1.30 0.85 0.22	1.17 0.72 1.24 0.76 0.07	1.29 0.84 1.16 0.65 -0.10	1.44 0.99 1.07 0.52 -0.31	3.07 2.72 0.00 -1.00 -2.72
0.80	1.18 0.81 1.84 1.00 0.81	1.32 0.96 1.85 1.01 0.66	1.51 1.16 1.86 1.02 0.48	1.74 1.41 1.87 1.03 0.24	2.07 1.76 1.89 1.05 -0.09	2.62 2.33 1.99 1.12 -0.58	-- -- -- -- --
0.90	2.34 2.02 3.82 1.00 2.02	3.09 2.79 4.51 1.36 1.97	-- -- -- -- --	-- -- -- -- --	-- -- -- -- --	-- -- -- -- --	-- -- -- -- --

$\psi = 1,0$

ξ \ $\varkappa$	1.00	0.80	0.60	0.40	0.20	0.00	-1.00
0.10	0.62 -0.14 0.87 1.00 -0.14	0.63 -0.12 0.80 0.83 -0.14	0.64 -0.10 0.72 0.65 -0.13	0.65 -0.08 0.64 0.46 -0.13	0.66 -0.06 0.55 0.27 -0.12	0.67 -0.04 0.47 0.07 -0.12	0.73 0.08 0.00 -1.00 -0.08
0.20	0.46 -0.09 0.55 1.00 -0.09	0.47 -0.08 0.50 0.82 -0.09	0.47 -0.07 0.44 0.63 -0.08	0.48 -0.05 0.39 0.44 -0.08	0.48 -0.04 0.34 0.25 -0.08	0.49 -0.02 0.29 0.05 -0.07	0.51 0.05 0.00 -1.00 -0.05
0.30	0.26 -0.04 0.25 1.00 -0.04	0.26 -0.03 0.23 0.81 -0.04	0.26 -0.02 0.20 0.62 -0.03	0.26 -0.02 0.18 0.42 -0.03	0.26 -0.01 0.15 0.22 -0.03	0.26 -0.00 0.13 0.03 -0.03	0.27 0.03 0.00 -1.00 -0.03
0.40	0.50 -0.04 0.61 1.00 -0.04	0.50 -0.02 0.56 0.83 -0.04	0.51 -0.00 0.50 0.65 -0.05	0.52 0.01 0.44 0.46 -0.06	0.53 0.03 0.39 0.27 -0.08	0.54 0.05 0.33 0.08 -0.09	0.59 0.15 0.00 -1.00 -0.15
0.50	0.71 0.07 1.03 1.00 0.07	0.74 0.11 0.96 0.86 0.03	0.76 0.14 0.88 0.71 -0.01	0.79 0.17 0.80 0.55 -0.06	0.83 0.21 0.71 0.38 -0.11	0.86 0.25 0.62 0.20 -0.17	1.09 0.52 0.00 -1.00 -0.52
0.60	1.06 0.43 1.69 1.00 0.43	1.15 0.51 1.65 0.94 0.32	1.25 0.62 1.59 0.88 0.19	1.38 0.74 1.52 0.80 0.04	1.53 0.88 1.44 0.71 -0.15	1.72 1.06 1.34 0.59 -0.38	-- -- -- -- --
0.70	2.96 2.54 5.13 1.00 2.54	-- -- -- -- --	-- -- -- -- --	-- -- -- -- --	-- -- -- -- --	-- -- -- -- --	-- -- -- -- --
0.80	-- -- -- -- --	-- -- -- -- --	-- -- -- -- --	-- -- -- -- --	-- -- -- -- --	-- -- -- -- --	-- -- -- -- --
0.90	-- -- -- -- --	-- -- -- -- --	-- -- -- -- --	-- -- -- -- --	-- -- -- -- --	-- -- -- -- --	-- -- -- -- --

η = 0,3
b_2/b_1 = 2,0
L/b_1 = 10,0

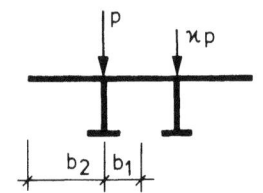
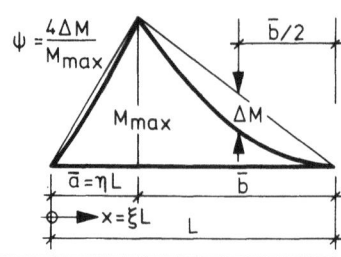

ξ \ $\varkappa$	1.00	0.80	0.60	0.40	0.20	0.00	-1.00

$\psi = 0$

ξ \ $\varkappa$	1.00	0.80	0.60	0.40	0.20	0.00	-1.00
0.10	0.80 0.48 1.00 1.00 0.48	0.84 0.53 0.95 0.89 0.38	0.89 0.57 0.88 0.77 0.28	0.94 0.63 0.82 0.64 0.16	1.00 0.69 0.75 0.49 0.02	1.08 0.77 0.67 0.33 -0.13	1.63 1.33 0.00 -1.00 -1.33
0.20	0.74 0.37 0.91 1.00 0.37	0.77 0.41 0.85 0.88 0.29	0.80 0.44 0.79 0.74 0.21	0.84 0.48 0.72 0.59 0.11	0.89 0.52 0.65 0.43 0.01	0.94 0.57 0.57 0.25 -0.11	1.29 0.92 0.00 -1.00 -0.92
0.30	0.48 0.21 0.53 1.00 0.21	0.50 0.23 0.49 0.84 0.17	0.51 0.24 0.44 0.68 0.12	0.52 0.26 0.40 0.51 0.06	0.54 0.28 0.35 0.32 0.01	0.55 0.29 0.30 0.13 -0.05	0.65 0.40 0.00 -1.00 -0.40
0.40	0.78 0.48 0.92 1.00 0.48	0.82 0.52 0.87 0.89 0.39	0.86 0.56 0.81 0.76 0.28	0.91 0.60 0.74 0.62 0.17	0.96 0.65 0.67 0.46 0.04	1.02 0.71 0.59 0.29 -0.09	1.47 1.14 0.00 -1.00 -1.14
0.50	0.87 0.70 1.00 1.00 0.70	0.93 0.75 0.96 0.91 0.58	0.99 0.81 0.90 0.80 0.44	1.06 0.88 0.84 0.69 0.29	1.14 0.96 0.77 0.55 0.11	1.25 1.06 0.70 0.40 -0.09	2.09 1.90 0.00 -1.00 -1.90
0.60	0.93 0.84 1.01 1.00 0.84	0.99 0.91 0.97 0.92 0.71	1.06 0.98 0.92 0.83 0.55	1.15 1.07 0.86 0.72 0.38	1.25 1.17 0.80 0.60 0.17	1.37 1.28 0.73 0.45 -0.07	2.56 2.48 0.00 -1.00 -2.48
0.70	0.96 0.93 1.00 1.00 0.93	1.03 1.00 0.97 0.92 0.79	1.11 1.08 0.92 0.84 0.62	1.20 1.17 0.87 0.74 0.44	1.31 1.28 0.81 0.62 0.22	1.45 1.42 0.74 0.48 -0.05	2.81 2.78 0.00 -1.00 -2.78
0.80	0.98 0.98 1.00 1.00 0.98	1.05 1.05 0.96 0.93 0.83	1.13 1.13 0.92 0.84 0.67	1.23 1.23 0.87 0.74 0.47	1.35 1.34 0.81 0.62 0.24	1.47 1.47 0.74 0.48 -0.03	2.89 2.89 0.00 -1.00 -2.89
0.90	0.99 1.00 1.00 1.00 1.00	1.06 1.07 0.96 0.93 0.85	1.15 1.16 0.92 0.84 0.68	1.25 1.26 0.87 0.74 0.49	1.36 1.37 0.81 0.63 0.26	1.50 1.51 0.74 0.49 -0.02	2.98 2.98 0.00 -1.00 -2.98

$\psi = 0,5$

ξ \ $\varkappa$	1.00	0.80	0.60	0.40	0.20	0.00	-1.00
0.10	0.84 0.51 1.09 1.00 0.51	0.89 0.56 1.03 0.90 0.41	0.95 0.62 0.97 0.79 0.29	1.01 0.69 0.91 0.67 0.16	1.09 0.76 0.83 0.53 0.02	1.17 0.85 0.74 0.37 -0.15	1.89 1.58 0.00 -1.00 -1.58
0.20	0.73 0.35 0.92 1.00 0.35	0.77 0.38 0.86 0.87 0.27	0.80 0.41 0.80 0.74 0.19	0.84 0.45 0.73 0.59 0.10	0.89 0.50 0.66 0.43 -0.00	0.93 0.54 0.57 0.25 -0.11	1.27 0.88 0.00 -1.00 -0.88
0.30	0.44 0.17 0.48 1.00 0.17	0.45 0.18 0.44 0.84 0.13	0.47 0.20 0.40 0.67 0.09	0.48 0.21 0.36 0.49 0.04	0.49 0.23 0.31 0.31 -0.00	0.50 0.24 0.27 0.11 -0.05	0.57 0.33 0.00 -1.00 -0.33
0.40	0.77 0.45 0.93 1.00 0.45	0.81 0.49 0.87 0.88 0.36	0.85 0.53 0.81 0.75 0.26	0.90 0.57 0.75 0.61 0.15	0.95 0.62 0.68 0.46 0.03	1.01 0.68 0.60 0.28 -0.10	1.44 1.09 0.00 -1.00 -1.09
0.50	0.91 0.75 1.05 1.00 0.75	0.97 0.81 1.01 0.92 0.62	1.05 0.88 0.96 0.82 0.48	1.13 0.97 0.90 0.71 0.32	1.22 1.06 0.83 0.58 0.13	1.34 1.18 0.76 0.44 -0.10	2.42 2.25 0.00 -1.00 -2.25
0.60	1.01 1.02 1.08 1.00 1.02	1.10 1.11 1.04 0.94 0.87	1.19 1.21 1.01 0.87 0.70	1.31 1.33 0.96 0.78 0.49	1.45 1.48 0.91 0.68 0.24	1.61 1.65 0.84 0.56 -0.06	-- -- -- -- --
0.70	1.15 1.32 1.13 1.00 1.32	1.25 1.44 1.10 0.96 1.16	1.39 1.59 1.08 0.92 0.95	1.55 1.76 1.05 0.86 0.71	1.75 1.98 1.01 0.80 0.40	2.00 2.26 0.96 0.71 0.00	-- -- -- -- --
0.80	1.33 1.72 1.22 1.00 1.72	1.48 1.90 1.22 1.00 1.54	1.67 2.13 1.21 0.99 1.31	1.91 2.41 1.21 0.99 1.02	2.23 2.79 1.21 0.98 0.63	2.68 3.31 1.20 0.97 0.09	-- -- -- -- --
0.90	1.90 2.78 1.68 1.00 2.78	2.25 3.24 1.78 1.12 2.64	2.74 3.90 1.92 1.28 2.44	-- -- -- -- --	-- -- -- -- --	-- -- -- -- --	-- -- -- -- --

$\psi = 1,0$

ξ \ $\varkappa$	1.00	0.80	0.60	0.40	0.20	0.00	-1.00
0.10	0.89 0.55 1.19 1.00 0.55	0.95 0.61 1.14 0.91 0.44	1.01 0.67 1.07 0.81 0.31	1.09 0.75 1.00 0.70 0.17	1.18 0.84 0.93 0.57 0.01	1.28 0.95 0.84 0.42 -0.18	2.29 1.98 0.00 -1.00 -1.98
0.20	0.73 0.32 0.93 1.00 0.32	0.76 0.35 0.87 0.87 0.24	0.80 0.39 0.81 0.74 0.17	0.84 0.43 0.74 0.59 0.08	0.89 0.47 0.67 0.43 -0.02	0.93 0.52 0.58 0.25 -0.12	1.26 0.84 0.00 -1.00 -0.84
0.30	0.41 0.13 0.44 1.00 0.13	0.42 0.15 0.40 0.83 0.10	0.43 0.16 0.37 0.66 0.07	0.44 0.17 0.33 0.48 0.03	0.45 0.18 0.28 0.29 -0.01	0.46 0.19 0.24 0.10 -0.05	0.51 0.27 0.00 -1.00 -0.27
0.40	0.77 0.42 0.94 1.00 0.42	0.81 0.45 0.88 0.88 0.33	0.85 0.50 0.83 0.75 0.24	0.90 0.54 0.76 0.61 0.14	0.95 0.59 0.68 0.45 0.02	1.00 0.64 0.60 0.28 -0.10	1.41 1.03 0.00 -1.00 -1.03
0.50	0.97 0.83 1.13 1.00 0.83	1.04 0.91 1.09 0.93 0.70	1.12 0.99 1.03 0.84 0.54	1.22 1.09 0.98 0.75 0.36	1.33 1.20 0.91 0.63 0.15	1.47 1.35 0.84 0.49 -0.11	3.03 2.93 0.00 -1.00 -2.93
0.60	1.22 1.44 1.25 1.00 1.44	1.35 1.59 1.24 0.99 1.27	1.53 1.80 1.24 0.97 1.07	1.74 2.04 1.23 0.95 0.80	2.02 2.36 1.21 0.93 0.44	2.39 2.79 1.19 0.89 -0.03	-- -- -- -- --
0.70	2.04 3.23 1.72 1.00 3.23	2.48 3.86 1.86 1.17 3.15	3.09 4.74 2.05 1.42 2.99	-- -- -- -- --	-- -- -- -- --	-- -- -- -- --	-- -- -- -- --
0.80	-- -- -- -- --	-- -- -- -- --	-- -- -- -- --	-- -- -- -- --	-- -- -- -- --	-- -- -- -- --	-- -- -- -- --
0.90	-- -- -- -- --	-- -- -- -- --	-- -- -- -- --	-- -- -- -- --	-- -- -- -- --	-- -- -- -- --	-- -- -- -- --

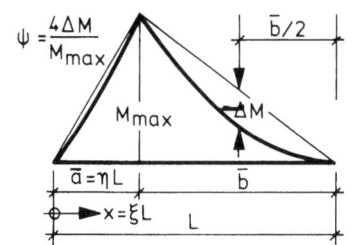
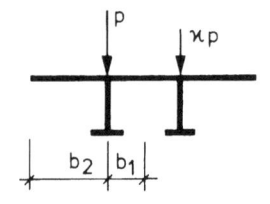

	η	= 0,3
	b_2/b_1 =	2,0
	L/b_1 =	20,0

					$\psi = 0$			
ξ \ $\varkappa$	1.00	0.80	0.60	0.40	0.20	0.00	-1.00	
0.10	0.97 0.95 1.00 1.00 0.95	1.04 1.02 0.96 0.92 0.81	1.13 1.11 0.92 0.84 0.64	1.22 1.20 0.87 0.74 0.45	1.33 1.31 0.81 0.62 0.23	1.47 1.45 0.74 0.48 -0.04	2.85 2.83 0.00 -1.00 -2.83	
0.20	0.93 0.83 1.00 1.00 0.83	0.99 0.89 0.96 0.92 0.69	1.06 0.96 0.91 0.82 0.54	1.15 1.04 0.85 0.71 0.37	1.25 1.14 0.79 0.58 0.17	1.36 1.25 0.72 0.43 -0.07	2.45 2.33 0.00 -1.00 -2.33	
0.30	0.67 0.50 0.71 1.00 0.50	0.70 0.52 0.66 0.87 0.40	0.73 0.55 0.61 0.73 0.30	0.77 0.58 0.56 0.58 0.20	0.81 0.62 0.50 0.42 0.08	0.84 0.66 0.43 0.24 -0.05	1.12 0.91 0.00 -1.00 -0.91	
0.40	0.94 0.86 1.00 1.00 0.86	1.01 0.93 0.96 0.92 0.73	1.08 1.00 0.91 0.82 0.57	1.17 1.09 0.86 0.72 0.39	1.27 1.19 0.80 0.59 0.19	1.39 1.31 0.72 0.44 -0.06	2.56 2.46 0.00 -1.00 -2.46	
0.50	0.99 0.98 1.00 1.00 0.98	1.06 1.05 0.96 0.93 0.83	1.15 1.14 0.92 0.84 0.67	1.24 1.24 0.87 0.74 0.47	1.35 1.35 0.81 0.62 0.24	1.50 1.49 0.74 0.48 -0.04	2.93 2.92 0.00 -1.00 -2.92	
0.60	1.00 1.00 1.00 1.00 1.00	1.07 1.07 0.96 0.93 0.85	1.16 1.16 0.92 0.84 0.68	1.25 1.26 0.87 0.74 0.48	1.38 1.38 0.81 0.62 0.25	1.52 1.52 0.74 0.49 -0.03	3.00 3.00 0.00 -1.00 -3.00	
0.70	1.00 1.00 1.00 1.00 1.00	1.08 1.08 0.96 0.93 0.86	1.16 1.17 0.92 0.84 0.68	1.26 1.27 0.87 0.74 0.49	1.38 1.38 0.81 0.62 0.25	1.52 1.52 0.74 0.49 -0.03	3.00 3.00 0.00 -1.00 -3.00	
0.80	1.00 1.00 1.00 1.00 1.00	1.07 1.07 0.96 0.93 0.85	1.16 1.16 0.92 0.84 0.68	1.26 1.26 0.87 0.74 0.48	1.37 1.37 0.81 0.62 0.25	1.52 1.52 0.74 0.49 -0.03	2.99 2.99 0.00 -1.00 -2.99	
0.90	1.00 1.00 1.00 1.00 1.00	1.08 1.08 0.97 0.93 0.85	1.16 1.16 0.92 0.84 0.68	1.26 1.26 0.87 0.74 0.48	1.38 1.38 0.81 0.63 0.25	1.52 1.52 0.74 0.49 -0.03	3.02 3.02 0.00 -1.00 -3.02	
					$\psi = 0,5$			
0.10	1.00 1.02 1.02 1.00 1.02	1.08 1.10 0.99 0.93 0.87	1.18 1.20 0.95 0.85 0.70	1.28 1.31 0.91 0.76 0.50	1.41 1.44 0.85 0.65 0.26	1.55 1.58 0.78 0.52 -0.04	-- -- -- -- --	
0.20	0.94 0.83 1.02 1.00 0.83	1.00 0.90 0.97 0.92 0.70	1.07 0.97 0.92 0.82 0.55	1.16 1.05 0.87 0.71 0.37	1.26 1.15 0.80 0.59 0.17	1.37 1.26 0.73 0.44 -0.07	2.50 2.38 0.00 -1.00 -2.38	
0.30	0.63 0.44 0.66 1.00 0.44	0.66 0.46 0.62 0.87 0.35	0.68 0.49 0.57 0.72 0.27	0.71 0.51 0.52 0.56 0.17	0.74 0.54 0.46 0.40 0.07	0.78 0.57 0.40 0.21 -0.05	0.99 0.78 0.00 -1.00 -0.78	
0.40	0.95 0.86 1.01 1.00 0.86	1.01 0.93 0.97 0.92 0.73	1.09 1.00 0.92 0.83 0.57	1.18 1.09 0.87 0.72 0.39	1.28 1.19 0.81 0.59 0.18	1.39 1.31 0.73 0.45 -0.06	2.59 2.49 0.00 -1.00 -2.49	
0.50	1.01 1.02 1.01 1.00 1.02	1.08 1.10 0.98 0.93 0.87	1.18 1.19 0.94 0.85 0.70	1.28 1.30 0.89 0.75 0.50	1.40 1.42 0.83 0.64 0.26	1.54 1.56 0.76 0.50 -0.03	-- -- -- -- --	
0.60	1.04 1.08 1.02 1.00 1.08	1.12 1.16 0.98 0.93 0.92	1.21 1.26 0.95 0.85 0.75	1.32 1.37 0.90 0.76 0.54	1.45 1.50 0.84 0.65 0.28	1.60 1.65 0.77 0.52 -0.02	-- -- -- -- --	
0.70	1.06 1.12 1.03 1.00 1.12	1.14 1.21 1.00 0.94 0.96	1.24 1.31 0.96 0.86 0.78	1.36 1.43 0.91 0.77 0.56	1.50 1.57 0.86 0.67 0.30	1.66 1.74 0.79 0.54 -0.01	-- -- -- -- --	
0.80	1.09 1.19 1.04 1.00 1.19	1.18 1.29 1.01 0.94 1.03	1.30 1.41 0.99 0.87 0.84	1.43 1.54 0.94 0.79 0.61	1.58 1.70 0.89 0.70 0.34	1.77 1.90 0.83 0.58 -0.00	-- -- -- -- --	
0.90	1.21 1.42 1.13 1.00 1.42	1.33 1.54 1.11 0.96 1.24	1.46 1.69 1.08 0.92 1.02	1.63 1.88 1.05 0.87 0.76	1.84 2.11 1.01 0.80 0.44	2.12 2.41 0.96 0.71 0.02	-- -- -- -- --	
					$\psi = 1,0$			
0.10	1.05 1.11 1.06 1.00 1.11	1.14 1.21 1.03 0.94 0.96	1.23 1.30 0.99 0.87 0.77	1.35 1.43 0.94 0.79 0.55	1.51 1.59 0.90 0.69 0.29	1.69 1.78 0.84 0.57 -0.03	-- -- -- -- --	
0.20	0.94 0.83 1.03 1.00 0.83	1.00 0.90 0.98 0.92 0.70	1.07 0.97 0.93 0.82 0.55	1.16 1.06 0.88 0.72 0.37	1.26 1.16 0.82 0.59 0.17	1.38 1.28 0.74 0.45 -0.07	2.54 2.43 0.00 -1.00 -2.43	
0.30	0.60 0.39 0.63 1.00 0.39	0.62 0.41 0.58 0.86 0.31	0.64 0.43 0.53 0.71 0.23	0.66 0.45 0.48 0.55 0.14	0.69 0.48 0.43 0.38 0.05	0.72 0.51 0.37 0.19 -0.05	0.90 0.68 0.00 -1.00 -0.68	
0.40	0.95 0.86 1.02 1.00 0.86	1.02 0.93 0.98 0.92 0.72	1.09 1.00 0.93 0.83 0.57	1.18 1.09 0.88 0.72 0.39	1.28 1.19 0.81 0.60 0.18	1.40 1.31 0.74 0.45 -0.07	2.60 2.51 0.00 -1.00 -2.51	
0.50	1.04 1.09 1.04 1.00 1.09	1.13 1.18 1.00 0.94 0.94	1.21 1.27 0.96 0.86 0.75	1.33 1.38 0.91 0.77 0.54	1.47 1.53 0.86 0.67 0.29	1.64 1.70 0.80 0.54 -0.02	-- -- -- -- --	
0.60	1.11 1.23 1.06 1.00 1.23	1.21 1.33 1.03 0.94 1.07	1.31 1.44 0.99 0.88 0.86	1.44 1.57 0.95 0.80 0.63	1.59 1.73 0.89 0.70 0.35	1.79 1.93 0.83 0.58 0.00	-- -- -- -- --	
0.70	1.23 1.45 1.11 1.00 1.45	1.34 1.58 1.09 0.96 1.27	1.48 1.72 1.06 0.92 1.05	1.64 1.91 1.03 0.86 0.79	1.86 2.15 1.00 0.80 0.46	2.14 2.45 0.95 0.71 0.04	-- -- -- -- --	
0.80	1.65 2.32 1.33 1.00 2.32	1.88 2.60 1.36 1.04 2.12	2.18 2.97 1.39 1.09 1.86	2.59 3.48 1.44 1.16 1.52	3.03 4.02 1.44 1.22 0.97	-- -- -- -- --	-- -- -- -- --	
0.90	-- -- -- -- --	-- -- -- -- --	-- -- -- -- --	-- -- -- -- --	-- -- -- -- --	-- -- -- -- --	-- -- -- -- --	

$\eta = 0{,}3$
$b_2/b_1 = 2{,}0$
$L/b_1 = 50{,}0$

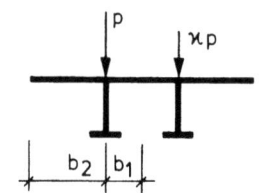
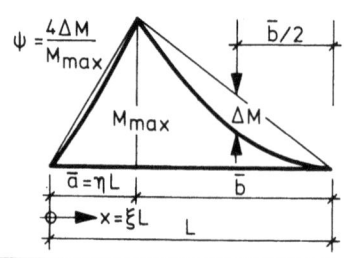

$\psi = 4\Delta M / M_{max}$

$\psi = 0$

ξ \ $\varkappa$	1.00	0.80	0.60	0.40	0.20	0.00	-1.00
0.10	1.00 1.00 1.00 1.00 1.00	1.08 1.08 0.96 0.93 0.85	1.16 1.16 0.92 0.84 0.68	1.26 1.26 0.87 0.74 0.48	1.38 1.38 0.81 0.62 0.25	1.51 1.51 0.74 0.48 -0.03	2.99 2.99 0.00 -1.00 -2.99
0.20	1.00 1.00 1.00 1.00 1.00	1.07 1.07 0.96 0.93 0.85	1.15 1.16 0.92 0.84 0.68	1.25 1.25 0.87 0.74 0.48	1.37 1.37 0.81 0.62 0.25	1.52 1.52 0.74 0.49 -0.03	2.98 2.98 0.00 -1.00 -2.98
0.30	0.87 0.78 0.88 1.00 0.78	0.92 0.83 0.84 0.90 0.65	0.98 0.88 0.79 0.79 0.51	1.04 0.95 0.74 0.67 0.35	1.11 1.01 0.67 0.53 0.17	1.20 1.09 0.60 0.36 -0.04	1.89 1.75 0.00 -1.00 -1.75
0.40	1.00 1.00 1.00 1.00 1.00	1.07 1.07 0.96 0.93 0.85	1.16 1.16 0.92 0.84 0.68	1.25 1.25 0.87 0.74 0.48	1.37 1.37 0.81 0.62 0.25	1.52 1.52 0.74 0.48 -0.03	2.99 2.99 0.00 -1.00 -2.99
0.50	1.00 1.00 1.00 1.00 1.00	1.08 1.08 0.96 0.93 0.85	1.16 1.16 0.92 0.84 0.68	1.26 1.26 0.87 0.74 0.48	1.38 1.38 0.81 0.62 0.25	1.51 1.51 0.74 0.48 -0.03	2.99 2.99 0.00 -1.00 -2.99
0.60	1.00 1.00 1.00 1.00 1.00	1.08 1.08 0.96 0.93 0.85	1.16 1.16 0.92 0.84 0.68	1.26 1.26 0.87 0.74 0.48	1.37 1.37 0.81 0.62 0.25	1.52 1.52 0.74 0.48 -0.03	3.00 3.00 0.00 -1.00 -3.00
0.70	1.00 1.00 1.00 1.00 1.00	1.08 1.08 0.96 0.93 0.85	1.16 1.16 0.92 0.84 0.68	1.26 1.26 0.87 0.74 0.48	1.38 1.38 0.81 0.62 0.25	1.52 1.52 0.74 0.48 -0.03	3.00 3.00 0.00 -1.00 -3.00
0.80	1.00 1.00 1.00 1.00 1.00	1.08 1.08 0.96 0.93 0.85	1.16 1.16 0.92 0.84 0.68	1.26 1.26 0.87 0.74 0.48	1.37 1.37 0.81 0.62 0.25	1.51 1.51 0.74 0.48 -0.03	3.01 3.01 0.00 -1.00 -3.01
0.90	1.00 1.00 1.00 1.00 1.00	1.08 1.08 0.96 0.93 0.85	1.16 1.16 0.92 0.84 0.68	1.26 1.26 0.87 0.74 0.48	1.38 1.38 0.81 0.62 0.25	1.52 1.52 0.74 0.49 -0.03	3.01 3.01 0.00 -1.00 -3.01

$\psi = 0{,}5$

ξ \ $\varkappa$	1.00	0.80	0.60	0.40	0.20	0.00	-1.00
0.10	1.01 1.01 1.00 1.00 1.01	1.09 1.09 0.97 0.93 0.87	1.17 1.18 0.93 0.84 0.70	1.27 1.28 0.87 0.74 0.49	1.39 1.40 0.82 0.63 0.26	1.53 1.54 0.75 0.49 -0.03	3.07 3.09 0.00 -1.00 -3.09
0.20	1.00 1.00 1.00 1.00 1.00	1.08 1.08 0.96 0.93 0.86	1.16 1.17 0.92 0.84 0.68	1.27 1.27 0.88 0.74 0.49	1.38 1.39 0.82 0.63 0.25	1.52 1.52 0.74 0.49 -0.03	3.04 3.05 0.00 -1.00 -3.05
0.30	0.84 0.74 0.86 1.00 0.74	0.89 0.78 0.81 0.90 0.61	0.94 0.83 0.77 0.78 0.48	1.00 0.89 0.71 0.66 0.32	1.07 0.95 0.64 0.51 0.15	1.14 1.02 0.57 0.34 -0.04	1.74 1.60 0.00 -1.00 -1.60
0.40	1.00 1.00 1.00 1.00 1.00	1.07 1.08 0.96 0.93 0.85	1.16 1.16 0.92 0.84 0.68	1.26 1.27 0.87 0.74 0.49	1.38 1.39 0.82 0.63 0.25	1.52 1.52 0.74 0.49 -0.03	3.03 3.04 0.00 -1.00 -3.04
0.50	1.00 1.01 1.00 1.00 1.01	1.08 1.09 0.97 0.93 0.86	1.17 1.17 0.92 0.84 0.69	1.26 1.27 0.87 0.74 0.49	1.39 1.39 0.82 0.63 0.25	1.52 1.53 0.74 0.49 -0.03	3.04 3.04 0.00 -1.00 -3.04
0.60	1.01 1.01 1.00 1.00 1.01	1.08 1.08 0.96 0.93 0.86	1.17 1.17 0.92 0.84 0.69	1.27 1.28 0.88 0.74 0.49	1.39 1.40 0.82 0.63 0.25	1.53 1.54 0.75 0.49 -0.03	3.06 3.07 0.00 -1.00 -3.07
0.70	1.01 1.02 1.01 1.00 1.02	1.09 1.10 0.97 0.93 0.87	1.18 1.18 0.93 0.84 0.70	1.27 1.28 0.88 0.75 0.49	1.40 1.41 0.82 0.63 0.26	1.54 1.55 0.75 0.49 -0.03	3.09 3.11 0.00 -1.00 -3.11
0.80	1.02 1.03 1.01 1.00 1.03	1.09 1.10 0.97 0.93 0.87	1.18 1.19 0.93 0.84 0.70	1.28 1.29 0.88 0.75 0.50	1.41 1.43 0.83 0.64 0.26	1.56 1.57 0.76 0.50 -0.03	-- -- -- -- --
0.90	1.04 1.07 1.02 1.00 1.07	1.12 1.15 0.99 0.93 0.92	1.21 1.25 0.95 0.85 0.74	1.32 1.36 0.90 0.76 0.53	1.45 1.49 0.84 0.65 0.28	1.61 1.65 0.77 0.52 -0.02	-- -- -- -- --

$\psi = 1{,}0$

ξ \ $\varkappa$	1.00	0.80	0.60	0.40	0.20	0.00	-1.00
0.10	1.01 1.03 1.01 1.00 1.03	1.10 1.12 0.97 0.93 0.89	1.19 1.21 0.93 0.85 0.71	1.28 1.31 0.88 0.75 0.50	1.41 1.44 0.83 0.64 0.26	1.56 1.59 0.76 0.50 -0.03	-- -- -- -- --
0.20	1.01 1.02 1.01 1.00 1.02	1.08 1.09 0.97 0.93 0.87	1.17 1.18 0.93 0.84 0.69	1.27 1.28 0.87 0.74 0.49	1.39 1.40 0.82 0.63 0.25	1.53 1.54 0.75 0.49 -0.03	3.06 3.07 0.00 -1.00 -3.07
0.30	0.81 0.70 0.84 1.00 0.70	0.86 0.74 0.79 0.89 0.58	0.91 0.79 0.74 0.78 0.45	0.96 0.84 0.68 0.64 0.30	1.02 0.90 0.62 0.49 0.14	1.09 0.96 0.55 0.33 -0.04	1.62 1.46 0.00 -1.00 -1.46
0.40	1.01 1.01 1.01 1.00 1.01	1.08 1.09 0.97 0.93 0.86	1.17 1.18 0.93 0.84 0.69	1.26 1.27 0.87 0.74 0.49	1.38 1.39 0.82 0.63 0.25	1.53 1.54 0.75 0.49 -0.03	3.05 3.06 0.00 -1.00 -3.06
0.50	1.01 1.02 1.00 1.00 1.02	1.09 1.10 0.97 0.93 0.87	1.18 1.19 0.93 0.84 0.70	1.27 1.29 0.88 0.75 0.49	1.40 1.41 0.82 0.63 0.26	1.54 1.56 0.75 0.49 -0.03	3.10 3.11 0.00 -1.00 -3.11
0.60	1.02 1.03 1.01 1.00 1.03	1.10 1.11 0.98 0.93 0.88	1.19 1.20 0.93 0.85 0.71	1.28 1.30 0.88 0.75 0.50	1.40 1.42 0.82 0.63 0.26	1.55 1.57 0.75 0.50 -0.03	-- -- -- -- --
0.70	1.03 1.06 1.02 1.00 1.06	1.11 1.14 0.98 0.93 0.91	1.21 1.24 0.94 0.85 0.73	1.31 1.34 0.89 0.76 0.52	1.44 1.48 0.84 0.65 0.27	1.60 1.63 0.77 0.51 -0.02	-- -- -- -- --
0.80	1.06 1.13 1.03 1.00 1.13	1.16 1.23 1.01 0.94 0.98	1.27 1.34 0.97 0.87 0.80	1.38 1.46 0.93 0.78 0.57	1.50 1.58 0.86 0.67 0.30	1.67 1.76 0.79 0.54 -0.01	-- -- -- -- --
0.90	1.37 1.72 1.20 1.00 1.72	1.51 1.88 1.18 0.99 1.52	1.69 2.09 1.17 0.97 1.28	1.93 2.36 1.17 0.95 0.99	2.21 2.68 1.14 0.92 0.60	2.62 3.15 1.12 0.89 0.07	-- -- -- -- --

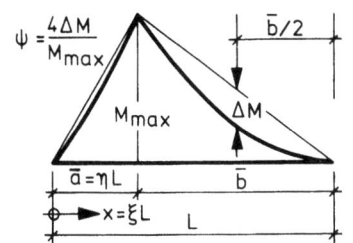
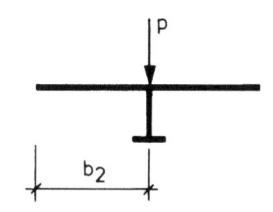

$$\eta = 0{,}3$$
$$b_2/b_1 = \infty$$

ξ \ ϰ	2.0	3.0	4.0	6.0	10.0	20.0	50.0
				ψ = 0			
0.10	0.34 -0.05 0.92 1.00 -0.05	0.51 0.15 0.92 1.00 0.15	0.65 0.39 0.93 1.00 0.39	0.86 0.78 0.96 1.00 0.78	0.98 0.99 0.99 1.00 0.99	1.00 1.00 1.00 1.00 1.00	1.00 1.00 1.00 1.00 1.00
0.20	0.30 -0.04 0.93 1.00 -0.04	0.44 0.11 0.93 1.00 0.11	0.57 0.29 0.94 1.00 0.29	0.76 0.59 0.96 1.00 0.59	0.92 0.88 0.98 1.00 0.88	0.99 0.99 1.00 1.00 0.99	1.00 1.00 1.00 1.00 1.00
0.30	0.21 -0.02 0.93 1.00 -0.02	0.29 0.08 0.93 1.00 0.08	0.36 0.17 0.94 1.00 0.17	0.47 0.31 0.95 1.00 0.31	0.62 0.50 0.96 1.00 0.50	0.79 0.71 0.98 1.00 0.71	0.93 0.90 0.99 1.00 0.90
0.40	0.33 -0.00 0.92 1.00 -0.00	0.49 0.20 0.93 1.00 0.20	0.63 0.39 0.94 1.00 0.39	0.80 0.67 0.96 1.00 0.67	0.94 0.90 0.99 1.00 0.90	1.00 1.00 1.00 1.00 1.00	1.00 1.00 1.00 1.00 1.00
0.50	0.42 0.04 0.92 1.00 0.04	0.62 0.36 0.93 1.00 0.36	0.77 0.62 0.95 1.00 0.62	0.93 0.89 0.98 1.00 0.89	0.99 0.99 1.00 1.00 0.99	1.00 1.00 1.00 1.00 1.00	1.00 1.00 1.00 1.00 1.00
0.60	0.48 0.10 0.91 1.00 0.10	0.72 0.53 0.94 1.00 0.53	0.87 0.80 0.97 1.00 0.80	0.98 0.98 0.99 1.00 0.98	1.00 1.00 1.00 1.00 1.00	1.00 1.00 1.00 1.00 1.00	1.00 1.00 1.00 1.00 1.00
0.70	0.53 0.17 0.91 1.00 0.17	0.79 0.67 0.95 1.00 0.67	0.93 0.91 0.98 1.00 0.91	1.00 1.00 1.00 1.00 1.00	1.00 1.00 1.00 1.00 1.00	1.00 1.00 1.00 1.00 1.00	1.00 1.00 1.00 1.00 1.00
0.80	0.56 0.23 0.91 1.00 0.23	0.83 0.77 0.95 1.00 0.77	0.96 0.96 0.99 1.00 0.96	1.00 1.01 1.00 1.00 1.01	1.00 1.00 1.00 1.00 1.00	1.00 1.00 1.00 1.00 1.00	1.00 1.00 1.00 1.00 1.00
0.90	0.58 0.27 0.91 1.00 0.27	0.87 0.83 0.96 1.00 0.83	0.99 1.00 0.99 1.00 1.00	1.00 1.01 1.00 1.00 1.01	1.00 1.00 1.00 1.00 1.00	1.00 1.00 1.00 1.00 1.00	1.00 1.00 1.00 1.00 1.00
				ψ = 0,5			
0.10	0.36 -0.07 0.92 1.00 -0.07	0.53 0.13 0.92 1.00 0.13	0.70 0.42 0.93 1.00 0.42	0.93 0.88 0.97 1.00 0.88	1.04 1.07 1.00 1.00 1.07	1.01 1.02 1.00 1.00 1.02	1.00 1.00 1.00 1.00 1.00
0.20	0.29 -0.05 0.93 1.00 -0.05	0.43 0.09 0.93 1.00 0.09	0.56 0.27 0.93 1.00 0.27	0.76 0.58 0.95 1.00 0.58	0.94 0.90 0.98 1.00 0.90	1.01 1.01 1.00 1.00 1.01	1.00 1.00 1.00 1.00 1.00
0.30	0.19 -0.02 0.93 1.00 -0.02	0.26 0.06 0.93 1.00 0.06	0.33 0.13 0.94 1.00 0.13	0.43 0.26 0.95 1.00 0.26	0.57 0.44 0.96 1.00 0.44	0.75 0.66 0.97 1.00 0.66	0.91 0.87 0.99 1.00 0.87
0.40	0.32 -0.01 0.92 1.00 -0.01	0.48 0.18 0.93 1.00 0.18	0.62 0.37 0.94 1.00 0.37	0.80 0.65 0.96 1.00 0.65	0.95 0.91 0.99 1.00 0.91	1.01 1.01 1.00 1.00 1.01	1.00 1.00 1.00 1.00 1.00
0.50	0.45 0.04 0.92 1.00 0.04	0.66 0.40 0.93 1.00 0.40	0.83 0.69 0.95 1.00 0.69	0.98 0.97 0.98 1.00 0.97	1.02 1.04 1.00 1.00 1.04	1.01 1.01 1.00 1.00 1.01	1.00 1.00 1.00 1.00 1.00
0.60	0.58 0.16 0.91 1.00 0.16	0.88 0.75 0.94 1.00 0.75	1.05 1.07 0.98 1.00 1.07	1.09 1.16 1.01 1.00 1.16	1.05 1.07 1.01 1.00 1.07	1.01 1.02 1.00 1.00 1.02	1.00 1.00 1.00 1.00 1.00
0.70	0.78 0.38 0.89 1.00 0.38	1.22 1.32 0.96 1.00 1.32	1.34 1.56 1.02 1.00 1.56	1.21 1.33 1.03 1.00 1.33	1.07 1.11 1.01 1.00 1.11	1.02 1.03 1.00 1.00 1.03	1.00 1.01 1.00 1.00 1.01
0.80	1.23 0.85 0.86 1.00 0.85	2.09 2.68 1.02 1.00 2.68	1.97 2.53 1.10 1.00 2.53	1.38 1.58 1.05 1.00 1.58	1.11 1.17 1.02 1.00 1.17	1.02 1.04 1.00 1.00 1.04	1.01 1.01 1.00 1.00 1.01
0.90	-- -- -- -- --	-- -- -- -- --	-- -- -- -- --	2.02 2.51 1.13 1.00 2.51	1.29 1.43 1.04 1.00 1.43	1.07 1.10 1.01 1.00 1.10	1.01 1.02 1.00 1.00 1.02
				ψ = 1,0			
0.10	0.38 -0.10 0.92 1.00 -0.10	0.58 0.12 0.92 1.00 0.12	0.75 0.46 0.92 1.00 0.46	1.02 1.01 0.97 1.00 1.01	1.11 1.19 1.01 1.00 1.19	1.04 1.05 1.01 1.00 1.05	1.00 1.00 1.00 1.00 1.00
0.20	0.28 -0.06 0.93 1.00 -0.06	0.42 0.06 0.93 1.00 0.06	0.55 0.24 0.93 1.00 0.24	0.76 0.57 0.95 1.00 0.57	0.95 0.91 0.98 1.00 0.91	1.01 1.02 1.00 1.00 1.02	1.00 1.00 1.00 1.00 1.00
0.30	0.17 -0.02 0.93 1.00 -0.02	0.24 0.04 0.93 1.00 0.04	0.30 0.11 0.94 1.00 0.11	0.40 0.22 0.94 1.00 0.22	0.53 0.39 0.96 1.00 0.39	0.72 0.62 0.97 1.00 0.62	0.90 0.85 0.99 1.00 0.85
0.40	0.32 -0.02 0.93 1.00 -0.02	0.47 0.15 0.93 1.00 0.15	0.60 0.33 0.94 1.00 0.33	0.79 0.63 0.96 1.00 0.63	0.95 0.92 0.98 1.00 0.92	1.01 1.02 1.00 1.00 1.02	1.00 1.00 1.00 1.00 1.00
0.50	0.49 0.05 0.91 1.00 0.05	0.74 0.46 0.93 1.00 0.46	0.91 0.79 0.96 1.00 0.79	1.06 1.09 0.99 1.00 1.09	1.07 1.12 1.01 1.00 1.12	1.02 1.03 1.00 1.00 1.03	1.00 1.00 1.00 1.00 1.00
0.60	0.87 0.33 0.88 1.00 0.33	1.43 1.47 0.95 1.00 1.47	1.56 1.85 1.02 1.00 1.85	1.37 1.59 1.04 1.00 1.59	1.14 1.21 1.02 1.00 1.21	1.03 1.05 1.01 1.00 1.05	1.00 1.01 1.00 1.00 1.01
0.70	-- -- -- -- --	-- -- -- -- --	-- -- -- -- --	2.31 3.02 1.19 1.00 3.02	1.28 1.42 1.04 1.00 1.42	1.06 1.09 1.01 1.00 1.09	1.01 1.00 1.01 1.00 1.01
0.80	-- -- -- -- --	-- -- -- -- --	-- -- -- -- --	-- -- -- -- --	1.92 2.37 1.14 1.00 2.37	1.15 1.22 1.02 1.00 1.22	1.03 1.04 1.00 1.00 1.04
0.90	-- -- -- -- --	-- -- -- -- --	-- -- -- -- --	-- -- -- -- --	-- -- -- -- --	1.94 2.40 1.14 1.00 2.40	1.10 1.15 1.01 1.00 1.15

η	= 0,4
b_2/b_1	= 0
L/b_1	= 2,0

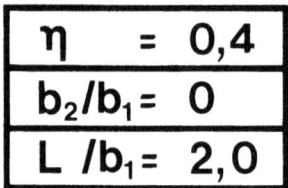
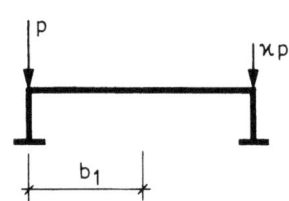
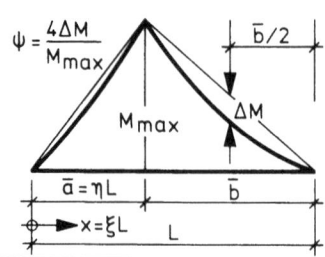

$$\psi = 0$$

ξ \ ϰ	1.00	0.80	0.60	0.40	0.20	0.00	-1.00
0.10	0.46 1.00 0.12 1.00 1.00	0.44 1.00 0.10 0.72 0.72	0.42 1.00 0.09 0.46 0.46	0.40 1.00 0.07 0.23 0.23	0.38 1.00 0.06 0.01 0.01	0.36 1.00 0.05 -0.19 -0.19	0.29 1.00 -0.00 -1.00 -1.00
0.20	0.42 1.00 0.10 1.00 1.00	0.40 1.00 0.09 0.73 0.73	0.38 1.00 0.07 0.48 0.48	0.37 1.00 0.06 0.25 0.25	0.35 1.00 0.05 0.03 0.03	0.34 1.00 0.04 -0.17 -0.17	0.28 1.00 -0.00 -1.00 -1.00
0.30	0.34 1.00 0.08 1.00 1.00	0.33 1.00 0.07 0.75 0.75	0.32 1.00 0.06 0.51 0.51	0.31 1.00 0.05 0.28 0.28	0.30 1.00 0.04 0.07 0.07	0.29 1.00 0.03 -0.13 -0.13	0.25 1.00 0.00 -1.00 -1.00
0.40	0.23 1.00 0.05 1.00 1.00	0.22 1.00 0.04 0.77 0.77	0.22 1.00 0.04 0.54 0.54	0.21 1.00 0.03 0.32 0.32	0.21 1.00 0.03 0.11 0.11	0.20 1.00 0.02 -0.09 -0.09	0.18 1.00 0.00 -1.00 -1.00
0.50	0.37 1.00 0.10 1.00 1.00	0.35 1.00 0.09 0.74 0.74	0.34 1.00 0.08 0.49 0.49	0.33 1.00 0.06 0.26 0.26	0.31 1.00 0.05 0.05 0.05	0.30 1.00 0.04 -0.15 -0.15	0.25 1.00 0.00 -1.00 -1.00
0.60	0.48 1.00 0.17 1.00 1.00	0.45 1.00 0.15 0.71 0.71	0.43 1.00 0.12 0.45 0.45	0.40 1.00 0.10 0.21 0.21	0.38 1.00 0.08 -0.01 -0.01	0.37 1.00 0.07 -0.21 -0.21	0.29 1.00 -0.00 -1.00 -1.00
0.70	0.57 1.00 0.25 1.00 1.00	0.53 1.00 0.21 0.68 0.68	0.49 1.00 0.17 0.41 0.41	0.46 1.00 0.14 0.16 0.16	0.43 1.00 0.12 -0.06 -0.06	0.41 1.00 0.09 -0.26 -0.26	0.31 1.00 -0.00 -1.00 -1.00
0.80	0.64 1.00 0.32 1.00 1.00	0.58 1.00 0.27 0.66 0.66	0.54 1.00 0.22 0.38 0.38	0.50 1.00 0.18 0.12 0.12	0.46 1.00 0.14 -0.10 -0.10	0.43 1.00 0.11 -0.29 -0.29	0.32 1.00 0.00 -1.00 -1.00
0.90	0.68 1.00 0.37 1.00 1.00	0.62 1.00 0.31 0.65 0.65	0.57 1.00 0.25 0.35 0.35	0.52 1.00 0.20 0.10 0.10	0.48 1.00 0.16 -0.12 -0.12	0.45 1.00 0.13 -0.31 -0.31	0.33 1.00 0.00 -1.00 -1.00

$$\psi = 0,5$$

ξ \ ϰ	1.00	0.80	0.60	0.40	0.20	0.00	-1.00
0.10	0.66 1.00 0.17 1.00 1.00	0.62 1.00 0.14 0.68 0.68	0.57 1.00 0.12 0.40 0.40	0.54 1.00 0.10 0.16 0.16	0.50 1.00 0.08 -0.06 -0.06	0.48 1.00 0.06 -0.26 -0.26	0.36 1.00 -0.00 -1.00 -1.00
0.20	0.47 1.00 0.10 1.00 1.00	0.45 1.00 0.09 0.72 0.72	0.42 1.00 0.08 0.47 0.47	0.41 1.00 0.06 0.23 0.23	0.39 1.00 0.05 0.02 0.02	0.37 1.00 0.04 -0.18 -0.18	0.30 1.00 -0.00 -1.00 -1.00
0.30	0.33 1.00 0.06 1.00 1.00	0.32 1.00 0.06 0.75 0.75	0.31 1.00 0.05 0.51 0.51	0.30 1.00 0.04 0.29 0.29	0.29 1.00 0.03 0.08 0.08	0.28 1.00 0.03 -0.13 -0.13	0.24 1.00 0.00 -1.00 -1.00
0.40	0.20 1.00 0.04 1.00 1.00	0.19 1.00 0.03 0.77 0.77	0.19 1.00 0.03 0.55 0.55	0.19 1.00 0.02 0.34 0.34	0.18 1.00 0.02 0.13 0.13	0.18 1.00 0.02 -0.07 -0.07	0.16 1.00 0.00 -1.00 -1.00
0.50	0.36 1.00 0.09 1.00 1.00	0.34 1.00 0.08 0.74 0.74	0.33 1.00 0.07 0.50 0.50	0.32 1.00 0.06 0.27 0.27	0.31 1.00 0.05 0.06 0.06	0.30 1.00 0.04 -0.14 -0.14	0.25 1.00 0.00 -1.00 -1.00
0.60	0.55 1.00 0.21 1.00 1.00	0.52 1.00 0.18 0.69 0.69	0.48 1.00 0.15 0.42 0.42	0.45 1.00 0.12 0.18 0.18	0.43 1.00 0.10 -0.04 -0.04	0.40 1.00 0.08 -0.24 -0.24	0.31 1.00 -0.00 -1.00 -1.00
0.70	0.92 1.00 0.49 1.00 1.00	0.81 1.00 0.39 0.60 0.60	0.72 1.00 0.31 0.28 0.28	0.65 1.00 0.25 0.02 0.02	0.59 1.00 0.20 -0.20 -0.20	0.54 1.00 0.15 -0.38 -0.38	0.37 1.00 -0.00 -1.00 -1.00
0.80	2.51 1.00 1.74 1.00 1.00	1.79 1.00 1.13 0.29 0.29	1.38 1.00 0.78 -0.10 -0.10	1.12 1.00 0.56 -0.36 -0.36	0.94 1.00 0.41 -0.53 -0.53	0.81 1.00 0.29 -0.66 -0.66	0.46 1.00 0.00 -1.00 -1.00
0.90	-- -- -- -- --	-- -- -- -- --	-- -- -- -- --	-- -- -- -- --	-- -- -- -- --	2.18 1.00 0.96 -2.02 -2.02	0.68 1.00 0.00 -1.00 -1.00

$$\psi = 1,0$$

ξ \ ϰ	1.00	0.80	0.60	0.40	0.20	0.00	-1.00
0.10	1.56 1.00 0.40 1.00 1.00	1.32 1.00 0.31 0.53 0.53	1.14 1.00 0.24 0.19 0.19	1.00 1.00 0.18 -0.08 -0.08	0.89 1.00 0.14 -0.29 -0.29	0.81 1.00 0.11 -0.47 -0.47	0.53 1.00 -0.00 -1.00 -1.00
0.20	0.55 1.00 0.11 1.00 1.00	0.52 1.00 0.10 0.71 0.71	0.49 1.00 0.08 0.45 0.45	0.47 1.00 0.07 0.21 0.21	0.44 1.00 0.05 -0.01 -0.01	0.42 1.00 0.04 -0.21 -0.21	0.34 1.00 -0.00 -1.00 -1.00
0.30	0.32 1.00 0.05 1.00 1.00	0.31 1.00 0.05 0.75 0.75	0.30 1.00 0.04 0.52 0.52	0.29 1.00 0.03 0.30 0.30	0.29 1.00 0.03 0.09 0.09	0.28 1.00 0.02 -0.12 -0.12	0.24 1.00 0.00 -1.00 -1.00
0.40	0.17 1.00 0.03 1.00 1.00	0.17 1.00 0.02 0.78 0.78	0.17 1.00 0.02 0.56 0.56	0.16 1.00 0.02 0.35 0.35	0.16 1.00 0.02 0.14 0.14	0.16 1.00 0.01 -0.06 -0.06	0.15 1.00 0.00 -1.00 -1.00
0.50	0.35 1.00 0.08 1.00 1.00	0.33 1.00 0.07 0.75 0.75	0.32 1.00 0.06 0.51 0.51	0.31 1.00 0.05 0.28 0.28	0.30 1.00 0.04 0.07 0.07	0.29 1.00 0.04 -0.14 -0.14	0.25 1.00 0.00 -1.00 -1.00
0.60	0.71 1.00 0.30 1.00 1.00	0.65 1.00 0.25 0.66 0.66	0.60 1.00 0.21 0.36 0.36	0.55 1.00 0.17 0.11 0.11	0.51 1.00 0.13 -0.11 -0.11	0.48 1.00 0.11 -0.30 -0.30	0.35 1.00 -0.00 -1.00 -1.00
0.70	-- -- -- -- --	-- -- -- -- --	-- -- -- -- --	2.52 1.00 1.29 -1.36 -1.36	1.76 1.00 0.78 -1.22 -1.22	1.34 1.00 0.50 -1.14 -1.14	0.59 1.00 -0.00 -1.00 -1.00
0.80	-- -- -- -- --	-- -- -- -- --	-- -- -- -- --	-- -- -- -- --	-- -- -- -- --	-- -- -- -- --	-- -- -- -- --
0.90	-- -- -- -- --	-- -- -- -- --	-- -- -- -- --	-- -- -- -- --	-- -- -- -- --	-- -- -- -- --	-- -- -- -- --

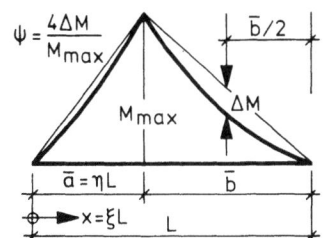
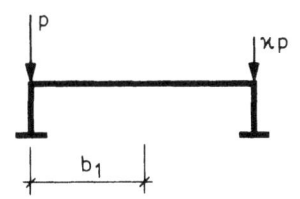

	η	= 0,4
	b_2/b_1 =	0
	L/b_1 =	5,0

$\psi = \dfrac{4\Delta M}{M_{max}}$

ψ = 0								
ξ \ κ	1.00	0.80	0.60	0.40	0.20	0.00	-1.00
0.10	1.01 1.00 0.99 1.00 1.00	0.86 1.00 0.76 0.54 0.54	0.74 1.00 0.59 0.19 0.19	0.65 1.00 0.46 -0.07 -0.07	0.58 1.00 0.35 -0.29 -0.29	0.52 1.00 0.27 -0.46 -0.46	0.33 1.00 0.00 -1.00 -1.00
0.20	0.96 1.00 0.89 1.00 1.00	0.82 1.00 0.69 0.56 0.56	0.71 1.00 0.54 0.22 0.22	0.63 1.00 0.42 -0.05 -0.05	0.56 1.00 0.33 -0.26 -0.26	0.51 1.00 0.25 -0.44 -0.44	0.33 1.00 0.00 -1.00 -1.00
0.30	0.80 1.00 0.67 1.00 1.00	0.71 1.00 0.53 0.60 0.60	0.63 1.00 0.43 0.28 0.28	0.57 1.00 0.34 0.02 0.02	0.52 1.00 0.27 -0.20 -0.20	0.47 1.00 0.21 -0.38 -0.38	0.32 1.00 0.00 -1.00 -1.00
0.40	0.47 1.00 0.34 1.00 1.00	0.44 1.00 0.29 0.69 0.69	0.41 1.00 0.24 0.41 0.41	0.38 1.00 0.20 0.17 0.17	0.36 1.00 0.16 -0.05 -0.05	0.34 1.00 0.13 -0.25 -0.25	0.26 1.00 0.00 -1.00 -1.00
0.50	0.82 1.00 0.69 1.00 1.00	0.72 1.00 0.55 0.60 0.60	0.64 1.00 0.44 0.28 0.28	0.58 1.00 0.35 0.01 0.01	0.52 1.00 0.28 -0.20 -0.20	0.48 1.00 0.21 -0.39 -0.39	0.32 1.00 0.00 -1.00 -1.00
0.60	0.97 1.00 0.92 1.00 1.00	0.83 1.00 0.71 0.55 0.55	0.72 1.00 0.56 0.21 0.21	0.63 1.00 0.43 -0.05 -0.05	0.57 1.00 0.34 -0.27 -0.27	0.51 1.00 0.26 -0.44 -0.44	0.33 1.00 0.00 -1.00 -1.00
0.70	1.02 1.00 1.01 1.00 1.00	0.86 1.00 0.78 0.54 0.54	0.74 1.00 0.60 0.19 0.19	0.65 1.00 0.47 -0.08 -0.08	0.58 1.00 0.36 -0.29 -0.29	0.52 1.00 0.27 -0.46 -0.46	0.33 1.00 0.00 -1.00 -1.00
0.80	1.03 1.00 1.04 1.00 1.00	0.86 1.00 0.79 0.53 0.53	0.74 1.00 0.62 0.19 0.19	0.65 1.00 0.48 -0.08 -0.08	0.58 1.00 0.37 -0.29 -0.29	0.52 1.00 0.28 -0.46 -0.46	0.33 1.00 0.00 -1.00 -1.00
0.90	1.03 1.00 1.04 1.00 1.00	0.87 1.00 0.80 0.53 0.53	0.75 1.00 0.62 0.19 0.19	0.65 1.00 0.48 -0.08 -0.08	0.58 1.00 0.37 -0.29 -0.29	0.52 1.00 0.28 -0.46 -0.46	0.33 1.00 0.00 -1.00 -1.00

ψ = 0,5								
ξ \ κ	1.00	0.80	0.60	0.40	0.20	0.00	-1.00
0.10	1.50 1.00 1.64 1.00 1.00	1.17 1.00 1.16 0.42 0.42	0.95 1.00 0.85 0.04 0.04	0.80 1.00 0.63 -0.23 -0.23	0.69 1.00 0.47 -0.42 -0.42	0.60 1.00 0.35 -0.58 -0.58	0.36 1.00 0.00 -1.00 -1.00
0.20	1.11 1.00 1.08 1.00 1.00	0.92 1.00 0.82 0.52 0.52	0.79 1.00 0.63 0.16 0.16	0.69 1.00 0.48 -0.11 -0.11	0.61 1.00 0.37 -0.32 -0.32	0.54 1.00 0.28 -0.48 -0.48	0.34 1.00 0.00 -1.00 -1.00
0.30	0.80 1.00 0.65 1.00 1.00	0.71 1.00 0.52 0.60 0.60	0.63 1.00 0.42 0.28 0.28	0.57 1.00 0.33 0.02 0.02	0.52 1.00 0.26 -0.20 -0.20	0.47 1.00 0.20 -0.38 -0.38	0.33 1.00 0.00 -1.00 -1.00
0.40	0.40 1.00 0.27 1.00 1.00	0.38 1.00 0.23 0.71 0.71	0.36 1.00 0.20 0.44 0.44	0.34 1.00 0.16 0.21 0.21	0.32 1.00 0.13 -0.01 -0.01	0.30 1.00 0.11 -0.21 -0.21	0.24 1.00 0.00 -1.00 -1.00
0.50	0.82 1.00 0.67 1.00 1.00	0.72 1.00 0.54 0.60 0.60	0.64 1.00 0.43 0.28 0.28	0.57 1.00 0.34 0.02 0.02	0.52 1.00 0.27 -0.20 -0.20	0.48 1.00 0.21 -0.39 -0.39	0.33 1.00 0.00 -1.00 -1.00
0.60	1.09 1.00 1.07 1.00 1.00	0.91 1.00 0.82 0.52 0.52	0.78 1.00 0.63 0.17 0.17	0.68 1.00 0.48 -0.10 -0.10	0.60 1.00 0.37 -0.31 -0.31	0.54 1.00 0.28 -0.48 -0.48	0.34 1.00 0.00 -1.00 -1.00
0.70	1.30 1.00 1.42 1.00 1.00	1.04 1.00 1.03 0.46 0.46	0.87 1.00 0.77 0.09 0.09	0.74 1.00 0.59 -0.17 -0.17	0.64 1.00 0.44 -0.38 -0.38	0.57 1.00 0.33 -0.54 -0.54	0.35 1.00 0.00 -1.00 -1.00
0.80	1.61 1.00 1.90 1.00 1.00	1.23 1.00 1.32 0.39 0.39	0.99 1.00 0.95 0.00 0.00	0.82 1.00 0.70 -0.26 -0.26	0.70 1.00 0.52 -0.45 -0.45	0.61 1.00 0.38 -0.60 -0.60	0.36 1.00 0.00 -1.00 -1.00
0.90	-- -- -- -- --	1.95 1.00 2.28 0.11 0.11	1.39 1.00 1.46 -0.29 -0.29	1.07 1.00 1.00 -0.51 -0.51	0.87 1.00 0.71 -0.66 -0.66	0.73 1.00 0.50 -0.76 -0.76	0.39 1.00 0.00 -1.00 -1.00

ψ = 1,0								
ξ \ κ	1.00	0.80	0.60	0.40	0.20	0.00	-1.00
0.10	-- -- -- -- --	2.42 1.00 2.77 -0.08 -0.08	1.61 1.00 1.65 -0.45 -0.45	1.20 1.00 1.09 -0.64 -0.64	0.95 1.00 0.75 -0.75 -0.75	0.78 1.00 0.52 -0.83 -0.83	0.40 1.00 0.00 -1.00 -1.00
0.20	1.41 1.00 1.46 1.00 1.00	1.12 1.00 1.05 0.44 0.44	0.92 1.00 0.78 0.07 0.07	0.78 1.00 0.59 -0.20 -0.20	0.68 1.00 0.44 -0.40 -0.40	0.59 1.00 0.33 -0.55 -0.55	0.36 1.00 0.00 -1.00 -1.00
0.30	0.81 1.00 0.64 1.00 1.00	0.71 1.00 0.51 0.60 0.60	0.64 1.00 0.41 0.29 0.29	0.57 1.00 0.33 0.02 0.02	0.52 1.00 0.26 -0.19 -0.19	0.48 1.00 0.20 -0.38 -0.38	0.33 1.00 0.00 -1.00 -1.00
0.40	0.35 1.00 0.22 1.00 1.00	0.34 1.00 0.19 0.72 0.72	0.32 1.00 0.16 0.47 0.47	0.30 1.00 0.13 0.23 0.23	0.29 1.00 0.11 0.02 0.02	0.28 1.00 0.09 -0.18 -0.18	0.22 1.00 0.00 -1.00 -1.00
0.50	0.81 1.00 0.65 1.00 1.00	0.72 1.00 0.52 0.60 0.60	0.64 1.00 0.42 0.28 0.28	0.58 1.00 0.33 0.02 0.02	0.52 1.00 0.26 -0.20 -0.20	0.48 1.00 0.20 -0.38 -0.38	0.33 1.00 0.00 -1.00 -1.00
0.60	1.35 1.00 1.41 1.00 1.00	1.08 1.00 1.03 0.46 0.46	0.90 1.00 0.77 0.09 0.09	0.76 1.00 0.58 -0.18 -0.18	0.66 1.00 0.43 -0.38 -0.38	0.58 1.00 0.32 -0.54 -0.54	0.36 1.00 0.00 -1.00 -1.00
0.70	2.83 1.00 3.62 1.00 1.00	1.80 1.00 2.10 0.16 0.16	1.31 1.00 1.37 -0.24 -0.24	1.02 1.00 0.95 -0.47 -0.47	0.84 1.00 0.68 -0.63 -0.63	0.70 1.00 0.48 -0.73 -0.73	0.38 1.00 0.00 -1.00 -1.00
0.80	-- -- -- -- --	-- -- -- -- --	-- -- -- -- --	3.01 1.00 3.62 -2.61 -2.61	1.73 1.00 1.80 -1.81 -1.81	1.20 1.00 1.06 -1.47 -1.47	0.45 1.00 0.00 -1.00 -1.00
0.90	-- -- -- -- --	-- -- -- -- --	-- -- -- -- --	-- -- -- -- --	-- -- -- -- --	-- -- -- -- --	2.51 1.00 0.00 -1.00 -1.00

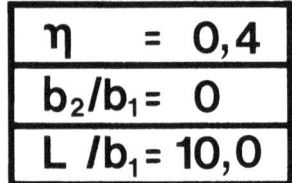
η	= 0,4
b_2/b_1	= 0
L/b_1	= 10,0

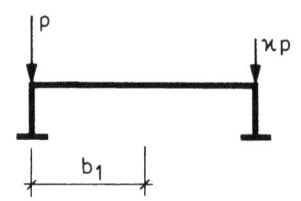

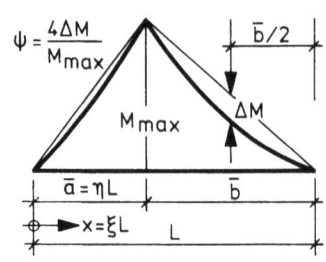

$\psi = \dfrac{4\Delta M}{M_{max}}$

ξ \ $\varkappa$	1.00	0.80	0.60	0.40	0.20	0.00	-1.00
	$\psi = 0$						
0.10	1.01 1.00 1.01 1.00 1.00	0.85 1.00 0.78 0.54 0.54	0.74 1.00 0.60 0.20 0.20	0.65 1.00 0.47 -0.07 -0.07	0.58 1.00 0.36 -0.28 -0.28	0.52 1.00 0.27 -0.46 -0.46	0.33 1.00 0.00 -1.00 -1.00
0.20	1.01 1.00 1.01 1.00 1.00	0.85 1.00 0.78 0.54 0.54	0.74 1.00 0.60 0.20 0.20	0.65 1.00 0.47 -0.07 -0.07	0.57 1.00 0.36 -0.28 -0.28	0.52 1.00 0.27 -0.46 -0.46	0.33 1.00 -0.00 -1.00 -1.00
0.30	0.98 1.00 0.96 1.00 1.00	0.84 1.00 0.74 0.55 0.55	0.72 1.00 0.58 0.21 0.21	0.64 1.00 0.45 -0.06 -0.06	0.57 1.00 0.35 -0.27 -0.27	0.51 1.00 0.26 -0.45 -0.45	0.33 1.00 -0.00 -1.00 -1.00
0.40	0.66 1.00 0.57 1.00 1.00	0.59 1.00 0.47 0.63 0.63	0.54 1.00 0.38 0.33 0.33	0.49 1.00 0.31 0.07 0.07	0.45 1.00 0.24 -0.15 -0.15	0.42 1.00 0.19 -0.34 -0.34	0.29 1.00 -0.00 -1.00 -1.00
0.50	0.98 1.00 0.96 1.00 1.00	0.84 1.00 0.75 0.55 0.55	0.73 1.00 0.58 0.20 0.20	0.64 1.00 0.45 -0.06 -0.06	0.57 1.00 0.35 -0.28 -0.28	0.51 1.00 0.27 -0.45 -0.45	0.33 1.00 -0.00 -1.00 -1.00
0.60	1.01 1.00 1.01 1.00 1.00	0.85 1.00 0.78 0.54 0.54	0.74 1.00 0.60 0.20 0.20	0.65 1.00 0.47 -0.07 -0.07	0.57 1.00 0.36 -0.28 -0.28	0.52 1.00 0.27 -0.46 -0.46	0.33 1.00 -0.00 -1.00 -1.00
0.70	1.00 1.00 1.00 1.00 1.00	0.85 1.00 0.77 0.54 0.54	0.73 1.00 0.60 0.20 0.20	0.65 1.00 0.47 -0.07 -0.07	0.57 1.00 0.36 -0.28 -0.28	0.52 1.00 0.27 -0.46 -0.46	0.33 1.00 0.00 -1.00 -1.00
0.80	1.00 1.00 1.00 1.00 1.00	0.85 1.00 0.77 0.54 0.54	0.73 1.00 0.60 0.20 0.20	0.64 1.00 0.47 -0.07 -0.07	0.57 1.00 0.36 -0.28 -0.28	0.51 1.00 0.27 -0.46 -0.46	0.33 1.00 0.00 -1.00 -1.00
0.90	1.00 1.00 1.00 1.00 1.00	0.84 1.00 0.77 0.54 0.54	0.73 1.00 0.60 0.20 0.20	0.64 1.00 0.47 -0.07 -0.07	0.57 1.00 0.36 -0.28 -0.28	0.51 1.00 0.27 -0.46 -0.46	0.33 1.00 0.00 -1.00 -1.00
	$\psi = 0,5$						
0.10	1.11 1.00 1.16 1.00 1.00	0.92 1.00 0.88 0.51 0.51	0.79 1.00 0.67 0.16 0.16	0.68 1.00 0.52 -0.11 -0.11	0.60 1.00 0.40 -0.32 -0.32	0.54 1.00 0.30 -0.49 -0.49	0.34 1.00 -0.00 -1.00 -1.00
0.20	1.06 1.00 1.08 1.00 1.00	0.89 1.00 0.83 0.53 0.53	0.76 1.00 0.64 0.18 0.18	0.66 1.00 0.49 -0.09 -0.09	0.59 1.00 0.38 -0.30 -0.30	0.53 1.00 0.29 -0.47 -0.47	0.34 1.00 0.00 -1.00 -1.00
0.30	1.01 1.00 0.99 1.00 1.00	0.85 1.00 0.76 0.54 0.54	0.74 1.00 0.59 0.20 0.20	0.65 1.00 0.46 -0.07 -0.07	0.58 1.00 0.35 -0.28 -0.28	0.52 1.00 0.27 -0.46 -0.46	0.33 1.00 0.00 -1.00 -1.00
0.40	0.59 1.00 0.49 1.00 1.00	0.54 1.00 0.41 0.65 0.65	0.49 1.00 0.34 0.36 0.36	0.45 1.00 0.27 0.10 0.10	0.42 1.00 0.22 -0.12 -0.12	0.39 1.00 0.17 -0.31 -0.31	0.28 1.00 -0.00 -1.00 -1.00
0.50	1.01 1.00 0.99 1.00 1.00	0.85 1.00 0.76 0.54 0.54	0.74 1.00 0.59 0.20 0.20	0.65 1.00 0.46 -0.07 -0.07	0.58 1.00 0.36 -0.28 -0.28	0.52 1.00 0.27 -0.46 -0.46	0.33 1.00 0.00 -1.00 -1.00
0.60	1.04 1.00 1.06 1.00 1.00	0.88 1.00 0.81 0.53 0.53	0.75 1.00 0.63 0.18 0.18	0.66 1.00 0.49 -0.08 -0.08	0.58 1.00 0.37 -0.30 -0.30	0.52 1.00 0.28 -0.47 -0.47	0.34 1.00 0.00 -1.00 -1.00
0.70	1.06 1.00 1.09 1.00 1.00	0.89 1.00 0.83 0.53 0.53	0.76 1.00 0.64 0.18 0.18	0.67 1.00 0.49 -0.09 -0.09	0.59 1.00 0.38 -0.30 -0.30	0.53 1.00 0.29 -0.47 -0.47	0.34 1.00 -0.00 -1.00 -1.00
0.80	1.09 1.00 1.13 1.00 1.00	0.91 1.00 0.86 0.52 0.52	0.78 1.00 0.66 0.17 0.17	0.68 1.00 0.51 -0.10 -0.10	0.60 1.00 0.39 -0.31 -0.31	0.53 1.00 0.29 -0.48 -0.48	0.34 1.00 -0.00 -1.00 -1.00
0.90	1.25 1.00 1.36 1.00 1.00	1.01 1.00 1.01 0.48 0.48	0.85 1.00 0.76 0.11 0.11	0.73 1.00 0.58 -0.15 -0.15	0.64 1.00 0.44 -0.36 -0.36	0.56 1.00 0.33 -0.52 -0.52	0.35 1.00 0.00 -1.00 -1.00
	$\psi = 1,0$						
0.10	1.31 1.00 1.45 1.00 1.00	1.05 1.00 1.06 0.46 0.46	0.87 1.00 0.79 0.09 0.09	0.74 1.00 0.60 -0.17 -0.17	0.65 1.00 0.45 -0.38 -0.38	0.57 1.00 0.34 -0.54 -0.54	0.35 1.00 -0.00 -1.00 -1.00
0.20	1.13 1.00 1.19 1.00 1.00	0.93 1.00 0.90 0.51 0.51	0.79 1.00 0.69 0.15 0.15	0.69 1.00 0.53 -0.12 -0.12	0.61 1.00 0.40 -0.33 -0.33	0.54 1.00 0.30 -0.49 -0.49	0.34 1.00 0.00 -1.00 -1.00
0.30	1.03 1.00 1.01 1.00 1.00	0.87 1.00 0.78 0.53 0.53	0.75 1.00 0.60 0.19 0.19	0.66 1.00 0.47 -0.08 -0.08	0.58 1.00 0.36 -0.29 -0.29	0.52 1.00 0.27 -0.46 -0.46	0.34 1.00 0.00 -1.00 -1.00
0.40	0.54 1.00 0.43 1.00 1.00	0.49 1.00 0.36 0.67 0.67	0.46 1.00 0.30 0.38 0.38	0.42 1.00 0.24 0.13 0.13	0.39 1.00 0.20 -0.09 -0.09	0.37 1.00 0.15 -0.28 -0.28	0.27 1.00 -0.00 -1.00 -1.00
0.50	1.03 1.00 1.01 1.00 1.00	0.87 1.00 0.78 0.54 0.54	0.75 1.00 0.60 0.19 0.19	0.66 1.00 0.47 -0.08 -0.08	0.58 1.00 0.36 -0.29 -0.29	0.52 1.00 0.27 -0.46 -0.46	0.34 1.00 0.00 -1.00 -1.00
0.60	1.11 1.00 1.16 1.00 1.00	0.92 1.00 0.88 0.51 0.51	0.79 1.00 0.67 0.16 0.16	0.68 1.00 0.52 -0.11 -0.11	0.60 1.00 0.40 -0.32 -0.32	0.54 1.00 0.30 -0.49 -0.49	0.34 1.00 0.00 -1.00 -1.00
0.70	1.18 1.00 1.27 1.00 1.00	0.97 1.00 0.95 0.49 0.49	0.82 1.00 0.72 0.14 0.14	0.71 1.00 0.55 -0.13 -0.13	0.62 1.00 0.42 -0.34 -0.34	0.55 1.00 0.31 -0.51 -0.51	0.34 1.00 -0.00 -1.00 -1.00
0.80	1.50 1.00 1.75 1.00 1.00	1.17 1.00 1.24 0.42 0.42	0.95 1.00 0.91 0.04 0.04	0.80 1.00 0.68 -0.23 -0.23	0.69 1.00 0.50 -0.42 -0.42	0.60 1.00 0.37 -0.57 -0.57	0.36 1.00 0.00 -1.00 -1.00
0.90	-- -- -- -- --	-- -- -- -- --	-- -- -- -- --	2.48 1.00 2.90 -1.98 -1.98	1.56 1.00 1.59 -1.54 -1.54	1.13 1.00 0.97 -1.33 -1.33	0.45 1.00 -0.00 -1.00 -1.00

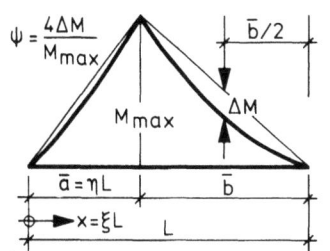
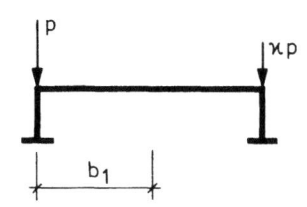

$$\eta = 0{,}4$$
$$b_2/b_1 = 0$$
$$L/b_1 = 20{,}0$$

	$\psi = 0$						
ξ \ $\varkappa$	1.00	0.80	0.60	0.40	0.20	0.00	-1.00
0.10	1.00 1.00 1.00 1.00 1.00	0.85 1.00 0.77 0.54 0.54	0.73 1.00 0.60 0.20 0.20	0.64 1.00 0.47 -0.07 -0.07	0.57 1.00 0.36 -0.28 -0.28	0.51 1.00 0.27 -0.46 -0.46	0.33 1.00 0.00 -1.00 -1.00
0.20	1.00 1.00 1.00 1.00 1.00	0.85 1.00 0.77 0.54 0.54	0.73 1.00 0.60 0.20 0.20	0.64 1.00 0.47 -0.07 -0.07	0.57 1.00 0.36 -0.28 -0.28	0.51 1.00 0.27 -0.46 -0.46	0.33 1.00 -0.00 -1.00 -1.00
0.30	1.00 1.00 1.00 1.00 1.00	0.85 1.00 0.77 0.54 0.54	0.73 1.00 0.60 0.20 0.20	0.64 1.00 0.47 -0.07 -0.07	0.57 1.00 0.36 -0.28 -0.28	0.51 1.00 0.27 -0.46 -0.46	0.33 1.00 0.00 -1.00 -1.00
0.40	0.82 1.00 0.76 1.00 1.00	0.71 1.00 0.61 0.59 0.59	0.63 1.00 0.48 0.27 0.27	0.57 1.00 0.38 0.00 0.00	0.51 1.00 0.30 -0.22 -0.22	0.47 1.00 0.23 -0.40 -0.40	0.32 1.00 -0.00 -1.00 -1.00
0.50	1.00 1.00 1.00 1.00 1.00	0.85 1.00 0.77 0.54 0.54	0.73 1.00 0.60 0.20 0.20	0.64 1.00 0.47 -0.07 -0.07	0.57 1.00 0.36 -0.28 -0.28	0.51 1.00 0.27 -0.46 -0.46	0.33 1.00 0.00 -1.00 -1.00
0.60	1.00 1.00 1.00 1.00 1.00	0.85 1.00 0.77 0.54 0.54	0.73 1.00 0.60 0.20 0.20	0.64 1.00 0.47 -0.07 -0.07	0.57 1.00 0.36 -0.28 -0.28	0.51 1.00 0.27 -0.46 -0.46	0.33 1.00 -0.00 -1.00 -1.00
0.70	1.00 1.00 1.00 1.00 1.00	0.85 1.00 0.77 0.54 0.54	0.73 1.00 0.60 0.20 0.20	0.64 1.00 0.47 -0.07 -0.07	0.57 1.00 0.36 -0.28 -0.28	0.51 1.00 0.27 -0.46 -0.46	0.33 1.00 0.00 -1.00 -1.00
0.80	1.00 1.00 1.00 1.00 1.00	0.85 1.00 0.77 0.54 0.54	0.73 1.00 0.60 0.20 0.20	0.64 1.00 0.47 -0.07 -0.07	0.57 1.00 0.36 -0.28 -0.28	0.51 1.00 0.27 -0.46 -0.46	0.33 1.00 -0.00 -1.00 -1.00
0.90	1.00 1.00 1.00 1.00 1.00	0.85 1.00 0.77 0.54 0.54	0.73 1.00 0.60 0.20 0.20	0.64 1.00 0.47 -0.07 -0.07	0.57 1.00 0.36 -0.28 -0.28	0.51 1.00 0.27 -0.46 -0.46	0.33 1.00 0.00 -1.00 -1.00

	$\psi = 0{,}5$						
ξ \ $\varkappa$	1.00	0.80	0.60	0.40	0.20	0.00	-1.00
0.10	1.02 1.00 1.03 1.00 1.00	0.86 1.00 0.79 0.54 0.54	0.74 1.00 0.61 0.19 0.19	0.65 1.00 0.48 -0.08 -0.08	0.58 1.00 0.37 -0.29 -0.29	0.52 1.00 0.28 -0.46 -0.46	0.33 1.00 -0.00 -1.00 -1.00
0.20	1.01 1.00 1.02 1.00 1.00	0.85 1.00 0.78 0.54 0.54	0.74 1.00 0.61 0.20 0.20	0.65 1.00 0.47 -0.07 -0.07	0.58 1.00 0.36 -0.28 -0.28	0.52 1.00 0.27 -0.46 -0.46	0.33 1.00 -0.00 -1.00 -1.00
0.30	1.01 1.00 1.02 1.00 1.00	0.86 1.00 0.78 0.54 0.54	0.74 1.00 0.61 0.19 0.19	0.65 1.00 0.47 -0.07 -0.07	0.58 1.00 0.36 -0.29 -0.29	0.52 1.00 0.28 -0.46 -0.46	0.33 1.00 -0.00 -1.00 -1.00
0.40	0.77 1.00 0.70 1.00 1.00	0.68 1.00 0.56 0.60 0.60	0.60 1.00 0.45 0.29 0.29	0.54 1.00 0.36 0.02 0.02	0.49 1.00 0.28 -0.20 -0.20	0.45 1.00 0.22 -0.38 -0.38	0.31 1.00 -0.00 -1.00 -1.00
0.50	1.01 1.00 1.02 1.00 1.00	0.86 1.00 0.78 0.54 0.54	0.74 1.00 0.61 0.19 0.19	0.65 1.00 0.47 -0.07 -0.07	0.58 1.00 0.36 -0.29 -0.29	0.52 1.00 0.27 -0.46 -0.46	0.33 1.00 -0.00 -1.00 -1.00
0.60	1.01 1.00 1.01 1.00 1.00	0.85 1.00 0.78 0.54 0.54	0.74 1.00 0.61 0.20 0.20	0.65 1.00 0.47 -0.07 -0.07	0.58 1.00 0.36 -0.28 -0.28	0.52 1.00 0.27 -0.46 -0.46	0.33 1.00 -0.00 -1.00 -1.00
0.70	1.01 1.00 1.02 1.00 1.00	0.85 1.00 0.78 0.54 0.54	0.74 1.00 0.61 0.19 0.19	0.65 1.00 0.47 -0.07 -0.07	0.58 1.00 0.36 -0.29 -0.29	0.52 1.00 0.28 -0.46 -0.46	0.33 1.00 -0.00 -1.00 -1.00
0.80	1.02 1.00 1.03 1.00 1.00	0.86 1.00 0.79 0.54 0.54	0.74 1.00 0.61 0.19 0.19	0.65 1.00 0.48 -0.08 -0.08	0.58 1.00 0.37 -0.29 -0.29	0.52 1.00 0.28 -0.46 -0.46	0.33 1.00 -0.00 -1.00 -1.00
0.90	1.06 1.00 1.08 1.00 1.00	0.89 1.00 0.83 0.53 0.53	0.76 1.00 0.64 0.18 0.18	0.66 1.00 0.49 -0.09 -0.09	0.59 1.00 0.38 -0.30 -0.30	0.53 1.00 0.29 -0.47 -0.47	0.34 1.00 -0.00 -1.00 -1.00

	$\psi = 1{,}0$						
ξ \ $\varkappa$	1.00	0.80	0.60	0.40	0.20	0.00	-1.00
0.10	1.07 1.00 1.10 1.00 1.00	0.89 1.00 0.84 0.52 0.52	0.77 1.00 0.64 0.18 0.18	0.67 1.00 0.50 -0.09 -0.09	0.59 1.00 0.38 -0.30 -0.30	0.53 1.00 0.29 -0.47 -0.47	0.34 1.00 0.00 -1.00 -1.00
0.20	1.02 1.00 1.04 1.00 1.00	0.86 1.00 0.80 0.54 0.54	0.75 1.00 0.62 0.19 0.19	0.65 1.00 0.48 -0.08 -0.08	0.58 1.00 0.37 -0.29 -0.29	0.52 1.00 0.28 -0.46 -0.46	0.33 1.00 -0.00 -1.00 -1.00
0.30	1.02 1.00 1.02 1.00 1.00	0.86 1.00 0.79 0.54 0.54	0.74 1.00 0.61 0.19 0.19	0.65 1.00 0.47 -0.08 -0.08	0.58 1.00 0.37 -0.29 -0.29	0.52 1.00 0.28 -0.46 -0.46	0.33 1.00 0.00 -1.00 -1.00
0.40	0.72 1.00 0.65 1.00 1.00	0.64 1.00 0.52 0.62 0.62	0.58 1.00 0.42 0.30 0.30	0.52 1.00 0.34 0.04 0.04	0.48 1.00 0.27 -0.18 -0.18	0.44 1.00 0.21 -0.36 -0.36	0.30 1.00 -0.00 -1.00 -1.00
0.50	1.02 1.00 1.02 1.00 1.00	0.86 1.00 0.79 0.54 0.54	0.74 1.00 0.61 0.19 0.19	0.65 1.00 0.47 -0.08 -0.08	0.58 1.00 0.37 -0.29 -0.29	0.52 1.00 0.28 -0.46 -0.46	0.33 1.00 0.00 -1.00 -1.00
0.60	1.02 1.00 1.03 1.00 1.00	0.86 1.00 0.79 0.54 0.54	0.74 1.00 0.61 0.19 0.19	0.65 1.00 0.48 -0.08 -0.08	0.58 1.00 0.37 -0.29 -0.29	0.52 1.00 0.28 -0.46 -0.46	0.33 1.00 -0.00 -1.00 -1.00
0.70	1.04 1.00 1.06 1.00 1.00	0.88 1.00 0.81 0.53 0.53	0.75 1.00 0.63 0.18 0.18	0.66 1.00 0.49 -0.08 -0.08	0.58 1.00 0.37 -0.30 -0.30	0.52 1.00 0.28 -0.47 -0.47	0.34 1.00 -0.00 -1.00 -1.00
0.80	1.09 1.00 1.14 1.00 1.00	0.91 1.00 0.86 0.52 0.52	0.78 1.00 0.66 0.17 0.17	0.68 1.00 0.51 -0.10 -0.10	0.60 1.00 0.39 -0.31 -0.31	0.53 1.00 0.29 -0.48 -0.48	0.34 1.00 0.00 -1.00 -1.00
0.90	1.46 1.00 1.70 1.00 1.00	1.14 1.00 1.21 0.42 0.42	0.93 1.00 0.89 0.04 0.04	0.79 1.00 0.66 -0.22 -0.22	0.68 1.00 0.50 -0.42 -0.42	0.59 1.00 0.37 -0.57 -0.57	0.35 1.00 -0.00 -1.00 -1.00

η	= 0,4
b_2/b_1 =	0
L/b_1 =	50,0

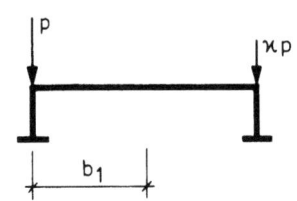
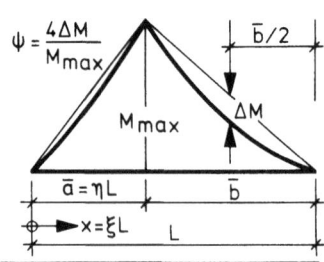

ξ \ ϰ	1.00	0.80	0.60	0.40	0.20	0.00	-1.00
				$\psi = 0$			
0.10	1.00 1.00 1.00 1.00 1.00	0.85 1.00 0.77 0.54 0.54	0.73 1.00 0.60 0.20 0.20	0.65 1.00 0.47 -0.07 -0.07	0.57 1.00 0.36 -0.28 -0.28	0.52 1.00 0.27 -0.45 -0.45	0.33 1.00 0.00 -1.00 -1.00
0.20	1.00 1.00 1.00 1.00 1.00	0.85 1.00 0.77 0.54 0.54	0.73 1.00 0.60 0.20 0.20	0.64 1.00 0.47 -0.07 -0.07	0.57 1.00 0.36 -0.28 -0.28	0.51 1.00 0.27 -0.46 -0.46	0.33 1.00 0.00 -1.00 -1.00
0.30	1.00 1.00 1.00 1.00 1.00	0.85 1.00 0.77 0.54 0.54	0.73 1.00 0.60 0.20 0.20	0.64 1.00 0.47 -0.07 -0.07	0.57 1.00 0.36 -0.28 -0.28	0.51 1.00 0.27 -0.46 -0.46	0.33 1.00 -0.00 -1.00 -1.00
0.40	0.95 1.00 0.92 1.00 1.00	0.81 1.00 0.72 0.56 0.56	0.70 1.00 0.56 0.22 0.22	0.62 1.00 0.44 -0.05 -0.05	0.56 1.00 0.34 -0.27 -0.27	0.50 1.00 0.26 -0.45 -0.45	0.33 1.00 -0.00 -1.00 -1.00
0.50	1.00 1.00 1.00 1.00 1.00	0.85 1.00 0.77 0.54 0.54	0.73 1.00 0.60 0.20 0.20	0.64 1.00 0.47 -0.07 -0.07	0.57 1.00 0.36 -0.28 -0.28	0.51 1.00 0.27 -0.46 -0.46	0.33 1.00 0.00 -1.00 -1.00
0.60	1.00 1.00 1.00 1.00 1.00	0.85 1.00 0.77 0.54 0.54	0.73 1.00 0.60 0.20 0.20	0.64 1.00 0.47 -0.07 -0.07	0.57 1.00 0.36 -0.28 -0.28	0.51 1.00 0.27 -0.46 -0.46	0.33 1.00 0.00 -1.00 -1.00
0.70	1.00 1.00 1.00 1.00 1.00	0.85 1.00 0.77 0.54 0.54	0.73 1.00 0.60 0.20 0.20	0.64 1.00 0.47 -0.07 -0.07	0.57 1.00 0.36 -0.28 -0.28	0.52 1.00 0.27 -0.45 -0.45	0.33 1.00 0.00 -1.00 -1.00
0.80	1.00 1.00 1.00 1.00 1.00	0.85 1.00 0.77 0.54 0.54	0.73 1.00 0.60 0.20 0.20	0.64 1.00 0.47 -0.07 -0.07	0.57 1.00 0.36 -0.28 -0.28	0.51 1.00 0.27 -0.45 -0.45	0.33 1.00 0.00 -1.00 -1.00
0.90	1.00 1.00 1.00 1.00 1.00	0.85 1.00 0.77 0.54 0.54	0.73 1.00 0.60 0.20 0.20	0.64 1.00 0.47 -0.07 -0.07	0.57 1.00 0.36 -0.29 -0.29	0.51 1.00 0.27 -0.46 -0.46	0.33 1.00 -0.00 -1.00 -1.00
				$\psi = 0,5$			
0.10	1.00 1.00 1.01 1.00 1.00	0.85 1.00 0.77 0.54 0.54	0.73 1.00 0.60 0.20 0.20	0.65 1.00 0.47 -0.07 -0.07	0.57 1.00 0.36 -0.28 -0.28	0.52 1.00 0.27 -0.45 -0.45	0.33 1.00 0.00 -1.00 -1.00
0.20	1.00 1.00 1.00 1.00 1.00	0.85 1.00 0.77 0.54 0.54	0.73 1.00 0.60 0.20 0.20	0.64 1.00 0.47 -0.07 -0.07	0.57 1.00 0.36 -0.28 -0.28	0.52 1.00 0.27 -0.46 -0.46	0.33 1.00 0.00 -1.00 -1.00
0.30	1.00 1.00 1.00 1.00 1.00	0.85 1.00 0.77 0.54 0.54	0.73 1.00 0.60 0.20 0.20	0.64 1.00 0.47 -0.07 -0.07	0.57 1.00 0.36 -0.28 -0.28	0.52 1.00 0.27 -0.46 -0.46	0.33 1.00 0.00 -1.00 -1.00
0.40	0.92 1.00 0.89 1.00 1.00	0.79 1.00 0.70 0.56 0.56	0.69 1.00 0.55 0.22 0.22	0.61 1.00 0.43 -0.04 -0.04	0.55 1.00 0.33 -0.26 -0.26	0.50 1.00 0.25 -0.44 -0.44	0.33 1.00 -0.00 -1.00 -1.00
0.50	1.00 1.00 1.00 1.00 1.00	0.85 1.00 0.77 0.54 0.54	0.73 1.00 0.60 0.20 0.20	0.64 1.00 0.47 -0.07 -0.07	0.57 1.00 0.36 -0.28 -0.28	0.52 1.00 0.27 -0.46 -0.46	0.33 1.00 0.00 -1.00 -1.00
0.60	1.00 1.00 1.00 1.00 1.00	0.85 1.00 0.77 0.54 0.54	0.73 1.00 0.60 0.20 0.20	0.64 1.00 0.47 -0.07 -0.07	0.57 1.00 0.36 -0.28 -0.28	0.52 1.00 0.27 -0.46 -0.46	0.33 1.00 0.00 -1.00 -1.00
0.70	1.00 1.00 1.00 1.00 1.00	0.85 1.00 0.77 0.54 0.54	0.73 1.00 0.60 0.20 0.20	0.64 1.00 0.47 -0.07 -0.07	0.57 1.00 0.36 -0.28 -0.28	0.52 1.00 0.27 -0.46 -0.46	0.33 1.00 0.00 -1.00 -1.00
0.80	1.00 1.00 1.01 1.00 1.00	0.85 1.00 0.77 0.54 0.54	0.73 1.00 0.60 0.20 0.20	0.65 1.00 0.47 -0.07 -0.07	0.57 1.00 0.36 -0.28 -0.28	0.52 1.00 0.27 -0.45 -0.45	0.33 1.00 0.00 -1.00 -1.00
0.90	1.01 1.00 1.01 1.00 1.00	0.85 1.00 0.78 0.54 0.54	0.74 1.00 0.60 0.19 0.19	0.65 1.00 0.47 -0.07 -0.07	0.58 1.00 0.36 -0.28 -0.28	0.52 1.00 0.27 -0.46 -0.46	0.33 1.00 0.00 -1.00 -1.00
				$\psi = 1,0$			
0.10	1.01 1.00 1.02 1.00 1.00	0.85 1.00 0.78 0.54 0.54	0.74 1.00 0.61 0.19 0.19	0.65 1.00 0.47 -0.07 -0.07	0.58 1.00 0.36 -0.29 -0.29	0.52 1.00 0.27 -0.46 -0.46	0.33 1.00 0.00 -1.00 -1.00
0.20	1.00 1.00 1.00 1.00 1.00	0.85 1.00 0.77 0.54 0.54	0.73 1.00 0.60 0.20 0.20	0.64 1.00 0.47 -0.07 -0.07	0.57 1.00 0.36 -0.28 -0.28	0.52 1.00 0.27 -0.46 -0.46	0.33 1.00 -0.00 -1.00 -1.00
0.30	1.00 1.00 1.00 1.00 1.00	0.85 1.00 0.77 0.54 0.54	0.73 1.00 0.60 0.20 0.20	0.65 1.00 0.47 -0.07 -0.07	0.57 1.00 0.36 -0.28 -0.28	0.52 1.00 0.27 -0.45 -0.45	0.33 1.00 0.00 -1.00 -1.00
0.40	0.90 1.00 0.86 1.00 1.00	0.77 1.00 0.68 0.57 0.57	0.68 1.00 0.53 0.23 0.23	0.60 1.00 0.42 -0.03 -0.03	0.54 1.00 0.33 -0.25 -0.25	0.49 1.00 0.25 -0.43 -0.43	0.33 1.00 -0.00 -1.00 -1.00
0.50	1.00 1.00 1.00 1.00 1.00	0.85 1.00 0.77 0.54 0.54	0.73 1.00 0.60 0.20 0.20	0.65 1.00 0.47 -0.07 -0.07	0.57 1.00 0.36 -0.28 -0.28	0.52 1.00 0.27 -0.45 -0.45	0.33 1.00 0.00 -1.00 -1.00
0.60	1.00 1.00 1.00 1.00 1.00	0.85 1.00 0.77 0.54 0.54	0.73 1.00 0.60 0.20 0.20	0.64 1.00 0.47 -0.07 -0.07	0.57 1.00 0.36 -0.28 -0.28	0.52 1.00 0.27 -0.46 -0.46	0.33 1.00 -0.00 -1.00 -1.00
0.70	1.01 1.00 1.01 1.00 1.00	0.85 1.00 0.78 0.54 0.54	0.74 1.00 0.61 0.20 0.20	0.65 1.00 0.47 -0.07 -0.07	0.58 1.00 0.36 -0.28 -0.28	0.52 1.00 0.27 -0.46 -0.46	0.33 1.00 0.00 -1.00 -1.00
0.80	1.01 1.00 1.01 1.00 1.00	0.85 1.00 0.78 0.54 0.54	0.74 1.00 0.61 0.20 0.20	0.65 1.00 0.47 -0.07 -0.07	0.58 1.00 0.36 -0.28 -0.28	0.52 1.00 0.27 -0.46 -0.46	0.33 1.00 0.00 -1.00 -1.00
0.90	1.07 1.00 1.10 1.00 1.00	0.90 1.00 0.84 0.53 0.53	0.77 1.00 0.65 0.19 0.19	0.67 1.00 0.50 -0.08 -0.08	0.59 1.00 0.38 -0.30 -0.30	0.53 1.00 0.29 -0.46 -0.46	0.34 1.00 0.00 -1.00 -1.00

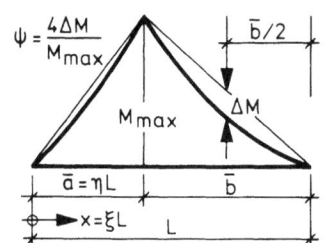
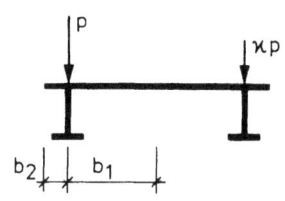

	η	= 0,4
	b_2/b_1 =	0,2
	L/b_1 =	2,0

$\psi = 0$

ξ \ $\varkappa$	1.00	0.80	0.60	0.40	0.20	0.00	-1.00
0.10	0.55 1.14 0.13 1.00 1.14	0.53 1.15 0.12 0.76 0.86	0.52 1.16 0.10 0.54 0.59	0.51 1.17 0.09 0.32 0.34	0.50 1.18 0.07 0.11 0.09	0.49 1.18 0.06 -0.09 -0.15	0.44 1.22 -0.00 -1.00 -1.22
0.20	0.52 1.09 0.12 1.00 1.09	0.51 1.10 0.11 0.77 0.83	0.50 1.11 0.09 0.54 0.57	0.49 1.12 0.08 0.33 0.33	0.48 1.13 0.07 0.12 0.09	0.47 1.14 0.05 -0.08 -0.14	0.43 1.18 -0.00 -1.00 -1.18
0.30	0.46 0.93 0.10 1.00 0.93	0.45 0.94 0.09 0.77 0.71	0.44 0.95 0.08 0.55 0.49	0.43 0.96 0.07 0.34 0.28	0.43 0.97 0.06 0.13 0.08	0.42 0.98 0.05 -0.07 -0.11	0.39 1.02 0.00 -1.00 -1.02
0.40	0.31 0.55 0.06 1.00 0.55	0.31 0.56 0.06 0.78 0.42	0.30 0.57 0.05 0.57 0.29	0.30 0.58 0.04 0.36 0.17	0.30 0.59 0.04 0.16 0.05	0.29 0.60 0.03 -0.05 -0.07	0.28 0.65 0.00 -1.00 -0.65
0.50	0.47 0.93 0.12 1.00 0.93	0.46 0.95 0.10 0.77 0.71	0.46 0.96 0.09 0.55 0.49	0.45 0.97 0.08 0.33 0.28	0.44 0.98 0.07 0.12 0.07	0.43 0.99 0.05 -0.08 -0.13	0.40 1.03 0.00 -1.00 -1.03
0.60	0.55 1.08 0.17 1.00 1.08	0.54 1.09 0.15 0.76 0.81	0.53 1.10 0.13 0.53 0.55	0.51 1.11 0.11 0.31 0.30	0.50 1.13 0.09 0.10 0.06	0.49 1.14 0.08 -0.10 -0.17	0.44 1.18 -0.00 -1.00 -1.18
0.70	0.60 1.10 0.21 1.00 1.10	0.58 1.11 0.19 0.75 0.81	0.56 1.13 0.16 0.52 0.54	0.55 1.14 0.14 0.29 0.28	0.53 1.15 0.12 0.08 0.04	0.52 1.16 0.09 -0.12 -0.20	0.45 1.21 -0.00 -1.00 -1.21
0.80	0.63 1.08 0.25 1.00 1.08	0.61 1.10 0.22 0.75 0.79	0.59 1.11 0.19 0.51 0.52	0.57 1.13 0.16 0.28 0.26	0.55 1.14 0.13 0.07 0.01	0.53 1.16 0.11 -0.14 -0.22	0.46 1.21 0.00 -1.00 -1.21
0.90	0.64 1.07 0.27 1.00 1.07	0.62 1.08 0.24 0.74 0.77	0.60 1.10 0.21 0.50 0.50	0.58 1.12 0.17 0.27 0.24	0.56 1.13 0.14 0.06 -0.00	0.54 1.14 0.12 -0.14 -0.23	0.46 1.20 0.00 -1.00 -1.20

$\psi = 0.5$

ξ \ $\varkappa$	1.00	0.80	0.60	0.40	0.20	0.00	-1.00
0.10	0.68 1.51 0.17 1.00 1.51	0.66 1.51 0.15 0.75 1.13	0.65 1.51 0.13 0.52 0.78	0.63 1.52 0.11 0.30 0.44	0.61 1.52 0.09 0.08 0.11	0.60 1.52 0.08 -0.12 -0.19	0.53 1.53 -0.00 -1.00 -1.53
0.20	0.57 1.24 0.13 1.00 1.24	0.55 1.25 0.11 0.76 0.94	0.54 1.26 0.10 0.54 0.65	0.53 1.26 0.08 0.32 0.38	0.52 1.27 0.07 0.11 0.11	0.51 1.28 0.06 -0.09 -0.15	0.46 1.31 -0.00 -1.00 -1.31
0.30	0.45 0.94 0.09 1.00 0.94	0.45 0.95 0.08 0.77 0.72	0.44 0.96 0.07 0.56 0.50	0.43 0.97 0.06 0.34 0.30	0.43 0.98 0.05 0.14 0.09	0.42 0.99 0.04 -0.07 -0.11	0.39 1.03 0.00 -1.00 -1.03
0.40	0.28 0.47 0.05 1.00 0.47	0.27 0.48 0.04 0.79 0.36	0.27 0.49 0.04 0.58 0.25	0.27 0.50 0.03 0.37 0.15	0.27 0.51 0.03 0.16 0.04	0.26 0.52 0.02 -0.04 -0.06	0.25 0.56 0.00 -1.00 -0.56
0.50	0.47 0.94 0.11 1.00 0.94	0.46 0.95 0.10 0.77 0.71	0.45 0.96 0.09 0.55 0.49	0.45 0.97 0.07 0.33 0.28	0.44 0.98 0.06 0.13 0.08	0.43 0.99 0.05 -0.08 -0.12	0.40 1.04 0.00 -1.00 -1.04
0.60	0.61 1.20 0.20 1.00 1.20	0.59 1.21 0.17 0.75 0.89	0.57 1.22 0.15 0.52 0.60	0.56 1.23 0.13 0.30 0.32	0.54 1.24 0.11 0.08 0.06	0.53 1.25 0.09 -0.12 -0.19	0.47 1.29 -0.00 -1.00 -1.29
0.70	0.75 1.33 0.32 1.00 1.33	0.72 1.34 0.28 0.73 0.96	0.69 1.35 0.24 0.48 0.62	0.67 1.36 0.20 0.25 0.30	0.64 1.37 0.17 0.03 0.00	0.62 1.38 0.13 -0.17 -0.27	0.52 1.41 -0.00 -1.00 -1.41
0.80	1.01 1.58 0.55 1.00 1.58	0.95 1.58 0.47 0.69 1.09	0.89 1.58 0.39 0.42 0.65	0.84 1.58 0.32 0.17 0.27	0.79 1.59 0.26 -0.05 -0.08	0.75 1.59 0.21 -0.24 -0.39	0.59 1.59 0.00 -1.00 -1.59
0.90	2.07 3.00 1.35 1.00 3.00	1.79 2.82 1.05 0.56 1.87	1.57 2.68 0.83 0.23 1.00	1.40 2.56 0.65 -0.04 0.32	1.26 2.47 0.50 -0.25 -0.24	1.15 2.40 0.38 -0.43 -0.70	0.78 2.16 0.00 -1.00 -2.16

$\psi = 1.0$

ξ \ $\varkappa$	1.00	0.80	0.60	0.40	0.20	0.00	-1.00
0.10	1.06 2.52 0.28 1.00 2.52	1.01 2.48 0.24 0.72 1.86	0.96 2.45 0.20 0.47 1.26	0.92 2.41 0.17 0.24 0.70	0.89 2.39 0.14 0.02 0.18	0.85 2.36 0.11 -0.18 -0.30	0.71 2.25 -0.00 -1.00 -2.25
0.20	0.64 1.47 0.14 1.00 1.47	0.62 1.48 0.12 0.76 1.12	0.61 1.48 0.10 0.53 0.78	0.59 1.48 0.09 0.31 0.45	0.58 1.49 0.07 0.10 0.14	0.57 1.49 0.06 -0.10 -0.17	0.51 1.50 -0.00 -1.00 -1.50
0.30	0.45 0.96 0.08 1.00 0.96	0.44 0.97 0.07 0.78 0.74	0.44 0.98 0.06 0.56 0.52	0.43 0.99 0.05 0.35 0.31	0.43 0.99 0.04 0.14 0.10	0.42 1.00 0.04 -0.06 -0.10	0.39 1.04 0.00 -1.00 -1.04
0.40	0.25 0.41 0.04 1.00 0.41	0.24 0.41 0.03 0.79 0.31	0.24 0.42 0.03 0.58 0.22	0.24 0.43 0.03 0.37 0.13	0.24 0.44 0.02 0.17 0.04	0.24 0.44 0.02 -0.03 -0.05	0.23 0.48 0.00 -1.00 -0.48
0.50	0.47 0.95 0.11 1.00 0.95	0.46 0.96 0.09 0.77 0.72	0.45 0.97 0.08 0.55 0.50	0.44 0.98 0.07 0.34 0.29	0.44 0.99 0.06 0.13 0.08	0.43 1.00 0.05 -0.07 -0.12	0.40 1.04 0.00 -1.00 -1.04
0.60	0.71 1.41 0.25 1.00 1.41	0.69 1.42 0.22 0.74 1.04	0.66 1.43 0.19 0.50 0.69	0.64 1.43 0.16 0.27 0.37	0.62 1.44 0.13 0.06 0.06	0.60 1.44 0.11 -0.14 -0.23	0.52 1.47 -0.00 -1.00 -1.47
0.70	1.47 2.40 0.83 1.00 2.40	1.34 2.33 0.68 0.64 1.61	1.22 2.27 0.56 0.34 0.94	1.12 2.22 0.45 0.08 0.38	1.04 2.18 0.36 -0.14 -0.11	0.97 2.14 0.28 -0.33 -0.53	0.71 2.01 -0.00 -1.00 -2.01
0.80	-- -- --	-- -- --	-- -- --	-- -- --	-- -- --	-- -- --	2.49 7.14 0.00 -0.99 -7.14
0.90	-- --	-- --	-- --	-- --	-- --	-- --	-- --

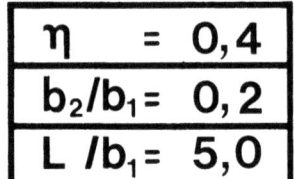
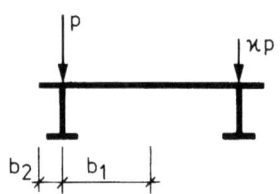
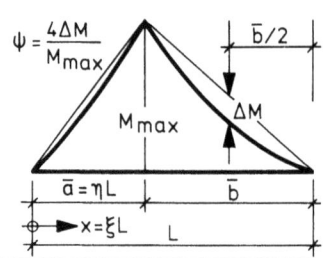

ξ \ ϰ	1.00	0.80	0.60	0.40	0.20	0.00	-1.00
	ψ = 0						
0.10	0.94 0.97 0.88 1.00 0.97	0.86 1.01 0.73 0.66 0.60	0.79 1.04 0.60 0.37 0.29	0.74 1.07 0.49 0.11 0.01	0.68 1.10 0.39 -0.11 -0.22	0.64 1.12 0.31 -0.30 -0.43	0.48 1.20 0.00 -1.00 -1.20
0.20	0.90 1.00 0.79 1.00 1.00	0.83 1.03 0.66 0.67 0.63	0.77 1.06 0.55 0.38 0.32	0.72 1.09 0.45 0.13 0.05	0.67 1.11 0.36 -0.09 -0.20	0.63 1.13 0.29 -0.28 -0.41	0.48 1.20 0.00 -1.00 -1.20
0.30	0.82 1.03 0.65 1.00 1.03	0.77 1.06 0.55 0.69 0.69	0.72 1.08 0.46 0.42 0.38	0.68 1.10 0.38 0.17 0.11	0.64 1.12 0.31 -0.05 -0.14	0.60 1.14 0.24 -0.25 -0.36	0.47 1.20 0.00 -1.00 -1.20
0.40	0.56 0.72 0.39 1.00 0.72	0.54 0.75 0.34 0.73 0.50	0.52 0.77 0.29 0.48 0.29	0.49 0.80 0.24 0.25 0.10	0.48 0.82 0.20 0.03 -0.08	0.46 0.84 0.16 -0.17 -0.24	0.38 0.93 0.00 -1.00 -0.93
0.50	0.84 1.03 0.68 1.00 1.03	0.78 1.06 0.57 0.69 0.68	0.73 1.08 0.48 0.41 0.37	0.68 1.10 0.40 0.16 0.09	0.64 1.12 0.32 -0.06 -0.15	0.61 1.14 0.25 -0.25 -0.37	0.47 1.20 0.00 -1.00 -1.20
0.60	0.93 1.00 0.85 1.00 1.00	0.85 1.03 0.70 0.66 0.63	0.79 1.06 0.58 0.37 0.31	0.73 1.09 0.47 0.12 0.03	0.68 1.11 0.38 -0.10 -0.21	0.64 1.13 0.30 -0.29 -0.42	0.48 1.20 0.00 -1.00 -1.20
0.70	0.97 0.98 0.94 1.00 0.98	0.89 1.02 0.78 0.65 0.60	0.81 1.05 0.64 0.35 0.28	0.75 1.08 0.52 0.10 0.00	0.70 1.10 0.41 -0.12 -0.24	0.65 1.12 0.32 -0.31 -0.45	0.48 1.20 0.00 -1.00 -1.20
0.80	1.00 0.98 0.99 1.00 0.98	0.91 1.02 0.82 0.64 0.59	0.83 1.05 0.67 0.34 0.27	0.76 1.08 0.54 0.09 -0.01	0.71 1.11 0.43 -0.13 -0.25	0.66 1.13 0.34 -0.32 -0.46	0.48 1.20 0.00 -1.00 -1.20
0.90	1.01 0.99 1.02 1.00 0.99	0.92 1.03 0.83 0.64 0.59	0.84 1.06 0.68 0.34 0.27	0.77 1.09 0.55 0.08 -0.01	0.71 1.11 0.44 -0.14 -0.26	0.66 1.13 0.34 -0.33 -0.47	0.48 1.20 0.00 -1.00 -1.20
	ψ = 0,5						
0.10	1.16 1.03 1.20 1.00 1.03	1.03 1.08 0.97 0.61 0.59	0.93 1.11 0.78 0.30 0.23	0.85 1.14 0.62 0.04 -0.07	0.77 1.16 0.49 -0.18 -0.32	0.71 1.19 0.38 -0.36 -0.53	0.51 1.26 0.00 -1.00 -1.26
0.20	0.97 1.02 0.89 1.00 1.02	0.89 1.05 0.74 0.66 0.63	0.82 1.08 0.61 0.36 0.30	0.76 1.11 0.50 0.11 0.02	0.70 1.13 0.40 -0.11 -0.23	0.66 1.15 0.31 -0.30 -0.44	0.49 1.22 0.00 -1.00 -1.22
0.30	0.81 1.05 0.63 1.00 1.05	0.76 1.07 0.53 0.69 0.70	0.71 1.10 0.45 0.42 0.39	0.67 1.12 0.37 0.17 0.12	0.64 1.13 0.30 -0.04 -0.13	0.60 1.15 0.24 -0.24 -0.36	0.47 1.21 0.00 -1.00 -1.21
0.40	0.50 0.66 0.32 1.00 0.66	0.48 0.69 0.28 0.74 0.47	0.47 0.71 0.24 0.50 0.28	0.45 0.74 0.20 0.27 0.11	0.43 0.76 0.17 0.06 -0.06	0.42 0.78 0.14 -0.14 -0.21	0.36 0.86 0.00 -1.00 -0.86
0.50	0.83 1.05 0.66 1.00 1.05	0.77 1.07 0.55 0.69 0.70	0.72 1.10 0.46 0.41 0.38	0.68 1.12 0.38 0.17 0.11	0.64 1.13 0.31 -0.05 -0.14	0.61 1.15 0.25 -0.25 -0.36	0.47 1.21 0.00 -1.00 -1.21
0.60	0.99 1.02 0.94 1.00 1.02	0.90 1.05 0.78 0.65 0.62	0.83 1.08 0.64 0.35 0.29	0.76 1.11 0.52 0.10 0.01	0.71 1.13 0.41 -0.12 -0.24	0.66 1.15 0.32 -0.31 -0.45	0.49 1.22 0.00 -1.00 -1.22
0.70	1.15 1.00 1.23 1.00 1.00	1.02 1.05 0.99 0.61 0.57	0.92 1.08 0.80 0.30 0.22	0.83 1.11 0.64 0.04 -0.07	0.76 1.14 0.50 -0.18 -0.32	0.70 1.16 0.39 -0.37 -0.52	0.50 1.23 0.00 -1.00 -1.23
0.80	1.36 1.02 1.60 1.00 1.02	1.17 1.07 1.26 0.57 0.52	1.03 1.11 0.99 0.23 0.15	0.92 1.14 0.78 -0.03 -0.15	0.83 1.16 0.60 -0.25 -0.40	0.75 1.18 0.46 -0.43 -0.60	0.51 1.25 0.00 -1.00 -1.25
0.90	1.91 1.14 2.50 1.00 1.14	1.54 1.19 1.83 0.46 0.48	1.29 1.22 1.37 0.10 0.03	1.10 1.24 1.04 -0.17 -0.30	0.96 1.26 0.78 -0.38 -0.55	0.85 1.28 0.58 -0.53 -0.74	0.53 1.32 0.00 -1.00 -1.32
	ψ = 1,0						
0.10	1.69 1.14 1.99 1.00 1.14	1.41 1.19 1.51 0.52 0.54	1.21 1.22 1.16 0.16 0.10	1.06 1.25 0.89 -0.10 -0.23	0.94 1.27 0.68 -0.31 -0.49	0.84 1.29 0.51 -0.48 -0.70	0.54 1.34 0.00 -1.00 -1.34
0.20	1.08 1.05 1.05 1.00 1.05	0.98 1.09 0.86 0.63 0.63	0.89 1.12 0.70 0.33 0.28	0.81 1.15 0.56 0.07 -0.02	0.75 1.17 0.45 -0.15 -0.27	0.69 1.19 0.35 -0.34 -0.49	0.50 1.26 0.00 -1.00 -1.26
0.30	0.82 1.08 0.62 1.00 1.08	0.76 1.10 0.52 0.69 0.73	0.72 1.13 0.44 0.42 0.41	0.68 1.14 0.36 0.18 0.13	0.64 1.16 0.30 -0.04 -0.12	0.61 1.18 0.23 -0.24 -0.35	0.48 1.23 0.00 -1.00 -1.23
0.40	0.45 0.62 0.26 1.00 0.62	0.44 0.64 0.23 0.75 0.44	0.42 0.66 0.20 0.52 0.27	0.41 0.68 0.17 0.29 0.11	0.40 0.70 0.14 0.08 -0.04	0.39 0.72 0.12 -0.12 -0.18	0.34 0.80 0.00 -1.00 -0.80
0.50	0.83 1.08 0.64 1.00 1.08	0.77 1.10 0.54 0.69 0.72	0.72 1.12 0.45 0.42 0.41	0.68 1.14 0.37 0.17 0.12	0.64 1.16 0.30 -0.05 -0.13	0.61 1.17 0.24 -0.24 -0.36	0.48 1.23 0.00 -1.00 -1.23
0.60	1.10 1.05 1.11 1.00 1.05	0.99 1.09 0.90 0.63 0.62	0.90 1.12 0.73 0.32 0.27	0.82 1.14 0.59 0.06 -0.03	0.75 1.17 0.47 -0.16 -0.28	0.70 1.18 0.36 -0.35 -0.50	0.50 1.25 0.00 -1.00 -1.25
0.70	1.72 1.06 2.18 1.00 1.06	1.42 1.11 1.64 0.50 0.47	1.21 1.16 1.24 0.14 0.05	1.05 1.19 0.95 -0.13 -0.27	0.92 1.21 0.73 -0.34 -0.51	0.82 1.23 0.54 -0.50 -0.71	0.53 1.29 0.00 -1.00 -1.29
0.80	-- -- -- -- --	-- -- -- -- --	-- -- -- -- --	2.18 1.58 2.68 -1.02 -1.32	1.61 1.53 1.71 -1.01 -1.36	1.27 1.50 1.14 -1.01 -1.38	0.60 1.43 0.00 -1.00 -1.43
0.90	-- -- -- -- --	-- -- -- -- --	-- -- -- -- --	-- -- -- -- --	-- -- -- -- --	-- -- -- -- --	1.52 3.47 0.00 -1.00 -3.47

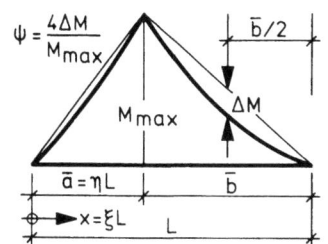
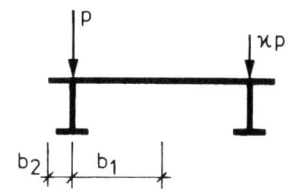

	η	=	0,4
	b_2/b_1 =		0,2
	L/b_1 =		10,0

$\psi = 0$

ξ \ $\varkappa$	1.00		0.80		0.60		0.40		0.20		0.00		-1.00	
0.10	1.00		0.91		0.83		0.76		0.71		0.66		0.48	
	1.00	1.01	1.03	0.83	1.06	0.68	1.09	0.55	1.11	0.44	1.13	0.34	1.20	0.00
	1.00	1.00	0.64	0.61	0.34	0.28	0.09	-0.01	-0.13	-0.25	-0.32	-0.46	-1.00	-1.20
0.20	1.00		0.91		0.83		0.76		0.71		0.66		0.48	
	1.00	1.00	1.03	0.82	1.06	0.67	1.09	0.54	1.11	0.43	1.13	0.34	1.20	-0.00
	1.00	1.00	0.64	0.60	0.34	0.27	0.09	-0.01	-0.13	-0.25	-0.32	-0.46	-1.00	-1.20
0.30	0.97		0.88		0.81		0.75		0.70		0.65		0.48	
	1.00	0.93	1.04	0.77	1.07	0.63	1.09	0.51	1.11	0.41	1.13	0.32	1.20	-0.00
	1.00	1.00	0.65	0.62	0.36	0.29	0.10	0.01	-0.12	-0.23	-0.31	-0.44	-1.00	-1.20
0.40	0.74		0.69		0.65		0.61		0.58		0.55		0.43	
	0.84	0.63	0.88	0.54	0.91	0.45	0.94	0.37	0.96	0.30	0.98	0.24	1.07	-0.00
	1.00	0.84	0.69	0.55	0.42	0.29	0.18	0.06	-0.04	-0.15	-0.24	-0.34	-1.01	-1.07
0.50	0.97		0.89		0.81		0.75		0.70		0.65		0.48	
	1.00	0.94	1.04	0.77	1.07	0.64	1.09	0.52	1.11	0.41	1.13	0.32	1.20	-0.00
	1.00	1.00	0.65	0.62	0.36	0.29	0.10	0.01	-0.12	-0.23	-0.31	-0.44	-1.00	-1.20
0.60	1.00		0.91		0.83		0.76		0.71		0.66		0.48	
	1.00	1.00	1.03	0.82	1.06	0.67	1.09	0.54	1.11	0.43	1.13	0.34	1.20	-0.00
	1.00	1.00	0.64	0.61	0.34	0.28	0.09	-0.00	-0.13	-0.25	-0.32	-0.46	-1.00	-1.20
0.70	1.00		0.91		0.83		0.76		0.71		0.66		0.48	
	1.00	1.00	1.03	0.82	1.06	0.67	1.09	0.55	1.11	0.44	1.13	0.34	1.20	0.00
	1.00	1.00	0.64	0.61	0.34	0.28	0.09	-0.00	-0.13	-0.25	-0.32	-0.46	-1.00	-1.20
0.80	1.00		0.91		0.83		0.76		0.71		0.66		0.48	
	1.00	1.00	1.03	0.82	1.06	0.67	1.09	0.54	1.11	0.43	1.13	0.34	1.20	0.00
	1.00	1.00	0.64	0.61	0.34	0.28	0.09	-0.00	-0.13	-0.24	-0.32	-0.45	-1.00	-1.20
0.90	1.00		0.90		0.83		0.76		0.70		0.65		0.48	
	1.00	1.00	1.03	0.82	1.06	0.67	1.09	0.54	1.11	0.43	1.13	0.34	1.20	0.00
	1.00	1.00	0.64	0.60	0.34	0.28	0.09	-0.00	-0.13	-0.24	-0.32	-0.45	-1.00	-1.20

$\psi = 0,5$

ξ \ $\varkappa$	1.00		0.80		0.60		0.40		0.20		0.00		-1.00	
0.10	1.08		0.97		0.88		0.80		0.74		0.68		0.49	
	1.01	1.14	1.05	0.93	1.08	0.75	1.10	0.60	1.13	0.48	1.15	0.37	1.21	-0.00
	1.00	1.01	0.62	0.59	0.32	0.25	0.06	-0.04	-0.16	-0.28	-0.35	-0.49	-1.00	-1.21
0.20	1.04		0.94		0.85		0.78		0.72		0.67		0.48	
	1.00	1.07	1.04	0.87	1.07	0.71	1.10	0.57	1.12	0.46	1.14	0.35	1.21	-0.00
	1.00	1.00	0.63	0.60	0.33	0.26	0.07	-0.02	-0.15	-0.26	-0.34	-0.47	-1.00	-1.21
0.30	0.97		0.89		0.81		0.75		0.70		0.65		0.48	
	1.00	0.93	1.03	0.77	1.06	0.63	1.09	0.52	1.11	0.41	1.13	0.32	1.20	0.00
	1.00	1.00	0.65	0.62	0.36	0.29	0.10	0.01	-0.12	-0.23	-0.31	-0.44	-1.00	-1.20
0.40	0.68		0.64		0.61		0.58		0.55		0.52		0.42	
	0.80	0.56	0.83	0.47	0.86	0.40	0.89	0.33	0.92	0.27	0.94	0.22	1.03	-0.00
	1.00	0.80	0.71	0.53	0.44	0.29	0.20	0.07	-0.02	-0.13	-0.22	-0.31	-1.01	-1.03
0.50	0.97		0.89		0.81		0.75		0.70		0.65		0.48	
	1.00	0.94	1.03	0.77	1.06	0.64	1.09	0.52	1.11	0.41	1.13	0.32	1.20	0.00
	1.00	1.00	0.65	0.61	0.35	0.29	0.10	0.01	-0.12	-0.23	-0.31	-0.44	-1.00	-1.20
0.60	1.03		0.93		0.85		0.78		0.72		0.67		0.48	
	1.00	1.05	1.04	0.86	1.07	0.70	1.10	0.57	1.12	0.45	1.14	0.35	1.21	-0.00
	1.00	1.00	0.64	0.60	0.33	0.27	0.08	-0.02	-0.14	-0.26	-0.33	-0.47	-1.00	-1.21
0.70	1.05		0.94		0.86		0.79		0.72		0.67		0.48	
	1.01	1.08	1.04	0.88	1.07	0.72	1.10	0.58	1.12	0.46	1.14	0.36	1.21	-0.00
	1.00	1.01	0.63	0.60	0.33	0.26	0.07	-0.02	-0.15	-0.27	-0.34	-0.48	-1.00	-1.21
0.80	1.07		0.96		0.87		0.80		0.73		0.68		0.49	
	1.01	1.13	1.05	0.92	1.08	0.75	1.10	0.60	1.13	0.48	1.14	0.37	1.21	0.00
	1.00	1.01	0.63	0.59	0.32	0.25	0.06	-0.03	-0.16	-0.28	-0.35	-0.49	-1.00	-1.21
0.90	1.19		1.05		0.94		0.85		0.78		0.71		0.50	
	1.04	1.32	1.08	1.06	1.11	0.85	1.14	0.68	1.16	0.53	1.17	0.41	1.23	-0.00
	1.00	1.04	0.60	0.59	0.29	0.23	0.02	-0.07	-0.19	-0.32	-0.38	-0.53	-1.00	-1.23

$\psi = 1,0$

ξ \ $\varkappa$	1.00		0.80		0.60		0.40		0.20		0.00		-1.00	
0.10	1.22		1.07		0.95		0.86		0.78		0.71		0.50	
	1.02	1.38	1.06	1.10	1.10	0.88	1.12	0.70	1.15	0.55	1.16	0.42	1.23	0.00
	1.00	1.02	0.59	0.56	0.27	0.20	0.01	-0.09	-0.21	-0.34	-0.39	-0.54	-1.00	-1.23
0.20	1.09		0.98		0.88		0.80		0.74		0.68		0.49	
	1.00	1.15	1.04	0.94	1.08	0.76	1.10	0.61	1.13	0.48	1.15	0.37	1.21	0.00
	1.00	1.00	0.62	0.59	0.31	0.24	0.06	-0.04	-0.16	-0.29	-0.35	-0.50	-1.00	-1.21
0.30	0.99		0.90		0.82		0.76		0.70		0.66		0.48	
	1.01	0.95	1.05	0.78	1.08	0.64	1.10	0.52	1.12	0.42	1.14	0.33	1.21	-0.00
	1.00	1.01	0.65	0.62	0.35	0.29	0.10	0.01	-0.12	-0.24	-0.31	-0.45	-1.00	-1.21
0.40	0.63		0.60		0.57		0.54		0.52		0.50		0.40	
	0.76	0.49	0.80	0.42	0.82	0.36	0.85	0.30	0.88	0.25	0.90	0.20	0.99	-0.00
	1.00	0.76	0.72	0.52	0.46	0.29	0.22	0.08	0.00	-0.11	-0.20	-0.28	-1.01	-0.99
0.50	0.99		0.90		0.82		0.76		0.70		0.66		0.48	
	1.01	0.95	1.05	0.79	1.07	0.64	1.10	0.52	1.12	0.42	1.14	0.33	1.21	-0.00
	1.00	1.01	0.65	0.62	0.35	0.29	0.10	0.01	-0.12	-0.24	-0.31	-0.45	-1.00	-1.21
0.60	1.08		0.97		0.88		0.80		0.73		0.68		0.49	
	1.00	1.13	1.04	0.92	1.07	0.75	1.10	0.60	1.12	0.48	1.14	0.37	1.21	0.00
	1.00	1.00	0.63	0.59	0.32	0.25	0.06	-0.04	-0.16	-0.28	-0.35	-0.49	-1.00	-1.21
0.70	1.15		1.02		0.92		0.83		0.76		0.70		0.49	
	1.02	1.26	1.06	1.02	1.09	0.82	1.12	0.65	1.14	0.51	1.16	0.40	1.22	0.00
	1.00	1.02	0.61	0.58	0.29	0.23	0.03	-0.06	-0.19	-0.31	-0.37	-0.52	-1.00	-1.22
0.80	1.40		1.20		1.05		0.93		0.84		0.76		0.51	
	1.07	1.71	1.11	1.33	1.14	1.04	1.17	0.81	1.19	0.63	1.20	0.48	1.25	-0.00
	1.00	1.07	0.56	0.56	0.22	0.17	-0.05	-0.14	-0.26	-0.39	-0.44	-0.60	-1.00	-1.25
0.90	--		--		--		2.31		1.68		1.31		0.61	
	--	--	--	--	--	--	1.81	2.89	1.68	1.82	1.60	1.20	1.46	-0.00
	--	--	--	--	--	--	-1.11	-1.27	-1.07	-1.34	-1.04	-1.38	-1.00	-1.46

η	= 0,4
b_2/b_1	= 0,2
L/b_1	= 20,0

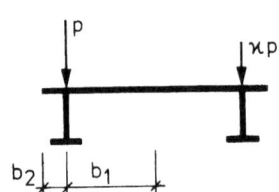

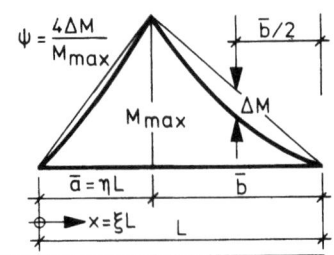

$\psi = \dfrac{4\Delta M}{M_{max}}$

ξ \ ϰ	1.00	0.80	0.60	0.40	0.20	0.00	-1.00
				$\psi = 0$			
0.10	1.00 1.00 1.00 1.00 1.00	0.91 1.04 0.82 0.64 0.61	0.83 1.07 0.67 0.34 0.28	0.76 1.09 0.54 0.09 -0.00	0.71 1.11 0.43 -0.13 -0.24	0.66 1.13 0.34 -0.32 -0.46	0.48 1.20 -0.00 -1.01 -1.20
0.20	1.00 1.00 1.00 1.00 1.00	0.91 1.04 0.82 0.64 0.61	0.83 1.07 0.67 0.34 0.28	0.76 1.09 0.54 0.09 -0.00	0.71 1.11 0.43 -0.13 -0.24	0.66 1.13 0.34 -0.32 -0.46	0.48 1.20 0.00 -1.00 -1.20
0.30	1.00 1.00 1.00 1.00 1.00	0.91 1.03 0.82 0.64 0.61	0.83 1.06 0.67 0.34 0.28	0.76 1.09 0.54 0.09 -0.00	0.71 1.11 0.43 -0.13 -0.25	0.66 1.13 0.34 -0.32 -0.46	0.48 1.20 0.00 -1.00 -1.20
0.40	0.87 0.94 0.81 1.00 0.94	0.80 0.97 0.68 0.67 0.59	0.75 1.00 0.56 0.38 0.29	0.69 1.03 0.46 0.13 0.03	0.65 1.05 0.37 -0.09 -0.20	0.61 1.07 0.29 -0.29 -0.40	0.46 1.15 -0.00 -1.02 -1.15
0.50	1.00 1.00 1.00 1.00 1.00	0.91 1.03 0.82 0.64 0.61	0.83 1.06 0.67 0.34 0.28	0.76 1.09 0.54 0.09 -0.00	0.71 1.11 0.43 -0.13 -0.25	0.66 1.13 0.34 -0.32 -0.46	0.48 1.20 0.00 -1.00 -1.20
0.60	1.00 1.00 1.00 1.00 1.00	0.91 1.04 0.82 0.64 0.61	0.83 1.07 0.67 0.34 0.28	0.76 1.09 0.54 0.09 -0.00	0.71 1.11 0.43 -0.13 -0.24	0.66 1.13 0.34 -0.32 -0.46	0.48 1.20 0.00 -1.00 -1.20
0.70	1.00 1.00 1.00 1.00 1.00	0.91 1.04 0.82 0.64 0.61	0.83 1.07 0.67 0.34 0.28	0.76 1.09 0.54 0.09 -0.00	0.71 1.11 0.43 -0.13 -0.24	0.66 1.13 0.34 -0.32 -0.46	0.48 1.20 -0.00 -1.00 -1.20
0.80	1.00 1.00 1.00 1.00 1.00	0.91 1.04 0.82 0.64 0.61	0.83 1.07 0.67 0.34 0.28	0.76 1.09 0.54 0.09 -0.00	0.71 1.11 0.43 -0.13 -0.24	0.66 1.13 0.34 -0.32 -0.46	0.48 1.20 -0.00 -1.00 -1.20
0.90	1.00 1.00 1.00 1.00 1.00	0.91 1.04 0.82 0.64 0.61	0.83 1.07 0.67 0.35 0.28	0.76 1.09 0.54 0.09 -0.00	0.71 1.11 0.43 -0.13 -0.24	0.66 1.13 0.34 -0.32 -0.46	0.48 1.20 0.00 -0.99 -1.20
				$\psi = 0,5$			
0.10	1.02 1.00 1.03 1.00 1.00	0.92 1.04 0.85 0.64 0.61	0.84 1.07 0.69 0.34 0.27	0.77 1.10 0.56 0.08 -0.01	0.71 1.12 0.45 -0.14 -0.25	0.66 1.14 0.35 -0.33 -0.46	0.48 1.20 0.00 -0.99 -1.20
0.20	1.01 1.00 1.02 1.00 1.00	0.91 1.04 0.83 0.64 0.61	0.84 1.07 0.68 0.34 0.28	0.77 1.09 0.55 0.08 -0.01	0.71 1.12 0.44 -0.14 -0.25	0.66 1.13 0.34 -0.33 -0.46	0.48 1.20 0.00 -1.00 -1.20
0.30	1.01 1.00 1.01 1.00 1.00	0.91 1.03 0.83 0.64 0.60	0.83 1.07 0.68 0.34 0.27	0.77 1.09 0.55 0.09 -0.01	0.71 1.11 0.44 -0.13 -0.25	0.66 1.13 0.34 -0.32 -0.46	0.48 1.20 -0.00 -1.00 -1.20
0.40	0.83 0.91 0.76 1.00 0.91	0.77 0.95 0.63 0.68 0.58	0.72 0.98 0.53 0.39 0.29	0.67 1.00 0.43 0.15 0.04	0.63 1.03 0.35 -0.08 -0.18	0.59 1.05 0.28 -0.27 -0.38	0.45 1.13 -0.00 -1.02 -1.13
0.50	1.01 1.00 1.01 1.00 1.00	0.91 1.03 0.83 0.64 0.60	0.83 1.07 0.68 0.34 0.27	0.77 1.09 0.55 0.09 -0.01	0.71 1.11 0.44 -0.13 -0.25	0.66 1.13 0.34 -0.32 -0.46	0.48 1.20 -0.00 -1.00 -1.20
0.60	1.01 1.00 1.01 1.00 1.00	0.91 1.04 0.83 0.64 0.61	0.83 1.07 0.68 0.34 0.28	0.77 1.09 0.55 0.09 -0.01	0.71 1.11 0.44 -0.14 -0.25	0.66 1.13 0.34 -0.33 -0.46	0.48 1.20 0.00 -1.00 -1.20
0.70	1.01 1.00 1.02 1.00 1.00	0.92 1.04 0.84 0.64 0.61	0.84 1.07 0.68 0.34 0.27	0.77 1.09 0.55 0.08 -0.01	0.71 1.12 0.44 -0.14 -0.25	0.66 1.13 0.34 -0.33 -0.46	0.48 1.20 0.00 -1.00 -1.20
0.80	1.02 1.00 1.03 1.00 1.00	0.92 1.04 0.85 0.64 0.61	0.84 1.07 0.69 0.34 0.27	0.77 1.10 0.56 0.08 -0.01	0.71 1.12 0.44 -0.14 -0.25	0.66 1.14 0.35 -0.33 -0.46	0.48 1.20 -0.00 -1.00 -1.20
0.90	1.04 1.01 1.08 1.00 1.01	0.94 1.04 0.88 0.64 0.60	0.86 1.07 0.71 0.33 0.27	0.78 1.10 0.58 0.07 -0.02	0.72 1.12 0.46 -0.15 -0.26	0.67 1.14 0.36 -0.34 -0.47	0.48 1.21 -0.00 -1.01 -1.21
				$\psi = 1,0$			
0.10	1.05 1.01 1.09 1.00 1.01	0.95 1.05 0.89 0.63 0.60	0.86 1.08 0.72 0.33 0.26	0.79 1.10 0.58 0.07 -0.02	0.73 1.13 0.46 -0.15 -0.27	0.67 1.14 0.36 -0.34 -0.48	0.48 1.21 -0.00 -1.00 -1.21
0.20	1.02 1.00 1.04 1.00 1.00	0.92 1.04 0.85 0.64 0.60	0.84 1.07 0.69 0.34 0.27	0.77 1.09 0.56 0.08 -0.01	0.71 1.12 0.45 -0.14 -0.25	0.66 1.14 0.35 -0.33 -0.46	0.48 1.20 0.00 -1.00 -1.20
0.30	1.01 1.00 1.02 1.00 1.00	0.92 1.04 0.84 0.64 0.60	0.84 1.07 0.68 0.34 0.27	0.77 1.09 0.55 0.09 -0.01	0.71 1.12 0.44 -0.14 -0.25	0.66 1.13 0.34 -0.33 -0.46	0.48 1.20 0.00 -0.99 -1.20
0.40	0.80 0.89 0.71 1.00 0.89	0.74 0.92 0.59 0.68 0.57	0.69 0.95 0.50 0.41 0.30	0.65 0.98 0.41 0.16 0.05	0.61 1.00 0.33 -0.06 -0.17	0.58 1.02 0.26 -0.26 -0.36	0.45 1.11 -0.00 -1.02 -1.11
0.50	1.01 1.00 1.02 1.00 1.00	0.92 1.04 0.84 0.64 0.60	0.84 1.07 0.68 0.34 0.27	0.77 1.09 0.55 0.09 -0.01	0.71 1.12 0.44 -0.13 -0.25	0.66 1.13 0.34 -0.33 -0.46	0.48 1.20 0.00 -1.00 -1.20
0.60	1.02 1.00 1.03 1.00 1.00	0.92 1.04 0.84 0.64 0.60	0.84 1.07 0.69 0.34 0.27	0.77 1.09 0.56 0.08 -0.01	0.71 1.11 0.44 -0.14 -0.25	0.66 1.13 0.35 -0.33 -0.46	0.48 1.20 0.00 -1.00 -1.20
0.70	1.04 1.01 1.06 1.00 1.01	0.94 1.05 0.87 0.64 0.61	0.85 1.08 0.71 0.33 0.27	0.78 1.10 0.57 0.08 -0.01	0.72 1.12 0.45 -0.14 -0.26	0.67 1.14 0.35 -0.33 -0.47	0.48 1.21 -0.00 -1.00 -1.21
0.80	1.07 1.01 1.13 1.00 1.01	0.96 1.04 0.92 0.63 0.59	0.87 1.08 0.74 0.32 0.25	0.80 1.10 0.60 0.06 -0.03	0.73 1.12 0.47 -0.16 -0.28	0.68 1.14 0.37 -0.35 -0.48	0.48 1.21 -0.00 -1.01 -1.21
0.90	1.43 1.10 1.73 1.00 1.10	1.22 1.14 1.35 0.55 0.57	1.07 1.16 1.05 0.22 0.17	0.94 1.19 0.82 -0.05 -0.14	0.85 1.20 0.64 -0.25 -0.39	0.76 1.22 0.48 -0.43 -0.60	0.51 1.26 0.00 -0.96 -1.26

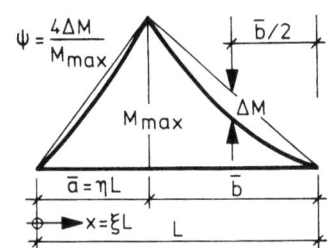
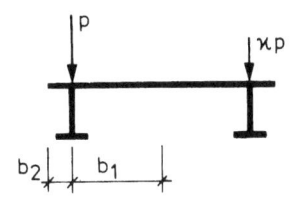

η	=	0,4					
b_2/b_1	=	0,2					
L/b_1	=	50,0					

$\psi = 0$

ξ \ $\varkappa$	1.00	0.80	0.60	0.40	0.20	0.00	-1.00
0.10	1.00 1.00 1.00 1.00 1.00	0.91 1.04 0.82 0.64 0.61	0.83 1.07 0.67 0.34 0.28	0.76 1.09 0.54 0.08 -0.00	0.71 1.11 0.43 -0.13 -0.24	0.66 1.13 0.34 -0.32 -0.45	0.48 1.20 0.00 -1.00 -1.20
0.20	1.00 1.00 1.00 1.00 1.00	0.91 1.04 0.82 0.64 0.61	0.83 1.07 0.67 0.34 0.28	0.76 1.09 0.54 0.09 -0.00	0.71 1.11 0.43 -0.13 -0.24	0.66 1.13 0.34 -0.32 -0.46	0.48 1.20 0.00 -0.99 -1.20
0.30	1.00 1.00 1.00 1.00 1.00	0.91 1.04 0.82 0.65 0.61	0.83 1.07 0.67 0.35 0.28	0.76 1.09 0.54 0.09 -0.00	0.71 1.11 0.43 -0.13 -0.25	0.66 1.13 0.34 -0.32 -0.46	0.48 1.20 0.00 -0.99 -1.20
0.40	0.97 0.99 0.94 1.00 0.99	0.88 1.03 0.78 0.65 0.61	0.81 1.06 0.64 0.35 0.29	0.75 1.08 0.52 0.09 0.01	0.69 1.10 0.42 -0.13 -0.23	0.64 1.12 0.32 -0.32 -0.44	0.48 1.19 -0.00 -1.02 -1.19
0.50	1.00 1.00 1.00 1.00 1.00	0.91 1.04 0.82 0.64 0.61	0.83 1.07 0.67 0.35 0.28	0.76 1.09 0.54 0.09 -0.00	0.71 1.11 0.43 -0.13 -0.25	0.66 1.13 0.34 -0.32 -0.46	0.48 1.20 0.00 -0.99 -1.20
0.60	1.00 1.00 1.00 1.00 1.00	0.91 1.04 0.82 0.64 0.61	0.83 1.07 0.67 0.34 0.28	0.76 1.09 0.54 0.09 -0.00	0.71 1.11 0.43 -0.13 -0.24	0.66 1.13 0.34 -0.32 -0.46	0.48 1.20 0.00 -0.99 -1.20
0.70	1.00 1.00 1.00 1.00 1.00	0.91 1.04 0.82 0.64 0.61	0.83 1.07 0.67 0.34 0.28	0.76 1.09 0.54 0.09 -0.00	0.71 1.11 0.43 -0.13 -0.24	0.66 1.13 0.34 -0.32 -0.46	0.48 1.20 0.00 -0.99 -1.20
0.80	1.00 1.00 1.00 1.00 1.00	0.91 1.04 0.82 0.64 0.61	0.83 1.07 0.67 0.34 0.28	0.76 1.09 0.54 0.09 -0.00	0.71 1.11 0.43 -0.13 -0.25	0.66 1.13 0.34 -0.32 -0.46	0.48 1.20 0.00 -0.99 -1.20
0.90	1.00 1.00 1.00 1.00 1.00	0.91 1.04 0.82 0.65 0.61	0.83 1.07 0.67 0.35 0.28	0.76 1.09 0.54 0.09 -0.00	0.71 1.11 0.43 -0.12 -0.25	0.66 1.13 0.34 -0.31 -0.46	0.48 1.20 0.00 -0.99 -1.20

$\psi = 0,5$

ξ \ $\varkappa$	1.00	0.80	0.60	0.40	0.20	0.00	-1.00
0.10	1.00 1.00 1.01 1.00 1.00	0.91 1.04 0.83 0.65 0.61	0.83 1.07 0.67 0.34 0.28	0.76 1.09 0.55 0.09 -0.00	0.71 1.11 0.44 -0.13 -0.25	0.66 1.13 0.34 -0.32 -0.46	0.48 1.20 0.00 -0.99 -1.20
0.20	1.00 1.00 1.00 1.00 1.00	0.91 1.04 0.82 0.64 0.61	0.83 1.07 0.67 0.34 0.28	0.76 1.09 0.55 0.09 -0.00	0.71 1.11 0.44 -0.13 -0.25	0.66 1.13 0.34 -0.32 -0.46	0.48 1.20 0.00 -0.99 -1.20
0.30	1.00 1.00 1.00 1.00 1.00	0.91 1.04 0.82 0.64 0.61	0.83 1.07 0.67 0.34 0.28	0.76 1.09 0.55 0.09 -0.00	0.71 1.11 0.43 -0.13 -0.24	0.66 1.13 0.34 -0.32 -0.46	0.48 1.20 0.00 -1.00 -1.20
0.40	0.95 0.99 0.92 1.00 0.99	0.87 1.02 0.76 0.65 0.61	0.80 1.05 0.63 0.35 0.29	0.74 1.08 0.51 0.10 0.02	0.69 1.10 0.41 -0.12 -0.22	0.64 1.12 0.32 -0.32 -0.43	0.47 1.19 -0.00 -1.04 -1.18
0.50	1.00 1.00 1.00 1.00 1.00	0.91 1.04 0.82 0.64 0.61	0.83 1.07 0.67 0.34 0.28	0.76 1.09 0.54 0.09 -0.00	0.71 1.11 0.43 -0.13 -0.24	0.66 1.13 0.34 -0.32 -0.46	0.48 1.20 0.00 -0.99 -1.20
0.60	1.00 1.00 1.00 1.00 1.00	0.91 1.04 0.82 0.64 0.61	0.83 1.07 0.67 0.34 0.28	0.76 1.09 0.55 0.09 -0.00	0.71 1.11 0.43 -0.13 -0.25	0.66 1.13 0.34 -0.32 -0.46	0.48 1.20 0.00 -0.99 -1.20
0.70	1.00 1.00 1.00 1.00 1.00	0.91 1.04 0.82 0.64 0.61	0.83 1.07 0.67 0.34 0.28	0.76 1.09 0.55 0.09 -0.00	0.71 1.11 0.44 -0.13 -0.25	0.66 1.13 0.34 -0.32 -0.46	0.48 1.20 0.00 -0.99 -1.20
0.80	1.00 1.00 1.01 1.00 1.00	0.91 1.04 0.83 0.64 0.61	0.83 1.07 0.67 0.35 0.28	0.76 1.09 0.55 0.09 -0.00	0.71 1.11 0.44 -0.13 -0.25	0.66 1.13 0.34 -0.32 -0.46	0.48 1.20 0.00 -0.99 -1.20
0.90	1.01 1.00 1.01 1.00 1.00	0.91 1.04 0.83 0.64 0.61	0.83 1.07 0.68 0.34 0.28	0.77 1.09 0.55 0.08 -0.00	0.71 1.11 0.44 -0.14 -0.25	0.66 1.13 0.34 -0.34 -0.46	0.48 1.20 0.00 -0.99 -1.20

$\psi = 1,0$

ξ \ $\varkappa$	1.00	0.80	0.60	0.40	0.20	0.00	-1.00
0.10	1.01 1.00 1.01 1.00 1.00	0.91 1.04 0.83 0.64 0.61	0.83 1.07 0.68 0.34 0.28	0.77 1.09 0.55 0.08 -0.00	0.71 1.11 0.44 -0.13 -0.25	0.66 1.13 0.34 -0.33 -0.46	0.48 1.20 -0.00 -1.02 -1.20
0.20	1.00 1.00 1.01 1.00 1.00	0.91 1.04 0.83 0.64 0.61	0.83 1.07 0.68 0.35 0.28	0.77 1.09 0.55 0.09 -0.00	0.71 1.11 0.44 -0.13 -0.25	0.66 1.13 0.34 -0.32 -0.46	0.48 1.20 0.00 -0.99 -1.20
0.30	1.00 1.00 1.00 1.00 1.00	0.91 1.03 0.82 0.64 0.61	0.83 1.06 0.67 0.34 0.28	0.76 1.09 0.54 0.09 -0.00	0.71 1.11 0.43 -0.14 -0.24	0.66 1.13 0.34 -0.33 -0.45	0.48 1.20 0.00 -1.00 -1.20
0.40	0.94 0.98 0.90 1.00 0.98	0.86 1.02 0.74 0.66 0.61	0.79 1.05 0.61 0.36 0.29	0.73 1.07 0.50 0.11 0.02	0.68 1.09 0.40 -0.12 -0.22	0.63 1.11 0.31 -0.32 -0.42	0.47 1.18 -0.00 -1.04 -1.18
0.50	1.00 1.00 1.00 1.00 1.00	0.91 1.03 0.82 0.64 0.61	0.83 1.06 0.67 0.34 0.28	0.76 1.09 0.54 0.08 -0.00	0.71 1.11 0.43 -0.14 -0.24	0.66 1.13 0.34 -0.33 -0.45	0.48 1.20 0.00 -1.00 -1.20
0.60	1.00 1.00 1.01 1.00 1.00	0.91 1.04 0.83 0.64 0.61	0.83 1.07 0.68 0.35 0.28	0.77 1.09 0.55 0.09 -0.00	0.71 1.11 0.44 -0.13 -0.25	0.66 1.13 0.34 -0.32 -0.46	0.48 1.20 0.00 -0.99 -1.20
0.70	1.01 1.00 1.01 1.00 1.00	0.91 1.04 0.83 0.64 0.61	0.83 1.07 0.68 0.34 0.28	0.77 1.09 0.55 0.09 -0.00	0.71 1.11 0.44 -0.13 -0.25	0.66 1.13 0.34 -0.33 -0.46	0.48 1.20 -0.00 -1.01 -1.20
0.80	1.01 1.00 1.01 1.00 1.00	0.91 1.03 0.83 0.64 0.61	0.83 1.07 0.68 0.34 0.27	0.77 1.09 0.55 0.08 -0.01	0.71 1.11 0.44 -0.14 -0.25	0.66 1.13 0.34 -0.33 -0.46	0.48 1.20 -0.00 -1.01 -1.20
0.90	1.07 1.02 1.11 1.00 1.02	0.96 1.06 0.90 0.65 0.60	0.87 1.09 0.73 0.37 0.26	0.80 1.11 0.59 0.14 -0.03	0.73 1.14 0.47 -0.09 -0.28	0.68 1.15 0.36 -0.28 -0.49	0.49 1.22 0.00 -0.85 -1.24

η	= 0,4
b_2/b_1 =	0,5
L/b_1 =	2,0

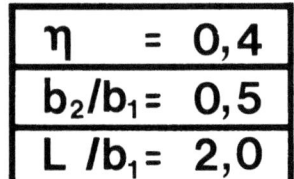
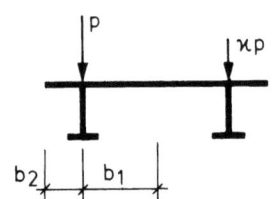
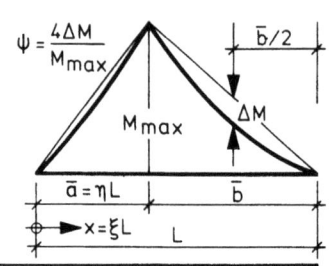

$\psi = 0$

ξ \ $\varkappa$	1.00	0.80	0.60	0.40	0.20	0.00	-1.00
0.10	0.58 0.60 0.19 1.00 0.60	0.57 0.62 0.17 0.79 0.46	0.57 0.63 0.15 0.58 0.32	0.56 0.65 0.13 0.37 0.18	0.56 0.66 0.11 0.17 0.05	0.56 0.67 0.09 -0.03 -0.09	0.54 0.74 -0.00 -1.00 -0.74
0.20	0.53 0.49 0.16 1.00 0.49	0.53 0.51 0.14 0.79 0.38	0.52 0.52 0.13 0.58 0.26	0.52 0.53 0.11 0.38 0.15	0.52 0.55 0.09 0.17 0.03	0.51 0.56 0.08 -0.03 -0.08	0.50 0.62 -0.00 -1.00 -0.62
0.30	0.45 0.34 0.12 1.00 0.34	0.44 0.36 0.11 0.79 0.26	0.44 0.37 0.10 0.59 0.18	0.44 0.38 0.09 0.38 0.10	0.44 0.39 0.07 0.18 0.02	0.43 0.40 0.06 -0.02 -0.06	0.42 0.45 0.00 -1.00 -0.45
0.40	0.29 0.20 0.08 1.00 0.20	0.29 0.21 0.07 0.80 0.15	0.29 0.21 0.06 0.59 0.10	0.29 0.22 0.05 0.39 0.06	0.29 0.23 0.05 0.19 0.01	0.29 0.23 0.04 -0.01 -0.04	0.28 0.27 0.00 -1.00 -0.27
0.50	0.47 0.39 0.15 1.00 0.39	0.47 0.40 0.13 0.79 0.30	0.46 0.42 0.12 0.58 0.20	0.46 0.43 0.10 0.38 0.11	0.46 0.44 0.09 0.18 0.02	0.46 0.45 0.07 -0.02 -0.07	0.44 0.51 0.00 -1.00 -0.51
0.60	0.58 0.60 0.22 1.00 0.60	0.57 0.62 0.19 0.79 0.46	0.57 0.63 0.17 0.58 0.31	0.57 0.65 0.15 0.37 0.17	0.56 0.66 0.13 0.17 0.04	0.56 0.68 0.10 -0.03 -0.10	0.54 0.75 -0.00 -1.00 -0.75
0.70	0.66 0.78 0.28 1.00 0.78	0.65 0.80 0.25 0.78 0.59	0.64 0.82 0.22 0.57 0.41	0.64 0.83 0.19 0.36 0.23	0.63 0.85 0.16 0.16 0.05	0.62 0.87 0.13 -0.04 -0.13	0.60 0.95 -0.00 -1.00 -0.95
0.80	0.71 0.89 0.33 1.00 0.89	0.70 0.92 0.30 0.78 0.68	0.69 0.94 0.26 0.57 0.47	0.68 0.96 0.23 0.36 0.26	0.67 0.97 0.19 0.15 0.06	0.67 0.99 0.16 -0.05 -0.14	0.63 1.08 0.00 -1.00 -1.08
0.90	0.73 0.95 0.36 1.00 0.95	0.72 0.98 0.32 0.78 0.72	0.71 1.00 0.28 0.57 0.50	0.70 1.02 0.25 0.35 0.27	0.70 1.04 0.21 0.15 0.06	0.69 1.06 0.17 -0.05 -0.16	0.65 1.15 0.00 -1.00 -1.15

$\psi = 0,5$

ξ \ $\varkappa$	1.00	0.80	0.60	0.40	0.20	0.00	-1.00
0.10	0.79 0.96 0.27 1.00 0.96	0.78 0.97 0.24 0.78 0.73	0.78 0.99 0.21 0.57 0.51	0.77 1.01 0.18 0.36 0.29	0.76 1.02 0.15 0.16 0.08	0.75 1.04 0.13 -0.05 -0.13	0.72 1.11 -0.00 -1.00 -1.11
0.20	0.59 0.58 0.18 1.00 0.58	0.59 0.60 0.16 0.79 0.44	0.58 0.61 0.14 0.58 0.31	0.58 0.62 0.12 0.37 0.18	0.58 0.64 0.10 0.17 0.04	0.57 0.65 0.09 -0.03 -0.09	0.55 0.72 -0.00 -1.00 -0.72
0.30	0.44 0.32 0.11 1.00 0.32	0.44 0.33 0.10 0.79 0.24	0.44 0.34 0.09 0.59 0.17	0.43 0.35 0.08 0.38 0.09	0.43 0.36 0.07 0.18 0.02	0.43 0.37 0.06 -0.02 -0.06	0.42 0.42 0.00 -1.00 -0.42
0.40	0.25 0.15 0.06 1.00 0.15	0.25 0.15 0.05 0.80 0.11	0.25 0.16 0.05 0.59 0.08	0.25 0.17 0.04 0.39 0.04	0.25 0.17 0.04 0.19 0.00	0.25 0.18 0.03 -0.01 -0.03	0.25 0.21 0.00 -1.00 -0.21
0.50	0.46 0.36 0.14 1.00 0.36	0.46 0.37 0.12 0.79 0.27	0.46 0.38 0.11 0.58 0.19	0.45 0.40 0.10 0.38 0.10	0.45 0.41 0.08 0.18 0.02	0.45 0.42 0.07 -0.02 -0.07	0.44 0.48 0.00 -1.00 -0.48
0.60	0.66 0.72 0.26 1.00 0.72	0.65 0.74 0.23 0.78 0.55	0.64 0.76 0.20 0.57 0.38	0.64 0.77 0.18 0.37 0.21	0.63 0.79 0.15 0.16 0.04	0.63 0.81 0.12 -0.04 -0.12	0.60 0.89 -0.00 -1.00 -0.89
0.70	0.93 1.30 0.47 1.00 1.30	0.92 1.32 0.41 0.77 0.98	0.90 1.35 0.36 0.55 0.68	0.89 1.37 0.31 0.34 0.38	0.88 1.39 0.26 0.13 0.09	0.86 1.41 0.22 -0.07 -0.20	0.80 1.51 -0.00 -1.00 -1.51
0.80	1.61 2.69 0.99 1.00 2.69	1.57 2.69 0.87 0.75 2.00	1.52 2.70 0.75 0.51 1.36	1.48 2.71 0.64 0.29 0.75	1.44 2.71 0.53 0.07 0.17	1.40 2.72 0.43 -0.13 -0.38	1.23 2.75 0.00 -1.00 -2.75
0.90	-- -- --	-- -- --	-- -- --	-- -- --	-- -- --	-- -- --	-- -- --

$\psi = 1,0$

ξ \ $\varkappa$	1.00	0.80	0.60	0.40	0.20	0.00	-1.00
0.10	1.64 2.35 0.59 1.00 2.35	1.60 2.36 0.52 0.76 1.78	1.57 2.37 0.45 0.53 1.24	1.54 2.37 0.39 0.32 0.72	1.51 2.38 0.33 0.11 0.22	1.48 2.39 0.27 -0.10 -0.26	1.34 2.42 -0.00 -1.00 -2.42
0.20	0.70 0.73 0.20 1.00 0.73	0.69 0.74 0.18 0.79 0.56	0.68 0.76 0.16 0.58 0.39	0.68 0.77 0.14 0.37 0.22	0.67 0.79 0.12 0.16 0.06	0.67 0.80 0.10 -0.04 -0.10	0.64 0.87 -0.00 -1.00 -0.87
0.30	0.43 0.29 0.10 1.00 0.29	0.43 0.30 0.09 0.79 0.22	0.43 0.31 0.08 0.59 0.15	0.43 0.32 0.07 0.38 0.08	0.43 0.33 0.06 0.18 0.01	0.42 0.34 0.05 -0.02 -0.05	0.41 0.38 0.00 -1.00 -0.38
0.40	0.22 0.11 0.05 1.00 0.11	0.22 0.11 0.04 0.80 0.08	0.22 0.12 0.04 0.59 0.05	0.22 0.12 0.03 0.39 0.03	0.22 0.13 0.03 0.19 0.00	0.22 0.13 0.02 -0.01 -0.02	0.22 0.15 0.00 -1.00 -0.15
0.50	0.45 0.33 0.13 1.00 0.33	0.45 0.34 0.12 0.79 0.25	0.45 0.35 0.10 0.59 0.17	0.45 0.36 0.09 0.38 0.09	0.44 0.37 0.08 0.18 0.01	0.44 0.38 0.06 -0.02 -0.06	0.43 0.44 0.00 -1.00 -0.44
0.60	0.81 0.96 0.34 1.00 0.96	0.80 0.98 0.30 0.78 0.73	0.79 1.01 0.27 0.56 0.50	0.78 1.03 0.23 0.35 0.28	0.77 1.05 0.20 0.15 0.06	0.76 1.07 0.16 -0.05 -0.15	0.72 1.16 -0.00 -1.00 -1.16
0.70	-- -- --	-- -- --	-- -- --	-- -- --	3.08 6.25 1.19 -0.08 0.42	2.91 6.07 0.93 -0.28 -0.82	2.26 5.39 -0.00 -1.00 -5.39
0.80	-- -- --	-- -- --	-- -- --	-- -- --	-- -- --	-- -- --	-- -- --
0.90	-- -- --	-- -- --	-- -- --	-- -- --	-- -- --	-- -- --	-- -- --

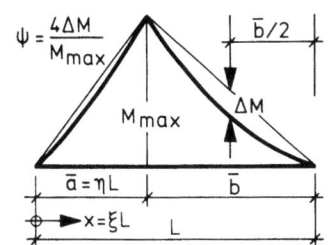
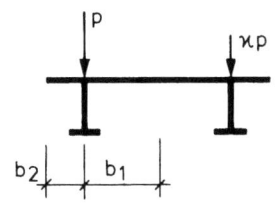

	η	= 0,4
	b_2/b_1	= 0,5
	L/b_1	= 5,0

$\psi = 0$

ξ \ $\varkappa$	1.00	0.80	0.60	0.40	0.20	0.00	-1.00
0.10	0.96 1.03 0.87 1.00 1.03	0.93 1.08 0.76 0.75 0.72	0.91 1.14 0.66 0.52 0.43	0.88 1.19 0.56 0.30 0.15	0.86 1.24 0.47 0.09 -0.12	0.84 1.28 0.38 -0.11 -0.37	0.75 1.48 0.00 -1.00 -1.48
0.20	0.93 1.01 0.81 1.00 1.01	0.90 1.06 0.71 0.76 0.71	0.88 1.11 0.61 0.53 0.43	0.86 1.16 0.53 0.31 0.16	0.84 1.20 0.44 0.09 -0.10	0.82 1.25 0.36 -0.11 -0.35	0.73 1.44 0.00 -1.00 -1.44
0.30	0.84 0.88 0.66 1.00 0.88	0.82 0.93 0.58 0.76 0.63	0.80 0.97 0.51 0.54 0.38	0.78 1.01 0.44 0.32 0.15	0.77 1.05 0.37 0.11 -0.08	0.75 1.09 0.30 -0.09 -0.29	0.68 1.27 0.00 -1.00 -1.27
0.40	0.54 0.48 0.38 1.00 0.48	0.53 0.52 0.34 0.78 0.35	0.53 0.55 0.30 0.56 0.21	0.52 0.58 0.26 0.35 0.08	0.51 0.60 0.22 0.15 -0.05	0.51 0.63 0.18 -0.06 -0.18	0.48 0.77 0.00 -1.00 -0.77
0.50	0.85 0.89 0.69 1.00 0.89	0.83 0.94 0.61 0.76 0.63	0.81 0.98 0.53 0.53 0.38	0.80 1.03 0.46 0.32 0.14	0.78 1.07 0.38 0.11 -0.08	0.76 1.11 0.31 -0.10 -0.30	0.69 1.29 0.00 -1.00 -1.29
0.60	0.94 1.01 0.85 1.00 1.01	0.92 1.06 0.75 0.75 0.70	0.89 1.11 0.65 0.52 0.42	0.87 1.16 0.55 0.30 0.14	0.85 1.21 0.46 0.09 -0.12	0.83 1.26 0.38 -0.11 -0.37	0.74 1.46 0.00 -1.00 -1.46
0.70	0.97 1.01 0.92 1.00 1.01	0.95 1.07 0.81 0.75 0.70	0.92 1.13 0.70 0.52 0.40	0.89 1.18 0.60 0.29 0.12	0.87 1.23 0.50 0.08 -0.14	0.85 1.28 0.41 -0.12 -0.39	0.75 1.49 0.00 -1.00 -1.49
0.80	0.98 1.00 0.96 1.00 1.00	0.95 1.06 0.84 0.75 0.68	0.93 1.12 0.72 0.51 0.39	0.90 1.17 0.62 0.29 0.11	0.87 1.23 0.51 0.07 -0.16	0.85 1.28 0.42 -0.13 -0.41	0.75 1.50 0.00 -1.00 -1.50
0.90	0.99 0.99 0.97 1.00 0.99	0.96 1.05 0.85 0.75 0.68	0.93 1.11 0.73 0.51 0.38	0.90 1.17 0.62 0.29 0.10	0.88 1.22 0.52 0.07 -0.16	0.85 1.27 0.42 -0.13 -0.41	0.75 1.49 0.00 -1.00 -1.49

$\psi = 0,5$

ξ \ $\varkappa$	1.00	0.80	0.60	0.40	0.20	0.00	-1.00
0.10	1.19 1.36 1.19 1.00 1.36	1.15 1.42 1.03 0.74 0.94	1.11 1.48 0.89 0.49 0.55	1.07 1.54 0.75 0.27 0.18	1.04 1.59 0.62 0.05 -0.16	1.01 1.64 0.50 -0.15 -0.49	0.87 1.85 0.00 -1.00 -1.85
0.20	1.01 1.14 0.91 1.00 1.14	0.98 1.20 0.80 0.75 0.80	0.96 1.25 0.69 0.52 0.48	0.93 1.30 0.59 0.29 0.18	0.91 1.35 0.49 0.08 -0.11	0.88 1.39 0.40 -0.12 -0.39	0.78 1.59 0.00 -1.00 -1.59
0.30	0.84 0.89 0.65 1.00 0.89	0.82 0.93 0.57 0.76 0.64	0.80 0.98 0.50 0.54 0.39	0.79 1.02 0.43 0.32 0.16	0.77 1.06 0.36 0.11 -0.07	0.75 1.10 0.30 -0.09 -0.29	0.69 1.27 0.00 -1.00 -1.27
0.40	0.48 0.41 0.31 1.00 0.41	0.47 0.43 0.28 0.78 0.29	0.47 0.46 0.24 0.57 0.18	0.46 0.48 0.21 0.36 0.07	0.46 0.51 0.18 0.15 -0.04	0.45 0.53 0.15 -0.05 -0.15	0.43 0.65 0.00 -1.00 -0.65
0.50	0.85 0.89 0.68 1.00 0.89	0.83 0.94 0.60 0.76 0.64	0.81 0.98 0.52 0.54 0.39	0.79 1.03 0.45 0.32 0.15	0.78 1.07 0.37 0.11 -0.08	0.76 1.11 0.31 -0.09 -0.30	0.69 1.29 0.00 -1.00 -1.29
0.60	1.02 1.11 0.95 1.00 1.11	0.99 1.16 0.83 0.75 0.77	0.96 1.22 0.72 0.51 0.45	0.93 1.27 0.61 0.29 0.15	0.91 1.32 0.51 0.08 -0.13	0.88 1.37 0.42 -0.13 -0.40	0.78 1.57 0.00 -1.00 -1.57
0.70	1.14 1.19 1.18 1.00 1.19	1.10 1.26 1.03 0.74 0.81	1.06 1.33 0.88 0.49 0.45	1.02 1.39 0.75 0.26 0.12	0.99 1.45 0.62 0.05 -0.19	0.96 1.50 0.50 -0.15 -0.49	0.82 1.73 0.00 -1.00 -1.73
0.80	1.31 1.33 1.49 1.00 1.33	1.25 1.41 1.28 0.72 0.88	1.20 1.49 1.09 0.47 0.46	1.15 1.56 0.92 0.23 0.08	1.10 1.62 0.76 0.02 -0.27	1.06 1.68 0.61 -0.18 -0.59	0.88 1.92 0.00 -1.00 -1.92
0.90	1.84 1.92 2.32 1.00 1.92	1.72 2.00 1.95 0.68 1.22	1.61 2.08 1.63 0.40 0.61	1.51 2.15 1.34 0.16 0.07	1.43 2.21 1.09 -0.06 -0.41	1.35 2.26 0.86 -0.26 -0.84	1.06 2.46 0.00 -1.00 -2.46

$\psi = 1,0$

ξ \ $\varkappa$	1.00	0.80	0.60	0.40	0.20	0.00	-1.00
0.10	1.82 2.23 2.04 1.00 2.23	1.72 2.29 1.73 0.70 1.50	1.62 2.35 1.46 0.43 0.85	1.54 2.39 1.21 0.19 0.26	1.46 2.44 0.99 -0.03 -0.27	1.39 2.48 0.78 -0.23 -0.76	1.12 2.63 0.00 -1.00 -2.63
0.20	1.15 1.35 1.09 1.00 1.35	1.11 1.41 0.95 0.74 0.95	1.08 1.47 0.82 0.50 0.57	1.04 1.52 0.69 0.28 0.21	1.01 1.57 0.58 0.06 -0.13	0.98 1.61 0.47 -0.14 -0.45	0.85 1.81 0.00 -1.00 -1.81
0.30	0.85 0.91 0.64 1.00 0.91	0.83 0.95 0.57 0.77 0.65	0.81 1.00 0.49 0.54 0.41	0.80 1.04 0.42 0.32 0.17	0.78 1.08 0.36 0.11 -0.06	0.76 1.11 0.29 -0.09 -0.28	0.70 1.28 0.00 -1.00 -1.28
0.40	0.43 0.34 0.26 1.00 0.34	0.42 0.37 0.23 0.79 0.25	0.42 0.39 0.20 0.57 0.15	0.41 0.41 0.18 0.37 0.06	0.41 0.43 0.15 0.16 -0.03	0.41 0.45 0.12 -0.04 -0.12	0.39 0.55 0.00 -1.00 -0.55
0.50	0.85 0.91 0.66 1.00 0.91	0.84 0.95 0.59 0.76 0.65	0.82 1.00 0.51 0.54 0.40	0.80 1.04 0.44 0.32 0.16	0.78 1.08 0.37 0.11 -0.07	0.77 1.12 0.30 -0.09 -0.29	0.70 1.29 0.00 -1.00 -1.29
0.60	1.15 1.29 1.14 1.00 1.29	1.11 1.36 0.99 0.74 0.89	1.08 1.42 0.85 0.50 0.52	1.04 1.47 0.72 0.27 0.17	1.01 1.52 0.60 0.06 -0.16	0.98 1.57 0.49 -0.15 -0.47	0.84 1.78 0.00 -1.00 -1.78
0.70	1.67 1.78 2.03 1.00 1.78	1.57 1.87 1.73 0.70 1.16	1.49 1.94 1.45 0.43 0.60	1.41 2.01 1.20 0.18 0.10	1.33 2.07 0.98 -0.03 -0.35	1.27 2.13 0.78 -0.23 -0.76	1.02 2.34 0.00 -1.00 -2.34
0.80	-- -- -- -- --	-- -- -- -- --	-- -- -- -- --	-- -- -- -- --	-- -- -- -- --	-- -- -- -- --	1.82 4.85 0.00 -1.00 -4.85
0.90	-- -- -- -- --	-- -- -- -- --	-- -- -- -- --	-- -- -- -- --	-- -- -- -- --	-- -- -- -- --	-- -- -- -- --

η	= 0,4
b_2/b_1	= 0,5
L/b_1	= 10,0

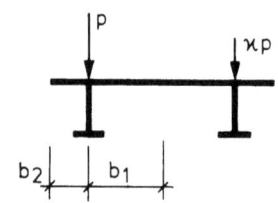
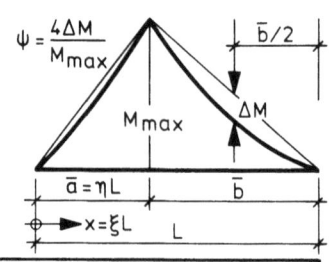

$\psi = 0$

ξ \ $\varkappa$	1.00	0.80	0.60	0.40	0.20	0.00	-1.00
0.10	1.00 1.00 1.00 1.00 1.00	0.97 1.06 0.87 0.75 0.68	0.94 1.12 0.75 0.51 0.38	0.91 1.18 0.64 0.28 0.10	0.88 1.23 0.53 0.07 -0.17	0.86 1.28 0.43 -0.13 -0.42	0.75 1.50 -0.00 -1.00 -1.50
0.20	1.00 1.00 0.99 1.00 1.00	0.96 1.06 0.86 0.75 0.68	0.94 1.12 0.74 0.51 0.39	0.91 1.18 0.63 0.28 0.10	0.88 1.23 0.53 0.07 -0.16	0.86 1.28 0.43 -0.13 -0.41	0.75 1.50 0.00 -1.00 -1.50
0.30	0.97 1.00 0.93 1.00 1.00	0.95 1.06 0.82 0.75 0.69	0.92 1.12 0.71 0.51 0.40	0.89 1.17 0.60 0.29 0.12	0.87 1.22 0.50 0.08 -0.14	0.84 1.27 0.41 -0.13 -0.39	0.74 1.48 0.00 -1.00 -1.48
0.40	0.72 0.69 0.62 1.00 0.69	0.71 0.73 0.55 0.77 0.48	0.69 0.78 0.48 0.54 0.28	0.68 0.82 0.41 0.32 0.09	0.67 0.86 0.34 0.11 -0.10	0.65 0.90 0.28 -0.09 -0.27	0.60 1.08 -0.00 -1.00 -1.08
0.50	0.98 1.00 0.94 1.00 1.00	0.95 1.06 0.82 0.75 0.69	0.92 1.12 0.71 0.51 0.40	0.89 1.17 0.60 0.29 0.12	0.87 1.22 0.51 0.08 -0.14	0.85 1.27 0.41 -0.13 -0.40	0.74 1.48 0.00 -1.00 -1.48
0.60	1.00 1.00 0.99 1.00 1.00	0.97 1.06 0.87 0.75 0.68	0.94 1.12 0.75 0.51 0.39	0.91 1.18 0.64 0.28 0.10	0.88 1.23 0.53 0.07 -0.16	0.86 1.28 0.43 -0.13 -0.41	0.75 1.50 0.00 -1.00 -1.50
0.70	1.00 1.00 1.00 1.00 1.00	0.97 1.06 0.87 0.75 0.68	0.94 1.12 0.75 0.51 0.38	0.91 1.18 0.64 0.28 0.10	0.88 1.23 0.53 0.07 -0.17	0.86 1.28 0.43 -0.13 -0.42	0.75 1.50 -0.00 -1.00 -1.50
0.80	1.00 1.00 1.00 1.00 1.00	0.97 1.06 0.87 0.75 0.68	0.94 1.12 0.75 0.51 0.38	0.91 1.18 0.64 0.28 0.10	0.88 1.23 0.53 0.07 -0.16	0.86 1.28 0.43 -0.13 -0.42	0.75 1.50 0.00 -1.00 -1.50
0.90	1.00 1.00 1.00 1.00 1.00	0.97 1.06 0.87 0.75 0.68	0.94 1.12 0.75 0.51 0.38	0.91 1.18 0.64 0.28 0.10	0.88 1.23 0.53 0.07 -0.16	0.86 1.28 0.43 -0.13 -0.42	0.75 1.50 -0.00 -1.00 -1.50

$\psi = 0,5$

ξ \ $\varkappa$	1.00	0.80	0.60	0.40	0.20	0.00	-1.00
0.10	1.08 1.07 1.13 1.00 1.07	1.04 1.14 0.98 0.74 0.72	1.00 1.20 0.85 0.50 0.39	0.97 1.26 0.72 0.27 0.09	0.94 1.32 0.60 0.05 -0.20	0.91 1.37 0.48 -0.15 -0.46	0.78 1.60 0.00 -1.00 -1.60
0.20	1.03 1.03 1.05 1.00 1.03	1.00 1.10 0.91 0.74 0.70	0.96 1.16 0.79 0.50 0.39	0.93 1.22 0.67 0.28 0.10	0.91 1.27 0.56 0.06 -0.18	0.88 1.32 0.45 -0.14 -0.44	0.76 1.55 0.00 -1.00 -1.55
0.30	0.98 1.02 0.94 1.00 1.02	0.96 1.08 0.82 0.75 0.71	0.93 1.14 0.71 0.51 0.41	0.90 1.19 0.61 0.29 0.13	0.88 1.24 0.51 0.08 -0.14	0.85 1.29 0.41 -0.12 -0.40	0.75 1.50 0.00 -1.00 -1.50
0.40	0.66 0.62 0.54 1.00 0.62	0.65 0.66 0.48 0.77 0.43	0.64 0.70 0.42 0.55 0.26	0.63 0.74 0.36 0.33 0.08	0.62 0.78 0.31 0.12 -0.08	0.61 0.81 0.25 -0.08 -0.24	0.56 0.98 0.00 -1.00 -0.98
0.50	0.99 1.02 0.95 1.00 1.02	0.96 1.08 0.83 0.75 0.70	0.93 1.14 0.72 0.51 0.41	0.90 1.19 0.61 0.29 0.12	0.88 1.24 0.51 0.08 -0.14	0.85 1.29 0.41 -0.13 -0.40	0.75 1.50 0.00 -1.00 -1.50
0.60	1.02 1.03 1.04 1.00 1.03	0.99 1.09 0.90 0.74 0.70	0.96 1.15 0.78 0.50 0.39	0.93 1.21 0.66 0.28 0.10	0.90 1.26 0.55 0.06 -0.17	0.88 1.32 0.45 -0.14 -0.43	0.76 1.54 0.00 -1.00 -1.54
0.70	1.04 1.03 1.08 1.00 1.03	1.01 1.10 0.94 0.74 0.70	0.98 1.17 0.81 0.50 0.39	0.94 1.22 0.69 0.27 0.09	0.91 1.28 0.57 0.06 -0.18	0.89 1.33 0.46 -0.14 -0.45	0.77 1.56 0.00 -1.00 -1.56
0.80	1.08 1.06 1.14 1.00 1.06	1.04 1.13 0.99 0.74 0.72	1.00 1.20 0.85 0.50 0.39	0.97 1.26 0.72 0.27 0.09	0.94 1.32 0.60 0.05 -0.20	0.91 1.37 0.49 -0.15 -0.46	0.78 1.60 0.00 -1.00 -1.60
0.90	1.18 1.17 1.31 1.00 1.17	1.13 1.24 1.13 0.73 0.78	1.09 1.31 0.97 0.48 0.42	1.04 1.38 0.82 0.25 0.08	1.01 1.44 0.68 0.03 -0.23	0.97 1.49 0.55 -0.17 -0.52	0.82 1.73 0.00 -1.00 -1.73

$\psi = 1,0$

ξ \ $\varkappa$	1.00	0.80	0.60	0.40	0.20	0.00	-1.00
0.10	1.21 1.19 1.37 1.00 1.19	1.16 1.27 1.18 0.73 0.79	1.11 1.34 1.01 0.48 0.42	1.07 1.41 0.85 0.24 0.07	1.03 1.47 0.70 0.03 -0.25	0.99 1.53 0.57 -0.17 -0.54	0.84 1.77 0.00 -1.00 -1.77
0.20	1.08 1.08 1.13 1.00 1.08	1.04 1.14 0.98 0.74 0.73	1.00 1.21 0.84 0.50 0.40	0.97 1.27 0.72 0.27 0.09	0.94 1.33 0.59 0.05 -0.19	0.91 1.38 0.48 -0.15 -0.47	0.79 1.61 0.00 -1.00 -1.61
0.30	1.00 1.04 0.95 1.00 1.04	0.97 1.10 0.84 0.75 0.72	0.94 1.16 0.72 0.51 0.42	0.91 1.21 0.61 0.29 0.13	0.89 1.27 0.51 0.07 -0.14	0.86 1.31 0.42 -0.13 -0.40	0.76 1.52 0.00 -1.00 -1.52
0.40	0.61 0.56 0.48 1.00 0.56	0.60 0.59 0.42 0.77 0.39	0.59 0.63 0.37 0.55 0.23	0.58 0.67 0.32 0.34 0.08	0.57 0.70 0.27 0.13 -0.07	0.56 0.73 0.22 -0.07 -0.22	0.52 0.89 0.00 -1.00 -0.89
0.50	1.00 1.04 0.96 1.00 1.04	0.97 1.10 0.84 0.75 0.72	0.94 1.16 0.72 0.51 0.42	0.91 1.21 0.62 0.29 0.13	0.89 1.26 0.51 0.07 -0.14	0.86 1.31 0.42 -0.13 -0.40	0.76 1.52 0.00 -1.00 -1.52
0.60	1.07 1.07 1.11 1.00 1.07	1.03 1.14 0.97 0.74 0.72	1.00 1.20 0.83 0.50 0.40	0.96 1.26 0.71 0.27 0.10	0.93 1.32 0.59 0.06 -0.19	0.90 1.37 0.48 -0.15 -0.46	0.78 1.60 0.00 -1.00 -1.60
0.70	1.14 1.12 1.26 1.00 1.12	1.10 1.19 1.09 0.73 0.75	1.06 1.26 0.94 0.48 0.40	1.02 1.33 0.79 0.25 0.08	0.98 1.39 0.66 0.04 -0.22	0.95 1.44 0.53 -0.16 -0.51	0.81 1.68 0.00 -1.00 -1.68
0.80	1.39 1.34 1.71 1.00 1.34	1.32 1.42 1.46 0.71 0.86	1.25 1.50 1.24 0.45 0.43	1.19 1.57 1.03 0.21 0.04	1.14 1.64 0.85 -0.01 -0.32	1.09 1.70 0.68 -0.21 -0.64	0.89 1.94 0.00 -0.99 -1.94
0.90	-- -- -- -- --	-- -- -- -- --	-- -- -- -- --	-- -- -- -- --	-- -- -- -- --	-- -- -- -- --	1.82 4.86 0.00 -1.01 -4.86

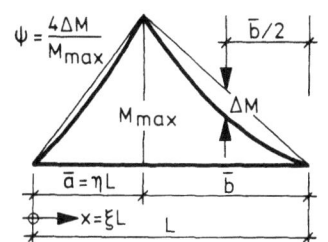
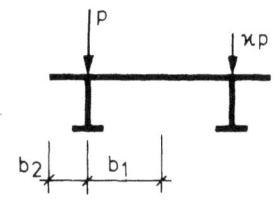

	η = 0,4
	b_2/b_1 = 0,5
	L/b_1 = 20,0

$\psi = 0$

ξ \ $\varkappa$	1.00	0.80	0.60	0.40	0.20	0.00	-1.00
0.10	1.00 1.00 1.00 1.00 1.00	0.97 1.06 0.87 0.75 0.68	0.94 1.12 0.75 0.51 0.38	0.91 1.18 0.64 0.28 0.10	0.88 1.23 0.53 0.07 -0.16	0.86 1.28 0.43 -0.14 -0.41	0.75 1.50 -0.00 -1.01 -1.50
0.20	1.00 1.00 1.00 1.00 1.00	0.97 1.06 0.87 0.75 0.68	0.94 1.12 0.75 0.51 0.38	0.91 1.18 0.64 0.28 0.10	0.88 1.23 0.53 0.07 -0.16	0.86 1.28 0.43 -0.13 -0.42	0.75 1.50 0.00 -1.00 -1.50
0.30	1.00 1.00 1.00 1.00 1.00	0.97 1.07 0.87 0.75 0.69	0.94 1.13 0.75 0.51 0.39	0.91 1.18 0.64 0.28 0.10	0.88 1.24 0.53 0.07 -0.16	0.86 1.29 0.43 -0.13 -0.42	0.75 1.50 0.00 -0.99 -1.50
0.40	0.86 0.84 0.80 1.00 0.84	0.84 0.90 0.70 0.76 0.58	0.82 0.95 0.61 0.52 0.33	0.80 1.00 0.52 0.30 0.10	0.78 1.05 0.44 0.09 -0.13	0.76 1.09 0.36 -0.11 -0.34	0.68 1.29 -0.00 -1.01 -1.29
0.50	1.00 1.00 1.00 1.00 1.00	0.97 1.07 0.87 0.75 0.68	0.94 1.13 0.75 0.51 0.39	0.91 1.18 0.64 0.28 0.10	0.88 1.24 0.53 0.07 -0.16	0.86 1.29 0.43 -0.13 -0.42	0.75 1.50 0.00 -0.99 -1.50
0.60	1.00 1.00 1.00 1.00 1.00	0.97 1.06 0.87 0.75 0.68	0.94 1.12 0.75 0.51 0.38	0.91 1.18 0.64 0.28 0.10	0.88 1.23 0.53 0.07 -0.16	0.86 1.28 0.43 -0.13 -0.42	0.75 1.50 0.00 -1.00 -1.50
0.70	1.00 1.00 1.00 1.00 1.00	0.97 1.06 0.87 0.75 0.68	0.94 1.12 0.75 0.51 0.38	0.91 1.18 0.64 0.28 0.10	0.88 1.23 0.53 0.07 -0.16	0.86 1.28 0.43 -0.13 -0.42	0.75 1.50 -0.00 -1.00 -1.50
0.80	1.00 1.00 1.00 1.00 1.00	0.97 1.06 0.87 0.75 0.68	0.94 1.12 0.75 0.51 0.38	0.91 1.18 0.64 0.28 0.10	0.88 1.23 0.53 0.07 -0.16	0.86 1.28 0.43 -0.13 -0.42	0.75 1.50 0.00 -1.00 -1.50
0.90	1.00 1.00 1.00 1.00 1.00	0.97 1.07 0.88 0.75 0.68	0.94 1.13 0.76 0.51 0.39	0.91 1.18 0.64 0.28 0.10	0.89 1.24 0.54 0.07 -0.16	0.86 1.29 0.43 -0.13 -0.42	0.75 1.50 0.00 -0.99 -1.50

$\psi = 0,5$

ξ \ $\varkappa$	1.00	0.80	0.60	0.40	0.20	0.00	-1.00
0.10	1.02 1.02 1.04 1.00 1.02	0.99 1.09 0.91 0.74 0.70	0.96 1.15 0.78 0.50 0.39	0.93 1.21 0.66 0.28 0.10	0.90 1.26 0.55 0.07 -0.17	0.87 1.31 0.45 -0.13 -0.43	0.76 1.53 0.00 -0.99 -1.53
0.20	1.01 1.01 1.02 1.00 1.01	0.98 1.07 0.89 0.75 0.69	0.95 1.13 0.77 0.51 0.39	0.92 1.19 0.65 0.28 0.10	0.89 1.24 0.54 0.07 -0.17	0.86 1.29 0.44 -0.13 -0.42	0.75 1.51 0.00 -1.00 -1.51
0.30	1.00 1.00 1.00 1.00 1.00	0.97 1.07 0.87 0.75 0.68	0.94 1.12 0.75 0.51 0.38	0.91 1.18 0.64 0.28 0.10	0.88 1.24 0.53 0.07 -0.16	0.86 1.29 0.43 -0.13 -0.42	0.75 1.50 -0.00 -1.01 -1.50
0.40	0.82 0.79 0.75 1.00 0.79	0.80 0.85 0.66 0.76 0.55	0.78 0.90 0.57 0.53 0.32	0.76 0.94 0.49 0.31 0.09	0.74 0.99 0.41 0.10 -0.12	0.73 1.03 0.33 -0.10 -0.32	0.65 1.23 -0.00 -1.01 -1.23
0.50	1.00 1.00 1.00 1.00 1.00	0.97 1.07 0.87 0.75 0.68	0.94 1.13 0.75 0.51 0.38	0.91 1.18 0.64 0.28 0.10	0.88 1.24 0.54 0.07 -0.16	0.86 1.29 0.43 -0.13 -0.42	0.75 1.50 -0.00 -1.00 -1.50
0.60	1.01 1.01 1.01 1.00 1.01	0.97 1.07 0.88 0.75 0.69	0.94 1.13 0.76 0.51 0.39	0.92 1.19 0.65 0.28 0.10	0.89 1.24 0.54 0.07 -0.17	0.86 1.29 0.44 -0.13 -0.42	0.75 1.51 0.00 -1.00 -1.51
0.70	1.01 1.01 1.02 1.00 1.01	0.98 1.08 0.89 0.75 0.69	0.95 1.14 0.77 0.51 0.39	0.92 1.19 0.65 0.28 0.10	0.89 1.25 0.54 0.07 -0.17	0.87 1.30 0.44 -0.13 -0.42	0.76 1.52 0.00 -1.00 -1.52
0.80	1.02 1.02 1.03 1.00 1.02	0.99 1.08 0.90 0.74 0.69	0.95 1.14 0.78 0.50 0.39	0.92 1.20 0.66 0.28 0.10	0.90 1.25 0.55 0.07 -0.17	0.87 1.30 0.45 -0.14 -0.43	0.76 1.52 0.00 -1.00 -1.52
0.90	1.04 1.03 1.07 1.00 1.03	1.00 1.10 0.93 0.74 0.70	0.97 1.16 0.80 0.50 0.39	0.94 1.22 0.68 0.27 0.10	0.91 1.27 0.57 0.06 -0.18	0.88 1.33 0.46 -0.14 -0.44	0.76 1.55 -0.00 -1.01 -1.55

$\psi = 1,0$

ξ \ $\varkappa$	1.00	0.80	0.60	0.40	0.20	0.00	-1.00
0.10	1.05 1.05 1.09 1.00 1.05	1.02 1.11 0.95 0.74 0.71	0.98 1.18 0.82 0.50 0.39	0.95 1.23 0.69 0.27 0.10	0.92 1.29 0.58 0.06 -0.18	0.89 1.34 0.47 -0.14 -0.45	0.77 1.57 -0.00 -1.00 -1.57
0.20	1.02 1.02 1.04 1.00 1.02	0.99 1.08 0.91 0.74 0.69	0.96 1.15 0.78 0.50 0.39	0.93 1.20 0.66 0.28 0.10	0.90 1.26 0.55 0.07 -0.17	0.87 1.31 0.45 -0.14 -0.43	0.76 1.53 0.00 -1.00 -1.53
0.30	1.01 1.01 1.02 1.00 1.01	0.98 1.08 0.89 0.75 0.69	0.95 1.14 0.77 0.51 0.39	0.92 1.19 0.65 0.28 0.10	0.89 1.25 0.54 0.07 -0.17	0.87 1.30 0.44 -0.13 -0.42	0.76 1.52 0.00 -1.00 -1.52
0.40	0.78 0.75 0.69 1.00 0.75	0.76 0.80 0.61 0.76 0.52	0.75 0.85 0.53 0.53 0.30	0.73 0.89 0.46 0.32 0.09	0.71 0.94 0.38 0.10 -0.11	0.70 0.98 0.31 -0.10 -0.30	0.63 1.17 -0.00 -1.01 -1.17
0.50	1.01 1.01 1.02 1.00 1.01	0.98 1.08 0.89 0.75 0.69	0.95 1.14 0.77 0.51 0.39	0.92 1.19 0.65 0.28 0.10	0.89 1.25 0.54 0.07 -0.17	0.87 1.30 0.44 -0.13 -0.42	0.76 1.52 0.00 -0.99 -1.52
0.60	1.02 1.02 1.04 1.00 1.02	0.99 1.08 0.90 0.74 0.69	0.96 1.14 0.78 0.51 0.39	0.93 1.20 0.66 0.28 0.10	0.90 1.26 0.55 0.07 -0.17	0.87 1.31 0.45 -0.13 -0.43	0.76 1.53 0.00 -1.00 -1.53
0.70	1.03 1.03 1.06 1.00 1.03	1.00 1.10 0.92 0.74 0.70	0.97 1.16 0.80 0.50 0.39	0.94 1.22 0.68 0.28 0.10	0.91 1.27 0.56 0.06 -0.18	0.88 1.32 0.46 -0.14 -0.44	0.76 1.54 -0.00 -1.00 -1.54
0.80	1.07 1.06 1.13 1.00 1.06	1.03 1.13 0.98 0.74 0.72	1.00 1.19 0.85 0.49 0.39	0.96 1.25 0.72 0.27 0.09	0.93 1.31 0.60 0.05 -0.19	0.90 1.36 0.48 -0.15 -0.46	0.78 1.59 -0.00 -1.01 -1.59
0.90	1.34 1.30 1.64 1.00 1.30	1.28 1.38 1.41 0.70 0.84	1.21 1.46 1.19 0.44 0.42	1.16 1.53 1.00 0.19 0.05	1.11 1.59 0.82 -0.03 -0.30	1.06 1.65 0.66 -0.24 -0.62	0.87 1.89 0.00 -1.03 -1.89

163

η	= 0,4
b_2/b_1	= 0,5
L/b_1	= 50,0

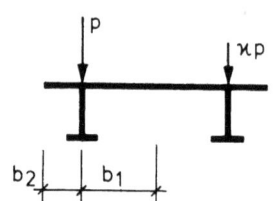
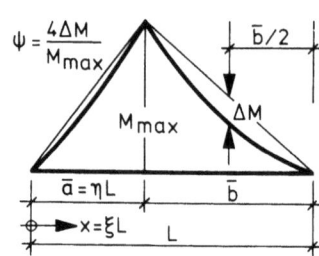

$\psi = 0$

ξ \ $\varkappa$	1.00	0.80	0.60	0.40	0.20	0.00	-1.00
0.10	1.00 1.00 1.00 1.00 1.00	0.97 1.06 0.87 0.75 0.68	0.94 1.12 0.75 0.51 0.38	0.91 1.18 0.64 0.29 0.10	0.88 1.23 0.54 0.07 -0.16	0.86 1.28 0.43 -0.13 -0.42	0.75 1.50 0.00 -0.99 -1.50
0.20	1.00 1.00 1.00 1.00 1.00	0.97 1.06 0.87 0.75 0.68	0.94 1.12 0.75 0.51 0.38	0.91 1.18 0.64 0.28 0.10	0.88 1.23 0.53 0.06 -0.16	0.86 1.28 0.43 -0.14 -0.42	0.75 1.50 -0.00 -1.00 -1.50
0.30	1.00 1.00 1.00 1.00 1.00	0.97 1.06 0.87 0.75 0.68	0.94 1.12 0.75 0.51 0.38	0.91 1.18 0.64 0.29 0.10	0.88 1.23 0.53 0.07 -0.16	0.86 1.28 0.43 -0.13 -0.42	0.75 1.50 0.00 -0.99 -1.50
0.40	0.96 0.96 0.94 1.00 0.96	0.94 1.02 0.82 0.75 0.66	0.91 1.08 0.71 0.51 0.37	0.88 1.14 0.61 0.28 0.10	0.86 1.19 0.51 0.07 -0.15	0.83 1.24 0.41 -0.13 -0.40	0.73 1.45 -0.00 -1.03 -1.45
0.50	1.00 1.00 1.00 1.00 1.00	0.97 1.06 0.87 0.75 0.68	0.94 1.12 0.75 0.51 0.38	0.91 1.18 0.64 0.29 0.10	0.88 1.23 0.54 0.08 -0.16	0.86 1.28 0.43 -0.12 -0.42	0.75 1.50 0.00 -0.99 -1.50
0.60	1.00 1.00 1.00 1.00 1.00	0.97 1.06 0.87 0.75 0.68	0.94 1.12 0.75 0.51 0.38	0.91 1.18 0.64 0.28 0.10	0.88 1.23 0.53 0.06 -0.16	0.86 1.28 0.43 -0.14 -0.42	0.75 1.50 -0.00 -1.00 -1.50
0.70	1.00 1.00 1.00 1.00 1.00	0.97 1.07 0.87 0.75 0.68	0.94 1.13 0.76 0.51 0.39	0.91 1.18 0.64 0.29 0.10	0.88 1.23 0.54 0.07 -0.16	0.86 1.29 0.43 -0.13 -0.42	0.75 1.50 0.00 -0.98 -1.50
0.80	1.00 1.00 1.00 1.00 1.00	0.97 1.06 0.87 0.75 0.68	0.94 1.12 0.75 0.51 0.38	0.91 1.18 0.64 0.28 0.10	0.88 1.23 0.53 0.07 -0.16	0.86 1.28 0.43 -0.13 -0.42	0.75 1.50 -0.00 -1.00 -1.50
0.90	1.00 1.00 1.00 1.00 1.00	0.97 1.07 0.87 0.75 0.68	0.94 1.13 0.76 0.51 0.39	0.91 1.18 0.64 0.28 0.10	0.88 1.24 0.54 0.07 -0.16	0.86 1.29 0.43 -0.14 -0.42	0.75 1.50 0.00 -0.99 -1.50

$\psi = 0.5$

ξ \ $\varkappa$	1.00	0.80	0.60	0.40	0.20	0.00	-1.00
0.10	1.01 1.01 1.01 1.00 1.01	0.97 1.07 0.88 0.75 0.69	0.94 1.13 0.76 0.51 0.39	0.92 1.19 0.65 0.29 0.10	0.89 1.24 0.54 0.08 -0.17	0.86 1.29 0.44 -0.12 -0.42	0.75 1.51 0.00 -0.99 -1.51
0.20	1.00 1.00 1.00 1.00 1.00	0.97 1.06 0.88 0.75 0.68	0.94 1.12 0.76 0.51 0.38	0.91 1.18 0.64 0.28 0.10	0.88 1.23 0.54 0.07 -0.16	0.86 1.28 0.43 -0.13 -0.42	0.75 1.50 0.00 -1.00 -1.50
0.30	1.00 1.00 1.00 1.00 1.00	0.97 1.06 0.87 0.75 0.68	0.94 1.12 0.75 0.51 0.38	0.91 1.18 0.64 0.28 0.10	0.88 1.23 0.53 0.06 -0.16	0.86 1.28 0.43 -0.14 -0.42	0.75 1.50 -0.00 -1.02 -1.50
0.40	0.95 0.94 0.92 1.00 0.94	0.92 1.00 0.80 0.75 0.65	0.89 1.06 0.69 0.51 0.37	0.87 1.11 0.59 0.29 0.10	0.84 1.16 0.49 0.07 -0.15	0.82 1.21 0.40 -0.13 -0.39	0.72 1.42 -0.00 -1.03 -1.42
0.50	1.00 1.00 1.00 1.00 1.00	0.97 1.06 0.87 0.75 0.68	0.94 1.12 0.75 0.51 0.38	0.91 1.18 0.64 0.28 0.10	0.88 1.23 0.53 0.07 -0.16	0.86 1.28 0.43 -0.14 -0.42	0.75 1.50 -0.00 -1.01 -1.50
0.60	1.00 1.00 1.00 1.00 1.00	0.97 1.06 0.87 0.75 0.68	0.94 1.12 0.76 0.51 0.38	0.91 1.18 0.64 0.28 0.10	0.88 1.23 0.54 0.07 -0.16	0.86 1.28 0.43 -0.13 -0.42	0.75 1.50 0.00 -0.99 -1.50
0.70	1.00 1.00 1.00 1.00 1.00	0.97 1.07 0.88 0.75 0.69	0.94 1.13 0.76 0.51 0.38	0.91 1.18 0.64 0.29 0.10	0.89 1.24 0.54 0.07 -0.16	0.86 1.29 0.44 -0.13 -0.42	0.75 1.50 0.00 -1.00 -1.50
0.80	1.00 1.00 1.01 1.00 1.00	0.97 1.07 0.88 0.75 0.68	0.94 1.13 0.76 0.51 0.38	0.91 1.18 0.64 0.28 0.10	0.89 1.24 0.54 0.07 -0.16	0.86 1.29 0.44 -0.13 -0.42	0.75 1.50 0.00 -0.98 -1.50
0.90	1.00 1.00 1.01 1.00 1.00	0.97 1.06 0.88 0.75 0.68	0.94 1.12 0.76 0.51 0.38	0.91 1.18 0.65 0.28 0.10	0.89 1.23 0.54 0.06 -0.17	0.86 1.29 0.44 -0.14 -0.42	0.75 1.50 -0.00 -1.03 -1.50

$\psi = 1,0$

ξ \ $\varkappa$	1.00	0.80	0.60	0.40	0.20	0.00	-1.00
0.10	1.00 1.00 1.01 1.00 1.00	0.97 1.06 0.88 0.74 0.68	0.94 1.12 0.76 0.50 0.38	0.91 1.18 0.65 0.27 0.10	0.89 1.24 0.54 0.06 -0.17	0.86 1.29 0.44 -0.15 -0.42	0.75 1.50 -0.00 -1.01 -1.50
0.20	1.00 1.00 1.01 1.00 1.00	0.97 1.07 0.88 0.75 0.68	0.94 1.13 0.76 0.51 0.38	0.91 1.18 0.64 0.28 0.10	0.89 1.24 0.54 0.07 -0.17	0.86 1.29 0.44 -0.13 -0.42	0.75 1.50 0.00 -1.00 -1.50
0.30	1.00 1.01 1.01 1.00 1.01	0.97 1.07 0.88 0.75 0.69	0.94 1.13 0.76 0.51 0.39	0.91 1.19 0.64 0.28 0.10	0.89 1.24 0.54 0.07 -0.16	0.86 1.29 0.44 -0.13 -0.42	0.75 1.51 0.00 -0.99 -1.51
0.40	0.93 0.92 0.89 1.00 0.92	0.90 0.98 0.78 0.75 0.63	0.88 1.04 0.68 0.52 0.36	0.85 1.09 0.58 0.29 0.10	0.83 1.14 0.48 0.08 -0.14	0.81 1.19 0.39 -0.13 -0.38	0.72 1.40 -0.00 -1.02 -1.40
0.50	1.00 1.00 1.01 1.00 1.00	0.97 1.07 0.88 0.75 0.69	0.94 1.13 0.76 0.51 0.39	0.91 1.18 0.64 0.28 0.10	0.89 1.24 0.54 0.07 -0.16	0.86 1.29 0.44 -0.13 -0.42	0.75 1.51 0.00 -0.99 -1.51
0.60	1.00 1.00 1.01 1.00 1.00	0.97 1.07 0.88 0.75 0.68	0.94 1.13 0.76 0.51 0.38	0.91 1.18 0.64 0.28 0.10	0.89 1.24 0.54 0.07 -0.16	0.86 1.29 0.44 -0.13 -0.42	0.75 1.50 0.00 -0.99 -1.50
0.70	1.00 1.00 1.01 1.00 1.00	0.97 1.07 0.88 0.74 0.68	0.94 1.13 0.76 0.50 0.38	0.91 1.18 0.64 0.27 0.10	0.89 1.24 0.54 0.06 -0.17	0.86 1.29 0.44 -0.14 -0.42	0.75 1.50 -0.00 -1.00 -1.50
0.80	1.01 1.01 1.02 1.00 1.01	0.98 1.07 0.89 0.75 0.69	0.95 1.14 0.77 0.51 0.39	0.92 1.19 0.65 0.29 0.10	0.89 1.25 0.54 0.07 -0.17	0.87 1.30 0.44 -0.13 -0.42	0.75 1.52 0.00 -0.97 -1.51
0.90	1.06 1.06 1.11 1.00 1.06	1.03 1.13 0.96 0.74 0.72	0.99 1.19 0.83 0.50 0.40	0.96 1.25 0.70 0.28 0.10	0.93 1.31 0.58 0.07 -0.18	0.90 1.36 0.47 -0.14 -0.45	0.78 1.58 0.00 -0.92 -1.58

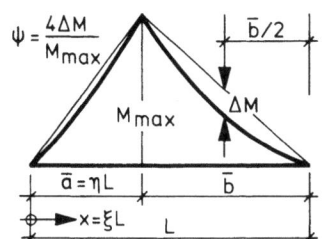
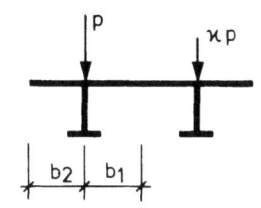

	η = 0,4
	b_2/b_1 = 1,0
	L/b_1 = 2,0

$\psi = 0$

ξ \ $\varkappa$	1.00	0.80	0.60	0.40	0.20	0.00	-1.00
0.10	0.44 -0.09 0.19 1.00 -0.09	0.43 -0.08 0.17 0.79 -0.08	0.43 -0.07 0.15 0.59 -0.07	0.43 -0.06 0.13 0.39 -0.06	0.43 -0.05 0.11 0.19 -0.05	0.43 -0.04 0.10 -0.02 -0.04	0.42 0.00 -0.00 -1.00 -0.00
0.20	0.40 -0.08 0.17 1.00 -0.08	0.40 -0.07 0.15 0.80 -0.07	0.40 -0.07 0.13 0.59 -0.06	0.40 -0.06 0.12 0.39 -0.06	0.40 -0.05 0.10 0.19 -0.05	0.40 -0.04 0.08 -0.01 -0.04	0.39 -0.00 -0.00 -1.00 0.00
0.30	0.34 -0.07 0.13 1.00 -0.07	0.34 -0.06 0.12 0.80 -0.06	0.34 -0.05 0.11 0.59 -0.05	0.34 -0.05 0.09 0.39 -0.04	0.34 -0.04 0.08 0.19 -0.04	0.34 -0.03 0.07 -0.01 -0.03	0.33 -0.00 0.00 -1.00 0.00
0.40	0.23 -0.04 0.09 1.00 -0.04	0.23 -0.03 0.08 0.80 -0.03	0.23 -0.03 0.07 0.60 -0.03	0.23 -0.03 0.06 0.39 -0.03	0.23 -0.02 0.05 0.19 -0.02	0.23 -0.02 0.04 -0.01 -0.02	0.23 0.00 0.00 -1.00 -0.00
0.50	0.36 -0.05 0.16 1.00 -0.05	0.36 -0.04 0.14 0.80 -0.05	0.36 -0.04 0.13 0.59 -0.05	0.36 -0.03 0.11 0.39 -0.04	0.36 -0.02 0.09 0.19 -0.04	0.35 -0.01 0.08 -0.01 -0.04	0.35 0.02 0.00 -1.00 -0.02
0.60	0.44 -0.04 0.23 1.00 -0.04	0.44 -0.03 0.21 0.79 -0.05	0.44 -0.02 0.18 0.59 -0.05	0.44 -0.01 0.16 0.39 -0.05	0.44 -0.00 0.14 0.18 -0.05	0.43 0.01 0.11 -0.02 -0.05	0.43 0.06 -0.00 -1.00 -0.06
0.70	0.50 -0.02 0.30 1.00 -0.02	0.50 -0.01 0.27 0.79 -0.03	0.50 0.01 0.24 0.59 -0.04	0.49 0.02 0.21 0.38 -0.05	0.49 0.03 0.18 0.18 -0.06	0.49 0.05 0.15 -0.02 -0.06	0.48 0.11 -0.00 -1.00 -0.11
0.80	0.54 0.01 0.36 1.00 0.01	0.54 0.03 0.32 0.79 -0.01	0.53 0.04 0.28 0.59 -0.02	0.53 0.06 0.25 0.38 -0.04	0.53 0.07 0.21 0.18 -0.06	0.53 0.09 0.17 -0.02 -0.07	0.51 0.16 0.00 -1.00 -0.16
0.90	0.56 0.04 0.39 1.00 0.04	0.56 0.05 0.35 0.79 0.01	0.56 0.07 0.31 0.59 -0.01	0.56 0.08 0.27 0.38 -0.03	0.55 0.10 0.23 0.18 -0.06	0.55 0.12 0.19 -0.02 -0.08	0.53 0.19 0.00 -1.00 -0.19

$\psi = 0,5$

ξ \ $\varkappa$	1.00	0.80	0.60	0.40	0.20	0.00	-1.00
0.10	0.59 -0.14 0.27 1.00 -0.14	0.59 -0.13 0.24 0.79 -0.12	0.58 -0.11 0.21 0.59 -0.11	0.58 -0.10 0.19 0.38 -0.09	0.58 -0.09 0.16 0.18 -0.08	0.57 -0.07 0.13 -0.02 -0.06	0.56 -0.01 -0.00 -1.00 0.01
0.20	0.45 -0.10 0.18 1.00 -0.10	0.44 -0.09 0.16 0.79 -0.09	0.44 -0.09 0.15 0.59 -0.08	0.44 -0.08 0.13 0.39 -0.07	0.44 -0.07 0.11 0.19 -0.06	0.44 -0.06 0.09 -0.02 -0.04	0.43 -0.02 -0.00 -1.00 0.02
0.30	0.33 -0.07 0.12 1.00 -0.07	0.33 -0.07 0.11 0.80 -0.06	0.33 -0.06 0.10 0.59 -0.05	0.33 -0.05 0.08 0.39 -0.05	0.33 -0.05 0.07 0.19 -0.04	0.33 -0.04 0.06 -0.01 -0.03	0.33 -0.01 0.00 -1.00 0.01
0.40	0.20 -0.04 0.07 1.00 -0.04	0.20 -0.03 0.06 0.80 -0.03	0.20 -0.03 0.05 0.60 -0.03	0.20 -0.03 0.05 0.40 -0.02	0.20 -0.02 0.04 0.19 -0.02	0.20 -0.02 0.03 -0.01 -0.02	0.20 -0.00 0.00 -1.00 0.00
0.50	0.35 -0.05 0.15 1.00 -0.05	0.35 -0.05 0.13 0.80 -0.05	0.35 -0.04 0.12 0.59 -0.05	0.35 -0.03 0.10 0.39 -0.04	0.35 -0.03 0.09 0.19 -0.04	0.35 -0.02 0.07 -0.01 -0.03	0.34 0.02 0.00 -1.00 -0.02
0.60	0.50 -0.04 0.27 1.00 -0.04	0.50 -0.03 0.24 0.79 -0.04	0.49 -0.02 0.22 0.59 -0.05	0.49 -0.00 0.19 0.38 -0.05	0.49 0.01 0.16 0.18 -0.06	0.49 0.02 0.13 -0.02 -0.06	0.48 0.08 -0.00 -1.00 -0.08
0.70	0.70 0.02 0.49 1.00 0.02	0.70 0.04 0.44 0.79 -0.00	0.69 0.06 0.39 0.58 -0.03	0.69 0.08 0.34 0.38 -0.05	0.68 0.10 0.29 0.17 -0.08	0.68 0.12 0.24 -0.03 -0.10	0.66 0.22 -0.00 -1.00 -0.22
0.80	1.17 0.19 1.00 1.00 0.19	1.15 0.23 0.89 0.78 0.11	1.14 0.27 0.78 0.56 0.03	1.13 0.31 0.68 0.35 -0.04	1.11 0.34 0.57 0.15 -0.12	1.10 0.38 0.47 -0.05 -0.19	1.04 0.54 0.00 -1.00 -0.54
0.90	-- -- -- -- --	-- -- -- -- --	-- -- -- -- --	-- -- -- -- --	-- -- -- -- --	-- -- -- -- --	-- -- -- -- --

$\psi = 1,0$

ξ \ $\varkappa$	1.00	0.80	0.60	0.40	0.20	0.00	-1.00
0.10	1.10 -0.31 0.53 1.00 -0.31	1.09 -0.28 0.47 0.78 -0.27	1.08 -0.25 0.42 0.57 -0.23	1.07 -0.23 0.36 0.36 -0.19	1.06 -0.20 0.31 0.16 -0.15	1.05 -0.17 0.25 -0.04 -0.12	1.00 -0.05 -0.00 -1.00 0.05
0.20	0.52 -0.14 0.21 1.00 -0.14	0.51 -0.13 0.19 0.79 -0.12	0.51 -0.12 0.16 0.59 -0.10	0.51 -0.11 0.14 0.38 -0.08	0.51 -0.10 0.12 0.18 -0.07	0.50 -0.09 0.10 -0.02 -0.05	0.49 -0.04 -0.00 -1.00 0.04
0.30	0.33 -0.08 0.11 1.00 -0.08	0.33 -0.07 0.10 0.80 -0.07	0.33 -0.07 0.09 0.59 -0.06	0.33 -0.06 0.08 0.39 -0.05	0.32 -0.06 0.06 0.19 -0.04	0.32 -0.05 0.05 -0.01 -0.03	0.32 -0.02 0.00 -1.00 0.02
0.40	0.18 -0.03 0.05 1.00 -0.03	0.18 -0.03 0.05 0.80 -0.03	0.18 -0.03 0.04 0.60 -0.03	0.18 -0.03 0.04 0.40 -0.02	0.18 -0.02 0.03 0.20 -0.02	0.18 -0.02 0.03 -0.00 -0.01	0.18 -0.01 0.00 -1.00 0.01
0.50	0.34 -0.06 0.14 1.00 -0.06	0.34 -0.05 0.12 0.80 -0.05	0.34 -0.04 0.11 0.59 -0.05	0.34 -0.04 0.10 0.39 -0.04	0.34 -0.03 0.08 0.19 -0.04	0.34 -0.02 0.07 -0.01 -0.03	0.34 0.01 0.00 -1.00 -0.01
0.60	0.61 -0.04 0.36 1.00 -0.04	0.60 -0.02 0.32 0.79 -0.04	0.60 -0.00 0.28 0.58 -0.05	0.60 0.01 0.25 0.38 -0.06	0.59 0.03 0.21 0.18 -0.07	0.59 0.04 0.17 -0.02 -0.08	0.58 0.12 -0.00 -1.00 -0.12
0.70	2.52 0.40 2.22 1.00 0.40	2.45 0.48 1.95 0.76 0.22	2.39 0.56 1.69 0.52 0.06	2.33 0.63 1.44 0.30 -0.10	2.28 0.70 1.21 0.09 -0.26	2.23 0.76 0.99 -0.11 -0.41	2.00 1.05 -0.00 -1.00 -1.05
0.80	-- -- -- -- --	-- -- -- -- --	-- -- -- -- --	-- -- -- -- --	-- -- -- -- --	-- -- -- -- --	-- -- -- -- --
0.90	-- -- -- -- --	-- -- -- -- --	-- -- -- -- --	-- -- -- -- --	-- -- -- -- --	-- -- -- -- --	-- -- -- -- --

η	= 0,4
b_2/b_1	= 1,0
L/b_1	= 5,0

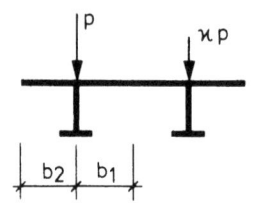
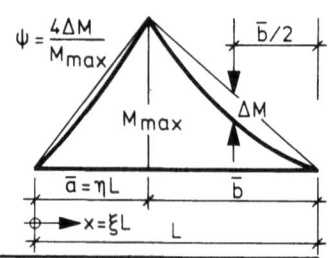

$$\psi = \frac{4\Delta M}{M_{max}}$$

ξ \ ϰ	1.00	0.80	0.60	0.40	0.20	0.00	-1.00
				ψ = 0			
0.10	0.89 0.73 0.91 1.00 0.73	0.90 0.79 0.83 0.82 0.55	0.91 0.85 0.75 0.64 0.36	0.93 0.90 0.66 0.46 0.16	0.94 0.96 0.57 0.27 -0.04	0.95 1.03 0.48 0.07 -0.24	1.04 1.37 0.00 -1.00 -1.37
0.20	0.84 0.64 0.83 1.00 0.64	0.85 0.69 0.75 0.82 0.47	0.86 0.74 0.68 0.64 0.31	0.87 0.79 0.60 0.45 0.14	0.89 0.84 0.52 0.26 -0.04	0.90 0.89 0.44 0.06 -0.22	0.96 1.18 0.00 -1.00 -1.18
0.30	0.74 0.46 0.66 1.00 0.46	0.74 0.50 0.60 0.82 0.34	0.75 0.54 0.54 0.63 0.22	0.76 0.58 0.47 0.44 0.09	0.76 0.62 0.41 0.24 -0.04	0.77 0.66 0.34 0.04 -0.17	0.81 0.86 0.00 -1.00 -0.86
0.40	0.46 0.25 0.37 1.00 0.25	0.46 0.27 0.33 0.81 0.18	0.47 0.29 0.30 0.62 0.11	0.47 0.31 0.26 0.42 0.04	0.47 0.33 0.22 0.22 -0.03	0.47 0.35 0.19 0.02 -0.09	0.49 0.45 0.00 -1.00 -0.45
0.50	0.76 0.51 0.69 1.00 0.51	0.76 0.54 0.62 0.82 0.37	0.77 0.58 0.56 0.63 0.24	0.78 0.63 0.49 0.44 0.10	0.79 0.67 0.43 0.25 -0.04	0.80 0.71 0.36 0.05 -0.18	0.84 0.94 0.00 -1.00 -0.94
0.60	0.88 0.71 0.87 1.00 0.71	0.89 0.77 0.79 0.82 0.54	0.90 0.82 0.71 0.64 0.35	0.92 0.88 0.63 0.46 0.16	0.93 0.94 0.55 0.27 -0.03	0.94 1.00 0.47 0.07 -0.23	1.03 1.33 0.00 -1.00 -1.33
0.70	0.93 0.84 0.96 1.00 0.84	0.95 0.91 0.87 0.83 0.64	0.97 0.97 0.79 0.66 0.42	0.99 1.04 0.70 0.48 0.20	1.01 1.11 0.62 0.29 -0.03	1.03 1.19 0.52 0.09 -0.26	1.14 1.60 0.00 -1.00 -1.60
0.80	0.96 0.91 0.99 1.00 0.91	0.99 0.98 0.91 0.84 0.69	1.01 1.05 0.83 0.66 0.46	1.03 1.13 0.74 0.49 0.23	1.05 1.21 0.65 0.30 -0.02	1.08 1.29 0.55 0.11 -0.28	1.21 1.76 0.00 -1.00 -1.76
0.90	0.98 0.95 1.01 1.00 0.95	1.00 1.02 0.93 0.84 0.72	1.03 1.10 0.84 0.67 0.48	1.05 1.18 0.76 0.49 0.24	1.08 1.26 0.66 0.31 -0.02	1.10 1.35 0.56 0.12 -0.29	1.24 1.83 0.00 -1.00 -1.83
				ψ = 0,5			
0.10	1.19 1.14 1.33 1.00 1.14	1.21 1.23 1.22 0.84 0.86	1.24 1.32 1.11 0.66 0.57	1.27 1.42 0.99 0.49 0.27	1.30 1.52 0.87 0.30 -0.04	1.32 1.63 0.74 0.11 -0.37	1.49 2.23 0.00 -1.00 -2.23
0.20	0.94 0.75 0.96 1.00 0.75	0.95 0.81 0.88 0.82 0.56	0.97 0.87 0.79 0.64 0.37	0.98 0.93 0.70 0.45 0.17	0.99 0.99 0.61 0.26 -0.04	1.01 1.06 0.51 0.07 -0.25	1.08 1.40 0.00 -1.00 -1.40
0.30	0.73 0.44 0.65 1.00 0.44	0.74 0.47 0.59 0.81 0.32	0.74 0.51 0.53 0.62 0.20	0.75 0.55 0.46 0.43 0.08	0.76 0.59 0.40 0.24 -0.04	0.76 0.62 0.34 0.04 -0.17	0.80 0.82 0.00 -1.00 -0.82
0.40	0.40 0.19 0.30 1.00 0.19	0.41 0.20 0.27 0.81 0.13	0.41 0.22 0.24 0.61 0.08	0.41 0.23 0.21 0.41 0.03	0.41 0.25 0.18 0.22 -0.02	0.41 0.27 0.15 0.02 -0.08	0.42 0.35 0.00 -1.00 -0.35
0.50	0.75 0.48 0.67 1.00 0.48	0.76 0.51 0.61 0.82 0.35	0.76 0.55 0.54 0.63 0.22	0.77 0.59 0.48 0.44 0.09	0.78 0.63 0.42 0.24 -0.04	0.79 0.67 0.35 0.05 -0.17	0.83 0.89 0.00 -1.00 -0.89
0.60	0.96 0.84 0.99 1.00 0.84	0.98 0.90 0.90 0.83 0.63	1.00 0.96 0.81 0.65 0.42	1.02 1.03 0.72 0.47 0.20	1.03 1.10 0.63 0.28 -0.03	1.05 1.17 0.54 0.09 -0.27	1.16 1.58 0.00 -1.00 -1.58
0.70	1.17 1.23 1.29 1.00 1.23	1.21 1.33 1.19 0.85 0.95	1.24 1.44 1.09 0.69 0.64	1.28 1.55 0.98 0.52 0.32	1.32 1.67 0.86 0.34 -0.02	1.36 1.79 0.74 0.15 -0.38	1.61 2.55 0.00 -1.00 -2.55
0.80	1.52 1.85 1.77 1.00 1.85	1.59 2.03 1.66 0.88 1.45	1.67 2.22 1.54 0.75 1.01	1.75 2.44 1.42 0.60 0.53	1.84 2.67 1.27 0.44 0.00	1.95 2.93 1.12 0.27 -0.58	2.67 4.78 0.00 -1.00 -4.78
0.90	3.02 4.22 3.76 1.00 4.22	-- -- -- -- --	-- -- -- -- --	-- -- -- -- --	-- -- -- -- --	-- -- -- -- --	-- -- -- -- --
				ψ = 1,0			
0.10	2.31 2.63 2.91 1.00 2.63	2.41 2.90 2.73 0.88 2.05	2.53 3.20 2.55 0.75 1.42	2.66 3.52 2.34 0.61 0.71	2.80 3.88 2.11 0.45 -0.06	2.96 4.28 1.86 0.28 -0.92	-- -- -- -- --
0.20	1.11 0.96 1.20 1.00 0.96	1.13 1.03 1.09 0.83 0.72	1.15 1.11 0.99 0.65 0.47	1.17 1.19 0.88 0.47 0.22	1.19 1.27 0.77 0.28 -0.05	1.21 1.36 0.65 0.08 -0.32	1.32 1.82 0.00 -1.00 -1.82
0.30	0.73 0.41 0.64 1.00 0.41	0.74 0.45 0.58 0.81 0.30	0.74 0.48 0.52 0.62 0.19	0.75 0.52 0.45 0.43 0.07	0.75 0.55 0.39 0.23 -0.04	0.76 0.59 0.33 0.04 -0.16	0.79 0.78 0.00 -1.00 -0.78
0.40	0.36 0.14 0.25 1.00 0.14	0.36 0.15 0.22 0.80 0.10	0.36 0.16 0.20 0.61 0.06	0.36 0.18 0.17 0.41 0.02	0.36 0.19 0.15 0.21 -0.02	0.36 0.20 0.13 0.01 -0.06	0.37 0.27 0.00 -1.00 -0.27
0.50	0.74 0.44 0.65 1.00 0.44	0.75 0.48 0.59 0.81 0.33	0.76 0.52 0.53 0.63 0.21	0.76 0.56 0.47 0.43 0.08	0.77 0.59 0.40 0.24 -0.04	0.78 0.63 0.34 0.04 -0.17	0.81 0.83 0.00 -1.00 -0.83
0.60	1.15 1.08 1.23 1.00 1.08	1.18 1.17 1.13 0.84 0.82	1.20 1.26 1.03 0.67 0.55	1.23 1.35 0.92 0.49 0.27	1.26 1.45 0.80 0.31 -0.03	1.29 1.55 0.69 0.11 -0.34	1.47 2.14 0.00 -1.00 -2.14
0.70	2.38 3.17 2.96 1.00 3.17	2.56 3.57 2.86 0.93 2.57	2.77 4.04 2.74 0.86 1.86	3.01 4.58 2.61 0.77 1.03	-- -- -- -- --	-- -- -- -- --	-- -- -- -- --
0.80	-- -- -- -- --	-- -- -- -- --	-- -- -- -- --	-- -- -- -- --	-- -- -- -- --	-- -- -- -- --	-- -- -- -- --
0.90	-- -- -- -- --	-- -- -- -- --	-- -- -- -- --	-- -- -- -- --	-- -- -- -- --	-- -- -- -- --	-- -- -- -- --

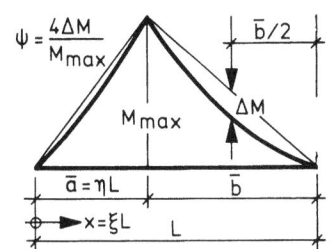
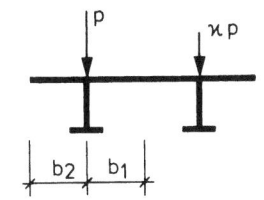

	η = 0,4
	b_2/b_1 = 1,0
	L/b_1 = 10,0

				$\psi = 0$				
ξ \ $\varkappa$	1.00	0.80	0.60	0.40	0.20	0.00	-1.00
0.10	1.00 1.00 1.00 1.00 1.00	1.02 1.07 0.92 0.84 0.76	1.05 1.16 0.84 0.68 0.52	1.08 1.24 0.75 0.51 0.26	1.10 1.33 0.66 0.32 -0.01	1.14 1.42 0.57 0.13 -0.29	1.33 1.99 -0.00 -1.00 -1.99
0.20	0.99 0.97 1.00 1.00 0.97	1.01 1.05 0.92 0.84 0.74	1.04 1.13 0.84 0.67 0.50	1.06 1.21 0.75 0.50 0.25	1.09 1.29 0.66 0.32 -0.01	1.12 1.38 0.56 0.13 -0.29	1.29 1.92 0.00 -1.00 -1.92
0.30	0.94 0.87 0.94 1.00 0.87	0.96 0.93 0.86 0.83 0.66	0.98 1.00 0.78 0.66 0.44	1.00 1.07 0.69 0.48 0.21	1.02 1.14 0.61 0.30 -0.02	1.05 1.22 0.52 0.10 -0.26	1.17 1.65 0.00 -1.00 -1.65
0.40	0.65 0.51 0.59 1.00 0.51	0.66 0.54 0.54 0.82 0.38	0.67 0.58 0.48 0.64 0.25	0.68 0.62 0.43 0.45 0.12	0.69 0.66 0.37 0.26 -0.02	0.70 0.70 0.31 0.06 -0.16	0.74 0.91 0.00 -1.00 -0.91
0.50	0.95 0.88 0.94 1.00 0.88	0.97 0.95 0.87 0.84 0.67	0.99 1.02 0.78 0.66 0.45	1.01 1.09 0.70 0.49 0.22	1.03 1.16 0.61 0.30 -0.02	1.05 1.24 0.52 0.11 -0.27	1.19 1.69 0.00 -1.00 -1.69
0.60	0.99 0.98 1.00 1.00 0.98	1.02 1.06 0.92 0.84 0.75	1.04 1.13 0.84 0.68 0.51	1.07 1.21 0.75 0.50 0.25	1.09 1.30 0.66 0.32 -0.01	1.12 1.39 0.56 0.13 -0.29	1.30 1.94 0.00 -1.00 -1.94
0.70	1.00 1.00 1.00 1.00 1.00	1.02 1.08 0.92 0.84 0.77	1.05 1.16 0.84 0.68 0.52	1.08 1.24 0.75 0.51 0.26	1.11 1.33 0.66 0.32 -0.01	1.14 1.43 0.57 0.13 -0.29	1.33 1.99 0.00 -1.00 -1.99
0.80	1.00 1.00 1.00 1.00 1.00	1.03 1.08 0.92 0.84 0.77	1.05 1.16 0.84 0.68 0.52	1.08 1.25 0.75 0.51 0.26	1.11 1.34 0.66 0.33 -0.01	1.14 1.43 0.57 0.13 -0.29	1.33 2.00 0.00 -1.00 -2.00
0.90	1.00 1.00 1.00 1.00 1.00	1.03 1.08 0.92 0.84 0.77	1.05 1.16 0.84 0.68 0.52	1.08 1.25 0.75 0.51 0.26	1.11 1.34 0.66 0.33 -0.01	1.14 1.43 0.57 0.13 -0.29	1.33 1.99 0.00 -1.00 -1.99

				$\psi = 0,5$				
0.10	1.12 1.22 1.16 1.00 1.22	1.16 1.32 1.08 0.85 0.94	1.20 1.43 0.99 0.70 0.65	1.24 1.54 0.89 0.54 0.34	1.29 1.66 0.79 0.36 0.00	1.33 1.79 0.68 0.17 -0.36	1.61 2.57 0.00 -1.00 -2.57
0.20	1.04 1.07 1.07 1.00 1.07	1.07 1.15 0.99 0.85 0.82	1.10 1.24 0.90 0.68 0.56	1.13 1.33 0.81 0.51 0.28	1.16 1.43 0.71 0.33 -0.01	1.20 1.53 0.61 0.14 -0.32	1.41 2.16 0.00 -1.00 -2.16
0.30	0.95 0.87 0.95 1.00 0.87	0.97 0.94 0.87 0.83 0.66	0.99 1.01 0.79 0.66 0.44	1.02 1.08 0.71 0.48 0.22	1.04 1.16 0.62 0.30 -0.02	1.06 1.24 0.53 0.10 -0.27	1.19 1.69 0.00 -1.00 -1.69
0.40	0.59 0.43 0.51 1.00 0.43	0.60 0.46 0.47 0.82 0.32	0.60 0.49 0.42 0.63 0.21	0.61 0.52 0.37 0.44 0.09	0.61 0.55 0.32 0.25 -0.14	0.62 0.58 0.27 0.05 -0.14	0.66 0.76 0.00 -1.00 -0.76
0.50	0.96 0.88 0.96 1.00 0.88	0.98 0.95 0.88 0.84 0.67	1.00 1.02 0.79 0.66 0.45	1.02 1.10 0.71 0.49 0.22	1.04 1.17 0.62 0.30 -0.02	1.07 1.25 0.53 0.11 -0.27	1.20 1.71 0.00 -1.00 -1.71
0.60	1.04 1.06 1.06 1.00 1.06	1.06 1.14 0.97 0.85 0.81	1.09 1.23 0.89 0.68 0.55	1.12 1.32 0.80 0.51 0.28	1.15 1.41 0.70 0.33 -0.01	1.19 1.51 0.60 0.14 -0.31	1.40 2.13 0.00 -1.00 -2.13
0.70	1.07 1.14 1.09 1.00 1.14	1.11 1.23 1.01 0.85 0.88	1.14 1.33 0.92 0.69 0.60	1.18 1.44 0.84 0.53 0.31	1.22 1.55 0.74 0.35 -0.00	1.26 1.66 0.64 0.16 -0.33	1.51 2.36 0.00 -1.00 -2.36
0.80	1.13 1.25 1.16 1.00 1.25	1.17 1.36 1.08 0.86 0.97	1.21 1.47 0.99 0.71 0.67	1.25 1.58 0.89 0.54 0.35	1.30 1.70 0.79 0.37 0.01	1.35 1.83 0.68 0.18 -0.36	1.68 2.70 0.00 -1.00 -2.70
0.90	1.32 1.57 1.39 1.00 1.57	1.38 1.72 1.31 0.87 1.23	1.44 1.87 1.21 0.74 0.87	1.52 2.05 1.12 0.59 0.47	1.59 2.24 1.00 0.43 0.02	1.68 2.45 0.88 0.25 -0.46	2.26 3.89 0.00 -1.00 -3.89

				$\psi = 1,0$				
0.10	1.38 1.68 1.49 1.00 1.68	1.45 1.84 1.40 0.88 1.32	1.51 2.00 1.30 0.75 0.93	1.59 2.18 1.19 0.60 0.50	1.67 2.39 1.07 0.44 0.03	1.76 2.61 0.94 0.26 -0.49	2.40 4.19 0.00 -1.00 -4.19
0.20	1.13 1.21 1.18 1.00 1.21	1.16 1.31 1.09 0.85 0.94	1.20 1.42 1.00 0.70 0.64	1.23 1.52 0.90 0.53 0.33	1.28 1.64 0.80 0.35 -0.00	1.32 1.77 0.69 0.17 -0.36	1.59 2.54 0.00 -1.00 -2.54
0.30	0.97 0.89 0.97 1.00 0.89	0.99 0.96 0.89 0.83 0.67	1.01 1.03 0.81 0.66 0.45	1.03 1.10 0.72 0.48 0.22	1.05 1.17 0.63 0.30 -0.02	1.07 1.25 0.54 0.10 -0.27	1.20 1.69 0.00 -1.00 -1.69
0.40	0.54 0.36 0.45 1.00 0.36	0.54 0.38 0.41 0.81 0.26	0.55 0.41 0.37 0.63 0.17	0.55 0.44 0.32 0.43 0.08	0.55 0.46 0.28 0.24 -0.02	0.56 0.49 0.23 0.04 -0.12	0.58 0.64 0.00 -1.00 -0.64
0.50	0.97 0.89 0.98 1.00 0.89	0.99 0.96 0.90 0.84 0.68	1.01 1.03 0.81 0.66 0.45	1.03 1.10 0.72 0.48 0.22	1.05 1.18 0.63 0.30 -0.02	1.08 1.26 0.54 0.11 -0.27	1.21 1.71 0.00 -1.00 -1.71
0.60	1.11 1.19 1.16 1.00 1.19	1.15 1.29 1.07 0.85 0.92	1.18 1.39 0.98 0.70 0.63	1.22 1.49 0.88 0.53 0.32	1.26 1.61 0.78 0.35 -0.00	1.30 1.73 0.67 0.16 -0.35	1.56 2.47 0.00 -1.00 -2.47
0.70	1.26 1.49 1.32 1.00 1.49	1.32 1.62 1.23 0.87 1.17	1.37 1.76 1.14 0.73 0.82	1.43 1.92 1.04 0.58 0.44	1.50 2.08 0.93 0.41 0.02	1.57 2.27 0.81 0.23 -0.43	2.05 3.48 0.00 -1.00 -3.48
0.80	1.84 2.57 2.00 1.00 2.57	1.98 2.87 1.93 0.93 2.09	2.14 3.23 1.86 0.86 1.54	2.39 3.74 1.81 0.78 0.91	2.63 4.26 1.70 0.68 0.11	2.93 4.90 1.58 0.55 -0.85	-- -- -- -- --
0.90	-- -- -- -- --	-- -- -- -- --	-- -- -- -- --	-- -- -- -- --	-- -- -- -- --	-- -- -- -- --	-- -- -- -- --

η	= 0,4
b_2/b_1	= 1,0
L/b_1	= 20,0

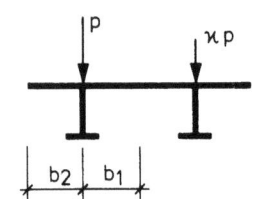

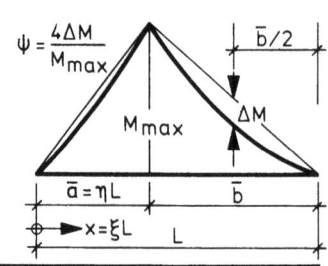

ξ \ $\varkappa$	1.00	0.80	0.60	0.40	0.20	0.00	-1.00
	$\psi = 0$						
0.10	1.00 1.00 1.00 1.00 1.00	1.03 1.08 0.92 0.84 0.77	1.05 1.16 0.84 0.68 0.52	1.08 1.25 0.75 0.51 0.26	1.11 1.34 0.66 0.33 -0.01	1.14 1.43 0.57 0.14 -0.30	1.33 2.00 0.00 -1.00 -2.00
0.20	1.00 1.00 1.00 1.00 1.00	1.03 1.08 0.92 0.84 0.77	1.05 1.16 0.84 0.68 0.52	1.08 1.25 0.75 0.51 0.26	1.11 1.34 0.66 0.33 -0.01	1.14 1.43 0.57 0.13 -0.30	1.34 2.00 0.00 -1.00 -2.00
0.30	1.00 0.99 1.00 1.00 0.99	1.02 1.07 0.92 0.84 0.76	1.05 1.15 0.84 0.68 0.51	1.08 1.23 0.75 0.51 0.26	1.11 1.32 0.66 0.32 -0.01	1.13 1.41 0.56 0.13 -0.29	1.32 1.97 0.00 -1.00 -1.97
0.40	0.81 0.72 0.77 1.00 0.72	0.83 0.78 0.71 0.83 0.55	0.84 0.83 0.64 0.66 0.37	0.86 0.89 0.57 0.47 0.18	0.87 0.95 0.50 0.29 -0.02	0.89 1.01 0.42 0.09 -0.22	0.98 1.35 0.00 -1.00 -1.35
0.50	1.00 0.99 1.00 1.00 0.99	1.02 1.07 0.92 0.84 0.76	1.05 1.15 0.84 0.68 0.51	1.08 1.23 0.75 0.51 0.26	1.11 1.32 0.66 0.32 -0.01	1.14 1.42 0.56 0.13 -0.29	1.32 1.97 0.00 -1.00 -1.97
0.60	1.00 1.00 1.00 1.00 1.00	1.03 1.08 0.92 0.84 0.77	1.05 1.16 0.84 0.68 0.52	1.08 1.25 0.75 0.51 0.26	1.11 1.34 0.66 0.33 -0.01	1.14 1.43 0.57 0.13 -0.30	1.34 2.00 0.00 -1.00 -2.00
0.70	1.00 1.00 1.00 1.00 1.00	1.03 1.08 0.92 0.84 0.77	1.05 1.16 0.84 0.68 0.52	1.08 1.25 0.75 0.51 0.26	1.11 1.34 0.66 0.33 -0.01	1.14 1.43 0.57 0.13 -0.30	1.33 2.00 0.00 -1.00 -2.00
0.80	1.00 1.00 1.00 1.00 1.00	1.03 1.08 0.92 0.84 0.77	1.05 1.16 0.84 0.68 0.52	1.08 1.25 0.75 0.51 0.26	1.11 1.34 0.66 0.33 -0.01	1.14 1.43 0.57 0.13 -0.30	1.33 2.00 0.00 -1.00 -2.00
0.90	1.00 1.00 1.00 1.00 1.00	1.03 1.08 0.92 0.84 0.77	1.05 1.16 0.84 0.68 0.52	1.08 1.25 0.75 0.51 0.26	1.11 1.34 0.66 0.33 -0.01	1.14 1.43 0.57 0.13 -0.30	1.34 2.01 0.00 -1.00 -2.01
	$\psi = 0,5$						
0.10	1.03 1.06 1.04 1.00 1.06	1.06 1.14 0.96 0.85 0.81	1.09 1.24 0.88 0.69 0.56	1.13 1.33 0.79 0.52 0.28	1.16 1.43 0.70 0.34 -0.01	1.19 1.52 0.59 0.15 -0.31	1.41 2.16 0.00 -1.00 -2.16
0.20	1.02 1.03 1.02 1.00 1.03	1.04 1.11 0.94 0.85 0.79	1.07 1.19 0.85 0.68 0.54	1.10 1.28 0.77 0.51 0.27	1.13 1.38 0.68 0.33 -0.01	1.17 1.48 0.58 0.14 -0.30	1.37 2.07 0.00 -1.00 -2.07
0.30	1.00 1.00 1.01 1.00 1.00	1.03 1.08 0.93 0.84 0.77	1.06 1.17 0.85 0.68 0.52	1.09 1.25 0.76 0.51 0.26	1.12 1.34 0.67 0.33 -0.01	1.15 1.44 0.57 0.13 -0.30	1.34 2.00 0.00 -1.00 -2.00
0.40	0.76 0.66 0.71 1.00 0.66	0.77 0.70 0.65 0.83 0.49	0.79 0.75 0.59 0.65 0.33	0.80 0.80 0.52 0.47 0.16	0.81 0.85 0.46 0.28 -0.02	0.83 0.91 0.39 0.08 -0.20	0.90 1.20 0.00 -1.00 -1.20
0.50	1.00 1.00 1.01 1.00 1.00	1.03 1.08 0.93 0.84 0.77	1.06 1.17 0.85 0.68 0.52	1.09 1.25 0.76 0.51 0.26	1.12 1.34 0.67 0.33 -0.01	1.15 1.44 0.57 0.13 -0.30	1.33 2.00 0.00 -1.00 -2.00
0.60	1.01 1.02 1.01 1.00 1.02	1.04 1.10 0.94 0.85 0.79	1.07 1.19 0.85 0.68 0.53	1.10 1.27 0.76 0.51 0.27	1.13 1.37 0.67 0.33 -0.01	1.16 1.47 0.58 0.14 -0.30	1.36 2.06 0.00 -1.00 -2.06
0.70	1.02 1.03 1.02 1.00 1.03	1.05 1.11 0.94 0.85 0.79	1.08 1.20 0.86 0.68 0.54	1.11 1.29 0.77 0.51 0.27	1.14 1.39 0.68 0.33 -0.01	1.17 1.48 0.58 0.14 -0.31	1.38 2.09 0.00 -1.00 -2.09
0.80	1.03 1.06 1.04 1.00 1.06	1.06 1.14 0.96 0.85 0.81	1.09 1.22 0.87 0.69 0.55	1.12 1.32 0.78 0.52 0.28	1.15 1.41 0.69 0.34 -0.01	1.19 1.52 0.59 0.15 -0.31	1.41 2.15 0.00 -1.00 -2.15
0.90	1.07 1.13 1.09 1.00 1.13	1.11 1.22 1.01 0.85 0.87	1.15 1.33 0.93 0.69 0.60	1.18 1.43 0.83 0.53 0.31	1.22 1.54 0.74 0.35 -0.00	1.26 1.66 0.64 0.16 -0.34	1.51 2.37 0.00 -1.00 -2.37
	$\psi = 1,0$						
0.10	1.09 1.16 1.10 1.00 1.16	1.12 1.25 1.02 0.85 0.89	1.15 1.35 0.93 0.70 0.61	1.19 1.45 0.84 0.53 0.31	1.23 1.57 0.74 0.35 -0.00	1.29 1.70 0.65 0.17 -0.34	1.55 2.44 0.00 -1.00 -2.44
0.20	1.04 1.07 1.04 1.00 1.07	1.07 1.15 0.96 0.85 0.82	1.09 1.24 0.88 0.69 0.56	1.13 1.33 0.79 0.52 0.28	1.16 1.43 0.70 0.34 -0.01	1.20 1.54 0.60 0.15 -0.31	1.42 2.18 0.00 -1.00 -2.18
0.30	1.01 1.02 1.02 1.00 1.02	1.04 1.10 0.94 0.84 0.78	1.07 1.18 0.86 0.68 0.53	1.09 1.27 0.77 0.51 0.27	1.13 1.36 0.68 0.33 -0.01	1.16 1.46 0.58 0.14 -0.30	1.35 2.04 0.00 -1.00 -2.04
0.40	0.72 0.59 0.66 1.00 0.59	0.73 0.64 0.60 0.82 0.45	0.74 0.68 0.54 0.64 0.30	0.75 0.72 0.48 0.46 0.14	0.76 0.77 0.42 0.27 -0.02	0.77 0.82 0.35 0.07 -0.18	0.83 1.07 0.00 -1.00 -1.07
0.50	1.01 1.02 1.02 1.00 1.02	1.04 1.10 0.94 0.84 0.78	1.06 1.18 0.86 0.68 0.53	1.09 1.27 0.77 0.51 0.27	1.12 1.36 0.68 0.33 -0.01	1.16 1.46 0.58 0.14 -0.30	1.35 2.04 0.00 -1.00 -2.04
0.60	1.03 1.06 1.04 1.00 1.06	1.06 1.14 0.96 0.85 0.81	1.09 1.23 0.87 0.69 0.55	1.12 1.32 0.78 0.52 0.28	1.15 1.42 0.69 0.34 -0.01	1.19 1.53 0.59 0.15 -0.31	1.41 2.15 0.00 -1.00 -2.15
0.70	1.06 1.10 1.07 1.00 1.10	1.09 1.19 0.99 0.85 0.85	1.12 1.28 0.90 0.69 0.58	1.15 1.38 0.81 0.52 0.29	1.19 1.48 0.71 0.34 -0.01	1.24 1.61 0.62 0.16 -0.33	1.47 2.28 0.00 -1.00 -2.28
0.80	1.14 1.25 1.16 1.00 1.25	1.18 1.35 1.08 0.86 0.97	1.21 1.45 0.98 0.71 0.66	1.25 1.57 0.89 0.54 0.34	1.30 1.70 0.79 0.37 0.00	1.36 1.85 0.69 0.19 -0.37	1.69 2.73 0.00 -1.00 -2.73
0.90	1.86 2.57 2.04 1.00 2.57	2.01 2.89 1.98 0.94 2.10	2.12 3.16 1.84 0.86 1.49	2.31 3.58 1.75 0.77 0.85	2.54 4.07 1.65 0.66 0.08	2.79 4.64 1.51 0.53 -0.83	-- -- -- -- --

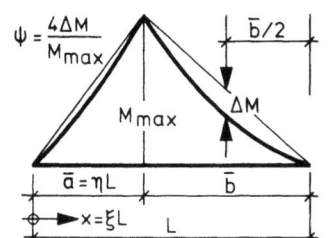
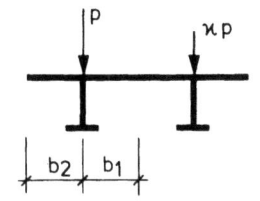

	η	= 0,4
	b_2/b_1 =	1,0
	L/b_1 =	50,0

				$\psi = 0$				
ξ \ $\varkappa$	1.00		0.80	0.60	0.40	0.20	0.00	-1.00
0.10	1.00 1.00 1.00 1.00 1.00		1.03 1.08 0.92 0.84 0.77	1.05 1.16 0.84 0.68 0.52	1.08 1.24 0.75 0.51 0.26	1.12 1.34 0.67 0.33 -0.01	1.15 1.44 0.57 0.14 -0.30	1.33 2.00 0.00 -1.00 -2.00
0.20	1.00 1.00 1.00 1.00 1.00		1.03 1.08 0.92 0.84 0.77	1.05 1.16 0.84 0.68 0.52	1.08 1.24 0.75 0.51 0.26	1.11 1.34 0.66 0.33 -0.01	1.14 1.43 0.57 0.14 -0.30	1.33 2.00 0.00 -1.00 -2.00
0.30	1.00 1.00 1.00 1.00 1.00		1.03 1.08 0.92 0.84 0.77	1.05 1.16 0.84 0.68 0.52	1.08 1.24 0.75 0.51 0.26	1.11 1.33 0.66 0.33 -0.01	1.14 1.43 0.57 0.13 -0.30	1.33 2.00 0.00 -1.00 -2.00
0.40	0.94 0.91 0.93 1.00 0.91		0.96 0.97 0.85 0.84 0.69	0.99 1.05 0.77 0.67 0.47	1.01 1.12 0.69 0.50 0.23	1.03 1.20 0.61 0.31 -0.01	1.06 1.28 0.52 0.12 -0.27	1.21 1.75 0.00 -1.00 -1.75
0.50	1.00 1.00 1.00 1.00 1.00		1.03 1.08 0.92 0.84 0.77	1.05 1.16 0.84 0.68 0.52	1.08 1.24 0.75 0.51 0.26	1.11 1.33 0.66 0.33 -0.01	1.14 1.43 0.57 0.13 -0.30	1.33 2.00 0.00 -1.00 -2.00
0.60	1.00 1.00 1.00 1.00 1.00		1.03 1.08 0.92 0.84 0.77	1.05 1.16 0.84 0.68 0.52	1.08 1.24 0.75 0.51 0.26	1.11 1.34 0.66 0.33 -0.01	1.14 1.43 0.57 0.14 -0.30	1.33 2.00 0.00 -1.00 -2.00
0.70	1.00 1.00 1.00 1.00 1.00		1.03 1.08 0.92 0.84 0.77	1.05 1.16 0.84 0.68 0.52	1.08 1.24 0.75 0.51 0.26	1.11 1.34 0.66 0.33 -0.01	1.15 1.43 0.57 0.14 -0.30	1.33 2.00 0.00 -1.00 -2.00
0.80	1.00 1.00 1.00 1.00 1.00		1.03 1.08 0.92 0.84 0.77	1.05 1.16 0.84 0.68 0.52	1.08 1.24 0.75 0.51 0.26	1.11 1.34 0.66 0.33 -0.01	1.14 1.43 0.57 0.14 -0.30	1.33 2.00 0.00 -1.00 -2.00
0.90	1.00 1.00 1.00 1.00 1.00		1.03 1.08 0.92 0.84 0.77	1.05 1.16 0.84 0.68 0.52	1.08 1.24 0.75 0.51 0.26	1.11 1.33 0.66 0.33 -0.01	1.14 1.43 0.57 0.13 -0.30	1.33 2.00 0.00 -1.00 -2.00

				$\psi = 0,5$				
0.10	1.01 1.01 1.01 1.00 1.01		1.03 1.08 0.92 0.84 0.77	1.06 1.17 0.84 0.68 0.52	1.08 1.25 0.76 0.51 0.26	1.12 1.35 0.67 0.33 -0.01	1.15 1.45 0.57 0.14 -0.30	1.35 2.03 0.00 -1.00 -2.03
0.20	1.00 1.00 1.00 1.00 1.00		1.03 1.08 0.92 0.84 0.77	1.06 1.17 0.84 0.68 0.52	1.09 1.25 0.76 0.51 0.26	1.12 1.35 0.67 0.33 -0.01	1.15 1.44 0.57 0.14 -0.30	1.34 2.01 0.00 -1.00 -2.01
0.30	1.00 1.00 1.00 1.00 1.00		1.03 1.08 0.93 0.84 0.77	1.06 1.17 0.84 0.68 0.52	1.09 1.25 0.76 0.51 0.26	1.12 1.34 0.67 0.33 -0.01	1.15 1.44 0.57 0.14 -0.30	1.33 2.00 0.00 -1.00 -2.00
0.40	0.92 0.87 0.90 1.00 0.87		0.94 0.93 0.82 0.84 0.66	0.96 1.00 0.75 0.67 0.45	0.98 1.07 0.67 0.49 0.22	1.00 1.15 0.59 0.31 -0.01	1.03 1.22 0.50 0.11 -0.26	1.16 1.67 0.00 -1.00 -1.67
0.50	1.00 1.00 1.00 1.00 1.00		1.03 1.08 0.93 0.84 0.77	1.06 1.17 0.84 0.68 0.52	1.09 1.25 0.76 0.51 0.26	1.12 1.34 0.67 0.33 -0.01	1.15 1.44 0.57 0.14 -0.30	1.33 2.00 0.00 -1.00 -2.00
0.60	1.00 1.00 1.00 1.00 1.00		1.03 1.08 0.92 0.84 0.77	1.06 1.16 0.84 0.68 0.52	1.08 1.25 0.76 0.51 0.26	1.12 1.34 0.67 0.33 -0.01	1.15 1.44 0.57 0.14 -0.30	1.34 2.01 0.00 -1.00 -2.01
0.70	1.01 1.01 1.01 1.00 1.01		1.03 1.08 0.92 0.84 0.77	1.06 1.16 0.84 0.68 0.52	1.08 1.25 0.76 0.51 0.26	1.12 1.34 0.67 0.33 -0.01	1.15 1.44 0.57 0.14 -0.30	1.34 2.02 0.00 -1.00 -2.02
0.80	1.00 1.01 1.00 1.00 1.01		1.03 1.09 0.93 0.84 0.77	1.06 1.17 0.85 0.68 0.53	1.09 1.26 0.76 0.51 0.26	1.12 1.35 0.67 0.33 -0.01	1.15 1.45 0.57 0.14 -0.30	1.34 2.02 0.00 -1.00 -2.02
0.90	1.01 1.02 1.02 1.00 1.02		1.04 1.11 0.94 0.85 0.79	1.07 1.19 0.86 0.68 0.53	1.10 1.28 0.77 0.51 0.27	1.12 1.36 0.67 0.33 -0.01	1.16 1.46 0.58 0.14 -0.30	1.35 2.04 0.00 -1.00 -2.04

				$\psi = 1,0$				
0.10	1.02 1.03 1.02 1.00 1.03		1.05 1.11 0.94 0.85 0.79	1.07 1.20 0.86 0.68 0.54	1.10 1.28 0.77 0.51 0.27	1.13 1.37 0.68 0.33 -0.01	1.16 1.47 0.58 0.14 -0.30	1.37 2.07 0.00 -1.00 -2.07
0.20	1.01 1.01 1.01 1.00 1.01		1.03 1.09 0.93 0.84 0.77	1.06 1.17 0.85 0.68 0.53	1.09 1.26 0.76 0.51 0.27	1.12 1.35 0.67 0.33 -0.01	1.15 1.45 0.57 0.14 -0.30	1.35 2.03 0.00 -1.00 -2.03
0.30	1.00 1.00 1.00 1.00 1.00		1.03 1.08 0.92 0.84 0.77	1.05 1.16 0.84 0.68 0.52	1.08 1.25 0.76 0.51 0.26	1.12 1.35 0.67 0.33 -0.01	1.15 1.44 0.57 0.14 -0.30	1.34 2.02 0.00 -1.00 -2.02
0.40	0.89 0.83 0.87 1.00 0.83		0.91 0.90 0.80 0.84 0.63	0.93 0.96 0.72 0.67 0.43	0.95 1.03 0.65 0.49 0.21	0.97 1.10 0.56 0.30 -0.02	1.00 1.17 0.48 0.11 -0.25	1.12 1.59 0.00 -1.00 -1.59
0.50	1.00 1.00 1.00 1.00 1.00		1.03 1.08 0.92 0.84 0.77	1.05 1.16 0.84 0.68 0.52	1.08 1.25 0.75 0.51 0.26	1.12 1.35 0.67 0.33 -0.01	1.15 1.44 0.57 0.14 -0.30	1.34 2.02 0.00 -1.00 -2.02
0.60	1.00 1.01 1.01 1.00 1.01		1.03 1.09 0.93 0.84 0.77	1.06 1.17 0.85 0.68 0.53	1.09 1.26 0.76 0.51 0.27	1.12 1.35 0.67 0.33 -0.01	1.15 1.45 0.57 0.14 -0.30	1.35 2.03 0.00 -1.00 -2.03
0.70	1.01 1.02 1.01 1.00 1.02		1.04 1.10 0.93 0.84 0.78	1.07 1.18 0.85 0.68 0.53	1.09 1.27 0.76 0.51 0.27	1.12 1.36 0.67 0.33 -0.01	1.16 1.46 0.58 0.14 -0.30	1.35 2.04 0.00 -1.00 -2.04
0.80	1.02 1.04 1.02 1.00 1.04		1.05 1.12 0.94 0.85 0.79	1.08 1.20 0.86 0.68 0.54	1.10 1.29 0.77 0.51 0.27	1.14 1.39 0.68 0.33 -0.01	1.17 1.49 0.58 0.14 -0.31	1.37 2.08 0.00 -1.00 -2.08
0.90	1.07 1.13 1.08 1.00 1.13		1.10 1.22 1.00 0.85 0.87	1.13 1.32 0.91 0.69 0.60	1.22 1.49 0.86 0.53 0.32	1.23 1.56 0.74 0.35 -0.00	1.27 1.68 0.64 0.17 -0.34	1.50 2.36 0.00 -1.00 -2.36

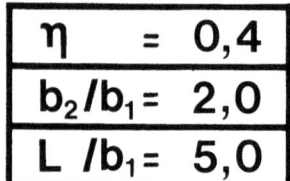
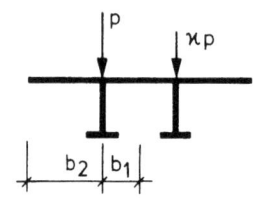
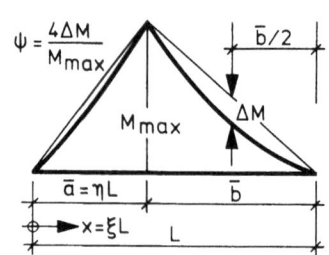

	ψ = 0						
ξ \ ϰ	1.00	0.80	0.60	0.40	0.20	0.00	-1.00
0.10	0.62 0.02 0.90 1.00 0.02	0.64 0.04 0.83 0.85 -0.01	0.66 0.07 0.76 0.69 -0.04	0.68 0.10 0.68 0.52 -0.07	0.70 0.13 0.60 0.34 -0.10	0.72 0.16 0.52 0.15 -0.14	0.86 0.35 0.00 -1.00 -0.35
0.20	0.59 0.00 0.81 1.00 0.00	0.60 0.03 0.75 0.84 -0.02	0.62 0.05 0.68 0.68 -0.04	0.63 0.07 0.61 0.50 -0.07	0.65 0.10 0.54 0.32 -0.09	0.67 0.12 0.46 0.13 -0.12	0.77 0.28 0.00 -1.00 -0.28
0.30	0.51 -0.01 0.64 1.00 -0.01	0.52 0.01 0.59 0.83 -0.02	0.53 0.03 0.53 0.66 -0.04	0.54 0.05 0.47 0.48 -0.06	0.55 0.07 0.41 0.29 -0.07	0.56 0.09 0.35 0.10 -0.09	0.63 0.20 0.00 -1.00 -0.20
0.40	0.33 -0.00 0.38 1.00 -0.00	0.34 0.01 0.35 0.82 -0.01	0.34 0.02 0.31 0.63 -0.02	0.35 0.03 0.27 0.45 -0.03	0.35 0.04 0.24 0.25 -0.04	0.36 0.05 0.20 0.06 -0.05	0.38 0.11 0.00 -1.00 -0.11
0.50	0.52 0.02 0.67 1.00 0.02	0.54 0.04 0.62 0.84 0.00	0.55 0.06 0.56 0.67 -0.02	0.56 0.08 0.50 0.49 -0.05	0.58 0.10 0.44 0.30 -0.07	0.59 0.13 0.37 0.11 -0.10	0.67 0.25 0.00 -1.00 -0.25
0.60	0.62 0.08 0.86 1.00 0.08	0.64 0.10 0.80 0.85 0.04	0.66 0.13 0.73 0.70 -0.00	0.68 0.16 0.66 0.53 -0.04	0.71 0.19 0.58 0.36 -0.09	0.73 0.22 0.50 0.17 -0.14	0.89 0.43 0.00 -1.00 -0.43
0.70	0.67 0.14 0.96 1.00 0.14	0.69 0.18 0.89 0.87 0.09	0.72 0.21 0.83 0.72 0.04	0.76 0.25 0.75 0.57 -0.03	0.79 0.29 0.67 0.40 -0.09	0.83 0.33 0.58 0.22 -0.16	1.07 0.63 0.00 -1.00 -0.63
0.80	0.69 0.20 1.00 1.00 0.20	0.72 0.24 0.94 0.88 0.14	0.76 0.28 0.87 0.74 0.07	0.80 0.32 0.80 0.59 -0.01	0.84 0.37 0.72 0.43 -0.09	0.89 0.43 0.63 0.26 -0.18	1.22 0.82 0.00 -1.00 -0.82
0.90	0.71 0.24 1.03 1.00 0.24	0.75 0.28 0.97 0.88 0.17	0.79 0.33 0.90 0.76 0.09	0.83 0.38 0.83 0.61 0.01	0.88 0.43 0.75 0.46 -0.08	0.92 0.49 0.66 0.28 -0.19	1.31 0.94 0.00 -1.00 -0.94

	ψ = 0,5						
0.10	0.82 0.02 1.30 1.00 0.02	0.85 0.06 1.21 0.87 -0.02	0.88 0.10 1.11 0.72 -0.06	0.92 0.14 1.01 0.57 -0.11	0.96 0.19 0.90 0.40 -0.16	1.00 0.24 0.78 0.22 -0.21	1.32 0.58 0.00 -1.00 -0.58
0.20	0.65 -0.01 0.94 1.00 -0.01	0.67 0.02 0.87 0.85 -0.03	0.69 0.04 0.79 0.68 -0.06	0.71 0.07 0.71 0.51 -0.09	0.73 0.10 0.63 0.33 -0.11	0.75 0.13 0.54 0.14 -0.14	0.89 0.32 0.00 -1.00 -0.32
0.30	0.51 -0.02 0.63 1.00 -0.02	0.52 -0.00 0.58 0.83 -0.03	0.53 0.01 0.52 0.65 -0.05	0.54 0.03 0.47 0.47 -0.06	0.55 0.05 0.41 0.28 -0.08	0.56 0.07 0.35 0.09 -0.09	0.62 0.17 0.00 -1.00 -0.17
0.40	0.29 -0.01 0.31 1.00 -0.01	0.30 -0.00 0.28 0.82 -0.02	0.30 0.01 0.25 0.63 -0.02	0.30 0.02 0.22 0.44 -0.03	0.31 0.03 0.19 0.24 -0.04	0.31 0.03 0.16 0.04 -0.04	0.33 0.08 0.00 -1.00 -0.08
0.50	0.52 0.01 0.66 1.00 0.01	0.53 0.03 0.60 0.84 -0.01	0.55 0.05 0.55 0.66 -0.03	0.56 0.07 0.49 0.49 -0.05	0.57 0.09 0.43 0.30 -0.07	0.59 0.11 0.36 0.11 -0.10	0.66 0.23 0.00 -1.00 -0.23
0.60	0.68 0.10 0.98 1.00 0.10	0.71 0.13 0.91 0.86 0.06	0.74 0.17 0.84 0.71 0.01	0.77 0.20 0.76 0.56 -0.04	0.80 0.24 0.68 0.39 -0.10	0.83 0.28 0.59 0.20 -0.16	1.07 0.55 0.00 -1.00 -0.55
0.70	0.86 0.28 1.32 1.00 0.28	0.91 0.33 1.26 0.90 0.20	0.96 0.39 1.17 0.79 0.10	1.03 0.46 1.09 0.67 0.00	1.10 0.54 1.00 0.53 -0.12	1.19 0.63 0.89 0.37 -0.25	1.93 1.40 0.00 -1.00 -1.40
0.80	1.14 0.58 1.84 1.00 0.58	1.25 0.70 1.82 0.98 0.45	1.41 0.85 1.81 0.95 0.30	1.59 1.03 1.78 0.92 0.10	1.83 1.26 1.74 0.87 -0.16	2.14 1.56 1.69 0.82 -0.49	-- -- -- -- --
0.90	2.52 1.73 4.35 1.00 1.73	-- -- -- -- --	-- -- -- -- --	-- -- -- -- --	-- -- -- -- --	-- -- -- -- --	-- -- -- -- --

	ψ = 1,0						
0.10	1.48 0.03 2.63 1.00 0.03	1.60 0.11 2.55 0.94 -0.05	1.73 0.21 2.45 0.87 -0.14	1.90 0.32 2.34 0.79 -0.26	2.10 0.45 2.21 0.68 -0.39	2.34 0.61 2.05 0.56 -0.56	-- -- -- -- --
0.20	0.76 -0.03 1.15 1.00 -0.03	0.78 -0.00 1.07 0.85 -0.06	0.80 0.03 0.97 0.70 -0.08	0.83 0.07 0.88 0.53 -0.11	0.86 0.10 0.78 0.36 -0.14	0.89 0.14 0.67 0.17 -0.18	1.09 0.38 0.00 -1.00 -0.38
0.30	0.50 -0.04 0.62 1.00 -0.04	0.51 -0.02 0.57 0.83 -0.05	0.52 -0.01 0.51 0.65 -0.06	0.53 0.01 0.45 0.46 -0.07	0.54 0.03 0.39 0.28 -0.08	0.55 0.05 0.33 0.08 -0.09	0.60 0.14 0.00 -1.00 -0.14
0.40	0.26 -0.02 0.26 1.00 -0.02	0.26 -0.01 0.23 0.81 -0.02	0.26 -0.00 0.21 0.62 -0.02	0.27 0.00 0.18 0.43 -0.03	0.27 0.01 0.16 0.23 -0.03	0.27 0.02 0.13 0.03 -0.04	0.28 0.06 0.00 -1.00 -0.06
0.50	0.52 0.00 0.64 1.00 0.00	0.53 0.02 0.58 0.83 -0.02	0.54 0.04 0.53 0.66 -0.03	0.55 0.05 0.47 0.48 -0.05	0.56 0.07 0.41 0.29 -0.07	0.57 0.09 0.35 0.10 -0.09	0.64 0.20 0.00 -1.00 -0.20
0.60	0.82 0.15 1.21 1.00 0.15	0.85 0.20 1.14 0.88 0.10	0.89 0.24 1.06 0.75 0.03	0.94 0.29 0.97 0.61 -0.04	0.99 0.34 0.87 0.45 -0.12	1.05 0.40 0.77 0.27 -0.21	1.46 0.84 0.00 -1.00 -0.84
0.70	1.80 0.96 3.11 1.00 0.96	2.12 1.23 3.28 1.11 0.79	2.58 1.61 3.52 1.27 0.56	-- -- -- -- --	-- -- -- -- --	-- -- -- -- --	-- -- -- -- --
0.80	-- -- -- -- --	-- -- -- -- --	-- -- -- -- --	-- -- -- -- --	-- -- -- -- --	-- -- -- -- --	-- -- -- -- --
0.90	-- -- -- -- --	-- -- -- -- --	-- -- -- -- --	-- -- -- -- --	-- -- -- -- --	-- -- -- -- --	-- -- -- -- --

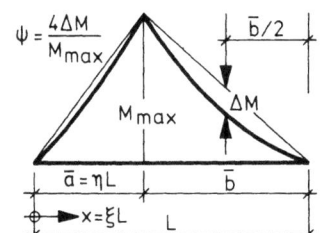
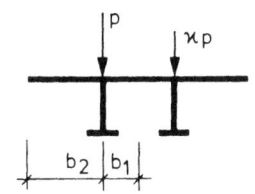

	η = 0,4
	b_2/b_1 = 2,0
	L/b_1 = 10,0

$\psi = 0$

ξ \ ϰ	1.00	0.80	0.60	0.40	0.20	0.00	-1.00
0.10	0.87 0.71 1.01 1.00 0.71	0.94 0.78 0.97 0.91 0.60	1.00 0.85 0.92 0.82 0.46	1.08 0.93 0.86 0.71 0.30	1.17 1.02 0.80 0.58 0.11	1.27 1.12 0.72 0.42 -0.10	2.27 2.13 0.00 -1.00 -2.13
0.20	0.85 0.63 1.00 1.00 0.63	0.90 0.68 0.96 0.90 0.52	0.96 0.74 0.90 0.80 0.39	1.03 0.81 0.84 0.68 0.25	1.10 0.88 0.77 0.54 0.08	1.19 0.97 0.69 0.38 -0.11	1.96 1.73 0.00 -1.00 -1.73
0.30	0.78 0.48 0.93 1.00 0.48	0.82 0.52 0.87 0.89 0.39	0.86 0.56 0.81 0.76 0.28	0.91 0.60 0.75 0.62 0.17	0.96 0.66 0.67 0.46 0.05	1.02 0.71 0.59 0.29 -0.09	1.47 1.14 0.00 -1.00 -1.14
0.40	0.52 0.27 0.56 1.00 0.27	0.54 0.29 0.52 0.85 0.21	0.55 0.30 0.48 0.69 0.15	0.57 0.32 0.43 0.52 0.09	0.59 0.34 0.38 0.34 0.02	0.61 0.36 0.32 0.15 -0.05	0.72 0.48 0.00 -1.00 -0.48
0.50	0.80 0.52 0.93 1.00 0.52	0.84 0.56 0.88 0.89 0.43	0.88 0.61 0.82 0.76 0.32	0.94 0.66 0.76 0.63 0.20	0.99 0.71 0.68 0.48 0.06	1.06 0.77 0.60 0.30 -0.09	1.55 1.24 0.00 -1.00 -1.24
0.60	0.88 0.71 1.00 1.00 0.71	0.94 0.77 0.96 0.91 0.59	1.00 0.83 0.90 0.81 0.45	1.08 0.91 0.85 0.69 0.30	1.16 0.99 0.78 0.56 0.12	1.25 1.08 0.70 0.40 -0.09	2.14 1.96 0.00 -1.00 -1.96
0.70	0.92 0.84 1.00 1.00 0.84	0.99 0.91 0.96 0.92 0.71	1.06 0.98 0.92 0.83 0.55	1.15 1.07 0.87 0.72 0.38	1.25 1.17 0.80 0.60 0.17	1.37 1.28 0.73 0.45 -0.07	2.55 2.47 0.00 -1.00 -2.47
0.80	0.95 0.92 1.00 1.00 0.92	1.02 0.98 0.96 0.92 0.77	1.10 1.07 0.92 0.84 0.61	1.19 1.16 0.87 0.73 0.43	1.30 1.27 0.81 0.62 0.21	1.43 1.39 0.73 0.47 -0.05	2.78 2.75 0.00 -1.00 -2.75
0.90	0.97 0.96 1.00 1.00 0.96	1.03 1.02 0.95 0.92 0.81	1.12 1.11 0.92 0.84 0.65	1.22 1.20 0.87 0.74 0.46	1.33 1.32 0.81 0.62 0.23	1.46 1.44 0.74 0.48 -0.04	2.88 2.87 0.00 -1.00 -2.87

$\psi = 0,5$

ξ \ ϰ	1.00	0.80	0.60	0.40	0.20	0.00	-1.00
0.10	1.06 1.01 1.24 1.00 1.01	1.16 1.12 1.22 0.96 0.86	1.27 1.24 1.18 0.91 0.68	1.40 1.38 1.13 0.84 0.46	1.58 1.57 1.09 0.76 0.20	1.79 1.81 1.03 0.67 -0.14	-- -- -- -- --
0.20	0.91 0.72 1.10 1.00 0.72	0.98 0.78 1.05 0.92 0.59	1.05 0.86 1.00 0.83 0.45	1.14 0.95 0.94 0.72 0.29	1.23 1.05 0.87 0.60 0.10	1.35 1.17 0.79 0.45 -0.12	2.53 2.36 0.00 -1.00 -2.36
0.30	0.78 0.45 0.94 1.00 0.45	0.82 0.49 0.88 0.88 0.36	0.86 0.53 0.82 0.76 0.26	0.91 0.58 0.76 0.62 0.15	0.96 0.63 0.69 0.46 0.03	1.02 0.68 0.60 0.29 -0.10	1.46 1.11 0.00 -1.00 -1.11
0.40	0.46 0.21 0.49 1.00 0.21	0.47 0.22 0.45 0.84 0.16	0.49 0.23 0.41 0.67 0.11	0.50 0.25 0.37 0.50 0.06	0.51 0.26 0.32 0.31 0.01	0.52 0.28 0.28 0.12 -0.05	0.60 0.37 0.00 -1.00 -0.37
0.50	0.79 0.49 0.94 1.00 0.49	0.83 0.53 0.88 0.89 0.40	0.88 0.58 0.83 0.76 0.29	0.93 0.62 0.76 0.62 0.18	0.99 0.68 0.69 0.47 0.05	1.05 0.74 0.61 0.30 -0.09	1.53 1.19 0.00 -1.00 -1.19
0.60	0.94 0.81 1.08 1.00 0.81	1.01 0.88 1.03 0.92 0.68	1.09 0.96 0.99 0.83 0.53	1.19 1.06 0.93 0.73 0.36	1.29 1.16 0.87 0.61 0.15	1.41 1.29 0.79 0.47 -0.09	2.73 2.61 0.00 -1.00 -2.61
0.70	1.09 1.17 1.14 1.00 1.17	1.19 1.27 1.12 0.96 1.01	1.30 1.40 1.08 0.90 0.82	1.44 1.55 1.04 0.84 0.58	1.61 1.74 1.00 0.76 0.30	1.84 1.97 0.94 0.65 -0.05	-- -- -- -- --
0.80	1.30 1.65 1.26 1.00 1.65	1.46 1.83 1.26 1.00 1.47	1.65 2.06 1.26 1.00 1.25	1.88 2.33 1.25 1.00 0.95	2.22 2.74 1.26 1.01 0.57	2.69 3.29 1.27 1.01 0.03	-- -- -- -- --
0.90	1.92 2.84 1.77 1.00 2.84	2.30 3.36 1.90 1.14 2.72	2.86 4.12 2.08 1.35 2.55	-- -- -- -- --	-- -- -- -- --	-- -- -- -- --	-- -- -- -- --

$\psi = 1,0$

ξ \ ϰ	1.00	0.80	0.60	0.40	0.20	0.00	-1.00
0.10	1.48 1.71 1.77 1.00 1.71	1.72 2.00 1.85 1.07 1.55	2.04 2.38 1.93 1.17 1.33	2.49 2.93 2.05 1.30 1.02	3.07 3.63 2.15 1.46 0.51	-- -- -- -- --	-- -- -- -- --
0.20	1.01 0.85 1.24 1.00 0.85	1.09 0.94 1.20 0.94 0.71	1.19 1.04 1.15 0.87 0.55	1.30 1.16 1.10 0.79 0.36	1.45 1.32 1.05 0.70 0.13	1.63 1.50 0.97 0.58 -0.16	-- -- -- -- --
0.30	0.78 0.43 0.96 1.00 0.43	0.82 0.46 0.90 0.88 0.34	0.87 0.51 0.84 0.75 0.24	0.91 0.55 0.77 0.61 0.14	0.97 0.60 0.70 0.46 0.02	1.03 0.66 0.62 0.28 -0.11	1.45 1.06 0.00 -1.00 -1.06
0.40	0.41 0.15 0.43 1.00 0.15	0.42 0.16 0.40 0.83 0.12	0.43 0.18 0.36 0.66 0.08	0.44 0.19 0.32 0.48 0.04	0.45 0.20 0.28 0.29 0.00	0.46 0.21 0.24 0.10 -0.04	0.51 0.28 0.00 -1.00 -0.28
0.50	0.80 0.46 0.96 1.00 0.46	0.84 0.50 0.90 0.88 0.37	0.88 0.54 0.84 0.76 0.27	0.93 0.59 0.78 0.62 0.16	0.99 0.64 0.70 0.46 0.04	1.05 0.70 0.62 0.29 -0.10	1.49 1.12 0.00 -1.00 -1.12
0.60	1.06 0.99 1.21 1.00 0.99	1.14 1.08 1.17 0.95 0.84	1.25 1.19 1.13 0.88 0.67	1.37 1.33 1.09 0.80 0.46	1.54 1.50 1.04 0.72 0.21	1.73 1.70 0.97 0.60 -0.11	-- -- -- -- --
0.70	1.63 2.27 1.59 1.00 2.27	1.93 2.65 1.68 1.09 2.13	2.31 3.16 1.78 1.21 1.91	2.87 3.90 1.93 1.40 1.59	-- -- -- -- --	-- -- -- -- --	-- -- -- -- --
0.80	-- -- -- -- --	-- -- -- -- --	-- -- -- -- --	-- -- -- -- --	-- -- -- -- --	-- -- -- -- --	-- -- -- -- --
0.90	-- -- -- -- --	-- -- -- -- --	-- -- -- -- --	-- -- -- -- --	-- -- -- -- --	-- -- -- -- --	-- -- -- -- --

η	= 0,4
b_2/b_1	= 2,0
L/b_1	= 20,0

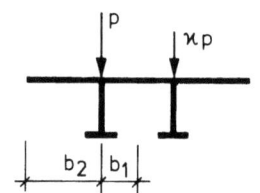
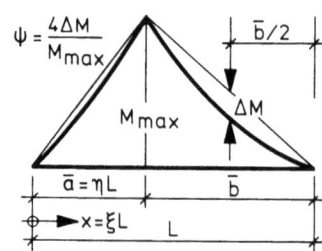

$\psi = \dfrac{4\Delta M}{M_{max}}$

ξ \ ϰ	1.00	0.80	0.60	0.40	0.20	0.00	-1.00
ψ = 0							
0.10	1.00 / 1.00 1.00 / 1.00 1.00	1.07 / 1.08 0.96 / 0.93 0.85	1.16 / 1.17 0.92 / 0.84 0.69	1.26 / 1.27 0.87 / 0.74 0.49	1.37 / 1.38 0.81 / 0.62 0.25	1.51 / 1.48 0.74 / 0.48 -0.03	2.98 / 2.98 0.00 / -1.00 -2.98
0.20	0.98 / 0.97 1.00 / 1.00 0.97	1.05 / 1.04 0.96 / 0.92 0.83	1.14 / 1.13 0.92 / 0.84 0.66	1.24 / 1.23 0.87 / 0.74 0.47	1.35 / 1.34 0.81 / 0.62 0.24	1.49 / 1.48 0.74 / 0.48 -0.04	2.93 / 2.92 0.00 / -1.00 -2.92
0.30	0.94 / 0.86 1.00 / 1.00 0.86	1.01 / 0.93 0.96 / 0.92 0.73	1.08 / 1.00 0.91 / 0.82 0.57	1.17 / 1.09 0.86 / 0.72 0.39	1.27 / 1.19 0.79 / 0.59 0.19	1.39 / 1.31 0.72 / 0.44 -0.06	2.54 / 2.44 0.00 / -1.00 -2.44
0.40	0.71 / 0.54 0.73 / 1.00 0.54	0.74 / 0.57 0.69 / 0.88 0.44	0.77 / 0.61 0.64 / 0.74 0.34	0.81 / 0.64 0.58 / 0.60 0.22	0.85 / 0.68 0.53 / 0.43 0.09	0.90 / 0.72 0.46 / 0.26 -0.05	1.22 / 1.02 0.00 / -1.00 -1.02
0.50	0.95 / 0.88 1.00 / 1.00 0.88	1.01 / 0.94 0.96 / 0.92 0.74	1.09 / 1.02 0.91 / 0.82 0.58	1.18 / 1.10 0.86 / 0.72 0.40	1.28 / 1.20 0.79 / 0.59 0.19	1.40 / 1.33 0.72 / 0.45 -0.06	2.58 / 2.49 0.00 / -1.00 -2.49
0.60	0.99 / 0.98 1.00 / 1.00 0.98	1.06 / 1.05 0.96 / 0.92 0.83	1.14 / 1.14 0.92 / 0.84 0.66	1.24 / 1.23 0.87 / 0.74 0.47	1.36 / 1.35 0.81 / 0.62 0.24	1.49 / 1.49 0.74 / 0.48 -0.04	2.95 / 2.94 0.00 / -1.00 -2.94
0.70	1.00 / 1.00 1.00 / 1.00 1.00	1.07 / 1.07 0.96 / 0.93 0.85	1.16 / 1.16 0.92 / 0.84 0.68	1.26 / 1.26 0.87 / 0.74 0.48	1.37 / 1.38 0.81 / 0.62 0.25	1.51 / 1.52 0.74 / 0.48 -0.03	2.99 / 2.99 0.00 / -1.00 -2.99
0.80	1.00 / 1.00 1.00 / 1.00 1.00	1.07 / 1.08 0.96 / 0.93 0.85	1.16 / 1.16 0.92 / 0.84 0.68	1.26 / 1.26 0.87 / 0.74 0.48	1.37 / 1.38 0.81 / 0.62 0.25	1.52 / 1.52 0.74 / 0.48 -0.03	2.99 / 2.99 0.00 / -1.00 -2.99
0.90	1.00 / 1.00 1.00 / 1.00 1.00	1.07 / 1.07 0.96 / 0.93 0.85	1.16 / 1.16 0.92 / 0.84 0.68	1.26 / 1.26 0.87 / 0.74 0.48	1.38 / 1.39 0.82 / 0.63 0.25	1.52 / 1.52 0.74 / 0.48 -0.03	3.02 / 3.02 0.00 / -1.00 -3.02
ψ = 0,5							
0.10	1.09 / 1.20 1.05 / 1.00 1.20	1.19 / 1.30 1.03 / 0.94 1.04	1.29 / 1.40 0.98 / 0.87 0.84	1.41 / 1.53 0.94 / 0.79 0.61	1.58 / 1.71 0.90 / 0.70 0.34	1.77 / 1.91 0.84 / 0.58 -0.00	-- / -- -- --
0.20	1.02 / 1.06 1.03 / 1.00 1.06	1.10 / 1.14 0.99 / 0.93 0.91	1.20 / 1.24 0.95 / 0.86 0.73	1.31 / 1.35 0.90 / 0.76 0.52	1.44 / 1.48 0.85 / 0.66 0.27	1.60 / 1.64 0.78 / 0.52 -0.03	-- / -- -- --
0.30	0.95 / 0.87 1.01 / 1.00 0.87	1.02 / 0.94 0.98 / 0.92 0.73	1.10 / 1.02 0.93 / 0.83 0.58	1.19 / 1.10 0.88 / 0.72 0.40	1.29 / 1.20 0.81 / 0.60 0.18	1.41 / 1.32 0.74 / 0.45 -0.06	2.64 / 2.54 0.00 / -1.00 -2.54
0.40	0.65 / 0.46 0.67 / 1.00 0.46	0.67 / 0.48 0.63 / 0.87 0.37	0.70 / 0.51 0.58 / 0.72 0.28	0.73 / 0.54 0.53 / 0.57 0.18	0.76 / 0.57 0.47 / 0.40 0.07	0.80 / 0.60 0.41 / 0.22 -0.05	1.03 / 0.83 0.00 / -1.00 -0.83
0.50	0.95 / 0.88 1.01 / 1.00 0.88	1.02 / 0.95 0.98 / 0.92 0.74	1.10 / 1.02 0.93 / 0.83 0.58	1.19 / 1.11 0.88 / 0.72 0.40	1.29 / 1.21 0.81 / 0.60 0.19	1.41 / 1.34 0.74 / 0.45 -0.06	2.66 / 2.57 0.00 / -1.00 -2.57
0.60	1.02 / 1.05 1.02 / 1.00 1.05	1.10 / 1.13 0.98 / 0.93 0.89	1.19 / 1.22 0.94 / 0.85 0.72	1.30 / 1.33 0.90 / 0.76 0.51	1.43 / 1.46 0.84 / 0.65 0.27	1.58 / 1.62 0.77 / 0.52 -0.03	-- / -- -- --
0.70	1.06 / 1.13 1.03 / 1.00 1.13	1.15 / 1.22 1.00 / 0.94 0.97	1.24 / 1.32 0.96 / 0.86 0.78	1.36 / 1.43 0.91 / 0.77 0.57	1.50 / 1.58 0.86 / 0.67 0.31	1.67 / 1.75 0.79 / 0.54 -0.01	-- / -- -- --
0.80	1.11 / 1.23 1.05 / 1.00 1.23	1.20 / 1.32 1.02 / 0.94 1.06	1.31 / 1.44 0.99 / 0.88 0.87	1.45 / 1.58 0.95 / 0.80 0.63	1.60 / 1.74 0.90 / 0.70 0.35	1.80 / 1.95 0.84 / 0.59 0.00	-- / -- -- --
0.90	1.24 / 1.48 1.14 / 1.00 1.48	1.37 / 1.63 1.13 / 0.97 1.31	1.52 / 1.80 1.11 / 0.93 1.09	1.71 / 2.00 1.08 / 0.89 0.82	1.92 / 2.24 1.04 / 0.83 0.47	2.22 / 2.57 1.00 / 0.75 0.03	-- / -- -- --
ψ = 1,0							
0.10	1.28 / 1.59 1.16 / 1.00 1.59	1.41 / 1.73 1.15 / 0.98 1.40	1.56 / 1.90 1.13 / 0.95 1.17	1.79 / 2.16 1.13 / 0.92 0.90	2.06 / 2.46 1.10 / 0.88 0.54	2.37 / 2.81 1.06 / 0.82 0.06	-- / -- -- --
0.20	1.09 / 1.19 1.06 / 1.00 1.19	1.17 / 1.28 1.03 / 0.94 1.02	1.28 / 1.39 0.99 / 0.88 0.83	1.41 / 1.53 0.96 / 0.80 0.60	1.57 / 1.69 0.91 / 0.71 0.33	1.76 / 1.89 0.84 / 0.59 -0.01	-- / -- -- --
0.30	0.96 / 0.87 1.04 / 1.00 0.87	1.03 / 0.94 0.99 / 0.92 0.73	1.10 / 1.02 0.94 / 0.83 0.58	1.19 / 1.10 0.89 / 0.73 0.39	1.29 / 1.21 0.82 / 0.60 0.18	1.43 / 1.34 0.75 / 0.46 -0.07	2.70 / 2.61 0.00 / -1.00 -2.61
0.40	0.60 / 0.39 0.62 / 1.00 0.39	0.62 / 0.41 0.58 / 0.86 0.31	0.64 / 0.43 0.53 / 0.71 0.23	0.66 / 0.45 0.48 / 0.55 0.15	0.69 / 0.48 0.43 / 0.38 0.05	0.72 / 0.51 0.37 / 0.19 -0.05	0.89 / 0.68 0.00 / -1.00 -0.68
0.50	0.96 / 0.88 1.04 / 1.00 0.88	1.03 / 0.95 0.99 / 0.92 0.74	1.10 / 1.02 0.94 / 0.83 0.58	1.19 / 1.11 0.89 / 0.73 0.40	1.30 / 1.22 0.82 / 0.60 0.18	1.43 / 1.35 0.75 / 0.46 -0.07	2.70 / 2.62 0.00 / -1.00 -2.62
0.60	1.08 / 1.16 1.06 / 1.00 1.16	1.16 / 1.25 1.02 / 0.94 1.00	1.26 / 1.36 0.98 / 0.87 0.81	1.39 / 1.49 0.94 / 0.79 0.59	1.54 / 1.65 0.89 / 0.70 0.32	1.73 / 1.84 0.83 / 0.58 -0.01	-- / -- -- --
0.70	1.21 / 1.44 1.10 / 1.00 1.44	1.32 / 1.56 1.08 / 0.96 1.26	1.45 / 1.70 1.05 / 0.91 1.04	1.63 / 1.90 1.03 / 0.86 0.79	1.84 / 2.13 0.99 / 0.79 0.46	2.10 / 2.40 0.94 / 0.70 0.04	-- / -- -- --
0.80	1.61 / 2.27 1.29 / 1.00 2.27	1.86 / 2.58 1.33 / 1.04 2.11	2.11 / 2.89 1.34 / 1.08 1.82	2.54 / 3.44 1.41 / 1.15 1.51	-- / -- -- --	-- / -- -- --	-- / -- -- --
0.90	-- / -- -- --	-- / -- -- --	-- / -- -- --	-- / -- -- --	-- / -- -- --	-- / -- -- --	-- / -- -- --

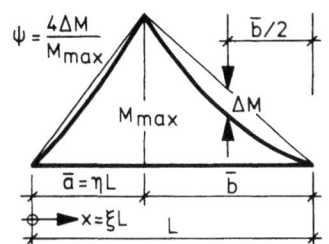
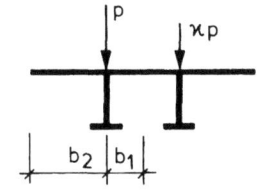

		η	=	0,4
		b_2/b_1	=	2,0
		L/b_1	=	50,0

	\multicolumn{7}{c}{$\psi = 0$}
ξ \ $\varkappa$	1.00	0.80	0.60	0.40	0.20	0.00	-1.00
0.10	1.00 1.00 1.00 1.00 1.00	1.08 1.08 0.96 0.93 0.85	1.16 1.16 0.92 0.84 0.68	1.26 1.26 0.87 0.74 0.48	1.37 1.37 0.81 0.62 0.25	1.52 1.52 0.75 0.49 -0.03	2.99 2.99 0.00 -1.00 -2.99
0.20	1.00 1.00 1.00 1.00 1.00	1.07 1.07 0.96 0.93 0.85	1.16 1.16 0.92 0.84 0.68	1.26 1.26 0.87 0.74 0.48	1.37 1.37 0.81 0.62 0.25	1.52 1.52 0.74 0.48 -0.03	3.00 3.00 0.00 -1.00 -3.00
0.30	1.00 1.00 1.00 1.00 1.00	1.07 1.07 0.96 0.93 0.85	1.16 1.16 0.92 0.84 0.68	1.26 1.26 0.87 0.74 0.48	1.37 1.37 0.81 0.62 0.25	1.51 1.51 0.74 0.48 -0.03	3.01 3.00 0.00 -1.00 -3.00
0.40	0.88 0.81 0.90 1.00 0.81	0.94 0.86 0.86 0.91 0.67	1.00 0.92 0.81 0.80 0.53	1.07 0.98 0.75 0.68 0.36	1.15 1.06 0.69 0.54 0.18	1.24 1.14 0.62 0.38 -0.04	1.99 1.86 0.00 -1.00 -1.86
0.50	1.00 1.00 1.00 1.00 1.00	1.07 1.07 0.96 0.93 0.85	1.16 1.16 0.92 0.84 0.68	1.26 1.26 0.87 0.74 0.48	1.37 1.37 0.81 0.62 0.25	1.51 1.51 0.74 0.48 -0.03	3.00 3.00 0.00 -1.00 -3.00
0.60	1.00 1.00 1.00 1.00 1.00	1.07 1.07 0.96 0.93 0.85	1.16 1.16 0.92 0.84 0.68	1.26 1.26 0.87 0.74 0.48	1.37 1.37 0.81 0.62 0.25	1.52 1.52 0.74 0.48 -0.03	3.00 3.00 0.00 -1.00 -3.00
0.70	1.00 1.00 1.00 1.00 1.00	1.08 1.08 0.96 0.93 0.85	1.16 1.16 0.92 0.84 0.68	1.26 1.26 0.87 0.74 0.48	1.37 1.37 0.81 0.62 0.25	1.52 1.52 0.74 0.48 -0.03	2.99 2.99 0.00 -1.00 -2.99
0.80	1.00 1.00 1.00 1.00 1.00	1.07 1.07 0.96 0.93 0.85	1.16 1.16 0.92 0.84 0.68	1.26 1.26 0.87 0.74 0.48	1.37 1.37 0.81 0.62 0.25	1.52 1.52 0.74 0.48 -0.03	3.00 3.00 0.00 -1.00 -3.00
0.90	1.00 1.00 1.00 1.00 1.00	1.08 1.08 0.97 0.93 0.85	1.16 1.16 0.92 0.84 0.68	1.25 1.25 0.87 0.74 0.48	1.37 1.37 0.81 0.62 0.25	1.51 1.51 0.74 0.48 -0.03	3.01 3.01 0.00 -1.00 -3.01
	\multicolumn{7}{c}{$\psi = 0,5$}
0.10	1.02 1.03 1.01 1.00 1.03	1.10 1.12 0.98 0.93 0.89	1.18 1.20 0.93 0.85 0.71	1.29 1.31 0.88 0.75 0.50	1.40 1.42 0.82 0.63 0.26	1.56 1.58 0.76 0.50 -0.03	-- -- -- -- --
0.20	1.01 1.01 1.00 1.00 1.01	1.08 1.09 0.97 0.93 0.87	1.17 1.18 0.93 0.84 0.69	1.27 1.28 0.87 0.74 0.49	1.39 1.40 0.82 0.63 0.25	1.54 1.55 0.75 0.49 -0.03	3.08 3.10 0.00 -1.00 -3.10
0.30	1.00 1.01 1.00 1.00 1.01	1.07 1.08 0.96 0.93 0.86	1.16 1.17 0.92 0.84 0.69	1.27 1.27 0.87 0.74 0.49	1.39 1.39 0.82 0.63 0.25	1.52 1.53 0.75 0.49 -0.03	3.04 3.05 0.00 -1.00 -3.05
0.40	0.85 0.75 0.87 1.00 0.75	0.90 0.80 0.82 0.90 0.62	0.95 0.85 0.77 0.79 0.49	1.01 0.90 0.71 0.66 0.33	1.08 0.97 0.65 0.51 0.16	1.16 1.04 0.58 0.35 -0.04	1.78 1.64 0.00 -1.00 -1.64
0.50	1.00 1.01 1.00 1.00 1.01	1.08 1.08 0.96 0.93 0.86	1.16 1.17 0.92 0.84 0.68	1.27 1.27 0.87 0.74 0.49	1.39 1.39 0.82 0.63 0.25	1.52 1.53 0.75 0.49 -0.03	3.04 3.05 0.00 -1.00 -3.05
0.60	1.00 1.01 1.00 1.00 1.01	1.08 1.09 0.97 0.93 0.86	1.17 1.18 0.93 0.84 0.69	1.27 1.27 0.87 0.74 0.49	1.39 1.40 0.82 0.63 0.25	1.53 1.54 0.75 0.49 -0.03	3.07 3.08 0.00 -1.00 -3.08
0.70	1.01 1.02 1.00 1.00 1.02	1.09 1.10 0.97 0.93 0.87	1.17 1.18 0.93 0.84 0.70	1.28 1.29 0.88 0.75 0.50	1.39 1.40 0.82 0.63 0.26	1.54 1.55 0.75 0.49 -0.03	3.10 3.11 0.00 -1.00 -3.11
0.80	1.01 1.03 1.00 1.00 1.03	1.09 1.11 0.97 0.93 0.88	1.18 1.20 0.93 0.84 0.70	1.28 1.30 0.88 0.75 0.50	1.41 1.43 0.82 0.64 0.26	1.56 1.58 0.76 0.50 -0.03	-- -- -- -- --
0.90	1.03 1.07 1.01 1.00 1.07	1.11 1.15 0.98 0.93 0.92	1.22 1.26 0.95 0.86 0.75	1.33 1.37 0.90 0.76 0.53	1.46 1.51 0.85 0.65 0.28	1.61 1.66 0.77 0.52 -0.02	-- -- -- -- --
	\multicolumn{7}{c}{$\psi = 1,0$}
0.10	1.05 1.09 1.02 1.00 1.09	1.12 1.17 0.98 0.93 0.93	1.22 1.27 0.95 0.86 0.75	1.33 1.38 0.90 0.76 0.54	1.46 1.52 0.84 0.66 0.29	1.63 1.69 0.78 0.53 -0.02	-- -- -- -- --
0.20	1.02 1.04 1.01 1.00 1.04	1.10 1.12 0.97 0.93 0.89	1.19 1.21 0.93 0.85 0.71	1.29 1.31 0.88 0.75 0.50	1.42 1.44 0.83 0.64 0.26	1.56 1.58 0.76 0.50 -0.03	-- -- -- -- --
0.30	1.01 1.02 1.01 1.00 1.02	1.09 1.10 0.97 0.93 0.87	1.17 1.18 0.93 0.84 0.70	1.27 1.28 0.88 0.75 0.49	1.39 1.40 0.82 0.63 0.26	1.54 1.55 0.75 0.49 -0.03	3.09 3.11 0.00 -1.00 -3.11
0.40	0.81 0.70 0.83 1.00 0.70	0.86 0.74 0.79 0.89 0.58	0.91 0.78 0.74 0.77 0.45	0.96 0.84 0.68 0.64 0.30	1.02 0.89 0.62 0.49 0.14	1.09 0.96 0.55 0.32 -0.04	1.61 1.45 0.00 -1.00 -1.45
0.50	1.01 1.02 1.01 1.00 1.02	1.09 1.10 0.97 0.93 0.87	1.17 1.18 0.93 0.84 0.70	1.27 1.28 0.88 0.75 0.49	1.39 1.40 0.82 0.63 0.26	1.54 1.55 0.75 0.49 -0.03	3.09 3.10 0.00 -1.00 -3.10
0.60	1.01 1.03 1.01 1.00 1.03	1.09 1.11 0.97 0.93 0.88	1.18 1.20 0.93 0.85 0.71	1.28 1.30 0.88 0.75 0.50	1.41 1.43 0.83 0.64 0.26	1.55 1.57 0.75 0.50 -0.03	-- -- -- -- --
0.70	1.03 1.06 1.02 1.00 1.06	1.11 1.14 0.98 0.93 0.90	1.20 1.23 0.94 0.85 0.73	1.30 1.33 0.89 0.75 0.52	1.43 1.47 0.83 0.64 0.27	1.60 1.63 0.77 0.51 -0.02	-- -- -- -- --
0.80	1.06 1.13 1.03 1.00 1.13	1.15 1.22 1.00 0.94 0.98	1.25 1.33 0.96 0.86 0.79	1.36 1.44 0.91 0.77 0.57	1.50 1.58 0.86 0.67 0.30	1.67 1.76 0.79 0.54 -0.01	-- -- -- -- --
0.90	1.36 1.71 1.19 1.00 1.71	1.52 1.89 1.19 0.99 1.53	1.65 2.04 1.14 0.96 1.25	1.83 2.24 1.10 0.92 0.94	2.25 2.73 1.16 0.93 0.61	2.61 3.13 1.11 0.88 0.07	-- -- -- -- --

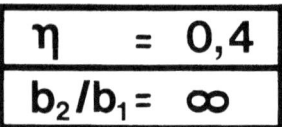
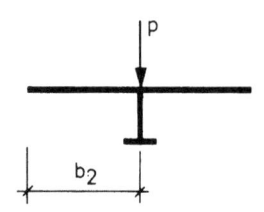
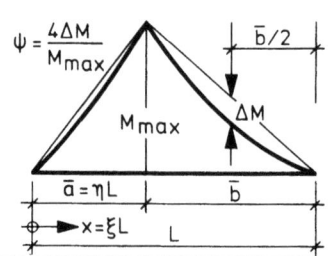

	$\psi = 0$						
ξ \ L/b_2	2.0	3.0	4.0	6.0	10.0	20.0	50.0
0.10	0.42 -0.00 0.92 1.00 -0.00	0.63 0.35 0.93 1.00 0.35	0.79 0.66 0.95 1.00 0.66	0.95 0.95 0.99 1.00 0.95	1.00 1.00 1.00 1.00 1.00	1.00 1.00 1.00 1.00 1.00	1.00 1.00 1.00 1.00 1.00
0.20	0.39 -0.01 0.92 1.00 -0.01	0.58 0.28 0.93 1.00 0.28	0.73 0.55 0.95 1.00 0.55	0.91 0.86 0.98 1.00 0.86	0.99 0.99 1.00 1.00 0.99	1.00 1.00 1.00 1.00 1.00	1.00 1.00 1.00 1.00 1.00
0.30	0.33 -0.00 0.92 1.00 -0.00	0.49 0.20 0.93 1.00 0.20	0.63 0.39 0.94 1.00 0.39	0.80 0.67 0.96 1.00 0.67	0.94 0.91 0.99 1.00 0.91	1.00 1.00 1.00 1.00 1.00	1.00 1.00 1.00 1.00 1.00
0.40	0.23 0.00 0.93 1.00 0.00	0.32 0.12 0.93 1.00 0.12	0.40 0.22 0.94 1.00 0.22	0.51 0.36 0.95 1.00 0.36	0.65 0.54 0.97 1.00 0.54	0.81 0.74 0.98 1.00 0.74	0.94 0.91 0.99 1.00 0.91
0.50	0.35 0.02 0.92 1.00 0.02	0.52 0.24 0.93 1.00 0.24	0.65 0.43 0.95 1.00 0.43	0.82 0.70 0.97 1.00 0.70	0.95 0.92 0.99 1.00 0.92	1.00 1.00 1.00 1.00 1.00	1.00 1.00 1.00 1.00 1.00
0.60	0.43 0.05 0.92 1.00 0.05	0.64 0.39 0.93 1.00 0.39	0.79 0.64 0.95 1.00 0.64	0.93 0.89 0.98 1.00 0.89	0.99 1.00 1.00 1.00 1.00	1.00 1.00 1.00 1.00 1.00	1.00 1.00 1.00 1.00 1.00
0.70	0.48 0.10 0.91 1.00 0.10	0.72 0.53 0.94 1.00 0.53	0.87 0.80 0.97 1.00 0.80	0.98 0.97 0.99 1.00 0.97	1.00 1.00 1.00 1.00 1.00	1.00 1.00 1.00 1.00 1.00	1.00 1.00 1.00 1.00 1.00
0.80	0.52 0.15 0.91 1.00 0.15	0.77 0.64 0.94 1.00 0.64	0.92 0.90 0.98 1.00 0.90	1.00 1.00 1.00 1.00 1.00	1.00 1.00 1.00 1.00 1.00	1.00 1.00 1.00 1.00 1.00	1.00 1.00 1.00 1.00 1.00
0.90	0.54 0.18 0.91 1.00 0.18	0.80 0.71 0.95 1.00 0.71	0.95 0.95 0.98 1.00 0.95	1.01 1.01 1.00 1.00 1.01	1.00 1.00 1.00 1.00 1.00	1.00 1.00 1.00 1.00 1.00	1.00 1.00 1.00 1.00 1.00
	$\psi = 0,5$						
0.10	0.56 -0.02 0.91 1.00 -0.02	0.86 0.54 0.92 1.00 0.54	1.10 1.07 0.95 1.00 1.07	1.26 1.41 1.01 1.00 1.41	1.13 1.20 1.02 1.00 1.20	1.03 1.05 1.01 1.00 1.05	1.01 1.01 1.00 1.00 1.01
0.20	0.43 -0.02 0.92 1.00 -0.02	0.65 0.32 0.92 1.00 0.32	0.83 0.66 0.94 1.00 0.66	1.01 1.01 0.98 1.00 1.01	1.05 1.09 1.01 1.00 1.09	1.02 1.02 1.00 1.00 1.02	1.00 1.00 1.00 1.00 1.00
0.30	0.33 -0.02 0.92 1.00 -0.02	0.49 0.18 0.93 1.00 0.18	0.62 0.37 0.94 1.00 0.37	0.80 0.65 0.96 1.00 0.65	0.95 0.92 0.99 1.00 0.92	1.01 1.01 1.00 1.00 1.01	1.00 1.00 1.00 1.00 1.00
0.40	0.20 -0.00 0.93 1.00 -0.00	0.28 0.08 0.94 1.00 0.08	0.34 0.16 0.94 1.00 0.16	0.45 0.29 0.95 1.00 0.29	0.59 0.46 0.96 1.00 0.46	0.76 0.68 0.98 1.00 0.68	0.92 0.88 0.99 1.00 0.88
0.50	0.34 0.01 0.92 1.00 0.01	0.51 0.22 0.93 1.00 0.22	0.65 0.41 0.94 1.00 0.41	0.81 0.68 0.96 1.00 0.68	0.96 0.93 0.99 1.00 0.93	1.01 1.01 1.00 1.00 1.01	1.00 1.00 1.00 1.00 1.00
0.60	0.48 0.07 0.91 1.00 0.07	0.72 0.47 0.93 1.00 0.47	0.89 0.77 0.96 1.00 0.77	1.02 1.02 0.99 1.00 1.02	1.04 1.07 1.00 1.00 1.07	1.01 1.02 1.00 1.00 1.02	1.00 1.00 1.00 1.00 1.00
0.70	0.66 0.20 0.90 1.00 0.20	1.02 0.93 0.94 1.00 0.93	1.19 1.28 0.99 1.00 1.28	1.19 1.30 1.02 1.00 1.30	1.08 1.12 1.01 1.00 1.12	1.02 1.03 1.00 1.00 1.03	1.01 1.01 1.00 1.00 1.01
0.80	1.05 0.52 0.87 1.00 0.52	1.74 2.03 0.97 1.00 2.03	1.83 2.32 1.06 1.00 2.32	1.43 1.68 1.02 1.00 1.68	1.14 1.21 1.02 1.00 1.21	1.03 1.05 1.00 1.00 1.05	1.00 1.00 1.00 1.00 1.00
0.90	-- -- -- -- --	-- -- -- -- --	-- -- -- -- --	2.26 2.90 1.16 1.00 2.90	1.33 1.50 1.05 1.00 1.50	1.07 1.11 1.01 1.00 1.11	1.01 1.02 1.00 1.00 1.02
	$\psi = 1,0$						
0.10	0.99 -0.06 0.87 1.00 -0.06	1.78 1.31 0.88 1.00 1.31	2.38 2.76 0.98 1.00 2.76	2.23 2.91 1.11 1.00 2.91	1.41 1.62 1.06 1.00 1.62	1.09 1.13 1.01 1.00 1.13	1.02 1.03 1.00 1.00 1.03
0.20	0.49 -0.04 0.91 1.00 -0.04	0.76 0.39 0.92 1.00 0.39	0.97 0.83 0.94 1.00 0.83	1.18 1.26 1.00 1.00 1.26	1.14 1.22 1.02 1.00 1.22	1.04 1.05 1.01 1.00 1.05	1.01 1.01 1.00 1.00 1.01
0.30	0.32 -0.03 0.93 1.00 -0.03	0.48 0.15 0.93 1.00 0.15	0.61 0.34 0.94 1.00 0.34	0.81 0.65 0.96 1.00 0.65	0.97 0.94 0.99 1.00 0.94	1.02 1.03 1.00 1.00 1.03	1.00 1.00 1.00 1.00 1.00
0.40	0.18 -0.01 0.93 1.00 -0.01	0.24 0.06 0.94 1.00 0.06	0.30 0.12 0.94 1.00 0.12	0.40 0.23 0.95 1.00 0.23	0.53 0.39 0.96 1.00 0.39	0.71 0.62 0.97 1.00 0.62	0.89 0.85 0.99 1.00 0.85
0.50	0.34 0.01 0.92 1.00 0.01	0.50 0.19 0.93 1.00 0.19	0.63 0.37 0.94 1.00 0.37	0.81 0.66 0.96 1.00 0.66	0.97 0.94 0.99 1.00 0.94	1.02 1.03 1.00 1.00 1.03	1.00 1.00 1.00 1.00 1.00
0.60	0.58 0.11 0.91 1.00 0.11	0.90 0.64 0.94 1.00 0.64	1.07 1.00 0.97 1.00 1.00	1.18 1.26 1.00 1.00 1.26	1.12 1.19 1.02 1.00 1.19	1.03 1.05 1.00 1.00 1.05	1.00 1.01 1.00 1.00 1.01
0.70	2.04 1.01 0.80 1.00 1.01	-- -- -- -- --	-- -- -- -- --	2.01 2.59 1.13 1.00 2.59	1.27 1.41 1.04 1.00 1.41	1.06 1.08 1.01 1.00 1.08	1.01 1.02 1.00 1.00 1.02
0.80	-- -- -- -- --	-- -- -- -- --	-- -- -- -- --	-- -- -- -- --	1.85 2.29 1.13 1.00 2.29	1.14 1.20 1.02 1.00 1.20	1.02 1.03 1.00 1.00 1.03
0.90	-- -- -- -- --	-- -- -- -- --	-- -- -- -- --	-- -- -- -- --	-- -- -- -- --	1.88 2.32 1.13 1.00 2.32	1.07 1.10 1.01 1.00 1.10

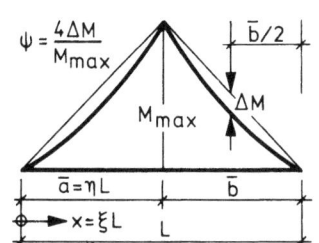
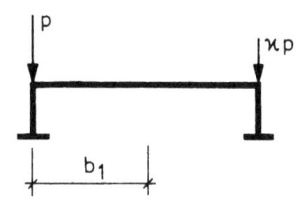

	η = 0,5
	b_2/b_1 = 0
	L/b_1 = 2,0

				$\psi = 0$				
$\xi \backslash \varkappa$		1.00	0.80	0.60	0.40	0.20	0.00	-1.00
0.10		0.57 1.00 0.24 1.00 1.00	0.53 1.00 0.20 0.69 0.69	0.50 1.00 0.17 0.41 0.41	0.47 1.00 0.14 0.16 0.16	0.44 1.00 0.11 -0.06 -0.06	0.41 1.00 0.09 -0.25 -0.25	0.31 1.00 -0.00 -1.00 -1.00
0.20		0.53 1.00 0.20 1.00 1.00	0.50 1.00 0.17 0.70 0.70	0.47 1.00 0.14 0.43 0.43	0.44 1.00 0.12 0.18 0.18	0.41 1.00 0.10 -0.03 -0.03	0.39 1.00 0.08 -0.23 -0.23	0.31 1.00 -0.00 -1.00 -1.00
0.30		0.46 1.00 0.15 1.00 1.00	0.44 1.00 0.13 0.72 0.72	0.41 1.00 0.11 0.46 0.46	0.39 1.00 0.09 0.22 0.22	0.38 1.00 0.08 0.00 0.00	0.36 1.00 0.06 -0.20 -0.20	0.29 1.00 -0.00 -1.00 -1.00
0.40		0.37 1.00 0.10 1.00 1.00	0.35 1.00 0.09 0.74 0.74	0.34 1.00 0.08 0.49 0.49	0.33 1.00 0.06 0.26 0.26	0.31 1.00 0.05 0.05 0.05	0.30 1.00 0.04 -0.15 -0.15	0.25 1.00 0.00 -1.00 -1.00
0.50		0.24 1.00 0.06 1.00 1.00	0.23 1.00 0.05 0.76 0.76	0.22 1.00 0.04 0.54 0.54	0.22 1.00 0.04 0.32 0.32	0.21 1.00 0.03 0.11 0.11	0.21 1.00 0.03 -0.09 -0.09	0.18 1.00 0.00 -1.00 -1.00
				$\psi = 0,25$				
0.10		1.05 1.00 0.51 1.00 1.00	0.91 1.00 0.40 0.58 0.58	0.81 1.00 0.32 0.25 0.25	0.72 1.00 0.25 -0.01 -0.01	0.65 1.00 0.20 -0.23 -0.23	0.59 1.00 0.15 -0.41 -0.41	0.40 1.00 -0.00 -1.00 -1.00
0.20		0.70 1.00 0.29 1.00 1.00	0.64 1.00 0.24 0.66 0.66	0.59 1.00 0.20 0.37 0.37	0.54 1.00 0.16 0.12 0.12	0.51 1.00 0.13 -0.10 -0.10	0.47 1.00 0.10 -0.30 -0.30	0.35 1.00 -0.00 -1.00 -1.00
0.30		0.51 1.00 0.17 1.00 1.00	0.48 1.00 0.15 0.71 0.71	0.45 1.00 0.12 0.44 0.44	0.43 1.00 0.10 0.20 0.20	0.41 1.00 0.08 -0.02 -0.02	0.38 1.00 0.07 -0.22 -0.22	0.30 1.00 -0.00 -1.00 -1.00
0.40		0.36 1.00 0.10 1.00 1.00	0.35 1.00 0.08 0.74 0.74	0.33 1.00 0.07 0.50 0.50	0.32 1.00 0.06 0.27 0.27	0.31 1.00 0.05 0.05 0.05	0.30 1.00 0.04 -0.15 -0.15	0.25 1.00 0.00 -1.00 -1.00
0.50		0.21 1.00 0.05 1.00 1.00	0.21 1.00 0.04 0.77 0.77	0.20 1.00 0.04 0.54 0.54	0.20 1.00 0.03 0.33 0.33	0.19 1.00 0.03 0.12 0.12	0.19 1.00 0.02 -0.08 -0.08	0.17 1.00 0.00 -1.00 -1.00
				$\psi = 0,5$				
0.10		-- -- -- -- --	-- -- -- -- --	-- -- -- -- --	-- -- -- -- --	2.45 1.00 0.91 -1.65 -1.65	1.75 1.00 0.55 -1.39 -1.39	0.69 1.00 -0.00 -1.00 -1.00
0.20		1.22 1.00 0.58 1.00 1.00	1.04 1.00 0.45 0.55 0.55	0.90 1.00 0.35 0.21 0.21	0.80 1.00 0.27 -0.05 -0.05	0.72 1.00 0.21 -0.27 -0.27	0.65 1.00 0.16 -0.44 -0.44	0.43 1.00 -0.00 -1.00 -1.00
0.30		0.58 1.00 0.21 1.00 1.00	0.54 1.00 0.17 0.69 0.69	0.51 1.00 0.15 0.42 0.42	0.48 1.00 0.12 0.17 0.17	0.45 1.00 0.10 -0.05 -0.05	0.42 1.00 0.08 -0.25 -0.25	0.33 1.00 -0.00 -1.00 -1.00
0.40		0.36 1.00 0.09 1.00 1.00	0.34 1.00 0.08 0.74 0.74	0.33 1.00 0.07 0.50 0.50	0.32 1.00 0.06 0.27 0.27	0.31 1.00 0.05 0.06 0.06	0.30 1.00 0.04 -0.14 -0.14	0.25 1.00 0.00 -1.00 -1.00
0.50		0.19 1.00 0.04 1.00 1.00	0.19 1.00 0.04 0.77 0.77	0.18 1.00 0.03 0.55 0.55	0.18 1.00 0.03 0.34 0.34	0.18 1.00 0.02 0.13 0.13	0.17 1.00 0.02 -0.07 -0.07	0.16 1.00 0.00 -1.00 -1.00
				$\psi = 0,75$				
0.10		-- -- -- -- --	-- -- -- -- --	-- -- -- -- --	-- -- -- -- --	-- -- -- -- --	-- -- -- -- --	-- -- -- -- --
0.20		-- -- -- -- --	-- -- -- -- --	-- -- -- -- --	2.40 1.00 0.96 -1.12 -1.12	1.75 1.00 0.60 -1.07 -1.07	1.37 1.00 0.40 -1.05 -1.05	0.63 1.00 -0.00 -1.00 -1.00
0.30		0.71 1.00 0.26 1.00 1.00	0.65 1.00 0.22 0.66 0.66	0.60 1.00 0.18 0.37 0.37	0.56 1.00 0.15 0.12 0.12	0.52 1.00 0.12 -0.10 -0.10	0.48 1.00 0.09 -0.29 -0.29	0.36 1.00 -0.00 -1.00 -1.00
0.40		0.35 1.00 0.09 1.00 1.00	0.34 1.00 0.07 0.74 0.74	0.32 1.00 0.06 0.50 0.50	0.31 1.00 0.05 0.28 0.28	0.30 1.00 0.05 0.06 0.06	0.29 1.00 0.04 -0.14 -0.14	0.25 1.00 0.00 -1.00 -1.00
0.50		0.17 1.00 0.03 1.00 1.00	0.17 1.00 0.03 0.78 0.78	0.17 1.00 0.03 0.56 0.56	0.16 1.00 0.02 0.35 0.35	0.16 1.00 0.02 0.14 0.14	0.16 1.00 0.02 -0.06 -0.06	0.15 1.00 0.00 -1.00 -1.00
				$\psi = 1,00$				
0.10		-- -- -- -- --	-- -- -- -- --	-- -- -- -- --	-- -- -- -- --	-- -- -- -- --	-- -- -- -- --	-- -- -- -- --
0.20		-- -- -- -- --	-- -- -- -- --	-- -- -- -- --	-- -- -- -- --	-- -- -- -- --	-- -- -- -- --	2.57 1.00 -0.00 -1.00 -1.00
0.30		0.98 1.00 0.38 1.00 1.00	0.87 1.00 0.31 0.61 0.61	0.78 1.00 0.25 0.29 0.29	0.71 1.00 0.20 0.03 0.03	0.65 1.00 0.16 -0.19 -0.19	0.59 1.00 0.12 -0.37 -0.37	0.41 1.00 -0.00 -1.00 -1.00
0.40		0.34 1.00 0.08 1.00 1.00	0.33 1.00 0.07 0.75 0.75	0.32 1.00 0.06 0.51 0.51	0.31 1.00 0.05 0.28 0.28	0.30 1.00 0.04 0.07 0.07	0.29 1.00 0.03 -0.13 -0.13	0.25 1.00 0.00 -1.00 -1.00
0.50		0.16 1.00 0.03 1.00 1.00	0.16 1.00 0.02 0.78 0.78	0.15 1.00 0.02 0.56 0.56	0.15 1.00 0.02 0.35 0.35	0.15 1.00 0.02 0.15 0.15	0.15 1.00 0.01 -0.05 -0.05	0.13 1.00 0.00 -1.00 -1.00

η	=	0,5
b_2/b_1	=	0
L/b_1	=	5,0

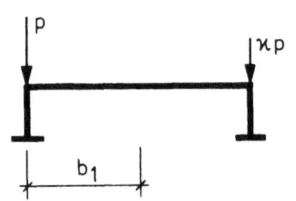
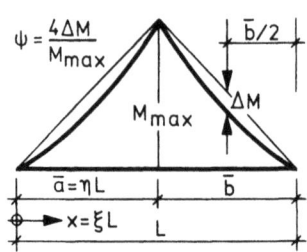

$\psi = 0$

ξ \ $\varkappa$	1.00	0.80	0.60	0.40	0.20	0.00	-1.00
0.10	1.03 1.00 1.04 1.00 1.00	0.87 1.00 0.80 0.53 0.53	0.75 1.00 0.62 0.18 0.18	0.65 1.00 0.48 -0.08 -0.08	0.58 1.00 0.37 -0.29 -0.29	0.52 1.00 0.28 -0.47 -0.47	0.33 1.00 0.00 -1.00 -1.00
0.20	1.02 1.00 1.01 1.00 1.00	0.86 1.00 0.78 0.54 0.54	0.74 1.00 0.60 0.19 0.19	0.65 1.00 0.47 -0.08 -0.08	0.58 1.00 0.36 -0.29 -0.29	0.52 1.00 0.27 -0.46 -0.46	0.33 1.00 0.00 -1.00 -1.00
0.30	0.96 1.00 0.91 1.00 1.00	0.82 1.00 0.71 0.55 0.55	0.72 1.00 0.55 0.21 0.21	0.63 1.00 0.43 -0.05 -0.05	0.56 1.00 0.33 -0.27 -0.27	0.51 1.00 0.25 -0.44 -0.44	0.33 1.00 0.00 -1.00 -1.00
0.40	0.82 1.00 0.69 1.00 1.00	0.72 1.00 0.55 0.60 0.60	0.64 1.00 0.44 0.28 0.28	0.57 1.00 0.35 0.01 0.01	0.52 1.00 0.27 -0.20 -0.20	0.47 1.00 0.21 -0.39 -0.39	0.32 1.00 0.00 -1.00 -1.00
0.50	0.48 1.00 0.35 1.00 1.00	0.44 1.00 0.30 0.69 0.69	0.41 1.00 0.25 0.41 0.41	0.39 1.00 0.21 0.16 0.16	0.36 1.00 0.17 -0.05 -0.05	0.34 1.00 0.13 -0.25 -0.25	0.26 1.00 0.00 -1.00 -1.00

$\psi = 0{,}25$

ξ \ $\varkappa$	1.00	0.80	0.60	0.40	0.20	0.00	-1.00
0.10	1.53 1.00 1.73 1.00 1.00	1.18 1.00 1.22 0.41 0.41	0.96 1.00 0.89 0.03 0.03	0.80 1.00 0.66 -0.24 -0.24	0.69 1.00 0.49 -0.43 -0.43	0.60 1.00 0.36 -0.58 -0.58	0.36 1.00 0.00 -1.00 -1.00
0.20	1.24 1.00 1.32 1.00 1.00	1.00 1.00 0.98 0.48 0.48	0.84 1.00 0.74 0.11 0.11	0.72 1.00 0.56 -0.15 -0.15	0.63 1.00 0.42 -0.36 -0.36	0.56 1.00 0.32 -0.52 -0.52	0.34 1.00 0.00 -1.00 -1.00
0.30	1.06 1.00 1.03 1.00 1.00	0.89 1.00 0.79 0.53 0.53	0.76 1.00 0.61 0.18 0.18	0.67 1.00 0.47 -0.09 -0.09	0.59 1.00 0.36 -0.30 -0.30	0.53 1.00 0.27 -0.47 -0.47	0.34 1.00 0.00 -1.00 -1.00
0.40	0.82 1.00 0.68 1.00 1.00	0.72 1.00 0.54 0.60 0.60	0.64 1.00 0.43 0.28 0.28	0.58 1.00 0.35 0.02 0.02	0.52 1.00 0.27 -0.20 -0.20	0.48 1.00 0.21 -0.39 -0.39	0.33 1.00 0.00 -1.00 -1.00
0.50	0.43 1.00 0.30 1.00 1.00	0.40 1.00 0.26 0.70 0.70	0.38 1.00 0.21 0.43 0.43	0.36 1.00 0.18 0.19 0.19	0.34 1.00 0.15 -0.03 -0.03	0.32 1.00 0.12 -0.23 -0.23	0.25 1.00 0.00 -1.00 -1.00

$\psi = 0{,}5$

ξ \ $\varkappa$	1.00	0.80	0.60	0.40	0.20	0.00	-1.00
0.10	-- -- -- -- --	2.67 1.00 3.22 -0.18 -0.18	1.71 1.00 1.85 -0.53 -0.53	1.24 1.00 1.20 -0.69 -0.69	0.97 1.00 0.82 -0.79 -0.79	0.80 1.00 0.56 -0.86 -0.86	0.40 1.00 0.00 -1.00 -1.00
0.20	1.73 1.00 2.02 1.00 1.00	1.29 1.00 1.37 0.36 0.36	1.03 1.00 0.98 -0.03 -0.03	0.85 1.00 0.72 -0.29 -0.29	0.72 1.00 0.53 -0.48 -0.48	0.62 1.00 0.39 -0.62 -0.62	0.36 1.00 0.00 -1.00 -1.00
0.30	1.20 1.00 1.22 1.00 1.00	0.98 1.00 0.91 0.49 0.49	0.83 1.00 0.69 0.13 0.13	0.72 1.00 0.53 -0.14 -0.14	0.63 1.00 0.40 -0.34 -0.34	0.56 1.00 0.30 -0.51 -0.51	0.35 1.00 0.00 -1.00 -1.00
0.40	0.82 1.00 0.67 1.00 1.00	0.72 1.00 0.54 0.60 0.60	0.64 1.00 0.43 0.28 0.28	0.58 1.00 0.34 0.02 0.02	0.52 1.00 0.27 -0.20 -0.20	0.48 1.00 0.21 -0.38 -0.38	0.33 1.00 0.00 -1.00 -1.00
0.50	0.39 1.00 0.26 1.00 1.00	0.37 1.00 0.22 0.71 0.71	0.35 1.00 0.19 0.45 0.45	0.33 1.00 0.15 0.21 0.21	0.31 1.00 0.13 -0.00 -0.00	0.30 1.00 0.10 -0.20 -0.20	0.23 1.00 0.00 -1.00 -1.00

$\psi = 0{,}75$

ξ \ $\varkappa$	1.00	0.80	0.60	0.40	0.20	0.00	-1.00
0.10	-- -- -- -- --	-- -- -- -- --	-- -- -- -- --	-- -- -- -- --	-- -- -- -- --	1.94 1.00 1.76 -2.49 -2.49	0.51 1.00 0.00 -1.00 -1.00
0.20	-- -- -- -- --	2.37 1.00 2.84 -0.07 -0.07	1.58 1.00 1.71 -0.44 -0.44	1.17 1.00 1.13 -0.63 -0.63	0.93 1.00 0.78 -0.75 -0.75	0.77 1.00 0.54 -0.82 -0.82	0.39 1.00 0.00 -1.00 -1.00
0.30	1.42 1.00 1.51 1.00 1.00	1.12 1.00 1.08 0.44 0.44	0.93 1.00 0.80 0.06 0.06	0.78 1.00 0.60 -0.20 -0.20	0.68 1.00 0.45 -0.40 -0.40	0.59 1.00 0.33 -0.56 -0.56	0.36 1.00 0.00 -1.00 -1.00
0.40	0.83 1.00 0.66 1.00 1.00	0.73 1.00 0.53 0.60 0.60	0.65 1.00 0.42 0.28 0.28	0.58 1.00 0.34 0.02 0.02	0.53 1.00 0.26 -0.20 -0.20	0.48 1.00 0.20 -0.38 -0.38	0.33 1.00 0.00 -1.00 -1.00
0.50	0.35 1.00 0.22 1.00 1.00	0.33 1.00 0.19 0.72 0.72	0.32 1.00 0.16 0.47 0.47	0.30 1.00 0.13 0.23 0.23	0.29 1.00 0.11 0.02 0.02	0.28 1.00 0.09 -0.18 -0.18	0.22 1.00 0.00 -1.00 -1.00

$\psi = 1{,}00$

ξ \ $\varkappa$	1.00	0.80	0.60	0.40	0.20	0.00	-1.00
0.10	-- -- -- -- --	-- -- -- -- --	-- -- -- -- --	-- -- -- -- --	-- -- -- -- --	-- -- -- -- --	2.45 1.00 0.00 -1.00 -1.00
0.20	-- -- -- -- --	-- -- -- -- --	-- -- -- -- --	2.94 1.00 3.37 -2.51 -2.51	1.71 1.00 1.71 -1.77 -1.77	1.19 1.00 1.01 -1.45 -1.45	0.45 1.00 0.00 -1.00 -1.00
0.30	1.92 1.00 2.15 1.00 1.00	1.40 1.00 1.43 0.33 0.33	1.10 1.00 1.01 -0.06 -0.06	0.90 1.00 0.73 -0.32 -0.32	0.76 1.00 0.54 -0.50 -0.50	0.65 1.00 0.39 -0.64 -0.64	0.37 1.00 0.00 -1.00 -1.00
0.40	0.83 1.00 0.65 1.00 1.00	0.73 1.00 0.52 0.60 0.60	0.65 1.00 0.42 0.28 0.28	0.59 1.00 0.33 0.02 0.02	0.53 1.00 0.26 -0.20 -0.20	0.49 1.00 0.20 -0.38 -0.38	0.33 1.00 0.00 -1.00 -1.00
0.50	0.32 1.00 0.18 1.00 1.00	0.31 1.00 0.16 0.73 0.73	0.29 1.00 0.14 0.48 0.48	0.28 1.00 0.12 0.25 0.25	0.27 1.00 0.10 0.04 0.04	0.26 1.00 0.08 -0.16 -0.16	0.21 1.00 0.00 -1.00 -1.00

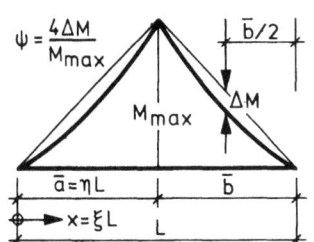
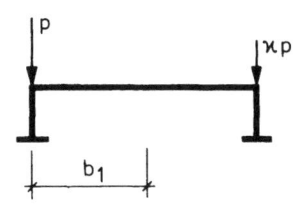

	$\eta = 0{,}5$
	$b_2/b_1 = 0$
	$L/b_1 = 10{,}0$

$\psi = 0$

ξ \ $\varkappa$	1.00	0.80	0.60	0.40	0.20	0.00	-1.00
0.10	1.00 1.00 1.00 1.00 1.00	0.84 1.00 0.77 0.54 0.54	0.73 1.00 0.60 0.20 0.20	0.64 1.00 0.47 -0.07 -0.07	0.57 1.00 0.36 -0.28 -0.28	0.51 1.00 0.27 -0.45 -0.45	0.33 1.00 0.00 -1.00 -1.00
0.20	1.00 1.00 1.00 1.00 1.00	0.85 1.00 0.77 0.54 0.54	0.73 1.00 0.60 0.20 0.20	0.65 1.00 0.47 -0.07 -0.07	0.57 1.00 0.36 -0.28 -0.28	0.52 1.00 0.27 -0.46 -0.46	0.33 1.00 0.00 -1.00 -1.00
0.30	1.01 1.00 1.01 1.00 1.00	0.85 1.00 0.78 0.54 0.54	0.74 1.00 0.60 0.20 0.20	0.65 1.00 0.47 -0.07 -0.07	0.57 1.00 0.36 -0.28 -0.28	0.52 1.00 0.27 -0.46 -0.46	0.33 1.00 0.00 -1.00 -1.00
0.40	0.98 1.00 0.96 1.00 1.00	0.84 1.00 0.75 0.55 0.55	0.73 1.00 0.58 0.21 0.21	0.64 1.00 0.45 -0.06 -0.06	0.57 1.00 0.35 -0.28 -0.28	0.51 1.00 0.27 -0.45 -0.45	0.33 1.00 0.00 -1.00 -1.00
0.50	0.67 1.00 0.58 1.00 1.00	0.60 1.00 0.48 0.63 0.63	0.54 1.00 0.39 0.33 0.33	0.49 1.00 0.31 0.07 0.07	0.45 1.00 0.25 -0.15 -0.15	0.42 1.00 0.19 -0.34 -0.34	0.30 1.00 0.00 -1.00 -1.00

$\psi = 0{,}25$

ξ \ $\varkappa$	1.00	0.80	0.60	0.40	0.20	0.00	-1.00
0.10	1.10 1.00 1.14 1.00 1.00	0.92 1.00 0.87 0.52 0.52	0.78 1.00 0.67 0.16 0.16	0.68 1.00 0.51 -0.10 -0.10	0.60 1.00 0.39 -0.31 -0.31	0.54 1.00 0.30 -0.48 -0.48	0.34 1.00 0.00 -1.00 -1.00
0.20	1.04 1.00 1.07 1.00 1.00	0.88 1.00 0.82 0.53 0.53	0.75 1.00 0.63 0.18 0.18	0.66 1.00 0.49 -0.08 -0.08	0.58 1.00 0.37 -0.30 -0.30	0.52 1.00 0.28 -0.47 -0.47	0.34 1.00 0.00 -1.00 -1.00
0.30	1.03 1.00 1.05 1.00 1.00	0.87 1.00 0.80 0.53 0.53	0.75 1.00 0.62 0.19 0.19	0.66 1.00 0.48 -0.08 -0.08	0.58 1.00 0.37 -0.29 -0.29	0.52 1.00 0.28 -0.47 -0.47	0.33 1.00 0.00 -1.00 -1.00
0.40	1.00 1.00 0.99 1.00 1.00	0.85 1.00 0.76 0.54 0.54	0.74 1.00 0.59 0.20 0.20	0.65 1.00 0.46 -0.07 -0.07	0.57 1.00 0.35 -0.28 -0.28	0.52 1.00 0.27 -0.45 -0.45	0.33 1.00 0.00 -1.00 -1.00
0.50	0.62 1.00 0.52 1.00 1.00	0.56 1.00 0.43 0.65 0.65	0.51 1.00 0.35 0.35 0.35	0.47 1.00 0.29 0.09 0.09	0.43 1.00 0.23 -0.13 -0.13	0.40 1.00 0.18 -0.32 -0.32	0.29 1.00 0.00 -1.00 -1.00

$\psi = 0{,}50$

ξ \ $\varkappa$	1.00	0.80	0.60	0.40	0.20	0.00	-1.00
0.10	1.29 1.00 1.43 1.00 1.00	1.04 1.00 1.05 0.47 0.47	0.87 1.00 0.79 0.10 0.10	0.74 1.00 0.59 -0.17 -0.17	0.64 1.00 0.45 -0.37 -0.37	0.57 1.00 0.33 -0.53 -0.53	0.35 1.00 0.00 -1.00 -1.00
0.20	1.11 1.00 1.17 1.00 1.00	0.92 1.00 0.88 0.51 0.51	0.79 1.00 0.68 0.16 0.16	0.68 1.00 0.52 -0.11 -0.11	0.60 1.00 0.40 -0.32 -0.32	0.54 1.00 0.30 -0.49 -0.49	0.34 1.00 0.00 -1.00 -1.00
0.30	1.07 1.00 1.11 1.00 1.00	0.90 1.00 0.84 0.52 0.52	0.77 1.00 0.65 0.17 0.17	0.67 1.00 0.50 -0.10 -0.10	0.59 1.00 0.38 -0.31 -0.31	0.53 1.00 0.29 -0.48 -0.48	0.34 1.00 0.00 -1.00 -1.00
0.40	1.02 1.00 1.00 1.00 1.00	0.86 1.00 0.77 0.54 0.54	0.74 1.00 0.60 0.19 0.19	0.65 1.00 0.46 -0.07 -0.07	0.58 1.00 0.36 -0.29 -0.29	0.52 1.00 0.27 -0.46 -0.46	0.34 1.00 0.00 -1.00 -1.00
0.50	0.57 1.00 0.47 1.00 1.00	0.52 1.00 0.39 0.66 0.66	0.48 1.00 0.32 0.37 0.37	0.44 1.00 0.26 0.11 0.11	0.41 1.00 0.21 -0.11 -0.11	0.38 1.00 0.17 -0.30 -0.30	0.28 1.00 0.00 -1.00 -1.00

$\psi = 0{,}75$

ξ \ $\varkappa$	1.00	0.80	0.60	0.40	0.20	0.00	-1.00
0.10	1.97 1.00 2.43 1.00 1.00	1.42 1.00 1.60 0.32 0.32	1.10 1.00 1.12 -0.08 -0.08	0.90 1.00 0.81 -0.34 -0.34	0.76 1.00 0.59 -0.52 -0.52	0.65 1.00 0.43 -0.65 -0.65	0.37 1.00 0.00 -1.00 -1.00
0.20	1.24 1.00 1.36 1.00 1.00	1.01 1.00 1.00 0.48 0.48	0.84 1.00 0.76 0.12 0.12	0.72 1.00 0.58 -0.15 -0.15	0.63 1.00 0.44 -0.36 -0.36	0.56 1.00 0.33 -0.52 -0.52	0.35 1.00 0.00 -1.00 -1.00
0.30	1.13 1.00 1.19 1.00 1.00	0.93 1.00 0.90 0.51 0.51	0.79 1.00 0.68 0.15 0.15	0.69 1.00 0.53 -0.12 -0.12	0.61 1.00 0.40 -0.32 -0.32	0.54 1.00 0.30 -0.49 -0.49	0.34 1.00 0.00 -1.00 -1.00
0.40	1.03 1.00 1.02 1.00 1.00	0.87 1.00 0.78 0.54 0.54	0.75 1.00 0.60 0.19 0.19	0.66 1.00 0.47 -0.08 -0.08	0.58 1.00 0.36 -0.29 -0.29	0.52 1.00 0.27 -0.46 -0.46	0.34 1.00 0.00 -1.00 -1.00
0.50	0.53 1.00 0.43 1.00 1.00	0.49 1.00 0.36 0.67 0.67	0.45 1.00 0.29 0.38 0.38	0.42 1.00 0.24 0.13 0.13	0.39 1.00 0.19 -0.09 -0.09	0.37 1.00 0.15 -0.28 -0.28	0.27 1.00 0.00 -1.00 -1.00

$\psi = 1{,}00$

ξ \ $\varkappa$	1.00	0.80	0.60	0.40	0.20	0.00	-1.00
0.10	-- -- -- -- --	-- -- -- -- --	-- -- -- -- --	2.49 1.00 2.92 -1.99 -1.99	1.56 1.00 1.59 -1.54 -1.54	1.13 1.00 0.97 -1.33 -1.33	0.45 1.00 0.00 -1.00 -1.00
0.20	1.52 1.00 1.78 1.00 1.00	1.18 1.00 1.26 0.41 0.41	0.96 1.00 0.92 0.03 0.03	0.80 1.00 0.68 -0.23 -0.23	0.69 1.00 0.51 -0.43 -0.43	0.60 1.00 0.37 -0.58 -0.58	0.36 1.00 0.00 -1.00 -1.00
0.30	1.20 1.00 1.30 1.00 1.00	0.98 1.00 0.97 0.49 0.49	0.83 1.00 0.73 0.13 0.13	0.71 1.00 0.56 -0.14 -0.14	0.62 1.00 0.42 -0.35 -0.35	0.55 1.00 0.32 -0.51 -0.51	0.34 1.00 0.00 -1.00 -1.00
0.40	1.05 1.00 1.04 1.00 1.00	0.88 1.00 0.80 0.53 0.53	0.76 1.00 0.62 0.18 0.18	0.67 1.00 0.48 -0.09 -0.09	0.59 1.00 0.37 -0.30 -0.30	0.53 1.00 0.28 -0.47 -0.47	0.34 1.00 0.00 -1.00 -1.00
0.50	0.50 1.00 0.38 1.00 1.00	0.46 1.00 0.32 0.68 0.68	0.43 1.00 0.27 0.40 0.40	0.40 1.00 0.22 0.15 0.15	0.37 1.00 0.18 -0.07 -0.07	0.35 1.00 0.14 -0.26 -0.26	0.26 1.00 0.00 -1.00 -1.00

η = 0,5
b_2/b_1 = 0
L/b_1 = 20,0

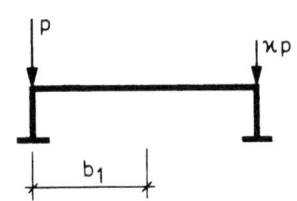

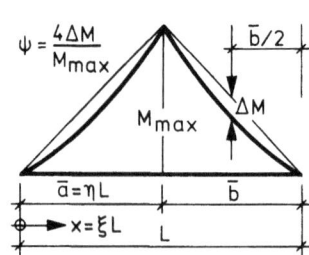

$\psi = \dfrac{4\Delta M}{M_{max}}$, $\bar{a} = \eta L$, $x = \xi L$

ξ \ κ	1.00	0.80	0.60	0.40	0.20	0.00	-1.00
	$\psi = 0$						
0.10	1.00 1.00 1.00 1.00 1.00	0.85 1.00 0.77 0.54 0.54	0.73 1.00 0.60 0.20 0.20	0.64 1.00 0.47 -0.07 -0.07	0.57 1.00 0.36 -0.28 -0.28	0.51 1.00 0.27 -0.45 -0.45	0.33 1.00 0.00 -1.00 -1.00
0.20	1.00 1.00 1.00 1.00 1.00	0.85 1.00 0.77 0.54 0.54	0.73 1.00 0.60 0.20 0.20	0.64 1.00 0.47 -0.07 -0.07	0.57 1.00 0.36 -0.28 -0.28	0.52 1.00 0.27 -0.45 -0.45	0.33 1.00 0.00 -1.00 -1.00
0.30	1.00 1.00 1.00 1.00 1.00	0.85 1.00 0.77 0.54 0.54	0.73 1.00 0.60 0.20 0.20	0.64 1.00 0.47 -0.07 -0.07	0.57 1.00 0.36 -0.28 -0.28	0.52 1.00 0.27 -0.45 -0.45	0.33 1.00 0.00 -1.00 -1.00
0.40	1.00 1.00 1.00 1.00 1.00	0.85 1.00 0.77 0.54 0.54	0.73 1.00 0.60 0.20 0.20	0.64 1.00 0.47 -0.07 -0.07	0.57 1.00 0.36 -0.28 -0.28	0.51 1.00 0.27 -0.46 -0.46	0.33 1.00 -0.00 -1.00 -1.00
0.50	0.82 1.00 0.77 1.00 1.00	0.72 1.00 0.61 0.59 0.59	0.64 1.00 0.49 0.26 0.26	0.57 1.00 0.39 0.00 0.00	0.51 1.00 0.30 -0.22 -0.22	0.47 1.00 0.23 -0.40 -0.40	0.32 1.00 -0.00 -1.00 -1.00
	$\psi = 0,25$						
0.10	1.02 1.00 1.03 1.00 1.00	0.86 1.00 0.79 0.54 0.54	0.74 1.00 0.61 0.19 0.19	0.65 1.00 0.48 -0.08 -0.08	0.58 1.00 0.37 -0.29 -0.29	0.52 1.00 0.28 -0.46 -0.46	0.33 1.00 0.00 -1.00 -1.00
0.20	1.01 1.00 1.01 1.00 1.00	0.85 1.00 0.78 0.54 0.54	0.74 1.00 0.61 0.20 0.20	0.65 1.00 0.47 -0.07 -0.07	0.58 1.00 0.36 -0.28 -0.28	0.52 1.00 0.27 -0.46 -0.46	0.33 1.00 0.00 -1.00 -1.00
0.30	1.01 1.00 1.01 1.00 1.00	0.85 1.00 0.78 0.54 0.54	0.74 1.00 0.60 0.20 0.20	0.65 1.00 0.47 -0.07 -0.07	0.58 1.00 0.36 -0.28 -0.28	0.52 1.00 0.27 -0.46 -0.46	0.33 1.00 0.00 -1.00 -1.00
0.40	1.01 1.00 1.01 1.00 1.00	0.85 1.00 0.78 0.54 0.54	0.74 1.00 0.61 0.20 0.20	0.65 1.00 0.47 -0.07 -0.07	0.58 1.00 0.36 -0.28 -0.28	0.52 1.00 0.27 -0.46 -0.46	0.33 1.00 0.00 -1.00 -1.00
0.50	0.78 1.00 0.72 1.00 1.00	0.69 1.00 0.58 0.60 0.60	0.61 1.00 0.46 0.28 0.28	0.55 1.00 0.37 0.02 0.02	0.50 1.00 0.29 -0.20 -0.20	0.46 1.00 0.22 -0.39 -0.39	0.31 1.00 -0.00 -1.00 -1.00
	$\psi = 0,50$						
0.10	1.07 1.00 1.10 1.00 1.00	0.89 1.00 0.84 0.52 0.52	0.77 1.00 0.64 0.18 0.18	0.67 1.00 0.50 -0.09 -0.09	0.59 1.00 0.38 -0.30 -0.30	0.53 1.00 0.29 -0.47 -0.47	0.34 1.00 0.00 -1.00 -1.00
0.20	1.03 1.00 1.04 1.00 1.00	0.87 1.00 0.80 0.53 0.53	0.75 1.00 0.62 0.19 0.19	0.65 1.00 0.48 -0.08 -0.08	0.58 1.00 0.37 -0.29 -0.29	0.52 1.00 0.28 -0.46 -0.46	0.34 1.00 0.00 -1.00 -1.00
0.30	1.01 1.00 1.02 1.00 1.00	0.86 1.00 0.78 0.54 0.54	0.74 1.00 0.61 0.19 0.19	0.65 1.00 0.47 -0.07 -0.07	0.58 1.00 0.36 -0.29 -0.29	0.52 1.00 0.28 -0.46 -0.46	0.33 1.00 0.00 -1.00 -1.00
0.40	1.01 1.00 1.02 1.00 1.00	0.85 1.00 0.78 0.54 0.54	0.74 1.00 0.61 0.19 0.19	0.65 1.00 0.47 -0.07 -0.07	0.58 1.00 0.36 -0.29 -0.29	0.52 1.00 0.28 -0.46 -0.46	0.33 1.00 0.00 -1.00 -1.00
0.50	0.75 1.00 0.68 1.00 1.00	0.66 1.00 0.55 0.61 0.61	0.59 1.00 0.44 0.29 0.29	0.54 1.00 0.35 0.03 0.03	0.49 1.00 0.28 -0.19 -0.19	0.45 1.00 0.21 -0.38 -0.38	0.31 1.00 -0.00 -1.00 -1.00
	$\psi = 0,75$						
0.10	1.14 1.00 1.22 1.00 1.00	0.95 1.00 0.92 0.50 0.50	0.80 1.00 0.70 0.15 0.15	0.69 1.00 0.54 -0.12 -0.12	0.61 1.00 0.41 -0.33 -0.33	0.54 1.00 0.31 -0.50 -0.50	0.34 1.00 0.00 -1.00 -1.00
0.20	1.05 1.00 1.07 1.00 1.00	0.88 1.00 0.82 0.53 0.53	0.76 1.00 0.63 0.18 0.18	0.66 1.00 0.49 -0.09 -0.09	0.59 1.00 0.38 -0.30 -0.30	0.52 1.00 0.28 -0.47 -0.47	0.34 1.00 0.00 -1.00 -1.00
0.30	1.02 1.00 1.04 1.00 1.00	0.86 1.00 0.80 0.54 0.54	0.75 1.00 0.62 0.19 0.19	0.65 1.00 0.48 -0.08 -0.08	0.58 1.00 0.37 -0.29 -0.29	0.52 1.00 0.28 -0.46 -0.46	0.33 1.00 0.00 -1.00 -1.00
0.40	1.02 1.00 1.03 1.00 1.00	0.86 1.00 0.79 0.54 0.54	0.74 1.00 0.61 0.19 0.19	0.65 1.00 0.48 -0.08 -0.08	0.58 1.00 0.37 -0.29 -0.29	0.52 1.00 0.28 -0.46 -0.46	0.33 1.00 0.00 -1.00 -1.00
0.50	0.72 1.00 0.64 1.00 1.00	0.64 1.00 0.52 0.62 0.62	0.57 1.00 0.42 0.31 0.31	0.52 1.00 0.34 0.05 0.05	0.47 1.00 0.27 -0.17 -0.17	0.44 1.00 0.21 -0.36 -0.36	0.30 1.00 -0.00 -1.00 -1.00
	$\psi = 1,00$						
0.10	1.52 1.00 1.77 1.00 1.00	1.18 1.00 1.25 0.41 0.41	0.96 1.00 0.92 0.04 0.04	0.80 1.00 0.68 -0.23 -0.23	0.69 1.00 0.51 -0.42 -0.42	0.60 1.00 0.37 -0.57 -0.57	0.36 1.00 0.00 -1.00 -1.00
0.20	1.10 1.00 1.14 1.00 1.00	0.91 1.00 0.87 0.52 0.52	0.78 1.00 0.66 0.17 0.17	0.68 1.00 0.51 -0.10 -0.10	0.60 1.00 0.39 -0.31 -0.31	0.54 1.00 0.30 -0.48 -0.48	0.34 1.00 0.00 -1.00 -1.00
0.30	1.04 1.00 1.06 1.00 1.00	0.88 1.00 0.81 0.53 0.53	0.75 1.00 0.63 0.18 0.18	0.66 1.00 0.49 -0.08 -0.08	0.58 1.00 0.37 -0.30 -0.30	0.52 1.00 0.28 -0.47 -0.47	0.34 1.00 0.00 -1.00 -1.00
0.40	1.03 1.00 1.04 1.00 1.00	0.87 1.00 0.80 0.53 0.53	0.75 1.00 0.62 0.19 0.19	0.65 1.00 0.48 -0.08 -0.08	0.58 1.00 0.37 -0.29 -0.29	0.52 1.00 0.28 -0.46 -0.46	0.33 1.00 0.00 -1.00 -1.00
0.50	0.69 1.00 0.61 1.00 1.00	0.61 1.00 0.49 0.63 0.63	0.55 1.00 0.40 0.32 0.32	0.50 1.00 0.32 0.06 0.06	0.46 1.00 0.25 -0.16 -0.16	0.43 1.00 0.20 -0.35 -0.35	0.30 1.00 -0.00 -1.00 -1.00

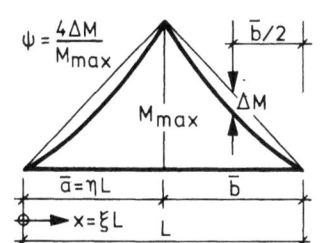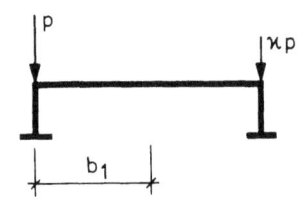

η	= 0,5
b_2/b_1	= 0
L/b_1	= 50,0

$\psi = 0$

ξ \ $\varkappa$	1.00	0.80	0.60	0.40	0.20	0.00	-1.00
0.10	1.00 1.00 1.00 1.00 1.00	0.85 1.00 0.77 0.54 0.54	0.73 1.00 0.60 0.20 0.20	0.64 1.00 0.47 -0.07 -0.07	0.57 1.00 0.36 -0.28 -0.28	0.51 1.00 0.27 -0.46 -0.46	0.33 1.00 0.00 -1.00 -1.00
0.20	1.00 1.00 1.00 1.00 1.00	0.85 1.00 0.77 0.54 0.54	0.73 1.00 0.60 0.20 0.20	0.64 1.00 0.47 -0.07 -0.07	0.57 1.00 0.36 -0.28 -0.28	0.51 1.00 0.27 -0.46 -0.46	0.33 1.00 0.00 -1.00 -1.00
0.30	1.00 1.00 1.00 1.00 1.00	0.85 1.00 0.77 0.54 0.54	0.73 1.00 0.60 0.20 0.20	0.64 1.00 0.47 -0.07 -0.07	0.57 1.00 0.36 -0.28 -0.28	0.51 1.00 0.27 -0.46 -0.46	0.33 1.00 0.00 -1.00 -1.00
0.40	1.00 1.00 1.00 1.00 1.00	0.85 1.00 0.77 0.54 0.54	0.73 1.00 0.60 0.20 0.20	0.64 1.00 0.47 -0.07 -0.07	0.57 1.00 0.36 -0.28 -0.28	0.51 1.00 0.27 -0.46 -0.46	0.33 1.00 0.00 -1.00 -1.00
0.50	0.94 1.00 0.92 1.00 1.00	0.81 1.00 0.72 0.56 0.56	0.70 1.00 0.56 0.22 0.22	0.62 1.00 0.44 -0.05 -0.05	0.56 1.00 0.34 -0.26 -0.26	0.50 1.00 0.26 -0.44 -0.44	0.33 1.00 0.00 -1.00 -1.00

$\psi = 0,25$

ξ \ $\varkappa$	1.00	0.80	0.60	0.40	0.20	0.00	-1.00
0.10	1.00 1.00 1.00 1.00 1.00	0.85 1.00 0.77 0.54 0.54	0.73 1.00 0.60 0.20 0.20	0.64 1.00 0.47 -0.07 -0.07	0.57 1.00 0.36 -0.28 -0.28	0.52 1.00 0.27 -0.46 -0.46	0.33 1.00 0.00 -1.00 -1.00
0.20	1.00 1.00 1.00 1.00 1.00	0.85 1.00 0.77 0.54 0.54	0.73 1.00 0.60 0.20 0.20	0.64 1.00 0.47 -0.07 -0.07	0.57 1.00 0.36 -0.28 -0.28	0.51 1.00 0.27 -0.46 -0.46	0.33 1.00 0.00 -1.00 -1.00
0.30	1.00 1.00 1.00 1.00 1.00	0.85 1.00 0.77 0.54 0.54	0.73 1.00 0.60 0.20 0.20	0.64 1.00 0.47 -0.07 -0.07	0.57 1.00 0.36 -0.28 -0.28	0.51 1.00 0.27 -0.46 -0.46	0.33 1.00 0.00 -1.00 -1.00
0.40	1.00 1.00 1.00 1.00 1.00	0.85 1.00 0.77 0.54 0.54	0.73 1.00 0.60 0.20 0.20	0.64 1.00 0.47 -0.07 -0.07	0.57 1.00 0.36 -0.28 -0.28	0.51 1.00 0.27 -0.46 -0.46	0.33 1.00 0.00 -1.00 -1.00
0.50	0.93 1.00 0.90 1.00 1.00	0.80 1.00 0.70 0.56 0.56	0.70 1.00 0.55 0.23 0.23	0.62 1.00 0.43 -0.04 -0.04	0.55 1.00 0.34 -0.26 -0.26	0.50 1.00 0.26 -0.43 -0.43	0.33 1.00 0.00 -1.00 -1.00

$\psi = 0,50$

ξ \ $\varkappa$	1.00	0.80	0.60	0.40	0.20	0.00	-1.00
0.10	1.01 1.00 1.01 1.00 1.00	0.85 1.00 0.78 0.54 0.54	0.74 1.00 0.61 0.20 0.20	0.65 1.00 0.47 -0.07 -0.07	0.58 1.00 0.36 -0.28 -0.28	0.52 1.00 0.27 -0.46 -0.46	0.33 1.00 0.00 -1.00 -1.00
0.20	1.00 1.00 1.01 1.00 1.00	0.85 1.00 0.77 0.54 0.54	0.73 1.00 0.60 0.20 0.20	0.65 1.00 0.47 -0.07 -0.07	0.57 1.00 0.36 -0.28 -0.28	0.52 1.00 0.27 -0.45 -0.45	0.33 1.00 0.00 -1.00 -1.00
0.30	1.00 1.00 1.00 1.00 1.00	0.85 1.00 0.77 0.54 0.54	0.73 1.00 0.60 0.20 0.20	0.64 1.00 0.47 -0.07 -0.07	0.57 1.00 0.36 -0.28 -0.28	0.52 1.00 0.27 -0.45 -0.45	0.33 1.00 0.00 -1.00 -1.00
0.40	1.00 1.00 1.00 1.00 1.00	0.85 1.00 0.77 0.54 0.54	0.73 1.00 0.60 0.20 0.20	0.64 1.00 0.47 -0.07 -0.07	0.57 1.00 0.36 -0.28 -0.28	0.52 1.00 0.27 -0.45 -0.45	0.33 1.00 0.00 -1.00 -1.00
0.50	0.91 1.00 0.88 1.00 1.00	0.78 1.00 0.69 0.56 0.56	0.69 1.00 0.54 0.23 0.23	0.61 1.00 0.43 -0.04 -0.04	0.55 1.00 0.33 -0.25 -0.25	0.49 1.00 0.25 -0.43 -0.43	0.33 1.00 -0.00 -1.00 -1.00

$\psi = 0,75$

ξ \ $\varkappa$	1.00	0.80	0.60	0.40	0.20	0.00	-1.00
0.10	1.02 1.00 1.03 1.00 1.00	0.86 1.00 0.79 0.54 0.54	0.75 1.00 0.62 0.19 0.19	0.65 1.00 0.48 -0.07 -0.07	0.58 1.00 0.37 -0.28 -0.28	0.52 1.00 0.28 -0.46 -0.46	0.34 1.00 0.00 -1.00 -1.00
0.20	1.01 1.00 1.01 1.00 1.00	0.85 1.00 0.78 0.54 0.54	0.74 1.00 0.61 0.20 0.20	0.65 1.00 0.47 -0.07 -0.07	0.58 1.00 0.36 -0.28 -0.28	0.52 1.00 0.27 -0.45 -0.45	0.33 1.00 0.00 -1.00 -1.00
0.30	1.01 1.00 1.01 1.00 1.00	0.85 1.00 0.78 0.54 0.54	0.74 1.00 0.60 0.20 0.20	0.65 1.00 0.47 -0.07 -0.07	0.57 1.00 0.36 -0.28 -0.28	0.52 1.00 0.27 -0.45 -0.45	0.33 1.00 0.00 -1.00 -1.00
0.40	1.00 1.00 1.01 1.00 1.00	0.85 1.00 0.77 0.54 0.54	0.73 1.00 0.60 0.20 0.20	0.65 1.00 0.47 -0.07 -0.07	0.57 1.00 0.36 -0.28 -0.28	0.52 1.00 0.27 -0.45 -0.45	0.33 1.00 0.00 -1.00 -1.00
0.50	0.89 1.00 0.86 1.00 1.00	0.77 1.00 0.67 0.57 0.57	0.68 1.00 0.53 0.24 0.24	0.60 1.00 0.42 -0.03 -0.03	0.54 1.00 0.33 -0.25 -0.25	0.49 1.00 0.25 -0.43 -0.43	0.32 1.00 -0.00 -1.00 -1.00

$\psi = 1,00$

ξ \ $\varkappa$	1.00	0.80	0.60	0.40	0.20	0.00	-1.00
0.10	1.04 1.00 1.07 1.00 1.00	0.88 1.00 0.82 0.53 0.53	0.75 1.00 0.63 0.18 0.18	0.66 1.00 0.49 -0.10 -0.10	0.58 1.00 0.38 -0.31 -0.31	0.52 1.00 0.28 -0.48 -0.48	0.34 1.00 0.00 -1.00 -1.00
0.20	1.02 1.00 1.02 1.00 1.00	0.86 1.00 0.79 0.54 0.54	0.74 1.00 0.61 0.19 0.19	0.65 1.00 0.47 -0.07 -0.07	0.58 1.00 0.36 -0.29 -0.29	0.52 1.00 0.28 -0.46 -0.46	0.33 1.00 0.00 -1.00 -1.00
0.30	1.01 1.00 1.01 1.00 1.00	0.85 1.00 0.78 0.54 0.54	0.74 1.00 0.60 0.20 0.20	0.65 1.00 0.47 -0.07 -0.07	0.58 1.00 0.36 -0.28 -0.28	0.52 1.00 0.27 -0.46 -0.46	0.33 1.00 0.00 -1.00 -1.00
0.40	1.00 1.00 1.00 1.00 1.00	0.85 1.00 0.77 0.54 0.54	0.73 1.00 0.60 0.20 0.20	0.64 1.00 0.47 -0.07 -0.07	0.57 1.00 0.36 -0.28 -0.28	0.51 1.00 0.27 -0.46 -0.46	0.33 1.00 0.00 -1.00 -1.00
0.50	0.88 1.00 0.84 1.00 1.00	0.76 1.00 0.66 0.57 0.57	0.67 1.00 0.52 0.24 0.24	0.59 1.00 0.41 -0.02 -0.02	0.53 1.00 0.32 -0.24 -0.24	0.48 1.00 0.24 -0.42 -0.42	0.32 1.00 -0.00 -1.00 -1.00

η	= 0,5
b_2/b_1	= 0,2
L/b_1	= 2,0

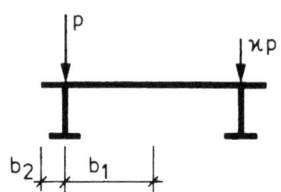
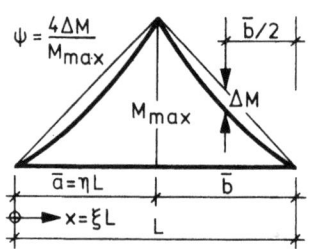

$\psi = \dfrac{4\Delta M}{M_{max}}$

ξ \ ϰ	1.00	0.80	0.60	0.40	0.20	0.00	−1.00
ψ = 0							
0.10	0.60 1.10 0.20 1.00 1.10	0.58 1.12 0.18 0.75 0.82	0.56 1.13 0.15 0.52 0.55	0.55 1.14 0.13 0.29 0.29	0.53 1.16 0.11 0.08 0.04	0.52 1.17 0.09 −0.12 −0.19	0.46 1.22 −0.00 −1.00 −1.22
0.20	0.58 1.11 0.18 1.00 1.11	0.56 1.12 0.16 0.76 0.83	0.55 1.13 0.14 0.52 0.56	0.53 1.14 0.12 0.30 0.30	0.52 1.16 0.10 0.09 0.05	0.51 1.17 0.08 −0.11 −0.18	0.45 1.21 −0.00 −1.00 −1.21
0.30	0.54 1.08 0.16 1.00 1.08	0.53 1.09 0.14 0.76 0.81	0.52 1.10 0.12 0.53 0.55	0.51 1.12 0.10 0.31 0.31	0.50 1.13 0.09 0.10 0.07	0.48 1.14 0.07 −0.10 −0.16	0.44 1.18 −0.00 −1.00 −1.18
0.40	0.47 0.94 0.12 1.00 0.94	0.47 0.95 0.10 0.77 0.71	0.46 0.96 0.09 0.55 0.49	0.45 0.97 0.08 0.33 0.28	0.44 0.98 0.07 0.12 0.07	0.43 0.99 0.05 −0.08 −0.13	0.40 1.04 0.00 −1.00 −1.04
0.50	0.32 0.56 0.07 1.00 0.56	0.31 0.57 0.06 0.78 0.42	0.31 0.58 0.05 0.57 0.30	0.31 0.59 0.05 0.36 0.17	0.30 0.60 0.04 0.15 0.04	0.30 0.61 0.03 −0.05 −0.08	0.28 0.66 0.00 −1.00 −0.66
ψ = 0,25							
0.10	0.80 1.48 0.32 1.00 1.48	0.77 1.49 0.28 0.73 1.08	0.74 1.49 0.24 0.48 0.70	0.71 1.50 0.20 0.25 0.35	0.68 1.50 0.16 0.03 0.02	0.65 1.51 0.13 −0.17 −0.28	0.55 1.52 −0.00 −1.00 −1.52
0.20	0.67 1.28 0.24 1.00 1.28	0.65 1.29 0.21 0.75 0.95	0.63 1.30 0.18 0.51 0.63	0.61 1.31 0.15 0.28 0.33	0.59 1.32 0.13 0.07 0.05	0.57 1.33 0.10 −0.14 −0.22	0.50 1.36 −0.00 −1.00 −1.36
0.30	0.58 1.17 0.17 1.00 1.17	0.57 1.18 0.15 0.76 0.87	0.55 1.19 0.13 0.53 0.59	0.54 1.20 0.11 0.31 0.33	0.52 1.21 0.09 0.10 0.07	0.51 1.22 0.08 −0.11 −0.17	0.46 1.26 −0.00 −1.00 −1.26
0.40	0.47 0.94 0.11 1.00 0.94	0.46 0.95 0.10 0.77 0.71	0.46 0.96 0.09 0.55 0.49	0.45 0.97 0.08 0.33 0.28	0.44 0.98 0.06 0.13 0.07	0.43 0.99 0.05 −0.08 −0.12	0.40 1.04 0.00 −1.00 −1.04
0.50	0.29 0.50 0.06 1.00 0.50	0.29 0.51 0.05 0.78 0.38	0.28 0.52 0.05 0.57 0.26	0.28 0.53 0.04 0.36 0.15	0.28 0.54 0.03 0.16 0.04	0.28 0.54 0.03 −0.04 −0.07	0.26 0.59 0.00 −1.00 −0.59
ψ = 0,50							
0.10	1.74 3.21 0.85 1.00 3.21	1.57 3.06 0.69 0.63 2.16	1.42 2.93 0.56 0.32 1.30	1.30 2.82 0.45 0.06 0.58	1.20 2.74 0.36 −0.16 −0.03	1.11 2.66 0.28 −0.35 −0.56	0.81 2.39 −0.00 −1.00 −2.39
0.20	0.86 1.65 0.34 1.00 1.65	0.82 1.64 0.29 0.72 1.19	0.79 1.64 0.25 0.47 0.77	0.75 1.64 0.21 0.24 0.39	0.72 1.64 0.17 0.02 0.03	0.69 1.64 0.14 −0.18 −0.30	0.58 1.64 −0.00 −1.00 −1.64
0.30	0.63 1.29 0.19 1.00 1.29	0.61 1.30 0.17 0.75 0.96	0.60 1.31 0.15 0.52 0.65	0.58 1.31 0.13 0.30 0.36	0.56 1.32 0.10 0.08 0.08	0.55 1.33 0.09 −0.12 −0.19	0.48 1.36 −0.00 −1.00 −1.36
0.40	0.47 0.94 0.11 1.00 0.94	0.46 0.95 0.10 0.77 0.72	0.45 0.97 0.09 0.55 0.50	0.45 0.98 0.07 0.33 0.28	0.44 0.99 0.06 0.13 0.08	0.43 1.00 0.05 −0.08 −0.12	0.40 1.04 0.00 −1.00 −1.04
0.50	0.27 0.44 0.05 1.00 0.44	0.26 0.45 0.05 0.79 0.34	0.26 0.46 0.04 0.58 0.24	0.26 0.47 0.03 0.37 0.14	0.26 0.48 0.03 0.16 0.04	0.25 0.49 0.02 −0.04 −0.06	0.24 0.53 0.00 −1.00 −0.53
ψ = 0,75							
0.10	-- -- --	-- -- --	-- -- --	-- -- --	-- -- --	-- -- --	-- -- --
0.20	1.48 2.82 0.68 1.00 2.82	1.36 2.72 0.56 0.66 1.94	1.25 2.64 0.46 0.36 1.20	1.16 2.57 0.38 0.11 0.56	1.08 2.51 0.30 −0.11 −0.00	1.01 2.45 0.24 −0.30 −0.49	0.76 2.26 −0.00 −1.00 −2.26
0.30	0.71 1.48 0.23 1.00 1.48	0.69 1.48 0.20 0.74 1.10	0.67 1.49 0.17 0.51 0.74	0.64 1.49 0.15 0.28 0.40	0.62 1.49 0.12 0.07 0.08	0.61 1.50 0.10 −0.14 −0.22	0.53 1.51 −0.00 −1.00 −1.51
0.40	0.47 0.95 0.11 1.00 0.95	0.46 0.96 0.09 0.77 0.72	0.45 0.97 0.08 0.55 0.50	0.44 0.98 0.07 0.34 0.29	0.44 0.99 0.06 0.13 0.08	0.43 1.00 0.05 −0.07 −0.12	0.40 1.04 0.00 −1.00 −1.04
0.50	0.25 0.40 0.04 1.00 0.40	0.24 0.41 0.04 0.79 0.31	0.24 0.41 0.03 0.58 0.21	0.24 0.42 0.03 0.37 0.12	0.24 0.43 0.03 0.17 0.04	0.24 0.44 0.02 −0.03 −0.05	0.23 0.47 0.00 −1.00 −0.47
ψ = 1,00							
0.10	-- -- --	-- -- --	-- -- --	-- -- --	-- -- --	-- -- --	-- -- --
0.20	-- -- --	-- -- --	-- -- --	-- -- --	-- -- --	-- -- --	1.61 5.10 −0.00 −1.00 −5.10
0.30	0.85 1.81 0.29 1.00 1.81	0.82 1.80 0.25 0.73 1.33	0.78 1.80 0.22 0.48 0.89	0.75 1.79 0.18 0.25 0.47	0.73 1.78 0.15 0.04 0.09	0.70 1.78 0.12 −0.17 −0.27	0.59 1.76 −0.00 −1.00 −1.76
0.40	0.47 0.95 0.10 1.00 0.95	0.46 0.96 0.09 0.77 0.73	0.45 0.97 0.08 0.55 0.51	0.44 0.98 0.07 0.34 0.29	0.44 0.99 0.06 0.13 0.09	0.43 1.00 0.05 −0.07 −0.12	0.40 1.04 0.00 −1.00 −1.04
0.50	0.23 0.36 0.04 1.00 0.36	0.23 0.36 0.03 0.79 0.27	0.22 0.37 0.03 0.58 0.19	0.22 0.38 0.03 0.38 0.11	0.22 0.39 0.02 0.17 0.03	0.22 0.39 0.02 −0.03 −0.05	0.21 0.43 0.00 −1.00 −0.43

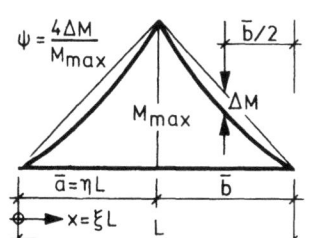
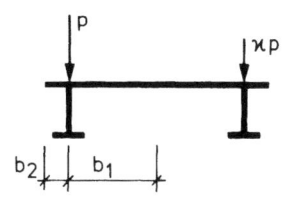

	η	= 0,5
	b_2/b_1	= 0,2
	L/b_1	= 5,0

ψ = 0

ξ \ ϰ	1.00	0.80	0.60	0.40	0.20	0.00	-1.00
0.10	0.99 0.98 0.98 1.00 0.98	0.90 1.02 0.80 0.65 0.59	0.82 1.05 0.66 0.35 0.27	0.76 1.08 0.53 0.09 -0.01	0.70 1.10 0.43 -0.13 -0.25	0.65 1.12 0.33 -0.32 -0.46	0.48 1.20 0.00 -1.00 -1.20
0.20	0.97 0.98 0.93 1.00 0.98	0.88 1.02 0.77 0.65 0.60	0.81 1.05 0.63 0.36 0.28	0.75 1.08 0.51 0.10 0.00	0.69 1.10 0.41 -0.12 -0.24	0.65 1.12 0.32 -0.31 -0.45	0.48 1.20 0.00 -1.00 -1.20
0.30	0.92 0.99 0.83 1.00 0.99	0.85 1.03 0.69 0.66 0.63	0.78 1.06 0.57 0.38 0.31	0.73 1.08 0.47 0.12 0.03	0.68 1.11 0.38 -0.10 -0.21	0.63 1.13 0.30 -0.29 -0.42	0.48 1.20 0.00 -1.00 -1.20
0.40	0.83 1.02 0.68 1.00 1.02	0.78 1.05 0.57 0.69 0.68	0.73 1.08 0.48 0.41 0.37	0.68 1.10 0.39 0.16 0.09	0.64 1.12 0.32 -0.06 -0.15	0.61 1.13 0.25 -0.25 -0.37	0.47 1.20 0.00 -1.00 -1.20
0.50	0.57 0.72 0.40 1.00 0.72	0.55 0.75 0.35 0.73 0.50	0.52 0.78 0.30 0.48 0.29	0.50 0.80 0.25 0.25 0.10	0.48 0.83 0.21 0.03 -0.08	0.46 0.85 0.17 -0.17 -0.25	0.39 0.94 0.00 -1.00 -0.94

ψ = 0,25

ξ \ ϰ	1.00	0.80	0.60	0.40	0.20	0.00	-1.00
0.10	1.24 1.02 1.37 1.00 1.02	1.09 1.06 1.09 0.59 0.56	0.97 1.10 0.87 0.27 0.19	0.87 1.13 0.69 0.01 -0.11	0.79 1.15 0.54 -0.21 -0.35	0.72 1.18 0.42 -0.39 -0.56	0.50 1.25 0.00 -1.00 -1.25
0.20	1.09 1.00 1.13 1.00 1.00	0.98 1.04 0.92 0.63 0.58	0.89 1.07 0.74 0.32 0.24	0.81 1.10 0.60 0.06 -0.05	0.74 1.13 0.47 -0.16 -0.29	0.69 1.15 0.37 -0.35 -0.50	0.49 1.22 0.00 -1.00 -1.22
0.30	0.97 1.01 0.91 1.00 1.01	0.89 1.05 0.75 0.65 0.63	0.81 1.08 0.62 0.36 0.30	0.75 1.10 0.50 0.11 0.02	0.70 1.12 0.40 -0.11 -0.23	0.65 1.14 0.31 -0.31 -0.44	0.48 1.22 0.00 -1.00 -1.22
0.40	0.83 1.04 0.67 1.00 1.04	0.77 1.07 0.56 0.69 0.69	0.73 1.09 0.47 0.41 0.38	0.68 1.11 0.39 0.17 0.10	0.64 1.13 0.31 -0.05 -0.14	0.61 1.15 0.25 -0.25 -0.37	0.47 1.21 0.00 -1.00 -1.21
0.50	0.53 0.68 0.35 1.00 0.68	0.50 0.71 0.31 0.74 0.48	0.49 0.73 0.26 0.49 0.28	0.47 0.76 0.22 0.26 0.10	0.45 0.78 0.18 0.05 -0.07	0.43 0.80 0.15 -0.15 -0.22	0.37 0.89 0.00 -1.00 -0.89

ψ = 0,50

ξ \ ϰ	1.00	0.80	0.60	0.40	0.20	0.00	-1.00
0.10	2.10 1.17 2.76 1.00 1.17	1.66 1.22 1.98 0.44 0.46	1.37 1.25 1.46 0.06 -0.01	1.16 1.28 1.10 -0.21 -0.35	1.01 1.29 0.82 -0.40 -0.60	0.89 1.31 0.61 -0.56 -0.79	0.55 1.34 0.00 -1.00 -1.34
0.20	1.31 1.02 1.49 1.00 1.02	1.14 1.07 1.18 0.58 0.54	1.01 1.11 0.93 0.25 0.16	0.90 1.14 0.73 -0.01 -0.14	0.82 1.16 0.57 -0.23 -0.38	0.74 1.19 0.44 -0.41 -0.59	0.51 1.26 0.00 -1.00 -1.26
0.30	1.03 1.03 1.00 1.00 1.03	0.94 1.06 0.82 0.64 0.62	0.86 1.10 0.67 0.34 0.28	0.79 1.12 0.54 0.08 -0.01	0.73 1.14 0.43 -0.14 -0.26	0.67 1.16 0.34 -0.33 -0.47	0.49 1.23 0.00 -1.00 -1.23
0.40	0.83 1.06 0.66 1.00 1.06	0.78 1.09 0.55 0.69 0.71	0.73 1.11 0.46 0.41 0.39	0.68 1.13 0.38 0.17 0.11	0.64 1.15 0.31 -0.05 -0.14	0.61 1.16 0.25 -0.25 -0.36	0.47 1.22 0.00 -1.00 -1.22
0.50	0.49 0.65 0.31 1.00 0.65	0.47 0.67 0.27 0.74 0.46	0.45 0.69 0.23 0.50 0.28	0.44 0.72 0.20 0.28 0.11	0.42 0.74 0.16 0.06 -0.05	0.41 0.76 0.13 -0.14 -0.20	0.35 0.84 0.00 -1.00 -0.84

ψ = 0,75

ξ \ ϰ	1.00	0.80	0.60	0.40	0.20	0.00	-1.00
0.10	-- -- -- -- --	-- -- -- -- --	-- -- -- -- --	2.99 2.14 3.65 -1.57 -1.88	2.02 1.91 2.13 -1.33 -1.75	1.52 1.78 1.35 -1.21 -1.69	0.65 1.57 0.00 -1.01 -1.57
0.20	1.89 1.07 2.44 1.00 1.07	1.53 1.13 1.79 0.47 0.44	1.28 1.18 1.35 0.10 0.00	1.10 1.21 1.02 -0.17 -0.32	0.96 1.23 0.77 -0.37 -0.56	0.86 1.25 0.57 -0.53 -0.75	0.54 1.31 0.00 -1.00 -1.31
0.30	1.13 1.06 1.15 1.00 1.06	1.01 1.09 0.93 0.62 0.62	0.92 1.13 0.75 0.31 0.26	0.84 1.15 0.60 0.05 -0.04	0.77 1.18 0.48 -0.17 -0.30	0.71 1.19 0.37 -0.36 -0.51	0.50 1.26 0.00 -1.00 -1.26
0.40	0.83 1.09 0.65 1.00 1.09	0.78 1.11 0.54 0.69 0.73	0.73 1.13 0.46 0.41 0.41	0.69 1.15 0.38 0.17 0.12	0.65 1.17 0.31 -0.05 -0.13	0.61 1.18 0.24 -0.25 -0.36	0.48 1.24 0.00 -1.00 -1.24
0.50	0.45 0.61 0.26 1.00 0.61	0.44 0.64 0.23 0.75 0.44	0.42 0.66 0.20 0.52 0.27	0.41 0.68 0.17 0.29 0.11	0.40 0.70 0.14 0.08 -0.04	0.39 0.72 0.12 -0.12 -0.18	0.34 0.80 0.00 -1.00 -0.80

ψ = 1,00

ξ \ ϰ	1.00	0.80	0.60	0.40	0.20	0.00	-1.00
0.10	-- -- -- -- --	-- -- -- -- --	-- -- -- -- --	-- -- -- -- --	-- -- -- -- --	-- -- -- -- --	1.50 3.44 0.00 -1.01 -3.44
0.20	-- -- -- -- --	-- -- -- -- --	2.42 1.49 3.05 -0.50 -0.66	1.78 1.47 1.99 -0.68 -0.93	1.40 1.46 1.36 -0.78 -1.09	1.16 1.45 0.94 -0.85 -1.19	0.60 1.43 0.00 -1.00 -1.43
0.30	1.29 1.10 1.38 1.00 1.10	1.13 1.14 1.10 0.59 0.61	1.01 1.17 0.88 0.27 0.22	0.91 1.19 0.69 0.00 -0.09	0.82 1.22 0.54 -0.22 -0.35	0.75 1.23 0.42 -0.40 -0.57	0.52 1.29 0.00 -1.00 -1.29
0.40	0.83 1.11 0.63 1.00 1.11	0.78 1.13 0.53 0.69 0.75	0.73 1.15 0.45 0.42 0.42	0.69 1.17 0.37 0.17 0.14	0.65 1.18 0.30 -0.05 -0.12	0.61 1.20 0.24 -0.24 -0.36	0.48 1.25 0.00 -1.00 -1.25
0.50	0.42 0.58 0.23 1.00 0.58	0.41 0.60 0.20 0.76 0.42	0.40 0.63 0.17 0.53 0.27	0.39 0.64 0.15 0.30 0.12	0.38 0.66 0.13 0.09 -0.03	0.37 0.68 0.10 -0.11 -0.16	0.32 0.76 0.00 -1.00 -0.76

η = 0,5
b_2/b_1 = 0,2
L/b_1 = 10,0

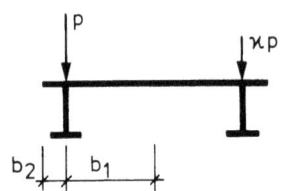
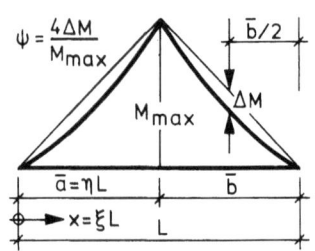

$\psi = \dfrac{4\Delta M}{M_{max}}$

ξ \ $\varkappa$	1.00	0.80	0.60	0.40	0.20	0.00	-1.00
\multicolumn{8}{c}{$\psi = 0$}
0.10	1.00 1.00 1.00 1.00 1.00	0.91 1.03 0.82 0.64 0.61	0.83 1.06 0.67 0.34 0.28	0.76 1.09 0.54 0.09 -0.00	0.71 1.11 0.43 -0.13 -0.24	0.66 1.13 0.34 -0.32 -0.46	0.48 1.20 0.00 -1.00 -1.20
0.20	1.00 1.00 1.00 1.00 1.00	0.91 1.03 0.82 0.64 0.60	0.83 1.06 0.67 0.34 0.28	0.76 1.09 0.55 0.09 -0.00	0.71 1.11 0.43 -0.13 -0.25	0.66 1.13 0.34 -0.32 -0.46	0.48 1.20 0.00 -1.00 -1.20
0.30	1.00 0.99 1.00 1.00 0.99	0.91 1.03 0.82 0.64 0.60	0.83 1.06 0.67 0.34 0.27	0.76 1.09 0.54 0.09 -0.01	0.71 1.11 0.43 -0.13 -0.25	0.66 1.13 0.34 -0.32 -0.46	0.48 1.20 0.00 -1.00 -1.20
0.40	0.97 1.00 0.93 1.00 1.00	0.88 1.03 0.77 0.65 0.61	0.81 1.06 0.63 0.36 0.29	0.75 1.09 0.52 0.10 0.01	0.69 1.11 0.41 -0.12 -0.23	0.65 1.13 0.32 -0.31 -0.44	0.48 1.20 0.00 -1.00 -1.20
0.50	0.75 0.85 0.64 1.00 0.85	0.70 0.88 0.54 0.69 0.55	0.66 0.91 0.46 0.42 0.29	0.62 0.94 0.38 0.18 0.06	0.58 0.96 0.31 -0.04 -0.15	0.55 0.99 0.24 -0.24 -0.34	0.43 1.07 0.00 -1.00 -1.07
\multicolumn{8}{c}{$\psi = 0,25$}
0.10	1.08 1.01 1.13 1.00 1.01	0.97 1.05 0.92 0.63 0.60	0.88 1.08 0.75 0.32 0.26	0.80 1.11 0.60 0.06 -0.03	0.73 1.13 0.48 -0.16 -0.28	0.68 1.15 0.37 -0.35 -0.49	0.49 1.21 0.00 -1.00 -1.21
0.20	1.04 1.00 1.07 1.00 1.00	0.93 1.04 0.87 0.63 0.60	0.85 1.07 0.71 0.33 0.26	0.78 1.10 0.57 0.07 -0.02	0.72 1.12 0.46 -0.15 -0.26	0.67 1.14 0.35 -0.34 -0.47	0.48 1.20 0.00 -1.00 -1.20
0.30	1.02 1.00 1.04 1.00 1.00	0.93 1.04 0.85 0.64 0.60	0.84 1.07 0.69 0.34 0.27	0.77 1.09 0.56 0.08 -0.01	0.72 1.12 0.45 -0.14 -0.26	0.66 1.14 0.35 -0.33 -0.47	0.48 1.20 0.00 -1.00 -1.20
0.40	0.97 1.00 0.94 1.00 1.00	0.89 1.03 0.78 0.65 0.61	0.81 1.06 0.64 0.36 0.29	0.75 1.09 0.52 0.10 0.01	0.70 1.11 0.41 -0.12 -0.23	0.65 1.13 0.32 -0.31 -0.44	0.48 1.20 0.00 -1.00 -1.20
0.50	0.70 0.82 0.59 1.00 0.82	0.66 0.85 0.50 0.70 0.54	0.63 0.88 0.42 0.43 0.29	0.59 0.91 0.35 0.19 0.07	0.56 0.93 0.29 -0.03 -0.14	0.53 0.95 0.23 -0.22 -0.32	0.42 1.04 0.00 -1.00 -1.04
\multicolumn{8}{c}{$\psi = 0,50$}
0.10	1.21 1.03 1.37 1.00 1.03	1.07 1.07 1.09 0.60 0.57	0.95 1.10 0.87 0.27 0.21	0.86 1.13 0.69 0.01 -0.09	0.78 1.15 0.54 -0.21 -0.33	0.71 1.17 0.42 -0.39 -0.54	0.50 1.23 0.00 -1.00 -1.23
0.20	1.09 1.01 1.16 1.00 1.01	0.98 1.05 0.94 0.62 0.59	0.88 1.08 0.76 0.31 0.25	0.81 1.11 0.61 0.05 -0.04	0.74 1.13 0.49 -0.17 -0.29	0.68 1.15 0.38 -0.35 -0.49	0.49 1.21 0.00 -1.00 -1.21
0.30	1.05 1.00 1.09 1.00 1.00	0.95 1.04 0.89 0.63 0.60	0.86 1.07 0.72 0.33 0.26	0.79 1.10 0.58 0.07 -0.03	0.73 1.12 0.46 -0.15 -0.27	0.67 1.14 0.36 -0.34 -0.48	0.48 1.21 0.00 -1.00 -1.21
0.40	0.98 1.01 0.95 1.00 1.01	0.89 1.04 0.78 0.65 0.62	0.82 1.07 0.64 0.35 0.29	0.76 1.10 0.52 0.10 0.01	0.70 1.12 0.42 -0.12 -0.23	0.65 1.14 0.33 -0.31 -0.45	0.48 1.21 0.00 -1.00 -1.21
0.50	0.67 0.79 0.53 1.00 0.79	0.63 0.82 0.46 0.71 0.53	0.60 0.85 0.39 0.45 0.29	0.57 0.88 0.32 0.21 0.07	0.54 0.90 0.26 -0.01 -0.12	0.51 0.92 0.21 -0.21 -0.30	0.41 1.01 0.00 -1.00 -1.01
\multicolumn{8}{c}{$\psi = 0,75$}
0.10	1.65 1.10 2.12 1.00 1.10	1.37 1.14 1.60 0.51 0.52	1.17 1.17 1.22 0.15 0.10	1.02 1.20 0.94 -0.12 -0.22	0.90 1.21 0.72 -0.33 -0.47	0.80 1.23 0.54 -0.49 -0.67	0.52 1.27 0.00 -1.00 -1.27
0.20	1.19 1.02 1.34 1.00 1.02	1.05 1.06 1.07 0.60 0.58	0.94 1.10 0.86 0.28 0.22	0.85 1.12 0.68 0.02 -0.08	0.77 1.14 0.53 -0.20 -0.32	0.71 1.16 0.41 -0.39 -0.53	0.49 1.22 0.00 -1.00 -1.22
0.30	1.09 1.00 1.15 1.00 1.00	0.97 1.04 0.93 0.62 0.59	0.88 1.07 0.76 0.31 0.24	0.80 1.10 0.61 0.06 -0.04	0.74 1.12 0.48 -0.16 -0.29	0.68 1.14 0.37 -0.35 -0.49	0.49 1.21 0.00 -1.00 -1.21
0.40	0.98 1.01 0.95 1.00 1.01	0.90 1.04 0.78 0.65 0.62	0.82 1.07 0.64 0.35 0.29	0.76 1.10 0.52 0.10 0.01	0.70 1.12 0.42 -0.12 -0.24	0.65 1.14 0.33 -0.32 -0.45	0.48 1.21 0.00 -1.00 -1.21
0.50	0.63 0.76 0.49 1.00 0.76	0.60 0.79 0.42 0.72 0.51	0.57 0.82 0.36 0.46 0.29	0.54 0.85 0.30 0.22 0.08	0.52 0.87 0.25 0.00 -0.11	0.49 0.89 0.20 -0.20 -0.28	0.40 0.98 0.00 -1.01 -0.98
\multicolumn{8}{c}{$\psi = 1,00$}
0.10	-- -- -- -- --	-- -- -- -- --	-- -- -- -- --	2.13 1.65 2.67 -1.00 -1.18	1.58 1.57 1.72 -1.01 -1.27	1.25 1.52 1.14 -1.01 -1.32	0.59 1.42 0.00 -1.00 -1.42
0.20	1.42 1.07 1.74 1.00 1.07	1.22 1.11 1.35 0.55 0.55	1.06 1.14 1.06 0.21 0.16	0.94 1.17 0.82 -0.05 -0.15	0.84 1.19 0.64 -0.27 -0.40	0.76 1.20 0.48 -0.44 -0.61	0.51 1.25 0.00 -1.00 -1.25
0.30	1.15 1.01 1.25 1.00 1.01	1.02 1.06 1.01 0.61 0.58	0.92 1.09 0.81 0.30 0.23	0.83 1.12 0.65 0.04 -0.07	0.76 1.14 0.51 -0.18 -0.31	0.70 1.16 0.39 -0.37 -0.52	0.49 1.22 0.00 -1.00 -1.22
0.40	0.99 1.01 0.96 1.00 1.01	0.90 1.04 0.79 0.65 0.62	0.82 1.07 0.65 0.35 0.29	0.76 1.10 0.52 0.10 0.01	0.70 1.12 0.42 -0.12 -0.24	0.66 1.14 0.33 -0.32 -0.45	0.48 1.21 0.00 -1.00 -1.21
0.50	0.60 0.74 0.45 1.00 0.74	0.57 0.77 0.38 0.72 0.50	0.54 0.80 0.33 0.47 0.29	0.52 0.82 0.28 0.23 0.09	0.50 0.84 0.23 0.02 -0.09	0.48 0.87 0.18 -0.18 -0.26	0.39 0.96 0.00 -1.01 -0.96

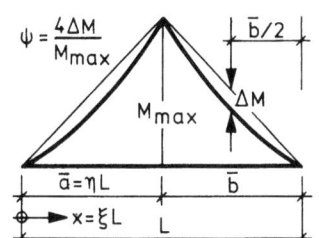
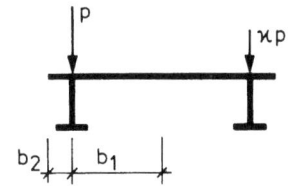

	η	=	0,5
	b_2/b_1 =	0,2	
	L/b_1 =	20,0	

$\psi = 0$

ξ \ $\varkappa$	1.00	0.80	0.60	0.40	0.20	0.00	-1.00
0.10	1.00 1.00 1.00 1.00 1.00	0.91 1.03 0.82 0.64 0.61	0.83 1.06 0.67 0.34 0.28	0.76 1.09 0.54 0.09 -0.00	0.71 1.11 0.43 -0.13 -0.24	0.66 1.13 0.34 -0.32 -0.45	0.48 1.20 0.00 -1.00 -1.20
0.20	1.00 1.00 1.00 1.00 1.00	0.91 1.03 0.82 0.64 0.61	0.83 1.06 0.67 0.34 0.28	0.76 1.09 0.54 0.09 -0.00	0.71 1.11 0.43 -0.13 -0.24	0.66 1.13 0.34 -0.32 -0.45	0.48 1.20 0.00 -1.00 -1.20
0.30	1.00 1.00 1.00 1.00 1.00	0.91 1.03 0.82 0.64 0.61	0.83 1.06 0.67 0.34 0.28	0.76 1.09 0.54 0.09 -0.00	0.71 1.11 0.43 -0.13 -0.24	0.66 1.13 0.34 -0.32 -0.45	0.48 1.20 0.00 -1.00 -1.20
0.40	1.00 1.00 1.00 1.00 1.00	0.91 1.03 0.82 0.64 0.61	0.83 1.06 0.67 0.34 0.28	0.76 1.09 0.54 0.09 -0.00	0.71 1.11 0.43 -0.13 -0.25	0.66 1.13 0.34 -0.32 -0.46	0.48 1.20 0.00 -1.00 -1.20
0.50	0.87 0.93 0.81 1.00 0.93	0.80 0.97 0.68 0.67 0.59	0.75 1.00 0.56 0.38 0.29	0.69 1.02 0.46 0.13 0.03	0.65 1.05 0.37 -0.09 -0.20	0.61 1.07 0.29 -0.28 -0.40	0.46 1.15 0.00 -1.00 -1.15

$\psi = 0,25$

ξ \ $\varkappa$	1.00	0.80	0.60	0.40	0.20	0.00	-1.00
0.10	1.02 1.00 1.03 1.00 1.00	0.92 1.04 0.84 0.64 0.60	0.84 1.07 0.69 0.34 0.27	0.77 1.09 0.56 0.08 -0.01	0.71 1.12 0.44 -0.14 -0.25	0.66 1.13 0.35 -0.33 -0.46	0.48 1.20 0.00 -1.00 -1.20
0.20	1.01 1.00 1.01 1.00 1.00	0.91 1.04 0.83 0.64 0.61	0.83 1.07 0.68 0.34 0.27	0.77 1.09 0.55 0.09 -0.01	0.71 1.11 0.44 -0.13 -0.25	0.66 1.13 0.34 -0.33 -0.46	0.48 1.20 0.00 -1.00 -1.20
0.30	1.00 1.00 1.01 1.00 1.00	0.91 1.04 0.83 0.64 0.61	0.83 1.07 0.68 0.34 0.28	0.76 1.09 0.55 0.09 -0.00	0.71 1.11 0.44 -0.13 -0.25	0.66 1.13 0.34 -0.32 -0.46	0.48 1.20 0.00 -1.00 -1.20
0.40	1.00 1.00 1.00 1.00 1.00	0.91 1.03 0.83 0.64 0.60	0.83 1.06 0.67 0.34 0.28	0.76 1.09 0.55 0.09 -0.01	0.71 1.11 0.44 -0.13 -0.25	0.66 1.13 0.34 -0.32 -0.46	0.48 1.20 0.00 -1.00 -1.20
0.50	0.85 0.92 0.78 1.00 0.92	0.78 0.95 0.65 0.67 0.58	0.73 0.98 0.54 0.39 0.29	0.68 1.01 0.44 0.14 0.04	0.64 1.03 0.36 -0.08 -0.19	0.60 1.06 0.28 -0.27 -0.39	0.46 1.13 0.00 -1.00 -1.13

$\psi = 0,50$

ξ \ $\varkappa$	1.00	0.80	0.60	0.40	0.20	0.00	-1.00
0.10	1.05 1.01 1.09 1.00 1.01	0.95 1.05 0.89 0.63 0.60	0.86 1.08 0.72 0.33 0.26	0.79 1.10 0.58 0.07 -0.02	0.72 1.12 0.46 -0.15 -0.27	0.67 1.14 0.36 -0.34 -0.48	0.48 1.21 0.00 -1.00 -1.21
0.20	1.02 1.00 1.04 1.00 1.00	0.92 1.04 0.85 0.64 0.61	0.84 1.07 0.69 0.34 0.27	0.77 1.10 0.56 0.08 -0.01	0.71 1.12 0.45 -0.14 -0.25	0.66 1.14 0.35 -0.33 -0.46	0.48 1.20 0.00 -1.00 -1.20
0.30	1.01 1.00 1.02 1.00 1.00	0.92 1.04 0.84 0.64 0.61	0.84 1.07 0.68 0.34 0.27	0.77 1.09 0.55 0.08 -0.01	0.71 1.12 0.44 -0.14 -0.25	0.66 1.13 0.34 -0.33 -0.46	0.48 1.20 0.00 -1.00 -1.20
0.40	1.01 1.00 1.01 1.00 1.00	0.91 1.03 0.83 0.64 0.60	0.83 1.07 0.68 0.34 0.27	0.77 1.09 0.55 0.09 -0.01	0.71 1.11 0.44 -0.13 -0.25	0.66 1.13 0.34 -0.32 -0.46	0.48 1.20 0.00 -1.00 -1.20
0.50	0.82 0.90 0.74 1.00 0.90	0.76 0.93 0.62 0.68 0.58	0.71 0.97 0.52 0.40 0.29	0.66 0.99 0.43 0.15 0.04	0.62 1.02 0.34 -0.07 -0.18	0.59 1.04 0.27 -0.27 -0.38	0.45 1.12 -0.00 -1.01 -1.12

$\psi = 0,75$

ξ \ $\varkappa$	1.00	0.80	0.60	0.40	0.20	0.00	-1.00
0.10	1.13 1.03 1.22 1.00 1.03	1.00 1.07 0.98 0.61 0.60	0.90 1.10 0.79 0.30 0.24	0.82 1.12 0.64 0.04 -0.05	0.75 1.14 0.50 -0.17 -0.29	0.69 1.16 0.39 -0.36 -0.51	0.49 1.22 0.00 -0.99 -1.22
0.20	1.04 1.01 1.07 1.00 1.01	0.94 1.05 0.88 0.63 0.61	0.86 1.08 0.71 0.33 0.27	0.78 1.10 0.58 0.07 -0.02	0.72 1.13 0.46 -0.14 -0.26	0.67 1.14 0.36 -0.33 -0.47	0.48 1.21 0.00 -0.99 -1.21
0.30	1.02 1.01 1.04 1.00 1.01	0.93 1.04 0.85 0.64 0.61	0.84 1.07 0.69 0.34 0.27	0.77 1.10 0.56 0.08 -0.01	0.72 1.12 0.45 -0.14 -0.25	0.66 1.14 0.35 -0.33 -0.46	0.48 1.21 0.00 -1.00 -1.20
0.40	1.01 1.00 1.02 1.00 1.00	0.92 1.04 0.84 0.64 0.60	0.84 1.07 0.69 0.34 0.27	0.77 1.09 0.55 0.08 -0.01	0.71 1.12 0.44 -0.14 -0.25	0.66 1.14 0.34 -0.33 -0.46	0.48 1.20 0.00 -1.00 -1.20
0.50	0.79 0.88 0.70 1.00 0.88	0.74 0.92 0.59 0.68 0.57	0.69 0.95 0.49 0.41 0.29	0.65 0.97 0.41 0.16 0.05	0.61 1.00 0.33 -0.06 -0.17	0.57 1.02 0.26 -0.26 -0.36	0.44 1.10 -0.00 -1.01 -1.10

$\psi = 1,00$

ξ \ $\varkappa$	1.00	0.80	0.60	0.40	0.20	0.00	-1.00
0.10	1.43 1.10 1.74 1.00 1.10	1.22 1.14 1.35 0.56 0.57	1.07 1.16 1.05 0.22 0.17	0.94 1.19 0.82 -0.05 -0.14	0.85 1.20 0.64 -0.26 -0.40	0.77 1.22 0.48 -0.43 -0.60	0.51 1.26 0.00 -0.97 -1.26
0.20	1.08 1.02 1.14 1.00 1.02	0.97 1.06 0.93 0.63 0.60	0.88 1.09 0.75 0.32 0.26	0.80 1.11 0.60 0.06 -0.03	0.74 1.13 0.48 -0.16 -0.28	0.68 1.15 0.37 -0.35 -0.49	0.49 1.21 0.00 -0.99 -1.21
0.30	1.03 1.00 1.06 1.00 1.00	0.93 1.04 0.86 0.64 0.60	0.85 1.07 0.70 0.33 0.27	0.78 1.10 0.57 0.08 -0.02	0.72 1.12 0.45 -0.14 -0.26	0.67 1.14 0.35 -0.34 -0.47	0.48 1.20 0.00 -1.00 -1.20
0.40	1.02 1.00 1.03 1.00 1.00	0.92 1.03 0.84 0.64 0.60	0.84 1.06 0.69 0.34 0.27	0.77 1.09 0.56 0.08 -0.01	0.71 1.11 0.44 -0.14 -0.25	0.66 1.13 0.35 -0.33 -0.46	0.48 1.20 0.00 -1.00 -1.20
0.50	0.77 0.87 0.67 1.00 0.87	0.72 0.90 0.56 0.69 0.56	0.67 0.93 0.47 0.41 0.29	0.63 0.96 0.39 0.17 0.06	0.60 0.98 0.32 -0.05 -0.16	0.56 1.00 0.25 -0.25 -0.35	0.44 1.09 -0.00 -1.01 -1.09

$\eta = 0{,}5$
$b_2/b_1 = 0{,}2$
$L/b_1 = 50{,}0$

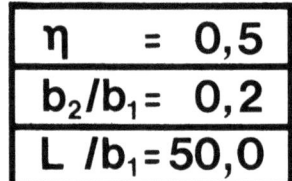
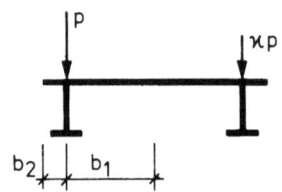
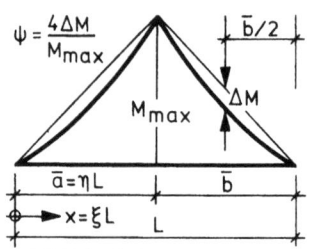

ξ \ ϰ	1.00	0.80	0.60	0.40	0.20	0.00	-1.00
ψ = 0							
0.10	1.00 1.00 1.00 1.00 1.00	0.91 1.04 0.82 0.64 0.61	0.83 1.07 0.67 0.34 0.28	0.76 1.09 0.54 0.09 -0.00	0.71 1.11 0.43 -0.13 -0.24	0.66 1.13 0.34 -0.32 -0.45	0.48 1.20 0.00 -1.00 -1.20
0.20	1.00 1.00 1.00 1.00 1.00	0.91 1.04 0.82 0.64 0.61	0.83 1.07 0.67 0.34 0.28	0.76 1.09 0.54 0.09 -0.00	0.71 1.11 0.43 -0.13 -0.24	0.66 1.13 0.34 -0.32 -0.45	0.48 1.20 0.00 -1.00 -1.20
0.30	1.00 1.00 1.00 1.00 1.00	0.91 1.04 0.82 0.64 0.61	0.83 1.07 0.67 0.34 0.28	0.76 1.09 0.54 0.09 -0.00	0.71 1.11 0.43 -0.13 -0.24	0.66 1.13 0.34 -0.32 -0.45	0.48 1.20 0.00 -1.00 -1.20
0.40	1.00 1.00 1.00 1.00 1.00	0.91 1.04 0.82 0.64 0.61	0.83 1.07 0.67 0.34 0.28	0.76 1.09 0.54 0.09 -0.00	0.71 1.11 0.43 -0.13 -0.24	0.66 1.13 0.34 -0.32 -0.46	0.48 1.20 0.00 -1.00 -1.20
0.50	0.96 0.99 0.93 1.00 0.99	0.87 1.02 0.77 0.65 0.61	0.80 1.05 0.63 0.36 0.29	0.74 1.08 0.52 0.10 0.01	0.69 1.10 0.41 -0.12 -0.23	0.64 1.12 0.32 -0.31 -0.44	0.47 1.19 0.00 -1.00 -1.19
ψ = 0,25							
0.10	1.00 1.00 1.00 1.00 1.00	0.91 1.04 0.82 0.64 0.61	0.83 1.07 0.67 0.34 0.28	0.76 1.09 0.55 0.09 -0.00	0.71 1.11 0.44 -0.13 -0.25	0.66 1.13 0.34 -0.32 -0.46	0.48 1.20 0.00 -1.00 -1.20
0.20	1.00 1.00 1.00 1.00 1.00	0.91 1.04 0.82 0.64 0.61	0.83 1.07 0.67 0.34 0.28	0.76 1.09 0.54 0.09 -0.00	0.71 1.11 0.43 -0.13 -0.24	0.66 1.13 0.34 -0.32 -0.46	0.48 1.20 0.00 -1.00 -1.20
0.30	1.00 1.00 1.00 1.00 1.00	0.91 1.04 0.82 0.64 0.61	0.83 1.07 0.67 0.34 0.28	0.76 1.09 0.54 0.09 -0.00	0.71 1.11 0.43 -0.13 -0.24	0.66 1.13 0.34 -0.32 -0.46	0.48 1.20 0.00 -1.00 -1.20
0.40	1.00 1.00 1.00 1.00 1.00	0.91 1.04 0.82 0.64 0.61	0.83 1.07 0.67 0.34 0.28	0.76 1.09 0.54 0.09 -0.00	0.71 1.11 0.43 -0.13 -0.24	0.66 1.13 0.34 -0.32 -0.46	0.48 1.20 0.00 -1.00 -1.20
0.50	0.95 0.98 0.92 1.00 0.98	0.87 1.02 0.76 0.65 0.61	0.80 1.05 0.63 0.36 0.29	0.74 1.07 0.51 0.11 0.02	0.68 1.10 0.41 -0.11 -0.22	0.64 1.12 0.32 -0.31 -0.43	0.47 1.19 0.00 -1.00 -1.19
ψ = 0,50							
0.10	1.01 1.00 1.01 1.00 1.00	0.91 1.04 0.83 0.64 0.61	0.83 1.07 0.68 0.34 0.28	0.77 1.09 0.55 0.09 -0.01	0.71 1.11 0.44 -0.13 -0.25	0.66 1.13 0.34 -0.33 -0.46	0.48 1.20 0.00 -1.00 -1.20
0.20	1.00 1.00 1.00 1.00 1.00	0.91 1.04 0.82 0.64 0.61	0.83 1.07 0.67 0.34 0.28	0.76 1.09 0.55 0.09 -0.00	0.71 1.11 0.44 -0.13 -0.25	0.66 1.13 0.34 -0.32 -0.46	0.48 1.20 0.00 -1.00 -1.20
0.30	1.00 1.00 1.00 1.00 1.00	0.91 1.04 0.82 0.64 0.61	0.83 1.07 0.67 0.34 0.28	0.76 1.09 0.55 0.09 -0.00	0.71 1.11 0.43 -0.13 -0.25	0.66 1.13 0.34 -0.32 -0.46	0.48 1.20 0.00 -1.00 -1.20
0.40	1.00 1.00 1.00 1.00 1.00	0.91 1.04 0.82 0.64 0.61	0.83 1.07 0.67 0.34 0.28	0.76 1.09 0.54 0.09 -0.00	0.71 1.11 0.43 -0.13 -0.24	0.66 1.13 0.34 -0.32 -0.46	0.48 1.20 0.00 -1.00 -1.20
0.50	0.94 0.98 0.90 1.00 0.98	0.86 1.01 0.75 0.66 0.61	0.79 1.04 0.62 0.36 0.29	0.73 1.07 0.50 0.11 0.02	0.68 1.09 0.40 -0.11 -0.22	0.64 1.11 0.32 -0.30 -0.43	0.47 1.18 0.00 -1.00 -1.18
ψ = 0,75							
0.10	1.01 1.00 1.03 1.00 1.00	0.92 1.04 0.84 0.64 0.60	0.84 1.07 0.69 0.34 0.27	0.77 1.09 0.56 0.08 -0.01	0.71 1.11 0.44 -0.14 -0.25	0.66 1.13 0.34 -0.33 -0.46	0.48 1.20 0.00 -1.00 -1.20
0.20	1.00 1.00 1.01 1.00 1.00	0.91 1.04 0.83 0.64 0.61	0.83 1.07 0.68 0.34 0.28	0.76 1.09 0.55 0.09 -0.00	0.71 1.11 0.44 -0.13 -0.25	0.66 1.13 0.34 -0.32 -0.46	0.48 1.20 0.00 -1.00 -1.20
0.30	1.00 1.00 1.00 1.00 1.00	0.91 1.04 0.82 0.64 0.61	0.83 1.07 0.67 0.34 0.28	0.76 1.09 0.55 0.09 -0.00	0.71 1.11 0.44 -0.13 -0.25	0.66 1.13 0.34 -0.32 -0.46	0.48 1.20 0.00 -1.00 -1.20
0.40	1.00 1.00 1.00 1.00 1.00	0.91 1.04 0.82 0.64 0.61	0.83 1.07 0.67 0.34 0.28	0.76 1.09 0.55 0.09 -0.00	0.71 1.11 0.44 -0.13 -0.25	0.66 1.13 0.34 -0.32 -0.46	0.48 1.20 0.00 -1.00 -1.20
0.50	0.93 0.98 0.89 1.00 0.98	0.85 1.01 0.74 0.66 0.61	0.79 1.04 0.61 0.37 0.29	0.73 1.07 0.50 0.11 0.02	0.68 1.09 0.40 -0.11 -0.22	0.63 1.11 0.31 -0.30 -0.42	0.47 1.18 0.00 -1.00 -1.18
ψ = 1,00							
0.10	1.04 1.00 1.07 1.00 1.00	0.94 1.04 0.88 0.63 0.60	0.85 1.07 0.71 0.33 0.26	0.78 1.10 0.58 0.07 -0.02	0.72 1.12 0.46 -0.15 -0.26	0.67 1.14 0.36 -0.34 -0.47	0.48 1.20 0.00 -1.00 -1.20
0.20	1.01 1.00 1.02 1.00 1.00	0.91 1.04 0.83 0.64 0.60	0.83 1.07 0.68 0.34 0.27	0.77 1.09 0.55 0.09 -0.01	0.71 1.11 0.44 -0.13 -0.25	0.66 1.13 0.34 -0.33 -0.46	0.48 1.20 0.00 -1.00 -1.20
0.30	1.00 1.00 1.01 1.00 1.00	0.91 1.04 0.83 0.64 0.61	0.83 1.07 0.68 0.34 0.28	0.76 1.09 0.55 0.09 -0.00	0.71 1.11 0.44 -0.13 -0.25	0.66 1.13 0.34 -0.32 -0.46	0.48 1.20 0.00 -1.00 -1.20
0.40	1.00 1.00 1.00 1.00 1.00	0.91 1.04 0.82 0.64 0.61	0.83 1.07 0.67 0.34 0.28	0.76 1.09 0.55 0.09 -0.00	0.71 1.11 0.44 -0.13 -0.25	0.66 1.13 0.34 -0.32 -0.46	0.48 1.20 0.00 -1.00 -1.20
0.50	0.92 0.97 0.88 1.00 0.97	0.84 1.01 0.73 0.66 0.61	0.78 1.04 0.60 0.37 0.30	0.72 1.06 0.49 0.12 0.02	0.67 1.09 0.39 -0.10 -0.21	0.63 1.11 0.31 -0.30 -0.42	0.47 1.18 0.00 -1.00 -1.18

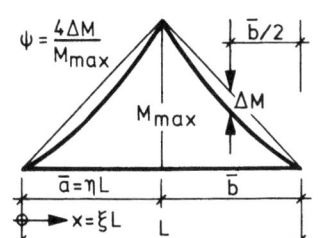
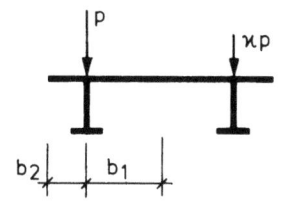

	η	= 0,5
	b_2/b_1 =	0,5
	L/b_1 =	2,0

$\psi = 0$

ξ \ $\varkappa$	1.00	0.80	0.60	0.40	0.20	0.00	-1.00
0.10	0.66 0.81 0.28 1.00 0.81	0.66 0.83 0.25 0.78 0.62	0.65 0.85 0.22 0.57 0.43	0.65 0.87 0.19 0.36 0.24	0.64 0.89 0.16 0.16 0.06	0.63 0.90 0.13 -0.04 -0.12	0.60 0.98 -0.00 -1.00 -0.98
0.20	0.63 0.72 0.25 1.00 0.72	0.62 0.74 0.22 0.79 0.55	0.62 0.76 0.19 0.57 0.38	0.61 0.78 0.17 0.37 0.21	0.61 0.79 0.14 0.16 0.05	0.60 0.81 0.12 -0.04 -0.11	0.58 0.89 -0.00 -1.00 -0.89
0.30	0.57 0.58 0.20 1.00 0.58	0.56 0.59 0.18 0.79 0.44	0.56 0.61 0.16 0.58 0.30	0.55 0.62 0.14 0.37 0.17	0.55 0.64 0.12 0.17 0.04	0.55 0.65 0.10 -0.03 -0.09	0.53 0.72 -0.00 -1.00 -0.72
0.40	0.47 0.39 0.15 1.00 0.39	0.47 0.40 0.13 0.79 0.30	0.46 0.42 0.12 0.58 0.20	0.46 0.43 0.10 0.38 0.11	0.46 0.44 0.09 0.18 0.02	0.46 0.45 0.07 -0.02 -0.07	0.44 0.51 0.00 -1.00 -0.51
0.50	0.30 0.21 0.08 1.00 0.21	0.30 0.22 0.08 0.79 0.16	0.30 0.23 0.07 0.59 0.11	0.30 0.24 0.06 0.39 0.06	0.30 0.24 0.05 0.19 0.01	0.29 0.25 0.04 -0.01 -0.04	0.29 0.29 0.00 -1.00 -0.29

$\psi = 0,25$

ξ \ $\varkappa$	1.00	0.80	0.60	0.40	0.20	0.00	-1.00
0.10	1.06 1.55 0.51 1.00 1.55	1.04 1.57 0.45 0.77 1.17	1.02 1.59 0.40 0.55 0.81	1.01 1.61 0.34 0.34 0.46	0.99 1.63 0.29 0.13 0.12	0.97 1.65 0.24 -0.07 -0.21	0.90 1.73 -0.00 -1.00 -1.73
0.20	0.78 1.02 0.34 1.00 1.02	0.77 1.04 0.30 0.78 0.77	0.77 1.05 0.26 0.57 0.53	0.76 1.07 0.23 0.36 0.30	0.75 1.09 0.19 0.15 0.07	0.74 1.11 0.16 -0.05 -0.15	0.70 1.20 -0.00 -1.00 -1.20
0.30	0.62 0.66 0.23 1.00 0.66	0.61 0.67 0.20 0.79 0.50	0.61 0.69 0.18 0.58 0.34	0.60 0.71 0.15 0.37 0.19	0.60 0.72 0.13 0.16 0.04	0.59 0.74 0.11 -0.04 -0.11	0.57 0.81 -0.00 -1.00 -0.81
0.40	0.46 0.37 0.14 1.00 0.37	0.46 0.39 0.13 0.79 0.28	0.46 0.40 0.11 0.58 0.19	0.46 0.41 0.10 0.38 0.11	0.45 0.42 0.08 0.18 0.02	0.45 0.43 0.07 -0.02 -0.07	0.44 0.49 0.00 -1.00 -0.49
0.50	0.27 0.17 0.07 1.00 0.17	0.27 0.18 0.06 0.80 0.13	0.27 0.19 0.06 0.59 0.09	0.27 0.19 0.05 0.39 0.05	0.27 0.20 0.04 0.19 0.01	0.27 0.21 0.04 -0.01 -0.04	0.26 0.24 0.00 -1.00 -0.24

$\psi = 0,50$

ξ \ $\varkappa$	1.00	0.80	0.60	0.40	0.20	0.00	-1.00
0.10	-- -- -- -- --	-- -- -- -- --	-- -- -- -- --	-- -- -- -- --	-- -- -- -- --	-- -- -- -- --	-- -- -- -- --
0.20	1.18 1.76 0.57 1.00 1.76	1.16 1.78 0.50 0.77 1.33	1.14 1.80 0.44 0.54 0.92	1.12 1.82 0.38 0.33 0.52	1.10 1.84 0.32 0.12 0.14	1.08 1.85 0.26 -0.08 -0.24	0.99 1.93 -0.00 -1.00 -1.93
0.30	0.69 0.78 0.26 1.00 0.78	0.69 0.79 0.23 0.78 0.59	0.68 0.81 0.21 0.57 0.41	0.67 0.83 0.18 0.36 0.23	0.67 0.85 0.15 0.16 0.05	0.66 0.86 0.13 -0.04 -0.12	0.63 0.95 -0.00 -1.00 -0.95
0.40	0.46 0.35 0.14 1.00 0.35	0.46 0.37 0.12 0.79 0.27	0.45 0.38 0.11 0.58 0.18	0.45 0.39 0.09 0.38 0.10	0.45 0.40 0.08 0.18 0.02	0.45 0.41 0.07 -0.02 -0.07	0.44 0.47 0.00 -1.00 -0.47
0.50	0.25 0.14 0.06 1.00 0.14	0.25 0.15 0.05 0.80 0.11	0.25 0.15 0.05 0.59 0.07	0.24 0.16 0.04 0.39 0.04	0.24 0.16 0.04 0.19 0.00	0.24 0.17 0.03 -0.01 -0.03	0.24 0.20 0.00 -1.00 -0.20

$\psi = 0,75$

ξ \ $\varkappa$	1.00	0.80	0.60	0.40	0.20	0.00	-1.00
0.10	-- -- -- -- --	-- -- -- -- --	-- -- -- -- --	-- -- -- -- --	-- -- -- -- --	-- -- -- -- --	-- -- -- -- --
0.20	-- -- -- -- --	-- -- -- -- --	-- -- -- -- --	-- -- -- -- --	-- -- -- -- --	-- -- -- -- --	2.50 5.73 -0.00 -1.00 -5.73
0.30	0.82 0.98 0.32 1.00 0.98	0.81 1.00 0.29 0.78 0.74	0.80 1.02 0.25 0.57 0.51	0.79 1.04 0.22 0.36 0.29	0.78 1.05 0.19 0.15 0.07	0.77 1.07 0.15 -0.05 -0.15	0.73 1.16 -0.00 -1.00 -1.16
0.40	0.45 0.33 0.13 1.00 0.33	0.45 0.34 0.12 0.79 0.25	0.45 0.35 0.10 0.59 0.17	0.45 0.37 0.09 0.38 0.09	0.45 0.38 0.08 0.18 0.01	0.44 0.39 0.06 -0.02 -0.06	0.43 0.44 0.00 -1.00 -0.44
0.50	0.23 0.11 0.05 1.00 0.11	0.22 0.12 0.05 0.80 0.09	0.22 0.12 0.04 0.59 0.06	0.22 0.13 0.04 0.39 0.03	0.22 0.13 0.03 0.19 0.00	0.22 0.14 0.03 -0.01 -0.03	0.22 0.16 0.00 -1.00 -0.16

$\psi = 1,00$

ξ \ $\varkappa$	1.00	0.80	0.60	0.40	0.20	0.00	-1.00
0.10	-- -- -- -- --	-- -- -- -- --	-- -- -- -- --	-- -- -- -- --	-- -- -- -- --	-- -- -- -- --	-- -- -- -- --
0.20	-- -- -- -- --	-- -- -- -- --	-- -- -- -- --	-- -- -- -- --	-- -- -- -- --	-- -- -- -- --	-- -- -- -- --
0.30	1.07 1.37 0.45 1.00 1.37	1.05 1.40 0.40 0.77 1.04	1.04 1.42 0.35 0.55 0.72	1.02 1.44 0.30 0.34 0.40	1.01 1.46 0.25 0.13 0.10	0.99 1.48 0.21 -0.07 -0.20	0.92 1.57 -0.00 -1.00 -1.57
0.40	0.45 0.31 0.12 1.00 0.31	0.45 0.32 0.11 0.79 0.23	0.44 0.33 0.10 0.59 0.16	0.44 0.34 0.09 0.38 0.08	0.44 0.35 0.07 0.18 0.01	0.44 0.36 0.06 -0.02 -0.06	0.43 0.42 0.00 -1.00 -0.42
0.50	0.21 0.09 0.04 1.00 0.09	0.21 0.09 0.04 0.80 0.07	0.21 0.10 0.03 0.59 0.04	0.21 0.10 0.03 0.39 0.02	0.20 0.11 0.03 0.19 -0.00	0.20 0.11 0.02 -0.01 -0.02	0.20 0.13 0.00 -1.00 -0.13

η	= 0,5
b_2/b_1 =	0,5
L/b_1 =	5,0

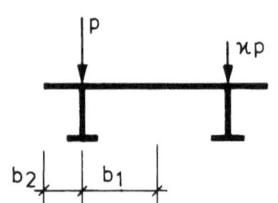
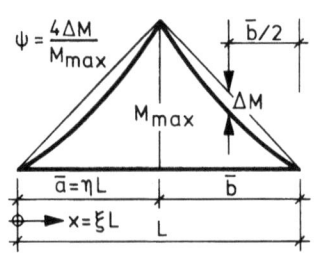

$\psi = 0$

ξ \ $\varkappa$	1.00	0.80	0.60	0.40	0.20	0.00	-1.00
0.10	0.98 1.00 0.94 1.00 1.00	0.95 1.07 0.82 0.75 0.69	0.92 1.12 0.71 0.51 0.40	0.90 1.18 0.60 0.29 0.12	0.87 1.23 0.50 0.08 -0.15	0.85 1.28 0.41 -0.12 -0.40	0.75 1.50 0.00 -1.00 -1.50
0.20	0.97 1.01 0.91 1.00 1.01	0.94 1.07 0.79 0.75 0.70	0.91 1.13 0.69 0.52 0.41	0.89 1.18 0.59 0.29 0.13	0.87 1.23 0.49 0.08 -0.14	0.84 1.28 0.40 -0.12 -0.39	0.75 1.49 0.00 -1.00 -1.49
0.30	0.94 1.00 0.84 1.00 1.00	0.91 1.06 0.74 0.76 0.70	0.89 1.11 0.64 0.52 0.42	0.87 1.16 0.55 0.30 0.15	0.84 1.20 0.46 0.09 -0.11	0.82 1.25 0.37 -0.11 -0.36	0.73 1.45 0.00 -1.00 -1.45
0.40	0.85 0.89 0.69 1.00 0.89	0.83 0.93 0.61 0.76 0.63	0.81 0.98 0.53 0.54 0.38	0.79 1.02 0.45 0.32 0.14	0.78 1.06 0.38 0.11 -0.08	0.76 1.10 0.31 -0.10 -0.30	0.69 1.29 0.00 -1.00 -1.29
0.50	0.55 0.49 0.39 1.00 0.49	0.54 0.53 0.35 0.78 0.35	0.53 0.56 0.31 0.56 0.21	0.53 0.59 0.27 0.35 0.08	0.52 0.62 0.22 0.14 -0.05	0.51 0.65 0.19 -0.06 -0.18	0.48 0.78 0.00 -1.00 -0.78

$\psi = 0,25$

ξ \ $\varkappa$	1.00	0.80	0.60	0.40	0.20	0.00	-1.00
0.10	1.22 1.29 1.30 1.00 1.29	1.17 1.36 1.12 0.73 0.87	1.13 1.43 0.96 0.48 0.48	1.08 1.49 0.81 0.25 0.12	1.05 1.55 0.67 0.04 -0.22	1.01 1.61 0.54 -0.16 -0.53	0.86 1.84 0.00 -1.00 -1.84
0.20	1.09 1.15 1.09 1.00 1.15	1.05 1.22 0.95 0.74 0.79	1.02 1.28 0.82 0.50 0.45	0.99 1.34 0.69 0.28 0.13	0.95 1.40 0.58 0.06 -0.17	0.93 1.45 0.47 -0.14 -0.46	0.80 1.67 0.00 -1.00 -1.67
0.30	0.99 1.08 0.91 1.00 1.08	0.97 1.14 0.80 0.75 0.76	0.94 1.19 0.69 0.52 0.45	0.91 1.24 0.59 0.29 0.15	0.89 1.29 0.49 0.08 -0.12	0.87 1.34 0.40 -0.12 -0.39	0.77 1.54 0.00 -1.00 -1.54
0.40	0.85 0.89 0.68 1.00 0.89	0.83 0.94 0.60 0.76 0.63	0.81 0.98 0.52 0.54 0.39	0.80 1.03 0.45 0.32 0.15	0.78 1.07 0.38 0.11 -0.08	0.76 1.11 0.31 -0.09 -0.30	0.69 1.29 0.00 -1.00 -1.29
0.50	0.50 0.44 0.34 1.00 0.44	0.50 0.46 0.30 0.78 0.31	0.49 0.49 0.27 0.57 0.19	0.48 0.52 0.23 0.36 0.07	0.48 0.55 0.20 0.15 -0.05	0.47 0.57 0.16 -0.05 -0.16	0.45 0.70 0.00 -1.00 -0.70

$\psi = 0,50$

ξ \ $\varkappa$	1.00	0.80	0.60	0.40	0.20	0.00	-1.00
0.10	2.04 2.26 2.53 1.00 2.26	1.89 2.33 2.12 0.67 1.45	1.77 2.39 1.76 0.39 0.75	1.65 2.45 1.44 0.14 0.13	1.55 2.50 1.17 -0.08 -0.41	1.47 2.54 0.92 -0.27 -0.90	1.14 2.70 0.00 -1.00 -2.70
0.20	1.31 1.42 1.43 1.00 1.42	1.26 1.50 1.23 0.73 0.96	1.20 1.57 1.05 0.47 0.53	1.16 1.63 0.89 0.24 0.13	1.11 1.69 0.73 0.03 -0.23	1.07 1.75 0.59 -0.17 -0.57	0.90 1.97 0.00 -1.00 -1.97
0.30	1.07 1.18 1.01 1.00 1.18	1.03 1.24 0.88 0.75 0.82	1.00 1.30 0.76 0.51 0.48	0.97 1.35 0.65 0.28 0.16	0.94 1.40 0.54 0.07 -0.14	0.92 1.45 0.44 -0.13 -0.42	0.80 1.66 0.00 -1.00 -1.66
0.40	0.86 0.91 0.68 1.00 0.91	0.84 0.95 0.60 0.76 0.65	0.82 1.00 0.52 0.54 0.40	0.80 1.04 0.45 0.32 0.16	0.79 1.08 0.38 0.11 -0.08	0.77 1.12 0.31 -0.09 -0.30	0.70 1.30 0.00 -1.00 -1.30
0.50	0.46 0.38 0.30 1.00 0.38	0.45 0.41 0.26 0.78 0.28	0.45 0.44 0.23 0.57 0.17	0.45 0.46 0.20 0.36 0.06	0.44 0.48 0.17 0.16 -0.04	0.44 0.51 0.14 -0.04 -0.14	0.42 0.62 0.00 -1.00 -0.62

$\psi = 0,75$

ξ \ $\varkappa$	1.00	0.80	0.60	0.40	0.20	0.00	-1.00
0.10	-- -- -- -- --	-- -- -- -- --	-- -- -- -- --	-- -- -- -- --	-- -- -- -- --	-- -- -- -- --	2.91 8.18 0.00 -1.01 -8.18
0.20	1.87 2.08 2.28 1.00 2.08	1.75 2.16 1.92 0.69 1.35	1.64 2.23 1.61 0.41 0.71	1.54 2.29 1.33 0.16 0.14	1.46 2.34 1.08 -0.05 -0.37	1.38 2.39 0.85 -0.25 -0.83	1.09 2.57 0.00 -1.00 -2.57
0.30	1.19 1.35 1.18 1.00 1.35	1.15 1.42 1.02 0.74 0.94	1.11 1.48 0.88 0.50 0.55	1.07 1.53 0.75 0.27 0.18	1.03 1.58 0.62 0.05 -0.16	1.00 1.63 0.50 -0.15 -0.48	0.86 1.84 0.00 -1.00 -1.84
0.40	0.86 0.92 0.67 1.00 0.92	0.85 0.97 0.59 0.76 0.66	0.83 1.01 0.52 0.54 0.40	0.81 1.05 0.44 0.32 0.16	0.79 1.09 0.37 0.11 -0.07	0.78 1.13 0.31 -0.09 -0.30	0.70 1.31 0.00 -1.00 -1.31
0.50	0.42 0.34 0.26 1.00 0.34	0.42 0.36 0.23 0.79 0.24	0.42 0.39 0.20 0.57 0.15	0.41 0.41 0.18 0.37 0.06	0.41 0.43 0.15 0.16 -0.03	0.41 0.45 0.12 -0.04 -0.12	0.39 0.55 0.00 -1.00 -0.55

$\psi = 1,00$

ξ \ $\varkappa$	1.00	0.80	0.60	0.40	0.20	0.00	-1.00
0.10	-- -- -- -- --	-- -- -- -- --	-- -- -- -- --	-- -- -- -- --	-- -- -- -- --	-- -- -- -- --	-- -- -- -- --
0.20	-- -- -- -- --	-- -- -- -- --	-- -- -- -- --	-- -- -- -- --	-- -- -- -- --	2.83 5.37 2.07 -0.61 -2.01	1.74 4.60 0.00 -1.00 -4.60
0.30	1.39 1.63 1.44 1.00 1.63	1.33 1.69 1.24 0.73 1.11	1.27 1.75 1.06 0.47 0.64	1.22 1.81 0.89 0.24 0.21	1.17 1.86 0.74 0.02 -0.20	1.13 1.91 0.59 -0.18 -0.57	0.95 2.11 0.00 -1.00 -2.11
0.40	0.87 0.93 0.66 1.00 0.93	0.85 0.97 0.59 0.76 0.67	0.83 1.02 0.51 0.54 0.41	0.81 1.06 0.44 0.32 0.17	0.80 1.10 0.37 0.11 -0.07	0.78 1.14 0.30 -0.09 -0.29	0.71 1.31 0.00 -1.00 -1.31
0.50	0.39 0.30 0.22 1.00 0.30	0.39 0.32 0.20 0.79 0.22	0.39 0.34 0.18 0.58 0.13	0.38 0.36 0.15 0.37 0.05	0.38 0.38 0.13 0.17 -0.03	0.38 0.40 0.11 -0.03 -0.11	0.36 0.49 0.00 -1.00 -0.49

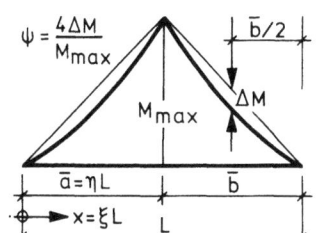
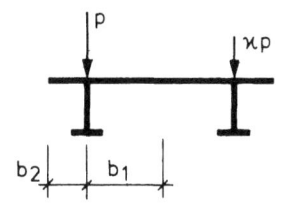

$\psi = \dfrac{4\Delta M}{M_{max}}$; $\bar{a} = \eta L$; $\bar{b}$; $x = \xi L$

	η	= 0,5
	b_2/b_1 =	0,5
	L/b_1 =	10,0

$\psi = 0$

$\xi \backslash \varkappa$	1.00	0.80	0.60	0.40	0.20	0.00	-1.00
0.10	1.00 1.00 1.00 1.00 1.00	0.97 1.06 0.87 0.75 0.68	0.94 1.12 0.75 0.51 0.38	0.91 1.18 0.64 0.28 0.10	0.88 1.23 0.53 0.07 -0.16	0.86 1.28 0.43 -0.13 -0.42	0.75 1.50 0.00 -1.00 -1.50
0.20	1.00 1.00 1.00 1.00 1.00	0.97 1.06 0.87 0.75 0.68	0.94 1.12 0.75 0.51 0.38	0.91 1.18 0.64 0.28 0.10	0.88 1.23 0.53 0.07 -0.17	0.86 1.28 0.43 -0.13 -0.42	0.75 1.50 0.00 -1.00 -1.50
0.30	0.99 1.00 0.99 1.00 1.00	0.96 1.06 0.86 0.75 0.68	0.93 1.12 0.75 0.51 0.38	0.91 1.18 0.63 0.28 0.10	0.88 1.23 0.53 0.07 -0.16	0.86 1.28 0.43 -0.13 -0.41	0.75 1.50 0.00 -1.00 -1.50
0.40	0.97 1.00 0.94 1.00 1.00	0.95 1.06 0.82 0.75 0.69	0.92 1.12 0.71 0.51 0.40	0.89 1.17 0.60 0.29 0.12	0.87 1.22 0.50 0.08 -0.14	0.84 1.27 0.41 -0.13 -0.39	0.74 1.48 0.00 -1.00 -1.48
0.50	0.73 0.70 0.63 1.00 0.70	0.71 0.74 0.56 0.77 0.49	0.70 0.79 0.48 0.54 0.28	0.69 0.83 0.42 0.32 0.09	0.67 0.87 0.35 0.11 -0.10	0.66 0.91 0.29 -0.09 -0.28	0.60 1.09 0.00 -1.00 -1.09

$\psi = 0,25$

$\xi \backslash \varkappa$	1.00	0.80	0.60	0.40	0.20	0.00	-1.00
0.10	1.07 1.06 1.12 1.00 1.06	1.03 1.13 0.98 0.74 0.72	1.00 1.19 0.84 0.50 0.39	0.96 1.26 0.71 0.27 0.09	0.93 1.31 0.59 0.05 -0.19	0.90 1.37 0.48 -0.15 -0.46	0.78 1.59 0.00 -1.00 -1.59
0.20	1.04 1.03 1.07 1.00 1.03	1.00 1.10 0.93 0.74 0.70	0.97 1.16 0.80 0.50 0.39	0.94 1.22 0.68 0.28 0.09	0.91 1.27 0.57 0.06 -0.18	0.88 1.32 0.46 -0.14 -0.44	0.77 1.55 0.00 -1.00 -1.55
0.30	1.01 1.02 1.02 1.00 1.02	0.98 1.08 0.89 0.75 0.69	0.95 1.14 0.77 0.51 0.39	0.92 1.20 0.65 0.28 0.10	0.89 1.25 0.55 0.07 -0.17	0.87 1.31 0.44 -0.14 -0.43	0.76 1.53 0.00 -1.00 -1.53
0.40	0.98 1.02 0.95 1.00 1.02	0.96 1.08 0.83 0.75 0.70	0.93 1.13 0.72 0.51 0.40	0.90 1.19 0.61 0.29 0.12	0.88 1.24 0.51 0.08 -0.14	0.85 1.29 0.41 -0.12 -0.40	0.75 1.50 0.00 -1.00 -1.50
0.50	0.68 0.64 0.57 1.00 0.64	0.67 0.69 0.51 0.77 0.45	0.66 0.73 0.44 0.55 0.27	0.65 0.77 0.38 0.33 0.09	0.63 0.81 0.32 0.12 -0.09	0.62 0.85 0.26 -0.08 -0.26	0.57 1.02 0.00 -1.00 -1.02

$\psi = 0,50$

$\xi \backslash \varkappa$	1.00	0.80	0.60	0.40	0.20	0.00	-1.00
0.10	1.22 1.20 1.38 1.00 1.20	1.17 1.28 1.19 0.73 0.80	1.12 1.35 1.02 0.48 0.42	1.08 1.42 0.86 0.24 0.08	1.03 1.48 0.71 0.03 -0.25	1.00 1.54 0.57 -0.17 -0.54	0.84 1.77 0.00 -1.00 -1.77
0.20	1.09 1.07 1.16 1.00 1.07	1.05 1.15 1.01 0.74 0.72	1.01 1.21 0.87 0.49 0.39	0.98 1.27 0.74 0.27 0.09	0.95 1.33 0.61 0.05 -0.20	0.92 1.39 0.49 -0.15 -0.47	0.79 1.62 0.00 -1.00 -1.62
0.30	1.05 1.05 1.07 1.00 1.05	1.01 1.11 0.93 0.74 0.71	0.98 1.18 0.81 0.50 0.39	0.95 1.23 0.68 0.27 0.10	0.92 1.29 0.57 0.06 -0.18	0.89 1.34 0.46 -0.14 -0.44	0.77 1.57 0.00 -1.00 -1.57
0.40	0.99 1.03 0.95 1.00 1.03	0.96 1.09 0.83 0.75 0.71	0.94 1.15 0.72 0.51 0.41	0.91 1.20 0.61 0.29 0.13	0.88 1.25 0.51 0.07 -0.14	0.86 1.30 0.42 -0.13 -0.40	0.76 1.51 0.00 -1.00 -1.51
0.50	0.64 0.60 0.52 1.00 0.60	0.63 0.64 0.46 0.77 0.42	0.62 0.68 0.40 0.55 0.25	0.61 0.71 0.35 0.34 0.08	0.60 0.75 0.29 0.13 -0.08	0.59 0.79 0.24 -0.08 -0.23	0.55 0.95 0.00 -1.00 -0.95

$\psi = 0,75$

$\xi \backslash \varkappa$	1.00	0.80	0.60	0.40	0.20	0.00	-1.00
0.10	1.67 1.63 2.16 1.00 1.63	1.56 1.72 1.82 0.69 1.03	1.47 1.80 1.52 0.41 0.50	1.38 1.87 1.26 0.17 0.03	1.31 1.93 1.02 -0.05 -0.39	1.24 1.99 0.81 -0.24 -0.77	0.98 2.21 0.00 -0.99 -2.21
0.20	1.19 1.15 1.33 1.00 1.15	1.14 1.23 1.15 0.73 0.76	1.09 1.30 0.99 0.48 0.40	1.05 1.37 0.83 0.25 0.07	1.01 1.43 0.69 0.03 -0.24	0.97 1.49 0.55 -0.17 -0.53	0.82 1.72 0.00 -1.00 -1.72
0.30	1.08 1.07 1.13 1.00 1.07	1.04 1.14 0.98 0.74 0.73	1.00 1.21 0.85 0.50 0.40	0.97 1.27 0.72 0.27 0.09	0.94 1.33 0.60 0.05 -0.19	0.91 1.38 0.48 -0.15 -0.46	0.78 1.61 0.00 -1.00 -1.61
0.40	1.00 1.04 0.96 1.00 1.04	0.97 1.10 0.84 0.75 0.72	0.94 1.16 0.72 0.51 0.42	0.91 1.21 0.62 0.29 0.13	0.89 1.26 0.51 0.07 -0.14	0.86 1.31 0.42 -0.13 -0.40	0.76 1.52 0.00 -1.00 -1.52
0.50	0.61 0.55 0.48 1.00 0.55	0.60 0.59 0.42 0.77 0.39	0.59 0.63 0.37 0.55 0.23	0.58 0.66 0.32 0.34 0.08	0.57 0.70 0.27 0.13 -0.07	0.56 0.73 0.22 -0.07 -0.22	0.52 0.89 0.00 -1.00 -0.89

$\psi = 1,00$

$\xi \backslash \varkappa$	1.00	0.80	0.60	0.40	0.20	0.00	-1.00
0.10	-- -- -- -- --	-- -- -- -- --	-- -- -- -- --	-- -- -- -- --	-- -- -- -- --	-- -- -- -- --	1.83 4.87 0.00 -0.99 -4.87
0.20	1.39 1.32 1.70 1.00 1.32	1.32 1.41 1.46 0.71 0.85	1.25 1.49 1.23 0.45 0.42	1.19 1.57 1.03 0.21 0.04	1.14 1.63 0.84 -0.01 -0.32	1.09 1.69 0.67 -0.21 -0.64	0.89 1.94 0.00 -1.00 -1.94
0.30	1.13 1.12 1.22 1.00 1.12	1.09 1.20 1.06 0.74 0.75	1.05 1.27 0.91 0.49 0.41	1.01 1.33 0.77 0.26 0.09	0.98 1.39 0.64 0.04 -0.21	0.94 1.44 0.51 -0.16 -0.50	0.81 1.68 0.00 -1.00 -1.68
0.40	1.01 1.07 0.97 1.00 1.07	0.98 1.13 0.85 0.75 0.74	0.95 1.18 0.73 0.51 0.43	0.92 1.24 0.62 0.29 0.13	0.90 1.29 0.52 0.07 -0.14	0.87 1.34 0.42 -0.13 -0.41	0.77 1.55 0.00 -1.00 -1.55
0.50	0.57 0.52 0.43 1.00 0.52	0.57 0.55 0.39 0.78 0.37	0.56 0.58 0.34 0.56 0.22	0.55 0.62 0.29 0.35 0.08	0.54 0.65 0.25 0.14 -0.06	0.53 0.68 0.20 -0.06 -0.20	0.50 0.83 0.00 -1.00 -0.83

η	= 0,5
b_2/b_1 =	0,5
L/b_1 =	20,0

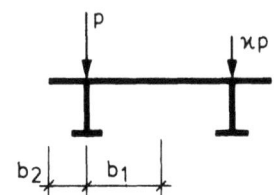
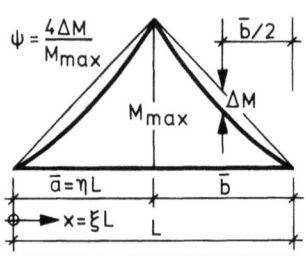

$\psi = 0$							
ξ \ $\varkappa$	1.00	0.80	0.60	0.40	0.20	0.00	-1.00
0.10	1.00 1.00 1.00 1.00 1.00	0.97 1.06 0.87 0.75 0.68	0.94 1.12 0.75 0.51 0.38	0.91 1.18 0.64 0.28 0.10	0.88 1.23 0.53 0.07 -0.16	0.86 1.28 0.43 -0.13 -0.42	0.75 1.50 0.00 -1.00 -1.50
0.20	1.00 1.00 1.00 1.00 1.00	0.97 1.06 0.87 0.75 0.68	0.94 1.12 0.75 0.51 0.38	0.91 1.18 0.64 0.28 0.10	0.88 1.23 0.53 0.07 -0.16	0.86 1.28 0.43 -0.13 -0.42	0.75 1.50 0.00 -1.00 -1.50
0.30	1.00 1.00 1.00 1.00 1.00	0.97 1.06 0.87 0.75 0.68	0.94 1.12 0.75 0.51 0.38	0.91 1.18 0.64 0.28 0.10	0.88 1.23 0.53 0.07 -0.16	0.86 1.28 0.43 -0.13 -0.42	0.75 1.50 0.00 -1.00 -1.50
0.40	1.00 1.00 0.99 1.00 1.00	0.97 1.06 0.87 0.75 0.68	0.94 1.12 0.75 0.51 0.38	0.91 1.18 0.64 0.28 0.10	0.88 1.23 0.53 0.07 -0.16	0.86 1.28 0.43 -0.13 -0.42	0.75 1.50 0.00 -1.00 -1.50
0.50	0.86 0.84 0.81 1.00 0.84	0.84 0.90 0.71 0.76 0.58	0.82 0.95 0.61 0.52 0.33	0.80 1.00 0.52 0.30 0.10	0.78 1.05 0.44 0.09 -0.13	0.76 1.10 0.36 -0.11 -0.35	0.68 1.30 0.00 -1.00 -1.30
$\psi = 0,25$							
0.10	1.01 1.01 1.03 1.00 1.01	0.98 1.08 0.90 0.74 0.69	0.95 1.14 0.77 0.50 0.39	0.92 1.19 0.66 0.28 0.10	0.89 1.25 0.55 0.06 -0.17	0.87 1.30 0.44 -0.14 -0.43	0.76 1.52 -0.00 -1.00 -1.52
0.20	1.01 1.01 1.02 1.00 1.01	0.98 1.07 0.89 0.75 0.69	0.95 1.13 0.77 0.51 0.39	0.92 1.19 0.65 0.28 0.10	0.89 1.24 0.54 0.07 -0.17	0.86 1.29 0.44 -0.13 -0.42	0.75 1.51 0.00 -1.00 -1.51
0.30	1.01 1.01 1.01 1.00 1.01	0.97 1.07 0.88 0.75 0.69	0.94 1.13 0.76 0.51 0.39	0.92 1.19 0.65 0.28 0.10	0.89 1.24 0.54 0.07 -0.17	0.86 1.29 0.44 -0.13 -0.42	0.75 1.51 0.00 -1.00 -1.51
0.40	1.00 1.00 1.00 1.00 1.00	0.97 1.06 0.87 0.75 0.68	0.94 1.12 0.75 0.51 0.38	0.91 1.18 0.64 0.28 0.10	0.88 1.23 0.53 0.07 -0.16	0.86 1.28 0.43 -0.13 -0.42	0.75 1.50 -0.00 -1.00 -1.50
0.50	0.83 0.81 0.77 1.00 0.81	0.81 0.86 0.67 0.76 0.56	0.79 0.91 0.59 0.53 0.32	0.77 0.96 0.50 0.31 0.10	0.76 1.01 0.42 0.10 -0.12	0.74 1.06 0.34 -0.11 -0.33	0.66 1.25 -0.00 -1.00 -1.25
$\psi = 0,50$							
0.10	1.06 1.05 1.10 1.00 1.05	1.02 1.12 0.95 0.74 0.71	0.98 1.18 0.82 0.50 0.39	0.95 1.24 0.70 0.27 0.10	0.92 1.29 0.58 0.06 -0.18	0.89 1.35 0.47 -0.14 -0.45	0.77 1.57 -0.00 -1.00 -1.57
0.20	1.02 1.02 1.04 1.00 1.02	0.99 1.08 0.90 0.74 0.69	0.95 1.14 0.78 0.50 0.39	0.92 1.20 0.66 0.28 0.10	0.90 1.25 0.55 0.06 -0.17	0.87 1.31 0.45 -0.14 -0.43	0.76 1.52 -0.00 -1.00 -1.52
0.30	1.01 1.01 1.02 1.00 1.01	0.98 1.07 0.89 0.75 0.69	0.95 1.13 0.77 0.51 0.39	0.92 1.19 0.65 0.28 0.10	0.89 1.24 0.54 0.07 -0.17	0.87 1.30 0.44 -0.14 -0.42	0.75 1.51 0.00 -1.00 -1.51
0.40	1.01 1.01 1.01 1.00 1.01	0.98 1.07 0.88 0.75 0.69	0.95 1.13 0.76 0.51 0.39	0.92 1.19 0.65 0.28 0.10	0.89 1.24 0.54 0.07 -0.17	0.86 1.30 0.44 -0.13 -0.42	0.75 1.51 0.00 -1.00 -1.51
0.50	0.80 0.78 0.73 1.00 0.78	0.79 0.83 0.64 0.76 0.54	0.77 0.88 0.56 0.53 0.31	0.75 0.93 0.48 0.31 0.09	0.73 0.97 0.40 0.10 -0.12	0.72 1.01 0.33 -0.10 -0.32	0.65 1.21 -0.00 -1.00 -1.21
$\psi = 0,75$							
0.10	1.11 1.10 1.21 1.00 1.10	1.07 1.17 1.05 0.74 0.74	1.03 1.24 0.90 0.49 0.40	1.00 1.30 0.76 0.26 0.08	0.96 1.36 0.63 0.04 -0.21	0.93 1.41 0.51 -0.16 -0.49	0.79 1.64 0.00 -1.00 -1.64
0.20	1.04 1.03 1.07 1.00 1.03	1.00 1.10 0.93 0.74 0.70	0.97 1.16 0.80 0.50 0.39	0.94 1.22 0.68 0.27 0.10	0.91 1.27 0.57 0.06 -0.18	0.88 1.33 0.46 -0.14 -0.44	0.76 1.55 -0.00 -1.01 -1.55
0.30	1.02 1.02 1.04 1.00 1.02	0.99 1.08 0.90 0.74 0.69	0.95 1.14 0.78 0.50 0.39	0.92 1.20 0.66 0.28 0.10	0.90 1.25 0.55 0.06 -0.17	0.87 1.30 0.45 -0.14 -0.43	0.76 1.52 0.00 -1.00 -1.52
0.40	1.01 1.01 1.01 1.00 1.01	0.98 1.07 0.88 0.75 0.69	0.95 1.13 0.76 0.51 0.39	0.92 1.19 0.65 0.28 0.10	0.89 1.24 0.54 0.07 -0.17	0.86 1.30 0.44 -0.14 -0.42	0.75 1.51 -0.00 -1.00 -1.51
0.50	0.78 0.74 0.69 1.00 0.74	0.76 0.79 0.61 0.76 0.52	0.74 0.84 0.53 0.53 0.30	0.73 0.89 0.45 0.32 0.09	0.71 0.93 0.38 0.11 -0.11	0.70 0.97 0.31 -0.10 -0.30	0.63 1.16 -0.00 -1.00 -1.16
$\psi = 1,00$							
0.10	1.39 1.34 1.70 1.00 1.34	1.32 1.43 1.46 0.71 0.87	1.25 1.51 1.23 0.45 0.44	1.19 1.58 1.03 0.21 0.05	1.14 1.64 0.85 -0.00 -0.31	1.09 1.70 0.67 -0.20 -0.64	0.89 1.94 -0.00 -1.00 -1.94
0.20	1.08 1.07 1.14 1.00 1.07	1.04 1.14 0.99 0.74 0.72	1.00 1.20 0.85 0.50 0.40	0.97 1.26 0.72 0.27 0.09	0.94 1.32 0.60 0.05 -0.19	0.91 1.37 0.48 -0.15 -0.46	0.78 1.60 -0.00 -1.00 -1.60
0.30	1.03 1.03 1.06 1.00 1.03	1.00 1.09 0.92 0.74 0.70	0.97 1.16 0.80 0.50 0.39	0.94 1.21 0.68 0.27 0.10	0.91 1.27 0.56 0.06 -0.18	0.88 1.32 0.46 -0.14 -0.44	0.76 1.54 -0.00 -1.00 -1.54
0.40	1.01 1.02 1.02 1.00 1.02	0.98 1.08 0.89 0.75 0.69	0.95 1.14 0.77 0.51 0.39	0.92 1.20 0.65 0.28 0.10	0.89 1.25 0.55 0.07 -0.17	0.87 1.30 0.44 -0.13 -0.43	0.76 1.52 -0.00 -1.00 -1.52
0.50	0.75 0.71 0.65 1.00 0.71	0.73 0.76 0.58 0.76 0.50	0.72 0.81 0.50 0.54 0.29	0.70 0.85 0.43 0.32 0.09	0.69 0.90 0.36 0.11 -0.10	0.68 0.94 0.30 -0.09 -0.29	0.61 1.12 -0.00 -1.01 -1.12

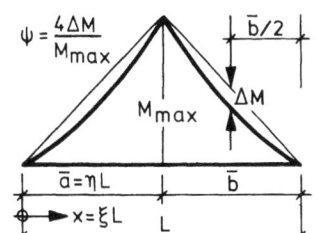
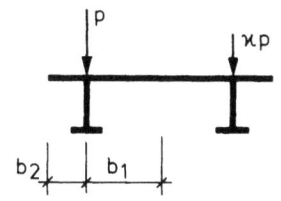

	η = 0,5
	b_2/b_1 = 0,5
	L/b_1 = 50,0

$\psi = 0$

ξ \ $\varkappa$	1.00	0.80	0.60	0.40	0.20	0.00	-1.00
0.10	1.00 1.00 1.00 1.00 1.00	0.97 1.06 0.87 0.75 0.68	0.94 1.12 0.75 0.51 0.38	0.91 1.18 0.64 0.28 0.10	0.88 1.23 0.53 0.07 -0.16	0.86 1.28 0.43 -0.13 -0.42	0.75 1.50 0.00 -1.00 -1.50
0.20	1.00 1.00 1.00 1.00 1.00	0.97 1.06 0.87 0.75 0.68	0.94 1.12 0.75 0.51 0.38	0.91 1.18 0.64 0.28 0.10	0.88 1.23 0.53 0.07 -0.16	0.86 1.28 0.43 -0.13 -0.42	0.75 1.50 0.00 -1.00 -1.50
0.30	1.00 1.00 1.00 1.00 1.00	0.97 1.06 0.87 0.75 0.68	0.94 1.12 0.75 0.51 0.38	0.91 1.18 0.64 0.28 0.10	0.88 1.23 0.53 0.07 -0.16	0.86 1.28 0.43 -0.13 -0.42	0.75 1.50 0.00 -1.00 -1.50
0.40	1.00 1.00 1.00 1.00 1.00	0.97 1.06 0.87 0.75 0.68	0.94 1.12 0.75 0.51 0.38	0.91 1.18 0.64 0.28 0.10	0.88 1.23 0.53 0.07 -0.16	0.86 1.28 0.43 -0.13 -0.42	0.75 1.50 0.00 -1.00 -1.50
0.50	0.96 0.95 0.93 1.00 0.95	0.93 1.01 0.82 0.75 0.65	0.90 1.07 0.71 0.51 0.37	0.88 1.12 0.60 0.29 0.10	0.85 1.18 0.50 0.08 -0.15	0.83 1.22 0.41 -0.13 -0.39	0.73 1.44 0.00 -1.00 -1.44

$\psi = 0,25$

ξ \ $\varkappa$	1.00	0.80	0.60	0.40	0.20	0.00	-1.00
0.10	1.00 1.00 1.00 1.00 1.00	0.97 1.06 0.88 0.75 0.68	0.94 1.12 0.76 0.51 0.38	0.91 1.18 0.64 0.28 0.10	0.88 1.23 0.54 0.07 -0.16	0.86 1.28 0.43 -0.13 -0.42	0.75 1.50 0.00 -1.00 -1.50
0.20	1.00 1.00 1.00 1.00 1.00	0.97 1.06 0.87 0.75 0.68	0.94 1.12 0.75 0.51 0.38	0.91 1.18 0.64 0.28 0.10	0.88 1.23 0.53 0.07 -0.16	0.86 1.28 0.43 -0.13 -0.42	0.75 1.50 0.00 -1.00 -1.50
0.30	1.00 1.00 1.00 1.00 1.00	0.97 1.06 0.87 0.75 0.68	0.94 1.12 0.75 0.51 0.38	0.91 1.18 0.64 0.28 0.10	0.88 1.23 0.53 0.07 -0.16	0.86 1.28 0.43 -0.13 -0.42	0.75 1.50 0.00 -1.00 -1.50
0.40	1.00 1.00 1.00 1.00 1.00	0.97 1.06 0.87 0.75 0.68	0.94 1.12 0.75 0.51 0.38	0.91 1.18 0.64 0.28 0.10	0.88 1.23 0.53 0.07 -0.16	0.86 1.28 0.43 -0.13 -0.42	0.75 1.50 0.00 -1.00 -1.50
0.50	0.95 0.94 0.92 1.00 0.94	0.92 1.00 0.80 0.75 0.65	0.89 1.06 0.69 0.51 0.37	0.87 1.11 0.59 0.29 0.10	0.84 1.16 0.49 0.08 -0.15	0.82 1.21 0.40 -0.12 -0.39	0.72 1.42 0.00 -1.00 -1.42

$\psi = 0,50$

ξ \ $\varkappa$	1.00	0.80	0.60	0.40	0.20	0.00	-1.00
0.10	1.01 1.00 1.01 1.00 1.00	0.97 1.07 0.88 0.75 0.69	0.94 1.13 0.76 0.51 0.38	0.91 1.18 0.65 0.28 0.10	0.89 1.24 0.54 0.07 -0.17	0.86 1.29 0.44 -0.13 -0.42	0.75 1.51 0.00 -1.00 -1.51
0.20	1.00 1.00 1.00 1.00 1.00	0.97 1.06 0.88 0.75 0.68	0.94 1.12 0.76 0.51 0.38	0.91 1.18 0.64 0.28 0.10	0.88 1.23 0.54 0.07 -0.16	0.86 1.28 0.44 -0.13 -0.42	0.75 1.50 0.00 -1.00 -1.50
0.30	1.00 1.00 1.00 1.00 1.00	0.97 1.06 0.87 0.75 0.68	0.94 1.12 0.76 0.51 0.38	0.91 1.18 0.64 0.28 0.10	0.88 1.23 0.54 0.07 -0.16	0.86 1.28 0.43 -0.13 -0.42	0.75 1.50 0.00 -1.00 -1.50
0.40	1.00 1.00 1.00 1.00 1.00	0.97 1.06 0.87 0.75 0.68	0.94 1.12 0.75 0.51 0.38	0.91 1.18 0.64 0.28 0.10	0.88 1.23 0.54 0.07 -0.16	0.86 1.28 0.43 -0.13 -0.42	0.75 1.50 0.00 -1.00 -1.50
0.50	0.94 0.93 0.90 1.00 0.93	0.91 0.99 0.79 0.75 0.64	0.88 1.04 0.68 0.52 0.36	0.86 1.10 0.58 0.29 0.10	0.84 1.15 0.49 0.08 -0.15	0.81 1.20 0.40 -0.12 -0.38	0.72 1.41 0.00 -1.00 -1.41

$\psi = 0,75$

ξ \ $\varkappa$	1.00	0.80	0.60	0.40	0.20	0.00	-1.00
0.10	1.01 1.01 1.03 1.00 1.01	0.98 1.08 0.90 0.74 0.69	0.95 1.14 0.77 0.51 0.39	0.92 1.19 0.66 0.28 0.10	0.89 1.25 0.55 0.07 -0.17	0.87 1.30 0.44 -0.14 -0.43	0.76 1.52 0.00 -1.00 -1.52
0.20	1.00 1.00 1.01 1.00 1.00	0.97 1.07 0.88 0.75 0.68	0.94 1.13 0.76 0.51 0.38	0.91 1.18 0.65 0.28 0.10	0.89 1.24 0.54 0.07 -0.17	0.86 1.29 0.44 -0.13 -0.42	0.75 1.50 0.00 -1.00 -1.50
0.30	1.00 1.00 1.00 1.00 1.00	0.97 1.06 0.88 0.75 0.68	0.94 1.12 0.76 0.51 0.38	0.91 1.18 0.64 0.28 0.10	0.88 1.23 0.54 0.07 -0.16	0.86 1.28 0.43 -0.13 -0.42	0.75 1.50 0.00 -1.00 -1.50
0.40	1.00 1.00 1.00 1.00 1.00	0.97 1.06 0.88 0.75 0.68	0.94 1.12 0.76 0.51 0.38	0.91 1.18 0.64 0.28 0.10	0.88 1.23 0.54 0.07 -0.16	0.86 1.28 0.43 -0.13 -0.42	0.75 1.50 0.00 -1.00 -1.50
0.50	0.93 0.92 0.89 1.00 0.92	0.90 0.98 0.78 0.75 0.63	0.88 1.03 0.67 0.52 0.36	0.85 1.08 0.57 0.29 0.10	0.83 1.14 0.48 0.08 -0.14	0.81 1.18 0.39 -0.12 -0.38	0.71 1.39 0.00 -1.00 -1.39

$\psi = 1,00$

ξ \ $\varkappa$	1.00	0.80	0.60	0.40	0.20	0.00	-1.00
0.10	1.06 1.05 1.10 1.00 1.05	1.02 1.12 0.96 0.75 0.71	0.99 1.18 0.82 0.52 0.40	0.95 1.24 0.70 0.30 0.10	0.92 1.30 0.58 0.09 -0.18	0.89 1.35 0.47 -0.11 -0.45	0.77 1.57 0.00 -0.93 -1.57
0.20	1.01 1.01 1.02 1.00 1.01	0.98 1.07 0.89 0.74 0.69	0.95 1.13 0.77 0.50 0.38	0.92 1.19 0.65 0.28 0.10	0.89 1.24 0.54 0.06 -0.17	0.86 1.29 0.44 -0.14 -0.42	0.75 1.51 -0.00 -1.00 -1.51
0.30	1.01 1.01 1.01 1.00 1.01	0.98 1.07 0.88 0.75 0.69	0.94 1.13 0.76 0.51 0.39	0.92 1.19 0.65 0.28 0.10	0.89 1.24 0.54 0.07 -0.17	0.86 1.29 0.44 -0.13 -0.42	0.75 1.51 0.00 -0.99 -1.51
0.40	1.00 1.00 1.00 1.00 1.00	0.97 1.06 0.88 0.75 0.68	0.94 1.12 0.76 0.51 0.38	0.91 1.18 0.64 0.28 0.10	0.88 1.23 0.54 0.07 -0.16	0.86 1.28 0.43 -0.13 -0.42	0.75 1.50 0.00 -1.00 -1.50
0.50	0.91 0.90 0.87 1.00 0.90	0.89 0.96 0.76 0.75 0.62	0.86 1.02 0.66 0.52 0.36	0.84 1.07 0.56 0.29 0.10	0.82 1.12 0.47 0.08 -0.14	0.80 1.17 0.38 -0.12 -0.37	0.71 1.37 -0.00 -1.01 -1.37

η	= 0,5
b_2/b_1 =	1,0
L/b_1 =	2,0

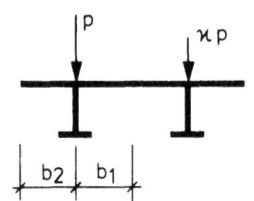
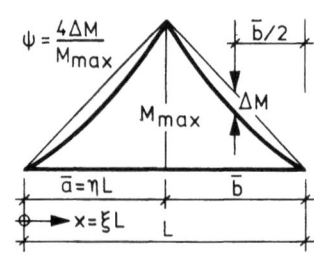

$\psi = 0$

ξ \ ϰ	1.00	0.80	0.60	0.40	0.20	0.00	-1.00
0.10	0.51 -0.03 0.29 1.00 -0.03	0.50 -0.02 0.26 0.79 -0.04	0.50 -0.01 0.23 0.59 -0.05	0.50 0.00 0.20 0.38 -0.05	0.50 0.02 0.17 0.18 -0.06	0.49 0.03 0.14 -0.02 -0.06	0.48 0.09 -0.00 -1.00 -0.09
0.20	0.48 -0.05 0.26 1.00 -0.05	0.48 -0.03 0.23 0.79 -0.05	0.47 -0.02 0.21 0.59 -0.05	0.47 -0.01 0.18 0.38 -0.05	0.47 0.00 0.15 0.18 -0.05	0.47 0.01 0.13 -0.02 -0.06	0.46 0.07 -0.00 -1.00 -0.07
0.30	0.43 -0.05 0.21 1.00 -0.05	0.43 -0.04 0.19 0.79 -0.05	0.43 -0.03 0.17 0.59 -0.05	0.43 -0.02 0.15 0.39 -0.05	0.43 -0.02 0.13 0.19 -0.05	0.42 -0.01 0.11 -0.02 -0.05	0.42 0.04 -0.00 -1.00 -0.04
0.40	0.36 -0.05 0.16 1.00 -0.05	0.36 -0.04 0.14 0.80 -0.05	0.36 -0.04 0.13 0.59 -0.05	0.36 -0.03 0.11 0.39 -0.04	0.36 -0.02 0.09 0.19 -0.04	0.35 -0.01 0.08 -0.01 -0.04	0.35 0.02 0.00 -1.00 -0.02
0.50	0.24 -0.03 0.09 1.00 -0.03	0.24 -0.03 0.08 0.80 -0.03	0.24 -0.02 0.08 0.60 -0.03	0.24 -0.02 0.07 0.39 -0.03	0.24 -0.02 0.06 0.19 -0.02	0.24 -0.01 0.05 -0.01 -0.02	0.23 0.01 0.00 -1.00 -0.01

$\psi = 0,25$

ξ \ ϰ	1.00	0.80	0.60	0.40	0.20	0.00	-1.00
0.10	0.77 -0.02 0.52 1.00 -0.02	0.77 -0.00 0.46 0.79 -0.04	0.76 0.02 0.41 0.58 -0.06	0.76 0.04 0.35 0.37 -0.07	0.75 0.06 0.30 0.17 -0.09	0.75 0.08 0.25 -0.03 -0.11	0.72 0.18 -0.00 -1.00 -0.18
0.20	0.59 -0.04 0.35 1.00 -0.04	0.59 -0.03 0.31 0.79 -0.05	0.58 -0.01 0.28 0.58 -0.06	0.58 0.00 0.24 0.38 -0.06	0.58 0.02 0.21 0.18 -0.07	0.57 0.03 0.17 -0.02 -0.07	0.56 0.10 -0.00 -1.00 -0.10
0.30	0.47 -0.06 0.24 1.00 -0.06	0.47 -0.05 0.21 0.79 -0.06	0.46 -0.04 0.19 0.59 -0.06	0.46 -0.02 0.17 0.39 -0.05	0.46 -0.01 0.14 0.18 -0.05	0.46 -0.00 0.12 -0.02 -0.05	0.45 0.05 -0.00 -1.00 -0.05
0.40	0.36 -0.05 0.15 1.00 -0.05	0.35 -0.05 0.14 0.80 -0.05	0.35 -0.04 0.12 0.59 -0.05	0.35 -0.03 0.11 0.39 -0.04	0.35 -0.02 0.09 0.19 -0.04	0.35 -0.02 0.08 -0.01 -0.04	0.35 0.02 0.00 -1.00 -0.02
0.50	0.22 -0.03 0.08 1.00 -0.03	0.22 -0.03 0.07 0.80 -0.03	0.22 -0.02 0.06 0.60 -0.03	0.21 -0.02 0.06 0.39 -0.02	0.21 -0.02 0.05 0.19 -0.02	0.21 -0.01 0.04 -0.01 -0.02	0.21 0.01 0.00 -1.00 -0.01

$\psi = 0,50$

ξ \ ϰ	1.00	0.80	0.60	0.40	0.20	0.00	-1.00
0.10	-- -- -- -- --	-- -- -- -- --	-- -- -- -- --	-- -- -- -- --	-- -- -- -- --	-- -- -- -- --	2.75 0.98 -0.00 -1.00 -0.98
0.20	0.86 -0.04 0.57 1.00 -0.04	0.85 -0.02 0.51 0.79 -0.06	0.84 0.01 0.45 0.58 -0.07	0.84 0.03 0.39 0.37 -0.09	0.83 0.05 0.33 0.16 -0.10	0.82 0.08 0.27 -0.04 -0.12	0.79 0.19 -0.00 -1.00 -0.19
0.30	0.52 -0.06 0.28 1.00 -0.06	0.52 -0.05 0.25 0.79 -0.06	0.52 -0.04 0.22 0.59 -0.06	0.52 -0.02 0.19 0.38 -0.06	0.51 -0.01 0.16 0.18 -0.06	0.51 0.00 0.13 -0.02 -0.06	0.50 0.06 -0.00 -1.00 -0.06
0.40	0.35 -0.05 0.15 1.00 -0.05	0.35 -0.05 0.13 0.80 -0.05	0.35 -0.04 0.12 0.59 -0.05	0.35 -0.03 0.10 0.39 -0.04	0.35 -0.03 0.09 0.19 -0.04	0.35 -0.02 0.07 -0.01 -0.03	0.34 0.01 0.00 -1.00 -0.01
0.50	0.20 -0.03 0.07 1.00 -0.03	0.20 -0.03 0.06 0.80 -0.03	0.20 -0.02 0.05 0.60 -0.02	0.20 -0.02 0.05 0.40 -0.02	0.20 -0.02 0.04 0.19 -0.02	0.20 -0.01 0.03 -0.01 -0.01	0.19 0.00 0.00 -1.00 -0.00

$\psi = 0,75$

ξ \ ϰ	1.00	0.80	0.60	0.40	0.20	0.00	-1.00
0.10	-- -- -- -- --	-- -- -- -- --	-- -- -- -- --	-- -- -- -- --	-- -- -- -- --	-- -- -- -- --	-- -- -- -- --
0.20	2.43 -0.02 1.83 1.00 -0.02	2.37 0.06 1.61 0.76 -0.09	2.32 0.13 1.40 0.53 -0.16	2.26 0.20 1.20 0.31 -0.22	2.21 0.26 1.00 0.09 -0.28	2.16 0.33 0.82 -0.11 -0.34	1.95 0.60 -0.00 -1.00 -0.60
0.30	0.61 -0.07 0.33 1.00 -0.07	0.61 -0.05 0.30 0.79 -0.07	0.60 -0.04 0.26 0.58 -0.07	0.60 -0.02 0.23 0.38 -0.07	0.60 -0.01 0.20 0.18 -0.07	0.59 0.01 0.16 -0.02 -0.07	0.58 0.08 -0.00 -1.00 -0.08
0.40	0.35 -0.06 0.14 1.00 -0.06	0.35 -0.05 0.13 0.80 -0.05	0.34 -0.04 0.11 0.59 -0.05	0.34 -0.04 0.10 0.39 -0.04	0.34 -0.03 0.08 0.19 -0.04	0.34 -0.02 0.07 -0.01 -0.03	0.34 0.01 0.00 -1.00 -0.01
0.50	0.18 -0.03 0.06 1.00 -0.03	0.18 -0.03 0.05 0.80 -0.03	0.18 -0.02 0.05 0.60 -0.02	0.18 -0.02 0.04 0.40 -0.02	0.18 -0.02 0.03 0.20 -0.02	0.18 -0.01 0.03 -0.00 -0.01	0.18 0.00 0.00 -1.00 -0.00

$\psi = 1,00$

ξ \ ϰ	1.00	0.80	0.60	0.40	0.20	0.00	-1.00
0.10	-- -- -- -- --	-- -- -- -- --	-- -- -- -- --	-- -- -- -- --	-- -- -- -- --	-- -- -- -- --	-- -- -- -- --
0.20	-- -- -- -- --	-- -- -- -- --	-- -- -- -- --	-- -- -- -- --	-- -- -- -- --	-- -- -- -- --	-- -- -- -- --
0.30	0.77 -0.08 0.45 1.00 -0.08	0.77 -0.06 0.40 0.79 -0.09	0.76 -0.04 0.35 0.58 -0.09	0.76 -0.02 0.31 0.37 -0.09	0.75 -0.00 0.26 0.17 -0.09	0.75 0.02 0.22 -0.03 -0.10	0.72 0.11 -0.00 -1.00 -0.11
0.40	0.34 -0.06 0.13 1.00 -0.06	0.34 -0.05 0.12 0.80 -0.05	0.34 -0.04 0.11 0.59 -0.05	0.34 -0.04 0.09 0.39 -0.04	0.34 -0.03 0.08 0.19 -0.04	0.34 -0.03 0.07 -0.01 -0.03	0.33 0.01 0.00 -1.00 -0.01
0.50	0.17 -0.03 0.05 1.00 -0.03	0.16 -0.02 0.04 0.80 -0.02	0.16 -0.02 0.04 0.60 -0.02	0.16 -0.02 0.03 0.40 -0.02	0.16 -0.02 0.03 0.20 -0.02	0.16 -0.01 0.02 -0.00 -0.01	0.16 -0.00 0.00 -1.00 0.00

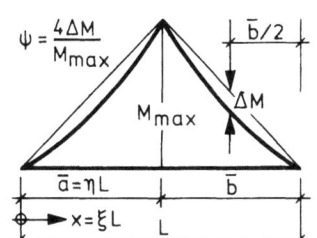
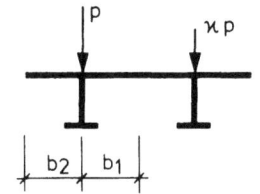

	η	=	0,5
	b_2/b_1	=	1,0
	L/b_1	=	5,0

$\psi = 0$

ξ \ $\varkappa$	1.00		0.80		0.60		0.40		0.20		0.00		-1.00	
0.10	0.95		0.97		0.99		1.01		1.03		1.05		1.17	
	0.87	0.98	0.94	0.90	1.01	0.82	1.08	0.73	1.15	0.63	1.23	0.54	1.67	0.00
	1.00	0.87	0.83	0.66	0.66	0.44	0.48	0.21	0.29	-0.03	0.10	-0.27	-1.00	-1.67
0.20	0.92		0.94		0.96		0.97		0.99		1.01		1.11	
	0.81	0.95	0.88	0.87	0.94	0.78	1.01	0.70	1.07	0.61	1.14	0.51	1.54	0.00
	1.00	0.81	0.83	0.61	0.65	0.41	0.47	0.19	0.28	-0.03	0.09	-0.26	-1.00	-1.54
0.30	0.87		0.88		0.89		0.91		0.92		0.93		1.01	
	0.70	0.86	0.75	0.78	0.80	0.70	0.86	0.62	0.91	0.54	0.97	0.46	1.29	0.00
	1.00	0.70	0.82	0.52	0.64	0.34	0.46	0.16	0.27	-0.03	0.07	-0.23	-1.00	-1.29
0.40	0.75		0.76		0.77		0.78		0.78		0.79		0.84	
	0.50	0.68	0.54	0.62	0.58	0.56	0.62	0.49	0.66	0.43	0.71	0.36	0.93	0.00
	1.00	0.50	0.82	0.37	0.63	0.24	0.44	0.10	0.25	-0.04	0.05	-0.18	-1.00	-0.93
0.50	0.47		0.47		0.48		0.48		0.48		0.48		0.50	
	0.26	0.38	0.28	0.34	0.30	0.31	0.32	0.27	0.34	0.23	0.37	0.19	0.48	0.00
	1.00	0.26	0.81	0.19	0.62	0.12	0.42	0.05	0.22	-0.02	0.03	-0.10	-1.00	-0.48

$\psi = 0,25$

ξ \ $\varkappa$	1.00		0.80		0.60		0.40		0.20		0.00		-1.00	
0.10	1.32		1.36		1.41		1.48		1.53		1.59		1.90	
	1.44	1.50	1.56	1.39	1.69	1.28	1.86	1.17	2.01	1.04	2.18	0.90	3.14	0.00
	1.00	1.44	0.86	1.11	0.70	0.75	0.54	0.38	0.37	-0.02	0.18	-0.46	-1.00	-3.14
0.20	1.09		1.11		1.14		1.17		1.20		1.23		1.41	
	1.07	1.18	1.15	1.08	1.24	0.98	1.34	0.89	1.44	0.78	1.54	0.66	2.13	0.00
	1.00	1.07	0.84	0.81	0.67	0.54	0.50	0.27	0.31	-0.03	0.12	-0.34	-1.00	-2.13
0.30	0.93		0.95		0.96		0.98		1.00		1.01		1.11	
	0.78	0.95	0.84	0.86	0.90	0.78	0.97	0.69	1.03	0.60	1.10	0.51	1.48	0.00
	1.00	0.78	0.83	0.59	0.65	0.39	0.46	0.18	0.27	-0.03	0.08	-0.25	-1.00	-1.48
0.40	0.75		0.76		0.77		0.77		0.78		0.79		0.83	
	0.49	0.67	0.53	0.61	0.57	0.55	0.60	0.48	0.65	0.42	0.69	0.35	0.91	0.00
	1.00	0.49	0.82	0.36	0.63	0.23	0.44	0.10	0.24	-0.04	0.05	-0.18	-1.00	-0.91
0.50	0.43		0.43		0.43		0.43		0.44		0.44		0.45	
	0.22	0.33	0.23	0.30	0.25	0.27	0.27	0.23	0.29	0.20	0.30	0.17	0.40	0.00
	1.00	0.22	0.81	0.16	0.61	0.10	0.42	0.04	0.22	-0.02	0.02	-0.08	-1.00	-0.40

$\psi = 0,50$

ξ \ $\varkappa$	1.00		0.80		0.60		0.40		0.20		0.00		-1.00	
0.10	--		--		--		--		--		--		--	
	--	--	--	--	--	--	--	--	--	--	--	--	--	--
	--	--	--	--	--	--	--	--	--	--	--	--	--	--
0.20	1.45		1.50		1.55		1.61		1.67		1.74		2.19	
	1.63	1.69	1.77	1.57	1.92	1.44	2.09	1.31	2.26	1.16	2.45	1.01	3.71	0.00
	1.00	1.63	0.86	1.26	0.71	0.86	0.55	0.44	0.38	-0.02	0.19	-0.51	-1.00	-3.71
0.30	1.04		1.05		1.07		1.09		1.12		1.14		1.25	
	0.92	1.08	0.99	0.99	1.06	0.90	1.14	0.80	1.22	0.70	1.30	0.59	1.75	0.00
	1.00	0.92	0.83	0.69	0.66	0.46	0.48	0.22	0.29	-0.03	0.09	-0.29	-1.00	-1.75
0.40	0.75		0.76		0.77		0.77		0.78		0.79		0.83	
	0.47	0.67	0.51	0.60	0.55	0.54	0.59	0.48	0.63	0.41	0.67	0.35	0.88	0.00
	1.00	0.47	0.82	0.35	0.63	0.22	0.44	0.09	0.24	-0.04	0.05	-0.17	-1.00	-0.88
0.50	0.39		0.39		0.39		0.39		0.40		0.40		0.40	
	0.18	0.28	0.19	0.26	0.21	0.23	0.22	0.20	0.24	0.17	0.25	0.14	0.33	0.00
	1.00	0.18	0.81	0.13	0.61	0.08	0.41	0.03	0.22	-0.02	0.02	-0.07	-1.00	-0.33

$\psi = 0,75$

ξ \ $\varkappa$	1.00		0.80		0.60		0.40		0.20		0.00		-1.00	
0.10	--		--		--		--		--		--		--	
	--	--	--	--	--	--	--	--	--	--	--	--	--	--
	--	--	--	--	--	--	--	--	--	--	--	--	--	--
0.20	2.90		--		--		--		--		--		--	
	3.87	3.74	--	--	--	--	--	--	--	--	--	--	--	--
	1.00	3.87	--	--	--	--	--	--	--	--	--	--	--	--
0.30	1.19		1.21		1.23		1.26		1.29		1.32		1.51	
	1.12	1.29	1.20	1.18	1.30	1.07	1.39	0.96	1.49	0.84	1.60	0.71	2.21	0.00
	1.00	1.12	0.84	0.85	0.67	0.56	0.49	0.27	0.31	-0.03	0.11	-0.36	-1.00	-2.21
0.40	0.75		0.76		0.77		0.78		0.78		0.79		0.83	
	0.45	0.66	0.49	0.60	0.53	0.54	0.57	0.47	0.61	0.41	0.65	0.34	0.86	0.00
	1.00	0.45	0.81	0.33	0.63	0.21	0.44	0.09	0.24	-0.04	0.04	-0.17	-1.00	-0.86
0.50	0.36		0.36		0.36		0.36		0.36		0.36		0.37	
	0.14	0.25	0.16	0.22	0.17	0.20	0.18	0.17	0.20	0.15	0.21	0.13	0.28	0.00
	1.00	0.14	0.81	0.10	0.61	0.06	0.41	0.02	0.21	-0.02	0.01	-0.06	-1.00	-0.28

$\psi = 1,00$

ξ \ $\varkappa$	1.00		0.80		0.60		0.40		0.20		0.00		-1.00	
0.10	--		--		--		--		--		--		--	
	--	--	--	--	--	--	--	--	--	--	--	--	--	--
	--	--	--	--	--	--	--	--	--	--	--	--	--	--
0.20	--		--		--		--		--		--		--	
	--	--	--	--	--	--	--	--	--	--	--	--	--	--
	--	--	--	--	--	--	--	--	--	--	--	--	--	--
0.30	1.47		1.51		1.56		1.61		1.66		1.71		2.08	
	1.50	1.67	1.63	1.55	1.77	1.42	1.91	1.28	2.06	1.13	2.22	0.97	3.26	0.00
	1.00	1.50	0.85	1.15	0.69	0.78	0.53	0.38	0.35	-0.04	0.16	-0.48	-1.00	-3.26
0.40	0.76		0.76		0.77		0.78		0.78		0.79		0.83	
	0.44	0.65	0.47	0.59	0.51	0.53	0.55	0.47	0.58	0.40	0.62	0.34	0.82	0.00
	1.00	0.44	0.81	0.32	0.63	0.20	0.43	0.08	0.24	-0.04	0.04	-0.17	-1.00	-0.82
0.50	0.33		0.33		0.33		0.33		0.33		0.33		0.34	
	0.11	0.22	0.13	0.19	0.14	0.17	0.15	0.15	0.16	0.13	0.17	0.11	0.23	0.00
	1.00	0.11	0.80	0.08	0.61	0.05	0.41	0.01	0.21	-0.02	0.01	-0.06	-1.00	-0.23

| η = 0,5 |
| b_2/b_1 = 1,0 |
| L/b_1 = 10,0 |

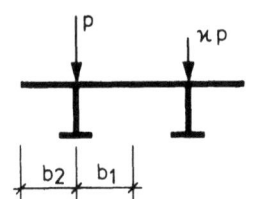
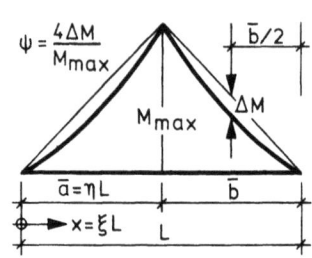

ξ \ $\varkappa$	1.00	0.80	0.60	0.40	0.20	0.00	-1.00
$\psi = 0$							
0.10	1.00 1.01 1.00 1.00 1.01	1.03 1.09 0.92 0.84 0.77	1.06 1.17 0.84 0.68 0.53	1.09 1.25 0.76 0.51 0.27	1.11 1.33 0.66 0.33 -0.01	1.14 1.43 0.56 0.13 -0.29	1.33 2.00 0.00 -1.00 -2.00
0.20	1.00 1.00 1.00 1.00 1.00	1.03 1.08 0.92 0.84 0.77	1.05 1.16 0.84 0.68 0.52	1.08 1.25 0.75 0.51 0.26	1.11 1.34 0.66 0.33 -0.01	1.14 1.43 0.57 0.13 -0.30	1.33 1.99 0.00 -1.00 -1.99
0.30	0.99 0.98 1.00 1.00 0.98	1.01 1.05 0.92 0.84 0.75	1.04 1.13 0.83 0.68 0.51	1.07 1.21 0.75 0.50 0.25	1.10 1.30 0.66 0.32 -0.01	1.13 1.40 0.56 0.13 -0.29	1.30 1.93 0.00 -1.00 -1.93
0.40	0.94 0.88 0.94 1.00 0.88	0.96 0.94 0.86 0.84 0.67	0.99 1.01 0.78 0.66 0.45	1.01 1.08 0.70 0.49 0.22	1.03 1.16 0.61 0.30 -0.02	1.05 1.24 0.52 0.11 -0.27	1.19 1.69 0.00 -1.00 -1.69
0.50	0.66 0.52 0.60 1.00 0.52	0.67 0.56 0.55 0.82 0.39	0.68 0.60 0.49 0.64 0.26	0.69 0.64 0.43 0.45 0.12	0.70 0.67 0.38 0.26 -0.02	0.71 0.72 0.32 0.06 -0.16	0.75 0.93 0.00 -1.00 -0.93
$\psi = 0,25$							
0.10	1.12 1.22 1.15 1.00 1.22	1.15 1.31 1.06 0.85 0.94	1.19 1.42 0.97 0.70 0.65	1.23 1.53 0.88 0.54 0.34	1.29 1.66 0.79 0.36 0.00	1.33 1.79 0.68 0.18 -0.35	1.61 2.57 0.00 -1.00 -2.57
0.20	1.06 1.11 1.07 1.00 1.11	1.09 1.20 0.99 0.85 0.86	1.12 1.29 0.91 0.69 0.59	1.16 1.39 0.82 0.52 0.30	1.19 1.49 0.72 0.34 -0.00	1.23 1.60 0.62 0.15 -0.32	1.46 2.27 0.00 -1.00 -2.27
0.30	1.02 1.04 1.04 1.00 1.04	1.05 1.11 0.96 0.84 0.79	1.08 1.20 0.87 0.68 0.54	1.11 1.29 0.78 0.51 0.27	1.14 1.38 0.69 0.33 -0.01	1.17 1.48 0.59 0.14 -0.31	1.37 2.08 0.00 -1.00 -2.08
0.40	0.95 0.88 0.95 1.00 0.88	0.98 0.95 0.88 0.84 0.67	1.00 1.02 0.79 0.66 0.45	1.02 1.10 0.71 0.49 0.22	1.04 1.17 0.62 0.30 -0.02	1.07 1.25 0.53 0.11 -0.27	1.20 1.71 0.00 -1.00 -1.71
0.50	0.61 0.46 0.54 1.00 0.46	0.62 0.49 0.49 0.82 0.34	0.63 0.52 0.44 0.63 0.22	0.63 0.56 0.39 0.44 0.10	0.64 0.59 0.34 0.25 -0.02	0.65 0.63 0.29 0.05 -0.15	0.69 0.82 0.00 -1.00 -0.82
$\psi = 0,50$							
0.10	1.40 1.72 1.49 1.00 1.72	1.47 1.88 1.40 0.88 1.35	1.54 2.05 1.31 0.75 0.96	1.62 2.25 1.20 0.61 0.52	1.71 2.46 1.08 0.45 0.03	1.79 2.68 0.95 0.28 -0.50	2.48 4.34 0.00 -1.00 -4.34
0.20	1.16 1.29 1.19 1.00 1.29	1.20 1.40 1.11 0.86 1.00	1.24 1.51 1.02 0.71 0.69	1.29 1.63 0.92 0.55 0.36	1.34 1.76 0.82 0.38 0.01	1.38 1.90 0.71 0.19 -0.37	1.71 2.78 0.00 -1.00 -2.78
0.30	1.07 1.12 1.10 1.00 1.12	1.10 1.20 1.02 0.85 0.86	1.13 1.30 0.93 0.69 0.59	1.17 1.40 0.84 0.52 0.30	1.20 1.50 0.74 0.34 -0.01	1.24 1.61 0.63 0.15 -0.33	1.46 2.27 0.00 -1.00 -2.27
0.40	0.96 0.89 0.97 1.00 0.89	0.98 0.96 0.89 0.84 0.68	1.01 1.03 0.80 0.66 0.45	1.03 1.10 0.72 0.49 0.22	1.05 1.18 0.63 0.30 -0.02	1.07 1.26 0.53 0.11 -0.27	1.20 1.71 0.00 -1.00 -1.71
0.50	0.57 0.40 0.49 1.00 0.40	0.58 0.43 0.45 0.82 0.30	0.58 0.46 0.40 0.63 0.20	0.59 0.49 0.35 0.44 0.09	0.59 0.52 0.31 0.24 -0.02	0.60 0.55 0.26 0.05 -0.13	0.63 0.72 0.00 -1.00 -0.72
$\psi = 0,75$							
0.10	2.59 3.86 2.97 1.00 3.86	2.89 4.48 2.98 1.01 3.27	-- -- -- -- --	-- -- -- -- --	-- -- -- -- --	-- -- -- -- --	-- -- -- -- --
0.20	1.33 1.61 1.41 1.00 1.61	1.39 1.76 1.32 0.88 1.27	1.47 1.94 1.24 0.75 0.90	1.54 2.12 1.14 0.60 0.49	1.62 2.32 1.02 0.44 0.03	1.71 2.53 0.90 0.26 -0.47	2.31 4.02 0.00 -1.00 -4.02
0.30	1.12 1.22 1.17 1.00 1.22	1.16 1.31 1.09 0.85 0.94	1.20 1.42 1.00 0.70 0.65	1.24 1.53 0.90 0.53 0.33	1.28 1.65 0.80 0.36 -0.00	1.33 1.79 0.69 0.17 -0.36	1.62 2.60 0.00 -1.00 -2.60
0.40	0.97 0.89 0.97 1.00 0.89	0.99 0.96 0.89 0.84 0.68	1.01 1.03 0.81 0.66 0.45	1.03 1.10 0.72 0.49 0.22	1.05 1.18 0.63 0.30 -0.02	1.08 1.26 0.54 0.11 -0.27	1.21 1.72 0.00 -1.00 -1.72
0.50	0.53 0.36 0.45 1.00 0.36	0.54 0.38 0.41 0.81 0.26	0.54 0.41 0.37 0.63 0.17	0.55 0.43 0.32 0.43 0.07	0.55 0.46 0.28 0.24 -0.02	0.56 0.49 0.23 0.04 -0.12	0.58 0.63 0.00 -1.00 -0.63
$\psi = 1,00$							
0.10	-- -- -- -- --	-- -- -- -- --	-- -- -- -- --	-- -- -- -- --	-- -- -- -- --	-- -- -- -- --	-- -- -- -- --
0.20	1.86 2.58 2.05 1.00 2.58	1.96 2.82 1.94 0.93 2.05	2.11 3.17 1.86 0.85 1.50	2.30 3.57 1.76 0.76 0.86	2.56 4.12 1.68 0.65 0.10	2.83 4.71 1.54 0.52 -0.83	-- -- -- -- --
0.30	1.22 1.39 1.30 1.00 1.39	1.27 1.51 1.21 0.86 1.08	1.32 1.64 1.12 0.71 0.75	1.37 1.77 1.02 0.56 0.39	1.42 1.91 0.90 0.38 0.01	1.48 2.07 0.78 0.20 -0.41	1.85 3.08 0.00 -1.00 -3.08
0.40	0.98 0.90 0.99 1.00 0.90	1.00 0.97 0.91 0.83 0.68	1.02 1.04 0.82 0.66 0.46	1.04 1.11 0.73 0.48 0.22	1.07 1.20 0.64 0.30 -0.02	1.09 1.28 0.55 0.11 -0.28	1.23 1.74 0.00 -1.00 -1.74
0.50	0.50 0.31 0.41 1.00 0.31	0.50 0.34 0.37 0.81 0.23	0.51 0.36 0.33 0.62 0.15	0.51 0.38 0.29 0.43 0.06	0.52 0.41 0.25 0.23 -0.02	0.52 0.43 0.21 0.03 -0.11	0.54 0.56 0.00 -1.00 -0.56

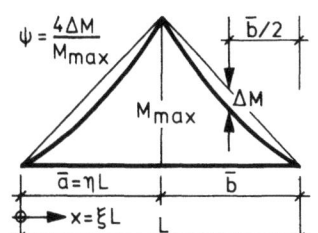
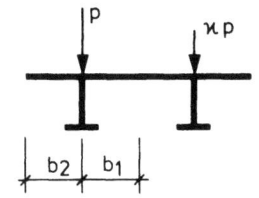

	η = 0,5
	b_2/b_1 = 1,0
	L/b_1 = 20,0

$\psi = 0$

ξ \ ϰ	1.00	0.80	0.60	0.40	0.20	0.00	-1.00
0.10	1.00 1.00 1.00 1.00 1.00	1.02 1.08 0.92 0.84 0.76	1.05 1.16 0.84 0.68 0.52	1.09 1.25 0.76 0.51 0.26	1.12 1.34 0.67 0.33 -0.01	1.14 1.43 0.57 0.13 -0.30	1.33 2.00 0.00 -1.00 -2.00
0.20	1.00 1.00 1.00 1.00 1.00	1.02 1.08 0.92 0.84 0.76	1.05 1.16 0.84 0.68 0.52	1.08 1.25 0.75 0.51 0.26	1.11 1.34 0.66 0.33 -0.01	1.15 1.43 0.57 0.14 -0.30	1.33 2.00 0.00 -1.00 -2.00
0.30	1.00 1.00 1.00 1.00 1.00	1.02 1.08 0.92 0.84 0.77	1.05 1.16 0.84 0.68 0.52	1.08 1.25 0.75 0.51 0.26	1.11 1.34 0.66 0.33 -0.01	1.15 1.43 0.57 0.14 -0.30	1.33 2.00 0.00 -1.00 -2.00
0.40	1.00 0.99 1.00 1.00 0.99	1.02 1.07 0.92 0.84 0.76	1.05 1.15 0.84 0.68 0.51	1.07 1.23 0.75 0.51 0.26	1.10 1.32 0.66 0.32 -0.01	1.13 1.41 0.56 0.13 -0.29	1.32 1.97 0.00 -1.00 -1.97
0.50	0.82 0.73 0.78 1.00 0.73	0.83 0.79 0.71 0.83 0.55	0.85 0.84 0.65 0.66 0.37	0.86 0.90 0.57 0.47 0.18	0.88 0.96 0.50 0.29 -0.02	0.90 1.02 0.43 0.09 -0.22	0.99 1.36 0.00 -1.00 -1.36

$\psi = 0,25$

ξ \ ϰ	1.00	0.80	0.60	0.40	0.20	0.00	-1.00
0.10	1.03 1.06 1.04 1.00 1.06	1.06 1.14 0.96 0.85 0.81	1.09 1.22 0.87 0.69 0.55	1.13 1.33 0.79 0.52 0.28	1.16 1.42 0.70 0.34 -0.01	1.20 1.53 0.60 0.15 -0.31	1.41 2.15 0.00 -1.00 -2.15
0.20	1.01 1.03 1.02 1.00 1.03	1.04 1.11 0.94 0.85 0.79	1.07 1.19 0.86 0.68 0.54	1.10 1.28 0.77 0.51 0.27	1.13 1.37 0.68 0.33 -0.01	1.16 1.47 0.58 0.14 -0.30	1.37 2.07 0.00 -1.00 -2.07
0.30	1.01 1.02 1.01 1.00 1.02	1.03 1.10 0.93 0.84 0.78	1.06 1.18 0.85 0.68 0.53	1.09 1.27 0.76 0.51 0.27	1.12 1.36 0.67 0.33 -0.01	1.16 1.46 0.57 0.14 -0.30	1.35 2.04 0.00 -1.00 -2.04
0.40	1.00 1.00 1.01 1.00 1.00	1.03 1.08 0.93 0.84 0.77	1.06 1.16 0.85 0.68 0.52	1.09 1.25 0.76 0.51 0.26	1.12 1.34 0.67 0.33 -0.01	1.15 1.44 0.57 0.13 -0.30	1.33 2.00 0.00 -1.00 -2.00
0.50	0.78 0.68 0.74 1.00 0.68	0.79 0.73 0.67 0.83 0.51	0.81 0.78 0.61 0.65 0.34	0.82 0.83 0.54 0.47 0.17	0.84 0.89 0.47 0.28 -0.02	0.85 0.94 0.40 0.08 -0.21	0.93 1.25 0.00 -1.00 -1.25

$\psi = 0,50$

ξ \ ϰ	1.00	0.80	0.60	0.40	0.20	0.00	-1.00
0.10	1.09 1.16 1.11 1.00 1.16	1.12 1.25 1.02 0.85 0.89	1.16 1.35 0.94 0.70 0.61	1.19 1.45 0.84 0.53 0.31	1.23 1.56 0.74 0.35 -0.00	1.27 1.68 0.64 0.17 -0.34	1.55 2.45 0.00 -1.00 -2.45
0.20	1.04 1.07 1.05 1.00 1.07	1.07 1.15 0.96 0.85 0.82	1.10 1.24 0.88 0.69 0.56	1.13 1.33 0.79 0.52 0.28	1.16 1.43 0.70 0.34 -0.01	1.20 1.53 0.60 0.15 -0.31	1.41 2.17 0.00 -1.00 -2.17
0.30	1.02 1.04 1.03 1.00 1.04	1.05 1.12 0.95 0.85 0.80	1.08 1.21 0.86 0.68 0.54	1.11 1.29 0.77 0.51 0.27	1.14 1.39 0.68 0.33 -0.01	1.17 1.49 0.58 0.14 -0.31	1.39 2.10 0.00 -1.00 -2.10
0.40	1.01 1.01 1.02 1.00 1.01	1.03 1.09 0.94 0.84 0.77	1.06 1.17 0.85 0.68 0.53	1.09 1.26 0.76 0.51 0.26	1.12 1.35 0.67 0.33 -0.01	1.15 1.44 0.57 0.13 -0.30	1.34 2.02 0.00 -1.00 -2.02
0.50	0.75 0.63 0.70 1.00 0.63	0.76 0.68 0.63 0.83 0.48	0.77 0.73 0.57 0.65 0.32	0.78 0.77 0.51 0.46 0.15	0.79 0.82 0.44 0.27 -0.02	0.81 0.88 0.37 0.08 -0.19	0.88 1.16 0.00 -1.00 -1.16

$\psi = 0,75$

ξ \ ϰ	1.00	0.80	0.60	0.40	0.20	0.00	-1.00
0.10	1.20 1.38 1.25 1.00 1.38	1.25 1.50 1.16 0.87 1.07	1.32 1.66 1.09 0.72 0.76	1.38 1.80 0.99 0.57 0.40	1.43 1.94 0.88 0.40 0.01	1.49 2.10 0.77 0.22 -0.41	1.95 3.26 0.00 -1.00 -3.26
0.20	1.07 1.13 1.09 1.00 1.13	1.11 1.22 1.01 0.85 0.87	1.13 1.31 0.91 0.69 0.59	1.17 1.41 0.82 0.53 0.30	1.21 1.53 0.73 0.35 -0.00	1.25 1.64 0.63 0.16 -0.33	1.50 2.35 0.00 -1.00 -2.35
0.30	1.04 1.07 1.04 1.00 1.07	1.07 1.15 0.96 0.85 0.82	1.10 1.24 0.88 0.69 0.56	1.13 1.34 0.79 0.52 0.29	1.16 1.43 0.70 0.34 -0.01	1.20 1.54 0.60 0.15 -0.31	1.42 2.17 0.00 -1.00 -2.17
0.40	1.01 1.02 1.02 1.00 1.02	1.04 1.10 0.94 0.84 0.78	1.07 1.18 0.86 0.68 0.53	1.10 1.27 0.77 0.51 0.27	1.13 1.37 0.68 0.33 -0.01	1.16 1.46 0.58 0.14 -0.30	1.36 2.06 0.00 -1.00 -2.06
0.50	0.71 0.59 0.66 1.00 0.59	0.72 0.63 0.60 0.82 0.44	0.73 0.68 0.54 0.64 0.29	0.75 0.72 0.48 0.46 0.14	0.76 0.77 0.42 0.27 -0.02	0.77 0.81 0.35 0.07 -0.18	0.83 1.07 0.00 -1.00 -1.07

$\psi = 1,00$

ξ \ ϰ	1.00	0.80	0.60	0.40	0.20	0.00	-1.00
0.10	1.83 2.53 2.00 1.00 2.53	2.08 3.00 2.05 0.94 2.17	2.27 3.39 1.97 0.88 1.60	2.49 3.86 1.89 0.80 0.92	2.53 4.06 1.64 0.66 0.08	2.80 4.66 1.51 0.53 -0.84	-- -- -- -- --
0.20	1.14 1.26 1.17 1.00 1.26	1.17 1.35 1.08 0.86 0.96	1.21 1.46 0.99 0.71 0.67	1.26 1.58 0.89 0.55 0.35	1.30 1.71 0.79 0.37 0.00	1.36 1.84 0.69 0.19 -0.37	1.68 2.71 0.00 -1.00 -2.71
0.30	1.05 1.10 1.06 1.00 1.10	1.09 1.19 0.98 0.85 0.85	1.12 1.28 0.90 0.69 0.58	1.15 1.38 0.81 0.52 0.30	1.19 1.49 0.72 0.35 -0.00	1.23 1.61 0.62 0.16 -0.32	1.47 2.27 0.00 -1.00 -2.27
0.40	1.02 1.04 1.04 1.00 1.04	1.05 1.12 0.96 0.85 0.80	1.08 1.21 0.87 0.68 0.54	1.11 1.30 0.78 0.51 0.27	1.14 1.39 0.69 0.33 -0.01	1.18 1.49 0.59 0.14 -0.31	1.37 2.08 0.00 -1.00 -2.08
0.50	0.68 0.55 0.62 1.00 0.55	0.69 0.59 0.57 0.82 0.41	0.70 0.63 0.51 0.64 0.27	0.71 0.67 0.45 0.45 0.13	0.72 0.71 0.39 0.26 -0.02	0.73 0.76 0.33 0.07 -0.17	0.79 0.99 0.00 -1.00 -0.99

η = 0,5
b_2/b_1 = 1,0
L/b_1 = 50,0

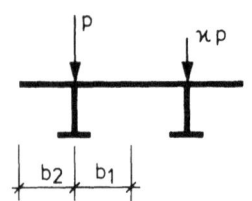
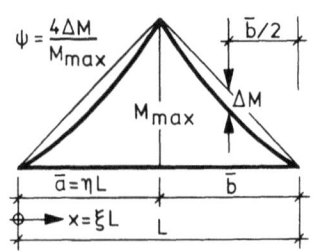

$\psi = \dfrac{4\Delta M}{M_{max}}$

$\bar{a} = \eta L$, $x = \xi L$

ξ \ ϰ	1.00	0.80	0.60	0.40	0.20	0.00	-1.00
				$\psi = 0$			
0.10	1.00 1.00 1.00 1.00 1.00	1.02 1.08 0.92 0.84 0.77	1.05 1.16 0.84 0.68 0.52	1.08 1.24 0.75 0.51 0.26	1.11 1.34 0.66 0.33 -0.01	1.14 1.43 0.57 0.14 -0.30	1.33 2.00 0.00 -1.00 -2.00
0.20	1.00 1.00 1.00 1.00 1.00	1.02 1.08 0.92 0.84 0.77	1.05 1.16 0.84 0.68 0.52	1.08 1.24 0.75 0.51 0.26	1.11 1.34 0.66 0.33 -0.01	1.14 1.43 0.57 0.14 -0.30	1.33 2.00 0.00 -1.00 -2.00
0.30	1.00 1.00 1.00 1.00 1.00	1.03 1.08 0.92 0.84 0.77	1.05 1.16 0.84 0.68 0.52	1.08 1.24 0.75 0.51 0.26	1.11 1.34 0.66 0.33 -0.01	1.14 1.43 0.57 0.14 -0.30	1.33 2.00 0.00 -1.00 -2.00
0.40	1.00 1.00 1.00 1.00 1.00	1.03 1.08 0.92 0.84 0.77	1.05 1.16 0.84 0.68 0.52	1.08 1.25 0.75 0.51 0.26	1.11 1.34 0.66 0.33 -0.01	1.14 1.43 0.57 0.14 -0.30	1.33 2.00 0.00 -1.00 -2.00
0.50	0.94 0.90 0.92 1.00 0.90	0.96 0.97 0.85 0.84 0.69	0.98 1.04 0.77 0.67 0.46	1.00 1.11 0.69 0.50 0.23	1.03 1.19 0.60 0.31 -0.01	1.06 1.28 0.52 0.12 -0.27	1.21 1.75 0.00 -1.00 -1.75
				$\psi = 0,25$			
0.10	1.00 1.01 1.00 1.00 1.01	1.03 1.09 0.93 0.84 0.77	1.06 1.17 0.84 0.68 0.52	1.09 1.26 0.76 0.51 0.26	1.12 1.35 0.67 0.33 -0.01	1.15 1.44 0.57 0.14 -0.30	1.34 2.02 0.00 -1.00 -2.02
0.20	1.00 1.00 1.00 1.00 1.00	1.03 1.08 0.92 0.84 0.77	1.05 1.16 0.84 0.68 0.52	1.08 1.25 0.75 0.51 0.26	1.11 1.34 0.66 0.33 -0.01	1.15 1.44 0.57 0.14 -0.30	1.34 2.01 0.00 -1.00 -2.01
0.30	1.00 1.00 1.00 1.00 1.00	1.03 1.08 0.92 0.84 0.77	1.05 1.16 0.84 0.68 0.52	1.08 1.25 0.75 0.51 0.26	1.11 1.34 0.66 0.33 -0.01	1.14 1.43 0.57 0.14 -0.30	1.34 2.01 0.00 -1.00 -2.01
0.40	1.00 1.00 1.00 1.00 1.00	1.03 1.08 0.92 0.84 0.77	1.05 1.16 0.84 0.68 0.52	1.08 1.25 0.75 0.51 0.26	1.11 1.34 0.66 0.33 -0.01	1.14 1.43 0.57 0.14 -0.30	1.33 2.00 0.00 -1.00 -2.00
0.50	0.92 0.88 0.90 1.00 0.88	0.94 0.94 0.83 0.84 0.67	0.97 1.01 0.75 0.67 0.45	0.99 1.09 0.67 0.49 0.22	1.01 1.16 0.59 0.31 -0.01	1.04 1.24 0.50 0.12 -0.26	1.18 1.70 0.00 -1.00 -1.70
				$\psi = 0,50$			
0.10	1.01 1.02 1.01 1.00 1.02	1.04 1.10 0.93 0.85 0.78	1.07 1.19 0.86 0.68 0.54	1.09 1.27 0.76 0.51 0.27	1.13 1.36 0.67 0.33 -0.01	1.17 1.48 0.58 0.14 -0.30	1.36 2.05 0.00 -1.00 -2.05
0.20	1.00 1.01 1.00 1.00 1.01	1.03 1.09 0.93 0.84 0.77	1.06 1.17 0.85 0.68 0.53	1.09 1.26 0.76 0.51 0.27	1.12 1.35 0.67 0.33 -0.01	1.15 1.45 0.57 0.14 -0.30	1.34 2.02 0.00 -1.00 -2.02
0.30	1.00 1.00 1.00 1.00 1.00	1.03 1.08 0.92 0.84 0.77	1.06 1.17 0.84 0.68 0.52	1.09 1.26 0.76 0.51 0.26	1.12 1.35 0.67 0.33 -0.01	1.15 1.44 0.57 0.14 -0.30	1.34 2.02 0.00 -1.00 -2.02
0.40	1.00 1.00 1.00 1.00 1.00	1.03 1.08 0.92 0.84 0.77	1.05 1.16 0.84 0.68 0.52	1.08 1.25 0.75 0.51 0.26	1.11 1.34 0.66 0.33 -0.01	1.15 1.44 0.57 0.14 -0.30	1.34 2.02 0.00 -1.00 -2.02
0.50	0.91 0.86 0.89 1.00 0.86	0.93 0.92 0.81 0.84 0.65	0.95 0.99 0.74 0.67 0.44	0.97 1.06 0.66 0.49 0.22	0.99 1.13 0.58 0.30 -0.01	1.01 1.20 0.49 0.11 -0.26	1.15 1.64 0.00 -1.00 -1.64
				$\psi = 0,75$			
0.10	1.03 1.05 1.04 1.00 1.05	1.06 1.14 0.96 0.85 0.81	1.08 1.22 0.87 0.69 0.55	1.13 1.33 0.79 0.52 0.28	1.16 1.43 0.70 0.34 -0.01	1.19 1.53 0.60 0.15 -0.31	1.42 2.16 0.00 -1.00 -2.16
0.20	1.01 1.02 1.01 1.00 1.02	1.04 1.10 0.93 0.85 0.78	1.07 1.19 0.85 0.68 0.53	1.09 1.27 0.76 0.51 0.27	1.13 1.36 0.67 0.33 -0.01	1.16 1.47 0.58 0.14 -0.30	1.36 2.06 0.00 -1.00 -2.06
0.30	1.01 1.01 1.01 1.00 1.01	1.03 1.09 0.93 0.84 0.77	1.06 1.17 0.84 0.68 0.52	1.09 1.26 0.76 0.51 0.26	1.12 1.35 0.67 0.33 -0.01	1.15 1.45 0.57 0.14 -0.30	1.34 2.02 0.00 -1.00 -2.02
0.40	1.00 1.01 1.00 1.00 1.01	1.03 1.08 0.93 0.84 0.77	1.06 1.17 0.84 0.68 0.52	1.09 1.26 0.76 0.51 0.26	1.12 1.35 0.67 0.33 -0.01	1.15 1.45 0.57 0.14 -0.30	1.34 2.01 0.00 -1.00 -2.01
0.50	0.89 0.83 0.87 1.00 0.83	0.91 0.89 0.80 0.84 0.63	0.93 0.96 0.72 0.66 0.42	0.95 1.02 0.64 0.49 0.21	0.97 1.09 0.56 0.30 -0.02	0.99 1.17 0.48 0.11 -0.25	1.12 1.58 0.00 -1.00 -1.58
				$\psi = 1,00$			
0.10	1.09 1.16 1.11 1.00 1.16	1.13 1.26 1.03 0.85 0.90	1.15 1.34 0.93 0.70 0.61	1.18 1.44 0.83 0.53 0.31	1.22 1.55 0.74 0.35 -0.00	1.26 1.66 0.63 0.16 -0.33	1.57 2.47 0.00 -1.00 -2.47
0.20	1.02 1.04 1.03 1.00 1.04	1.05 1.12 0.95 0.85 0.80	1.08 1.20 0.86 0.68 0.54	1.10 1.29 0.77 0.51 0.27	1.14 1.38 0.68 0.33 -0.01	1.18 1.49 0.59 0.14 -0.31	1.38 2.09 0.00 -1.00 -2.09
0.30	1.01 1.02 1.01 1.00 1.02	1.04 1.10 0.93 0.84 0.78	1.06 1.18 0.85 0.68 0.53	1.09 1.26 0.76 0.51 0.27	1.12 1.36 0.67 0.33 -0.01	1.16 1.46 0.58 0.14 -0.30	1.35 2.04 0.00 -1.00 -2.04
0.40	1.01 1.01 1.01 1.00 1.01	1.03 1.09 0.93 0.84 0.77	1.06 1.17 0.85 0.68 0.53	1.09 1.26 0.76 0.51 0.26	1.12 1.35 0.67 0.33 -0.01	1.15 1.44 0.57 0.14 -0.30	1.35 2.03 0.00 -1.00 -2.03
0.50	0.88 0.81 0.85 1.00 0.81	0.89 0.87 0.78 0.83 0.61	0.91 0.93 0.70 0.66 0.41	0.93 0.99 0.63 0.48 0.20	0.95 1.06 0.55 0.30 -0.02	0.97 1.13 0.47 0.10 -0.24	1.08 1.52 0.00 -1.00 -1.52

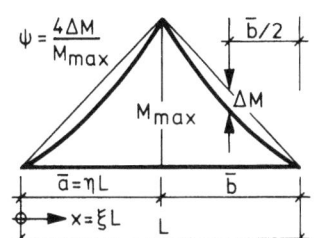
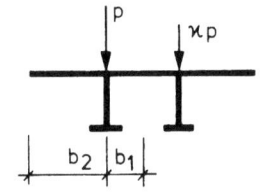

	η	= 0,5
	b_2/b_1 =	2,0
	L/b_1 =	5,0

$\psi = 0$

ξ \ $\varkappa$	1.00	0.80	0.60	0.40	0.20	0.00	-1.00
0.10	0.67 0.13 0.99 1.00 0.13	0.70 0.16 0.92 0.87 0.08	0.73 0.20 0.85 0.72 0.02	0.76 0.24 0.77 0.57 -0.03	0.80 0.28 0.69 0.40 -0.10	0.83 0.33 0.60 0.22 -0.17	1.08 0.63 0.00 -1.00 -0.63
0.20	0.65 0.10 0.94 1.00 0.10	0.68 0.13 0.88 0.86 0.05	0.70 0.16 0.81 0.71 0.01	0.73 0.20 0.73 0.55 -0.04	0.76 0.23 0.65 0.38 -0.10	0.79 0.27 0.56 0.19 -0.16	1.00 0.53 0.00 -1.00 -0.53
0.30	0.61 0.06 0.85 1.00 0.06	0.63 0.08 0.79 0.85 0.02	0.65 0.11 0.72 0.69 -0.01	0.67 0.14 0.65 0.52 -0.05	0.69 0.17 0.57 0.35 -0.09	0.72 0.20 0.49 0.16 -0.13	0.86 0.39 0.00 -1.00 -0.39
0.40	0.53 0.02 0.67 1.00 0.02	0.54 0.04 0.62 0.84 0.00	0.55 0.06 0.56 0.67 -0.02	0.56 0.08 0.50 0.49 -0.05	0.58 0.10 0.44 0.30 -0.07	0.59 0.13 0.37 0.11 -0.10	0.67 0.25 0.00 -1.00 -0.25
0.50	0.34 0.01 0.39 1.00 0.01	0.35 0.02 0.36 0.82 -0.00	0.35 0.03 0.32 0.64 -0.02	0.35 0.04 0.28 0.45 -0.03	0.36 0.05 0.25 0.26 -0.04	0.37 0.06 0.21 0.06 -0.06	0.39 0.13 0.00 -1.00 -0.13

$\psi = 0,25$

ξ \ $\varkappa$	1.00	0.80	0.60	0.40	0.20	0.00	-1.00
0.10	0.94 0.26 1.50 1.00 0.26	1.00 0.32 1.44 0.91 0.18	1.07 0.39 1.36 0.81 0.08	1.15 0.47 1.28 0.70 -0.03	1.24 0.57 1.18 0.57 -0.16	1.35 0.68 1.06 0.41 -0.31	2.35 1.67 0.00 -1.00 -1.67
0.20	0.77 0.15 1.18 1.00 0.15	0.81 0.19 1.11 0.88 0.09	0.85 0.24 1.03 0.75 0.03	0.89 0.29 0.94 0.60 -0.04	0.94 0.34 0.85 0.44 -0.12	0.99 0.40 0.75 0.27 -0.21	1.38 0.83 0.00 -1.00 -0.83
0.30	0.66 0.07 0.93 1.00 0.07	0.68 0.10 0.87 0.86 0.03	0.70 0.13 0.80 0.70 -0.01	0.73 0.16 0.72 0.54 -0.05	0.75 0.19 0.64 0.36 -0.10	0.78 0.23 0.55 0.18 -0.15	0.96 0.46 0.00 -1.00 -0.46
0.40	0.52 0.02 0.66 1.00 0.02	0.54 0.04 0.61 0.84 -0.00	0.55 0.05 0.55 0.66 -0.03	0.56 0.07 0.49 0.49 -0.05	0.57 0.09 0.43 0.30 -0.07	0.59 0.12 0.37 0.11 -0.10	0.67 0.24 0.00 -1.00 -0.24
0.50	0.31 0.00 0.34 1.00 0.00	0.31 0.01 0.31 0.82 -0.01	0.32 0.02 0.28 0.63 -0.02	0.32 0.03 0.25 0.44 -0.03	0.33 0.04 0.21 0.25 -0.04	0.33 0.05 0.18 0.05 -0.05	0.35 0.10 0.00 -1.00 -0.10

$\psi = 0,50$

ξ \ $\varkappa$	1.00	0.80	0.60	0.40	0.20	0.00	-1.00
0.10	2.43 1.00 4.42 1.00 1.00	3.00 1.40 4.89 1.21 0.83	-- -- -- -- --	-- -- -- -- --	-- -- -- -- --	-- -- -- -- --	-- -- -- -- --
0.20	1.02 0.27 1.68 1.00 0.27	1.10 0.34 1.62 0.92 0.18	1.18 0.42 1.54 0.83 0.08	1.28 0.51 1.45 0.73 -0.04	1.39 0.62 1.35 0.61 -0.18	1.53 0.75 1.23 0.47 -0.35	2.92 2.05 0.00 -1.00 -2.05
0.30	0.72 0.09 1.06 1.00 0.09	0.75 0.12 0.99 0.86 0.04	0.78 0.15 0.91 0.72 -0.01	0.81 0.19 0.83 0.56 -0.06	0.85 0.23 0.74 0.39 -0.11	0.88 0.28 0.64 0.21 -0.17	1.13 0.57 0.00 -1.00 -0.57
0.40	0.52 0.01 0.65 1.00 0.01	0.53 0.03 0.60 0.83 -0.01	0.54 0.05 0.54 0.66 -0.03	0.56 0.07 0.48 0.48 -0.05	0.57 0.09 0.42 0.30 -0.07	0.58 0.11 0.36 0.10 -0.09	0.66 0.22 0.00 -1.00 -0.22
0.50	0.28 -0.00 0.30 1.00 -0.00	0.29 0.01 0.27 0.81 -0.01	0.29 0.01 0.24 0.63 -0.02	0.29 0.02 0.21 0.44 -0.03	0.30 0.03 0.18 0.24 -0.03	0.30 0.04 0.15 0.04 -0.04	0.31 0.08 0.00 -1.00 -0.08

$\psi = 0,75$

ξ \ $\varkappa$	1.00	0.80	0.60	0.40	0.20	0.00	-1.00
0.10	-- -- -- -- --	-- -- -- -- --	-- -- -- -- --	-- -- -- -- --	-- -- -- -- --	-- -- -- -- --	-- -- -- -- --
0.20	1.99 0.72 3.60 1.00 0.72	2.34 0.96 3.79 1.10 0.55	2.83 1.30 4.05 1.25 0.31	-- -- -- -- --	-- -- -- -- --	-- -- -- -- --	-- -- -- -- --
0.30	0.83 0.11 1.26 1.00 0.11	0.86 0.15 1.18 0.88 0.06	0.91 0.20 1.10 0.74 -0.00	0.95 0.24 1.00 0.60 -0.06	1.00 0.30 0.91 0.44 -0.14	1.06 0.36 0.79 0.26 -0.21	1.47 0.78 0.00 -1.00 -0.78
0.40	0.52 0.00 0.64 1.00 0.00	0.53 0.02 0.59 0.83 -0.01	0.54 0.04 0.53 0.66 -0.03	0.55 0.06 0.47 0.48 -0.05	0.56 0.08 0.41 0.29 -0.07	0.58 0.10 0.35 0.10 -0.09	0.65 0.21 0.00 -1.00 -0.21
0.50	0.26 -0.01 0.26 1.00 -0.01	0.26 -0.00 0.23 0.81 -0.01	0.26 0.01 0.21 0.62 -0.02	0.27 0.01 0.19 0.43 -0.02	0.27 0.02 0.16 0.23 -0.03	0.27 0.03 0.13 0.04 -0.04	0.28 0.07 0.00 -1.00 -0.07

$\psi = 1,00$

ξ \ $\varkappa$	1.00	0.80	0.60	0.40	0.20	0.00	-1.00
0.10	-- -- -- -- --	-- -- -- -- --	-- -- -- -- --	-- -- -- -- --	-- -- -- -- --	-- -- -- -- --	-- -- -- -- --
0.20	-- -- -- -- --	-- -- -- -- --	-- -- -- -- --	-- -- -- -- --	-- -- -- -- --	-- -- -- -- --	-- -- -- -- --
0.30	1.03 0.16 1.64 1.00 0.16	1.09 0.22 1.56 0.90 0.09	1.16 0.28 1.47 0.80 0.01	1.25 0.36 1.37 0.68 -0.08	1.34 0.44 1.26 0.54 -0.19	1.44 0.53 1.13 0.38 -0.31	2.38 1.35 0.00 -1.00 -1.35
0.40	0.52 -0.00 0.63 1.00 -0.00	0.53 0.01 0.57 0.83 -0.02	0.54 0.03 0.52 0.66 -0.04	0.55 0.05 0.46 0.48 -0.05	0.56 0.07 0.40 0.29 -0.07	0.57 0.08 0.34 0.09 -0.09	0.64 0.19 0.00 -1.00 -0.19
0.50	0.24 -0.01 0.23 1.00 -0.01	0.24 -0.00 0.20 0.81 -0.01	0.24 0.00 0.18 0.62 -0.02	0.25 0.01 0.16 0.42 -0.02	0.25 0.01 0.14 0.23 -0.03	0.25 0.02 0.12 0.03 -0.03	0.26 0.05 0.00 -1.00 -0.05

η	= 0,5
b_2/b_1	= 2,0
L/b_1	= 10,0

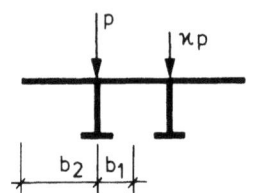
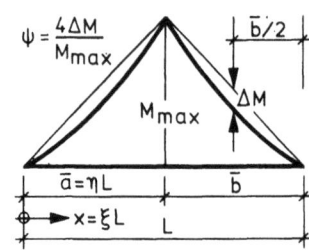

$\psi = \dfrac{4\Delta M}{M_{max}}$

ξ \ $\varkappa$	1.00	0.80	0.60	0.40	0.20	0.00	-1.00
\multicolumn{8}{c}{$\psi = 0$}
0.10	0.93 0.87 1.00 1.00 0.87	1.00 0.93 0.96 0.92 0.73	1.07 1.01 0.92 0.83 0.58	1.16 1.10 0.87 0.73 0.40	1.28 1.22 0.81 0.61 0.19	1.39 1.33 0.73 0.47 -0.06	2.70 2.66 0.00 -1.00 -2.66
0.20	0.91 0.81 1.00 1.00 0.81	0.97 0.87 0.96 0.92 0.68	1.04 0.94 0.92 0.82 0.53	1.13 1.03 0.86 0.72 0.36	1.23 1.13 0.80 0.59 0.16	1.35 1.25 0.73 0.45 -0.08	2.47 2.38 0.00 -1.00 -2.38
0.30	0.87 0.69 1.00 1.00 0.69	0.93 0.75 0.95 0.91 0.57	0.99 0.81 0.90 0.80 0.44	1.06 0.88 0.84 0.69 0.29	1.15 0.96 0.78 0.55 0.11	1.25 1.06 0.70 0.40 -0.09	2.10 1.90 0.00 -1.00 -1.90
0.40	0.79 0.52 0.93 1.00 0.52	0.84 0.56 0.87 0.89 0.42	0.88 0.61 0.82 0.76 0.32	0.93 0.65 0.75 0.63 0.19	0.99 0.71 0.68 0.47 0.06	1.05 0.77 0.60 0.30 -0.09	1.55 1.24 0.00 -1.00 -1.24
0.50	0.53 0.29 0.57 1.00 0.29	0.55 0.30 0.53 0.85 0.23	0.56 0.32 0.48 0.69 0.16	0.58 0.34 0.44 0.52 0.10	0.60 0.36 0.38 0.35 0.02	0.62 0.38 0.33 0.16 -0.05	0.75 0.51 0.00 -1.00 -0.51
\multicolumn{8}{c}{$\psi = 0,25$}
0.10	1.15 1.29 1.21 1.00 1.29	1.27 1.42 1.20 0.97 1.13	1.43 1.60 1.19 0.95 0.94	1.60 1.80 1.16 0.91 0.68	1.83 2.05 1.13 0.86 0.36	2.12 2.37 1.09 0.79 -0.05	-- -- -- -- --
0.20	1.02 1.01 1.11 1.00 1.01	1.10 1.11 1.08 0.94 0.87	1.20 1.21 1.03 0.87 0.69	1.32 1.34 0.99 0.80 0.48	1.47 1.49 0.94 0.70 0.23	1.65 1.69 0.88 0.58 -0.08	-- -- -- -- --
0.30	0.92 0.77 1.06 1.00 0.77	0.98 0.83 1.01 0.92 0.64	1.06 0.91 0.97 0.82 0.49	1.14 0.99 0.91 0.72 0.33	1.24 1.09 0.84 0.59 0.13	1.35 1.20 0.76 0.44 -0.10	2.49 2.34 0.00 -1.00 -2.34
0.40	0.80 0.51 0.94 1.00 0.51	0.84 0.54 0.88 0.89 0.41	0.88 0.59 0.83 0.76 0.30	0.94 0.64 0.76 0.63 0.19	0.99 0.69 0.69 0.47 0.05	1.06 0.75 0.61 0.30 -0.09	1.54 1.21 0.00 -1.00 -1.21
0.50	0.49 0.24 0.52 1.00 0.24	0.50 0.25 0.48 0.84 0.19	0.51 0.27 0.43 0.68 0.13	0.53 0.28 0.39 0.51 0.08	0.54 0.30 0.34 0.32 0.02	0.56 0.32 0.29 0.13 -0.05	0.65 0.42 0.00 -1.00 -0.42
\multicolumn{8}{c}{$\psi = 0,50$}
0.10	1.93 2.75 1.95 1.00 2.75	2.31 3.27 2.09 1.17 2.62	3.03 4.25 2.42 1.45 2.56	-- -- -- -- --	-- -- -- -- --	-- -- -- -- --	-- -- -- -- --
0.20	1.21 1.40 1.29 1.00 1.40	1.36 1.56 1.29 0.99 1.23	1.51 1.74 1.28 0.98 1.01	1.72 1.98 1.27 0.96 0.75	2.00 2.30 1.25 0.94 0.40	2.37 2.74 1.23 0.91 -0.07	-- -- -- -- --
0.30	0.98 0.87 1.13 1.00 0.87	1.05 0.94 1.09 0.93 0.73	1.14 1.03 1.05 0.85 0.57	1.25 1.14 0.99 0.76 0.38	1.37 1.27 0.94 0.65 0.16	1.52 1.42 0.86 0.52 -0.11	-- -- -- -- --
0.40	0.80 0.49 0.95 1.00 0.49	0.84 0.53 0.90 0.89 0.40	0.89 0.57 0.84 0.76 0.29	0.94 0.62 0.77 0.62 0.18	1.00 0.67 0.70 0.47 0.05	1.06 0.73 0.62 0.30 -0.10	1.52 1.17 0.00 -1.00 -1.17
0.50	0.45 0.20 0.47 1.00 0.20	0.46 0.21 0.43 0.84 0.15	0.47 0.22 0.39 0.67 0.11	0.48 0.23 0.35 0.49 0.06	0.49 0.25 0.31 0.31 0.01	0.50 0.26 0.26 0.11 -0.04	0.58 0.34 0.00 -1.00 -0.34
\multicolumn{8}{c}{$\psi = 0,75$}
0.10	-- -- -- -- --	-- -- -- -- --	-- -- -- -- --	-- -- -- -- --	-- -- -- -- --	-- -- -- -- --	-- -- -- -- --
0.20	1.71 2.36 1.76 1.00 2.36	2.02 2.79 1.87 1.12 2.22	2.53 3.47 2.06 1.31 2.07	-- -- -- -- --	-- -- -- -- --	-- -- -- -- --	-- -- -- -- --
0.30	1.07 1.01 1.24 1.00 1.01	1.17 1.12 1.22 0.95 0.87	1.29 1.24 1.19 0.90 0.69	1.43 1.39 1.14 0.83 0.47	1.60 1.57 1.09 0.75 0.21	1.80 1.78 1.02 0.64 -0.12	-- -- -- -- --
0.40	0.81 0.47 0.97 1.00 0.47	0.85 0.51 0.91 0.89 0.38	0.89 0.55 0.85 0.76 0.28	0.94 0.60 0.78 0.62 0.16	1.00 0.65 0.71 0.47 0.04	1.06 0.71 0.62 0.29 -0.10	1.51 1.13 0.00 -1.00 -1.13
0.50	0.41 0.16 0.43 1.00 0.16	0.42 0.17 0.39 0.83 0.12	0.43 0.18 0.36 0.66 0.08	0.44 0.19 0.32 0.48 0.04	0.45 0.20 0.28 0.29 0.00	0.46 0.22 0.24 0.10 -0.04	0.51 0.28 0.00 -1.00 -0.28
\multicolumn{8}{c}{$\psi = 1,00$}
0.10	-- -- -- -- --	-- -- -- -- --	-- -- -- -- --	-- -- -- -- --	-- -- -- -- --	-- -- -- -- --	-- -- -- -- --
0.20	-- -- -- -- --	-- -- -- -- --	-- -- -- -- --	-- -- -- -- --	-- -- -- -- --	-- -- -- -- --	-- -- -- -- --
0.30	1.24 1.27 1.44 1.00 1.27	1.36 1.41 1.42 0.99 1.09	1.53 1.59 1.41 0.97 0.89	1.72 1.81 1.39 0.95 0.63	1.99 2.10 1.37 0.92 0.30	2.36 2.51 1.34 0.88 -0.15	-- -- -- -- --
0.40	0.81 0.45 0.98 1.00 0.45	0.85 0.49 0.92 0.88 0.36	0.89 0.53 0.86 0.76 0.26	0.94 0.57 0.79 0.61 0.15	0.99 0.62 0.71 0.46 0.03	1.05 0.68 0.63 0.28 -0.10	1.50 1.10 0.00 -1.00 -1.10
0.50	0.38 0.13 0.39 1.00 0.13	0.39 0.14 0.36 0.83 0.10	0.40 0.15 0.32 0.65 0.06	0.41 0.16 0.29 0.47 0.03	0.41 0.17 0.25 0.28 -0.00	0.42 0.18 0.21 0.08 -0.04	0.46 0.23 0.00 -1.00 -0.23

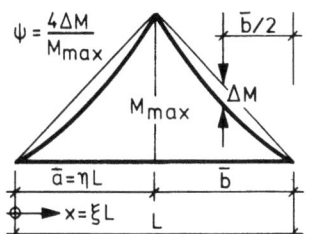
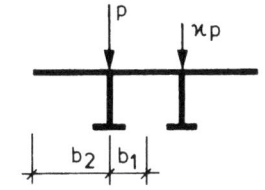

$$\eta = 0{,}5$$
$$b_2/b_1 = 2{,}0$$
$$L/b_1 = 20{,}0$$

ξ \ ϰ	1.00	0.80	0.60	0.40	0.20	0.00	-1.00
ψ = 0							
0.10	1.00 1.00 1.00 1.00 1.00	1.08 1.08 0.97 0.93 0.86	1.16 1.16 0.92 0.84 0.68	1.26 1.27 0.87 0.74 0.49	1.37 1.38 0.81 0.62 0.25	1.52 1.53 0.74 0.49 -0.03	2.99 2.99 0.00 -1.00 -2.99
0.20	1.00 1.00 1.00 1.00 1.00	1.07 1.08 0.96 0.93 0.86	1.16 1.16 0.92 0.84 0.68	1.25 1.26 0.87 0.74 0.48	1.38 1.38 0.81 0.62 0.25	1.51 1.51 0.74 0.48 -0.03	3.00 3.00 0.00 -1.00 -3.00
0.30	0.99 0.98 1.00 1.00 0.98	1.06 1.05 0.96 0.92 0.83	1.15 1.14 0.92 0.84 0.66	1.24 1.24 0.87 0.74 0.47	1.35 1.35 0.81 0.62 0.24	1.49 1.48 0.74 0.48 -0.04	2.93 2.92 0.00 -1.00 -2.92
0.40	0.95 0.88 1.00 1.00 0.88	1.01 0.94 0.96 0.92 0.74	1.09 1.02 0.91 0.82 0.58	1.18 1.10 0.86 0.72 0.40	1.28 1.21 0.80 0.59 0.19	1.41 1.33 0.73 0.45 -0.06	2.59 2.50 0.00 -1.00 -2.50
0.50	0.71 0.56 0.74 1.00 0.56	0.75 0.59 0.70 0.88 0.46	0.78 0.62 0.65 0.75 0.35	0.82 0.66 0.59 0.60 0.23	0.86 0.70 0.53 0.44 0.10	0.91 0.74 0.47 0.26 -0.05	1.25 1.06 0.00 -1.00 -1.06
ψ = 0,25							
0.10	1.09 1.20 1.05 1.00 1.20	1.18 1.29 1.02 0.94 1.03	1.30 1.41 0.99 0.88 0.84	1.43 1.54 0.95 0.80 0.61	1.57 1.69 0.89 0.70 0.33	1.76 1.88 0.83 0.58 -0.00	-- -- -- --
0.20	1.05 1.10 1.02 1.00 1.10	1.13 1.19 0.99 0.93 0.95	1.22 1.28 0.95 0.86 0.76	1.34 1.40 0.91 0.77 0.55	1.47 1.53 0.85 0.66 0.29	1.63 1.69 0.78 0.53 -0.01	-- -- -- --
0.30	1.01 1.03 1.01 1.00 1.03	1.09 1.11 0.98 0.93 0.88	1.18 1.20 0.94 0.85 0.70	1.29 1.31 0.89 0.75 0.50	1.41 1.43 0.83 0.64 0.26	1.55 1.58 0.76 0.51 -0.03	-- -- -- --
0.40	0.95 0.88 1.01 1.00 0.88	1.02 0.95 0.97 0.92 0.74	1.10 1.03 0.93 0.83 0.59	1.19 1.11 0.87 0.72 0.40	1.29 1.21 0.81 0.60 0.19	1.41 1.33 0.73 0.45 -0.06	2.63 2.55 0.00 -1.00 -2.55
0.50	0.67 0.49 0.70 1.00 0.49	0.70 0.52 0.65 0.87 0.40	0.73 0.55 0.60 0.73 0.30	0.76 0.58 0.55 0.58 0.20	0.80 0.61 0.49 0.41 0.08	0.84 0.65 0.43 0.23 -0.05	1.10 0.90 0.00 -1.00 -0.90
ψ = 0,50							
0.10	1.30 1.60 1.17 1.00 1.60	1.43 1.75 1.15 0.98 1.41	1.58 1.92 1.13 0.95 1.18	1.81 2.18 1.13 0.92 0.91	2.04 2.43 1.08 0.87 0.53	2.41 2.85 1.06 0.82 0.06	-- -- -- --
0.20	1.13 1.26 1.06 1.00 1.26	1.22 1.36 1.03 0.95 1.09	1.33 1.48 0.99 0.88 0.89	1.47 1.63 0.96 0.81 0.66	1.64 1.80 0.91 0.72 0.37	1.84 2.01 0.85 0.61 0.01	-- -- -- --
0.30	1.05 1.10 1.04 1.00 1.10	1.13 1.18 1.00 0.94 0.94	1.22 1.28 0.96 0.86 0.76	1.34 1.40 0.92 0.77 0.54	1.48 1.55 0.86 0.67 0.29	1.64 1.71 0.80 0.54 -0.02	-- -- -- --
0.40	0.96 0.88 1.02 1.00 0.88	1.03 0.95 0.98 0.92 0.74	1.10 1.02 0.93 0.83 0.58	1.19 1.11 0.88 0.72 0.40	1.29 1.22 0.82 0.60 0.19	1.42 1.35 0.74 0.46 -0.06	2.67 2.59 0.00 -1.00 -2.59
0.50	0.63 0.44 0.66 1.00 0.44	0.65 0.46 0.61 0.86 0.35	0.68 0.49 0.56 0.72 0.27	0.71 0.51 0.51 0.56 0.17	0.74 0.54 0.46 0.39 0.07	0.77 0.57 0.39 0.21 -0.05	0.98 0.77 0.00 -1.00 -0.77
ψ = 0,75							
0.10	2.03 3.08 1.60 1.00 3.08	2.31 3.45 1.63 1.11 2.82	2.92 4.31 1.83 1.30 2.72	-- -- -- --	-- -- -- --	-- -- -- --	-- -- -- --
0.20	1.27 1.56 1.13 1.00 1.56	1.39 1.70 1.12 0.97 1.37	1.53 1.85 1.09 0.93 1.14	1.73 2.07 1.07 0.89 0.87	1.98 2.35 1.05 0.84 0.52	2.27 2.67 0.99 0.77 0.06	-- -- -- --
0.30	1.09 1.19 1.06 1.00 1.19	1.18 1.29 1.03 0.95 1.03	1.29 1.41 1.00 0.88 0.84	1.42 1.54 0.96 0.80 0.61	1.57 1.70 0.90 0.71 0.33	1.77 1.90 0.84 0.59 -0.01	-- -- -- --
0.40	0.96 0.88 1.03 1.00 0.88	1.03 0.95 0.99 0.92 0.74	1.11 1.03 0.95 0.83 0.58	1.20 1.12 0.89 0.73 0.40	1.31 1.23 0.83 0.61 0.19	1.44 1.36 0.76 0.47 -0.07	2.75 2.67 0.00 -1.00 -2.67
0.50	0.59 0.39 0.62 1.00 0.39	0.61 0.41 0.57 0.86 0.31	0.64 0.43 0.53 0.71 0.23	0.66 0.45 0.48 0.55 0.15	0.69 0.48 0.42 0.37 0.05	0.71 0.50 0.37 0.19 -0.05	0.89 0.67 0.00 -1.00 -0.67
ψ = 1,00							
0.10	-- -- -- --	-- -- -- --	-- -- -- --	-- -- -- --	-- -- -- --	-- -- -- --	-- -- -- --
0.20	1.60 2.27 1.30 1.00 2.27	1.82 2.54 1.32 1.03 2.08	2.09 2.88 1.34 1.08 1.81	2.47 3.35 1.38 1.13 1.48	3.08 4.12 1.47 1.24 1.02	-- -- -- --	-- -- -- --
0.30	1.15 1.33 1.10 1.00 1.33	1.26 1.44 1.08 0.96 1.16	1.38 1.58 1.05 0.91 0.95	1.54 1.74 1.01 0.84 0.70	1.74 1.96 0.98 0.77 0.40	1.99 2.23 0.93 0.68 0.01	-- -- -- --
0.40	0.97 0.88 1.05 1.00 0.88	1.04 0.95 1.01 0.92 0.74	1.12 1.04 0.97 0.84 0.59	1.22 1.14 0.91 0.74 0.40	1.33 1.24 0.85 0.62 0.19	1.46 1.38 0.78 0.47 -0.07	2.84 2.76 0.00 -1.00 -2.76
0.50	0.56 0.34 0.59 1.00 0.34	0.58 0.36 0.54 0.85 0.27	0.60 0.38 0.50 0.70 0.20	0.62 0.40 0.45 0.53 0.12	0.64 0.42 0.40 0.36 0.04	0.66 0.44 0.34 0.17 -0.05	0.81 0.59 0.00 -1.00 -0.59

η	= 0,5
b_2/b_1	= 2,0
L/b_1	= 50,0

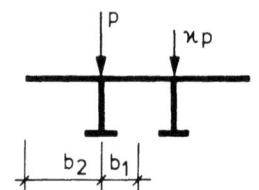
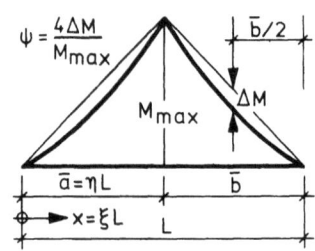

$\psi = 0$							
ξ \ $\varkappa$	1.00	0.80	0.60	0.40	0.20	0.00	-1.00
0.10	1.00 1.00 1.00 1.00 1.00	1.07 1.07 0.96 0.93 0.85	1.16 1.16 0.92 0.84 0.68	1.26 1.26 0.87 0.74 0.48	1.38 1.38 0.81 0.63 0.25	1.52 1.52 0.74 0.48 -0.03	3.00 3.00 0.00 -1.00 -3.00
0.20	1.00 1.00 1.00 1.00 1.00	1.07 1.07 0.96 0.93 0.85	1.16 1.16 0.92 0.84 0.68	1.26 1.26 0.87 0.74 0.48	1.38 1.38 0.81 0.62 0.25	1.52 1.52 0.74 0.48 -0.03	3.00 3.00 0.00 -1.00 -3.00
0.30	1.00 1.00 1.00 1.00 1.00	1.07 1.07 0.96 0.93 0.85	1.16 1.16 0.92 0.84 0.68	1.26 1.26 0.87 0.74 0.48	1.37 1.37 0.81 0.62 0.25	1.52 1.52 0.74 0.48 -0.03	3.00 3.00 0.00 -1.00 -3.00
0.40	1.00 1.00 1.00 1.00 1.00	1.07 1.07 0.96 0.93 0.85	1.16 1.16 0.92 0.84 0.68	1.26 1.26 0.87 0.74 0.48	1.37 1.37 0.81 0.62 0.25	1.51 1.51 0.74 0.48 -0.03	2.99 2.99 0.00 -1.00 -2.99
0.50	0.88 0.81 0.90 1.00 0.81	0.94 0.86 0.86 0.91 0.68	1.00 0.92 0.81 0.80 0.53	1.07 0.99 0.75 0.68 0.37	1.15 1.07 0.69 0.54 0.18	1.24 1.15 0.62 0.38 -0.04	2.01 1.89 0.00 -1.00 -1.89
$\psi = 0,25$							
0.10	1.01 1.03 1.01 1.00 1.03	1.09 1.11 0.97 0.93 0.88	1.18 1.20 0.93 0.85 0.71	1.28 1.30 0.88 0.75 0.50	1.40 1.42 0.82 0.63 0.26	1.56 1.58 0.76 0.50 -0.03	-- -- -- -- --
0.20	1.01 1.01 1.00 1.00 1.01	1.08 1.09 0.97 0.93 0.87	1.17 1.18 0.92 0.84 0.69	1.27 1.28 0.88 0.75 0.49	1.39 1.40 0.82 0.63 0.25	1.53 1.54 0.75 0.49 -0.03	3.09 3.10 0.00 -1.00 -3.10
0.30	1.00 1.01 1.00 1.00 1.01	1.08 1.09 0.97 0.93 0.86	1.17 1.17 0.92 0.84 0.69	1.27 1.27 0.87 0.74 0.49	1.39 1.39 0.82 0.63 0.25	1.53 1.53 0.75 0.49 -0.03	3.04 3.05 0.00 -1.00 -3.05
0.40	1.00 1.00 1.00 1.00 1.00	1.07 1.08 0.96 0.93 0.85	1.16 1.16 0.92 0.84 0.68	1.26 1.27 0.87 0.74 0.49	1.38 1.39 0.82 0.63 0.25	1.52 1.53 0.74 0.49 -0.03	3.03 3.04 0.00 -1.00 -3.04
0.50	0.86 0.77 0.88 1.00 0.77	0.91 0.82 0.83 0.90 0.64	0.97 0.87 0.78 0.79 0.50	1.03 0.93 0.73 0.67 0.34	1.10 1.00 0.66 0.52 0.16	1.19 1.08 0.59 0.36 -0.04	1.85 1.72 0.00 -1.00 -1.72
$\psi = 0,50$							
0.10	1.04 1.09 1.02 1.00 1.09	1.13 1.18 0.99 0.93 0.94	1.23 1.27 0.95 0.86 0.75	1.33 1.38 0.90 0.76 0.54	1.46 1.51 0.84 0.65 0.28	1.63 1.68 0.78 0.52 -0.02	-- -- -- -- --
0.20	1.02 1.04 1.01 1.00 1.04	1.09 1.11 0.97 0.93 0.88	1.19 1.21 0.93 0.85 0.71	1.29 1.31 0.88 0.75 0.50	1.42 1.44 0.83 0.64 0.26	1.56 1.58 0.76 0.50 -0.03	-- -- -- -- --
0.30	1.01 1.02 1.01 1.00 1.02	1.09 1.10 0.97 0.93 0.87	1.18 1.19 0.93 0.84 0.70	1.27 1.29 0.88 0.75 0.49	1.40 1.41 0.82 0.63 0.26	1.54 1.56 0.75 0.49 -0.03	-- -- -- -- --
0.40	1.00 1.01 1.00 1.00 1.01	1.08 1.09 0.97 0.93 0.86	1.17 1.18 0.93 0.84 0.69	1.27 1.27 0.87 0.74 0.49	1.38 1.39 0.81 0.63 0.25	1.53 1.54 0.75 0.49 -0.03	3.06 3.07 0.00 -1.00 -3.07
0.50	0.83 0.73 0.85 1.00 0.73	0.88 0.77 0.81 0.90 0.61	0.93 0.82 0.76 0.78 0.47	0.99 0.88 0.70 0.65 0.32	1.06 0.94 0.64 0.51 0.15	1.13 1.01 0.57 0.34 -0.04	1.72 1.57 0.00 -1.00 -1.57
$\psi = 0,75$							
0.10	1.11 1.22 1.06 1.00 1.22	1.19 1.30 1.02 0.94 1.04	1.30 1.41 0.98 0.87 0.84	1.44 1.56 0.95 0.80 0.62	1.61 1.74 0.90 0.71 0.34	1.80 1.94 0.84 0.59 -0.00	-- -- -- -- --
0.20	1.04 1.08 1.02 1.00 1.08	1.11 1.15 0.98 0.93 0.91	1.21 1.25 0.95 0.85 0.74	1.32 1.36 0.90 0.76 0.53	1.45 1.49 0.84 0.65 0.28	1.61 1.66 0.78 0.52 -0.02	-- -- -- -- --
0.30	1.02 1.04 1.01 1.00 1.04	1.09 1.11 0.97 0.93 0.88	1.19 1.21 0.93 0.85 0.71	1.29 1.31 0.88 0.75 0.51	1.41 1.43 0.82 0.64 0.26	1.57 1.59 0.76 0.50 -0.03	-- -- -- -- --
0.40	1.01 1.02 1.01 1.00 1.02	1.08 1.10 0.97 0.93 0.87	1.17 1.18 0.92 0.84 0.69	1.27 1.29 0.88 0.75 0.49	1.40 1.41 0.82 0.63 0.26	1.54 1.56 0.75 0.50 -0.03	-- -- -- -- --
0.50	0.81 0.69 0.83 1.00 0.69	0.85 0.73 0.78 0.89 0.57	0.90 0.78 0.73 0.77 0.44	0.95 0.83 0.68 0.64 0.30	1.01 0.89 0.61 0.49 0.14	1.08 0.95 0.54 0.32 -0.04	1.60 1.44 0.00 -1.00 -1.44
$\psi = 1,00$							
0.10	1.31 1.64 1.14 1.00 1.64	1.48 1.84 1.16 0.98 1.49	1.69 2.09 1.17 0.97 1.28	1.90 2.32 1.15 0.94 0.97	2.12 2.57 1.09 0.89 0.57	2.47 2.96 1.05 0.83 0.07	-- -- -- -- --
0.20	1.07 1.14 1.04 1.00 1.14	1.15 1.22 1.00 0.94 0.98	1.25 1.32 0.96 0.86 0.79	1.38 1.46 0.92 0.78 0.57	1.51 1.59 0.86 0.67 0.30	1.69 1.78 0.80 0.55 -0.02	-- -- -- -- --
0.30	1.03 1.06 1.02 1.00 1.06	1.11 1.14 0.98 0.93 0.91	1.20 1.23 0.94 0.85 0.73	1.31 1.35 0.89 0.76 0.52	1.43 1.46 0.83 0.64 0.27	1.59 1.63 0.77 0.51 -0.02	-- -- -- -- --
0.40	1.01 1.03 1.00 1.00 1.03	1.09 1.11 0.97 0.93 0.88	1.18 1.20 0.93 0.85 0.71	1.28 1.30 0.88 0.75 0.50	1.40 1.42 0.82 0.63 0.26	1.54 1.56 0.75 0.50 -0.03	-- -- -- -- --
0.50	0.79 0.66 0.81 1.00 0.66	0.83 0.69 0.76 0.89 0.54	0.87 0.74 0.71 0.77 0.42	0.92 0.78 0.65 0.63 0.28	0.98 0.83 0.59 0.48 0.13	1.04 0.89 0.52 0.31 -0.04	1.49 1.32 0.00 -1.00 -1.32

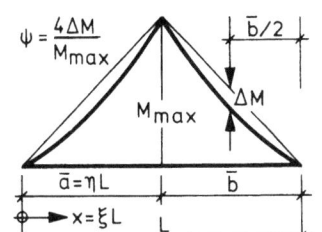
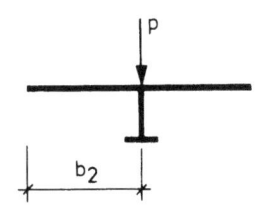

$$\eta = 0.5$$
$$b_2/b_1 = \infty$$

	$\psi = 0$						
ξ \ L/b_2	2.0	3.0	4.0	6.0	10.0	20.0	50.0
0.10	0.48 0.08 0.91 1.00 0.08	0.72 0.55 0.93 1.00 0.55	0.89 0.84 0.97 1.00 0.84	0.99 1.00 1.00 1.00 1.00	1.00 1.00 1.00 1.00 1.00	1.00 1.00 1.00 1.00 1.00	1.00 1.00 1.00 1.00 1.00
0.20	0.46 0.06 0.91 1.00 0.06	0.69 0.47 0.93 1.00 0.47	0.85 0.76 0.96 1.00 0.76	0.97 0.97 0.99 1.00 0.97	1.00 1.00 1.00 1.00 1.00	1.00 1.00 1.00 1.00 1.00	1.00 1.00 1.00 1.00 1.00
0.30	0.42 0.04 0.92 1.00 0.04	0.62 0.36 0.93 1.00 0.36	0.77 0.62 0.95 1.00 0.62	0.92 0.89 0.98 1.00 0.89	0.99 0.99 1.00 1.00 0.99	1.00 1.00 1.00 1.00 1.00	1.00 1.00 1.00 1.00 1.00
0.40	0.35 0.02 0.92 1.00 0.02	0.52 0.24 0.93 1.00 0.24	0.65 0.43 0.95 1.00 0.43	0.82 0.69 0.97 1.00 0.69	0.94 0.91 0.99 1.00 0.91	1.00 1.00 1.00 1.00 1.00	1.00 1.00 1.00 1.00 1.00
0.50	0.23 0.01 0.93 1.00 0.01	0.33 0.13 0.94 1.00 0.13	0.41 0.23 0.94 1.00 0.23	0.52 0.37 0.95 1.00 0.37	0.66 0.55 0.97 1.00 0.55	0.81 0.75 0.98 1.00 0.75	0.94 0.91 0.99 1.00 0.91

	$\psi = 0.25$						
ξ	2.0	3.0	4.0	6.0	10.0	20.0	50.0
0.10	0.72 0.17 0.89 1.00 0.17	1.14 1.06 0.94 1.00 1.06	1.37 1.55 1.00 1.00 1.55	1.31 1.48 1.03 1.00 1.48	1.12 1.19 1.02 1.00 1.19	1.03 1.05 1.00 1.00 1.05	1.00 1.01 1.00 1.00 1.01
0.20	0.56 0.10 0.91 1.00 0.10	0.85 0.67 0.93 1.00 0.67	1.04 1.05 0.97 1.00 1.05	1.13 1.21 1.01 1.00 1.21	1.06 1.09 1.01 1.00 1.09	1.01 1.02 1.00 1.00 1.02	1.00 1.00 1.00 1.00 1.00
0.30	0.45 0.04 0.92 1.00 0.04	0.68 0.41 0.93 1.00 0.41	0.84 0.71 0.95 1.00 0.71	0.99 0.98 0.99 1.00 0.98	1.03 1.05 1.00 1.00 1.05	1.01 1.01 1.00 1.00 1.01	1.00 1.00 1.00 1.00 1.00
0.40	0.35 0.01 0.92 1.00 0.01	0.51 0.23 0.93 1.00 0.23	0.65 0.42 0.94 1.00 0.42	0.82 0.68 0.96 1.00 0.68	0.95 0.92 0.99 1.00 0.92	1.00 1.01 1.00 1.00 1.01	1.00 1.00 1.00 1.00 1.00
0.50	0.21 0.00 0.93 1.00 0.00	0.30 0.11 0.94 1.00 0.11	0.37 0.19 0.94 1.00 0.19	0.47 0.32 0.95 1.00 0.32	0.61 0.49 0.96 1.00 0.49	0.78 0.70 0.98 1.00 0.70	0.92 0.89 0.99 1.00 0.89

	$\psi = 0.50$						
ξ	2.0	3.0	4.0	6.0	10.0	20.0	50.0
0.10	2.76 0.93 0.73 1.00 0.93	-- -- -- -- --	-- -- -- -- --	2.75 3.67 1.21 1.00 3.67	1.41 1.62 1.06 1.00 1.62	1.09 1.13 1.01 1.00 1.13	1.01 1.02 1.00 1.00 1.02
0.20	0.79 0.17 0.89 1.00 0.17	1.27 1.18 0.93 1.00 1.18	1.52 1.76 1.00 1.00 1.76	1.43 1.68 1.05 1.00 1.68	1.16 1.25 1.02 1.00 1.25	1.04 1.06 1.00 1.00 1.06	1.00 1.01 1.00 1.00 1.01
0.30	0.50 0.05 0.91 1.00 0.05	0.76 0.49 0.93 1.00 0.49	0.94 0.83 0.96 1.00 0.83	1.08 1.12 0.99 1.00 1.12	1.08 1.12 1.01 1.00 1.12	1.02 1.03 1.00 1.00 1.03	1.00 1.00 1.00 1.00 1.00
0.40	0.34 0.01 0.92 1.00 0.01	0.51 0.21 0.93 1.00 0.21	0.64 0.40 0.94 1.00 0.40	0.82 0.68 0.96 1.00 0.68	0.96 0.94 0.99 1.00 0.94	1.01 1.02 1.00 1.00 1.02	1.00 1.00 1.00 1.00 1.00
0.50	0.19 0.00 0.93 1.00 0.00	0.27 0.08 0.94 1.00 0.08	0.33 0.15 0.94 1.00 0.15	0.43 0.27 0.95 1.00 0.27	0.57 0.44 0.96 1.00 0.44	0.74 0.66 0.97 1.00 0.66	0.91 0.87 0.99 1.00 0.87

	$\psi = 0.75$						
ξ	2.0	3.0	4.0	6.0	10.0	20.0	50.0
0.10	-- -- -- -- --	-- -- -- -- --	-- -- -- -- --	-- -- -- -- --	2.68 3.55 1.24 1.00 3.55	1.21 1.31 1.03 1.00 1.31	1.03 1.04 1.00 1.00 1.04
0.20	1.95 0.57 0.80 1.00 0.57	-- -- -- -- --	-- -- -- -- --	2.40 3.21 1.16 1.00 3.21	1.34 1.52 1.05 1.00 1.52	1.07 1.11 1.01 1.00 1.11	1.01 1.02 1.00 1.00 1.02
0.30	0.58 0.07 0.91 1.00 0.07	0.90 0.62 0.93 1.00 0.62	1.11 1.05 0.96 1.00 1.05	1.22 1.33 1.01 1.00 1.33	1.14 1.22 1.02 1.00 1.22	1.04 1.06 1.01 1.00 1.06	1.01 1.01 1.00 1.00 1.01
0.40	0.34 0.01 0.92 1.00 0.01	0.50 0.20 0.93 1.00 0.20	0.64 0.38 0.94 1.00 0.38	0.82 0.67 0.96 1.00 0.67	0.97 0.94 0.99 1.00 0.94	1.01 1.03 1.00 1.00 1.03	1.00 1.00 1.00 1.00 1.00
0.50	0.18 -0.00 0.93 1.00 -0.00	0.25 0.07 0.94 1.00 0.07	0.30 0.12 0.94 1.00 0.12	0.40 0.23 0.95 1.00 0.23	0.53 0.39 0.96 1.00 0.39	0.71 0.61 0.97 1.00 0.61	0.89 0.84 0.99 1.00 0.84

	$\psi = 1.00$						
ξ	2.0	3.0	4.0	6.0	10.0	20.0	50.0
0.10	-- -- -- -- --	-- -- -- -- --	-- -- -- -- --	-- -- -- -- --	-- -- -- -- --	1.84 2.28 1.13 1.00 2.28	1.09 1.14 1.01 1.00 1.14
0.20	-- -- -- -- --	-- -- -- -- --	-- -- -- -- --	-- -- -- -- --	1.90 2.36 1.14 1.00 2.36	1.14 1.21 1.02 1.00 1.21	1.02 1.03 1.00 1.00 1.03
0.30	0.72 0.10 0.90 1.00 0.10	1.17 0.88 0.93 1.00 0.88	1.45 1.47 0.98 1.00 1.47	1.49 1.73 1.03 1.00 1.73	1.24 1.38 1.03 1.00 1.38	1.05 1.08 1.01 1.00 1.08	1.01 1.02 1.00 1.00 1.02
0.40	0.33 0.00 0.93 1.00 0.00	0.50 0.18 0.93 1.00 0.18	0.64 0.36 0.94 1.00 0.36	0.82 0.65 0.96 1.00 0.65	0.98 0.95 0.99 1.00 0.95	1.03 1.04 1.00 1.00 1.04	1.01 1.01 1.00 1.00 1.01
0.50	0.16 -0.00 0.93 1.00 -0.00	0.23 0.05 0.94 1.00 0.05	0.28 0.10 0.94 1.00 0.10	0.37 0.19 0.94 1.00 0.19	0.50 0.35 0.95 1.00 0.35	0.68 0.58 0.97 1.00 0.58	0.87 0.82 0.99 1.00 0.82

$L/b_1 = \infty$

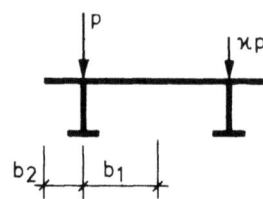

Momententyp beliebig

b_1/b_2 \ $\varkappa$	1.00	0.80	0.60	0.40	0.20	0.00	-1.00
0.00	1.00 1.00 1.00 1.00 1.00	0.85 1.00 0.77 0.54 0.54	0.73 1.00 0.60 0.20 0.20	0.64 1.00 0.47 -0.07 -0.07	0.57 1.00 0.36 -0.28 -0.28	0.51 1.00 0.27 -0.46 -0.46	0.33 1.00 0.00 -1.00 -1.00
0.20	1.00 1.00 1.00 1.00 1.00	0.91 1.04 0.82 0.64 0.61	0.83 1.07 0.67 0.34 0.28	0.76 1.09 0.54 0.09 -0.00	0.71 1.11 0.43 -0.13 -0.24	0.66 1.13 0.34 -0.32 -0.46	0.48 1.20 0.00 -1.00 -1.20
0.50	1.00 1.00 1.00 1.00 1.00	0.97 1.06 0.87 0.75 0.68	0.94 1.12 0.75 0.51 0.38	0.91 1.18 0.64 0.28 0.10	0.88 1.23 0.53 0.07 -0.16	0.86 1.28 0.43 -0.13 -0.42	0.75 1.50 0.00 -1.00 -1.50
1.00	1.00 1.00 1.00 1.00 1.00	1.03 1.08 0.92 0.84 0.77	1.05 1.16 0.84 0.68 0.52	1.08 1.25 0.75 0.51 0.26	1.11 1.34 0.66 0.33 -0.01	1.14 1.43 0.57 0.14 -0.30	1.33 2.00 0.00 -1.00 -2.00
2.00	1.00 1.00 1.00 1.00 1.00	1.07 1.07 0.96 0.93 0.85	1.16 1.16 0.92 0.84 0.68	1.26 1.26 0.87 0.74 0.48	1.38 1.38 0.81 0.62 0.25	1.52 1.52 0.74 0.48 -0.03	3.00 3.00 0.00 -1.00 -3.00
∞	1.00 1.00 1.00 1.00 1.00						

7. Kurventafeln

für die Korrekturfaktoren

$\alpha_{QF} \qquad \alpha_{Ri} \qquad \alpha_\mu$

Erläuterung der Tafeln siehe 2.3.3.

Einfluß der Querschnittskennwerte k_F, k_Q

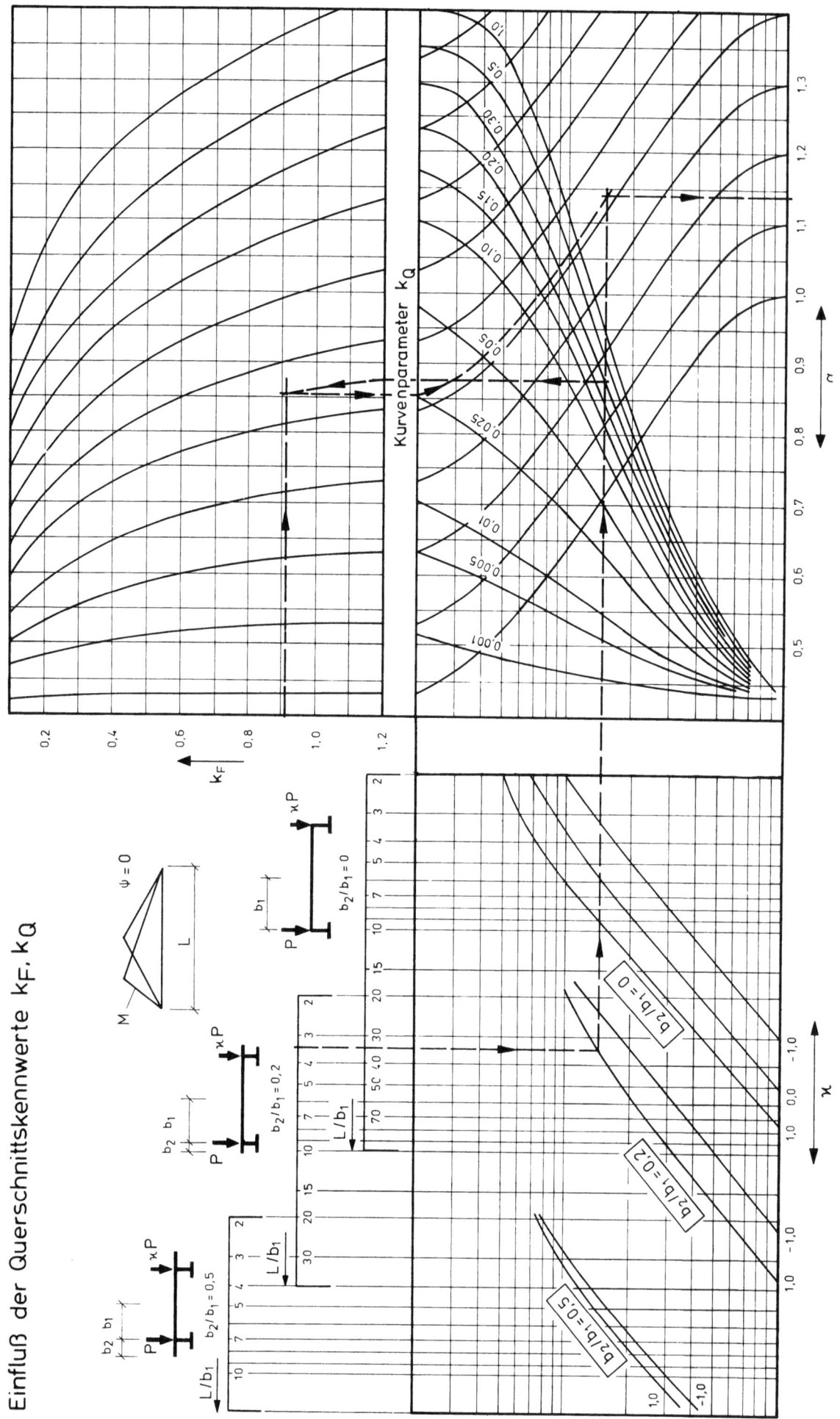

202

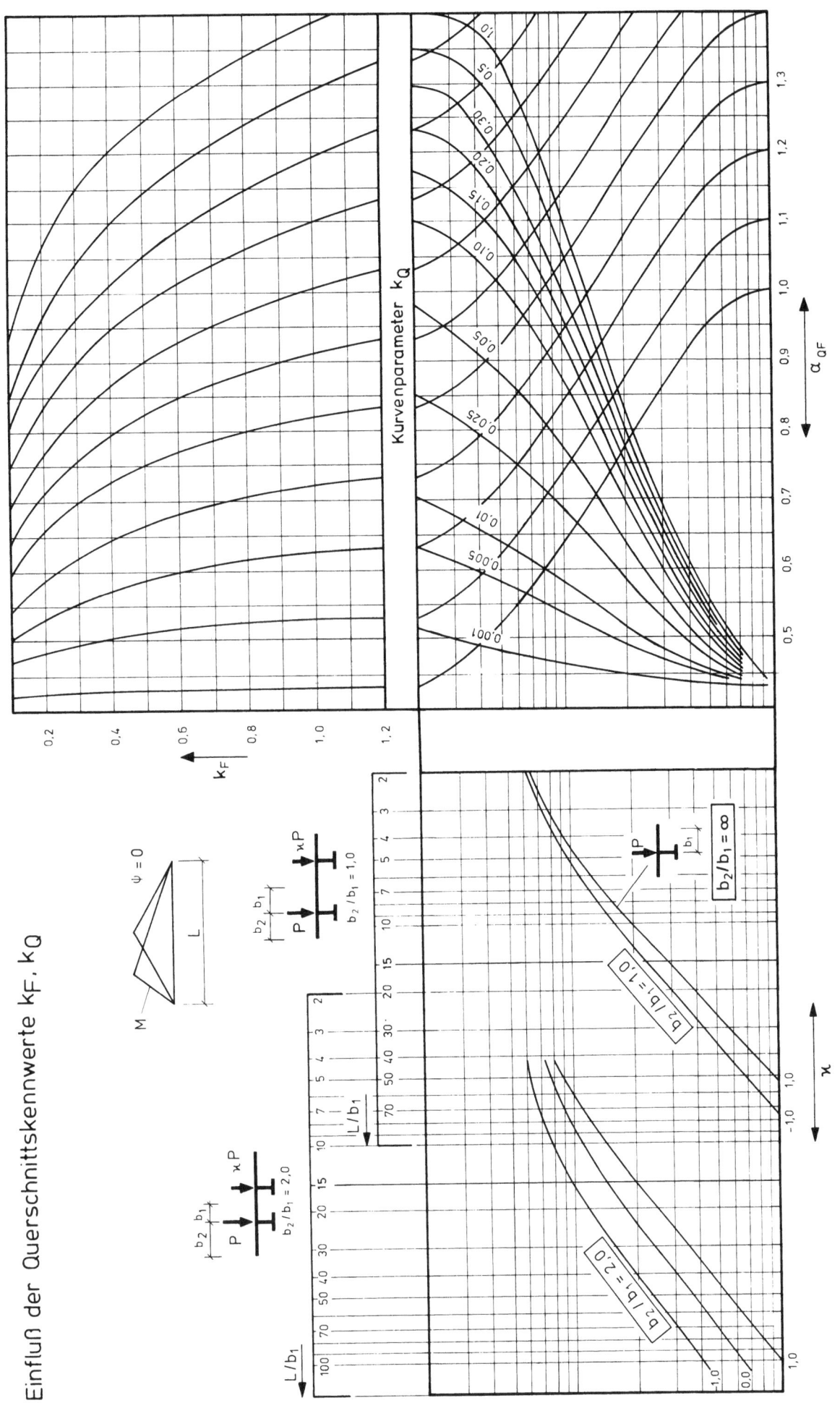

Einfluß der Querschnittskennwerte k_F, k_Q

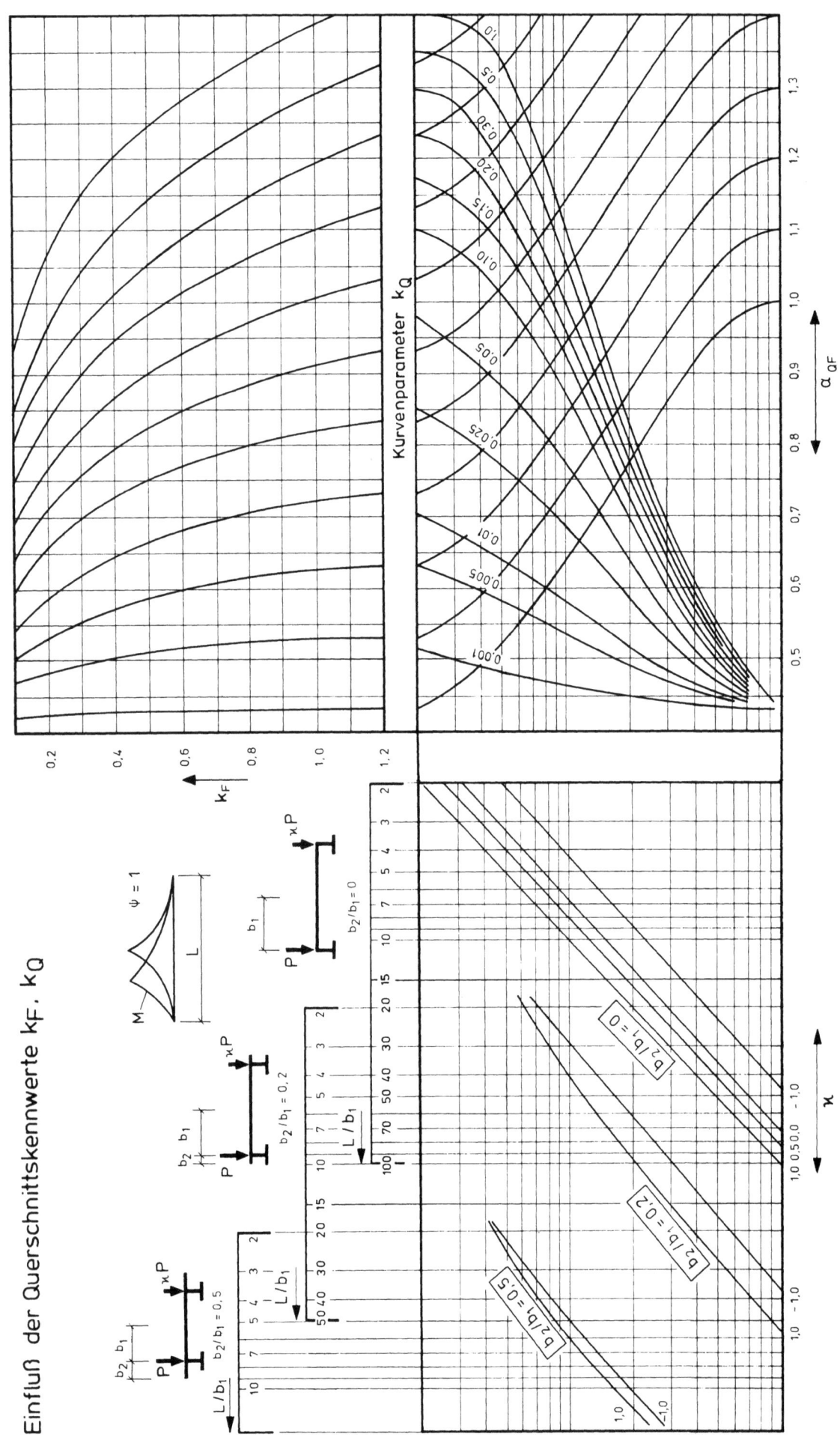

Einfluß der Querschnittskennwerte k_F, k_Q

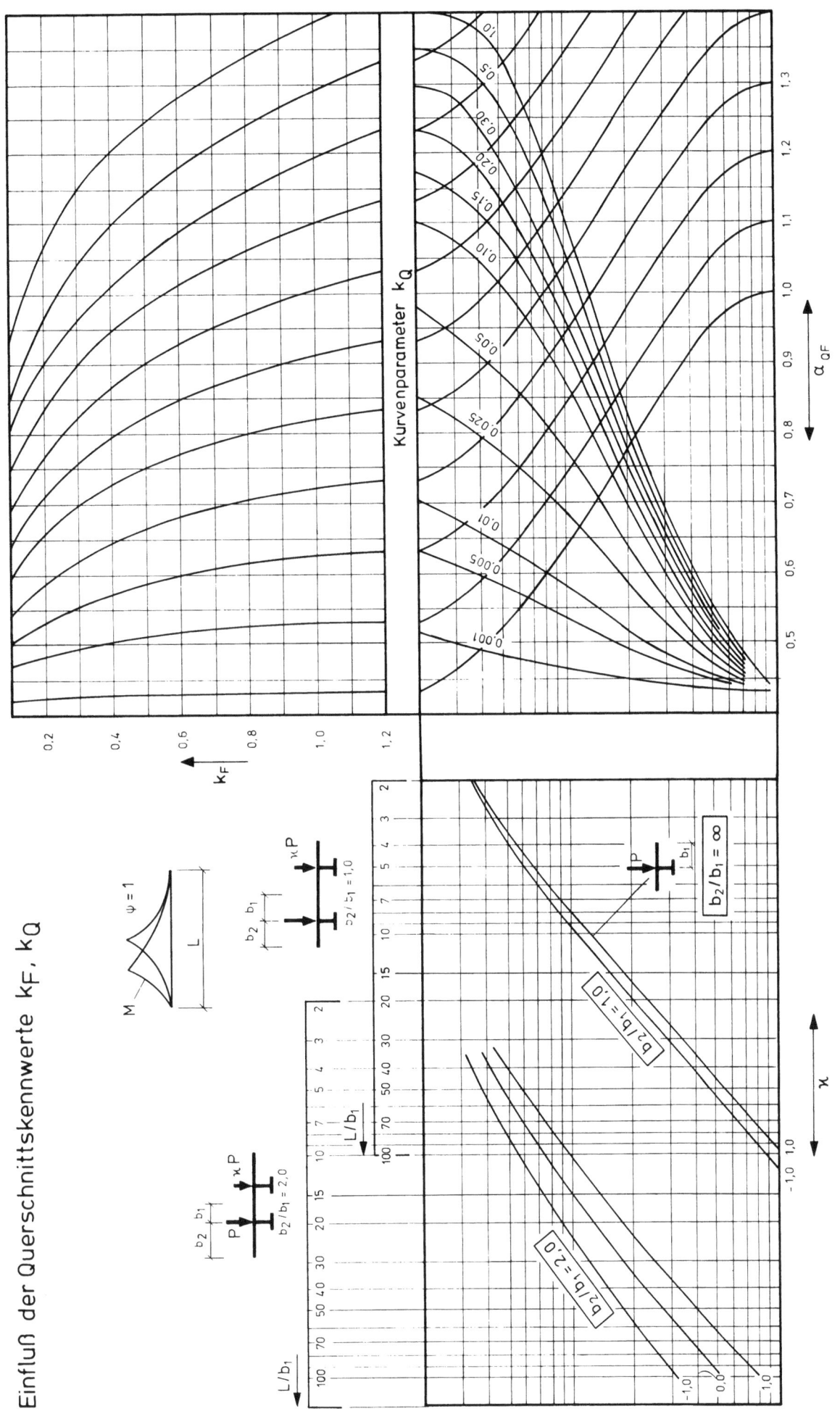

Einfluß von Längsversteifungen in der Gurtscheibe

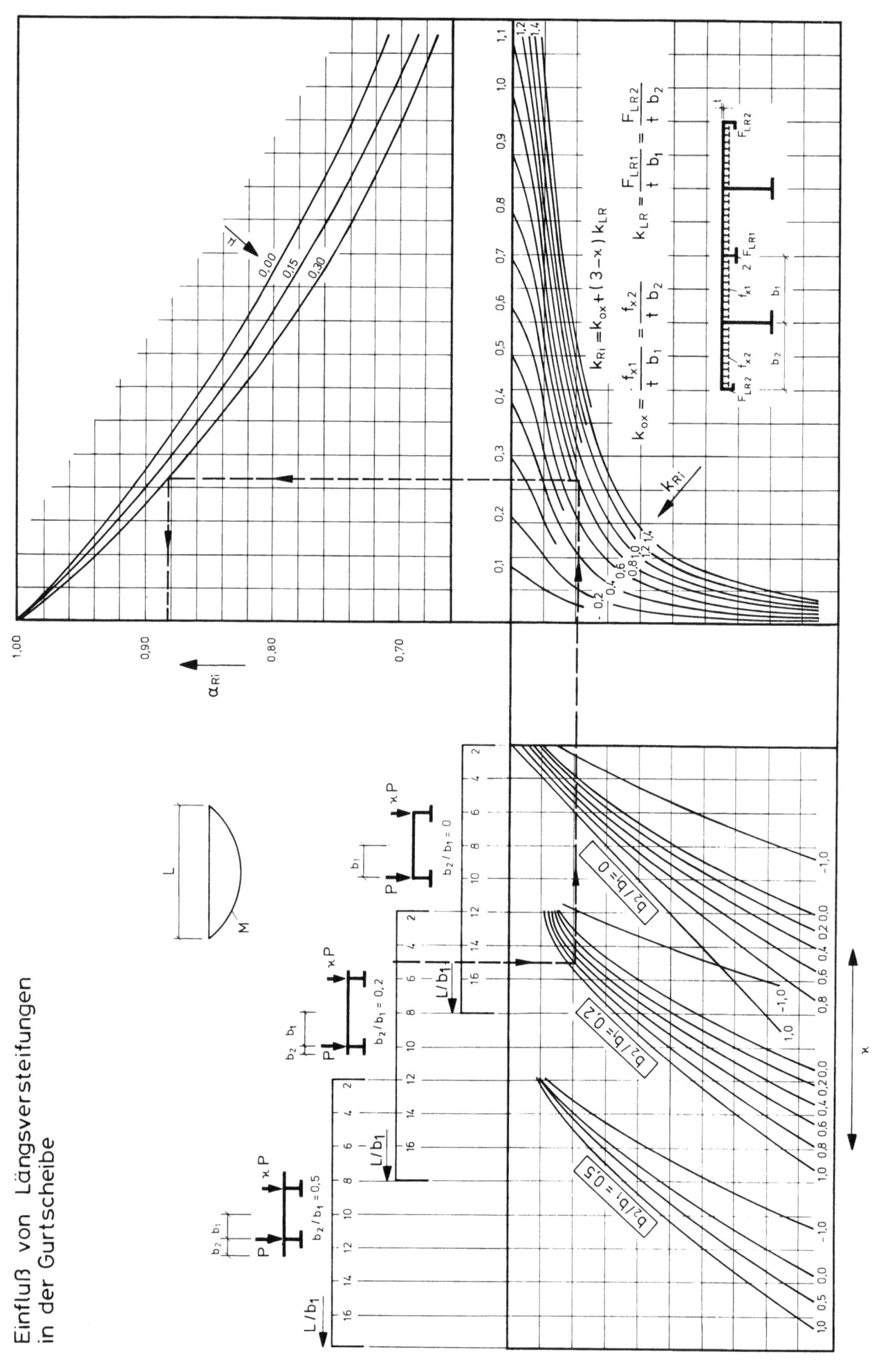

Einfluß von Längsversteifungen in der Gurtscheibe

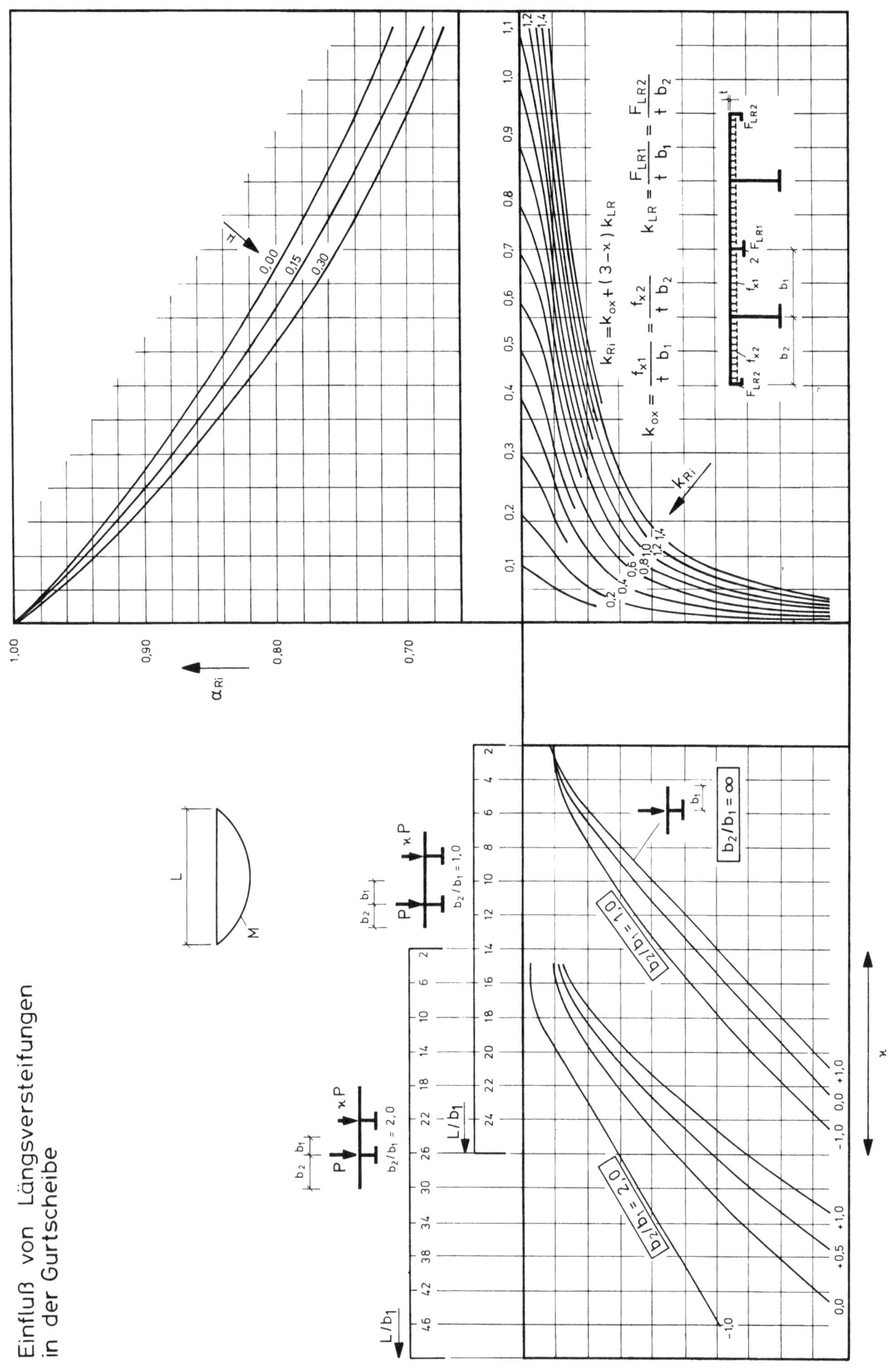

Einfluß von Längsversteifungen in der Gurtscheibe

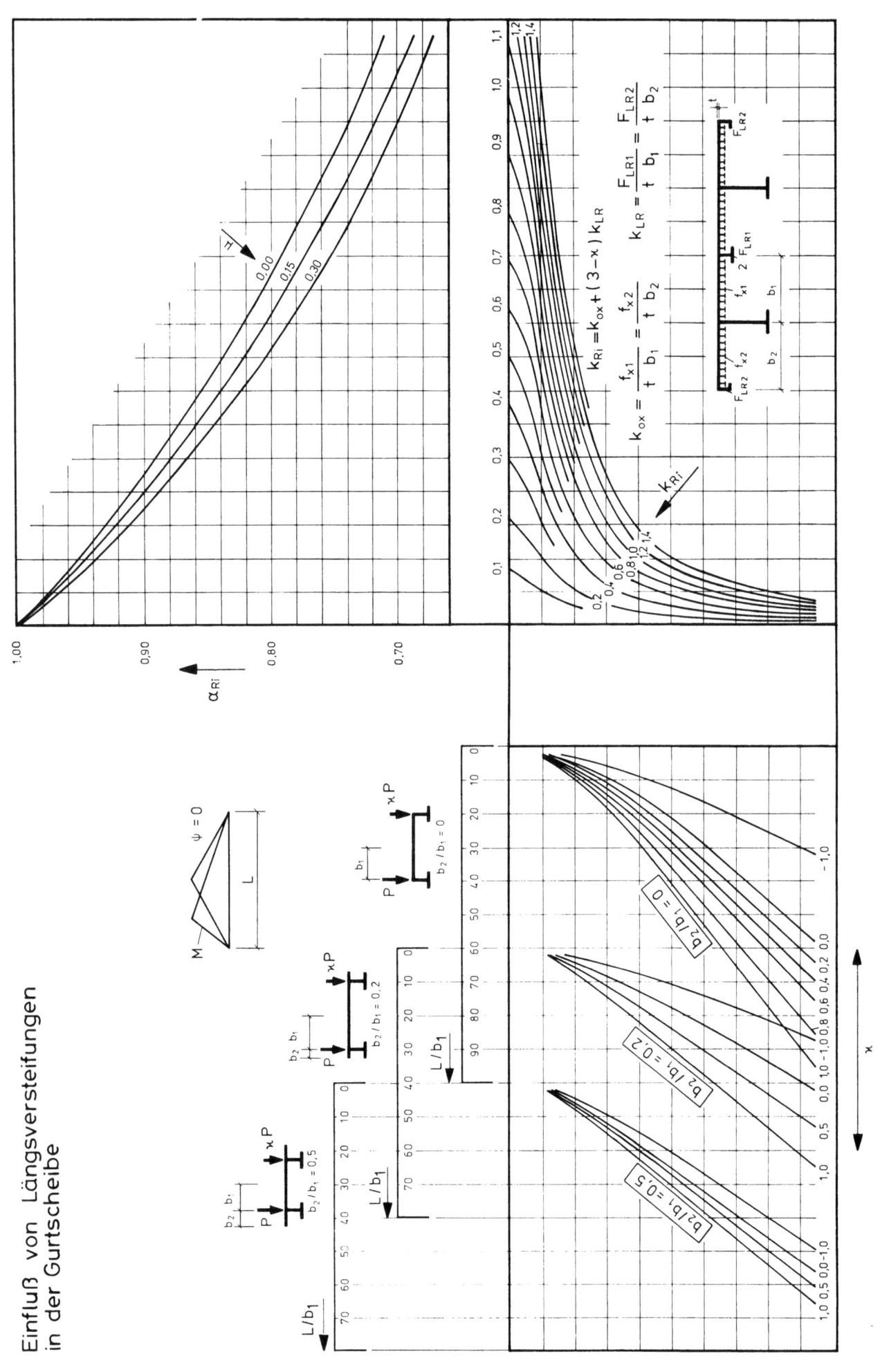

208

Einfluß von Längsversteifungen in der Gurtscheibe

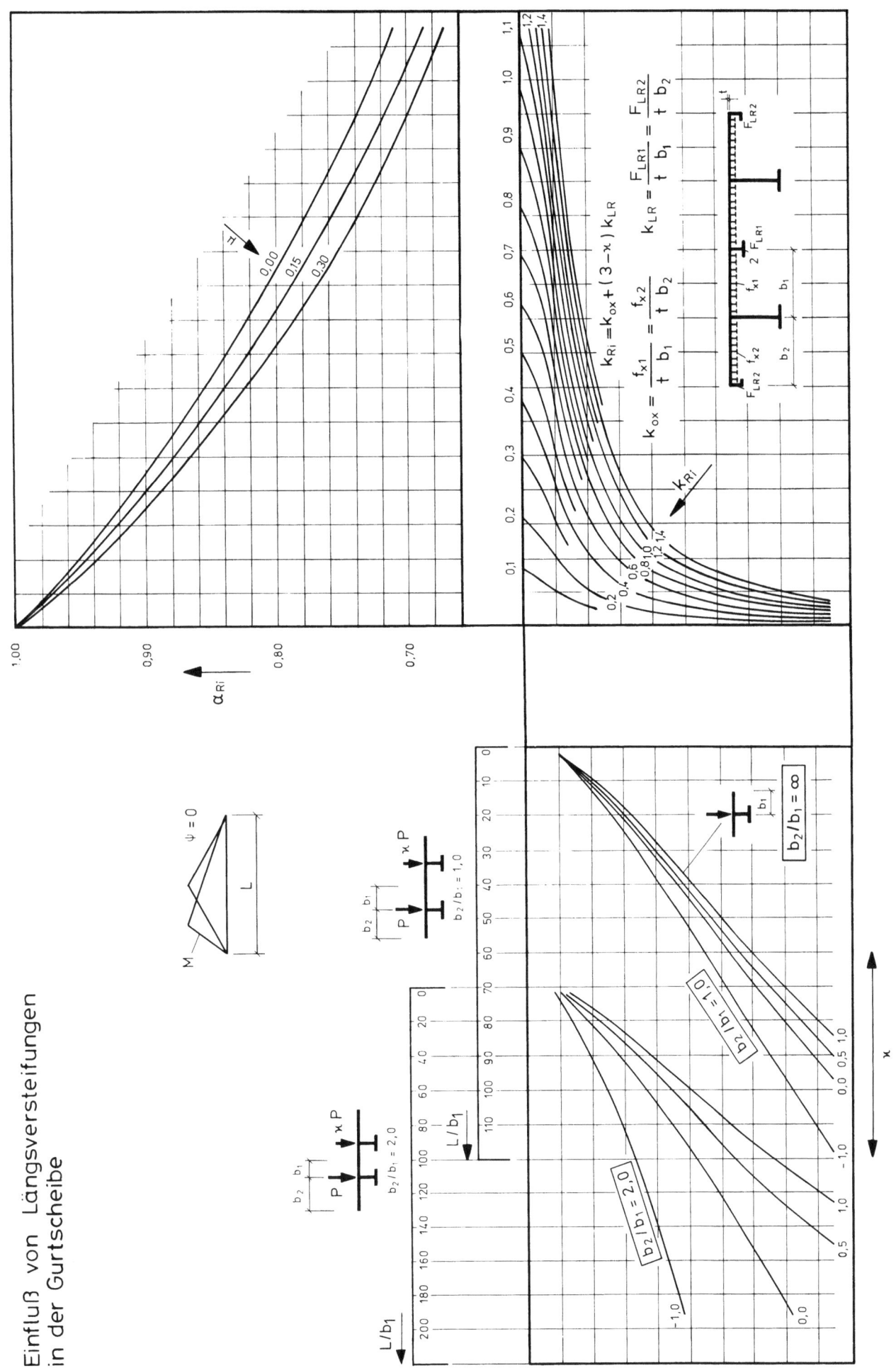

Einfluß von Längsversteifungen in der Gurtscheibe

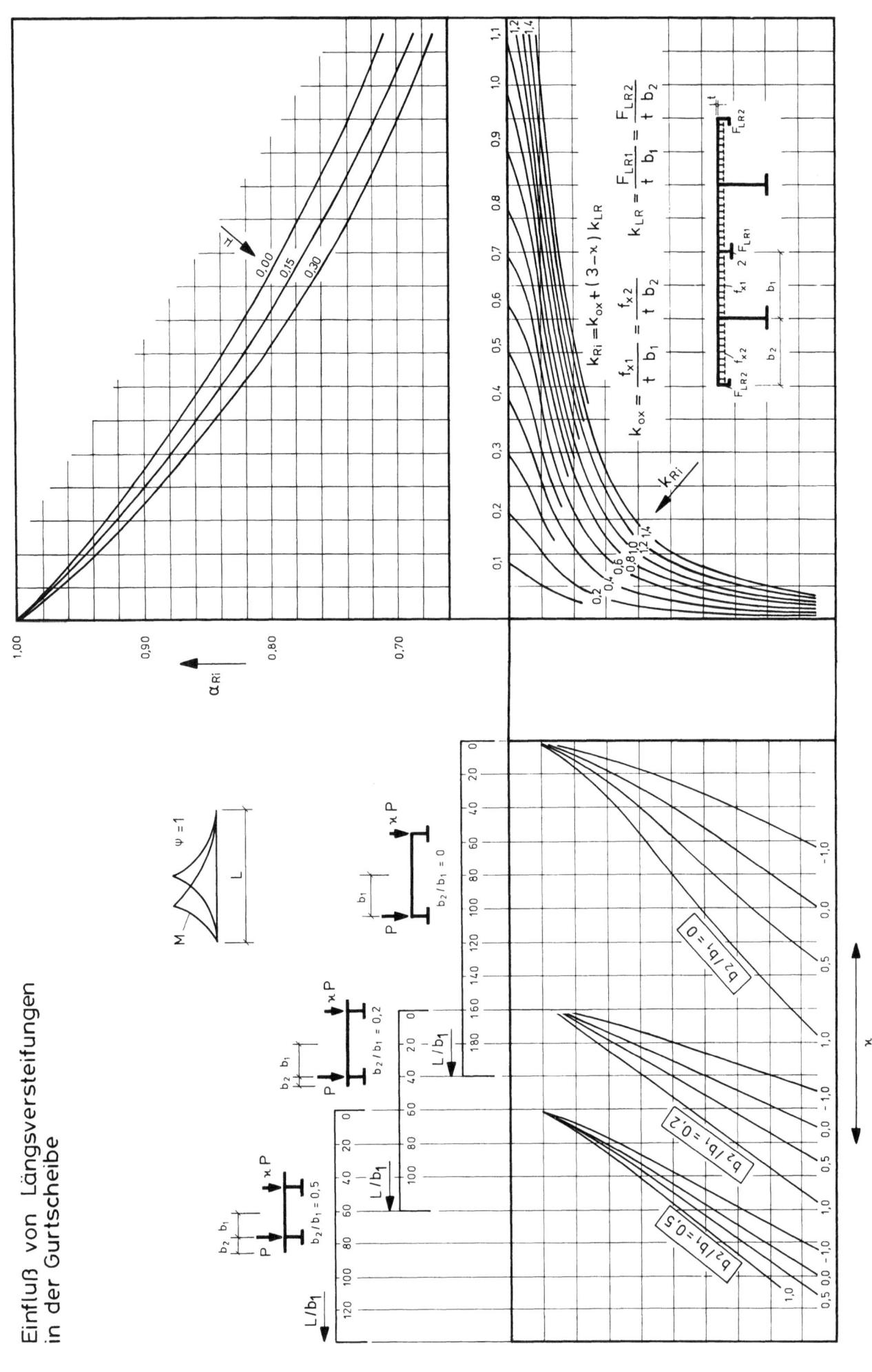

Einfluß von Längsversteifungen in der Gurtscheibe

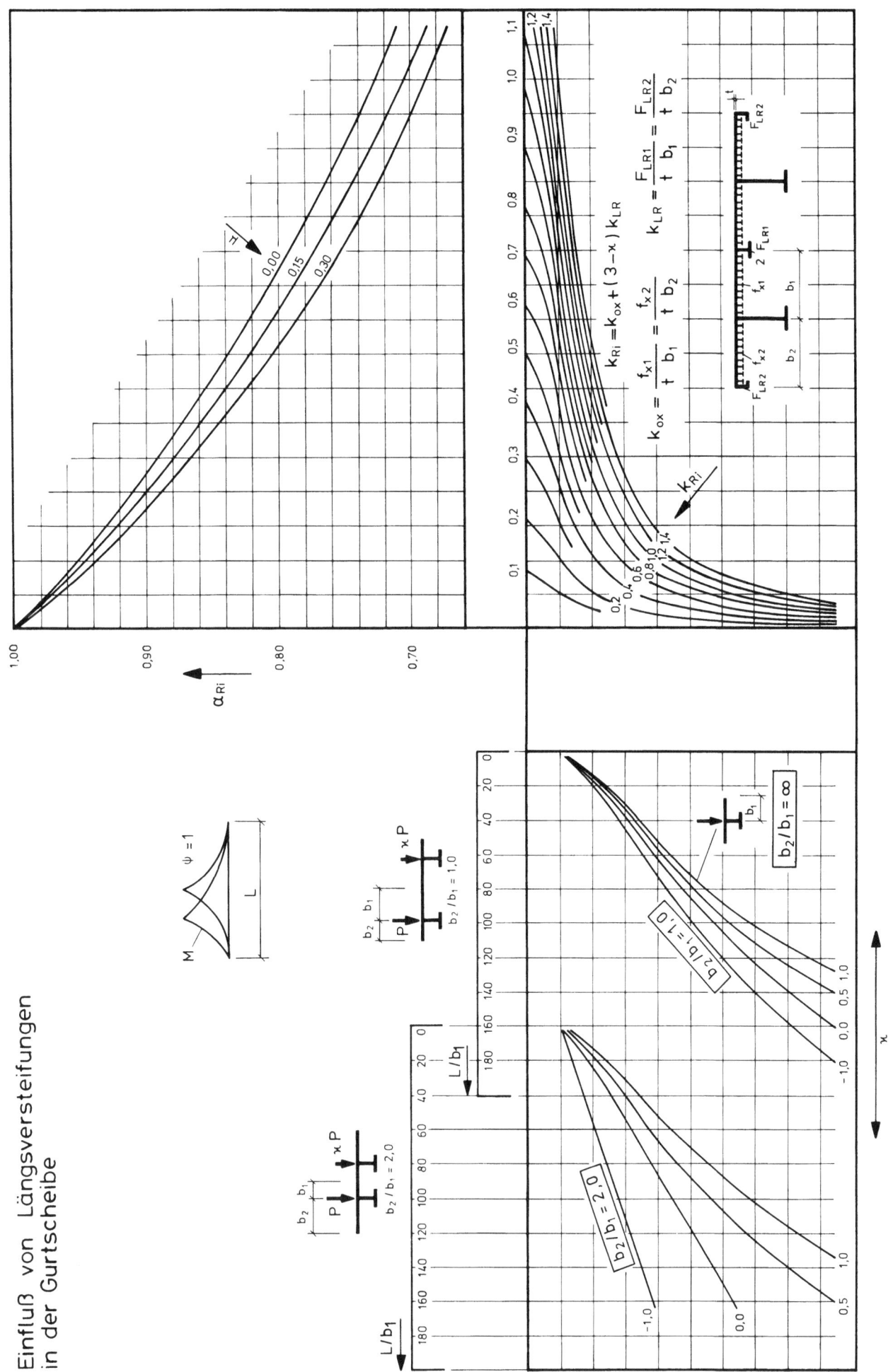

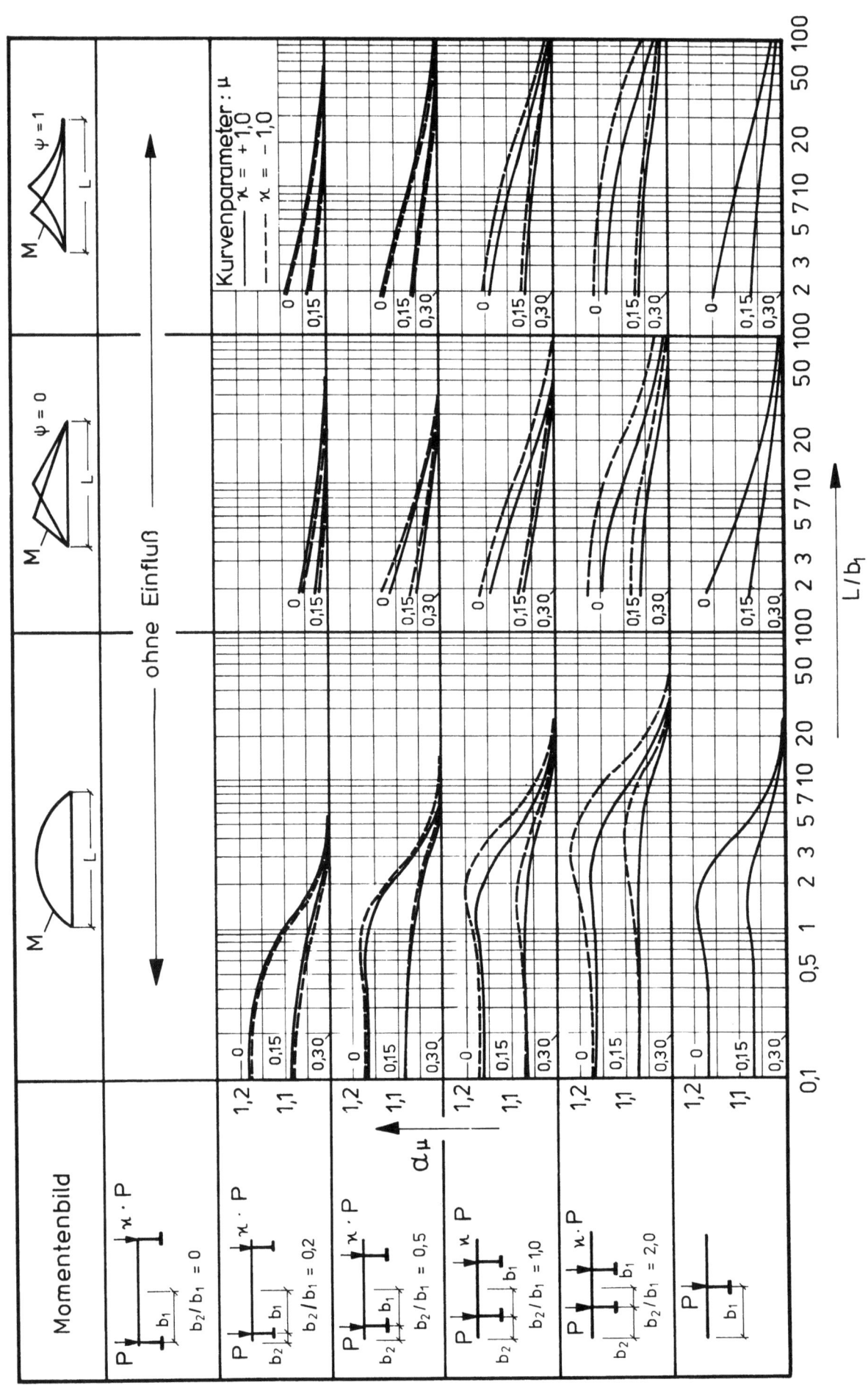

Einfluß der Querdehnungszahl μ der Gurtscheibe

Literaturverzeichnis

1 Von Karman, Th.: Die mittragende Breite.
In: August-Föppl-Festschrift (Beiträge zur technischen Mechanik und technischen Physik).
Berlin: Springer 1924, S. 114 - 127.

2 Schnadel, G.: Die Spannungsverteilung in den Flanschen dünnwandiger Kastenträger.
Jahrbuch der schiffbautechn. Gesellschaft 27 (1926) 207 - 258.

3 Metzer, W.: Die mittragende Breite. Luftfahrtforschung 4 (1929) 1 - 21.

4 Reissner, E.: Über die Berechnung von Plattenbalken. Stahlbau 7 (1934) 206 - 209.

5 Chwalla, E.: Die Formeln zur Berechnung der voll mittragenden Breite dünner Gurt- und Rippenplatten. Stahlbau 9 (1936) 73 - 78.

6 Winter, G.: Stress distribution and equivalent width of flanges of wide, thin-wall steel beams. NACA-TN No. 784 (1940) 1 - 26.

7 Marguerre, K.: Über die Beanspruchung von Plattenträgern. Stahlbau 21 (1952) 129 - 132.

8 Sehorsch, E.: Über die mitwirkende Plattenbreite bei der Vorspannung von Plattenbalken.
Beton- und Stahlbetonbau 49 (1954) 238 - 240.

9 Dischinger, F.: Die mitwirkende Breite des Plattenbalkens.
In: Taschenbuch für Bauingenieure (Herausgeber F. Schleicher) I,
Berlin, Göttingen, Heidelberg: Springer 1955, S. 843 - 847.

10 Schleeh, W.: Die Mitwirkung der Gurtscheibe beim vorgespannten Plattenbalken.
Beton- und Stahlbetonbau 52 (1957) 112 - 117.

11 Brendel, G.: Die Tragfähigkeit der Druckplatte von T-Balken aus Stahlbeton bei einfacher Biegung. Bauplanung-Bautechnik 13 (1959) 458 - 464.

12 Brendel, G.: Modellversuche mit zweistegigen Plattenbalken.
Bauplanung-Bautechnik 16 (1962) 338 - 339.

13 Müller, H.: Mitwirkende Breite des Plattenbalkens, Definitionsgleichungen und Abhängigkeit von der Randquerträgerausbildung, die Einflüsse von Hauptträger- und Fahrbahnausbildung sowie Vorspannung auf die mitwirkende Breite des Plattenbalkens.
Wiss. Zeitschrift der TH Dresden 10 (1961) 81 - 94, 203 - 217.

14 Fukuda, T.: Ein Beitrag zur Lösung der mitwirkenden Breite.
Report of the Institute of Industrial Science of the University of Tokyo 12 (1962) 1 - 47.

15 Girkmann, K.: Der Spannungszustand auf Biegung beanspruchter Träger mit breiten Gurtplatten, das Problem der voll mittragenden Breite.
In: Flächentragwerke. Wien: Springer 1963, S. 119 - 127.

16 Rose, E.A.: Ein weiterer Beitrag zur Berechnung der mitwirkenden Breite bei Plattenbalk Bautechnik 42 (1965) 65 - 71.

17 Klöppel, K.; Thiele, F.: Analytische und experimentelle Ermittlung der Spannungsverteilung in kastenförmigen Biegequerschnitten mit Konsolen bei örtlicher Krafteinleitung (mittragende Breite). Stahlbau 35 (1966) 152 - 156.

18 Klöppel, K.; Obenauer, P.W.: Zur Berechnung der mittragenden Breite.
In: Zur Berechnung von Trägerrosten für orthotrope Stahlfahrbahnen unter besonderer Berücksichtigung unregelmäßiger Raster, allgemeiner Lagerung, veränderlicher Steifigkeite und des Querkrafteinflusses.
Veröff. d. Inst. f. Statik und Stahlbau d. TH Darmstadt 1967, S. 85 - 97.

19 Koepcke, W.; Denecke, G.: Die mitwirkende Breite der Gurte von Plattenbalken.
Veröff. d. Dt. Ausschusses für Stahlbeton H. 192 (1967) 1 - 105.

20 Schröder, F.H.: Die näherungsweise Berücksichtigung der mittragenden Breite bei Spannungs-, Stabilitäts- und Schwingungsproblemen. Ingenieur-Archiv 36 (1967) 79 - 99.

21 Lindner, J.: Näherungsweise Bestimmung der mitwirkenden Plattenbreite bei Normalkraftbeanspruchung. Bautechnik 45 (1968) 403 - 408.

22 Abdel Sayed, G.: Effective width of steel deck-plate in bridges.
Proc. ASCE, J. Struct. Div. 95 (1969) 1459 - 1474.

23 Ramberger, G.: Der Angriff beliebiger Einzellasten im orthotropen Scheibenstreifen und die mitwirkende Breite orthotroper Gurtscheiben. Dissertation Wien 1969.

24 Schmidt, H.: Die mittragende Wirkung der Fahrbahnen breiter Plattenbalkenbrücken.
Dissertation Braunschweig 1970.

25 Schmackpfeffer, H.: Ermittlung der mittragenden Breite unter Berücksichtigung von Längskräften, der Querträgerweichheit und in Längsrichtung veränderlicher Querschnitte.
Dissertation Berlin 1972.

26 Stein, P.: Zur Berechnung der mittragenden Breite.
In: Über einige Berechnungsmethoden des konstruktiven Ingenieurbaus.
Mitteilungen des Inst. f. Stahlbau d. TH Wien 1972.

27 Homberg, H.: a) Double webbed slabs - Dalles nervurées - Platten mit 2 Stegen.
Berlin, Heidelberg, New York: Springer 1973.
b) Beitrag zur Berechnung von zweistegigen Plattenbalken-Brücken.
Bauingenieur 48 (1973) 444 - 450.

28 Schleeh, W.: Die mitwirkende Plattenbreite aus der Sicht neuer Erkenntnisse.
Beton- und Stahlbetonbau 7 (1973) 175 - 179.

29 Malcolm, D.J.; Redwood, R.G.: Shear lag in stiffened box girders.
Proc. ASCE, J. Struct. Div. 96 (1970) 1403 - 1419.

30 Moffatt, K.R.; Dowling, P.J.: Steel box girders, parametric study on the shear lag phenomenon in steel box girder bridges. CESLIC Report 3617, London 1972.

31 Vollbrecht, E.; Pfaff, E.; Repschläger, G.; Hansen, J.; Hemm, R.; Hong, Y.S.:
Bestimmung der mittragenden Breite von längsversteiften Plattenfeldern unter Punktlaster und gleichzeitig vorhandenem homogenen Gegendruck. Opladen: Westdeutscher Verlag 1973.
(Forschungsberichte des Landes Nordrhein-Westfalen, Nr. 2322).

32 Kruppe, J.: Untersuchung des zeitabhängigen zweidimensionalen Spannungszustandes in der Betonplatte einer vorgespannten Verbundkonstruktion. Dissertation Braunschweig 1975.

33 Peil, U.: Berechnung von prismatischen Scheibenfaltwerken im elastisch-plastischen Zustand. Vorgesehen als Dissertation an der TU Braunschweig 1976.

MIX
Papier aus verantwortungsvollen Quellen
Paper from responsible sources
FSC® C105338

If you have any concerns about our products,
you can contact us on
ProductSafety@springernature.com

In case Publisher is established outside the EU,
the EU authorized representative is:
**Springer Nature Customer Service Center GmbH
Europaplatz 3, 69115 Heidelberg, Germany**

Printed by Libri Plureos GmbH
in Hamburg, Germany